U0193698

中国人手腕部骨龄标准
——中华05及其应用

The Standards of Skeletal Age in Hand and Wrist for Chinese——China 05 and its Applications

主　编　张绍岩

副主编　柴建中　刘丽娟

编　委　(按姓氏汉语拼音排序)

柴建中(河北省体育科学研究所)

韩一三(浙江省温州市体育科学研究所)

刘丽娟(河北省体育科学研究所)

马振国(辽宁省大连市体育科学研究所)

沈勋章(上海体育科学研究所)

许瑞龙(广东省体育科学研究所)

张　淼(石家庄长安金硕计算机工作室)

张绍岩(河北省体育科学研究所)

周君一(河北省体育科学研究所)

科学出版社

北　京

内 容 简 介

本书详细介绍了《中国人手腕部骨龄标准——中华05》为不同骨龄应用领域所提出的TW3-C RUS、TW3-C Carpal、RUS-CHN(RC)法、RC图谱法、髂线骨龄计分方法和骨龄标准图谱，总结了骨龄和生长学在临床医学、法医学、运动医学中的应用，并综述了儿童生长发育的激素调节和遗传与环境影响因素的研究进展，可作为临床医学、法医学、运动医学领域儿童青少年生长发育评价工作者的重要参考用书。

图书在版编目(CIP)数据

中国人手腕部骨龄标准：中华05及其应用 / 张绍岩主编. —北京：科学出版社，2015.9
ISBN 978-7-03-045737-0

Ⅰ. 中… Ⅱ. 张… Ⅲ. 儿童-手-腕骨-骨骼测量-标准-中国 Ⅳ. Q984-65

中国版本图书馆CIP数据核字(2015)第225257号

责任编辑：戚东桂 / 责任校对：李　影
责任印制：霍　兵 / 封面设计：陈　敬

科学出版社 出版
北京东黄城根北街16号
邮政编码：100717
http://www.sciencep.com

北京九天鸿程印刷有限责任公司印刷
科学出版社发行　各地新华书店经销

*

2015年9月第一版　开本：787×1092　1/16
2025年5月第十九次印刷　印张：27 1/2
字数：659 000

定价：148.00元

（如有印装质量问题，我社负责调换）

前　言

骨龄是评价青少年儿童生物年龄的主要方法，在临床医学、法医学和运动医学等领域中有广泛的用途。

自发现伦琴射线以来，对儿童骨发育的研究已经有100多年的历史了。在漫长的研究过程中，人们曾经对人体各关节部位骨化中心的骨化规律进行了广泛的研究，提出了以身体不同关节部位骨骼评价骨龄的方法。但是，因为手腕部骨骼能够代表全身骨骼的发育状况以及拍摄X线片时所受到的损害最小，而成为骨龄评价所应用的主要解剖学部位，并逐渐产生了骨龄标准图谱和计分的评价方法。Greulich W.W. 和 Pyle S. I.(G-P)图谱及 Tanner J.M. 和 Whitehouse R. H.(TW)计分法经过在世界范围内的检验与应用，已经成为骨龄评价的经典方法。在1975年，Tanner等根据对TW方法可靠性的检验结果对TW1方法进行了修改，称为TW2法。在2001年，Tanner等又根据欧洲儿童所出现的生长发育长期趋势修订了TW2骨龄标准，称为TW3(TW3 RUS 和 TW3 Carpal)法。

G-P图谱和TW3计分法分别依据美国20世纪30~40年代和欧洲20世纪70~90年代的白人儿童。大量的研究说明，由于儿童生长发育的种族差异和社会经济环境因素的不同，G-P图谱和TW3方法骨龄标准不适用于东亚(中国、日本、韩国)儿童。因此，在20世纪60年代，我国学者李果珍等曾提出中国人骨龄百分计数法标准，顾光宁等依据骨化中心出现和融合年龄提出了手腕骨发育图谱。在20世纪80年代，我们曾依据中国儿童大样本，在TW2方法的基础上制订了中国人骨发育标准——CHN法。

最近20多年来，中国社会经济发生了巨大的变化，中国儿童生长发育出现了显著加速的长期趋势。所以，在2003年至2005年我们再次进行了中国儿童骨发育调查研究，修订骨龄评价标准。在这次骨龄标准的修订中，广泛参考国际骨龄应用研究成果、深入总结了长期推广应用骨龄的实践经验，根据手腕骨发育的特征和不同领域的应用特点，提出了不同的骨龄评价方法和标准。为医学领域的应用，采用TW3法分别制订了桡骨、尺骨、掌指骨和腕骨的骨龄标准，称为TW3-Chinese RUS(TW3-C RUS)和TW3-Chinese Carpal(TW3-C Carpal)；为法医学和运动医学等领域的实际需要，又在TW3 RUS的基础上增加了骨成熟度指征，称为RUS-CHN法，并在此基础上提出了RC图谱法和骺线骨龄法。骨龄标准的制订均采用了Box-Cox幂指数分布模型(Box-Cox power exponential distribution,BCPE)拟合和平滑百分位数标准曲线。以这些方法所制订的骨龄标准称为《中国人手腕部骨龄标准——中华 05》。

在实践中，骨龄常常与其他生长学(auxology)指标同时应用，所以我们也根据《中国儿童骨发育调查》样本的生长学测量指标，以 BCPE 模型分别制订了以年龄分组和以骨龄分组的身高、体重和体重指数(BMI)生长图表。为充分利用手腕 X 线片的信息，我们首次提出了中国城市儿童掌指骨长度标准。

本书在总结国内外骨龄研究工作的基础上，重点介绍《中国人手腕部骨龄标准——中华 05》的研制基础与研究结果，并结合我们的应用研究，总结了骨龄在临床医学、法医学和运动医学领域内的应用。为使读者深入理解骨龄及生长学指标的生理学意义，也综述了儿童生长发育的激素调节以及遗传和环境影响因素的研究进展。

由于著者本人水平所限，错误之处在所难免，敬请读者批评指正。

反馈意见请发电子邮件至：zhangshaoyan@ vip.sina.com

张绍岩

2015 年 2 月 26 日

目 录

第1章　骨发育成熟度评价的理论基础

1.1　儿童青少年发育成熟度的测量与评价

1.1.1　身体发育成熟度的概念

人的生长是指细胞的繁殖、增大及细胞间质的增加，表现为身体各部分、器官、组织的大小和重量的增长。而发育是指身体各系统、器官和组织在功能方面的改变，即质的变化。成熟是指生长和发育的过程达到了一个比较完善的阶段，标志着个体形态、生理、心理等的发育达到成人阶段。

人的生长发育都经历由出生时的不成熟至完全成熟的过程。但是，由于遗传和环境因素的影响，个体发育的程度和速度不尽相同，同年龄的个体在身体的高矮、大小、心理发育水平的高低以及第二性征出现早晚等方面都存在非常大的个体差异，生活年龄不能完全反映个体的生长发育程度。因此，人们普遍使用发育年龄或生物年龄来反映个体的发育成熟程度。

不同个体不仅在一定时间上所达到的成熟水平不同，而且在一段时间内的成熟速度也不同，每一个体都有各自调节其达到成熟状态进程的生物钟。成熟度就是个体在生长发育到成熟状态过程中某一时刻所达到的成熟程度。成熟度的概念将生物时间和生活时间联系起来了，一名儿童的生物学生长和成熟进程不一定与其生活年龄一致，在同性别、同生活年龄的儿童中存在有生物年龄的差异，这一现象在青春期特别显著。

成熟度和身高、体重等人类学身体测量指标有很大的不同。不同个体生长发育至成熟的结束点都是相同的、可预知的；而人类学测量指标则不同，如身高、体重，只有在发育成熟后才能够得知其确切的数值（结束点），而且不同个体间生长结束时的身高也各不相同。

1.1.2　身体发育成熟度评价方法

自20世纪初，一些学者认识到儿童青少年生物成熟度存在相当大的个体差异后，曾相继提出了以身体形态、第二性征、牙齿、骨骼等生物学指标评价成熟度的方法，见表1.1。综合不同生物成熟度评价方法的研究文献以及应用经验，可靠的生物学指标应满足下列条件：①反映生物学特征的变化；②每一个体都达到相同的最终阶段；③表现出连续、平滑的增长；④可应用于生长发育的全过程；⑤与身体的大小、形态无关。

1. 形态年龄

身高曾一度用来评价儿童青少年的生长发育，但是由于不同个体身高的遗传因素不同以及青春期生长突增年龄的个体差异，使得身高难以确切反映儿童青少年的发育状况。在有纵向追踪材料的情况下,身高速度高峰(peak height velocity,PHV)年龄是很有价值的发育程度评价指标,常用于青春期发育研究。另一个经常使用的身体形态指标是在一定年龄时所达到的成年身高的百分数,在相同生活年龄的儿童中,越接近其本身成年身高者成熟度越高。例如,两名 7 岁男孩有同样的身高,一名儿童的身高达到其成年身高的 72%,另一名仅达到 66%,由于前者更接近其成年身高,成熟度提前于后者。可以看到,成年身高百分数是一种距成年身高尚有多长距离的评价指标,是生长速度不同的结果。

表 1.1 评价生物成熟度的方法和指标

方法	指标
形态学成熟度	身高年龄,身高速度高峰年龄,成年身高百分数年龄
性成熟度	男:外生殖器,阴毛;女:乳房,阴毛,初潮年龄
牙齿成熟度	牙齿的萌发数,牙齿的矿化
骨成熟度	次级骨化中心出现、矿化、骺干的融合

PHV 年龄和生长过程中某一年龄时的成年身高百分数的计算均需要有纵向测量数据,所以在实际应用中受到一定的限制。

2. 第二性征年龄

性成熟度的评价主要依据第二性征发育表现,男性评价外生殖器、阴毛,女性评价乳房、阴毛和初潮年龄。1962 年,Tanner 提出了第二性征发育等级(分期)标准,将每一性征划分为 5 个等级,清楚地描述了各等级所达到的发育程度,并报告了男女儿童第二性征变化模式的变异(Marshall and Tanner,1969;1970),在国际间广为应用。

对于男孩可以直接测量睾丸体积(testicular volume)估价性成熟度,睾丸体积可以采用卡尺、模型法或阴囊超声波检查法直接测量。阴囊超声扫描测量的睾丸体积更为精确,但因为普拉德睾丸测量计(Prader orchidometer)简便实用,应用最为普遍。普拉德睾丸测量计由相当于 1~25ml 睾丸体积的椭圆形球体所组成,将被测者睾丸与这些椭圆形球体相比较,大小相匹配的椭圆形球体的体积即为睾丸体积。

第二性征的发育评价较简单,但是在实际应用中性成熟度评价受到较大程度的限制,因为评定者必须由视觉观察裸体受试者才能够评定第二性征发育等级。虽然后来采用裸体照片的方法,但难以检查阴毛是否出现这一发育等级。最近,有人使用被评价者自己检查报告的方法,但其可靠性仍存在疑问。

性成熟度的应用范围有限,仅能够应用于青春期,而且第二性征发育也只能粗略地估价青少年的发育程度。

3. 牙龄

最初牙龄的评价依据于乳牙或恒牙的萌出(eruption)。但牙齿的萌出仅为牙齿钙化过程中的一种事件,应用的年龄范围较窄。因此,Demirjian 等(1973)提出了根据恒牙钙化程度评价牙龄的方法。该方法与 TW 骨龄评价方法相似,通过评价左侧下颌骨 7 颗恒牙的 X 线放射影像,将每颗恒牙钙化点出现至根尖闭合的发育过程划分为 8 个等级,使用 TW 骨发育等级分值的计算方法计算出每颗牙齿每发育等级的分值。根据被测者 7 颗牙齿的发育等级,查表得到分值,各分值之和为牙齿成熟度分值,再查成熟度分值与牙龄对照表而转换为牙龄。该方法适用于 3~16 岁儿童青少年发育程度的评价。目前,Demirjian 法已经成为国际间评价牙龄的主要方法,许多国家已将 Demirjian 牙齿发育等级分值系统转换为本国人群牙龄标准。

但是,牙龄不能完全反映全身的生物成熟度,因为所有其他生物年龄都说明,女孩发育提前于男孩,而乳牙在发育时间上却无明显的性别差异,依据恒牙钙化评价的牙龄,所反映出的性别差异也比其他生物年龄小许多。

在某些应用领域第三臼齿的发育具有特别的应用价值,例如在法医学,第三臼齿的发育是活体青少年法庭年龄推测(forensic age estimation)的主要依据之一。因为在 18 岁左右青少年身体其他组织系统均已发育成熟,而第三臼齿在 20 岁以后才完成根尖闭合的最后发育等级(Mincer et al. ,1993;Olze et al. ,2004),所以第三臼齿的发育年龄特征引起国际法医学界的关注,而用于青少年刑事责任年龄的推测。

4. 骨龄

骨龄是目前应用最广泛的评价生物年龄的方法。骨的发育贯穿全部生长发育期,在发育过程中所有个体的骨组织都由软骨逐渐骨化成骨。骨化开始点(骨化中心钙化点)和结束点(成熟状态)均为已知,不同骨或不同个体之间由软骨模型骨化开始到成年形态的渐进过程的速度不同,为骨成熟度评价提供了基础。

在骨龄评价方法的研究过程中,人体的肩、肘、手腕、髋、膝、足踝关节都曾作为 X 线摄片部位,用来评价骨龄。由于手腕部包括多种类型的众多骨化中心,反映了全身骨发育状况,而且易于摄片,节省人力物力,X 线照射剂量很小,所以手腕部骨龄得到了最为广泛的应用。

在发育年龄上与众不同的骨也有其特殊的用途,例如锁骨内侧骨骺融合开始、融合完成的中位数年龄分别为 20 岁和 29 岁(Schmeling et al. ,2004;Schulz et al. ,2008),所以锁骨内侧骨骺发育成熟度也成为了法庭科学年龄推测的主要依据之一。

用来确定骨成熟度的特征称为成熟度指征,每块骨的成熟度指征均以不可逆的顺序规律性地出现。手腕部骨成熟度指征所提供的信息可以分为三类:第一是骨化中心的出现,说明骺软骨开始转化为骨组织;第二是每块骨在趋向其成年形状的过程中逐渐分化,长骨表现为骨骺和骨干干骺端的形状变化,腕骨表现为独特的形状的改变与增大;第三是长骨骨骺与骨干的融合以及腕骨达到成年形状。

1.1.3 骨龄与其他组织系统成熟度指征的关系

既然身体形态、第二性征、牙龄和骨龄都能够评价儿童青少年的发育成熟度,那么必然会产生这样一个问题:对同一对象,以不同组织系统成熟度指征所评价的成熟度结果相同吗?一般而言,在骨骼、第二性征、身体形态的成熟度指征出现年龄之间表现为中到高度的正相关,但牙龄与其他成熟度指征的相关程度较低,其发育进程具有一定的独立性。

由表 1.2(Marshall,1974)可见,第二性征的发育年龄与骨龄密切相关,但是骨龄的变异

(标准差)较小,尤其是在初潮时和达到95%的成年身高时,骨龄标准差的下降最为显著。因为在这两个成熟事件上骨龄的变异明显减小,所以相关系数也降低了。

表1.2 达到各成熟度指征时的生活年龄、骨龄及其相关系数

成熟度指征	生活年龄		骨龄		相关系数
	平均数	标准差	平均数	标准差	
女					
乳房等级2	11.0	1.1	10.9	1.0	0.69
乳房等级5	14.0	0.9	14.0	0.8	0.44
阴毛等级3	12.5	1.0	12.5	0.8	0.64
身高速度高峰	12.3	1.1	12.5	0.9	0.74
初潮	13.2	0.8	13.3	0.4	0.35
95%成年身高	12.8	0.8	13.0	0.3	0.18
男					
外生殖器等级2	11.5	1.1	11.5	1.2	0.63
外生殖器等级5	14.5	1.0	14.8	0.8	0.39
阴毛等级3	13.8	0.9	13.6	1.0	0.42
身高速度高峰	13.9	1.0	14.0	0.8	0.34
95%成年身高	14.6	0.7	15.1	0.3	0.05

Bielicki等(1975;1984)曾研究了青春期不同成熟度指征之间的关系(表1.3),在性成熟开始时的骨龄与生活年龄的变异相似,因而在男10岁、女11岁时骨龄与第二性征年龄的相关程度较低;随生活年龄的增长和第二性征年龄、身高速度高峰年龄、初潮年龄、95%成年身高年龄的相关系数逐渐增大,在这些成熟事件出现的平均年龄前后,骨龄与出现年龄的相关系数相当高。这种现象可能与青春期前和青春期生长发育阶段的激素调节不同有关,青春期前身体生长和骨骼的发育主要依赖于生长激素的控制与调节,但在青春期,性的成熟、身高的生长突增、骨的发育则是在生长激素和性类固醇激素的共同影响之下。因骨发育与性成熟事件的密切关系,所以可根据骨成熟度指征来预测初潮年龄(张国栋等,1991),见表1.4。

表1.3 青春期骨龄与其他成熟度指征年龄之间的相关系数

生活年龄	乳房等级4	阴毛等级4	身高速度高峰	初潮	生活年龄	外生殖器等级4	阴毛等级4	身高速度高峰	95%成年身高
女					男				
10	0.49	0.51	0.58	0.51	11	0.25	0.29	0.26	0.29
11	0.60	0.61	0.69	0.61	12	0.40	0.42	0.42	0.47
12	0.65	0.64	0.73	0.68	13	0.62	0.61	0.68	0.71
13	0.68	0.67	0.76	0.71	14	0.75	0.78	0.81	0.83
14	0.70	0.68	0.79	0.73	15	0.83	0.82	0.89	0.93

表 1.4 估计初潮年龄(Y)的回归公式

骨发育事件(岁)	n	回归方程	相关系数
手腕部种子骨出现年龄 X_1	46	$Y_1=2.730+0.845X_1$	0.930
第二指末端骨骺融合年龄 X_2	37	$Y_2=1.021+0.888X_2$	0.933
X_1 和 X_2	37	$Y_3=1.443+0.333X_1+0.557X_2$	0.940

在生长发育研究中,大都使用相关系数来观察不同成熟度指征的关系。但是,在生长发育的不同阶段,这些关系有不同程度的变化,因而有必要进行不同成熟度指征间相互关系的综合性研究。Bielicki 等(1984)对 111 名 8~18 岁波兰男孩的 21 项成熟度指征(包括第二性征年龄、骨龄、形态年龄、牙齿萌出年龄)作了聚类分析。结果发现,这些成熟度指征可以分为三类:第一类为青春期总体成熟度因素,包括身高速度高峰年龄、第二性征年龄、14 和 15 岁时的骨龄、85%、90% 和 95% 成年身高年龄、身高生长突增开始年龄。这些总体成熟度因素说明了青春期生长发育速度是在共同因素的控制之下。第二类为 11、12、13 岁时的骨龄和达到 80% 成年身高年龄,说明的是青春期的生长。第三类为牙齿的萌出年龄。第二、三类相互无关,也与其他成熟度指征无关。主成分分析进一步说明,第一主成分为青春期总体成熟度因素,所有变量都有高的正载荷,说明了样本变异的 77%;第二主成分与青春期前骨发育成熟速度有关,仅说明了样本青春期成熟度变异的 12%。在此之前,Bielicki (1975)对女孩青春期不同成熟度指征相互关系的研究结果相似。

所以,青春期生长和成熟速度依赖于总体成熟因子,这些因子可以区分不同个体青春期事件开始时间的早晚。另一方面,成熟度指征也存在有变异,提示单一组织系统不可能全面地描述男女少年青春期的生长发育速度。

1.1.4 设计生长发育研究所采用的研究类型

在生长发育研究中可应用多种研究类型,采用何种类型取决于所研究的问题。归纳起来,基本的研究设计类型为:横断研究和纵断研究,以及两种基本研究方法的结合-混合纵断研究。

横断研究中,在一定年龄上或几个年龄上测量大量的个体,每一个体仅测量一次,基本上是一定年龄或一定人群不同年龄的横断面。这样设计的研究可以得出调查时刻样本儿童的生长发育状况以及样本变异性的结果。在取样上,要特别谨慎,应使所取样本真正代表所要研究人群的横断面。横断资料的纵断应用,所得出的是平滑了的生长发育曲线,在一定程度上掩盖了实际宽大的个体变异,不能精确估价生长发育的速度与变化。

纵断研究中,在一段时间内对同一个体以特定的时间间隔重复测量。所得结果不仅可以提供由横断研究得到的现状资料,而且能够精确评价生长发育速度和变化的规律。

但是,长时间纵断研究的实施比较困难,一项由出生至发育成熟的完全纵断研究约需 20 年,需要长时间的人力与财力的投入,必须具备组织良好的科技人员队伍。但这类研究的最大问题是经常受到受试者丢失的困扰,难以保障研究所需的样本量。此外,研究结果还可能受到社会经济状况变化而带来的生长发育长期趋势的影响。

混合纵断研究是横断与纵断设计相结合的研究方法,综合了两种基本研究设计的优点,能够提供当前状况与速度的研究结果,在完成研究所需时间上也处于二者之间。这种研究方法应采取特殊的统计学方法处理所得到的数据资料,以得出关于生长发育速度的精确估价。例如,在出生时、4、8、12、16 岁开始测量,在以后的 4 年中以规律的时间间隔跟踪测量每一名受试者。4 年后,出生开始时的这一组已经 4 岁,4 岁时开始测量的组已经 8 岁,等等。这种设计的关键之一是 4、8、12、16 岁时各组群之间的衔接,要以适宜的统计学方法完成组群之间的拟合,得到连续 20 年的生长发育资料。

使用何种类型的设计由研究的目的所决定,如果研究的目的为了解某人群的生长发育状况而制订评价标准,则应采用横断研究设计;如果研究生长发育规律,则应采用纵断的研究设计。无论采用何种设计类型,都要采取适宜的测量时间间隔,在婴幼儿期以及青春期生长发育迅速的阶段,测量的时间间隔应当缩短。

1.2 骨发育成熟度的评价基础

1.2.1 骨发育成熟度评价部位的选择

因为身体不同部位骨化中心出现时间及成熟速度不同,所以较为理想的骨成熟度评价方法应包括躯体一侧各关节部位的骨化中心。但在实际中这样做却存在许多的困难,例如,评价如此多的骨化中心耗时过长,X 线胶片耗费也过多,更为重要的是 X 线辐射的更大损害。所以,相继出现了以身体某一关节部位骨化状况代表全身骨成熟度的评价方法。在长期的研究过程中,由于手腕部含有多种类型的众多骨化中心、易于摄片且 X 线辐射量很小,与全身骨骼发育的关系最为密切,所以在骨成熟度评价中得到了广泛的应用。

在美国早期的骨发育研究中,美国 Todd 教授曾经分析了优越生活条件下健康儿童的手、肘、肩、足、膝、髋部的骨龄,结果表明这 6 个部位的骨成熟度基本相同,手腕部骨龄的标准差最小,其次为足、膝、肘、肩、髋部。Garn 和 Rohomann(1966a)分析了上述 6 部位 71 个次级骨化中心出现年龄的相互关系,将每一骨化中心与其他部位骨化中心出现年龄的相关系数的平均数作为公共性(代表性)的指标。结果发现,不同肢体同类部位(手与足,肘与膝,肩与髋)的公共性最高;同一肢体内不同类部位的公共性较低;肢体之间不同类部位的公共性最差。对全身骨化中心出现年龄最有预测价值的骨化中心有 20 个,其中的 11 个和 13 个分别位于男、女儿童的手腕部。此外,Garn 和 Rohomann(1959)、Roche(1970)的研究又发现,手腕部的掌骨和指骨骨化中心出现年龄、发育速度的公共性最高。

Roche 等(1975a)曾认为膝关节是身高增长的主要部位,要精确估价儿童身高生长潜力应使用膝关节部位的骨龄,所以在他们的 RWT 成年身高预测方法的研究中包括了手腕、足、膝关节部位的骨龄。但经主成分和相关矩阵分析,预测指标却选中了手腕部骨龄。这一结果说明,手腕部骨骼发育与身高生长的关系更为密切。

手腕部和膝部骨龄可能在一定程度上具有各自的独立性(Roche et al.,1975b),因此,Xi 和 Roche(1990)以美国 Fels 生长研究中的白人样本,分析了手腕部和膝部骨龄的差值。结果表明,男女各年龄组差值的平均数为 0.34~0.87 岁,标准差为 0.31~0.68 岁,至少有 5%的样本儿童存在较大的差异,因而提出两部位的骨龄不能互相替代。如果评价两侧肢体不对称儿童的膝部关节增长潜力,应采用膝部关节估价骨成熟度(Roche et al.,1975b)。在美国全国协作生长研究(National Cooperative Growth Study,NCGS)中,Kemp 和 Sy(1999)比较了青春期儿童以生长激素治疗期间的手腕部和膝部骨龄,不同方法间的骨龄差异无统计学显著性,二者的相关系数 $r=0.872$,生活年龄较大者手腕部骨龄大于膝部骨龄,生活年龄较小者手腕部骨龄小于膝部骨龄;骨龄是预测 GH 治疗反应的重要的变量,在大部分受试者,膝部骨龄没能提供出额外有价值的信息,但是在临床中,某些病人的手腕骨骨龄可能不能够反映临床状况,对这些病人应当测定膝部骨龄。Aicardi 等(2000)分别应用 G-P 法、TW2-20 和 TW2-RUS 方法、RWT 方法(膝部)、Fels 方法(手腕部)评价了意大利热那亚 2~15 岁矮身高、单纯性肥胖和急性疾病病人的骨龄,估价了身高生长和营养状况对膝部和手腕部骨成熟度的影响。结果发现,手腕部骨龄与身高和体重指数(BMI)密切相关,在骨成熟度延迟时,G-P、TW2-20 和 TW2-RUS、Fels 骨龄倾向于低于 RWT 膝部骨龄;相反,如果成熟度提前时,手腕部骨龄高于 RWT 骨龄。手腕部和膝部骨成熟度存在可变性,在定量发育成熟度的提前和延迟方面膝部骨龄的敏感性不如手腕部骨龄。

1.2.2 左右两侧手腕部骨成熟度的一致性

在手腕部骨发育评价方法的研究中均沿用了以左手腕部为拍摄部位。Todd 和早期的研究者决定采用左手腕部可能受到 1912 年自然人类学协会和 1916 年人体测量学联合会关于测量身体左侧躯体与测量左手、左足提议的影响。另一种考虑是右利手人的数量大大超过左利手人,左手比右手较少致残和受伤。当然,主要的决定因素为儿童左右两侧手腕部骨发育是否一致。

左右两侧手腕部骨发育是否一致可以由骨化中心出现数量以及骨龄的比较来说明。早期瑞典的 Elgenmark(1946)发现,在 59 名儿童中手腕部骨化中心出现时间仅有很小的差别,右侧或左侧骨发育提前的个体数量无差异。Torgersen(1951)比较了 404 名 9 岁以下儿童的两侧手腕部 X 线片,其中 60 例右侧发育提前、95 例左侧发育提前,其余无明显差异,结论为左右侧手腕部骨发育差异很小,不会构成骨龄评价的误差来源。Todd 曾经使用他本人制订的骨龄图谱评价了 405 名儿童,仅有 5 名受试者左右两侧手腕部骨龄的差值在 6 个月以上。Dreizen 等(1957)使用 G-P 图谱法比较了 1 个月至 17 岁的 450 名儿童,两侧手腕部骨龄差值超过 3 个月的有 42 例(13%),超过 6 个月的仅 5 例(1.5%),两侧手腕部骨龄的差异与骨发育的速度无关。Roche(1963)也应用 G-P 图谱比较了 119 名(61 名男性,58 名女性)3 岁 5 个月至 4 岁 7 个月澳大利亚儿童两侧手腕骨的发育,大部分儿童两侧手腕部骨化中心出现数量相同,少数儿童有左侧骨化中心数量多于右侧的倾向,但差异无统计学显著性;两侧的骨龄差异最大为 1.76 岁,男孩的差异具有统计学显著性。因此,他认为虽然两侧手腕部骨龄存在差异,但是差异很小,并不限制应用一侧来评价骨成熟度。

1.2.3 手腕部骨发育的遗传学特征和出现次序

骨成熟度的评价依赖于某解剖学部位骨化中心的出现及其后发育过程中的形态特征变化,所以在不同种族、不同人群之间,骨化中心的出现次序及各形态特征出现次序基本一致时,一种骨龄评价方法才能够在不同人群之间通用。

人类胚胎和胎儿期各个器官系统都经过有序的发育过程。这种人类发育的遗传控制延续到出生后的生长发育的全过程。骨骼的生长发育也不例外,人类软骨的形成及初级骨化中心的形成都有固定的次序,出生后健康儿童骨骼骨化的次序、发育过程中各自形态的连续变化,以及骺与骨干的融合次序都有相当的规律性,为骨龄评价提供了生物学基础。

Greulich 和 Pyle(1959)曾拍摄过由考古学家发现的女孩木乃伊手腕部 X 线片。据分析,该儿童可能在 3000 多年前去世,由现代的骨龄标准评价骨龄为 4~5 岁,腕骨的相对大小和分化程度提示骨化次序与现代儿童相同:即头状骨、钩骨、三角骨、月骨、舟骨,第二指和第三指的每块骨发育最快,第五指每块骨的发育最慢,近节指骨的发育快于中节指骨和远节指骨。

20 世纪 20 年代以来,国际上一些著名的生长研究中心都以纵断研究资料证实了骨发育的规律性。Pyle 等(1971)在应邀为美国国家健康调查选择手腕部骨发育评价标准所进行的研究中,提出了不同种族、不同性别的儿童生长发育过程中骨化中心的骨化特征和关节面的变化都相同的假设,经对当时世界范围内的 6 部骨龄标准图谱,即美国的 3 部图谱和欧洲、非洲及日本的 3 部图谱的比较,证实了这个假设。在世界各地检验和使用 TW 计分法的过程中,也验证了所有人群手腕骨发育成熟度指征和出现次序相同,并且不受饥饿等营养不良因素的影响(Tanner et al. ,1983b)。

表 1.5 为 2005 年中国儿童(张绍岩等,2007)与布拉什基金研究中的美国儿童(Greulich and Pyle,1959)手腕部 20 块骨骨化中心出现顺序与年龄的比较。在两国不同种族儿童之间,骨化中心出现年龄的顺序大体一致,部分不一致的原因可能与研究类型、组距设计及出现年龄的计算方法不同有关。布拉什基金研究为纵断研究,在骨化中心出现的年龄段以 3 个月为组距,以平均数计算出现年龄;而 2005 年中国人骨发育研究为横断设计,以 6 个月为组距,以年龄组的骨化中心累积出现率曲线拟合计算出现年龄。手腕部长骨骨化中心在短时间内相继出现,所以这些方法学上的差别导致了不同研究中出现次序部分不一致。

表 1.5 美国 G-P 图谱样本与中华 05 样本儿童手腕部骨化中心出现顺序与年龄

骨	女				男			
	G-P 图谱样本		中华 05 样本		G-P 图谱样本		中华 05 样本	
	出现次序	出现年龄	出现次序	出现年龄	出现次序	出现年龄	出现次序	出现年龄
桡骨	1	0.85	3	1.00	1	1.04	3	1.08
近节指骨Ⅲ	2	0.87	1	0.83	2	1.27	2	0.99
远节指骨Ⅰ	3	1.01	2	0.83	3	1.51	1	0.97
掌骨Ⅲ	4	1.17	5	1.21	4	1.66	4	1.52
近节指骨Ⅴ	5	1.23	7	1.28	5	1.78	7	1.86
中节指骨Ⅲ	6	1.27	4	1.06	6	1.98	5	1.73
掌骨Ⅴ	7	1.43	8	1.33	7	2.12	8	2.06
远节指骨Ⅲ	8	1.54	6	1.24	8	2.28	6	1.74
掌骨Ⅰ	9	1.57	9	1.46	9	2.59	10	2.50
近节指骨Ⅰ	10	1.71	10	1.63	10	2.68	9	2.44
中节指骨Ⅴ	11	1.91	11	1.64	12	3.23	12	2.70
远节指骨Ⅴ	12	1.97	12	1.70	11	3.03	11	2.50
尺骨	13	6.08	13	6.26	13	6.90	13	8.08

续表

骨	女				男			
	G-P 图谱样本		中华 05 样本		G-P 图谱样本		中华 05 样本	
	出现次序	出现年龄	出现次序	出现年龄	出现次序	出现年龄	出现次序	出现年龄
头状骨	1	0	1	0. 23	1	0	1	0. 50
钩骨	2	0	2	0. 25	2	0	2	0. 50
三角骨	3	1. 91	3	2. 40	3	2. 18	3	3. 79
月骨	4	2. 88	4	3. 32	4	3. 44	4	4. 53
大多角骨	5	4. 14	5	3. 96	6	5. 53	5	5. 69
小多角骨	6	4. 23	6	4. 38	7	5. 56	6	6. 05
舟骨	7	4. 30	7	4. 91	5	5. 47	7	6. 53

腕骨的比较则与长骨不同,腕骨骨化中心以相隔较长的时间相继出现,因此中美儿童相比,仅男孩的小多角骨和舟骨的出现次序不同,其余则完全一致。此外,中国儿童(张绍岩等,2007)与美国儿童(Garn et al. ,1961)手腕部长骨的骺干融合次序也是一致的,见表 1. 6。

表 1. 6　美国 Fels 生长研究样本与中华 05 样本儿童手腕部长骨骺干融合次序与年龄

融合次序	女		男	
	Fels 研究样本	中华 05 样本	Fels 研究样本	中华 05 样本
远节指骨	13. 6	12. 6	15. 9	14. 5
近节指骨	14. 3	13. 3	16. 2	15. 0
中节指骨	14. 3	13. 5	16. 4	15. 1
掌骨	14. 6	13. 6	16. 4	15. 1
尺骨	—	15. 6	—	17. 0
桡骨	—	17. 0	—	18. 0

在男女性别之间,手腕部骨化中心骨化次序相同,所不同的是骨化的速度。在出生后不久,女性骨发育开始提前,随儿童的生长与发育男女骨发育的差异逐渐增大至 2 岁左右。在青春期后期,骨发育速度减慢,女性更为显著,骨发育的性别差异减小,女孩桡骨骺干完全融合年龄仅提前男孩 1 年。

和其他解剖学和生理学的概括一样,对于上述规律也存在一些例外,腕骨更易出现骨化次序的紊乱。Garn 等(1966b)和 Roche 等(1975b)的研究提示,这些异常的骨化次序可能因遗传和疾病所致。但是,这些异常的骨化形式不能否定正常儿童典型的手腕骨骨化模式。以不同次序开始骨化的骨化中心通常在短暂时期内出现,不会显著影响手腕部的骨发育评价。

在人类出生后的发育过程中,由遗传所决定的骨化次序为骨龄评价奠定了基础。手腕部有 28 块骨(豌豆骨除外),每块骨在骨化过程中依次出现的形态特征变化均可作为成熟度指征,共可组成 28 个骨成熟度系列,将这些系列以一定的数学方法结合起来,就可构成手腕部骨成熟度评价方法。Tanner 等(1983a)在研究了手腕骨发育过程后提出,在每块骨连续的形态变化过程中所选取的成熟度指征数量要适中,如果选择过多,相互之间难以辨别而降低骨龄评价的精确性,但又不能过少,否侧将不能区分骨发育程度的差异。“中国人手腕骨发育标准——中华 05”研究(张绍岩等,2006)采用了 TW3 法手腕部骨发育等级系列,并在此基础上,增加了部分特征明显的成熟度指征,提出了 RUS-CHN 法,由图 1.1、图 1.2 可见,增加成熟度指征后的各块骨的发育等级均随年龄的增长而顺序出现。图 1.3、图 1.4 为中国儿童 TW3-C Carpal(腕骨)发育等级出现次序与达到年龄曲线。

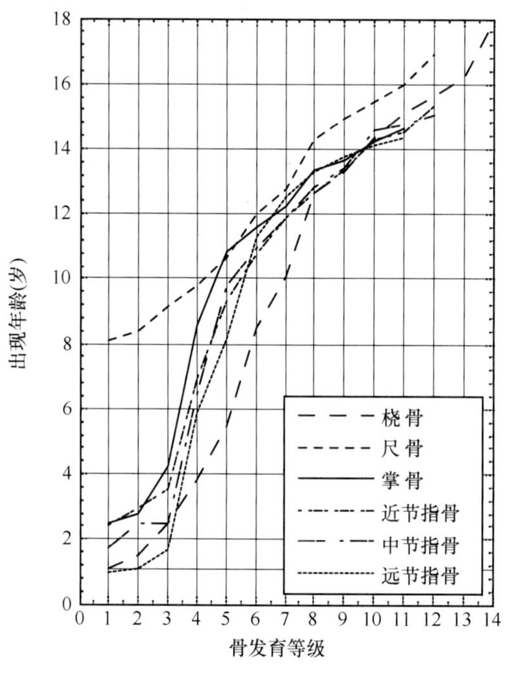

图 1.1 中华 05 RUS-CHN 法骨发育等级年龄曲线(男)

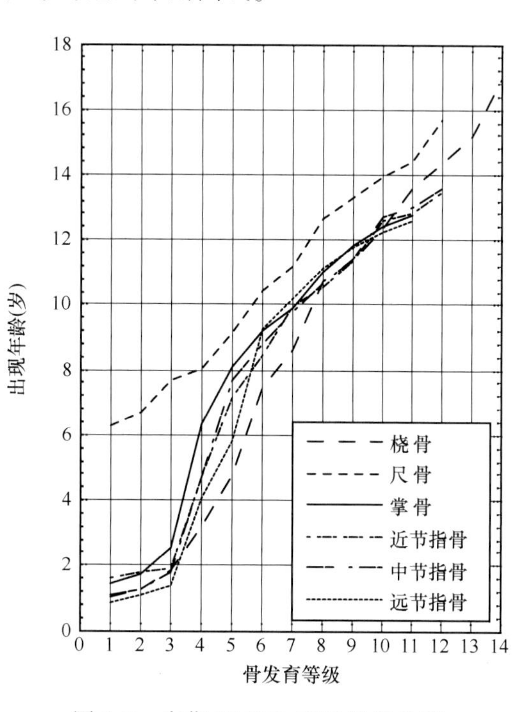

图 1.2 中华 05 RUS-CHN 法骨发育等级年龄曲线(女)

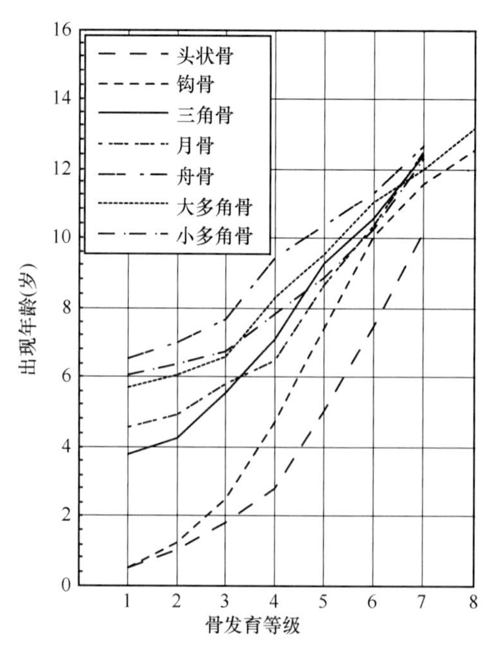

图 1.3 TW3-C Carpal 法骨发育等级年龄曲线(男)

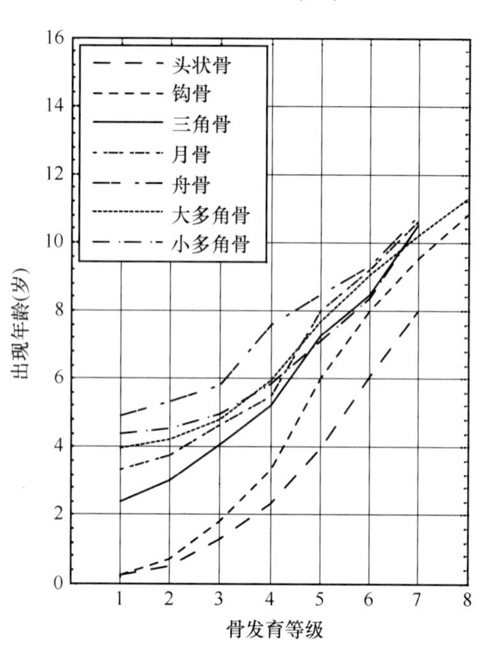

图 1.4 TW3-C Carpal 法骨发育等级年龄曲线(女)

1.3 骨龄的概念

骨龄是以年龄估价发育成熟度的一种尺度，就像以长度和重量单位度量身高、体重一样，所有的骨发育评价方法都以骨龄来度量骨的发育程度。所谓骨龄就是某一生活年龄时健康儿童群体骨发育程度的代表，是一种可用来描述个体儿童发育状况的实用方法，在数值上相当于该儿童群体的生活年龄。

骨龄评价标准均以人群标准化的儿童样本研制，所以在应用于个体儿童时，标准化的样本就成为了参照样本，一名儿童的骨龄即为相对于参照样本所达到的成熟水平。例如，使用G-P(Greulich and Pyle，1959)图谱，参照样本为1931～1942年美国俄亥俄州克利夫兰地区的白人儿童；使用TW3方法，参照样本为20世纪70～90年代的欧美儿童；使用中国人手腕骨发育标准——中华05方法，参照样本为21世纪初中国城市汉族儿童样本。由于所应用的方法和参照样本的不同，应用上述三种方法评价同一名儿童所得出的骨龄可能出现相当大的差异。

在实际应用中常常将与参照样本相比所得到的骨龄和个体儿童的实际生活年龄相比较。例如，一名生活年龄10.5岁的儿童，骨龄为12岁，则说明该10.5岁儿童的骨发育水平已经相当于生活年龄12岁儿童的水平，骨发育提前1.5岁；同样，一名生活年龄10.5岁的儿童，骨龄为9岁，则说明该儿童虽然生活年龄10.5岁，但仅达到9.0岁儿童的骨发育成熟程度，因此骨发育延迟1.5岁。

但是，使用年龄作为尺度度量成熟程度时，由于生长发育的人群差异和长期趋势，在不同人群或同一人群的不同年代，成熟度指征与年龄之间关系是变化的，因此需要制订不同人群的评价标准，并根据骨发育的长期趋势不断地修正(张国栋、叶恭绍，1984)。

参考文献

张国栋，王文英，陈玲娣. 1991. 儿童少年骨龄变化规律的追踪研究及应用. 中国学校卫生，12(6)：321～325.

张国栋，叶恭绍. 1984. 骨骼年龄. 中华医学百科全书——儿童少年卫生学. 上海：上海科学技术出版社，34～35.

张绍岩，花纪青，刘丽娟，等. 2007. 中国人手腕骨发育标准——中华05. Ⅲ. 中国儿童骨发育的长期趋势. 中国运动医学杂志，26(2)：149～153.

张绍岩，刘丽娟，吴真列，等. 2006. 中国人手腕骨发育标准——中华05. Ⅰ. TW3-C RUS、TW3-C 腕骨和 RUS-CHN 方法. 中国运动医学杂志，25(5)：509～516.

Aicardi G，Vignolo M，Milani S，et al. 2000. Assessment of skeletal maturity of the hand-wrist and knee：a comparison among methods. Am J Hum Biol，12：610～615.

Bielicki T，Koniark J，Malina RM. 1984. Interrelationships among certain measures of growth and maturation rate in boys during adolescence. Ann Hum Biol，11：201～210.

Bielicki T. 1975. Interrelationships of between various measures of maturation rate in girls during adolescence. Study in Physical Anthropology，1：51～64.

Demirijian A，Goldstrin H，Tanner JM. 1973. A new system of dental age assessment. Hum Biol，45：221～227.

Dreizen S. Parker GS，Snodgrasse RM，et al. 1957. Bilateral symmetry of skeletalmaturation in human hand and wrist. AM J Dis Child，93：122～127.

Elgenmark O. 1946. The normal development of ossific centres during infancy and childhood，clinical，roentgenologic and statistical study. Acta Paediat，(suppl. Ⅰ) 33：1～79.

Garn SM，Rohmann CG，Apfelbaum B. 1961. Complete epiphyseal union of the hand. Am J Phys Anthrop，19：365～372.

Garn SM, Rohomann CG. 1959. Communalities in the ossification centres of the hand and wrist. Am J Phys Anthrop, 17:319～323.

Garn SM, Rohomann CG. 1966a. Developmental communalities of homologous and non-homologous body joints. Am J Phys Anthrop, 25:147～152.

Garn SM, Rohomann CG, Blumenthal T. 1966b. Ossification sequence polymorphism and sexual dimorphism in skeletal development. Am J Phys Anthrop, 24:101～116.

Greulich WW, Pyle SI. 1959. Radiographic Atlas of Skeletal Development of Hanf and Wrist. 2nd ed. Stanford, CA: Stanford University Press.

Kemp SF, Sy JP. 1999. Analysis of bone age data from National Cooperative Growth Study substudy Ⅶ. Pediatrics, 104(4): 1031～1036.

Marshall WA, 1974. Intertrelationships of skeletalmaturation, sexual development and somatic growth in man. Ann Hum Biol, 1: 29～40.

Marshall WA, Tanner JM. 1969. Variations in the pattern of pubertal changes in girls. Arch Dis Child, 44:291～303.

Marshall WA, Tanner JM. 1970. Variations in the pattern of pubertal changes in boys. Arch Dis Child, 45:13～23.

Mincer HH, Harris EF, Berryman HE. 1993. The A. B. F. O. study of the third molar development and its use as an estimator of chronological age. J Forensic Sci, JFSCA, 38(2):379～390.

Olze A, Taniguchi M, Schmeling A, et al. 2004. Studies on the chronology of third molar mineralization in a Japanese population. Leg Med, 6:73～79.

Pyle SI, Waterhouse AM. Greulich WW. 1971. Attribute of the radiographic standard of reference for the National Health Examination Survey. Am J Phys Anthrop, 35:331～338.

Roche AF, Wainer H, Thissen D. 1975a. The RWT method for the prediction of adult stature. Pediatrics, 56:1026～1033.

Roche AF, Wainer H, Thissen D. 1975b. Skeletal Maturity: the Knee Joint as A Biological Indicator. New York, London: Plenum.

Roche AF. 1963. Lateral comparisons of the skeletal maturity of the human hand and wrist. American Am J Roentgenol Radium Ther Nucl Med, 89:1272～1280.

Roche AF. 1970. Associations between rates of bones of hand-wrist. Am J Phys Anthrop, 33:341～348.

Schmeling A, Schulz R, Reisinger W, et al. 2004. Studies on the time frame for ossification of the medial clavicular epiphyseal cartilage in conventional radiography. Int J Legal Med, 118:5～8.

Schulz R, Mühler M, Reisinger W, et al. 2008. Radiographic staging of ossification of the medial clavicular epiphysis. Int J Legal Med, 122:55～58.

Tanner JM, Landt KW, Cameron N, et al. 1983a. Prediction of adult height from height and bone age in childhood, A new system of equations (TW Mark Ⅱ) based on a sample including very tall and very short children. Arch Dis Child, 58:767～776.

Tanner JM, Whitehouse RH, Cameron N, et al. 1983b. Assessment of Skeletal Maturity and Prediction of Adult Height (TW2 method). 2nd ed. London: Academic Press.

Torgersen J. 1951. Asymmetry and skeletalmaturation. Acta Radiol, 36:521～523.

Xi HJ, Roche AF. 1990. Differences between the hand-wrist and the knee in assigned skeletal ages. Am J Phys Anthrop, 83: 95～102.

第 2 章　手腕部骨龄评价方法

自发现伦琴射线以来，人体骨骼系统的生长发育过程得到了详细的研究，各种评价方法相继问世。在骨发育成熟度评价方法（骨龄）的研究过程中，曾经采用拍摄身体一侧各关节的 X 线片，计数骨化中心数目或以骨化中心出现和骺融合年龄的方法来评价骨龄，但这种方法 X 线暴露过多，而且忽略了骨化中心由出现到融合之间骨骼形态结构的变化，所以在实践中未能得到应用。虽然不同关节部位对不同年龄段的骨龄评价有不同的效果，但由于手腕部骨骼代表了全身骨发育状况，对儿童的 X 线照射剂量很小，所以依手腕部骨化中心所制订的骨龄标准与评价方法在国内外得到了广泛应用。

2.1　骨化中心出现与融合年龄

在 20 世纪 20~60 年代，大多使用骨化中心出现年龄与融合年龄表评价骨骼的成熟程度。这种年龄表由统计足够数量儿童每一骨化中心出现和融合年龄的范围而制订，例如，男桡骨骨化中心出现年龄为 7 个月 ~8 岁，骺干融合年龄为 17 ~ 20 岁等。这种方法虽然简单、方便，但过于粗略，只能对成熟程度做出大致的估价，无法得出具体的骨龄数值，使用范围也仅限于学龄前和青春期后期。所以这类方法已很少应用。

1973 年，Yarbrough 等（1973）根据 0~7 岁的 1447 名危地马拉儿童和 2130 名美国儿童，报告了以手腕部骨化中心出现数量（豌豆骨和籽骨除外）评价学龄前儿童骨龄的方法。不同种族儿童样本的手腕骨均有规律的骨化次序，通过评价个体儿童在这种骨化次序中所处的阶段可得出骨龄，其骨龄评价的可靠性甚至好于 G-P 图谱和 TW1 计分法。

2.2　经典方法

2.2.1　G-P（Greulich and Pyle）图谱法

1935 年，Sieget 依据 444 名德国儿童（男 200，女 244）手腕部 X 线片的横断研究出版了第一部手腕骨成熟度图谱，但实际上该图谱为 0 ~ 12 岁儿童骨发育成熟度的案例报告。1936 年，美国的 Flory 根据 5000 名芝加哥儿童也出版了一部手腕骨发育图谱，但受试者的资料没有标准化，而且 X 线片的质量较差。

1929 年，美国俄亥俄州克利夫兰地区西储大学医学院的 Todd 教授开始精心筹备综合性的儿童生长发育调查，在 1931 年该计划付诸实施。研究工作所需经费由布拉什基金提供，因此而称为布拉什基金研究，成为世界上最著名的早期骨发育纵断研究之一。研究样本均为北欧人后裔，儿童家庭的经济状况及父母受教育程度在平均水平以上。在儿童出生后第一年每 3 个月、1 ~ 5 岁每 6 个月、其后每年检查一次。检查时，拍摄身体左侧的肩、肘、手、髋、膝和足部 X 线片，测量身高、体重。与此同时，Todd 也在较低社会阶层的儿童进行了几项骨发育的横断研究。

1937 年,Todd 研究分析了上述 6 个部位的骨成熟度状况,对手腕部给以了最大的关注,依据 1000 名儿童的 X 线片,出版了《手部骨成熟度图谱》,因骨发育纵断依据正在进行之中,所以青春期的标准片几乎完全选择于横断研究资料。

1938 年,Todd 教授去世,斯坦福大学医学院的 Greulich 教授接替了他的工作。在 1942 年研究工作结束。1950 年,Greulich 和 Pyle 根据 Todd 的设计,完全使用了布拉什纵断研究中的手腕部 X 线片,出版了《手腕骨发育 X 线图谱》,而称为 G-P 图谱。在 1959 年出版的第二版中对标准片做了某些修改,成为国际间著名的 G-P 骨龄标准图谱(Greulich and Pyle, 1959)。

G-P 图谱共包括男 31 幅、女 29 幅标准片,每一幅标准片选自 100 名同性别、同年龄儿童的 X 线片。在每一年龄组中,将每名儿童的 X 线片按发育程度的高低顺序排列,以中位数作为本年龄组的代表,处于中位数的 X 线片即为该年龄的标准片。如,女 20 号标准片代表了 12 岁女孩的骨发育程度,所以该标准片的骨龄为 12 岁。在不损失准确性的情况下,尽量使用同一名儿童连续几年的 X 线片作为标准片,以保持骨发育的连续性,减小应用时因骨骼大小差异所造成的困惑。

G-P 图谱不仅组成了骨龄标准图谱,而且根据纵断研究资料首次系统地提出了手腕部各块骨和骨骺在发育过程中形态特征的 X 线影像变化,称为成熟度指征(maturity indicator)。这些成熟度指征不仅为应用 G-P 图谱时各骨发育状况的比较提供了评价依据,而且也为后来的骨发育研究提供了基础。

在实践应用中,有三种使用 G-P 图谱的方式:

(1) 整片匹配法:这种使用方法最简便,应用也最普遍。先将要评价的 X 线片与图谱标准片中同性别的、生活年龄最相近的标准片做整片发育程度的比较;如果不匹配,再与相邻的标准片比较,直到选择出发育程度最为相似的标准片,该标准片的骨龄即为被评价儿童的骨龄。

(2) 插入法:如果在上述的比较中,被评价的 X 线片与标准片均不确切一致,而是处于相邻两幅标准片之间时,那么可取这两幅标准片骨龄读数的平均数作为被评价儿童的骨龄。

(3) 逐块骨评价法:在 G-P 图谱中,对每一幅标准片不仅有成熟度指征发育的文字描述,而且也标注有每块骨的骨龄。可分别采用上述方法评价出每块骨的骨龄,然后取所有骨骨龄的平均数为被评价儿童的骨龄。这种评价方法是作者 Greulich 和 Pyle 所提倡的应用方式,评价结果精确。但这种使用方法要分别评价手腕部 28 块骨,很费时,所以在临床中很少使用,而是仅在骨发育研究中时有应用。

为了防止使用 G-P 图谱评价骨龄过程中遗漏重要的成熟度指征,应当养成以固定顺序观察比较的良好习惯。Greulich 和 Pyle 建议的观察顺序为:桡骨、尺骨、头状骨、钩骨、三角骨、月骨、舟骨、大多角骨、小多角骨、掌骨、近节指骨、中节指骨、远节指骨。

2.2.2 TW(Tanner and Whitehouse)计分法

在 20 世纪 60 年代以前,图谱法逐渐成为制订骨龄评价方法的主流。在探索骨龄标准图谱制订方法的过程中,有人曾经提出测量腕骨的面积和比率的方法评价骨成熟度。虽然这种方法费时,精确性也较差,但是却显露了将骨发育形态特征数字化的萌芽。英国牛津大学的 Acheson(1954)对图谱法的一些固有问题提出了批评,指出图谱法有以下几个方面的不足:①每年龄组只有一张标准片,仅代表了骨化中心的出现和其后发育的一种模式,因此在评价与标准片有不同骨化形式的 X 线片时,必然要产生主观误差;②标准片之间的时间间隔过长;③必须每性别建立一组标准;④使用时间作为评价单位。

因此他认为,就像分别以吋和磅为单位度量身高、体重一样,骨成熟度也应有自己的度量单位,一个单位应能区分骨的每一明显的形态变化,以每块骨在发育过程中的任一点上所记录的单位总和度量骨成熟度。在牛津儿童健康调查(Oxford Children Health Survey, OCHS)研究中,Acheson(1954)引用了膝关节部位以及 G-P 图谱手腕部位的一些骨成熟度指征为度量单位,为每个单位打分而制定了骨龄评价标准,称这种方法为“牛津法”。

在牛津法的基础上,英国伦敦大学的 Tanner 和 Whitehouse(1959)根据英国哈彭登生长研究(Harpenden Growth Study)中的儿童手腕部 X 线片,将每块骨的发育过程划分为 8~9 个等级阶段,确定了手腕部 20 块骨的骨发育等级标准系列。等级的划分依据下列成熟度指征:①骨化中心的出现;②长骨的骺干融合;③骨化中心相对大小和相对距离;④骨化中心各关节面的出现;⑤骨化中心是否相互接触(点或面的接触)。

1962 年,Tanner 等(1962)又报告了手腕骨成熟度评价的第二部分,即计分方法。因为手腕部各骨的骨化中心出现以及出现后的骨化速度不尽相同,正常儿童手腕各骨化中心并非处于相同的发育等级上,但不同的骨发育等级对于骨成熟度评价的贡献却应当相同,所以,Tanner 等采用了“分类特征计分算法”,使标准化样本中不同骨间得分的总差方和最小化,计算出骨发育等级的分值。后来,Healy 和 Goldstein(1976)详细地报告了这种计算方法。

在骨成熟度评价中,对手腕各块骨的权重分配也是一个重要的问题。Tanner 等(1962)从生物学角度考虑提出了两个假设:

(1) 在手腕部,长骨和短骨(腕骨)的发育受不同因素的调控,所以两类骨骼对骨成熟度的贡献各占 50%。

(2) 大量的掌指骨所占权重过大,而且掌指骨发育的方式与时间几乎相同,所以指定第二和第四手指的掌指骨权重为零。

根据上述假设,各类骨的权重分别为:桡骨、尺骨、第一手指、第三手指、第五手指各占 10%;腕骨占 50%,因评价 7 块腕骨,所以每块腕骨占 7.1%。

Tanner 等(1962)依据英国平均社会经济水平家庭的 2600 名儿童的横断资料,采用上述方法制订了英国儿童骨发育评价标准,称为 TW1 法,被巴黎国际儿童中心协调的欧洲儿童生长研究所采用。

Tanner 等(1975)根据对 TW1 方法可靠性研究的结果,对 TW1 方法进行了修改,去掉了骨发育等级系统中评价难度较大的桡骨、尺骨、头状骨、三角骨、舟骨、小多角骨的最后一个骨发育等级,同时,为了应用骨龄预测成年身高,分别确立了 TW2-20(20 块骨)、TW2-RUS(桡骨、尺骨、掌指骨)和 TW2-Carpal(腕骨)骨龄标准,而称为 TW2 法。在 1983 年,Tanner 等(1983)又依据扩大的样本(增加了高、矮身高的儿童及正常儿童样本)修改了成年身高预测公式。

1997 年,欧洲儿童生长发育表现出提前的长期趋势,所以 Tanner 等(1997)开始修订 TW2 标准。首先,根据美国德克萨斯州休斯敦经济收入为中上水平家庭的儿童,制订了美国北方欧洲血统儿童的 TW-RUS 骨龄评价标准,称为 US90。在这篇研究文献中,Tanner 等强调了一个重要的观点——"和 G-P 骨龄不同,骨成熟度分值(skeletal maturity score,SMS)是基础数据,不受长期趋势、社会经济阶层和种族的影响,是对 X 线片直接的定量描述,和人体测量的身高、体重一样,SMS 可以在百分位数图表中标出,……但不同人群的 SMS 百分位数图表是不同的。" 事实上,这是在世界范围内对 TW 骨发育等级系列及其成熟度分值的应用效果进行验证后,Tanner 所做出的概括与总结。这种观点在 TW 方法的第三版专著(Tanner et al. ,2001)中得到了充分的体现。

在 US90 的基础上,Tanner 等(2001)经过对 TW2 标准及比利时、西班牙、日本、阿根廷、意大利、美国德克萨斯儿童骨发育成熟度的分析比较,在不同年龄段分别采用了原 TW2 标准、美国德克萨斯州、西班牙儿童的资料,制订了新的骨龄参考标准和评价图表,称为 TW3 方法。和 TW2 标准相比,在 10 岁以上 TW3 骨龄提前约 1 岁,在 10 岁以下差异较小。

TW3 法的另一个重要的变动是,放弃了 TW2-20 块骨的骨龄评价方法,仅分别制订了 RUS 和腕骨骨龄标准,分别称为 TW3-RUS 和 TW3-Carpal。

在第三版专著中,依据瑞士苏黎世纵断生长研究资料,提出了新的预测成年身高公式。

2.2.3 Fels 方法

Fels 法也是一种很著名的骨龄评价方法。美国 Fels 研究所建立于 1929 年,执行了一项著名的"Fels 纵断研究"综合调查计划。使用该研究数据,Roche 等(1975)曾发表了《膝关节骨成熟度指征》的骨龄计分方法。在 1986 年,Roche 等(1988)又使用了类似的方法,依据 552 名 0~18 岁儿童的 7797 张手腕部 X 线片,提出了评价手腕部骨龄的 Fels 法。Fels 法评价手腕部 22 块骨,与 TW2-20 块骨的方法相比,增加了豌豆骨和籽骨,而且在 Fels 法的成熟度指征中增加了骨骺和干骺端宽度的测量,采用极大似然率法估价骨龄。Fels 方法重复评价的可靠性可能高于 G-P 和 TW2 方法(Vignolo et al. ,1992)。但是,与 G-P 图谱法和 TW 方法比较,该方法相对复杂,掌握较困难,而且同时包括了手腕部的长骨和腕骨,不能进行 RUS 骨与腕骨成熟度的比较,因此目前使用者较少。

2.3 G-P 图谱法和 TW 计分法的比较

在国际间,G-P 图谱法和 TW 计分法都是广泛应用的骨龄评价方法。在长期的应用中,也不断有研究比较分析这两种骨龄评价方法。

2.3.1 两种骨龄标准的组成和尺度不同

TW 计分法采用了标准化样本总体方差和最小化的数理统计方法,并对手腕部不同种类的骨分配以不同的权重,将骨发育这一生物学现象转化为数字形式表示。G-P 图谱法采用了骨发育程度中位数方法,手腕部每块骨的权重相同,因此,因掌指骨块数较多,对于骨龄评价的作用相对较大。此外,由于两种方法依据不同的人群,骨成熟度的尺度也不同,对同一名儿童,两种方法所评价的骨龄存有差异。骨成熟度尺度的差异也反映在骨龄速度上,骨龄速度可以由骨龄(SA)与生活年龄(CA)的比值表示。Fry(1971)曾经测定了 233 名 10~16 岁中国香港儿童的骨龄速度,GP SA/CA 值为 0. 74~1. 26,TW SA/CA 值为 0. 73~1. 45,TW 法的骨龄速度较高,但在不同年龄上两种骨龄速度的可变性都较大。

2. 3. 2 两种骨龄方法的评价误差不同

20 世纪 60 年代,巴黎国际儿童研究中心为选择骨龄评价标准,特别对 G-P 图谱方法和 TW1 方法做了系统的研究。Acheson 等(1963;1964;1966)选择了来自不同国家的 8 名骨龄评价者(6 名有经验者,2 名无经验者),采用上述两种方法评价 50 名 2~18 岁儿童的手腕 X 线片。得出如下的结论:

(1) G-P 图谱法的主观成分较大。G-P 图谱中的每张标准片只代表了这一年龄儿童的一种骨发育形式,所以,图谱法将骨化中心最初的出现及其后的发育、成熟都假定为固定的模式。

当然,手腕部骨化中心以一定的次序出现,而且后来的形态发育特征和骺干融合也有普遍的规律。但是也有相当多的材料证明,由于遗传原因骨化形式有相当大的正常变异,不同人群也存在不同类骨发育速度的差异,某些疾病也会引起骨发育形式的改变。因此,就会出现被评价者的许多 X 线影像表现与标准片不一致的情况,在做比较时二者不会完全匹配。所以在采用整片匹配或插入法时,主观判断的成分必然加大。

(2) G-P 图谱法有较小的系统误差,TW1 方法有较小的随机误差。在不同方法的比较研究中,Acheson 等发现,使用 TW1 法骨龄读数的 95% 置信区间小于 G-P 法;各评价者使用 G-P 法的最高和最低骨龄平均数的范围小于 TW1 法。

骨龄评价方法误差表现不同,可能与 G-P 法的整片匹配而 TW1 法的逐块骨匹配的读片方法有关。G-P 图谱法只对手腕所有骨做一次整片匹配,如果出现错误,那么骨龄读数相差必然较大。而 TW1 计分法要连续做 20 次评价,如果出现一次错误,所造成的得分误差对骨龄的影响则较小,所以随机误差较小;但是,如果一名评价者使用 TW1 法时有过高或过低的倾向时,就将随骨块数的增多而加大骨龄读数的偏差,因而增大了 TW1 法的系统误差。

(3) 如何使用 G-P 图谱法对随机误差也有一定的影响,当使用 G-P 图谱插入法时,骨龄读数的 95% 的置信区间比使用整片匹配法低 25% 。

(4) X 线片的阅读难易程度也对随机误差有一定的影响。在 Acheson 等的研究中包括部分患病儿童的手腕部 X 线片,不同骨间的成熟度差异较大,更不易与标准片相匹配,所以在评定中也必然有更大的主观成分而加大误差。另外,如果在评价中排除腕骨,TW1 方法的偏差(系统误差)大大下降。

TW2 计分法中取消了评价困难的骨发育等级,并分别建立了 TW2-RUS 和 TW2-Carpal 标准,可能更有利于减小评价误差,在实践应用中更为可取。

在早期的 G-P 图谱和 TW 方法的比较研究中,大都为研究工作者评价骨龄。但在临床中,骨龄评价的实际情况却有很大的不同。在 King 等(1994)的研究中,3 名评价者使用 G-P 图谱和 TW2 法,评价者本人重复读片的骨龄差值为 TW2 法 0. 74 岁,G-P 法 0. 96 岁,二者差异在 0.05 水平上显著。英国剑桥大学阿登布鲁克教学医院的 Bull 等(1999)研究表明,362 张 X 线片的 G-P 骨龄和 TW2 骨龄显著不同;重复阅读 10%的 X 线片,使用 G-P 图谱方法的误差大于 TW2 方法(重复读片的骨龄差值,G-P 法:0.14±1.16 岁,95%的置信区间为 -2.46~2.18 岁;TW2 法:0.01±0.71 岁,95%置信区间为-1.41~1.43 岁),使用整片匹配的方法是 G-P 骨龄最重要的误差来源。最近,Yildiz 等(2011)的研究也证明,在每年处理 600~1000骨龄 X 线片的小儿内分泌科,使用基于 Web 的 TW2 骨龄计算软件,重复读片的可变性显著小于 G-P 法(重复读片的骨龄差值,TW2 法:-0.04±0.21 岁,95%置信区间 -0.45~0.37 岁;G-P 法:0.10±0.44 岁,95%置信区间-0.77~0.97 岁),说明使用 G-P 整片匹配方法评价骨龄的准确性不如 TW2 计分法。而且,TW2 方法评价每 X 线片的时间由过去的平均 9 分钟减少到 2.4 分钟,建议在临床中使用 TW 计分法,特别是在追踪个体病人骨龄的变化时。因此,随计算机应用的普及,G-P 图谱方法逐渐失去了其简单、省时的优点。G-P 整片匹配方法与 TW 计分法的比较总结于表 2.1。

表 2.1　G-P 图谱法和 TW 计分法的优缺点

G-P 图谱法	TW 计分法
每年龄组仅有一种发育模式——主观性过大	可适应每种发育模式——主观性较小
可靠性较差	可靠性较好
主要依据的骨不确定——可比性较差	固定次序评价同一组骨——可比性较高
标准片间隔大——骨龄为非连续的数值	骨龄基本为连续数值
不利于掌握手腕骨成熟度指征	必须学习、掌握手腕骨成熟度指征
忽略了不同骨发育程度的差异	可分别评价 RUS 和腕骨的骨龄
学习简便,评价省时	需要一定时期的学习,使用计算机计算程序能够节省时间

综上所述,不能绝对地说哪种方法好,哪种方法不好。不同人偏爱使用哪一种方法也与其从事的专业与使用目的有关。Roche(1967)因为要利用X线片上所有的信息而喜欢 G-P 图谱法,Anderson(1968)使用 G-P 图谱法是因为能够很快地学习掌握,也同样能够达到研究骨的成熟与身高、性发育和社会经济条件相互关系的目的。Malina 和 Little(1981)使用 TW 计分法是因为要研究黑人和白人儿童每块骨发育差异,所以选择了更好的标准化度量系统。许多专业领域应用骨龄评价标准,一般可以归纳为临床应用和研究问题两种主要类型。临床专业所关心的是病人发育“提前”或“延迟”的程度以及正常变异范围,或是儿童是否已经停止生长,或是疾病引起成熟度的变异等。所以,为临床目的而应用骨龄时,评价方法的准确性和精确性是很重要的,特别是对治疗效果的监控更是如此,否则评价误差将掩盖真实的成熟过程,导致错误的诊断与治疗。另一类是研究工作者,应用骨成熟度评价作为研究工具,所以骨龄评价的准确性和精确性更加重要。

从专业角度出发,无论选择哪一种骨龄评价方法,都必须了解方法假设基础的局限性及评价误差,更重要的是不要忘记 G-P 图谱法和 TW 计分法骨龄标准来自于不同的人群。

2.4　G-P 图谱法和 TW 计分法在世界范围内的检验与应用

与其他生长学指标一样,骨发育成熟的速度反映了遗传和环境的相互作用,在一定年龄上的骨成熟度和不同年龄段的骨发育成熟速度存在有人群差异。因此,自 20 世纪 60 年代以来,世界上许多国家和地区曾先后检验了 G-P 图谱方法和 TW 计分法骨龄标准的适用性。

由于 G-P 图谱参考标准依据于 20 世纪 30 年代美国俄亥俄州克里富兰地区中上社会阶层家庭的白人儿童,所以几乎在所有比较研究的文献中,G-P 图谱标准都表现为骨发育的提前,仅美国费城 11 岁以上的白人儿童(Johnston,1963)以及澳大利亚墨尔本生长研究中的儿童(Roche,1967)的骨发育与之相似。在 20 世纪 60 年代后期,美国全国儿童样本的骨发育与 G-P 标准仍然有较大差距,在不同年龄上延迟 0.5~1.0 岁或以上(Roche,1967;Roche et al.,1976)。最近,Mora 等(2001)研究了 20 世纪 80 年代后出生的洛杉矶儿童的 G-P 骨龄,发现非洲后裔儿童骨龄与生活年龄的平均差值为 0.09 岁±0.66 岁,而欧洲后裔儿童为 −0.17岁±0.67 岁($P=0.0019$);与非洲后裔儿童相比,青春期前欧洲后裔儿童的骨成熟度显著延迟,而青春期后欧洲裔男孩骨成熟度显著提前。因而提出应建立准确代表美国多种族人群新骨龄标准的建议。

近年来,一些欧洲国家也再次检验了 G-P 图谱骨龄标准的可应用性。van Rijn 等(2001)在 572 名 5.0~19.5 岁荷兰白种人儿童(278 名男性,294 名女性)的 G-P 骨龄的分析中,发现男女儿童骨龄与生活年龄的相关系数分别为 0.979 和 0.974($P<0.001$),平均生活年龄分别提前于骨龄 3.3 个月和 1.7 个月($P<0.001$),G-P 图谱仍然可应用于荷兰白人儿童。Groell 等(1999)使用 G-P 图谱评价了 47 名 2 个月至 18 岁的中欧地区的正常儿童。儿童的生活年龄与有经验者或无经验者评价的 G-P 骨龄差值分别为−1.5 个月±7.6 个月($P=0.20$)和−2.7 个月±10.3 个月($P=0.09$)。因而认为骨龄评价的可靠性随经验的增加而提高,生活年龄与骨龄之间的差值在 G-P 图谱所报告的骨成熟度正常范围之内,G-P 图谱可应用于中欧地区的儿童。Vignolo 等(1992)也发现 1~17 岁的 327 名(男性 171 名,女性 156 名)意大利热那亚儿童的 G-P 骨龄与生活年龄非常接近。

Rikhasor 等(1999)在 1~18 岁巴基斯坦儿童中发现,在男 1 岁、女 2 岁前儿童骨成熟度与 G-P 标准一致,此后至男 15 岁、女 13 岁平均骨龄低于美国标准,进入青春期后平均骨龄大于美国标准而较早成熟。7~13 岁土耳其男孩的 G-P 骨龄比生活年龄延迟 0.32~0.71 岁,而在 14~17 岁骨龄比生活年龄提前 0.01~0.89 岁(Koc et al.,2001)。最近,张绍岩等(2009)在 3~16 岁中国儿童中发现,在男 10 岁、女 9 岁前中国儿童骨发育与 G-P 骨龄标准相似,但在此年龄后发育加速而提前于美国 G-P 标准,男女儿童分别提前 0.59~1.37 岁和 0.32~1.38 岁($P<0.01$)。

TW2 骨龄标准依据于 20 世纪 50~60 年代的英国一般社会经济阶层家庭的儿童,骨龄标准延迟于 G-P 标准,在 6 岁以后,以 G-P 图谱评价的骨龄比 TW2 方法评价的骨龄平均小 9 个月(Acheson et al.,1966)。

在欧洲及其他欧洲血统人群手腕骨发育的比较研究中,芬兰(Koski et al.,1961)、丹麦(Andersen,1968)、瑞士(Prader and Korpermasse,1977)儿童的骨发育比 G-P 标准延迟,但与 TW2 标准非常相近。瑞士苏黎世和丹麦奥尔胡斯市的儿童延迟于 G-P 标准,男女平均分别延迟 0.8 和 0.5 岁;1970 年的荷兰乌得勒支儿童在女孩 12 岁、男孩 14 岁以前稍落后于 TW2-RUS 标准,此年龄后的骨发育与英国标准曲线一致,而所有男女年龄组的腕骨骨龄几乎和英国儿童相同(van Venrooij-Ysselmuiden et al.,1978);1980 年 6~16 岁丹麦男孩骨成熟度与 TW2-RUS 标准非常接近，而女孩在 12～15 岁提前 0.5 岁（Wenzel and Melsen，1982；Helm，1979）；在斯德哥尔摩纵断研究中，儿童骨发育比 TW2-RUS 标准提前 0.8 岁，但是在 4～7岁腕骨的骨龄仅提前约 0.3 岁（Taranger et al.，1976）；奥地利的格拉茨市儿童骨发育接近 TW2 标准，女孩在 10 岁后 TW2-RUS 骨龄提前（Wenzel et al.，1984）；与 TW2 标准相比，比利时男孩 TW2-RUS 成熟度分值提前，但是 TW2-腕骨成熟度分值延迟，而女孩两种方法的成熟度分值都提前；1970 年的蒙特利尔 6～12 岁法国后裔的加拿大儿童与 TW2-RUS 标准非常接近，但是在 12 岁以后成熟度提前，男孩提前约 0.8 岁，女孩提前 0.5 岁（Baughan et al.，1979）；经过验证，修订后的 TW3 标准（US90）最适合意大利 8～17 岁儿童（Vignolo，et al.，1999）。

在亚洲，与 G-P 标准和 TW2 标准相比，中国香港儿童青春期前骨发育延迟，而在青春期却提前（Low et al.，1964；Chang et al.，1967；Waldman et al.，1977）。20 世纪 80 年代的中国北方儿童在女 7～9 岁、男 7～10 岁与英国 TW2-RUS 标准一致，此后提前英国标准 6 个月至 1 岁（Ouyang and Liu，1986）。但中国南方儿童的骨龄延迟于 TW2- RUS 标准（Ye et al.，1992）。20 世纪 60 年代的日本东京中等社会阶层家庭儿童的 TW2 骨龄变化形式和中国香港儿童相同（Kimura，1977a；1977b）。但最近的研究表明，日本东京儿童的骨发育与 TW3 标准仅表现出较小的差异，男孩 10～12 岁和女孩 8～11 岁比 TW3 标准延迟，此后提前约 6 个月（Ashizawa et al.，1996）。在 20 世纪 70 年代后期的 6～12 岁家境富裕的印度儿童中，男孩 TW2-RUS 成熟度分值和 TW2 标准相似，而女孩稍提前；女孩 TW2-腕骨完全成熟年龄与英国女孩相同，但男孩则表现出延迟（Prakash and Cameron，1981）。

在非洲和南美洲，20 世纪 60 年代生活在美国费城的 7～12 岁非洲后裔儿童，TW2 成熟度分值和同研究中的欧洲后裔的美国男孩类似，并接近 TW2 标准，但是非洲后裔的美国女孩比欧洲后裔女孩提前约 5 个月（Malina，1970；Malina and Little，1981）。

墨西哥城中等阶层家庭儿童的骨发育比 TW2 标准延迟约 4 个月，5～18 岁较低社会阶层家庭儿童的平均骨龄低于 TW2 标准，大约 60% 的儿童骨龄低于生活年龄（Malina et al.，1976）。1971 年生活在阿根廷拉普拉塔的 4～12 岁儿童的骨发育明显提前于 TW2 标准，而接近意大利标准（Lejarraga et al.，1997）。

在 11～18 岁危地马拉乡村儿童中，14 岁以下男孩骨成熟度显著延迟于英国 TW 标准，但是在 14 岁以上的男孩和 14 岁以下女孩未出现延迟（Pickett et al.，1995）。与英国儿童相比，牙买加儿童在 2 岁以前提前，2～10 岁基本相似，但在 10 岁以后逐渐落后（Marshall et al.，1970）。

经过世界各地 40 余年的检验与应用，证实了 G-P 图谱方法和 TW 计分方法所依据的手腕骨成熟度指征序列在不同种族人群中的一致性，并不受生长发育的长期趋势和社会经济状况的影响。而且，随着骨龄应用的推广，在国际间逐渐出现了 TW 计分法的应用比 G-P 图谱法更为普遍的趋势。

在经过检验 G-P 图谱或 TW2 法骨龄标准的适用性后，加拿大（Baughan et al.，1979）、瑞典（Taranger et al.，1987）、比利时（Beunen et al.，1990）、日本（Ashizawa et al.，1996）、阿根廷（Lejarraga et al.，1997）、韩国（Kyung，1997）、意大利（Vignolo et al.，1999）等许多国家采用了 TW2-RUS 方法，依据本国儿童的标准化样本，制订了自己国家儿童的骨龄评价标准。

2.5 骨成熟度评价方法中所存在的某些问题

对儿童骨发育规律的研究已经历了百余年的历史,G-P 图谱法和 TW 计分法经过世界范围内的检验而成为骨成熟度评价的经典方法。但是,在方法的检验和应用中也发现了目前所应用的骨成熟度评价方法仍然存在的一些固有的问题。

2.5.1 将非连续的骨发育等级应用于连续的骨发育过程

计分法根据骨发育过程中的形态变化,武断地划分为若干发育阶段,每个阶段即为一个发育等级。在骨发育通过每一等级的过程中,骨的发育并没有停止,但是骨发育等级不变。在图谱法中也存在这样的问题,因各标准片中的每块骨的成熟度指征即相当于一个发育等级。不同骨化中心出现的早晚及其出现后的骨化速度不同,所以骨龄评价部位的各骨化中心不会同时处于相同的发育等级上,因而可区分出不同个体发育程度的差异。但在进入青春期后,长骨的骨化进程逐渐接近,同时达到同一成熟度指征。例如,在身高速度高峰后手腕部腕骨已发育成熟,掌骨的发育达到骺干等宽,桡骨、指骨均达到骨骺覆盖骨干的发育阶段,而出现"齐头并进"的现象。在这一发育期间虽然骨的发育没有停止,但因骨发育等级无变化,骨龄读数不变。这种状况持续一段时期后,各块骨陆续进入融合阶段。因此,骨成熟度指征的提取、骨发育等级的划分仍然有待于研究,以减轻骨发育等级非连续的程度。

2.5.2 手腕部不同类骨发育的生物学意义仍不完全清楚

在将不同骨的发育程度结合起来得到整体成熟度的评价方法中,假设前提是对不同种类骨骼进行权重分配的基础。在 G-P 图谱法中认为,各块骨的作用相同而取各块骨发育程度的平均数。在 TW 计分法中,认为腕骨与长骨的发育受到不同因素的调控,所以指定两类骨的权重各占 50%。但是,从不同骨的生长发育期间及一些研究结果来看,手腕部不同类骨发育的生物学意义可能并不如此简单。

手腕部不同类骨化中心的出现年龄、融合年龄、生长发育期间有相当大的不同。桡骨开始骨化早,成熟时间晚,生长发育贯穿全部生长期,完成骨化的时间在 16~17 年。而属于长骨的尺骨,骨化中心出现时间晚至男 8 岁、女 7 岁,骺干融合年龄和桡骨基本相同,生长发育期仅在 10 年左右。在桡骨之后掌骨、指骨开始骨化,但却在桡骨、尺骨之前 2 年成熟,生长发育期在 12~14 年。头状骨和钩骨在 0.5 岁左右出现,生长发育期也在 10 年左右。其他腕骨的骨化中心在 2~6 岁陆续开始骨化,生长发育期为 6~9 年,但所有腕骨的成熟年龄相似。由这些生物学现象来看,依解剖学分类为同一类的骨,可能并不具有同样的生物学意义。对手腕骨骨化中心与全身骨化中心相关关系的研究(Garn and Rohomann,1959;Garn and Rohomann,1966;1967)及手腕骨骨龄读数的主成分分析(Peritz and Sproul,1971)说明,手腕骨可分为不同的两部分,一部分是桡骨和掌指骨,另一部分是腕骨和尺骨。所以,只有对这些不同骨发育的遗传基因、调节机制及影响因素所包含的生物学意义的研究进展中,我们才能不断深入了解不同骨在骨发育评价中的确切作用。

参 考 文 献

张绍岩,张继业,刘丽娟,等. 2009. 中国五城市儿童 Greulich-Pyle 图谱法、百分计数法、CHN 法和 TW3-C RUS 法骨龄的比较. 中华现代儿科学杂志,6(5):257~261

Acheson RM,Fowler G,Fry EI,et al. 1963. Studies in the reliability of assessing skeletal maturity from X-ray Part Ⅰ. Greulich-Pyle Atlals. Hum Biol,35:317~349.

Acheson RM,Vicinus JH,Fowler GB. 1964. Studies in the reliability of assessing skeletal maturity from X-ray Part Ⅱ. The bone-specific approach. Hum Biol,36:211~228.

Acheson RM,Vicinus JH,Fowler GB. 1966. Studies in the reliability of assessing skeletal maturity from X-ray Part Ⅲ. Greulich-Pyle atlas and Tanner-Whitehouse method contrasted. Hum Biol,38:205~218.

Acheson RM. 1954. A method of assessing skeletal maturity from radiographs- A report from The Oxford Child Health Survey. J Anat,88:498~500.

Andersen E. 1968. Skeletal maturation of Danish school children in relation to height,sexual development,and social conditions. Acta Paediatr Scand,(Suppl)185:1~132.

Ashizawa K.,Asami T.,Anzo M,et al. 1996. Standard RUS skeletal maturation in Tokyo children. Ann Hum Biol,23:457~469.

Baughan B,Demirjian A,Levesque GY. 1979. Skeletal maturity standards for French-Canadian children of school-age with a discussion of the reliability and validity of such measures. Hum Biol,51(3):353~370.

Beunen G, Lefeyre J, Ostyn M, et al. 1990. Skeletal maturity in Belgian youths assessed by the Tanner-Whitehouse method (TW2). Ann Hum Biol, 17(5):355~376.

Bull R,Edwards P,Kemp P,et al. 1999. Bone age assessment:a large scale comparison of the Greulich and Pyle,and Tanner and Whitehouse (TW2) Methods. Arch Dis Child,81:172~173.

Chang KSF,Chen ST,Low WD. 1967. Skeletal maturation of Chinese preschool children. Far East Medical Journal,3:289~293.

Fry EI. 1971. Tanner-Whitehouse and Greulich-Pyleskeletal age velocity comparisons. Am J Phys Anthropol,35(3):377~380.

Garn SM, Rohomann CG, Blumenthal T. 1966. Ossification sequence polymorphism and sexual dimorphism in skeletal development. Am J Phys Anthrop,24:101~116.

Garn SM,Rohomann CG. 1959. Communalities in the ossification centres of the hand and wrist. Am J Phys Anthrop,17:319~323.

Garn SM,Rohomann CG. 1967. Association between alternate sequence of hand-wrist ossification. Am J Phys Anthrop,26:361~364.

Greulich WW,Pyle SI. 1959. Radiographic atlas of skeletal development of hanf and wrist. 2nd ed. Stanford,CA:Stanford University Press.

Groell R,Lindbichler F,Riepl T,et al 1999. The reliability of bone age determination in central European children using the Greulich and Pyle method. Br J Radiol,72:461~464.

Healy MTR, Goldstein H. 1976. An approach to the scaling of categorized attributes. Biometrika, 63:219~229.

Hlem S. 1979. Skeletal maturity of Danish schoolchildren assessed by the TW2 method. Am J Phys Anthrop,51:345~354.

Johnston FE. 1963. Skeletal age and its prediction in Philadelphia children. Hum Biol,35:192~201.

Kimura K. 1977a. Skeletal maturity of the hand wrist in Japanese children by TW2 method. Ann Hum Biol,4(4):353~356.

Kimura K. 1977b. Skeletal maturity of the hand and wrist in Japanese children in Sapporo by TW2 method. Ann Hum Biol,4:449~454.

King DG,Steventon DM,O'Sullivan MP,et al. 1994. Reproducibility of bone ages when performed by radiology registrars:An audit of Tanner and Whitehouse Ⅱ versus Greulich and Pyle methods. Br J Radiol,67:848~851.

Koc A,Karaoglanoglu M,Erdogan M,et al. 2001. Assessment of bone ages:is the Greulich-Pyle method sufficient for Turkish boys? Pediatr Int,43(6):662~665.

Koski K,Haataja J,Lappelaniea M. 1961. Skeletal development of hand and wrist in Finnish children. Am J Phys Anthrop,19:379~382.

Kyung MY. 1997. Standard bone-age of infants and children in Korea. JKMS,12:9~16.

Lejarraga H,Guimarey L,Orazi V. 1997. Skeletal maturity of the hand and wrist of healthy Argentinian children aged 4~12 years, assessed by the TW Ⅱ method. Ann Hum Biol,24(3):257~261.

Low WD,Chen ST,Chang KSF. 1964. Skeletal maturation of southern Chinese children in Hong Kong. Child Dev,35:1313~1336.

Malina RM,Himes JH,Stepick CD. 1976. Skeletal maturity of the hand and wrist in Oaxaca school children. Ann Hum Biol,3(2):211~219.

Malina RM,Little BB. 1981. Comparision of TW1 and TW2 skeletal age differences in American black and white and in Mexican children 6~13 years of age. Ann Hum Biol,8:543~549.

Malina RM. 1970. Skeletal maturation studied longitudinally over one year in American Whites and Negroes six through thirteen years of age. Hum Biol,42:377~390.

Marshall WA,Ashcroft MT,Bryan G. 1970. Skeletal maturation of the hand and wrist in Jamaican children. Hum Biol,42:419~435.

Mora S,Boechat MI,Pietka E,et al. 2001. Skeletal age determinations in children of European and African descent:applicability of the Greulich and Pyle standards. Pediatr Res,50(5):624~628.

Ouyang Zhen,Liu Baolin. 1986. Skeletal maturity of the hand and wrist in Chinese school children in Harbin assessment by TW2 method. Ann of Hum Biol,13(2):183~187.

Peritz E,Sproul A. 1971. Some aspects of the analysis of hand-wrist bone-age readings. Am J Phys Anthrop,35:441~448.

Pickett KE,Hass JD,Murdoch S,et al. 1995. Early nutritional supplementation and skeletal maturation in Guatemalan Adolescents. J Nutr,125:1097s~1103s.

Prader A,Korpermasse BH. 1977. Wachstumsgeschwindigkeit und Knockenalter gesunder Kinder in der erstem zwolf Jahren (longitudinale wachstumsstudie Zurich). Helv Paediatr Acta,(suppl.) 37.

Prakash S,Cameron N. 1981. Skeletal maturity of well-off children in Chandigarh,North India. Ann Hum Biol,8(2):175~180.

Rikhasor RM,Qureshi AM,Rathi SL. 1999. Skeletal maturity in Pakistani children. J Anat,195:305~308.

Roche AF,Roberts J,Hamill PVV. 1976. Skeletal maturity of youths 12-17 years,United States. US Department of Health,Education and Welfare Publication NO. (HRA)77-1642. National Center for Health Statistics Series,11,No. 160,90pp. Rockville, Maryland.

Roche AF,Wainer H,Thissen D. 1975. Skeletal Maturity:the Knee Joint as A Biological Indicator. New York,London:Plenum.

Roche AF. 1967. A study of skeletal maturation in a group of Melbourne children. Aust Paediatr J,3:123~127.

Roche,AF,Chumlea WMC,Thissen D. 1988. Assessing the skeletal maturity of the hand-wrist:FELS method. Charles C. Thomas; Springfield.

Shaikh AH,Rikhasor RM,Qureshi AM. 1998. Determination of skeletal age in children aged 8~18 years. J Pak Med Assoc,48(4):104~106.

Tanner JM,Healy MJR,Goldstein H,et al. 2001. Assessment of skeletal maturity and prediction of adult height (TW3 method). 3rd ed. London:Academic Press,1~49.

Tanner JM,Landt KW,Cameron N,et al. 1983. Prediction of adult height from height and bone age in childhood,A new system of equations (TW Mark Ⅱ) based on a sample including very tall and very short children. Arch Dis Child,58:767~776.

Tanner JM,Oshman D,Bahhage F,et al. 1997. Tanner-Whitehouse bone age reference values for North American children. J Pediatr,131:34~40.

Tanner JM,Whitehouse RH,Healy MJR. 1962. A New system for estimating the maturity of the hand and wrist,with standards derived from 2600 healthy British children. Part Ⅱ. The scoring system. Paris:International Children's Centre,1~8.

Tanner JM,Whitehouse RH. 1959. Standard for skeletal maturity. Part Ⅰ. Paris:International Children's Centre,1~20.

Taranger J,Burning B,Claesson I,et al. 1976. Skeletal Development from birth to 7 years. Acta Paediatr Scand,(Suppl. 258):98~108.

Taranger J,Karlberg J,Bruning B,et al. 1987. Standard deviation score charts of skeletal maturity and its velocity in Swedish children assessed by the Tanner-Whitehouse method (TW2-20). Ann Hum Biol,14(4):357~365.

van Rijn RR,Lequin MH,Robben SG,et al. 2001. Is the Greulich and Pyle atlas still valid for Dutch Caucasian children today?

Pediatr Radiol, 31: 748 ~ 752.

van Venrooij-Ysselmuiden ME, van Ipenburg A. 1978. Mixed longitudinal data on skeletal age from a group of Dutch children living in Utrecht and surroundings. Ann Hum Biol, 5(4): 359 ~ 380.

Vignolo M, Milani S, Ceerbello G. 1992. Fels, Greulich-Pyle, and Tanner-Whitehouse bone age assessents in a group of Italian children and adolescents. Am J Hum Biol, 4: 493 ~ 500.

Vignolo M, Naselli A, Magliano P, et al. 1999. Use of the new US90 standards for TW-RUS skeletal maturity scores in youths from the Italian population. Horm Res, 51: 168 ~ 172.

Waldmann E, Baber FM, Field CE, et al. 1977. Skeletal maturation of Hong Kong Chinese children in the first five years of life. Ann Hum Biol, 4(4): 343 ~ 352.

Wenzel A, Droschl H, Melsen B. 1984. Skeletal maturity in Austrian children assessed by the GP and the TW2 methods. Ann Hum Biol, 11(2): 173 ~ 177.

Wenzel A, Melsen B. 1982. Skeletal maturity in 6 ~ 16-year-old Danish children assessed by the Tanner-Whitehouse-2 method. Ann Hum Biol, 9(3): 277 ~ 281.

Yarbrough C, Habicht JP, Klein RE, et al. 1973. Determining the biological age of the preschool child from a hand-wrist radiograph. Invest Radiol, 8(4): 233 ~ 243.

Ye Y, Wang CX, Cao LZ. 1992. Skeletal maturity of hand and wrist in Chinese children in Changsha assessed by TW2 method. Ann Hum Biol, 19: 427 ~ 430.

Yildiz M, Guvenis A, Guven E, et al. 2011. Implementation and statistical evaluation of a web-based software for bone age assessment. J Med Syst, 35: 1485 ~ 1489.

第3章　中国人手腕部骨龄标准——中华05

中国儿童骨发育研究也有较长的历史。在20世纪50~60年代,刘慧芳等(1959)、张乃恕等(1963)曾采用拍摄身体一侧各关节的X线片统计骨化中心出现年龄和融合年龄的方法制订了中国人四肢骨骨龄评价标准。顾光宁等(1962)则重点研究了中国人手腕部骨化中心出现与融合年龄及规律,依此规律提出了手腕骨发育图谱。李果珍等(1964;1979)分析了中国人上肢骨骨化中心的出现与融合规律,并依据手腕部骨化中心的部分成熟度指征,首次提出了骨龄百分计数法。赵融等(1981)研究了农村儿童少年手腕部骨骼的发育,制订了年龄组骨龄标准表。张绍岩等(1987)依据TW2法(Tanner et al.,1983)制订了骨骼年龄评价标准。

但这些研究的样本量均较小,均取样于局部地区,在儿童快速生长发育阶段年龄组的间距较大,而且20世纪60年代样本儿童的生长发育也受到了当时中国经济困难时期的影响。因此,在20世纪80年代末,中国人骨发育调查研究组在TW2方法基础上,以中国六城市(哈尔滨市、石家庄市、长沙市、福州市、重庆市和西安市)的儿童样本制订了中国人骨发育评价标准——CHN法(张绍岩等,1993),同时也依据手腕部骨成熟度分值制订了手腕骨发育图谱(张绍岩等,1995)。

近20年来,中国社会经济得到了迅速发展,中国儿童的生长发育出现了加速的长期趋势(中国学生体质与健康研究组,2002;国家体育总局群体司,2002)。所以,2005年,中国人手腕骨发育标准修订研究组在中国五城市(上海市、广州市、温州市、大连市、石家庄市)重新采集了样本,根据国际骨龄标准研究进展和长期应用骨龄的实践经验,提出了《中国人手腕骨发育标准——中华05》(张绍岩等,2006a)。

3.1　中国人手腕部骨龄标准——中华05的样本

3.1.1　取样方法

标准化样本由中国城市汉族正常儿童所组成,选择社会经济发展在中上水平的上海市、广州市、温州市、大连市、石家庄市为抽样城市。在上述各城市市区选择管理规范,综合教学水平中上等的中小学校、幼儿园、托儿所、妇幼保健站为抽样点。在抽样点的选择中排除铁路、部队、外地迁入的工厂企业子弟学校、文艺、体育等特殊学校以及一般学校所开设的文艺、体育班。

采用分层整群抽样方法,以年级分层,以教学班为单位整群抽样。除外的受试者如下:

(1) 凡有心、肺、肝、肾等脏器疾病以及内分泌疾病患者、发育异常者、身体残缺畸形者。

(2) 参加业余文艺、业余体校训练的学生。

(3) 肥胖和重度营养不良者(BMI在年龄组第97百分位数以上和第3百分位数以下者)。

(4) 出生时为低体重儿或窒息、难产者。

在2003~2005年完成抽样工作。取样前，在各取样点发放儿童生长发育调查问卷，由学生家长填写。调查内容包括学生出生日期，分娩状况和疾病史，以及父母身高、体重、文化程度及职业等。根据问卷调查及查阅学校学籍登记簿和学生健康检查表分别确定学生出生日期和疾病史。

标准化样本分为男、女两类，男0~20岁，女0~19岁，在0~5岁及男11~16岁、女9~14岁每半岁一组，其余每岁一组。按公历计算儿童的年龄，依据调查测量的日期计算实足年龄。为了较精确估价年龄组骨发育的变异，新生儿在出生后3日内、3岁前的调查对象在出生日前后7日内、其他调查对象在出生日前后15天内取样调查，拍摄左手腕后前位X线片，同时测量身高、体重。

在拍摄X线片时，受试者左手掌心向下，轻压暗盒，五指自然分开，中指轴与前臂成直线，球管在第三掌骨头正上方，管片距80cm。如果儿童太小，不能自主正确放置时，使用绷带适当固定。

标准化样本量为17 401名（男8685名，女8716名）儿童，表3.1为各年龄组受试者例数及身高、体重平均数和标准差。

表3.1　2005年骨发育调查中男女各年龄组的例数、身高和体重

年龄	男			年龄	女		
	n	身高(cm)	体重(kg)		*n*	身高(cm)	体重(kg)
1.0	31	76.5±2.11	11.2±1.19	1.0	28	78.7±2.41	9.9±1.05
1.5	45	83.8±3.09	13.0±1.21	1.5	40	81.7±2.42	11.4±1.09
2.0	46	87.5±3.68	13.2±1.61	2.0	42	88.3±3.43	13.6±1.85
2.5	70	92.3±3.92	14.7±1.85	2.5	52	91.0±3.03	13.8±1.69
3.0	103	96.9±5.99	16.0±2.53	3.0	99	95.9±4.16	15.5±3.51
3.5	155	100.8±4.97	16.8±2.33	3.5	143	99.3±4.30	16.4±3.45
4.0	187	103.5±6.25	17.6±2.86	4.0	211	103.1±4.24	17.2±3.40
4.5	180	107.5±5.21	18.7±2.65	4.5	184	105.1±4.30	18.3±3.57
5.0	274	110.9±4.67	20.2±3.57	5.0	240	109.9±4.86	19.4±2.96
6.0	258	118.0±4.98	23.2±3.74	6.0	238	116.8±4.72	21.7±3.47
7.0	454	123.3±5.01	25.4±4.63	7.0	439	122.9±4.97	24.3±4.58
8.0	445	129.5±5.54	29.0±5.82	8.0	424	128.3±5.86	27.4±5.60
9.0	414	134.8±5.46	32.6±7.61	9.0	422	133.8±6.00	30.3±6.51
10.0	408	140.0±6.32	37.3±9.10	9.5	320	137.0±6.24	32.5±6.20
11.0	425	145.5±6.54	40.1±9.78	10.0	403	140.3±6.25	34.1±7.63
11.5	342	148.3±7.32	43.8±10.60	10.5	352	142.9±6.79	36.6±8.20
12.0	404	151.4±7.96	45.6±11.38	11.0	405	146.5±7.21	39.6±9.61
12.5	258	155.0±8.25	48.4±11.56	11.5	328	149.4±6.46	42.2±10.00
13.0	327	158.3±8.36	50.0±12.97	12.0	405	152.5±6.92	44.7±10.36
13.5	316	162.1±8.10	53.4±12.62	12.5	276	154.6±6.57	47.3±12.30
14.0	456	165.2±7.79	55.5±12.55	13.0	339	156.5±5.98	48.1±10.40
14.5	337	167.3±6.78	59.5±15.38	13.5	345	157.9±5.77	50.3±10.74
15.0	451	168.6±6.64	59.6±14.84	14.0	507	157.6±5.97	49.6±9.59

续表

年龄	男			年龄	女		
	n	身高(cm)	体重(kg)		n	身高(cm)	体重(kg)
15.5	296	170.5±6.73	63.1±15.48	15.0	489	159.5±5.78	51.6±8.42
16.0	464	171.2±6.44	62.9±13.82	16.0	535	159.3±7.08	52.9±8.94
17.0	430	171.4±5.86	62.7±12.71	17.0	491	160.1±5.60	53.1±9.62
18.0	422	172.3±6.07	64.6±12.45	18.0	542	160.2±5.56	53.6±9.43
19.0	371	171.9±6.07	63.6±11.50	19.0	362	160.5±5.70	52.8±8.08
20.0	253	172.2±5.68	62.3±7.28	—	—	—	—

图 3.1、图 3.2 为样本儿童父母的文化程度和职业分布。儿童父、母在大专以上文化水平的例数分别占总例数的 39.14% 和 32.32%,高中文化水平的分别占 36.00% 和 37.40%,文盲文化水平的分别占 0.16% 和 0.56%。儿童父、母为公务员、科技教育卫生、企业管理及技术工作者的例数分别占总例数的 56.48% 和 45.92%,其余为从事其他职业的工作者。父母的文化和职业分布情况说明了大中城市儿童家庭的文化、教育特征,也反映了随社会经济的发展大中城市职业的多样性。

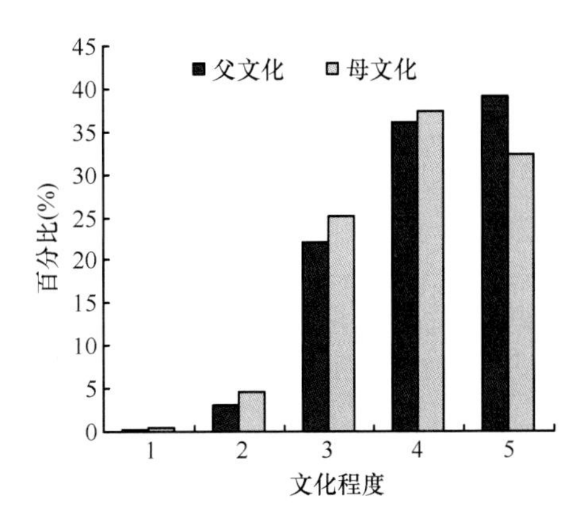

图 3.1 样本儿童父母文化程度的分布
1=文盲;2=小学;3=初中;4=高中;
5=大专及以上文化

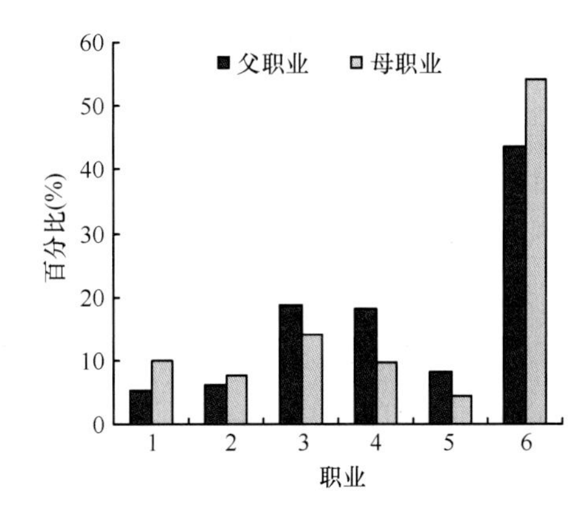

图 3.2 样本儿童父母职业的分布
1=科技教育卫生文艺工作者;2=非技术性工作者;3=企业专职管理人员;4=技术工作者;5=公务员;6=其他工作者

3.1.2 与同期儿童青少年生长标准的比较

在 20 世纪 90 年代初期,世界卫生组织(WHO)在分析母乳喂养婴儿的生长数据中发现,WHO 所推荐的美国国家卫生统计中心(National Center for Health Statistics, NCHS/WHO)国际参考标准存在缺陷,不适于描述儿童生理性生长。因此,在 1997~2003 年,WHO 组织、实施了多中心生长标准研究(Multicentre Growth Reference Study, MGRS)。MGRS 样本由不同种族和文化背景的 6 城市(南美洲巴西的佩洛塔斯市、非洲加纳首都阿克拉市、亚洲印度的南德里市、欧洲挪威的奥斯陆市、中东阿曼首都马斯喀特市和北美洲美国加利福尼亚州的戴维斯市)的 8440 名健康、母乳喂养的婴幼儿所组成。所研究的人群经特别的选择,具有以下几个特征(de Onis et al. ,2004):

（1）MGRS 研究样本由于生活在有利环境条件下,其生长的遗传潜力能够充分发挥,并明确地把母乳喂养作为取样的生物学标准,确定了母乳喂养的儿童为生长发育的标准模型。

（2）MGRS 研究包括了不同国家的儿童,通过特别选择的健康人群减少了环境变异的影响。由于包括了不同种族,所以除了如何养育儿童的文化变异之外,样本存在相当大的种族或遗传变异性,进一步增强了标准的普遍应用性。

（3）以 BCPE 分布模型制订了世界儿童生长发育的新曲线,最好地描述了 5 岁以下儿童的生理性生长。

WHO 儿童生长标准(0~5 岁)描述了在最佳环境条件下儿童期早期的正常生长,可以用来评价不同种族、不同社会经济状况背景的 5 岁以下儿童。

中国人手腕骨发育标准——中华 05 研究组曾根据骨发育调查样本,以 BCPE 模型(LMSP 方法)制订了中国大中城市儿童身高、体重生长图表(张绍岩等,2008a)。2005 年,我国进行了 2005 年中国学生体质与健康调查和 2005 年中国九市 7 岁以下儿童体格发育调查,并也采用 LMS 方法制订了中国 0~18 岁儿童青少年身高、体重的标准化生长曲线(李辉等,2009)。这些生长发育标准的制订方法相似,具备了相互比较的统计学基础。

1. 与 1988 年中国人骨发育调查的比较

由图 3.3、图 3.4 可见,2005 年骨发育调查(中华 05 骨龄标准)样本中各年龄组的平均身高、平均体重(黑色曲线)均显著大于 1988 年骨发育调查(CHN 法骨龄标准)的样本(灰色曲线),与年代相近的两次中国学生体质与健康调查结果相似,清晰地反映出近 20 年来中国儿童生长发育加速的长期趋势。

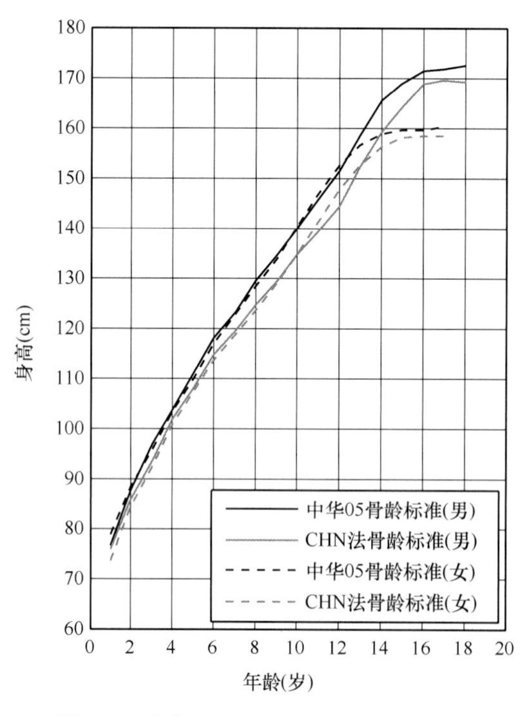

图 3.3 中华 05 与 CHN 法骨龄标准样本身高平均数的比较

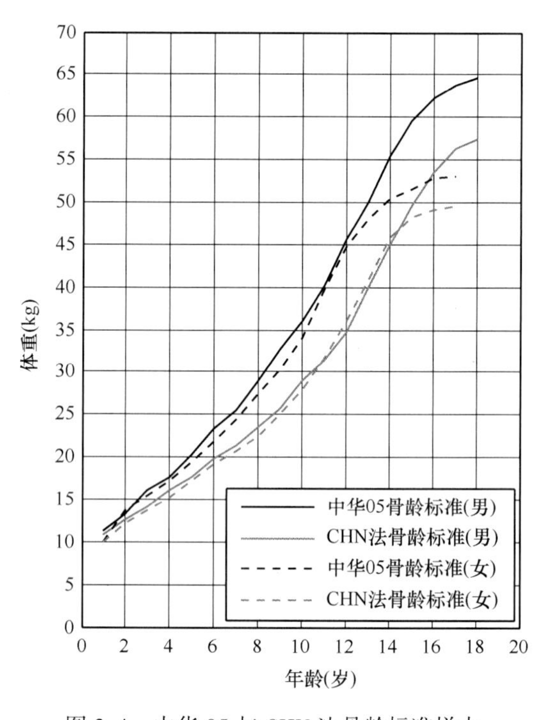

图 3.4 中华 05 与 CHN 法骨龄标准样本体重平均数的比较

2. 与 WHO 0~5 岁儿童生长标准的比较

虽然在 2~5 岁期间,中国人手腕骨发育标准——中华 05 样本男、女童年龄组身高中位数均大于 WHO 0~5 岁儿童生长标准样本儿童,二者差值为男 0.19~1.07cm,女 0.19~1.29cm,但除男 5 岁组和女 2 岁、2.5 岁组身高中位数差值大于 1cm 之外,其余年龄组的差值均在 1cm 之内,见图 3.5。

但体重的差异比较明显(图 3.6)。中国人手腕骨发育标准——中华 05 样本男、女童年龄组体重中位数明显大于 WHO 0~5 岁儿童生长标准样本儿童,二者差值为男 1.07~1.59kg,女 0.63~1.31kg。

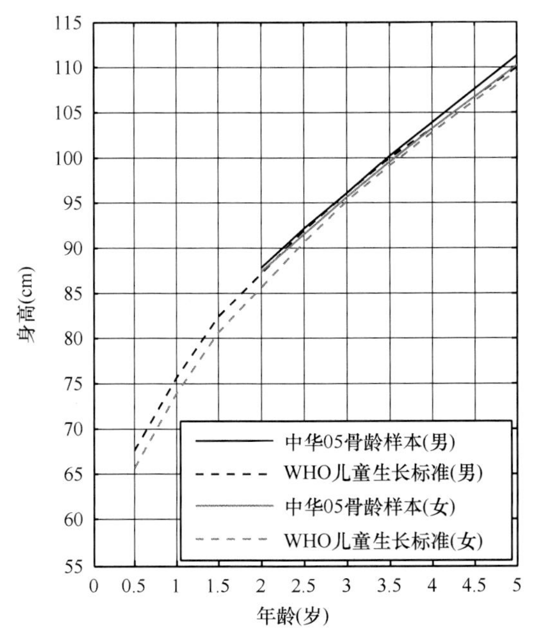

图 3.5 中华 05 骨龄标准样本身高与 WHO 0~5 岁生长标准的比较

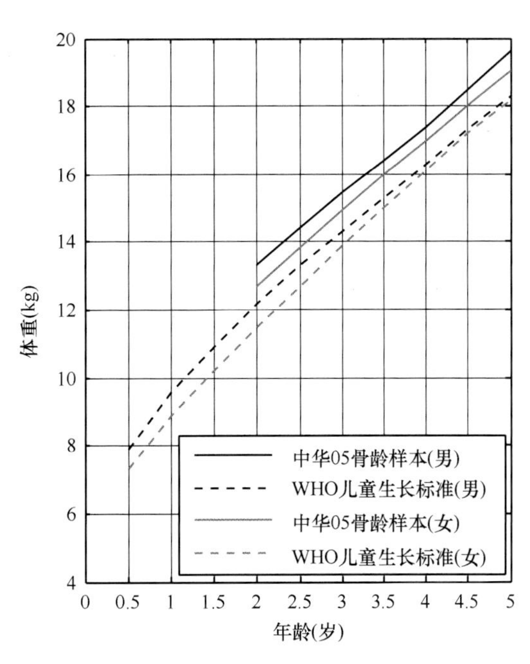

图 3.6 中华 05 骨龄标准样本体重与 WHO 0~5 岁生长标准的比较

3. 与中国 0~18 岁儿童青少年身高、体重标准化生长曲线的比较

在 2~18 岁,中国人手腕骨发育标准——中华 05 男女样本身高的第 3、第 50、第 97 百分位数曲线几乎与中国 0~18 岁儿童青少年身高标准曲线完全一致,特别是女样本的身高曲线(图 3.7,图 3.8)。由此表明,两个研究样本不仅身高的高度相同,而且身高的分布也相似。

儿童青少年体重呈现偏态分布。从总体上看,中国人手腕骨发育标准——中华 05 样本的体重大于中国 0~18 岁儿童青少年体重标准。但这种差异有其特点,两个样本的体重低端百分位数几乎相同,随体重百分位数的增加体重的差异逐渐增大(图 3.9,图 3.10)。在第 50 百分位数上,中国人手腕骨发育标准——中华 05 样本的大部分年龄组体重较大,女童的体重差异大于男童,相当于中国 0~18 岁儿童青少年的体重标准曲线向上平移 0.9kg 左右。较大的体重差异仅表现在高端百分位数上。

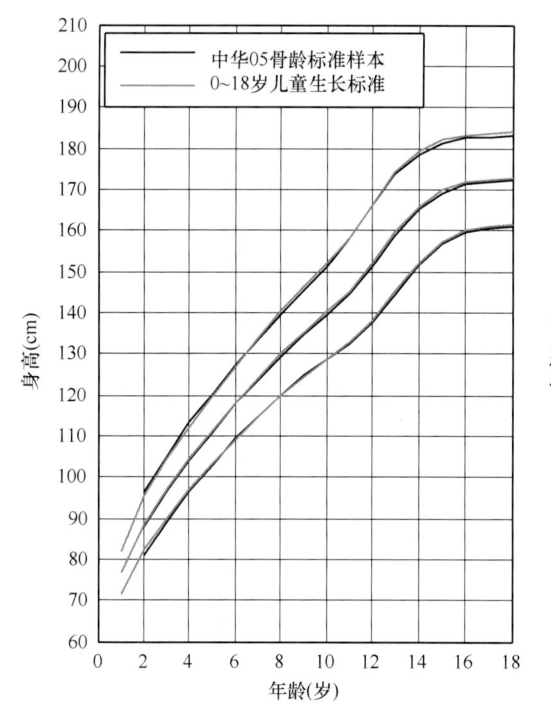

图 3.7 中华 05 骨龄标准样本与 0~18 岁中国儿童身高生长标准的比较(男)

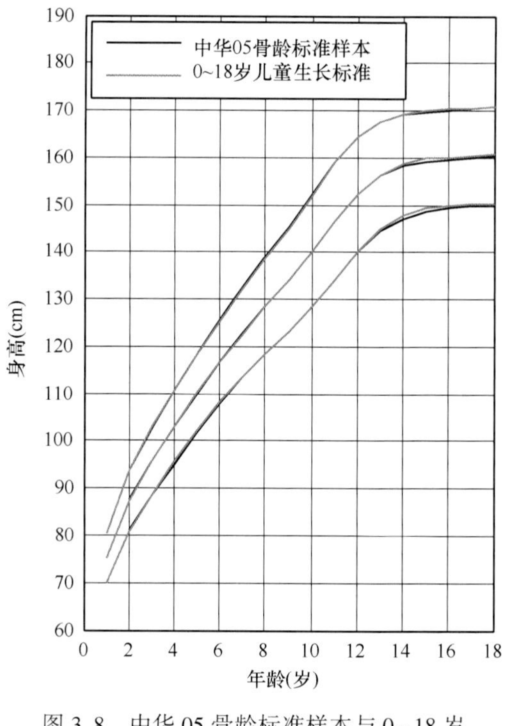

图 3.8 中华 05 骨龄标准样本与 0~18 岁中国儿童身高生长标准的比较(女)

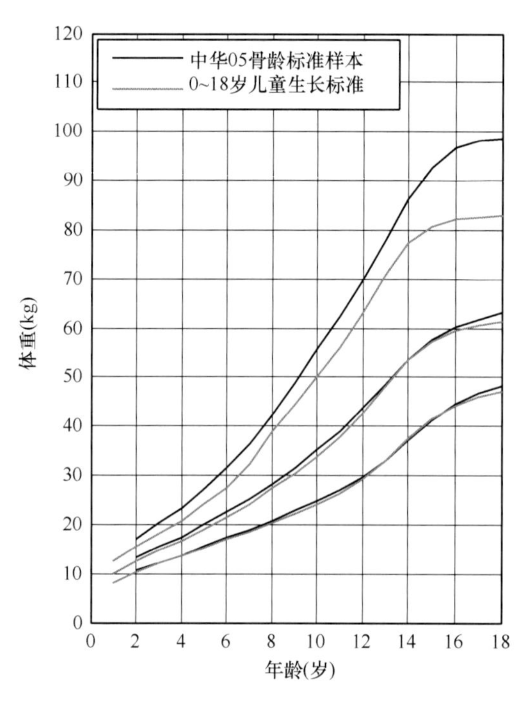

图 3.9 中华 05 骨龄标准样本与 0~18 岁中国儿童体重生长标准的比较(男)

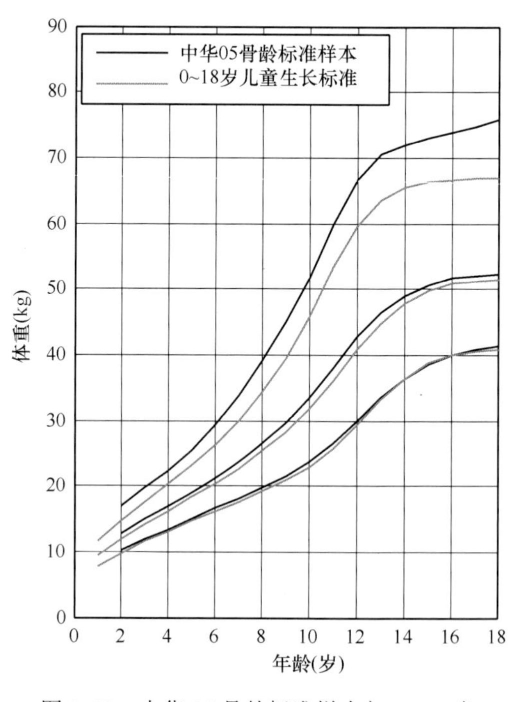

图 3.10 中华 05 骨龄标准样本与 0~18 岁中国儿童体重生长标准的比较(女)

我国是世界上最大的发展中国家,我国儿童青少年的生长发育正处于加速的长期趋势之中,因此,应以中上社会经济背景的儿童样本制订生长发育标准。中国 0~18 岁儿童青少年生长标准以我国大中城市儿童为样本,体现了具备中上社会经济背景的原则。通过以上的比较,不仅中国人手腕骨发育标准——中华 05 样本呈现出加速的长期趋势,而且生长发育特征与同年代的中国 0~18 岁儿童青少年生长标准相一致,达到了课题研究设计要求,代表了我国中上社会经济水平背景的儿童的生长发育状况。

3.2 中国人手腕部骨龄标准——中华 05

3.2.1 TW3-C RUS、TW3-C Carpal 法

1989 年,我们制订的中国人骨发育标准——CHN 法(张绍岩等,1993)依据于 TW2-20 方法,为便于记忆和学习,修改了 TW2 骨发育等级划分标准,并计算各块骨的权重而简化了方法。其优点是简单,易学,但是在长期应用的过程中也发现了这样修改所出现的一些问题:

(1) 手腕骨发育过程中存在一些正常的生理性变异,因此 TW2-20 骨发育等级系列为每个等级规定了 1~3 条标准(如果有一条标准,那么必须符合;如果有两条标准,必须符合其中的一条;如果有三条,必须符合其中的两条,才能认为达到该等级。而且达到该等级时还必须符合上一个等级的第一条标准)。为了便于记忆,CHN 法减少了部分骨发育等级的标准条目,见表 3.2,因此不能完全适应骨发育过程中的正常变异而可能降低骨龄评价的可靠性。

表 3.2 TW2 法与 CHN 法某些手腕骨发育等级定义的比较

等级	骨发育等级定义	
	TW2 法	CHN 法
桡骨第 5 等级	a. 骨骺近侧缘可区分为掌侧面和背侧面 b. 骨骺内侧端向内侧和近侧生长,大部分近侧缘的形状与骨干一致	骨骺近侧缘可区分为掌侧面和背侧面
桡骨第 6 等级	a. 骨骺背侧面出现月骨和舟骨关节面,以一个小驼峰相联结 b. 骨骺内侧缘出现与尺骨相关节的掌侧关节面,掌侧面或背侧面向内侧凸出 c. 骨骺近侧缘稍凹	骨骺尺侧关节面可区分为掌侧面和背侧面
远节指骨第 5 等级	a. 骨骺的近-外侧缘凹,按近节指骨头的形状成形 b. 骨骺远侧缘可见内外侧面,远节指骨底与内外侧面之间的马鞍形相一致 c. 骨骺宽于骨干	骨骺近侧缘的桡侧端凹,或宽于骨干

(2) CHN 法在 TW2-20 块骨的基础上,将每块骨的分值和与所有骨的分值和的比值作为骨的权重,并使用数学迭代法反复计算,在尺骨、三角骨、月骨、舟骨、大多角骨、小多角骨的权重接近于零时停止计算,得到每块骨的最终权重。但是,在每块骨分值和的计

算中,由于忽略了不同手腕骨生长期的长短,而仅考虑每块骨骨化中心出现的早晚,所以在简化方法中保留了骨化中心出现早而生长期短的头状骨和钩骨,并且有最高的权重(表 3.3)。

头状骨和钩骨分别在男 11 岁和 12.5 岁,女 9 岁和 11 岁达到最终的发育等级,对青春期的骨龄评价不能再提供新的生物学信息,而且包括两块腕骨的 CHN 法不能评价 RUS 骨和腕骨的发育差异,使骨龄的应用受到一定的限制。

(3) CHN 法采用迭代法计算权重的条件假设不明确,导致了不同骨之间的权重差异过大。例如,头状骨和钩骨的权重在 10%~14%,而掌骨Ⅰ、近节指骨Ⅰ、中节指骨Ⅴ和远节指骨Ⅴ的权重却在 1%~5%(表 3.3)。虽然这种权重计算方法简化了 TW2-20 法,将 20 块骨减少到 14 块,但是所计算的每块骨的最终权重与其对骨龄的贡献不符,而且还可能降低骨龄评价的可靠性。

表 3.3　TW2 方法与 CHN 法手腕骨权重的比较(%)

骨		TW2 方法		CHN 方法		骨		TW2 方法		CHN 方法	
		TW2-20	RUS	男	女			TW2-20	RUS	男	女
桡骨		10	20	9	9	远节指骨	Ⅰ	3.3	6.7	10	9
尺骨		10	20	0	0		Ⅲ	2.5	5	7	7
掌骨	Ⅰ	3.4	6.7	2	5		Ⅴ	2.5	5	2	3
	Ⅲ	2.5	5	8	8	头状骨		7.1	0	14	10
	Ⅴ	2.5	5	5	6	钩骨		7.1	0	14	10
近节指骨	Ⅰ	3.3	6.7	2	4	三角骨		7.1	0	0	0
	Ⅲ	2.5	5	11	9	月骨		7.1	0	0	0
	Ⅴ	2.5	5	7	8	舟骨		7.1	0	0	0
中节指骨	Ⅲ	2.5	5	8	8	大多角骨		7.1	0	0	0
	Ⅴ	2.5	5	1	4	小多角骨		7.1	0	0	0

在 TW2 法中,Tanner 等(1983)仍然依据 20 世纪 50 年代英国儿童样本修订了骨龄评价方法。由于在其后的 20 年中欧洲儿童生长发育加速的长期趋势,Tanner 等(1997)开始修订 TW2 骨龄标准,于 2001 年提出 TW3 法骨龄标准(Tanner et al.,2001)。TW3 方法沿用了 TW2 方法的骨发育等级系列,但放弃了 TW2-20 块骨的评价方法,强调了手腕骨成熟度得分(skeletal maturity scores,SMS)在不同种族、不同环境条件下均具有的可比性,并且以 TW3-RUS 和 TW3-Carpal(腕骨)方法分别制订评价标准,可分析研究不同种族、环境条件对不同类型骨的影响。

所以,我们在修订中国儿童手腕骨骨龄标准时,为了与国际上普遍应用的骨龄评价方法相一致,有利于国际间的学术交流,不再沿用 CHN 法,而是依照 TW3 方法(Tanner et al.,2001),使用 TW3 法的骨发育等级分值表(表 3.4~表 3.7),以中国当代儿童样本,制订 RUS 和腕骨骨龄评价标准,分别称为 TW3-Chinese RUS(TW3-C RUS)和 TW3-Chinese Carpal(TW3-C Carpal)。

表 3.4　TW3-C RUS 方法骨发育等级分值表(男)

骨	0	1	2	3	4	5	6	7	8
桡骨	0	16	21	30	39	59	87	138	213
尺骨	0	27	30	32	40	58	107	181	—
掌骨 Ⅰ	0	6	9	14	21	26	36	49	67
Ⅲ	0	4	5	9	12	19	31	43	52
Ⅴ	0	4	6	9	14	18	29	43	52
近节指骨 Ⅰ	0	7	8	11	17	26	38	52	67
Ⅲ	0	4	4	9	15	23	31	40	53
Ⅴ	0	4	5	9	15	21	30	39	51
中节指骨 Ⅲ	0	4	6	9	15	22	32	43	52
Ⅴ	0	6	7	9	15	23	32	42	49
远节指骨 Ⅰ	0	5	6	11	17	26	38	46	66
Ⅲ	0	4	6	8	13	18	28	34	49
Ⅴ	0	5	6	9	13	18	27	34	48

表 3.5　TW3-C RUS 方法骨发育等级分值表(女)

骨	0	1	2	3	4	5	6	7	8
桡骨	0	23	30	44	56	78	114	160	218
尺骨	0	30	33	37	45	74	118	173	—
掌骨 Ⅰ	0	6	12	18	24	31	43	53	67
Ⅲ	0	5	8	12	16	23	37	47	53
Ⅴ	0	6	9	12	17	23	35	48	52
近节指骨 Ⅰ	0	9	11	14	20	31	44	56	67
Ⅲ	0	5	7	12	19	27	37	44	54
Ⅴ	0	6	7	12	18	26	35	42	51
中节指骨 Ⅲ	0	6	8	12	18	27	36	45	52
Ⅴ	0	7	8	12	18	28	35	43	49
远节指骨 Ⅰ	0	7	9	15	22	33	48	51	68
Ⅲ	0	7	8	11	15	22	33	37	49
Ⅴ	0	7	8	11	15	22	32	36	47

表 3.6　TW3-C Carpal 方法骨发育等级分值表(男)

骨	0	1	2	3	4	5	6	7	8
头状骨	0	100	104	106	113	133	160	214	—
钩骨	0	73	75	79	100	128	159	181	194
三角骨	0	10	13	28	57	84	102	124	—
月骨	0	14	22	39	58	84	101	12	—
舟骨	0	26	36	52	71	85	100	116	—
大多骨	0	23	31	46	66	83	95	108	117
小多角骨	0	27	32	42	51	77	93	115	—

表 3.7　TW3-C Carpal 方法骨发育等级分值表(女)

骨	0	1	2	3	4	5	6	7	8
头状骨	0	84	88	91	99	121	149	203	—
钩骨	0	72	74	78	102	131	161	183	194
三角骨	0	11	16	31	56	80	104	126	—
月骨	0	16	24	40	59	84	106	122	—
舟骨	0	24	35	51	71	88	104	118	—
大多角骨	0	20	27	42	60	80	95	111	119
小多角骨	0	21	30	43	53	77	97	118	—

3.2.2　RUS-CHN 方法

TW3-RUS 方法以桡、尺骨骺开始融合为骨龄评价的终点,所以得到的最大骨龄为男 16 岁和女 15 岁,因而不适应某些应用领域对青春期后期骨龄评价的需求。此外,在 TW3 方法中,骨发育等级持续时间过长,例如,在男 7~11 岁,女 5~9 岁,各块骨的发育大都处于第 4 等级,而在男 12~16 岁,女 10~14 岁,大部分骨的发育等级基本同时处于第 5,或第 6,或第 7 等级,而不能更精细地分辨骨发育成熟度。

因此,我们根据掌、指骨骺的发育为先桡侧后尺侧,以及桡骨、尺骨骺融合期较长的发育规律,在 TW3 骨发育等级(与 TW2 法相同)的基础上,选择了新的成熟度指征(即在不改变 TW3-RUS 骨发育等级的开始与结束点的前提下,在原等级之内选择指征),以提高骨龄评价方法对儿童发育程度的分辨能力。表 3.8、表 3.9 列出了增加的新成熟度指征,骨发育等级总数由原 TW3-RUS 的 103 个增加到 150 个,这种方法称为 RUS-CHN 法。

表 3.8　桡尺、掌指骨 TW3-RUS 等级内增加的新成熟度指征

骨	等级 4	等级 5	等级 6	等级 7
桡骨		尺侧等宽		两侧覆盖
尺骨		一侧等宽		
掌骨Ⅰ		尺侧变平	两侧覆盖	融合一半
掌骨Ⅲ	桡侧等宽			融合一半
掌骨Ⅴ	桡侧等宽			融合一半
近节指骨Ⅰ	桡侧等宽	尺侧方形	两侧覆盖	融合一半
近节指骨Ⅲ	桡侧等宽	桡侧方形	两侧覆盖	融合一半
近节指骨Ⅴ	桡侧等宽	桡侧方形	两侧覆盖	融合一半
中节指骨Ⅲ	桡侧等宽	桡侧方形	两侧覆盖	融合一半
中节指骨Ⅴ	桡侧等宽	桡侧方形	两侧覆盖	融合一半
远节指骨Ⅰ		桡侧方形	两侧覆盖	融合一半
远节指骨Ⅲ		桡侧方形	两侧覆盖	融合一半
远节指骨Ⅴ		桡侧方形	两侧覆盖	融合一半

表 3.9　桡骨、尺骨融合开始等级后增加的新成熟度指征

骨发育等级	原等级	增加等级			
		1	2	3	4
桡骨第 8 等级	融合开始	融合 1/4	融合 1/2	融合 3/4	融合完成
尺骨第 7 等级	融合开始	融合 1/4	融合 1/2	融合 3/4	融合完成

使用上述方法修订的中国人手腕骨发育标准，既可以按照 TW3-RUS 和 TW3-Carpal 方法评价骨成熟度分值(SMS)，进行国际间不同人群、同一人群不同时代骨发育的比较研究，又可以根据实际需要得出 TW3-C RUS、TW3-C Carpal 骨龄，并可估价不同类骨发育的差异(TW3-C RUS 与 TW3-C Carpal 骨龄差值)。在需要精细评价成熟度的应用领域，例如运动医学和法医学青少年活体年龄推测领域，可使用 RUS-CHN 方法，得到更加准确的骨龄评价结果。因标准的制订应用了 2005 年中国儿童样本，所以将修订的骨发育评价标准称为中国人手腕骨发育标准——中华 05。

3.2.3　RUS-CHN 法骨发育等级分值的计算

RUS-CHN 法增加等级后，手腕骨发育等级分值的计算采用“分类特征计分算法”(Tanner et al.，1983；Healy and Goldstein.，1976)：

设 $i(i=1,2,3,\cdots,n)$ 块骨第 $j(j=1,2,3,\cdots,j)$ 等级成熟度分值为 X_{ij}，第 i 块骨的加权为 W_i：

$$\sum_{i=1}^{n} W_i = 1$$

个体儿童成熟度分值为：

$$X = \sum_{i=1}^{n} W_i X_{ij}$$

每名个体儿童手腕骨骨间分值差方和为：

$$\begin{aligned} d &= \sum_{i=1}^{n} W_i (X_{ij} - \overline{X})^2 \\ &= \sum_{i=1}^{n} W_i X_{ij}^2 - \left(\sum_{i=1}^{n} W_i X_{ij}\right)^2 \end{aligned}$$

标准化样本中所有个体骨间分值分总方差和为：

$$D = X^{T} A X$$

X 为含有所有 X_{ij} 的矢量，A 为对称矩阵，对角线元素为 $(W_i - W_i^2) N_{ij}$。N_{ij} 为标准化样本中第 i 块骨第 j 等级出现的次数。非对角线元素为 $W_i W_k N_{ijkl}$，N_{ijkl} 为标准化样本中第 i 块骨第 j 等级与第 k 块骨第 l 等级同时出现的例数，如果 $i=k$，且 $j \neq l$，那么 $N_{ijkl} = 0$；因此，A 在它的主对角线上有对角线矩阵。

设初始分值和为 0，最终分值和为 1000，得到唯一的一组解。

表 3.10、表 3.11 分别为以上述方法计算出的男女儿童 RUS-CHN 法的骨发育等级分值表。

表 3.10　RUS-CHN 法骨发育等级分值表(男)

骨		0	1	2	3	4	5	6	7	8	9	10	11	12	13	14
桡骨		0	8	11	15	18	31	46	76	118	135	171	188	197	201	209
尺骨		0	25	30	35	43	61	80	116	157	168	180	187	194		
掌骨	Ⅰ	0	4	5	8	16	22	26	34	39	45	52	66			
	Ⅲ	0	3	4	5	8	13	19	30	38	44	51				
	Ⅴ	0	3	4	6	9	14	19	31	41	46	50				
近节指骨	Ⅰ	0	4	5	7	11	17	23	29	36	44	52	59	66		
	Ⅲ	0	3	4	5	8	14	19	23	28	34	40	45	50		
	Ⅴ	0	3	4	6	10	16	19	24	28	33	40	44	50		
中节指骨	Ⅲ	0	3	4	5	9	14	18	23	28	35	42	45	50		
	Ⅴ	0	3	4	6	11	17	21	26	31	36	40	43	49		
远节指骨	Ⅰ	0	4	5	6	9	19	28	36	43	46	51	67			
	Ⅲ	0	3	4	5	9	15	23	29	33	37	40	49			
	Ⅴ	0	3	4	6	11	17	23	29	32	36	40	49			

表 3.11　RUS-CHN 法骨发育等级分值表(女)

骨		0	1	2	3	4	5	6	7	8	9	10	11	12	13	14
桡骨		0	10	15	22	25	40	59	91	125	138	178	192	199	203	210
尺骨		0	27	31	36	50	73	95	120	157	168	176	182	189		
掌骨	Ⅰ	0	5	7	10	16	23	28	34	41	47	53	66			
	Ⅲ	0	3	5	6	9	14	21	32	40	47	51				
	Ⅴ	0	4	5	7	10	15	22	33	43	47	51				
近节指骨	Ⅰ	0	6	7	8	11	17	26	32	38	45	53	60	67		
	Ⅲ	0	3	5	7	9	15	20	25	29	35	41	46	51		
	Ⅴ	0	4	5	7	11	18	21	25	29	34	40	45	50		
中节指骨	Ⅲ	0	4	5	7	10	16	21	25	29	35	43	46	51		
	Ⅴ	0	3	5	7	12	19	23	27	32	35	39	43	49		
近节指骨	Ⅰ	0	5	6	8	10	20	31	38	44	45	52	67			
	Ⅲ	0	3	5	7	10	16	24	30	33	36	39	49			
	Ⅴ	0	5	6	7	11	18	25	29	33	35	39	49			

3.2.4　以 BCPE 模型拟合骨成熟度分值百分位数曲线

骨发育成熟度分值数据为非正态分布,因此应以百分位数法制订骨发育评价标准,但以往研究所采用的百分位数曲线平滑方法却不尽相同。在早期,Tanner 曾经使用目测方法,平滑绘制骨成熟度分值百分位数曲线,在 1997 年所制订的美国欧洲后裔儿童的(US90)骨发育标准中,Tanner 等(1997)以二次曲线拟合年龄组成熟度分值中位数曲线,以一次曲线拟合成熟度分值标准差曲线的方法构建了百分位数曲线。而日本(Ashizawa et al.,1996)、比利时(Beunen et al.,1990)则采用了三次样条函数拟合百分位数曲线。

近年来,关于拟合生长学测量数据百分位数曲线模型的研究有了较大进展。1988 年,Cole 提出了构建百分位数标准曲线的 LMS 方法(Cole,1988;1990)。该方法通过 Box-Cox 幂转换使各年龄组偏态分布的数据近似正态,以各年龄组数据的 L(lambda λ,幂转换)、M(μ,中位数)和 S(δ 变异系数)拟合百分位数曲线。美国疾病控制预防中心(CDC)使用该方法对 1997 年国家卫生统计中心的生长图表进行了修正(Ogden et al.,2002),国际儿童肥胖工作组(IOTF)也使用 LMS 方法制订了国际儿童 BMI 生长图表(Cole et al.,2000)。2004 年,Rigby 和 Stasinopoulos(2004)将 LMS 方法广义化,提出了 Box-Cox 幂指数分布模型(Box-Cox power exponential distribution,BCPE),不仅可应用于偏态分布数据,而且也可应用于峰态分布的数据,或应用于同时呈现偏态和峰态分布的数据,而称为 LMSP 方法。1997~2003 年,为了制订儿童生长评价标准,世界卫生组织(WHO)进行了多中心生长标准研究,经过对 30 余种绘制生长曲线方法的讨论与检验,统计学专家组选择了使用三次样条函数对曲线进行平滑处理的 BCPE 模型,来绘制生长标准百分位数曲线,于 2006 年发布了第一套世界卫生组织的儿童生长标准(Department of Nutrition for Health and Development,2006)。

BCPE 分布模型是为表现出偏度和峰度的因变量 Y 所设计。这种模型由幂转换 Y^{ν}所定义,而 Y^{ν}则为含有参数 τ 的标准化幂指数分布。BCPE 分布含有四个参数 μ、σ、υ、τ,分别说明了数据分布的位置(中位数,median)、尺度(变异系数,coefficient of variation)、偏度(Box-Cox 转换幂,Box-Cox transformation power)和峰度(幂指数参数,parameter related to kurtosis)。以四个分布参数的非参数平滑函数建立模型,非参数模型的拟合使用 Fisher 评分算法(Fisher scoring algorithm),由最大惩罚似然法(maximizing a penaltized lekelehood)完成。参数 μ、σ、υ、τ 的平滑均采用三次样条函数。

BCPE 模型简化描述为:BCPE($\lambda, df_{\mu}, df_{\sigma}, df_{\upsilon}, df_{\tau}$),括号中的 λ 为年龄的幂转换参数($x = age^{\lambda}$),$df_{\mu}$、$df_{\sigma}$、$df_{\upsilon}$、$df_{\tau}$分别代表 μ、σ、υ、τ 模型中非参数平滑函数所使用的自由度。应用广义的位置、尺度和形状相加模型(generalized additive model for location,scale and shape,GAMLSS;Rigby and Stasinopoulos,2005)计算解释变量函数,以最小 Akaike 信息准则(Akaike information criterion,AIC)和广义 AIC(generalized AIC with penalty equal to 3,GAIC(3))选择不同解释变量的自由度组合。在 AIC 和 GAIC(3)不一致的情况下,使用 AIC 选择 df_{μ},以 GAIC(3)选择 df_{σ};而对于 df_{υ}和 df_{τ},仅由 GAIC(3)来选择。

1. BCPE 模型的选择步骤

(1) 验证 BCPE 模型的适用性:试验拟合两个解释变量的正态分布模型 NO(μ、σ)、三个解释变量的 BCCG(μ、σ、υ)模型(Box-Cox-Cole-Green,LMS 方法)及四个解释变量的 BCPE(μ、σ、υ、τ)模型(LMSP 方法),有最小 AIC 的模型为适用模型。

(2) 初步选择参数 df_{μ},df_{σ}:在数据转换后的正态分布($\upsilon = 1, \tau = 2$)条件下,选择 df_{μ},df_{σ}。

(3) 选择 λ_1:在 $\upsilon = 1, \tau = 2$ 条件下,以不同 λ_0数值(在 0.1~2 的范围内,步长为 0.1)拟合 BCPE($\lambda_0, df_{\mu}, df_{\sigma}, \upsilon = 1, \tau = 2,$)模型,选择模型总方差(global deviance,GD)最小时的 λ_0 为 λ_1。

（4）选择最佳 df_μ，df_σ 组合：在 $\upsilon=1$，$\tau=2$ 条件下，以不同 df_μ，df_σ 值（在初步选择的 df_μ，df_σ 值±3 的范围内）拟合 BCPE（λ_1，df_μ，df_σ，$\upsilon=1$，$\tau=2$）模型，选择有最小 AIC 和 GAIC(3)时的 df_μ，df_σ 组合。

（5）选择最佳 df_υ，df_τ 组合：在 $\tau=2$ 条件下，拟合 BCPE（λ_1，df_μ，df_σ，$df_\upsilon=?$，$\tau=2$）模型，选择 df_υ；拟合 BCPE（λ_1，df_μ，df_σ，df_υ，$df_\tau=?$）模型，选择 df_τ；然后以不同的 df_υ，df_τ 值（在上述选择出的 df_υ±10 和 df_υ 值以下的范围内）拟合 BCPE（λ_1，df_μ，df_σ，df_υ，df_τ）模型，选择有最小 GAIC(3)的 df_υ，df_τ 组合。

（6）微调 df_μ，df_σ 和 λ：以不同 df_μ，df_σ 值（在初步选择的 df_μ，df_σ 值±5 的范围内）拟合 BCPE（λ_1，df_μ，df_σ，df_υ，df_τ）模型，选择有最小 AIC 和 GAIC(3)时的 df_μ，df_σ 组合；以不同的 λ_1（在初步选择的 λ_1±0.5 的范围内，步长为 0.1）拟合 BCPE（λ_1，df_μ，df_σ，df_υ，df_τ）模型，选择有最小 GD 时的 λ_1 为最终的 λ。

（7）以最终确定的模型参数拟合 BCPE（λ，df_μ，df_σ，df_υ，df_τ）模型：计算骨发育分值百分位数，拟合出百分位数曲线。

2. 拟合优度的诊断与检验

（1）标准化残数（Z 分值）虫行图（worm plots）：虫行图用来发现模型中解释变量拟合数据不适合的区域（van Buuren and Fredriks，2001）。在使用多幅虫行图时，生成相应数量的无偏正态 QQ 图，并绘画出三次多项式拟合曲线。平坦的虫行轨迹说明模型拟合适宜，不同虫行图形状的解释见表 3.12。

表 3.12　不同形状虫行图的解释

形状	矩	虫行轨迹	轨迹解释	形状	矩	虫行轨迹	轨迹解释
截距	平均数	在原点之上通过	拟合的平均数太小	抛物线	偏斜	为 U 形	拟合的分布向左偏斜
		在原点之下通过	拟合的平均数太大			为倒 U 形	拟合的分布向右偏斜
斜率	方差	有正的斜率	拟合的方差太小	S 曲线	峰度	为左偏下的 S 形	拟合的分布尾部过轻
		有负的斜率	拟合的方差太大			为左偏上的 S 形	拟合的分布尾部过重

虫行图三次多项式的常数、一次、二次、三次项系数分别超过 0.10、0.10、0.05、0.03 的阈值视为模型违背，分别说明特定年龄段的残数的平均数、方差、偏度和峰度理论值与经验值之间有显著差异。

（2）Q 统计量：Q 检验建立在 χ^2 分布的基础上，Q 统计量用来检验自变量残数的正态性。有统计学显著性的 *Q1*、*Q2*、*Q3*、*Q4* 统计量分别说明模型参数 μ、σ、υ、τ 不适合。*Z1*、*Z2*、*Z3*、*Z4* 用来检验年龄组的残数是否是平均数为 0、标准差为 1、偏度为 0、峰度为 3 的分布，因而可以鉴别年龄组 BCPE 模型的满意程度，*Z1*、*Z2*、*Z3*、*Z4* 的绝对值大于 2 时具有显著性，分别说明残数的平均数、标准差、偏度和峰度与标准的正态分布不符。

（3）百分位数曲线下样本例数百分数与期望百分位数的比较：通过百分位数曲线下样本例数的百分数与期望百分位数的比较，说明 BCPE 模型所拟合、平滑的百分位数曲线是否正确描述样本儿童骨成熟度分值的分布，进一步估价 BCPE 模型拟合优度。

3. 选择出的 BCPE 模型和标准百分位数曲线

在 BCPE 分布模型参数选择过程中，BCPE 模型处理数据的偏度与峰度明显改善，但均有部分年龄段平均数与标准差的拟合出现模型违背，三次多项式系数超过阈值，其中部分年龄组的 Q 检验达到统计学显著性。依据最小 AIC 和 GAIC(3)再次选择时，df_{μ}和 df_{σ}组合和 λ_1未出现变化。所以对这些年龄段，根据样本经验百分位数，由人工拟合。表 3.13 列出了最终选择的模型参数。

表 3.13　各评价方法 BCPE 分布模型参数曲线的自由度

自由度	男			女		
	RUS-CHN	TW3-C RUS	TW3-C Carpal	RUS-CHN	TW3-C RUS	TW3-C Carpal
λ	1.2	1.0	1.2	1.0	0.9	1.0
df(μ)	12	12	7	10	10	7
df(σ)	13	11	8	13	15	11
df(υ)	21	17	18	22	19	13
df(τ)	2	2	2	1	2	2
GAIC(3)	82745.14	77286.10	55276.25	80876.26	70436.06	48142.20

表 3.14 中的检验结果说明，中位数以及两端的百分位数曲线拟合的效果最好，拟和的百分位数与期望值相差在 1.3%以下；相比之下，在青春期后期接近发育成熟的年龄段，其余拟合的百分位数与期望值的差异较大，在 2.4%以下。图 3.11～图 3.16 为以 BCPE 模型拟合的 RUS-CHN、TW3-C RUS 和 TW3-C Carpal 法骨成熟度百分位数曲线评价图表(张绍岩等，2009)。根据成熟度分值第 50 百分位数曲线，RUS-CHN 法手腕骨发育成熟年龄为男 18 岁，女 17 岁；TW3-C RUS 法手腕骨发育成熟年龄为男 16 岁，女 15 岁；TW3-C Carpal 法手腕骨发育成熟年龄为男 13.5 岁，女 11.5 岁。

表 3.14　各评价方法骨成熟度百分位数曲线下样本例数的百分数(%)

方法		年龄段(岁)	百分位数曲线						
			3	10	25	50	75	90	97
男	RUS-CHN	2～15	3.0	9.3	23.9	51.1	76.3	89.9	96.8
		15～18	3.1	8.8	22.8	49.4	73.8	87.8	—
	TW3 -C RUS	2～14	3.2	10.2	24.9	51.2	76.1	90.2	96.9
		14～16	3.8	9.7	24.9	50.4	75.6	87.6	—
	TW3-C Carpal	2～12	3.0	8.8	25.1	50.4	77.0	91.1	96.6
		12～13.5	3.1	9.1	23.3	49.6	75.1	—	—
女	RUS-CHN	2～15	3.0	9.9	24.8	50.5	75.8	90.2	97.1
		15～17	2.8	8.1	22.9	49.2	75.3	93.9	—
	TW3 -C RUS	2～13	3.2	10.0	23.9	51.3	77.0	90.1	97.1
		13～15	2.7	11.8	24.7	49.0	68.5	—	—
	TW3-C Carpal	2～10	3.0	10.4	25.4	50.4	76.4	90.6	97.3
		10～11.5	2.7	9.2	24.0	50.2	74.2	—	—

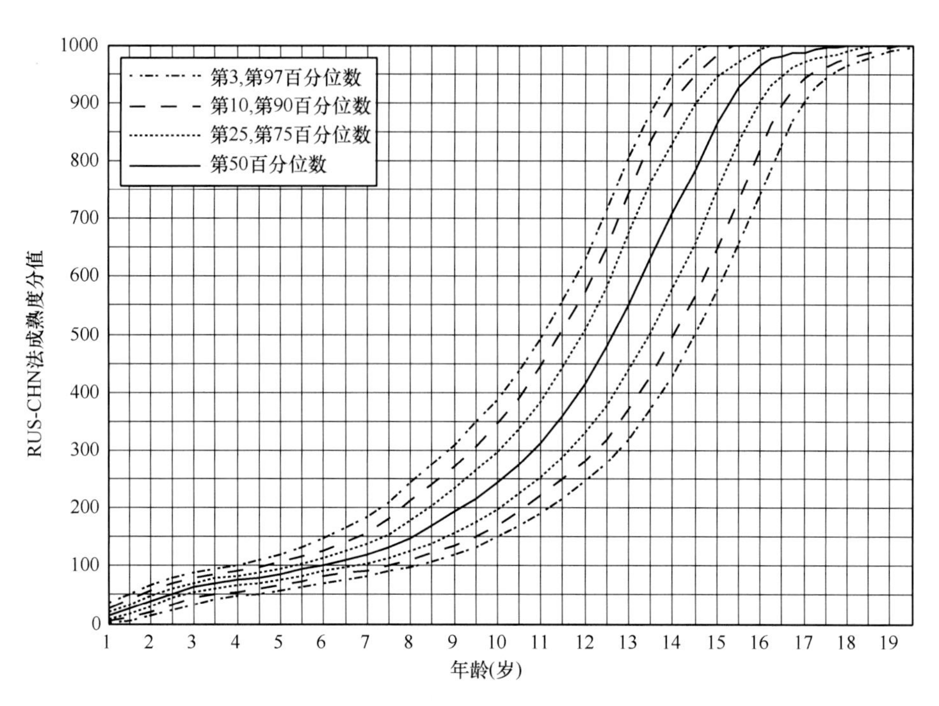

图 3.11 RUS-CHN 骨成熟度百分位数标准曲线(男)

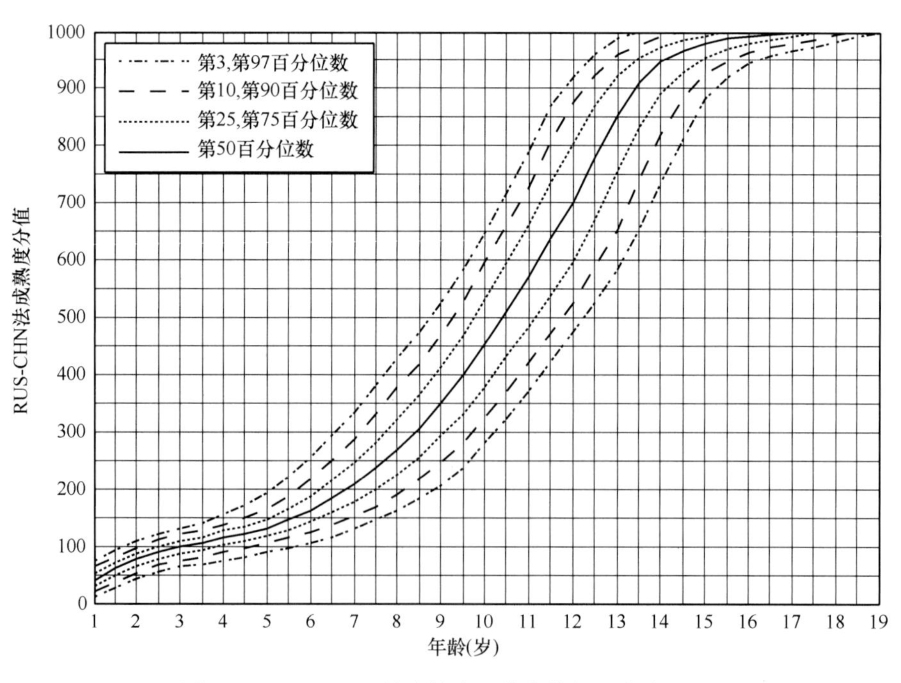

图 3.12 RUS-CHN 骨成熟度百分位数标准曲线(女)

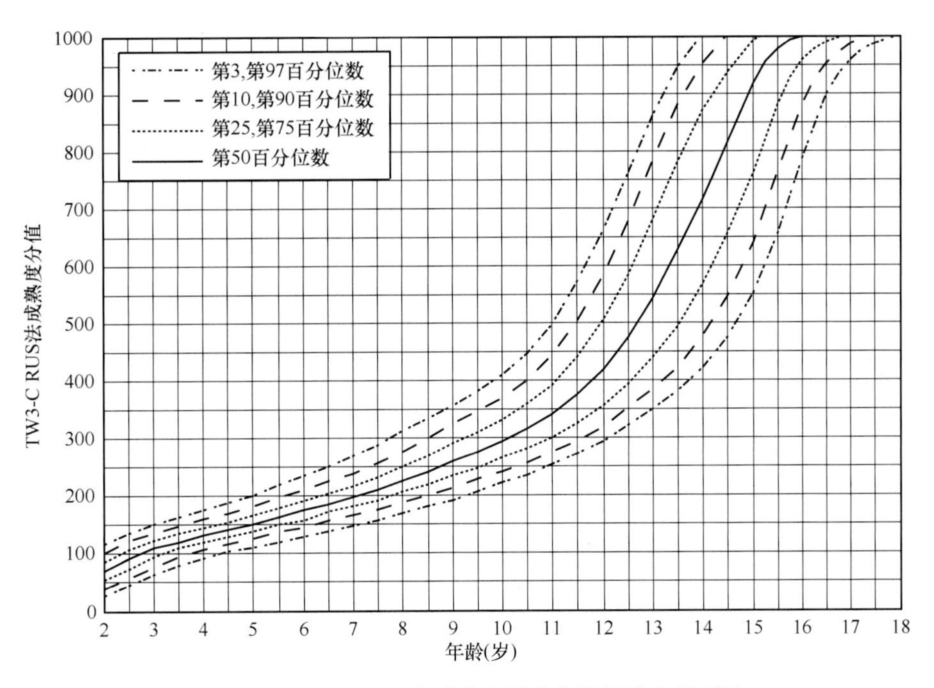

图 3.13　TW3-C RUS 骨成熟度百分位数标准曲线(男)

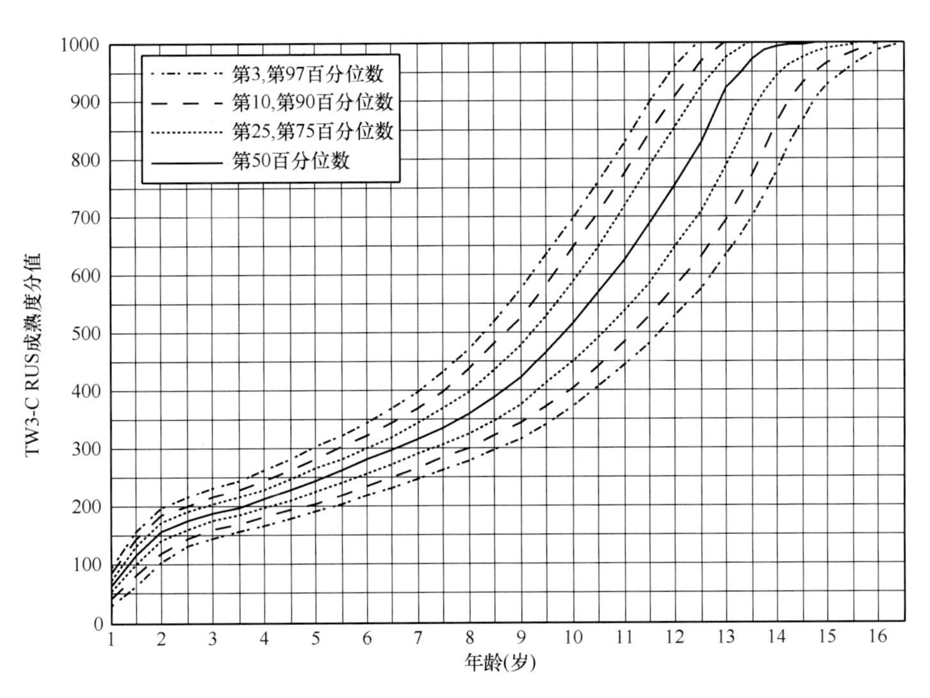

图 3.14　TW3-C RUS 骨成熟度百分位数标准曲线(女)

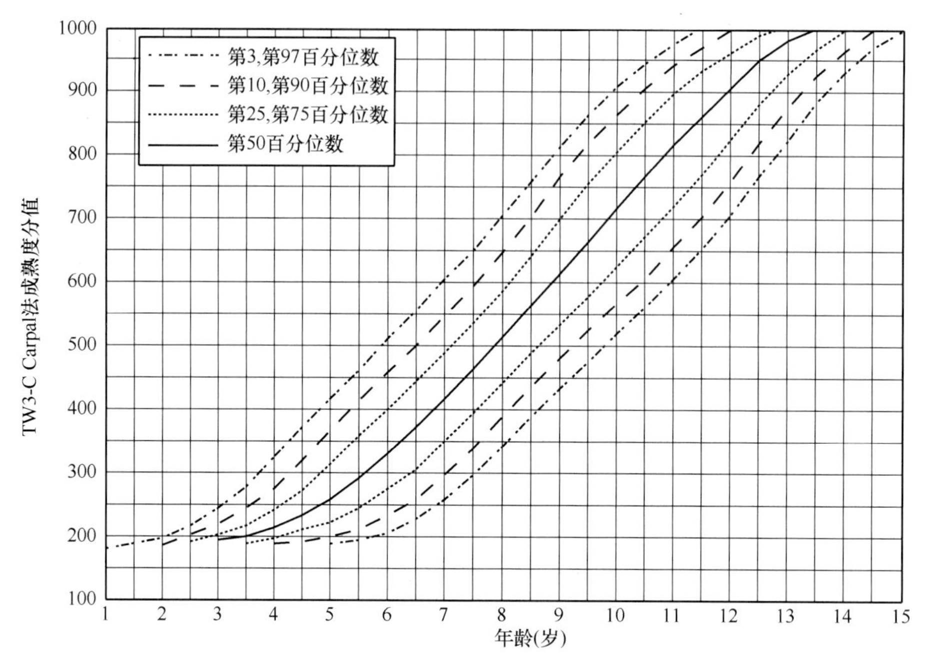

图 3.15　TW3-C Carpal 骨成熟度百分位数标准曲线(男)

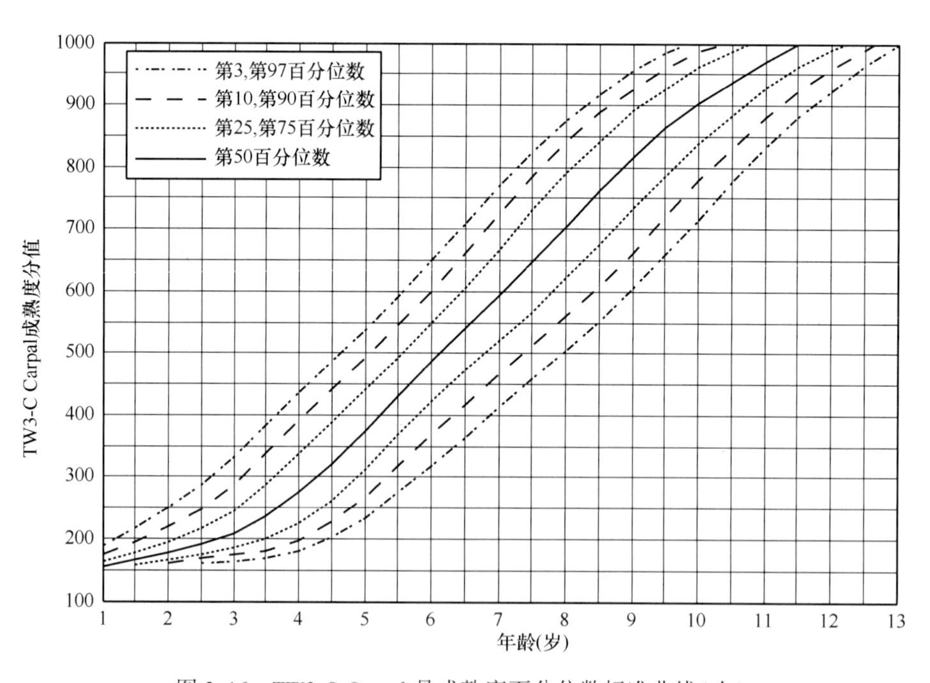

图 3.16　TW3-C Carpal 骨成熟度百分位数标准曲线(女)

3.2.5 TW3-C RUS 骨龄与 TW3-C Carpal 骨龄差值标准

在研究手腕骨发育的过程中,许多作者发现不同人群手腕部掌指骨和腕骨的发育速度存在显著差异。Marjorie 和 Lee(1971)研究发现 2 个月至 17 岁的中国香港儿童与 G-P 图谱标准相比,手骨与腕骨的发育成熟度不一致,腕骨的发育更延迟;印度北方昌迪加尔富裕家庭儿童的 TW2-RUS 骨龄与英国标准相似,但是男孩腕骨骨龄延迟(Prakash and Cameron, 1981);与英国儿童相比,瑞典儿童手腕骨发育在所有年龄上都提前,但 TW2-RUS 比腕骨提前更多(Taranger et al. ,1976);6~17 岁加拿大蒙特利尔的法裔加拿大学龄儿童 TW2-RUS 骨龄显著提前,但是腕骨骨龄却延迟(Baughan et al. ,1979)。比利时男孩 TW2-RUS 成熟度分值比英国标准提前,腕骨分值延迟,而女孩两种方法的骨成熟度分值都提前(Beunen et al. ,1990)。

意大利肥胖儿童 TW2-RUS 骨龄比生活年龄提前 1.04 岁±0.2 岁($P=0.0001$),而腕骨骨龄仅比生活年龄提前 0.2 岁±0.2 岁,因此认为肥胖儿童的腕骨对早期促进骨成熟因素的敏感性低于 RUS 骨(Polito et al. ,1995)。营养不良儿童掌指骨与腕骨的发育也不平衡,腕骨的发育更加延迟(Fobes et al. ,1971)。

在病理情况下,TW2-RUS 骨和腕骨的反应也不同。生长激素分泌不足和长期肾功能不全患儿腕骨发育的延迟程度比 RUS 骨更严重(Hernandez et al. ,1977;Cundall et al. ,1988);性早熟和患先天性肾上腺增生儿童的 RUS 骨龄提前于腕骨骨龄,男、女性早熟儿童的 RUS 骨龄比腕骨骨龄大 2.6 岁,男、女先天性肾上腺增生的儿童 RUS 骨龄比腕骨骨龄大 2.7~3.2 岁,与对照组比较差异显著(Vejvoda and Grant,1981)。

环境因素和内分泌疾病对手部掌指骨和腕骨的发育有不同的影响。因此,分别制订 RUS、腕骨骨龄标准,并在此基础上制订二者骨龄差值的正常参考标准,有利于儿童生长发育的研究及儿童内分泌疾病的诊断和治疗监测。

以 BCPE 分布模型拟合 TW3-C RUS 和 TW3-C Carpal 骨龄差值标准百分位数曲线(张绍岩等,2008b),所选择的 BCPE 分布模型为:

男:$BCPE(x=age^{1.9}, df_{\mu}=1.00, df_{\sigma}=3.37, df_{\upsilon}=2, df_{\tau}=2)$;

女:$BCPE(x=age^{0.5}, df_{\mu}=2.10, df_{\sigma}=5.78, \upsilon=1, \tau=1)$。

表 3.15 为拟合的百分位数曲线下样本例数的百分数,图 3.17、图 3.18 为以上述 BCPE 分布模型绘制的 TW3-C RUS 和 TW3-C Carpal 骨龄差值百分位数曲线评价图表。

表 3.15 BCPE 模型拟合的百分位数曲线下样本例数的百分数(%)

性别	百分位数曲线(%)								
	0.4	2	10	25	50	75	90	98	99.6
男	0.37	1.90	10.19	24.99	50.35	75.01	90.19	98.08	99.51
女	0.33	2.31	9.72	24.01	50.64	74.34	89.00	97.81	99.82

在生长发育过程中,男女儿童 TW3-C RUS 与 TW3-C Carpal 骨龄差值第 50 百分位数均接近于零。RUS 骨与腕骨发育差异的变异程度随年龄而变化,由男 2 岁、女 1.5 岁开始变异

程度逐渐增加,分别在 4.5 岁和 4 岁左右达到最大,在男 8 岁、女 7 岁后逐渐下降至腕骨发育成熟。但在腕骨发育的过程中,这种变异程度存在明显的性别差异,男性的变异程度显著大于女性,10 岁后性别差异减小。

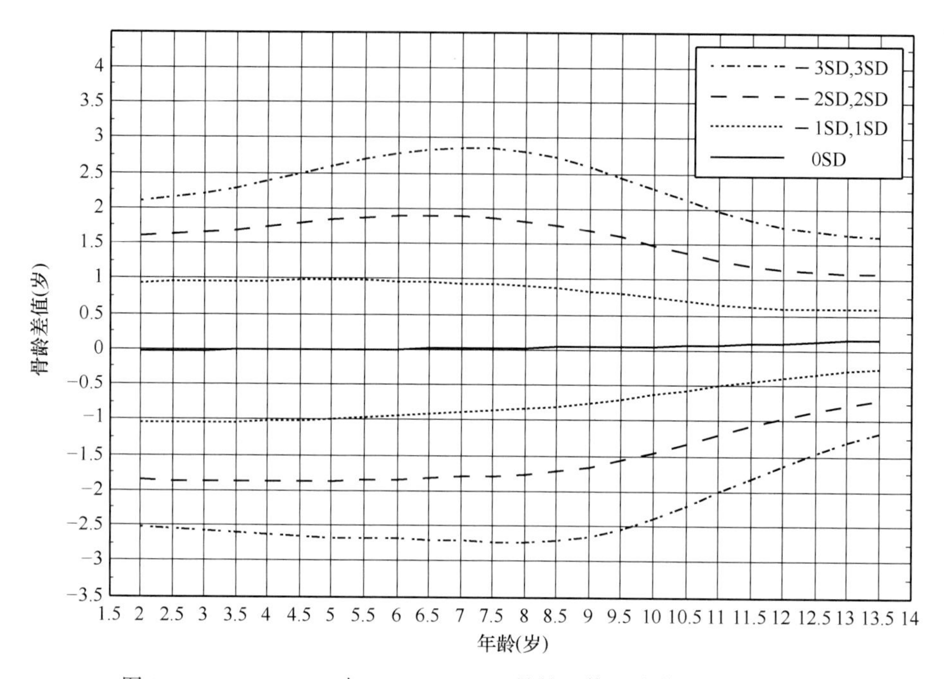

图 3.17　TW3-C RUS 与 TW3-C Carpal 骨龄差值 Z 分值标准曲线(男)

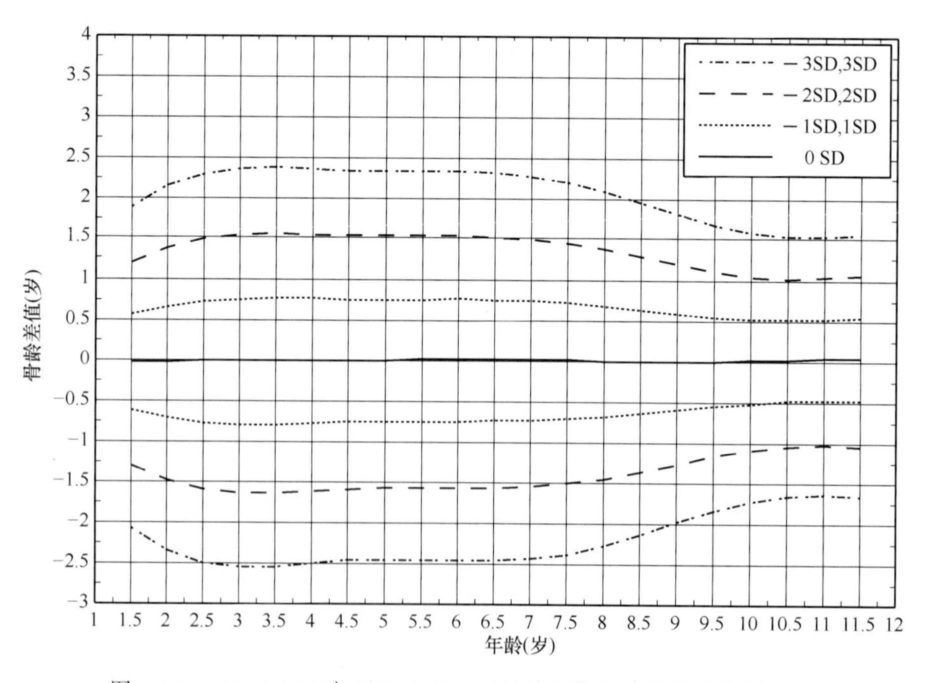

图 3.18　TW3-C RUS 与 TW3-C Carpal 骨龄差值 Z 分值标准曲线(女)

3.3 不同应用领域的特定骨龄评价方法

上一节介绍了中华 05 骨龄标准的基本评价方法。我们依照 TW3 计分法分别建立了 TW3-C RUS 和 TW3-C Carpal 法骨龄标准，但是 3 岁以下每种方法的骨化中心出现数量均较少，而且每一骨化中心出现的分值较低，因而不能表现出明显的成熟度变化，影响了婴幼儿骨龄的准确性。RUS-CHN(RC)法在 TW3-RUS 基础上增加了骨发育等级，提供了更加精细的骨龄。然而在青春期后期，掌指骨均已融合，在男 16~18 岁、女 15~17 岁期间，桡、尺骨融合过程是仅有的手腕部成熟度的指征。虽然在 RUS-CHN 法中将桡、尺骨融合过程划分为 4 个等级，但等级数仍然过少，骨龄为非连续的数值，准确性较差。所以，3 岁前和青春期后期骨龄评价不准确的问题仍有待解决。

从手腕部骨发育的规律来看，3 岁前的骨发育以骨化中心逐渐增多为特征，而青春期后期则以桡、尺骨骺处于融合过程为特征。3 岁以下儿童是医学应用领域的重点年龄范围，而青春期后期是体育、司法领域骨龄应用的重点范围，一种骨龄评价方法难以同时解决所有这些问题。所以，我们根据手腕骨发育规律，分别制订了适用于不同应用领域的特定骨龄评价方法与标准。

3.3.1 5 岁以下儿童手腕骨发育指数骨龄评价方法

研究样本为中国人手腕骨发育标准——中华 05 研究中 2468 名(男 1245，女 1223)5 岁以下的儿童。以 TW3 骨发育等级标准阅读手腕部所有骨的发育等级，使用以概率单位法计算的 TW3 骨发育等级出现年龄为骨发育指数(表 3.16，表 3.17)。

表 3.16 手腕部各骨达到 TW3 骨发育等级时的发育指数(男)

骨	等级 1	等级 2	等级 3	等级 4	等级 5	骨	等级 1	等级 2	等级 3	等级 4	等级 5
桡骨	1.1	1.5	2.5	3.9	5.5	中节指骨Ⅴ	2.7	3.1	4.1	7.8	—
掌骨Ⅰ	2.5	2.8	4.2	8.6	—	远节指骨Ⅰ	1.0	1.1	1.7	5.9	—
掌骨Ⅱ	1.5	1.8	2.4	5.0	—	远节指骨Ⅱ	2.4	2.9	3.6	7.5	—
掌骨Ⅲ	1.5	1.9	2.5	5.2	—	远节指骨Ⅲ	1.7	1.9	2.7	7.4	—
掌骨Ⅳ	2.0	2.2	2.8	5.8	—	远节指骨Ⅳ	1.9	2.2	2.9	7.6	—
掌骨Ⅴ	2.1	2.4	3.0	6.5	—	远节指骨Ⅴ	2.5	3.1	3.7	7.9	—
近节指骨Ⅰ	2.4	3.0	3.5	6.9	—	头状骨	0.5	1.0	1.8	2.8	5.0
近节指骨Ⅱ	1.4	1.5	2.1	5.0	—	钩骨	0.5	1.0	2.5	4.7	7.4
近节指骨Ⅲ	1.0	1.2	1.6	5.3	—	三角骨	3.8	4.2	5.6	7.1	—
近节指骨Ⅳ	1.4	1.6	2.1	6.0	—	月骨	4.5	4.9	5.8	6.2	—
近节指骨Ⅴ	1.9	2.1	2.5	6.8	—	舟骨	6.5	7.0	7.7	—	—
中节指骨Ⅱ	2.0	2.1	3.0	6.7	—	大多角骨	5.7	6.1	6.6	—	—
中节指骨Ⅲ	1.7	2.5	2.5	6.5	—	小多角骨	6.1	6.4	6.7	—	—
中节指骨Ⅳ	1.6	2.0	2.9	7.0	—						

表 3.17　手腕部各骨达到 TW3 骨发育等级时的发育指数(女)

骨	等级 1	等级 2	等级 3	等级 4	等级 5	等级 6
桡骨	1.0	1.3	1.8	3.2	4.8	7.5
掌骨Ⅰ	1.5	1.8	2.5	6.4	—	—
掌骨Ⅱ	1.0	1.3	1.6	3.6	—	—
掌骨Ⅲ	1.2	1.4	1.8	4.0	7.6	—
掌骨Ⅳ	1.4	1.6	2.0	4.6	—	—
掌骨Ⅴ	1.3	1.5	1.9	4.8	—	—
近节指骨Ⅰ	1.6	1.8	1.9	4.7	7.2	—
近节指骨Ⅱ	0.9	1.5	1.6	3.3	—	—
近节指骨Ⅲ	0.8	0.9	1.3	3.8	7.8	—
近节指骨Ⅳ	0.9	1.1	1.4	4.3	—	—
近节指骨Ⅴ	1.3	1.4	1.8	4.8	8.6	—
中节指骨Ⅱ	1.3	1.6	1.8	5.0	—	—
中节指骨Ⅲ	1.1	1.3	1.8	4.7	7.7	—
中节指骨Ⅳ	1.1	1.4	1.8	5.2	—	—
中节指骨Ⅴ	1.6	1.8	1.9	5.5	—	—
远节指骨Ⅰ	0.8	1.1	1.4	4.1	5.8	—
远节指骨Ⅱ	1.1	1.4	1.8	5.2	—	—
远节指骨Ⅲ	1.2	1.4	1.8	5.3	6.8	—
远节指骨Ⅳ	1.3	1.6	1.9	5.4	—	—
远节指骨Ⅴ	1.7	1.8	2.0	5.3	—	—
头状骨	0.2	0.4	1.3	2.3	3.9	6.1
钩骨	0.2	0.5	1.8	3.4	6.0	—
三角骨	2.4	3.0	4.1	5.2	7.3	—
月骨	3.3	3.6	4.6	5.2	—	—
舟骨	4.9	5.3	5.5	7.6	—	—
大多角骨	4.0	4.2	4.8	6.0	—	—
小多角骨	4.4	4.5	5.0	5.9	—	—

采用 LMS 方法拟合全部手腕骨(RUS:桡、尺骨和所有掌指骨;CARP:腕骨;全部手腕骨以 R+C 表示)以及单独 CARP 的发育指数百分位数曲线(图 3.19~图 3.22)。表 3.18 表明,拟合的百分位数曲线下受试者例数的百分数与理论期望值相差在 0.1%~2.3%。

婴幼儿手腕骨发育速度存在明显的性别差异,男女 R+C 骨发育指数分别在 1 岁和 0.5 岁后、CARP 发育指数分别在 1.5 岁和 1 岁后迅速增加,而且女孩增加速度均明显大于男孩。

手腕部不同类骨的骨化中心交替出现,男女孩头状骨和钩骨骨化中心最先出现,接着是 RUS 骨,然后是腕部其他骨(表 3.16,表 3.17)。在头状骨和钩骨出现后至 RUS 骨出现前期间,以及在 RUS 骨出现后至腕部其他骨出现前的期间,分别出现头状骨、钩骨和 RUS 骨骨化中心出现后的发育等级。另外,男女孩分别在 3 岁和 2 岁时,大部 RUS 骨发育到第 3

等级,而除桡骨第 3 等级发育至第 4 等级的年龄在 1.4 岁外,其余 RUS 骨都在 2 岁以上,在此期间其他腕骨陆续出现。这种婴幼儿手腕骨不同类骨骨化中心交替出现的规律强调了应根据不同时期骨发育特点制订骨龄评价方法的重要性。

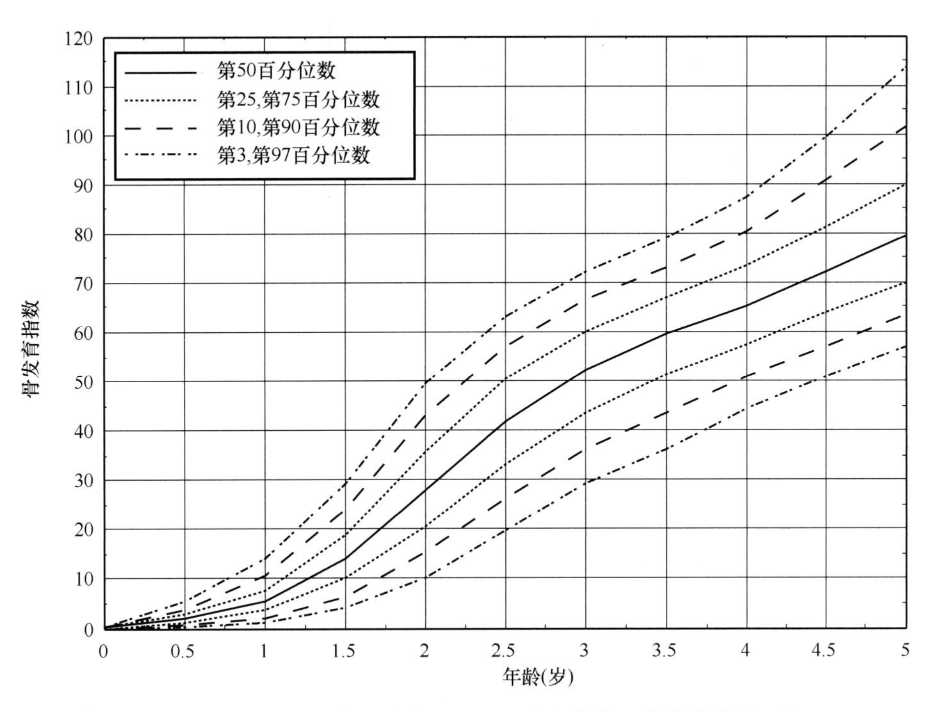

图 3.19 5 岁以下婴幼儿手腕骨(R+C)发育指数百分位数曲线(男)

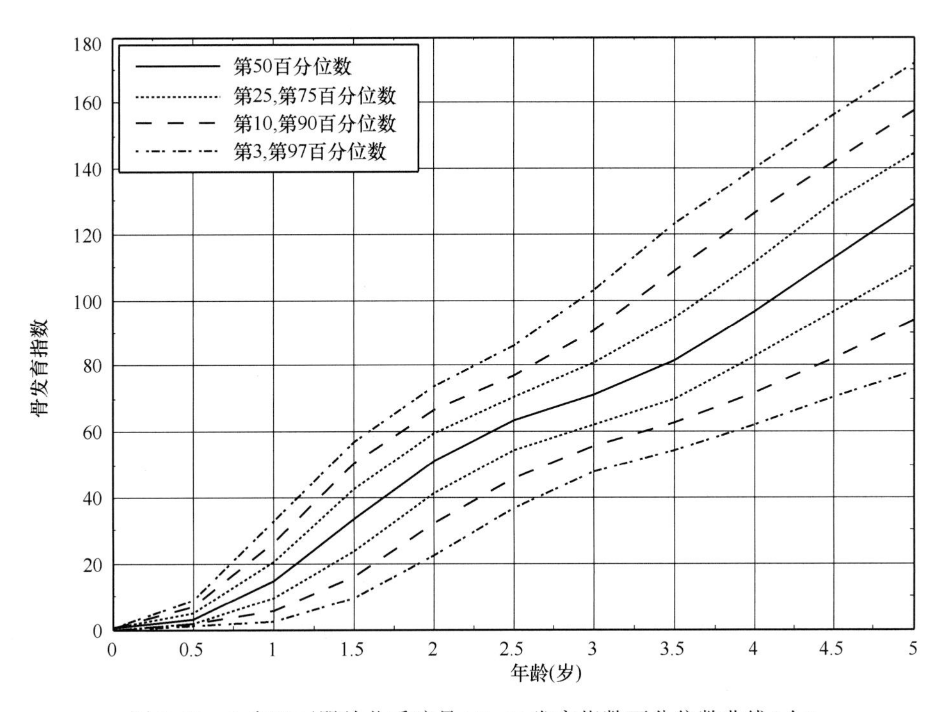

图 3.20 5 岁以下婴幼儿手腕骨(R+C)发育指数百分位数曲线(女)

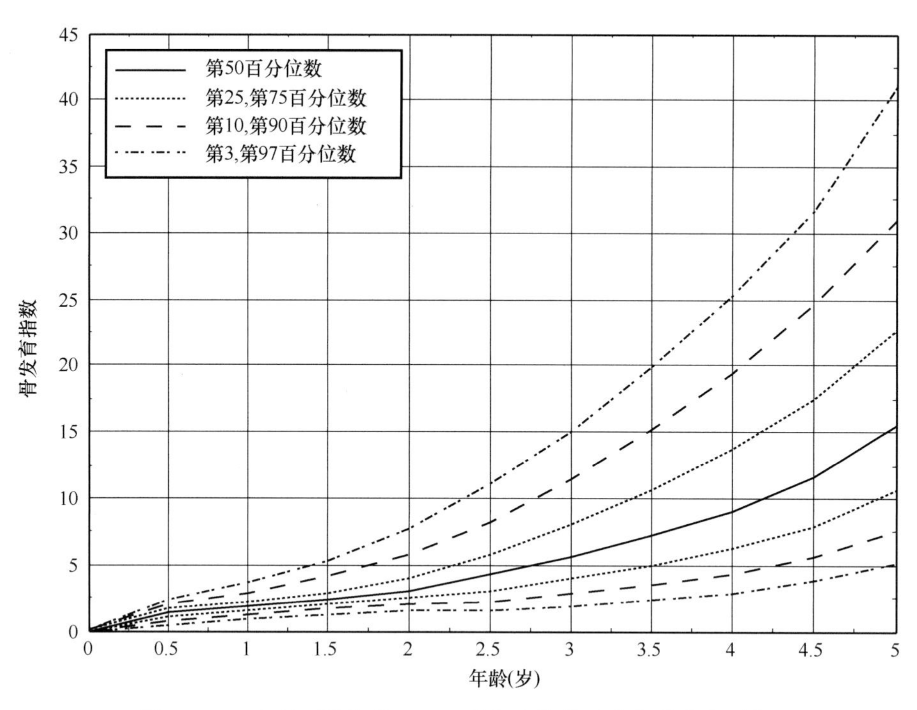

图 3.21　5 岁以下婴幼儿 CARP 骨发育指数百分位数曲线(男)

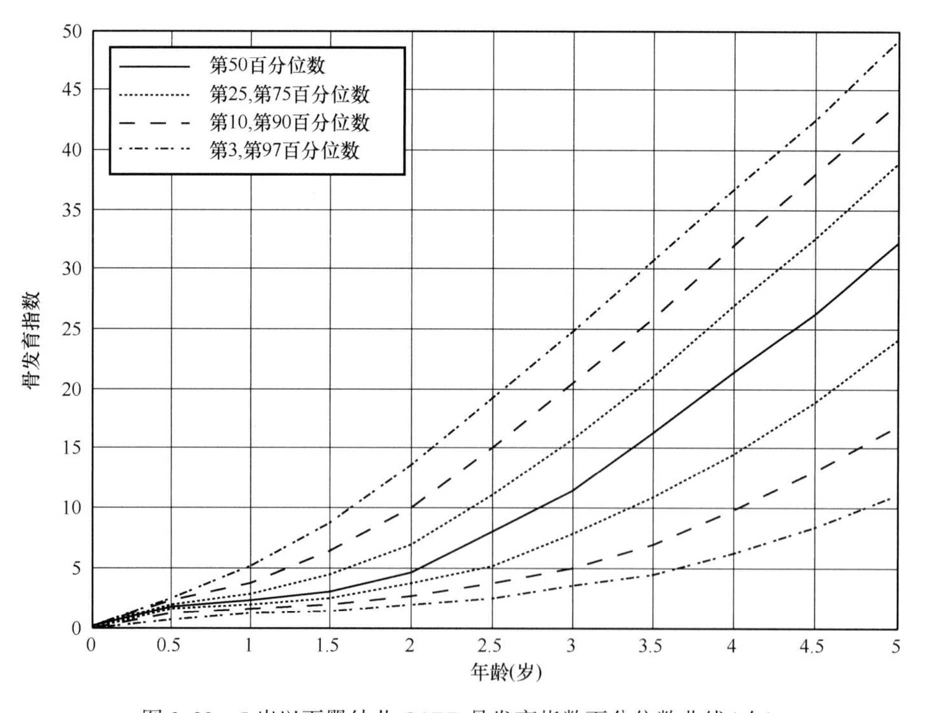

图 3.22　5 岁以下婴幼儿 CARP 骨发育指数百分位数曲线(女)

表 3.18　不同评价方法骨发育指数百分位数曲线下样本例数的百分数(%)

方法	百分位数曲线						
	3	10	25	50	75	90	97
男							
R+C	3.2	9.6	24.7	51.2	76.0	89.5	97.3
CARP	2.9	9.9	26.3	51.6	75.2	88.7	97.8
女							
R+C	2.3	10.7	26.0	50.9	74.5	88.9	97.8
CARP	2.1	9.7	27.3	51.3	74.1	89.1	97.9

注:R+C. 手腕部所有骨的方法;CARP. 手腕部腕骨的方法。

R+C 方法评价手腕部所有骨的骨化中心,但骨化中心出现及早期几个骨发育等级定义主要依据于骨块的形成和大小变化,评价较为容易,不会为骨龄评价带来更多的困难。

5 岁以下儿童手腕骨发育指数骨龄评价方法既包括了手腕部所有骨的骨龄方法(R+C),又单独制订了腕骨骨龄方法(CARP),这样可通过不同类骨的骨龄比较,为生长发育异常的筛查和影响生长发育疾病的治疗监测提供更多的信息(宁刚等,2004)。

3.3.2　RUS-CHN(RC)图谱法

青春期后期的骨龄评价是体育、司法领域骨龄应用的重点范围。在青春期后期大部分长骨的骺与骨干已经完成融合,所以骨龄评价的准确性依赖于尚在融合过程的桡尺骨成熟度的等级划分。在 RUS-CHN(RC)方法中我们将桡尺骨融合过程划分为 4 个阶段,除去融合开始和完成两个等级外,中间有 3 个骨发育等级。在对 RC 方法的检验中发现,在男 16~18 岁、女 15~17 岁期间的骨龄读数仍较少,骨龄仍然为不连续的数值。因此,需要寻找一种更加精细的等级划分方法,以准确评价青春期后期的骨龄。

图谱法具有直观、简便的优点,在实际应用中人们常以整片相匹配,但因整片比较的主观性较大而致随机误差增加。而实际上,Greulich 和 Pyle(1959)在 G-P 图谱的使用方法中曾经强调以一定的次序逐块骨地比较,并在不完全匹配时可采用插入法(即取两张标准片中同一块骨的中间值)。这种方法精确性较高,但由于费时,实践中很少应用。然而,如果在 14~18 岁年龄段骨块数较少的情况下,建立骨发育等级指征图谱,应用逐块骨插入法,既增加了骨发育成熟度指征,又克服了计分法中若骨发育等级划分过细,标准难以掌握而降低骨龄评价可靠性的不足。

这种将 RUS-CHN(RC)计分法与图谱法相结合的评价方法称为 RC 图谱法。该种方法骨龄标准的制订分为以下三步。

第一步:简化 RC 方法。首先,计算第 3 指与第 1、第 5 指相应掌指骨发育等级之间的相关系数,见表 3.19。结果表明,随年龄的增长相应掌指骨发育等级的相关系数逐渐增加,在青春期达到最高(0.70~0.99,$P<0.01$),男性尤为显著;指骨之间的相关系数普遍高于掌骨。因此,在男 13~18 岁、女 13~17 岁之间可以第 3 指为手部掌指骨的发育代表。我们取 RC 法中的桡骨、尺骨、第三指掌指骨骺覆盖骨干以上的发育等级,用于 RC

图谱法,见表 3.20。

表 3.19 第 3 指与第 1、第 5 指相应骨发育等级之间的相关系数*

年龄	MC 第 3 和第 1 指		MC 第 3 和第 5 指		PP 第 3 和第 1 指		PP 第 3 和第 5 指		MP 第 3 和第 5 指		DP 第 3 和第 1 指		DP 第 3 和第 5 指	
	男	女	男	女	男	女	男	女	男	女	男	女	男	女
5	0.36	0.30	0.54	0.51	0.36	0.46	0.44	0.54	0.42	0.54	0.34	0.66	0.23	0.75
6	0.36	0.40	0.53	0.48	0.46	0.42	0.48	0.61	0.50	0.58	0.54	0.69	0.68	0.71
7	0.29	0.49	0.52	0.53	0.42	0.63	0.42	0.53	0.51	0.52	0.56	0.65	0.72	0.55
8	0.49	0.56	0.46	0.58	0.54	0.78	0.43	0.76	0.64	0.74	0.68	0.66	0.73	0.71
9	0.52	0.60	0.53	0.60	0.62	0.77	0.55	0.81	0.69	0.75	0.66	0.65	0.67	0.70
10	0.51	0.65	0.56	0.72	0.76	0.83	0.74	0.88	0.80	0.83	0.56	0.71	0.66	0.85
11	0.54	0.72	0.61	0.75	0.83	0.83	0.83	0.89	0.84	0.85	0.70	0.84	0.72	0.91
12	0.70	0.79	0.74	0.83	0.87	0.88	0.89	0.91	0.90	0.90	0.70	0.89	0.83	0.94
13	0.82	0.79	0.83	0.87	0.90	0.92	0.91	0.94	0.91	0.91	0.90	0.94	0.95	0.97
14	0.82	0.75	0.85	0.87	0.92	0.90	0.94	0.92	0.93	0.91	0.93	0.93	0.95	0.95
15	0.81	—	0.89	0.78	0.92	0.84	0.94	0.84	0.93	0.77	0.93	0.83	0.95	0.74
16	0.80	—	0.91	0.71	0.90	0.80	0.92	0.84	0.93	0.89	0.90	—	0.91	—
17	0.92	—	0.86	—	0.87	—	0.95	—	0.93	—	0.99	—	0.89	—

* 各相关系数的显著性均为 $P<0.01$。MC:metacarpal,掌骨;PP:proximal phalanx,近节指骨;MP:middle phalanx,中节指骨;DP:distal phalanx,远节指骨。

表 3.20 RC 图谱法各块骨的发育等级定义

等级	1	2	3	4	5	6	7
桡骨	一侧覆盖	两侧覆盖	开始融合	融合 1/4	融合 1/2	融合 3/4	完全融合
尺骨	骺干等宽	开始融合	融合 1/4	融合 1/2	融合 3/4	完全融合	
掌骨Ⅲ	骺干等宽	开始融合	融合 1/2	完全融合			
近节指骨 Ⅲ	一侧覆盖	两侧覆盖	开始融合	融合 1/2	完全融合		
中节指骨 Ⅲ	一侧覆盖	两侧覆盖	开始融合	融合 1/2	完全融合		
远节指骨 Ⅲ	一侧覆盖	两侧覆盖	开始融合	融合 1/2	完全融合		

第二步:依照 TW3 方法(Tanner et al.,2001),采用"分类特征计分算法"(Healy and Goldstein,1976)计算简化 RC 法中各块骨的发育等级分值,各块骨权重分别为:桡、尺骨各为 25%,第 3 手指各块骨均为 12.5%。所计算出的简易 RC 法的骨发育等级分值见表 3.21。以 BCPE 分布模型拟合各年龄组简化 RC 方法成熟度分值的百分位数曲线,见图 3.23、图 3.24。

第三步:根据骨发育等级的定义,选择桡骨、尺骨和第 3 指的掌骨、近节指骨、中节指骨和远节指骨发育等级指征的标准图谱。

使用方法:

(1) 准备骨发育次级的分值。将简化 RC 法的每个等级再分为 2 个次级,次级分值=前

1 个等级(或次级)分值+相邻等级分值之差/3。例如,男桡骨 3 等级之间增加的次级命名为 3(1)、3(2),那么 3(1)次级分值 = 206+(230-206)/3 = 214,3(2)次级分值 = 214+(230-206)/3 = 222。如此计算,得到使用 RC 图谱法的骨发育等级分值表。

(2) 使用图谱匹配,读取等级分值:按表 3.21 中的顺序逐块骨比较、匹配,如果与某等级图谱的发育指征相同,那么就可读取该等级的分值;如果与某等级不确切匹配而采用插入法时,比较出最为匹配的次级,读取该次级的分值。

(3) 得出骨成熟度分值:将各分值相加得出骨成熟度分值。

(4) 读出骨龄值:使用图 3.23(男)或图 3.24(女)第 50 百分位数曲线得出骨龄。

表 3.21 简化 RC 法各骨发育等级分值表

等级	男							女						
	1	2	3	4	5	6	7	1	2	3	4	5	6	7
桡骨	142	163	206	230	243	250	261	151	168	214	233	245	251	261
尺骨	139	189	204	220	232	243		148	192	205	218	229	238	
掌骨Ⅲ	73	91	106	125				77	95	111	126			
近节指骨 Ⅲ	69	82	97	106	126			70	85	99	110	127		
中节指骨 Ⅲ	69	84	100	107	124			71	86	102	109	126		
远节指骨 Ⅲ	70	80	88	94	121			72	82	87	93	122		

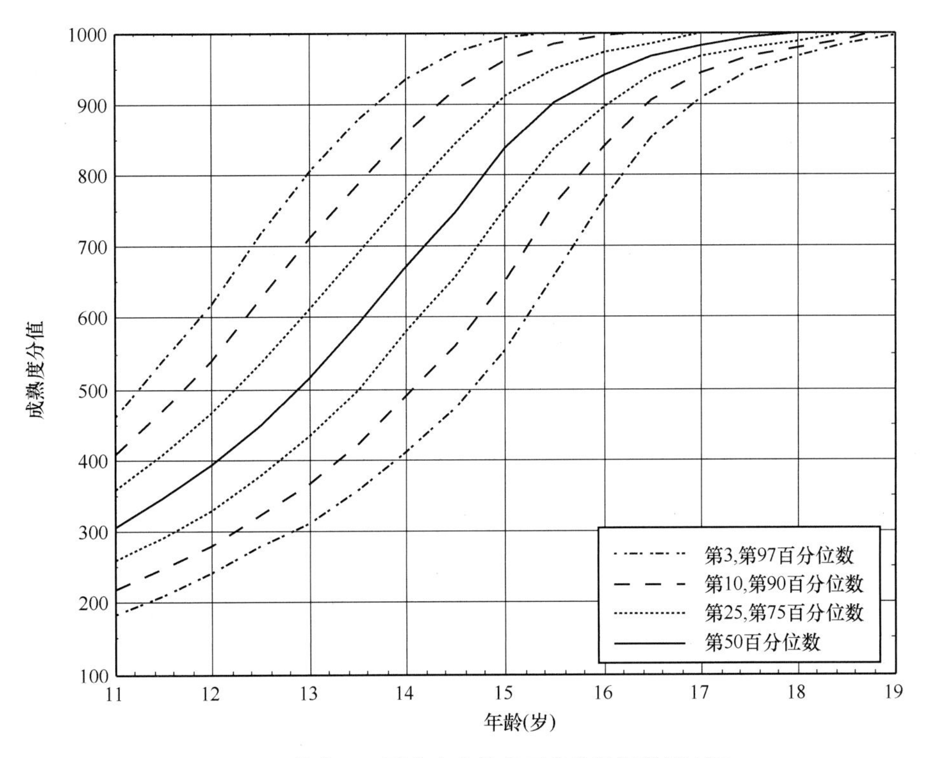

图 3.23 简化 RC 图谱法成熟度百分位数评价图(男)

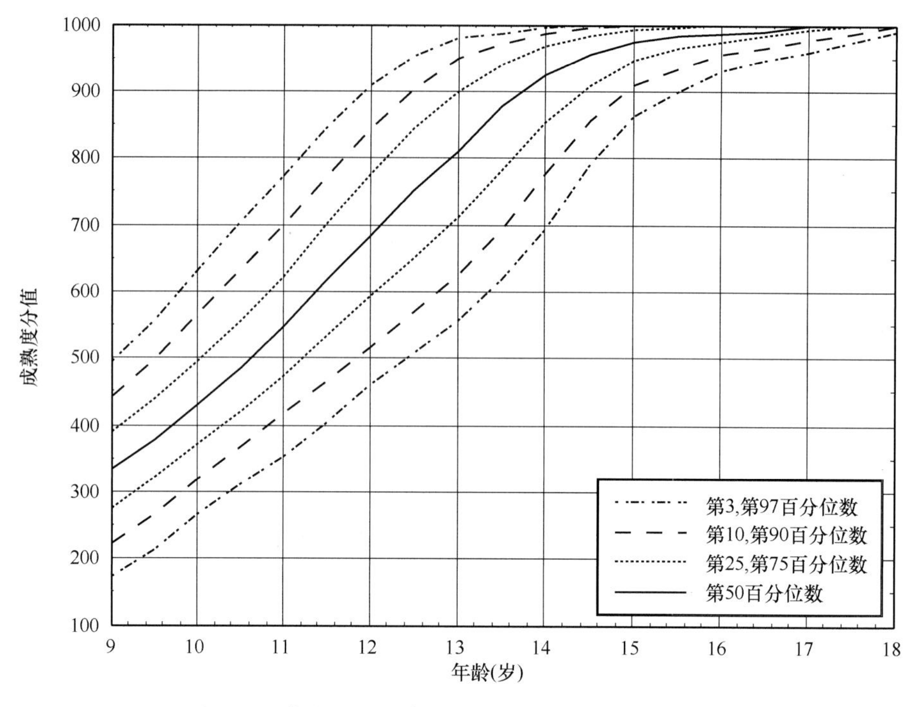

图 3.24　简化 RC 图谱法成熟度百分位数评价图(女)

由表 3.22 可以看到,与简化 RC 和 RC 骨龄相比较,RC 图谱骨龄的中位数更加接近于生活年龄,在男 17 岁和女 15 岁、16 岁组的变化最为明显,应用 RC 图谱法后这些年龄组的骨龄与年龄之间的差异无统计学显著性。男 18 岁、女 17 岁组的 RC 图谱骨龄与年龄之间存在显著性差异,是由于 RC 图谱骨龄数据的偏态分布所致(因最大骨龄为男 18 岁、女 17 岁)。

表 3.22　各年龄组 RC 图谱骨龄与简化 RC、RC 骨龄分位数

性别	年龄	n	RC 图谱			简化 RC			RC		
			M	LQ	UQ	M	LQ	UQ	M	LQ	UQ
男	14	114	14.0	13.8	14.5	13.9	13.4	14.7	14.1	13.5	14.7
	15	101	15.0	14.3	15.8	15.2	14.4	15.9	14.9	14.5	15.8
	16	102	15.9	15.2	17.1	16.1	15.4	16.5	15.9	15.2	16.5
	17	103	17.2	16.1	17.7	16.5*	15.9	18.0	16.5*	15.8	17.5
	18	110	18.0**	17.7	18.0	18.0**	17.0	18.0	18.0**	17.5	18.0
女	13	104	13.0	12.4	13.8	13.2	12.3	13.8	13.0	12.4	13.6
	14	103	14.0	13.4	15.0	14.2	13.5	14.9	14.1	13.1	14.7
	15	102	15.1	14.3	16.1	15.0	14.2	15.4	14.7**	14.1	14.9
	16	106	16.1	15.5	16.5	15.4*	15.4	17.0	14.9**	14.8	17.0
	17	103	17.0**	16.5	17.0	17.0**	15.9	17.0	17.0**	15.5	17.0

骨龄与年龄之间 Wilcoxon 符号秩和检验: * $P<0.05$, ** $P<0.01$. M:中位数;LQ:下四分位数;UQ:上四分位数。

所以,由于 RC 图谱法增加了骨发育等级,在男骨龄 16~18 岁、女骨龄 15~17 岁期间显著增多了骨龄读数的个数,增加了骨龄对青少年发育程度的分辨能力。

3.3.3 手腕部桡尺骨骺线骨龄评价方法

在普遍应用的骨龄评价方法中,确定骺干融合的主要依据为生长板软骨的骨化,在 X 线下原生长板的暗带影像消失,代之以骨化所形成的亮带(线)。不同手腕部的骨龄评价方法都将桡尺骨骺与骨干融合开始(Tanner et al.,2001)或融合完成(张绍岩等,2006a)作为最终的成熟度指征,所评价的骨龄分别在男 18 岁、女 17 岁以下,因此,尚不能解决体育领域评估 18 岁以上骨龄和司法领域推测青少年年龄是否 18 岁的重要问题。

最近,欧洲法医学界的研究将骨骺与骨干完全融合的定义扩展到了骺线的消失(Schmelinget et al.,2004;Schmidt et al.,2008),并应用于评价锁骨胸骨端和桡骨远端骨骺的发育,为法医学青少年年龄推测提供可靠的证据。经在中国青少年样本的验证,证实手腕部桡尺骨远侧端骺线消失可作为可用于评价骨成熟度的指征(张绍岩等,2010)。

手腕部桡尺骨骺线骨龄评价方法与标准依据于中国人手腕骨发育标准——中华 05 研究中男 16~20 岁、女 15~19 岁年龄组的 4359 名(男 1940 名,女 2419 名)正常青少年的左手腕 X 线片。

桡尺骨远侧端骺线消失过程划分为 5 个等级:

0 等级:尚未形成骺线或已经形成骺线但全部存在;

1 等级:骺线消失 1/4;

2 等级:骺线消失 1/2;

3 等级:骺线消失 3/4;

4 等级:骺线完全消失。

由一名有经验的研究者使用上述方法阅读所有 X 线片。

桡尺骨骺线发育等级权重分别为 60% 和 40%,采用"分类特征计分算法"计算的桡尺骨骺线等级分值见表 3.23。将每名受试者桡尺骨骺线等级分值相加得到骺线骨成熟度分值,采用 Box-Cox 幂指数分布模型(Rigby and Stasinopoulos,2004)拟合骺线骨成熟度百分位数曲线,结果见图 3.25、图 3.26。

表 3.23 桡尺骨骺线等级分值表

性别	桡骨骺线等级					尺骨骺线等级				
	0	1	2	3	4	0	1	2	3	4
男	0	23	28	32	72	0	11	12	16	28
女	0	11	15	18	82	0	5	7	9	18

由表 3.24 可见,拟合的百分位数曲线下受试者例数的百分数与期望值的差值大部分在 3% 以下,只有男第 90 百分位数曲线相差在 3.5%。检验表明,所拟合的百分位数曲线与骺线成熟度分值数据的分布基本一致。

桡尺骨骺线骨龄评价方法可将中华 05 骨龄扩展到男 20 岁、女 19 岁。在骺线成熟度分值达到男 56 分、女 31 分以上时,骺线骨龄可分别评价为 20 岁以上和 19 岁以上。

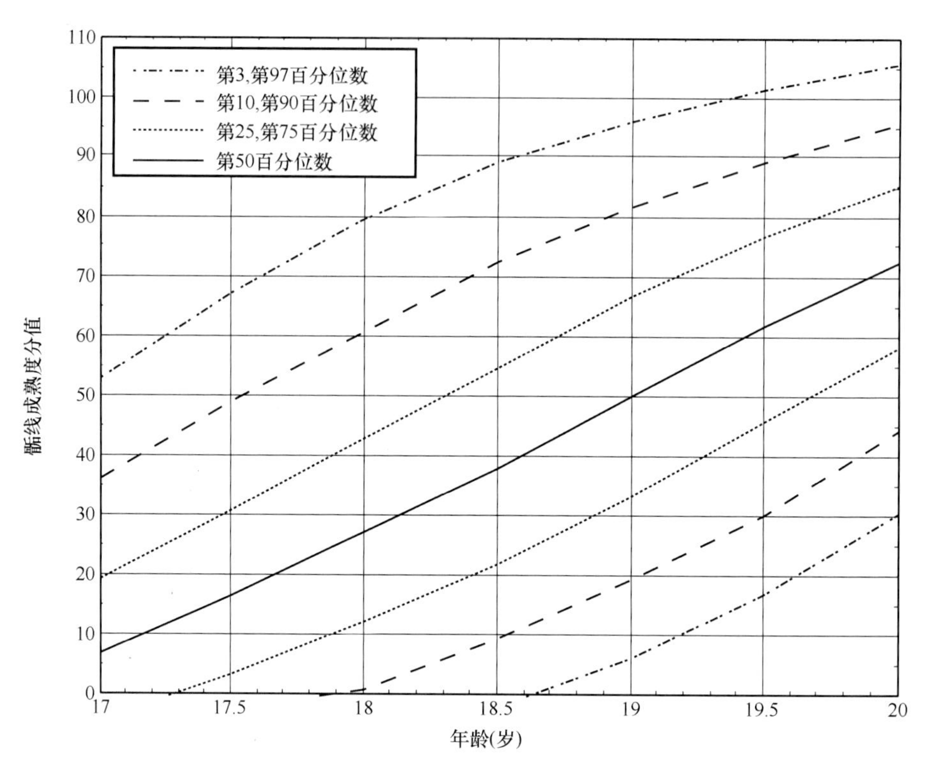

图 3. 25 手腕部桡尺骨骺线成熟度得分百分位数曲线(男)

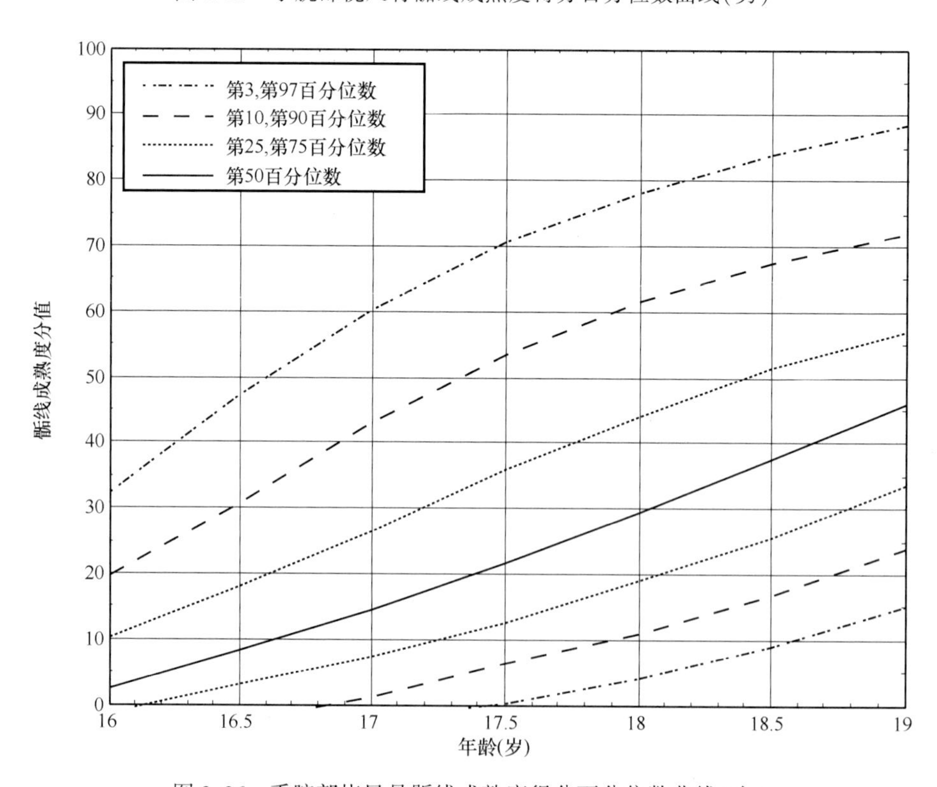

图 3. 26 手腕部桡尺骨骺线成熟度得分百分位数曲线(女)

表 3.24 桡尺骨骺线成熟度得分百分位数曲线下样本例数的百分数(%)

方法	年龄(岁)	百分位数曲线						
		3	10	25	50	75	90	97
男	16~20	2.6	8.8	23.2	52.6	76.2	86.5	95.3
女	15~19	2.5	7.7	26.4	52.3	74.1	87.9	94.8

进入青春期后期,在激素(特别是雌性激素)和局部生长因子的作用下,长骨生长板软骨细胞程序性凋亡、基质钙化(Shum and Nuckolls,2002),生长板逐渐变薄,最终完全钙化,X 线表现为与骨纵轴垂直的致密亮带。同时,软骨矿化也刺激血管侵入生长板软骨组织,带来破骨细胞和成骨细胞,破骨细胞吸收矿化的软骨基质,随后成骨细胞进入该部位生成新的小梁骨(Van Der Erden et al.,2003),将骨骺与干骺端的骨小梁连接起来。在上述过程中,X 线影像表现为致密的亮带逐渐变细,逐渐消失,被与骨纵轴平行的骨小梁所替代。所以,在评价骺线消失等级时,应在桡尺骨远端生长板解剖部位,仔细观察是否存在横向连续的亮线(骺线)与纵向贯通的骨小梁,判断骺线消失的比例。

3.4 中国人手腕骨发育标准——中华 05 的使用

中国人手腕骨发育标准——中华 05 共包括六种骨龄评价标准(表 3.25)。TW3-C RUS、TW3-C Carpal、RUS-CHN 法为基本方法,为适应不同应用领域的需求,根据基本方法提出有针对性的特定方法与标准。

表 3.25 应用于不同领域的中华 05 骨龄评价方法与标准

卫生医学应用领域		体育、司法应用领域	
方法与标准	应用年龄范围	方法与标准	应用年龄范围
TW3-C RUS	男 3~16 岁、女 3~15 岁	RUS-CHN(RC)	男 18、女 17 岁以下
TW3-C Carpal	男 3~13.5 岁、女 3~11.5 岁	RC 图谱法	男 16~18 岁、女 15~17 岁
TW3-C RUS 与 TW3-C Carpal 差值	男 3~13 岁、女 3~11 岁	骺线骨龄法	男 18~20 岁、女 17~19 岁
婴幼儿发育指数骨龄评价方法	3 岁以下	方法间转换:掌指骨融合后使用 RC 图谱法;桡尺骨远端生成骺线后使用骺线骨龄法	
方法间转换:在桡骨 TW 骨发育等级 4 之前使用发育指数法			

国内外生长发育比较研究:可以使用 TW3-C RUS 和 TW3-C Carpal 骨成熟度分值(SMS)或骨龄。

卫生医学领域:应用的重点在儿童期,可以使用 TW3-C RUS、TW3-C Carpal 方法,不仅可以评价骨龄,而且还可以评估 TW3-RUS 和 TW3-C Carpal 骨龄的差值,辅助诊断和治疗监测;对于 3 岁以下儿童,可使用婴幼儿发育指数骨龄评价方法与标准。

体育和司法领域:应用的重点在青春期,但在青春期后期仅有桡尺骨融合过程的成熟度指征,随新骨龄评价方法的提出,骨龄读数不断增加,提高了骨龄评价的准确性。以桡骨为例,图 3.27 和图 3.28 表明,原 CHN 法只评价桡骨,而且桡骨融合开始和完成之间仅有融合过半发育等级,因此只有一个骨龄读数;中华 05 RC 法桡骨比原 CHN 法增加了两个发育等级,骨龄读数相应增加;中华 05 RC 图谱法的桡骨又比 RC 法增加了 8 个发育等级,使骨龄读数大大增加,基本上可得到连续的骨龄。

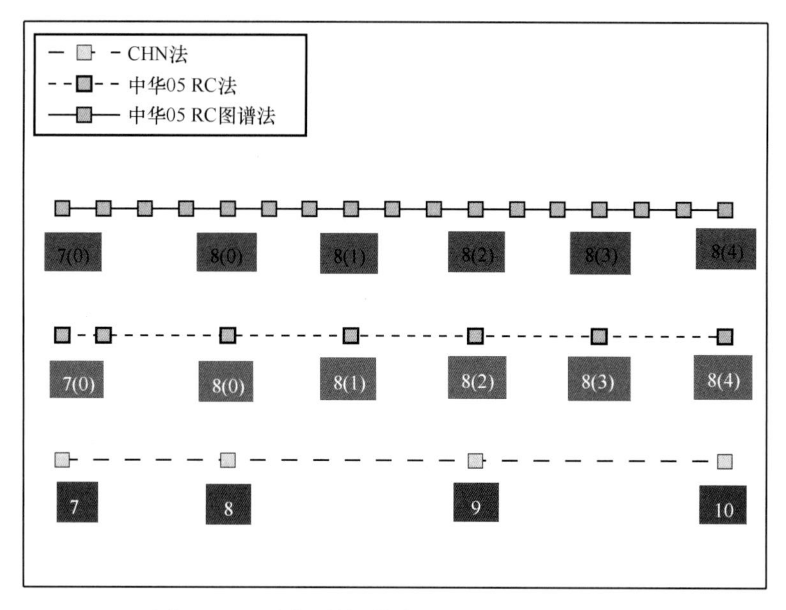

图 3.27　不同骨龄评价方法桡骨发育等级分布

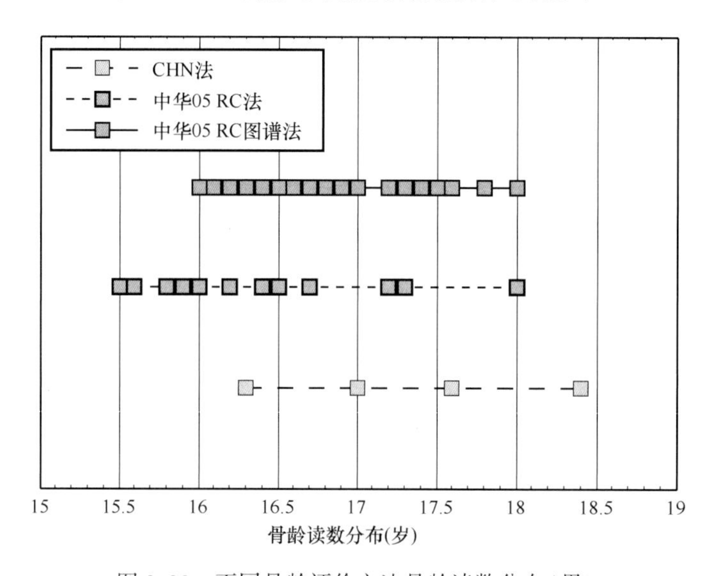

图 3.28　不同骨龄评价方法骨龄读数分布(男)

在实际应用中,RUS-CHN 是基本的方法;当掌指骨融合后应使用 RC 图谱法以得到准确的骨龄;当桡尺骨骺生长板形成骺线时,可使用骺线骨龄法,骨龄可以评价至男 20 岁和女 19 岁。

使用方法:

(1) 学习手腕骨发育等级标准:了解各发育等级的 X 线解剖学特征。为有利于对文字描述的理解,每发育等级都附有简图和 X 线实例图。但应当注意,文字描述是阅读 X 线片所依据的标准,因为 X 线实例图仅是举例说明,未能包括该等级所有的发育状况。

（2）评价等级、获得分值：仔细观察未知 X 线片中骨发育的形态特征，依照文字描述、参考简图和例图，来确定等级，使用相应评价方法和性别的骨发育等级分值表，获得等级分值。

（3）计算成熟度分值：将所评价的各块骨的分值相加，得出个体骨成熟度分值。

（4）读出骨龄和百分位数：在相应评价方法和性别的骨成熟度标准图表上，由第 50 百分位数曲线读出骨龄，并在图表上评价该个体在其年龄组内所处的位置。

国际间，普遍应用生长图表来评价儿童的生长发育。长期的应用证明这种方法能够直观、有效地评价儿童的生长发育状况。在使用时，先在骨成熟度图表的纵轴上找到骨成熟度分值点，由这点做横轴的平行线，与第 50 百分位数曲线相交，再由交点做纵轴的平行线，与横轴相交，这个交点所示的生活年龄即为该受试者的骨龄。再在横轴上找到该受试者的年龄点，由这一点做横轴的垂线；该垂线与通过骨成熟度分值点的横轴平行线相交，该交点即是该儿童的发育状况在其年龄组内所处的位置，可得出具体的百分位数。根据该点的位置可以判断是否在正常范围之内，如果在一个时期内连续几次观察，可将数次评价结果同时在图表中标出，即可追踪观察该儿童的生长发育动态和趋势。

3.5　中华 05 手腕骨发育标准图谱

G-P 图谱骨龄标准（Greulich and Pyle，1959）问世以来已经 50 多年了，但在应用的初期，世界上大部分国家的儿童骨发育均落后于 G-P 图谱。由于近期发现欧洲儿童生长发育出现了加速的长期趋势，Tanner 等（2001）修订了 TW 法骨龄标准，提出了 TW3 法。于此同时，也产生了 G-P 图谱是否还能够继续在欧洲使用的问题。Groell 等（1999）和 van Rijn 等（2001）分别在奥地利和荷兰对这一问题进行了验证。他们的研究说明，应用 G-P 图谱的可靠性与以往的报告一致，随着经验的增加而提高，G-P 图谱标准仍然可应用于荷兰和欧洲中部地区的儿童。但是，由于中国儿童生长发育与欧美儿童相比存在显著的种族差异，所以 G-P 图谱骨龄标准不适用于中国儿童。

骨龄标准图谱法具有直观、简便、快速的优点，受到许多工作者的喜爱，在以往图谱法的长期应用中也积累了丰富的经验。因此，制订中国人手腕骨发育图谱有益于骨发育评价在实践中的应用。

1. 选择骨龄标准片的原则

（1）在年龄组内，依据 RUS-CHN 法和 TW3-C Carpal 法的骨成熟度分值排序，依第 50 百分位数选择标准片，使计分法和图谱法骨龄保持一致。

（2）依据骨发育等级出现年龄，使标准片系列中每块骨成熟度指征的出现与其相一致。

（3）同时注意骨化中心出现顺序与骨块由小到大的生长规律。虽然采用的是横断调查研究资料，每一标准片都来自不同个体儿童，但要尽量减少骨块大小颠倒的现象。

（4）X 线片拍摄时手的放置正确，图像清晰，保持原来手的大小。

2. 骨龄标准图谱的使用方法

（1）先将未知片与图谱中同性别而年龄相近的标准片比较，如果发育状况不匹配，再与邻近的标准片比较，选择出基本匹配的标准片作详细的比较。每一标准片对页中文字描述的骨发育特征是详细比较的主要依据。

(2) 在未知片和标准片的比较中,应养成以固定顺序观察比较的习惯,防止遗漏重要的骨发育特征。观察顺序为:桡骨、尺骨、掌骨、近节指骨、中节指骨、远节指骨、头状骨、钩骨、三角骨、月骨、舟骨、大多角骨、小多角骨。

(3) 当未知片与标准片的骨发育程度完全一致时,标准片的骨龄即是未知片的骨龄。但是,如果与标准片不确切一致时,可采用插入法,未知片的骨龄可取发育程度相近的两幅标准片骨龄的平均数。

中国人手腕骨发育 X 线图谱见第 12 章。

3.6 中华 05 骨龄评价的可靠性

和任何科学实验方法一样,骨龄评价方法也存在有系统误差和随机误差。检验骨龄评价的可靠性,不仅对评价的方法学有深入的了解,更重要的是能够对骨龄评价结果做出正确的估价,增强不同评价者之间评价结果的一致性,提高实践应用的工作质量。

G-P 图谱法和 TW 计分法是国际上应用非常广泛的骨龄评价方法。20 世纪 60 年代,巴黎国际儿童中心在组织协调欧洲 8 个国家的儿童生长研究时,曾经对 G-P 法和 TW1 方法进行了系统的比较研究(Acheson et al. ,1963;1964;1966)。来自不同国家的 8 名评价者,使用 G-P 图谱和 TW1 方法评价 50 名 2~18 岁儿童的手腕 X 线片,结果发现 G-P 方法的系统误差较小,TW1 方法的随机误差较小;但如果排除了腕骨,则 TW1 方法的系统误差明显下降,与 G-P 方法的差异显著性消失。对 TW1 法的比较研究结果引起了 Tanner 等的注意,在 1975 年对 TW1 方法进行了修改而提出 TW2 法。在 TW2 法中取消了评价困难的发育等级(桡骨、尺骨和头状骨、三角骨、月骨、舟骨、大多角骨和小多角骨的最后一个发育等级),以提高读片可靠性。

骨龄评价方法的可靠性主要表现在两个方面,一是评价者本人的读片重复性,称为评价者内的重复性;二是多名评价者之间的读片重复性,称为评价者间的重复性。

TW2 方法的原作者(Tanner and Gibbons,1994)及长期从事儿童生长发育研究的工作者(Beunen and Cameron,1980;Tarabger et al. ,1976;Wenzwl and Melsen,1982)以 TW2-RUS 方法重复读片,等级相同的例数在 81%~94%,骨龄读数的 95% 置信区间为±0. 5 岁至±0. 6 岁;使用 TW2-Carpal 方法,评价者内等级相同的例数在 80. 6%~92. 3%,骨龄读数的 95% 置信区间为±0. 48 岁至±0. 72 岁。评价者间的读片重复性低于评价者内的重复性,TW2-RUS 和 TW2-Carpal 方法的评价者间的重复性分别在 74. 4%~80. 5% 和 74. 1%~88. 0%。但是,评价者间的重复性在不同个体间也有很大的差异,比利时的 Beunen (Beunen and Cameron,1980)通过自学掌握 TW2 方法后,与 TW2 方法原作者 Whitehouse 和 Cameron 进行了比较研究,以 TW-20 方法重复阅读 112 张 X 线片,评价者之间骨发育等级相同的例数在 83% 以上。但在 Baughan 等(1979)和 Medicus 等(1971)的研究中,2 名或 3 名评价者间重复读片的一致性则较低,TW-RUS 骨在 76%~82%,腕骨在 72%~74%。

3.6.1 RUS-CHN 法和 TW3-C Carpal 法的可靠性检验

因对 TW-RUS 方法的可靠性已有较多的研究,所以对中国人手腕骨发育标准——中华 05

可靠性的检验主要针对 RUS-CHN 法和 TW3-C Carpal 法(张绍岩等,2006b)。根据从事骨龄评价工作年限、是否参加过读片培训及每年阅读 X 线片的数量,将 11 名评价者分为三类:

有经验者:从事骨龄评价工作在 5 年以上,曾经参加原中国人骨发育标准——CHN 法培训 1 次以上,平均每年读片数量在 1000 例以上者。

较有经验者:从事骨龄评价工作在 3 年以上,曾经参加 CHN 法培训或有自学经历,平均每年读片数量在 1000 例以下。

无经验者:无骨龄评价经历者;或使用 G-P 图谱读片者;或虽然参加过原中国人骨发育标准——CHN 法培训或自学,但日常读片数量较少者。

所有评价者集中培训 3 天,然后在不知儿童年龄、性别的情况下,11 名评价者使用 RUS-CHN 法以随机顺序独自阅读 75 名正常儿童的左手腕部 X 线片,其中 6 名评价者同时评价 TW3-C Carpal 法的骨发育等级。20 天后,所有评价者使用相同的评价方法,在一天时间内独自重复阅读同一组儿童的手腕部 X 线片。检验结果如下:

1. 评价者内的可靠性

(1) RUS-CHN 法:各评价者使用 RUS-CHN 法重复读片,等级相同的例数的百分数平均在 63. 4%~82. 2%。重复读片不一致的等级主要出现在相邻等级上,相差 2 个等级的例数很少,相差 2 个等级例数的百分数的平均数在 1. 3%~2. 9%。根据重复率可将评价者分为三类:

有经验者、较有经验者和部分无经验者,等级相同的重复率相似,在 78. 0%~82. 2%;

1 名无经验者,等级相同的例数为 74%;2 名无经验者等级相同的例数在 63. 4%~67. 6%。

所有评价者骨龄读数的 95% 置信区间在±0. 40 岁至±0. 76 岁,除了几名无经验者外,大部分评价者本人重复读片的随机误差在±0. 6 岁以下的适当范围之内。

(2) TW3-C Carpal 法:6 名评价者参加了 TW3-C Carpal 法的可靠性检验。也可将评价者分为三类:

有经验者的重复性较高,在 82. 1%~83. 2%;

较有经验者和部分无经验者的读片重复性在 72. 1%~74. 4%;

2 名无经验者等级相同的例数在 65. 6%~70. 1%。

所有评价者骨龄读数的 95% 置信区间为±0. 32 岁至±0. 71 岁,有 5 名评价者的随机误差在±0. 60 岁以下,2 名无经验者在±0. 60 岁以上,分别为±0. 68 岁和±0. 72 岁,分别有评价偏低和偏高的系统误差。

2. 评价者间的可靠性

(1) RUS-CHN 法:各评价者与制订中华 05 标准的读片员相比,骨发育等级相同的例数平均在 61. 3%~77. 3%。由此可见评价者间的等级重复性均低于评价者内的重复性。评价者间的重复性分为三类:

有经验者、较有经验者和 1 名无经验者,其评价者间的重复性在 73%~77%;

部分无经验者评价者间的重复性在 69%~70%;

部分无经验者评价者间的重复性在 65% 左右(61%~66%)。

在各评价者骨龄读数的 95% 置信区间为±0. 42 岁至±0. 96 岁。评价者间等级重复性在 75% 左右的 5 名评价者的随机误差在±0. 60 岁以下(±0. 41 岁至±0. 58 岁);评价者间等级重复性在 61%~70% 的评价者(无经验者),随机误差大于±0.60 岁(±0.64 岁至±0.96 岁)。

(2) TW3-C Carpal 法:各评价者与制订中华 05 标准的读片员相比,评价者间腕骨等级的重复率在 77.4%~88.0%,普遍高于 RUS-CHN 方法:

有经验者和 1 名较有经验者,评价者间等级相同例数的平均数在 86%~88%;

部分无经验者,等级相同的例数平均在 82%~84%;

1 名无经验者,等级相同的例数的平均数在 77%。

有经验者、较有经验者及 1 名无经验者骨龄读数的 95% 置信区间在±0.60 岁以下,1 名无经验者在±0.60 岁以上。

通过上述的检验说明,RUS-CHN 法与 TW3-C Carpal 法的可靠性与 TW3-RUS 法基本相同。在有不同经验的评价者之间,骨龄评价的可靠性有显著性差异;有经验者读片可靠性水平较高,少数无经验者通过一次学习培训可以达到较有经验者的类似水平,但大部分无经验者可靠性水平较低。

骨发育等级是根据顺序出现的成熟度指征将连续的骨发育过程划分为若干阶段,在每个阶段中,虽然骨的发育在继续,但是在骨龄评价中骨的发育等级不变。因此,在成熟度指征将要出现或已经出现的这个阶段(等级的交界处),等级评价较为困难,这是影响重复性的主要因素之一。RUS-CHN 法所评价的骨的块数和 TW3-RUS 相同,但是评价等级的数量由 103 个增加到了 150 个。在同样的骨发育过程中等级数量增加就增加了"等级交界处",因而可能增加了骨发育等级不一致的例数。但是,虽然 RUS-CHN 法增加了骨发育等级,可能降低等级重复性的同时,也减小了不同骨等级的分值差,因而也减小了等级读数不同对骨龄数值的影响,也就减小了 RUS-CHN 骨龄评价的随机误差,因而在大部分评价者,骨龄读数的 95% 置信区间达到了国际间 TW2-RUS 方法的可靠性水平。

3. 技术培训与经验的重要作用

在 2014 年,对中华 05 RUS-CHN 法骨龄评价可靠性进行了再捡验(张绍岩等,2014),共有 13 名骨龄评价者参加了研究,其中 11 名有至少 5 年的骨龄评价经历,至少参加过 2 次中华 05 骨龄培训班。研究结果表明,评价者内骨发育等级相同的例数的百分数为 70.5%~92.1%(平均 84.3%),随机误差(骨龄差值 95% 的置信区间)在±0.26 岁至±0.49 岁之间;在骨龄评价者与制订标准的读片员间,骨发育等级相同的例数的百分数为 69.0%~83.3%(平均 78.1%),随机误差在±0.35 岁至 0.56 岁之间。骨龄评价的可靠性普遍提高,特别是有 9 名评价者的随机误差达到了±0.5 岁以下。由此说明,技术培训与经验在提高骨龄评价可靠性中的重要作用。

在以往骨龄评价方法可靠性的研究中,也曾说明了读片经验的重要性。随读片经验的不断丰富,骨龄评价的可靠性也增加(Groell,et al. 1999),而且 TW2 法可靠性的增加高于 G-P 图谱方法(King et al.,1994;Bull et al.,1999)。按照一定的方法定期进行读片训练,可以提高使用者的读片重复性而接近有经验者的可靠性水平(Roche,et al.,1970)。

3.6.2 骨龄评价的质量控制

骨龄的应用领域很广泛,而且骨龄评价的可靠性也受到许多因素的影响,因此在长期的骨龄评价应用中,即使是有经验者也可能会出现系统偏差的变化。在应用实践和研究工作中,过大的系统误差和随机误差有可能掩盖了事实真相而得出错误的结论,所以骨龄评价的质量控制是一项非常重要的工作。

在骨龄评价中,可重复性与系统误差和随机误差有一定的关系,一般情况下,可重复性高,系统误差和随机误差则小,反之亦然。但这种关系并非一一对应,如果重复读片中,不同的骨发育等级出现系统偏高或偏低趋势,即使可重复性较高,也会引起骨龄评价结果较大的系统误差;另一方面,虽然可重复性较低,但等级偏高或偏低例数接近,则骨龄评价的随机误差可能并不大。另外,不同骨的权重差异,以及在不同年龄段所评价的等级差异,对于骨龄评价的系统误差和随机误差的影响也不同。所以,仅使用等级相同的例数的百分数是不全面的,还应当结合系统误差和随机误差,综合评估骨龄评价的可靠性。

1. 评价者内的读片可靠性检验

(1) 计算重复率:应用者应选择、阅读一定数量(30~50 名儿童)的手腕骨部 X 线片,年龄范围应覆盖所欲应用的年龄段。相隔一段时间后(应至少 15 天),在不知第一次读片结果的情况下重复读片,比较两次读片结果,统计等级相同的例数的百分数,判断重复性。如果分别统计每块骨的重复率,还可以分析出哪一块骨,或哪些发育等级的重复性较差。使用图谱法时,通过检验可发现重复读片差异较大的年龄范围,然后重点学习、练习,以提高重复性。

(2) 计算骨龄读数 95% 的置信区间:该统计量说明了所评价骨龄的随机误差范围,计算公式为:$\pm t_{0.05}\sqrt{(\sum d^2/2n)}$,其中 $\sum d^2$ 为两次读片骨龄差值的平方和,n 为 X 线片的数量,$t_{0.05}$ 为 t 检验中 0.05 水平上的 t 值。

(3) 计算系统误差:分别计算两次读片骨龄的平均数和标准差,比较平均数的差异,观察系统误差的大小,并同时进行两相关样本的差异显著性检验。

2. 评价者间的读片可靠性检验

在不同评价者之间重复阅读一定数量的手腕部 X 线片,使用上述相同的统计方法计算,即可得出评价者间的随机误差和系统误差。

评价者之间的读片可靠性检验也同样重要,但施行起来,其难度大于评价者内的可靠性检验,最好是在应用领域内,定期组织、交流经验,讨论、统一评价尺度。这是提高读片质量,保证临床和科研工作可比性的重要措施。

3.7 中国儿童骨发育的长期趋势

惯用语“长期趋势”是指人群中两代或多代人之间的生长出现特定方向的长期变化。儿童生长的长期趋势可表现为三个明显的阶段:2 岁前,长期趋势很小;2 岁至青春期,长期趋势增强,并显然与青春期生长突增有关;青春期后,长期趋势下降到与成年相似的程度(Cole,2000)。

“生长是社会环境的反映”(Tanner,1992)。改革开放 20 多年来,中国社会经济持续快速发展,中国儿童的生长出现了显著加速的长期趋势(中国学生体质与健康研究组,2002)。

在此期间,所进行的两次骨发育调查,以及与 20 世纪 60 年代的中国人骨发育研究样本的比较说明,40 年来中国儿童也同样出现了骨发育加速的长期趋势(张绍岩等,2007a)。

3.7.1　不同年代骨发育调查样本身高、体重生长加速的长期趋势

与 1964 年(李果珍等,1964)、1988 年(张绍岩等,1993)骨发育调查样本相比,2005 年儿童样本的身高、体重增长都非常显著,见表 3.26。

表 3.26　与 1964 年和 1988 年调查相比,2005 年骨发育调查儿童平均身高体重的增长值

指标		年龄段(男)				年龄段(女)			
		0~3	4~10	11~14	15~19	0~3	4~9	10~13	14~18
与 1964 年调查相比									
身高 cm	平均值	4.8	6.9	10.6	5.1	8.6	6.3	4.9	2.3
	范围	3.9~5.1	3.5~10	7.4~15.2	3.2~8.6	6.9~9.7	4.9~8.3	3.5~6.5	2.1~2.6
体重 kg	平均数	1.9	5.5	11.8	7.8	1.4	3.4	4.7	2.4
	范围	0.7~1.2	0.6~10.3	10.1~13.5	5.1~8.4	0.1~2.1	1.7~5.3	2.6~6.2	0.9~3.1
与 1988 年调查相比									
身高 cm	平均值	3.0	3.2	6.5	3.3	3.8	3.7	5.1	1.9
	范围	1.8~4.9	2.0~5.3	6.3~7.0	1.8~4.6	2.2~4.5	2.7~4.8	4.9~5.8	1.5~2.3
体重 kg	平均数	1.0	4.6	10.1	8.5	1.0	3.6	7.7	4.6
	范围	0.1~1.9	1.5~8.7	8.7~10.9	6.6~10.0	0.0~2.0	2.0~5.3	6.3~8.7	4.0~5.4

除 0~3 岁外,2005 年骨发育调查样本的身高、体重在各年龄段均比 1964 年和 1988 年样本有明显的增长,青春期(男 11~14 岁和女 10~13 岁)的增长最为显著;在性别之间,男孩的增长更为显著。

2005 年骨发育调查样本中,男女儿童最终身高(男 18 岁,女 17 岁时的身高)分别比 1964 年样本增长了 4.3cm 和 2.1cm,比 1998 年样本增长了 3.3cm 和 1.6cm;发育成熟时的体重分别比 1964 年样本增长了 5.1kg 和 3.1kg,比 1988 年样本增长了 7.1kg 和 4.0kg。

3.7.2　不同年代中国儿童骨发育加速的长期趋势

1. 手腕骨化中心出现年龄和融合年龄的比较

与 1964 年骨发育调查样本相比,1988 年样本男童的桡骨、掌骨Ⅲ、中节指骨Ⅲ、远节指骨Ⅰ,头状骨、钩骨,女童的桡骨、远节指骨Ⅰ、三角骨、月骨、大多角骨、小多角骨的骨化中心出现年龄提前(表 3.27,表 3.29)。相比之下,手腕骨的骺干融合年龄提前则较明显,除了女子掌骨、近节指骨外,男女儿童手腕部各块骨的融合年龄提前 1 岁(表 3.28,表 3.30)。与 1964 年儿童相比,2005 年骨发育调查儿童的骨发育提前非常明显,除头状骨和钩骨外,几乎所有男女儿童的手腕部骨化中心出现年龄提前 0.5~1.0 岁;骺干融合年龄提前更显著,男童提前 1.5~2 岁,女童也大都提前 1~2 岁。

表 3.27　不同年代中国儿童手腕骨骨化中心出现年龄(岁)(男)

骨	1960s		1980s		2000s	
	年龄	范围	年龄	范围	年龄	范围
桡骨	2	1~3	1.5	0.5~3.5	1.5	0.5~3.5
尺骨	9	7~10	9	6~12	8	6~11.5
掌骨 Ⅰ	3	2~3	3	1.5~6	2.5	2~5
Ⅲ	3	2~3	2	1~4	1.5	1~3
Ⅴ	3	2~3	2.5	1~4.5	2.5	1~3
近节指骨 Ⅰ	3	2~3	3	0.5~6	2.5	2~5
Ⅲ	2	2~3	1.5	1.5~3	1	1~1.5
Ⅴ	2	2~3	2	1~4	1.5	1~4
中节指骨 Ⅲ	3	2~3	2	1~3.5	1.5	1.5~3
Ⅴ	3	2~3	3.5	1~6	3	2~5
远节指骨 Ⅰ	3	2~4	1.5	0.5~3	1	1~3.5
Ⅲ	3	2~4	2	1~3.5	1.5	1~3
Ⅴ	3	2~4	3.5	1.5~5	3	1.5~4.5
头状骨	1	—	0.5	0~1.5	0.5	0~0.5
钩骨	1	—	0.5	0~1.5	0.5	0~1.5
三角骨	5	2~6	4.5	1~8	3	2.5~7
月骨	6	4~7	6	1~9	5	2.5~7
舟骨	7	5~8	8	3.5~10	7	4~9
大多角骨	7	5~8	7	4.5~12	6	4~8
小多角骨	7	6~8	7	4.5~10	6	4.5~8

表 3.28　不同年代中国儿童手腕骨骨化中心出现年龄(岁)(女)

骨	1960s		1980s		2000s	
	年龄	范围	年龄	范围	年龄	范围
桡骨	2	1~2	1	0.5~2.5	1	1~1.5
尺骨	8	6~9	8	5~10	7	5~9
掌骨 Ⅰ	2	2~3	2	1~3	1.5	1~3
Ⅲ	2	2~3	1.5	1~2.5	1	0.5~2
Ⅴ	2	2~3	1.5	1~2.5	1	0.5~2.5
近节指骨 Ⅰ	2	1~2	1.5	1~3.5	1.5	1.5~3.5
Ⅲ	2	1~2	1	0.5~1.5	1	0.5~1.5
Ⅴ	2	1~2	1.5	1~2.5	1	1~1.5
中节指骨 Ⅲ	2	1~2	1.5	0.5~2.5	0.5	0.5~1.5
Ⅴ	2	1~2	1.5	1~3	1.5	0.5~3.5
远节指骨 Ⅰ	2	2~3	1	0.5~2.5	1	12
Ⅲ	2	2~3	1.5	1~2.5	1.5	1~2.5
Ⅴ	2	2~3	2	1~2.5	1.5	1.5~3
头状骨	1	—	0.5	0~0.5	0.5	0~0.5
钩骨	1	—	0.5	0~1	0.5	0~1

续表

骨	1960s		1980s		2000s	
	年龄	范围	年龄	范围	年龄	范围
三角骨	4	3~5	3.5	0.5~6	2.5	2~5
月骨	5	4~6	3	1.5~6	3	2~5
舟骨	6	4~7	6	2.5~7	5	3~7
大多角骨	6	4~7	4.5	2.5~7	4	2~6
小多角骨	6	5~8	4.5	3.5~8	4.5	3~6

表3.29　不同年代中国儿童手腕骨骨化中心融合年龄(岁)(男)

骨	1960s		1980s		2000s	
	年龄	范围	年龄	范围	年龄	范围
桡骨	—	—	18.4	16~19	18	15.5~20
尺骨	—	—	18	16~19	18	15~20
掌骨 Ⅰ	18	15~18	16	14~18	15	13~17
Ⅲ	18	15~18	17	14.5~18	15.5	13~18
Ⅴ	18	15~18	17	14.5~18	16	13.5~18
近节指骨 Ⅰ	17	15~18	16	14~18	15	14~18
Ⅲ	17	15~18	16	14~18	15.5	13~18
Ⅴ	17	15~18	16	14~18	15.5	13~18
中节指骨 Ⅲ	17	15~18	16	14~18	15.5	13.5~18
Ⅴ	17	15~18	16	14~18	15	13~18
远节指骨 Ⅰ	17	15~18	16	14~18	15	12.5~17
Ⅲ	17	15~18	16	14~18	15	12.5~17
Ⅴ	17	15~18	16	14~18	15	12.5~17

表3.30　不同年代中国儿童手腕骨骨化中心融合年龄(岁)(女)

骨	1960s		1980s		2000s	
	年龄	范围	年龄	范围	年龄	范围
桡骨	—	—	17.3	15~18	17	14~19
尺骨	—	—	17	15~18	16	13.5~19
掌骨 Ⅰ	15	14~	14	12~17	13	11~16
Ⅲ	15	14~	15	12~17	14	12~17
Ⅴ	15	14~	15	13~17	15	11.5~16
近节指骨 Ⅰ	15	14~	15	13~17	14	11.5~16
Ⅲ	15	14~	15	12.5~17	13.5	11.5~16
Ⅴ	15	14~	15	12.5~17	13.5	11.5~16
中节指骨 Ⅲ	15	14~	15	12.5~17	14	11~16
Ⅴ	15	14~	14	12.5~17	13.5	11~16
远节指骨 Ⅰ	15	12~	14	11.5~17	13	11~14
Ⅲ	15	12~	14	11.5~17	13	11~15
Ⅴ	15	12~	14	11.5~17	13	11~15

与 1988 年骨发育调查样本相比,2005 年样本儿童手腕骨化中心出现年龄再次出现提前趋势。在男童,除了桡骨、第 5 手指各骨、头状骨和钩骨外,其余各骨化中心出现年龄提前 0.5~1.0 岁;但女童的提前不如男童明显,仅桡骨、掌骨、近节指骨Ⅴ、中节指骨Ⅲ、远节指骨Ⅴ、三角骨、舟骨和大多角骨化中心出现年龄提前 0.5~1.0 岁。与 1988 年和 1964 年儿童的比较结果相似,2005 年儿童也同样表现出骺干融合年龄的提前比骨化中心出现年龄提前更为显著的特点,男童掌指骨融合年龄提前 0.7~1.0 岁,而女童则明显一些,提前 0.7~1.3 岁;男女儿童桡骨、尺骨完全融合年龄分别提前 0.4 岁和 0.3 岁。

2. 不同年代中国儿童骨龄的比较

为观察中国儿童骨发育长期趋势,可使用 20 世纪 80 年代的中国人骨发育标准——CHN 法来评价 2005 年骨发育调查样本儿童的骨龄,如果不同年代儿童的骨发育没有变化,那么各年龄组 CHN 骨龄的第 50 百分位数曲线与正方图中的对角线重合,而如果中国儿童骨发育出现加速的长期趋势,那么 CHN 骨龄的第 50 百分位数曲线则在对角线之上。图 3.29、图 3.30 为以 BCPE 分布模型拟合的 2005 年骨发育调查样本 CHN 骨龄第 50、第 3、第 97 百分位数曲线。可以看到,男女各年龄组 CHN 骨龄的中位数曲线均在对角线之上,各年龄组的 CHN 骨龄大于生活年龄,说明 21 世纪的中国儿童在较小年龄上就达到了 20 世纪 80 年代儿童相同的骨成熟度。2005 年样本的男女儿童在 3~18 岁期间骨发育分别提前 0.3~1.1 岁和 0.2~1.0 岁,而且各年龄组 CHN 骨龄分布的第 3、第 97 百分位数也向上漂移,表现出中国儿童骨发育整体加速的长期趋势。

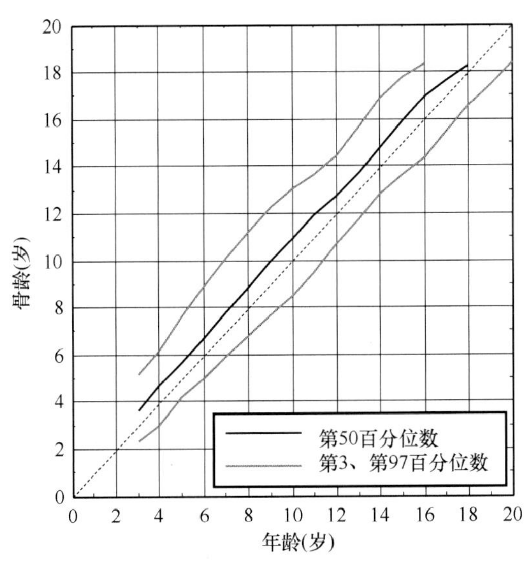

图 3.29 中华 05 样本的 CHN 骨龄百分位数曲线(男)

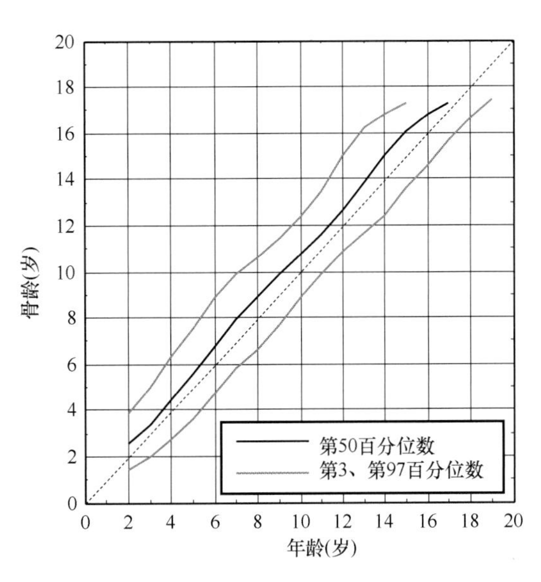

图 3.30 中华 05 样本的 CHN 骨龄百分位数曲线(女)

另外,2005 年中国儿童骨发育加速的长期趋势也具有年龄阶段性的特点,一个加速高峰出现在身高突增高峰前,另一个加速高峰出现在发育成熟前的身高生长缓慢期,表 3.31。

上述的比较分析说明了中国儿童骨发育加速与身高、体重加速的长期趋势的一致性,骨龄的变化也与各年龄组身高、体重长期趋势的大小变化一样,随儿童年龄而不同,但骨发育加速的高峰提前于身高增长高峰。

表 3.31　2005 年骨发育调查样本儿童不同年龄段的发育提前程度

	年龄段(男)				年龄段(女)			
	2~7	8~11.5	12~14	14.5~17	2~5	6~10	10.5~12.5	13~15
提前程度(岁)	0.69	0.96	0.64	0.95	0.44	0.92	0.62	0.85

人群的生长发育状况是遗传与环境因素长期相互作用的结果,骨龄和身高都是说明身体生长发育成熟度的指征。Danuta 等(1995)曾经使用纵断双生子资料鉴别和定量了这两个生长过程的遗传作用,发现在男 13.8 岁、女 11.8 岁出现身高速度高峰(PHV),而骨成熟速度高峰则在男 11.6 岁、女 9.8 岁出现,在生长过程中也存在有这两个性状的遗传协方差高峰,这个高峰年龄与身高速度高峰年龄和骨成熟度最大减速年龄相一致。Towne 等(2001)同时研究了骨龄和身高的遗传度,发现在青春期前的最低生长速度(MHV)时的身高、身高速度、骨龄的遗传度分别为 0.61、0.72、0.67;而在 PHV 时的身高、身高速度、骨龄的遗传度分别为 0.59、0.59 和 0.56;在 MHV 时,骨龄与身高、骨龄与身高速度的遗传相关系数分别为 0.53 和-0.36;在 PHV 时骨龄与身高、骨龄与身高速度的遗传相关分别为 0 和-0.55。Koziel(2001)的报告也证明,青春期生长突增开始时间和强度与骨成熟度存在相关关系。

生理学的研究已经证实,生长激素-胰岛素样生长因子Ⅰ轴(GH-IGF-Ⅰ)是儿童生长发育的主要激素调节系统,甲状腺激素、性腺激素等也都在儿童生长的不同阶段发挥重要作用,长骨的生长板是影响身高生长和骨发育成熟诸因素的最终靶器官。最近的分子生物学研究发现,这些激素受体都在长骨生长板中表达。在生长板软骨细胞中,上述激素相互影响而调节受体的表达,并与局部自分泌/旁分泌因子相互作用,控制生长板软骨细胞的分化与骨骼的线性生长(Robson et al.,2002;Van Der Eerden et al.,2003)。

综合不同领域的研究结果表明,骨发育成熟和身高生长在时间和速度上是遗传高度整合的过程,这不仅解释了不同年代儿童身高、体重与骨发育生长加速长期趋势的一致性,同时也提示了影响身高生长和骨发育基因的相互作用,启动生长发育的不同阶段,使身高和骨发育的长期变化存在有特异的阶段性。

不同年代中国儿童的骨发育出现了明显加速的长期趋势,因此,在实践中应当选用适合中国当代儿童的骨龄标准和生长学标准。

3.8　中国儿童骨发育的特征

由于遗传和环境因素的影响,骨发育存在有种族差异和人群差异,亚洲儿童表现出与欧美儿童不同的发育形式。与 G-P 标准和 TW2 标准相比,20 世纪 70 年代和 80 年代的中国香港儿童(Waldmann et al.,1977)、中国北方哈尔滨儿童(Ouyang et al.,1986)、中国南方长沙儿童(Ye Y,et al.,1992)在青春期前骨发育延迟,进入青春期后骨发育提前。20 世纪 60~80 年代的日本东京儿童 TW2 骨龄的变化形式和中国儿童相同,但骨发育程度提前于中国哈尔滨和长沙儿童(Ashizawa et al.,1996),但与 20 世纪 90 年代的中国北京儿童相比,不仅在骨龄变化形式上,而且在发育程度上都很相似(Ashizawa et al.,2005)。

因中国人手腕骨发育标准——中华 05 的 TW3-C RUS 和 TW3-C Carpal 标准依据 TW3

法而制订,所以可以手腕骨成熟度分值(skeletal maturity scores,SMS)直接比较不同国家人群的骨发育。图 3.31、图 3.32 为中华 05 样本儿童、不同国家儿童达到相同 SMS 时生活年龄的比较(Zhang SY et al.,2008)。在 6 岁(男 SMS = 200,女 SMS = 300)前,中国儿童骨成熟度几乎与其他国家儿童的标准相同,但在 6 岁后逐渐出现差异,男、女儿童的骨发育逐渐加速而在所有年龄上提前,特别是在青春期。

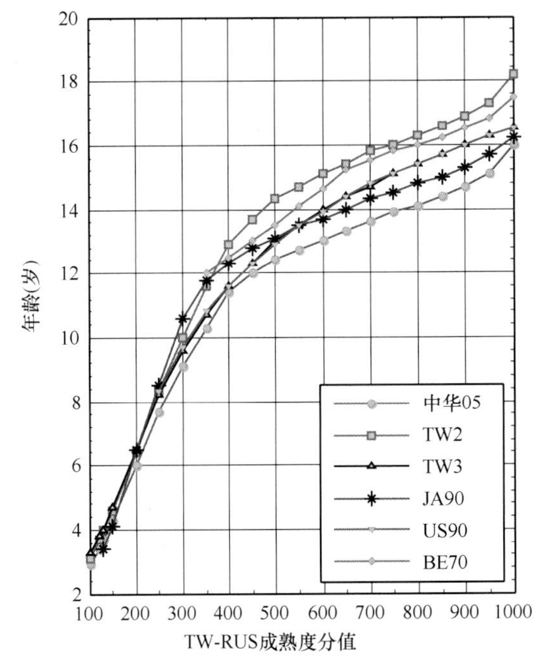

图 3.31 不同国家儿童 TW3-C RUS 成熟度分值的比较(男)

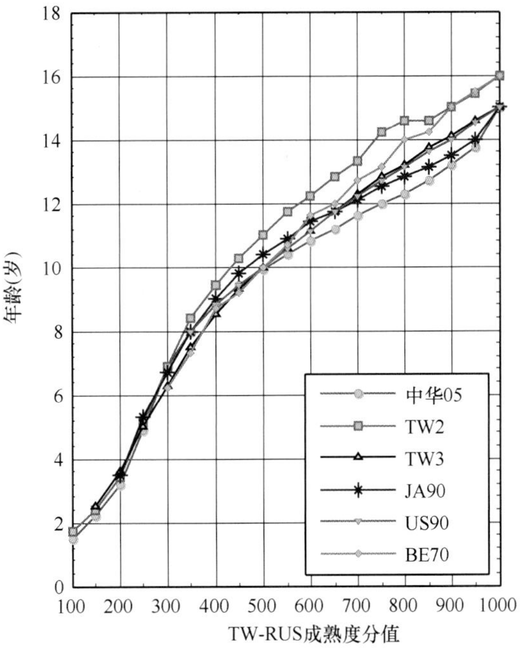

图 3.32 不同国家儿童 TW3-C RUS 成熟度分值的比较(女)

(中华 05:2005 年中国儿童;JA90:20 世纪 90 年代日本儿童;US90:20 世纪 90 年代美国儿童;TW2、TW3:Tanner 等原标准;BE70:20 世纪 70 年代比利时儿童)

与日本儿童(JA90,Ashizawa et al.,1996)相比,中国男儿童在 SMS 300 至 350 之间提前 1.5 岁,在 SMS 450(12 岁)至 950(15 岁)之间提前 0.6~0.9 岁;在 SMS 600(13 岁)至 950,中国男儿童比 TW3 标准(Tanner et al.,2001)和美国欧洲后裔儿童(US90 标准,Tanner et al.,1997)提前 1.0~1.3 岁、比 TW2 标准(Tanner et al.,1983)提前 2 岁左右。中国男儿童的发育成熟年龄与 JA90 儿童相同,在 16 岁时达到 SMS 1000,分别比 TW2 和 TW3 标准提前 2 岁和 0.5 岁。

在 SMS 300 至 400(6~8 岁),中国女儿童延迟于 TW3(Tanner et al.,2001)和比利时儿童标准(BE70,Beunen et al.,1990),而在 SMS 400 至 550(9~10 岁)期间赶上,此后,骨发育加速而提前于所有其他国家儿童标准,由 SMS 600 至 950(10.5~13.5 岁),中国女儿童骨发育比 JA90 和 TW3 分别提前 0.5 岁和 0.2~1.0 岁。中国女儿童与 JA90、TW3 和 US90 标准一样,在 15 岁骨发育成熟,而比 BE70 和 TW2 标准提前 1 岁。

与 TW-RUS 方法相比,TW-Carpal 骨发育的研究相对较少,图 3.33、图 3.34 为 TW3-C Carpal 与 TW3 和 BE70 儿童 SMS 的比较(Zhang SY et al.,2008)。中国男儿童在 SMS 750

(约 10 岁)之前稍延迟于 TW3,但在 SMS 900(12 岁)后,骨发育加速,在 13.5 岁时达到 SMS 1000,比 TW3 提前 1.5 岁;在 SMS 800(12 岁)至 1000,提前于 BE70 儿童 1.0~1.2 岁。而中国女儿童腕骨的发育在 SMS 500(约 7 岁)前与 TW3 相似,此后,提前约 0.4 岁,在 11.5 岁发育成熟,比 TW3 提前 1.5 岁;与 BE70 相比,在 SMS 500 至 750(6~8 岁),延迟 0.2~0.6 岁,在 SMS 900 后提前,并早 1 年发育成熟。

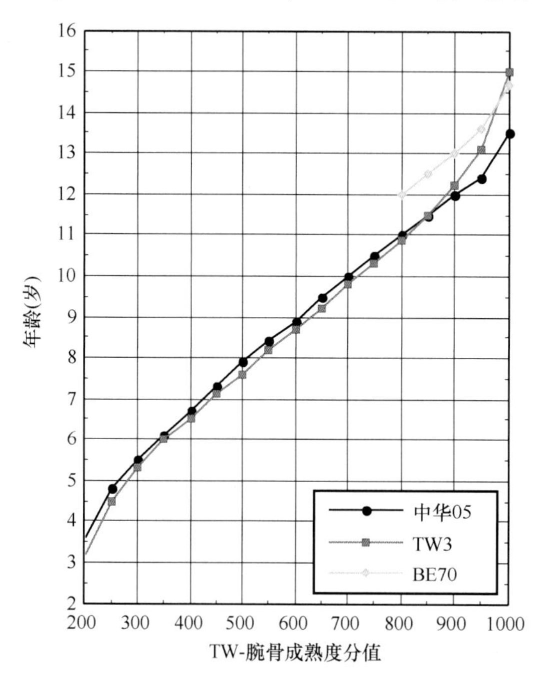

图 3.33　不同国家儿童 TW3-C Carpal 成熟度分值的比较(男)

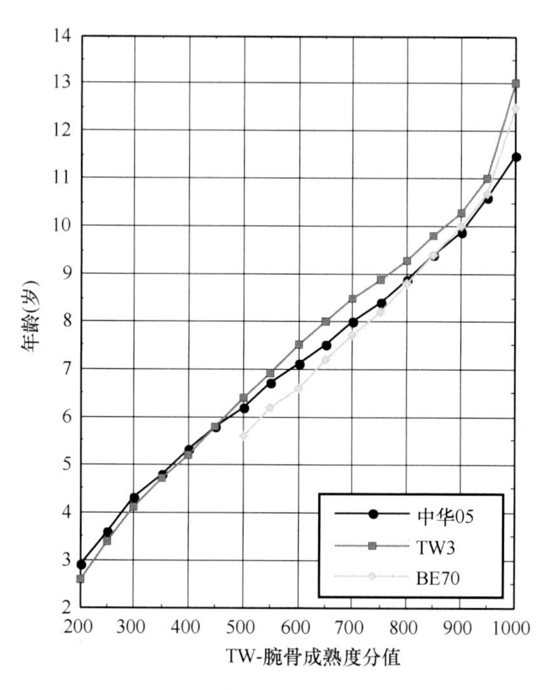

图 3.34　不同国家儿童 TW3-C Carpal 成熟度分值的比较(女)

(中华 05:2005 年中国儿童;BE70:20 世纪 70 年代比利时儿童;TW3:Tanner 等原标准)

日本人和中国人一样同属蒙古人种(Mongoloid),与欧美儿童相比,日本儿童也表现出同样的发育特征。JA90 由两部分东京儿童样本组成,7 岁及 7 岁以上儿童在 1986 年取样,6 岁及 6 岁以下儿童在 1992 年取样,因 20 世纪 80 年代以来日本儿童生长的长期趋势已经处于停滞状态(Ashizawa et al.,1996),所以将上述两样本合并,建立了日本儿童的 TW2-RUS 骨发育标准。Ashizawa 等(2005)曾将 1997 年中国北京 6~18 岁儿童与 JA90 标准进行了比较,发现北京儿童 TW-RUS 骨成熟度与日本东京儿童相似。但中华 05 样本在男 SMS 300,女 SMS 400 以后,TW-RUS 骨成熟度提前于日本东京儿童,说明了近 10 年来中国儿童生长发育的长期变化。

上述比较研究表明,中国儿童的骨发育表现出儿童期已与欧美儿童相接近,而在青春期则显著提前的特征(张绍岩等,2007b)。

3.9　中国儿童骨发育的区域性差异

中国是一个地域辽阔、人口众多的多民族国家,不同地区的社会经济发展和自然环境存在相当大的差异。在骨发育调查中抽样区域基本限定于中国经济发展较快、人口稠密的沿海平原地区。在这个范围之内沿用以淮河为界划分为南北区域的方法，分别以 BCPE 分布模型平滑拟合南、北方和各城市抽样点 RUS-CHN 骨龄百分位数曲线，比较中国儿童骨发育的区域性差异。

3.9.1 中华 05 样本中南、北方儿童骨发育的比较

中华 05 样本中，南、北方儿童 RUS-CHN 骨龄百分位数曲线的比较（图 3.35，图 3.36）表明，南、北方男儿童骨龄中位数的差异很小，中位数的差值在 0.01～0.14 岁，表示骨龄正常值范围的第 3、第 97 百分位数也基本一致；而南、北方女儿童的比较则不同，在 3～6 岁期间南、北方女儿童骨龄中位数差值（南减北）在 0.20～0.51 岁，第 3、第 97 百分位数也同样大于北方女儿童，表现为骨发育的提前。在 6 岁以后南、北方女儿童骨龄中位数、第 3、第 97 百分位数相似，在 15～17 岁期间南方女儿童骨龄中位数再次超过北方，但差值很小（0.20～0.26 岁）。

上述比较说明，若以南、北方划分地域，则南、北方城市男儿童之间骨发育非常相似；但在 6 岁以下南方女儿童的骨发育提前于北方女儿童。

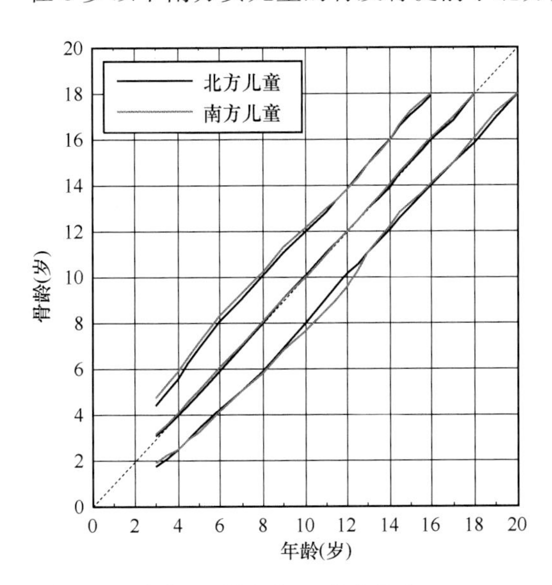

图 3.35 中华 05 样本中南、北方儿童 RUS-CHN 骨龄百分位数曲线（男）

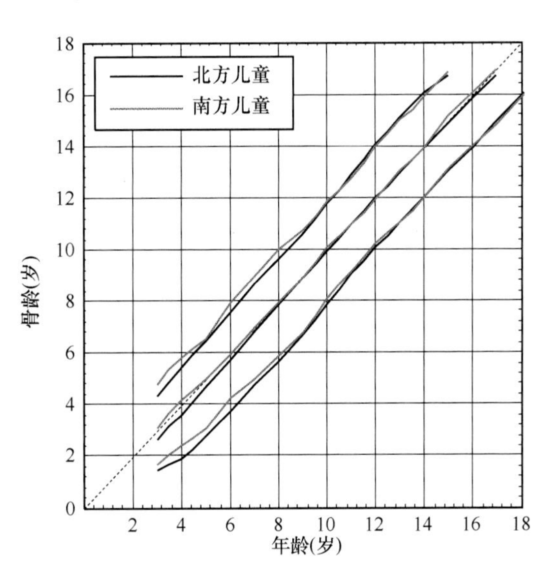

图 3.36 中华 05 样本中南、北方儿童 RUS-CHN 骨龄百分位数曲线（女）

3.9.2 中华 05 样本中不同取样城市儿童骨发育的比较

在图 3.37、图 3.38 中可以看到，大部分城市取样点儿童 RUS-CHN 骨龄的中位数曲线相接近，个别城市儿童的骨发育存在一定的差异。以各取样点儿童年龄组骨龄中位数与年龄之差值进行比较，可较清楚地观察到不同城市儿童间的骨发育差异。

表 3.32 说明，上海男儿童在 6～15 岁骨发育提前 0.14～0.32 岁，温州男儿童在 9～13 岁延迟 0.11～0.17 岁，广州男儿童在 5～7 岁延迟 0.14～0.19 岁；而大连男儿童在 3～11 岁

延迟 0. 10~0. 13 岁。

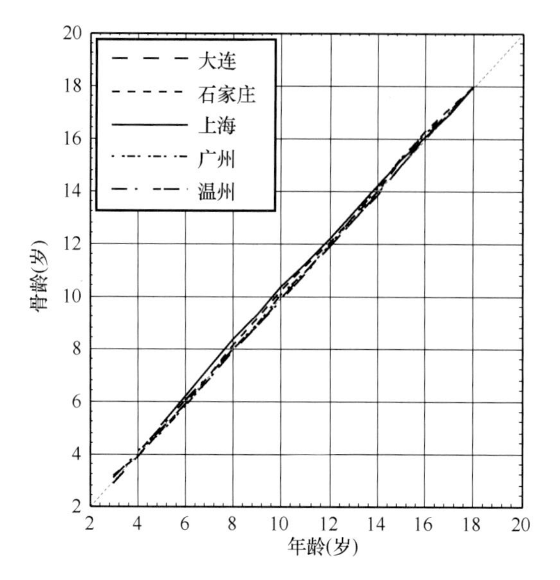

图 3. 37　中华 05 样本中各城市取样点儿童 RUS-CHN 骨龄第 50 百分位数曲线(男)

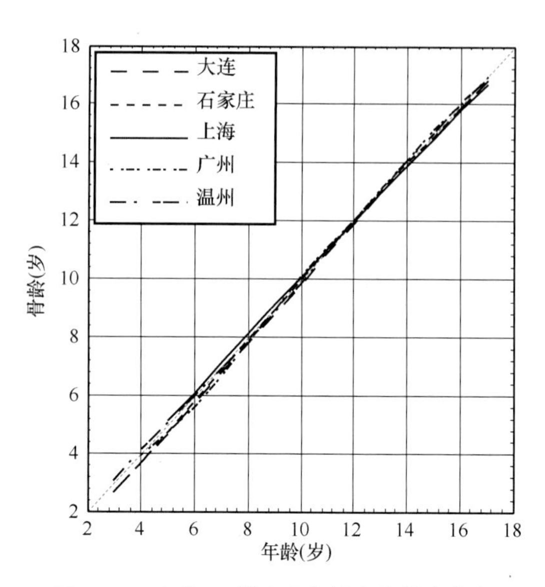

图 3. 38　中华 05 样本中各城市取样点儿童 RUS-CHN 骨龄第 50 百分位数曲线(女)

表 3. 32　5 城市儿童 RUS-CHN 骨龄中位数与年龄差值(岁)(男)

年龄(岁)	五城市	广州	上海	温州	大连	石家庄
3	0. 00			0. 05	−0. 13	0. 12
4	−0. 04	0. 08		0. 02	−0. 11	−0. 10
5	−0. 03	−0. 19	0. 06	0. 03	−0. 09	−0. 17
6	−0. 02	−0. 18	0. 19	0. 03	−0. 10	−0. 11
7	−0. 04	−0. 14	0. 28	0. 00	−0. 13	−0. 03
8	−0. 03	−0. 02	0. 31	−0. 06	−0. 12	0. 09
9	−0. 01	−0. 09	0. 32	−0. 13	−0. 11	0. 11
10	−0. 05	0. 00	0. 29	−0. 17	−0. 09	0. 10
11	−0. 08	−0. 04	0. 24	−0. 17	−0. 11	0. 13
12	−0. 09	−0. 03	0. 19	−0. 14	−0. 04	0. 04
13	−0. 09	0. 01	0. 18	−0. 11	−0. 06	−0. 03
14	−0. 07	0. 11	0. 19	−0. 08	−0. 05	−0. 02
15	0. 01	0. 21	0. 14	−0. 04	−0. 07	0. 13
16	0. 04	0. 10	0. 01	−0. 05	0. 02	0. 03
17	−0. 03	0. 02	−0. 10	−0. 03	0. 05	0. 12
18	−0. 03	−0. 03	−0. 01	−0. 04	−0. 03	−0. 01

在不同城市女儿童的比较中(表 3. 33),较为突出的是大连女儿童在 3~12 岁期间骨发育延迟 0. 10~0. 31 岁、石家庄女儿童在 3~8 岁期间延迟 0. 11~0. 31 岁、广州女儿童在 5~8 岁期间延迟 0. 11~0. 22 岁、温州女儿童在 8~10 岁期间延迟 0. 12~0. 15 岁;上海女儿童在 5~9 岁也同样表现出骨发育的提前(0. 10~0. 13 岁),不过与男儿童相比提前的程度较小,而在 15~16 岁又表现出一定程度的延迟(0. 11~0. 16 岁)。

表 3.33　5 城市儿童 RUS-CHN 骨龄中位数与年龄差值(岁)(女)

年龄(岁)	五城市	广州	上海	温州	大连	石家庄
3	-0.04			0.06	-0.23	-0.27
4	-0.09	-0.07		0.10	-0.31	-0.26
5	-0.09	-0.11	0.11	0.06	-0.29	-0.31
6	-0.06	-0.22	0.08	0.00	-0.27	-0.25
7	-0.06	-0.12	0.10	-0.07	-0.24	-0.18
8	-0.06	-0.15	0.12	-0.14	-0.21	-0.11
9	-0.03	-0.08	0.13	-0.15	-0.20	-0.05
10	-0.09	0.15	0.09	-0.12	-0.19	-0.03
11	-0.08	0.05	0.01	-0.07	-0.15	-0.01
12	-0.06	0.02	-0.04	-0.01	-0.10	0.01
13	-0.06	0.09	-0.05	0.03	-0.08	0.02
14	-0.09	0.08	-0.09	0.06	-0.10	0.00
15	-0.08	0.15	-0.16	0.01	-0.09	-0.10
16	-0.09	0.04	-0.11	0.09	-0.14	-0.11
17	-0.06	-0.04	-0.08	-0.07	-0.09	-0.10

由上述比较可看到,在不同地域或城市之间,儿童的骨发育普遍存在差异,但在中华 05 样本范围之内,骨龄差异的数值较小,而且这些差异仍然在骨龄评价者的随机误差范围之内。

不同地域儿童骨发育的差异是各影响因素的综合反映。这些差异具有一些特征表现,首先是区域性特征,北方城市之间的差异相对较小,而南方城市之间的差异则相对较大,并更为复杂。例如,北方的大连、石家庄市儿童的骨发育很相似,而南方三座城市儿童的骨发育则各不相同。第二是性别特征,在南方城市中,社会经济发达的上海市男儿童在一定年龄段上表现出骨发育提前,而在女性却提前程度较小而接近总体样本的一般水平。第三是不同生长发育期的特征,大中城市儿童骨发育的差异主要出现在儿童期,青春期的差异则不明显。

社会经济发展状况是影响青少年儿童生长发育的主要因素,社会经济的发展不仅反映在儿童营养状况的改善,而且也反映在文化教育、卫生保健等诸多方面。20 年来我国社会经济迅速发展,但发展速度不平衡,沿海地区快于内陆地区,城市快于农村。因此,中国儿童骨发育的区域差异不能简单地以南、北方区域划分来描述。例如,上海与广州儿童骨发育的差异难以用上述原因来解释,因为上海和广州是中国经济发展最迅速的“长三角”与“珠三角”的中心城市,两城市儿童的社会经济背景相似,然而在儿童期两城市儿童的骨发育却出现了较为明显的差异,是地理、气候因素还是文化历史、传统饮食习惯的影响尚待进一步的研究。

城市儿童骨发育差异主要出现在儿童期,这个特征值得特别的注意,因为儿童期是儿童对不利因素影响的易感期,而且儿童期的生长发育也将对儿童最终的生长结果产生重要影响(Liu et al.,2000;Xu et al.,2002)。

参考文献

顾光宁,吴晓钟. 1962. 中国人手与腕部之骨化. 解剖学报,5(2):173~184.

国家体育总局群体司. 2002. 2000 年国民体质监测报告. 北京:北京体育大学出版社.

李果珍,张德苓,高润泉. 1964. 中国人骨发育的研究 Ⅰ. 上肢骨发育的初步研究. 中华放射学杂志,9(2):138~141.

李果珍,张德苓,高润泉. 1979. 中国人骨发育的研究 Ⅱ. 骨龄百分计数法. 中华放射学杂志,13:19~23.

李辉,季成业,叶宗心,等. 2009. 中国 0~18 岁儿童、青少年身高、体重的标准化生长曲线. 中华儿科杂志,47(7):487~492.

刘惠芳,宋世诚,华伯勋. 1959. 中国人四肢骨骼骨化中心出现及骨骺结合的初步观察. 山东医学院学报,3:84~86.

宁刚,周翔平,吴康敏,等. 2004. 特发性性早熟女孩骨龄评价的诊断性试验究. 中国循证医学研究杂志,4(11):759~765.

首都儿科研究所、九市儿童体格发育调查协作组. 2009. 中国 7 岁以下儿童体重、身长/身高和头围生长标准值及标准化生长曲线. 中华儿科杂志,47(3):173~178.

张国栋,叶恭绍. 1984. 骨骼年龄. 中华医学百科全书——儿童少年卫生学. 上海:上海科学技术出版社,34~35.

张乃恕,吴恩惠. 1963. 四肢骨生后正常发育成长的 X 线研究. 天津医药杂志,4:232~233.

张绍岩,韩一三,沈勋章,等. 2008a. 中国大中城市汉族儿童青少年身高、体重和体重指数生长图表. 中国儿童保健杂志,16(3):257~259.

张绍岩,花纪青,刘丽娟,等. 2007a. 中国人手腕骨发育标准——中华 05 Ⅲ. 中国儿童骨发育的长期趋势. 中国运动医学杂志,26(2):149~153.

张绍岩,金成吉,沈松,等. 2014. 中华 05 RUS-CHN 法骨龄评价可靠性的再捡验. 体育科学,34(4):92~96.

张绍岩,李小陆,王文祥. 1987. 手腕骨发育 X 线图谱计分法——骨骼年龄评定标准. 体育科学,7(3):47~52.

张绍岩,刘丽娟,韩一三,等. 2008b. 中国五城市儿童手腕部桡、尺、掌指骨骨龄与腕骨骨龄差异参考值. 中华儿科杂志,46(11):851~855.

张绍岩,刘丽娟,刘刚,等. 2009. 中国人手腕骨发育标准——中华 05 Ⅴ. 骨成熟度百分位数曲线的修订. 中国运动医学,28(1):20~24.

张绍岩,刘丽娟,吴真列,等. 2006a. 中国人手腕骨发育标准——中华 05 Ⅰ. TW3-C RUS、TW3-C 腕骨和 RUS-CHN 方法. 中国运动医学杂志,5(5):509~516.

张绍岩,邵伟东,杨世增,等. 1995. 中国人骨成熟度评价标准及其应用. 北京:人民体育出版社.

张绍岩,吴真列,沈勋章,等. 2006b. 中国人手腕骨发育标准——中华 05 Ⅱ. RUS-CHN 和 TW3-C 腕骨方法的读片可靠性. 中国运动医学杂志,25(6):641~646.

张绍岩,杨世增,邵伟东,等. 1993. 中国人手腕骨发育标准——CHN 法. 体育科学,13(6):33~39.

张绍岩,张继业,刘丽娟,等. 2010. 手腕部桡、尺骨骺线消失作为推测 18 岁年龄指征. 中国法医学杂志,25(2):100~101.

张绍岩,张继业,马振国,等. 2009. 骨龄标准身高、体重和体重指数生长图表. 中国法医学杂志,24(5):308~311.

张绍岩,马振国,沈勋章,等. 2007b. 中国人手腕骨发育标准——中华 05 Ⅳ. 中国儿童手腕骨发育特征. 中国运动医学杂志,26(4):452~455.

赵融,马秉权,王永安,等. 1981. 山西省农村儿童少年手和腕部骨骼发育的研究. 中华预防医学杂志,15(3):131~135.

中国肥胖问题工作组. 2004. 中国学龄儿童青少年超重、肥胖筛查体重指数值分类标准. 中华流行病学杂志,25(2):97~102.

中国学生体质与健康研究组. 2002. 改革开放 20 年中国汉族学生体质状况的动态分析. 中国学生体质与健康调研报告. 北京:高等教育出版社,54~93.

Acheson RM, Fowler GB, Fry EI, et al. 1963. Studies in the reliability of assessing skeletal maturity from X-ray. Ⅰ. Greulich-Pyle atlas. Hum Biol, 35:317~349.

Acheson RM, Vicinus JH, Fowler GB. 1964. Studies in the reliability of assessing skeletal maturity from X-ray. Part Ⅱ. The Bone-Specific Approach. Hum Biol, 36:211~228.

Acheson RM, Vicinus JH, Fowler GB. 1966. Studies in the reliability of assessing skeletal maturity from X-ray. Part Ⅲ. Greulich-Pyle atlas and Tanner-Whitehouse method contrasted. Hum Biol, 38:205~218.

Ashizawa K, Asami T, Anzo M, et al. 1996. Standard RUS skeletal maturation in Tokyo children. Ann Hum Biol, 23:457~469.

Ashizawa K, Kumakura1 C, Zhou X, et al. 2005. RUS skeletal maturity of children in Beijing. Ann Hum Biol, 32(3):316~325.

Baughan B, Demirjian A, Levesque GY. 1979. Skeletal maturity standards for French-Canadian children of school-age with a discussion of the reliability and validity of such measures. Hum Biol, 51(3):353~370.

Beunen G, Cameron N. 1980. The reproducibility of TW2 skeletal age assessments by a self-taught assessor. Ann Hum Biol, 7(2):155~162.

Beunen G, Lefever J, Ostyn M, et al. 1990. Skeletal maturity in Belgian youths assessed by Tanner-Whitehouse method (TW2). Ann Hum Biol, 17(5): 355~376.

Bull RK, Edwards PD, Kemp PM, et al. 1999. Bone age assessment: a large scale comparison of the Greulich and Pyle, and Tanner and Whitehouse (TW2) methods. Arch Dis Child, 81: 172~173.

Cole TI. 2000. Secular trends in growth. Proc Nutr Soc, 59: 317~324.

Cole TJ. 1988. Fitting smoothed centile curves to reference data. J R Statist Soc A, 15(3): 385~415.

Cole TJ. 1990. The LMS nethid for contructing normabzed growth standards. Euro J Clin Nutr, 44: 45~60.

Cole TJ. Bellizzi MC, Flrgal KM, et al. 2000. Establishing a standard definition for child overweight and obesity worldwide: international survey. BMJ, 320(6): 1240~1243.

Cundall DB, Brocklebank JT, Buckler JMH. 1988. Which bone age in chronic renal insufficiency and end-stage renal disease? Pediatr Nephrol, 2: 200~204.

Danuta ZL, Hopper JL, Rogucka, E, et al. 1995. Timing and genetic rapport between growth in skeletal maturity and height around puberty: Similarities and differences between girls and boys. Am J Hum Genet, 56: 753~759.

de Onis M, Garza C, Victora CG, et al. 2004. The WHO Multicentre Growth Reference Study: Planning, study design, and methodology. Food Nutr Bull, 25(Suppl 1): S15~26.

de Onis M, Onyango AW, Borghi E, et al. 2007. Development of a WHO growth reference for school-aged children and adolescents. Bulletin of the World Health Organization, 85: 660~667.

Department of Nutrition for Health and Development. 2006. WHO Child Growth Standards: length/ height-for-age, weight-for-age, weight-for-length, weight-forheight and body mass index-for-age: methods and development. ISBN 92 4 154693 X (NLM classification: WS 103) Geneva: World Health Organization.

Fobes AP, Ronaghy HA, Majd M. 1971. Skeletal maturation of children in Shiraz, Iran. Am J Phys Anthrop, 35: 449~454.

Greulich WW, Pyle IS. 1959. Radiographic Atlas of Skeletal Development of the Hand and Wrist. Stanford, California: Stanford University Press.

Groell R, Lindbicjler F, Riepl T, et al. 1999. The reliability of bone age determination in central Euorpean children using the Greulich and Pyle method. Br J Radiol, 72: 461~464.

Healy MTR, Goldstein H. 1976. An approach to the scaling of categorized attributes. Biometrika, 63: 219~229.

Hernandez R, Poznanski AK, Kelch RP, et al. 1977. Hand radiographic measurements in growth hormone deficiency before and after treatment. Am J Roentgenol, 129(3): 487~492.

King DG, Steventon DM, O'Sullivan MP. 1994. Reproducibility of bone ages when performed by radiology registrars: an audit of Tanner and Whitehouse Ⅱ versus Greulich and Pyle methods. Br J Radiol, 67(801): 848~851.

Koziel S. 2001. Relationships among tempo of maturation, midparent height, and growth in height of adolescent boys and girls. Am J Human Biol, 13: 15~22.

Liu YX, Albertsson-Wikland K, Karlberg J. 2000. Long-term consequences of early linear growth retardation (stunting) in Swedish children. Pediatr Res, 47: 475~480.

Marjorie M, Lee C. 1971. Matuation disparity between hang-wrist bone in Hong Kong Chinese children. Am J Phys Anthrop, 34: 385~396.

Medicus H, Gron AM, Moorees CFA. 1971. Reproducilibity of rating stages of osseous development. Am J Phys Anthropol, 35: 359~372.

Ogden CL, Kuczmarski RJ, Flegal KM, et al. 2002. Centers for disease control and prevention 2000 growth charts for the United States: Improvements to the 1977 National Center for Health Statistics Version. Pediatrics, 109: 45~60.

Ouyang Zhen, Liu Baolin. 1986. Skeletal maturity of the hand and wrist in Chinese school children in Harbin assessment by TW2 method. Ann Hum Biol, 13: 183~187.

Polito C, Di Toro A, Collini R, et al. 1995. Advanced RUS and normal carpal bone age in childhood obesity. Int J Obes Relat Metab Disord, 19(7): 506~507.

Prakash S, Cameron N. 1981. Skeletal maturity of well-off children in Chandigarh, North India. Ann Hum Biol, 8(2): 175~180.

Rigby RA, Stasinopoulos DM. 2004. Smooth centile curves for skew and kurtotic data modeled using the Box-Cox power exponential distribution. Stat Med,23:3053~3076.

Rigby RA,Stasinopoulos DM. 2005. Generalized additive models for location,scale and shape. J R Stat Soc Ser C Appl Stat,54:507~544.

Robson H,Siebler T,Shalet SM,et al. 2002. Interactions between GH,IGF-Ⅰ,glucocorticoids,and thyroid Hormones during skeletal growth. Pediatr Res,52:137~147.

Roche AF,Rohmann CG,French NY,et al. 1970. Effect of training on replicability of assessments of skeletal matrity (Greulich-Pyle). Am J Roentgenal,108:511~525.

Schmeling A,Schulz R,Reisinger W,et al. 2004. Studies on the time frame for ossification of medial clavicular epiphyseal cartilage in conventional radiography. Int J Legal Med,118:5~8.

Schmidt S,Baumann U,Schulz R,et al. 2008. Study of age dependence of epiphyseal ossification of the hand skeleton. Int J Legal Med,122:51~54.

Shum L,Nuckolls G. 2002. The life cycle of chondrocytes in the developing skeleton. Arthritis Res,4 (2):94~106.

Tanner JM,Gibbons RD. 1994. A computerized image analysis system for estimating Tanner- Whitehouse 2 bone age. Horm Res,42:282~287.

Tanner JM,Healy MJR,Goldstein H,Cameron N. 2001. Assessment of Skeletal Maturity and Prediction of Adult Height (TW3 method). 3rd ed. London:Academic Press.

Tanner JM,Landt KW,Cameron N,et al. 1983. Prediction of adult height from height and bone age in childhood,A new system of equations (TW Mark Ⅱ) based on a sample including very tall and very short children. Arch Dis Child,58:767~776.

Tanner JM,Oshman D,Bahhage F,et al. 1997. Tanner-Whitehouse bone age reference values for North American children. J Pediatr,131:34~40.

Tanner JM,Whitehouse RH,Cameron N,et al. 1983. Assessment of Skeletal Maturity and Prediction of Adult Height. 2nd ed. New York:Academic Press.

Tanner JM. 1992. Growth as a measure of the nutritional and hygienic status of a population. Horm Res,38(suppl 1):105~115.

Taranger J,Burning B,Claesson I,et al. 1976. Skeletal development from birth to 7 years. Acta Paediatr Scand,258 (Suppl.):98~108.

Towne B,Czerwinski SA,Demerath EW. 2001. Genetic associations between pubertal growth and skeletal maturity in healthy boys and girls. Program Nr:1261 from the 2001 ASHG Annual Meeting.

van Buuren S,and Fredriks M. 2001. Worm plot:a simple diagnostic device for modeling growth reference curves. Statist Med,20:1259~1277.

Van Der Eerden BCJ,Karperien M,Wit JM. 2003. Systemic and local regulation of the growth plate. Endocr Rev,24:782~801.

van Rijn RR,Lequin MH,Robben SGF,et al. 2001. Is the Greulich and Pyle atlas still valid for Dutch Caucasian children today? Pediatr Raidol,31:748~752.

Vejvoda M,Grant DB. 1981. Discordant bone maturation of the hand in children with precocious puberty and congenital adrenal hyperplasia. Acta Paediatr Scand,70:903~905.

Von Harmck GA, Tanner JM, Whitehouse RH, et al. 1972. Catch up in height and skeletal maturity in children on long-term treatment for hypothyroidism. Z Kinderheilkd,112(1):1~17.

Waldmann E,Baber FM,Field CE,et al. 1977. Skeletal maturation of Hong Kong Chinese children in the first five years of life. Ann Hum Biol,4:343~352.

Wenzel A,Melsen B. 1982. Replicability of assessing radiographs by the Tanner and Whitehouse-2 method. Hum Biol,54(3):575~581.

WHO. 1995. Physical status:the use and interpretation of anthropometry. Geneva:WHO.

Xu X,Wang WP,Guo Z,et al. 2002. Longitudinal growth during infancy and childhood in children from Shanghai:Predictors and consequences of the age at onset of the childhood phase of growth. Pediatr Res,51:377~385.

Ye Y,Wang CX,Cao LZ. 1992. Skeletal maturity of hand and wrist in Chinese children in Changsha assessed by TW2 method. Ann Hum Biol,19:427~430.

Zhang SY,Liu LJ,Wu ZL,et al. 2008. Standards of TW3 skeletal maturity for Chinese children. Ann of Hum Biol,35(3):349~354.

第4章　骨龄在预测成年身高中的应用

骨龄的主要用途之一是预测成年身高。在临床医学中，成年身高预测是诊断影响身体生长发育疾病及治疗监测的重要辅助指标；在正常儿童，成年身高的预测也有助于了解身高增长的潜力，对运动员、演员的选材也有重要的参考价值。

4.1　骨龄与身高的关系

人体的身高由长骨的长度所决定。长骨骺与骨干之间的生长板（骺板）软骨细胞的增殖、肥大和钙化是长骨生长的生理基础，受机体内外条件的影响，生长板软骨细胞增殖、肥大的速度，以及生长板钙化而骺干融合的年龄存在很大的个体差异。骨龄作为预测成年身高的一个主要因素就是因为它能够补偿儿童生长速度之间的差异。

预测成年身高以个体儿童不同年龄时的身高为基础，预测其距离生长的终点尚有“多远”，生长速度快的儿童在较小年龄达到其成年身高，生长速度较慢的儿童身高结束生长的年龄也较大。但是，无论生活年龄如何，身高停止生长时的骨龄都是相同的，所以，骨龄可以对儿童发育提前或延迟的程度做出补偿，能够使预测的身高更加准确，尤其是对于那些生长发育偏差较大的儿童。

成熟速度的个体差异使相同年龄儿童的身高产生很大的不同，特别是在青春期。许多的研究已经证实，同年龄组中不同成熟度类型儿童的身高有显著性差异，早熟儿童身高较高，晚熟儿童身高较矮，因此不同生长类型儿童的成年身高百分数不同。Bayley（1946）曾在成年身高预测方法的研究中报告，在9岁后各年龄组儿童的骨龄与成年身高百分数密切相关，在大部分年龄上相关系数为0.86左右，与成年身高百分数的相关程度高于生活年龄。当以生活年龄分组时，成年身高百分数的标准差较大，而当以骨龄分组时，成年身高百分数的离散度较小，在青春期尤为显著。在预测成年身高的多元回归方程中，骨龄均有负的权重（Roche et al.，1975；Tanner et al.，1975a），说明在年龄组中骨龄与成年身高负相关。

4.2　预测成年身高的方法

因成年身高预测方法的研究需要长期跟踪的纵断资料，所以，目前所应用的预测方法大都来自世界著名的纵断生长发育研究。

4.2.1　B-P（Bayley and Pinneau）法

1946年，美国加利福尼亚大学的Bayley（1946）根据骨龄与成年身高百分数的密切关系，提出了以现身高和骨龄预测成年身高表，首次将骨龄应用于预测成年身高，骨龄评价采用Todd的骨龄标准图谱。在G-P图谱第1版发表数年之后，Bayley和Pinneau（1952）采用了 G-P 骨龄修改了成年身高预测表，预测的准确性也有所提高。

B-P 法成年身高预测表的研制依据于加利福尼亚大学的伯克利生长研究（Berkeley growth study）中 192 名正常儿童样本，在 8～18 岁间每 6 个月拍摄一次左手腕 X 线片。在制订预测表时，Bayley 和 Pinneau 分析了发育加速和延迟儿童生长速度的差异，发现生长加速儿童的生长特别有活力，而发育延迟的儿童生长低于一般儿童；虽然发育加速儿童所达到的成年身高百分数高于一般儿童，但是却低于相同骨龄的一般儿童；相反，虽然发育延迟的儿童落后，但是却比相同骨龄的一般儿童更接近成年身高。也就是说，骨龄相同的儿童生活年龄越小，生长的潜力越大。因此，Bayley 和 Pinneau 在成年身高预测易受发育速度影响的年龄段，为发育加速和延迟儿童设立了副表。当骨龄与生活年龄差值在 1 岁以内时，男孩使用表 4. 1，女孩使用表 4. 4；当骨龄提前 1 岁或 1 岁以上时，男女分别使用表 4. 2 和表 4. 5；当骨龄延迟 1 岁或 1 岁以上时，男女分别使用表 4. 3 和表 4. 6。在确定了所应用的表后，查出与骨龄相对应的成年身高百分数，代入下列公式计算出成年身高：

成年身高（cm）= 现身高（cm）/成年身高百分数

表 4. 1　骨龄与生活年龄相差 1 岁之内儿童的成年身高百分数（%）（男）

骨龄（岁-月）	7-0	7-3	7-6	7-9	8-0	8-3	8-6	8-9	9-0	9-3	9-6	9-9
成年身高%	69. 5	70. 2	70. 9	71. 6	72. 3	73. 1	73. 9	74. 6	75. 2	76. 1	76. 9	77. 7
骨龄（岁-月）	10-0	10-3	10-6	10-9	11-0	11-3	11-6	11-9	12-0	12-3	13-6	12-9
成年身高%	78. 4	79. 1	79. 5	80. 0	80. 4	81. 2	81. 8	82. 7	83. 4	84. 3	85. 3	86. 3
骨龄（岁-月）	13-0	13-3	13-6	13-9	14-0	14-3	14-6	14-9	15-0	15-3	15-6	15-9
成年身高%	87. 6	89. 0	90. 2	91. 4	92. 7	93. 8	94. 8	95. 8	96. 8	97. 3	97. 6	98. 0
骨龄（岁-月）	16. 0	16-3	16-6	16-9	17-0	17-3	17-6	17-8	18-0	18-3	18-6	
成年身高%	98. 2	98. 5	98. 7	98. 9	99. 1	99. 3	99. 4	99. 5	99. 6	99. 8	100	

表 4. 2　骨龄大于生活年龄 1 岁或 1 岁以上儿童的成年身高百分数（%）（男）

骨龄（岁-月）	7-0	7-3	7-6	7-9	8-0	8-3	8-6	8-9	9-0	9-3	9-6	9-9
成年身高%	67. 0	67. 6	68. 3	68. 9	69. 6	70. 3	70. 9	71. 5	72. 0	72. 8	73. 4	74. 1
骨龄（岁-月）	10-0	10-3	10-6	10-9	11-0	11-3	11-6	11-9	12-0	12-3	12-6	12-9
成年身高%	74. 7	75. 3	75. 8	76. 4	76. 7	77. 6	78. 6	80. 0	80. 9	81. 8	82. 8	83. 9
骨龄（岁-月）	13-0	13-3	13-6	13-9	14-0	14-3	14-6	14-9	15-0	15-3	15-6	15-9
成年身高%	85. 0	86. 3	87. 5	89. 0	90. 5	91. 8	93. 0	94. 3	95. 8	96. 7	97. 1	97. 6
骨龄（岁-月）	16. 0	16-3	16-6	16-9	17-0							
成年身高%	98. 0	98. 3	98. 5	98. 8	99. 0							

表 4.3　骨龄小与生活年龄 1 岁或 1 岁以上儿童的成年身高百分数(%)(男)

骨龄(岁-月)	6-0	6-3	6-6	6-9	7-0	7-3	7-6	7-9	8-0	8-3	8-6	8-9
成年身高%	68.0	69.0	70.0	70.9	71.8	72.8	73.8	74.7	75.6	76.5	77.3	77.9
骨龄(岁-月)	9-0	9-3	9-6	9-9	10-0	10-3	10-6	10-9	11-0	11-3	11-6	11-9
成年身高%	78.6	79.4	80.0	80.7	81.2	81.6	81.9	82.1	82.3	82.7	83.2	83.9
骨龄(岁-月)	12-0	12-3	13-6	12-9	13-0							
成年身高%	84.5	85.2	86.0	86.9	88.0							

注:骨龄 13.0 以上者使用表 4.1。

表 4.4　骨龄与生活年龄相差 1 岁之内儿童的成年身高百分数(%)(女)

骨龄(岁-月)	6-0	6-3	6-6	6-10	7-0	7-3	7-6	7-10	8-0	8-3	8-6	8-10
成年身高%	72.0	72.9	73.8	75.1	75.7	76.5	77.2	78.2	79.0	80.1	81.0	82.1
骨龄(岁-月)	9-0	9-3	9-6	9-9	10-0	10-3	10-6	10-9	11-0	11-3	11-6	11-9
成年身高%	82.7	93.6	84.4	85.3	86.2	87.4	88.4	89.6	90.6	91.0	91.4	91.8
骨龄(岁-月)	12-0	12-3	13-6	12-9	13-0	13-3	13-6	13-9	14-0	14-3	14-6	14-9
成年身高%	92.2	93.2	94.1	95.0	95.8	96.7	97.4	97.8	98.0	98.3	98.6	98.8
骨龄(岁-月)	15-0	15-3	15-6	15-9	16-0	16-3	16-6	16-9	17-0	17-6	18-0	
成年身高%	99.0	99.1	99.3	99.4	99.6	99.6	99.7	99.8	99.9	99.95	100	

表 4.5　骨龄大于生活年龄 1 岁或 1 岁以上儿童的成年身高百分数(%)(女)

骨龄(岁-月)	7-0	7-3	7-6	7-10	8-0	8-3	8-6	8-10	9-0	9-3	9-6	9-9
成年身高%	71.2	72.2	73.2	74.2	75.0	76.0	77.1	78.4	79.0	80.0	80.9	81.9
骨龄(岁-月)	10-0	10-3	10-6	10-9	11-0	11-3	11-6	11-9	12-0	12-3	12-6	12-9
成年身高%	82.8	84.1	85.6	87.0	88.3	88.7	89.1	89.7	90.1	91.3	92.4	93.5
骨龄(岁-月)	13-0	13-3	13-6	13-9	14-0	14-3	14-6	14-9	15-0	15-3	15-6	15-9
成年身高%	94.5	95.5	96.3	96.8	97.2	97.7	98.0	98.3	98.6	98.8	99.0	99.2
骨龄(岁-月)	16-0	16-3	16-6	16-9	17-0	17-6						
成年身高%	99.3	99.4	99.5	99.7	99.8	99.9						

表 4.6 骨龄小与生活年龄 1 岁或 1 岁以上儿童的成年身高百分数(%)(女)

骨龄(岁-月)	6-0	6-3	6-6	6-10	7-0	7-3	7-6	7-9	8-0	8-3	8-6	8-10
成年身高%	73.3	74.2	75.1	76.3	77.0	77.9	78.8	79.7	80.4	81.3	82.2	83.6
骨龄(岁-月)	9-0	9-3	9-6	9-9	10-0	10-3	10-6	10-9	11-0	11-3	11-6	11-9
成年身高%	84.1	85.1	85.8	86.6	87.4	88.4	89.6	90.7	91.8	92.2	92.6	92.9
骨龄(岁-月)	12-0	12-3	12-6	12-9	13-0	13-3	13-6	13-9	14-0	14-3	14-6	14-9
成年身高%	93.2	94.2	94.9	95.7	96.4	97.1	97.7	98.1	98.3	98.6	98.9	99.2
骨龄(岁-月)	15-0	15-3	15-6	15-9	16.0	16-3	16-6	16-9	17-0			
成年身高%	99.4	99.5	99.6	99.7	99.8	99.9	99.9	99.9	100			

B-P 法所应用的预测指标有儿童的生活年龄、G-P 骨龄和现身高(即拍摄骨龄 X 线片时所测量的身高)。其应用的范围在骨龄 7~18.5 岁男童和骨龄 6~18 岁的女童,对于年龄分别低于 7 岁和 6 岁的男女儿童不必使用骨龄,可根据生活年龄,在表 4.7 中查出成年身高的百分数。

表 4.7 6 岁以下儿童的成年身高百分数的平均数、标准差

年龄	男		女		年龄	男		女	
	平均数	标准差	平均数	标准差		平均数	标准差	平均数	标准差
1 个月	30.18	0.77	32.40	1.44	11 个月	41.53	1.16	44.10	1.24
2 个月	32.40	0.93	34.51	1.56	12 个月	42.23	1.04	44.67	1.42
3 个月	33.93	1.00	35.96	1.31	15 个月	44.02	1.19	46.90	1.18
4 个月	35.21	0.95	37.50	1.08	18 个月	45.64	1.34	48.76	1.37
5 个月	36.50	0.99	38.78	1.08	24 个月	48.57	1.44	52.15	1.34
6 个月	37.67	0.93	39.84	1.20	30 个月	51.14	1.40	54.75	1.22
7 个月	38.44	0.95	40.69	1.20	3.0 年	53.53	1.34	57.16	1.20
8 个月	39.22	1.10	41.79	1.37	4.0 年	57.72	1.38	61.84	1.45
9 个月	40.08	1.07	42.20	1.22	5.0 年	61.60	1.49	66.24	1.60
10 个月	40.80	1.14	43.09	1.37	6.0 年	65.31	1.58	70.29	1.61

在伯克利生长研究样本中,在男 14 岁以下和女 12 岁以下时,成年身高预测误差(实测值与预测值之差)的标准差分别为 2.6~4.2cm 和 2.7~3.3cm,在上述年龄之后,预测误差的标准差下降到 2.5cm 以下。

4.2.2 TW3(Tanner and Whitehouse)法

Tanner 等(1975b)在 TW2 法的第 2 版专著中,根据英国哈彭登(Harpenden)纵断生长

研究及国际儿童中心伦敦组纵断研究样本，提出了各年龄组预测成年身高的多元回归方程。预测变量包括儿童身高、骨龄、父母身高中值及女孩初潮年龄。因为使用了 TW2 骨龄标准，所以这种预测成年身高的方法称为 TW Mark2 方法。研究样本共包括 293 名儿童，成年时平均身高为男 174.0cm，女 162.9cm，与当时英国身高标准的第 50 百分位数一致。样本中也包括了部分矮身高和高身高儿童。在 1983 年再版时，在原有样本的基础上又增加了部分很高、很矮和发育延迟的儿童，修改了原来的预测成年身高回归方程（Tanner et al.，1983）。

Tanner 等认为，B-P 法中骨龄对发育速度差异的修正只是半定量的，所以 TW Mark2 方法采用了多元回归的分析方法，以残差（预测值与实测值之差）标准差说明每一回归方程的精确度，并决定预测指标的取舍。经过比较，手腕骨成熟度的评价采用了 TW2-RUS（桡骨、尺骨、掌指骨，共 13 块）骨龄；父母身高中值对改善 10 岁以上儿童的成年身高预测效果不明显，因而回归方程中不再包括父母身高中值的变量。

然而，在专著第 1 版和第 2 版中预测成年身高所依据的样本为英国 20 世纪 50 年代的儿童，其中伦敦组的儿童取样于该城市社会经济水平较差的区域，而哈普敦生长研究的大部分儿童也有不利环境条件的背景。在 20 世纪 50~70 年代，英国儿童的生长出现明显加速的长期趋势。因此，Tanner 等（2001）在 TW 法专著第 3 版中，采用瑞士苏黎世纵断生长研究的资料，修订了成年身高预测公式。苏黎世生长研究是巴黎国际儿童中心协调的欧洲五项纵断研究之一，样本儿童生活在较高社会经济水平的环境之中，骨龄提前于英国儿童，男孩在 13~14 岁最多提前 0.8 岁，女孩在 12~13 岁最多提前 0.6 岁。样本儿童在出生时招募，在男 2~10 岁、女 2~9 岁期间，每年测量站立身高，此后每 6 个月测量一次。在儿童年龄达到 18 岁以后，2 年中身高增长不超过 0.5cm，即认为达到成年身高，因而追踪至成年身高的儿童有 226 名。另外一个重要的变化是 TW3 法预测方程不再使用骨龄，而是使用 TW3-RUS 骨成熟度分值（skeletal maturity score，SMS）。TW3 成年身高预测方法如下：

1. 男儿童的成年身高预测方程

（1）年龄在 4~9 岁儿童的成年身高预测方程（不必测量骨龄）

成年身高＝现身高＋97－6（年龄，年）

在 4~9 岁，预测方程的残差标准差分别为 4.6、4.3、4.2、4.0、3.8 和 3.7cm。

（2）年龄在 10 岁以上儿童的成年身高预测方程（TW3-RUS 分值达到 1000 者不能预测）

1）仅有 RUS 分值时，使用表 4.8。

2）有 RUS 分值和前一年身高增长量两个变量时，使用表 4.9。

在某些年龄上，特别是在年龄 12~，13~，14~，15~期间，预测方程中包括前一年身高增长变量时能够显著增加预测的精确性。

身高增长量为预测时前一年的身高增长值（cm），由预测前 0.88~1.12 岁期间内所测量的身高计算身高增长量，并调整为一年的生长速度。在包括了身高增长量后，可以使 12~14 岁预测方程的残差标准差减少 10%。

表 4.8 成年身高预测方程的系数(男)

年龄(岁)	RUS 分值	常数(cm)	残差标准差 SD(cm)
10.0~	-0.0321	47.01	3.4
10.5~	-0.0378	47.06	
11.0~	-0.0419	46.70	3.2
11.5~	-0.0444	45.95	
12.0~	-0.0455	44.80	3.5
12.5~	-0.0453	43.25	
13.0~	-0.0440	41.30	4.1
13.5~	-0.0417	38.94	
14.0~	-0.0385	36.20	3.4
14.5~	-0.0347	33.05	
15.0~	-0.0302	29.50	3.1
15.5~	-0.0254	25.55	
16.0~	-0.0203	21.20	2.1
16.5~	-0.0150	16.45	

预测公式:10~17 岁;预测的成年身高=现身高+a×RUS 分值+b,其中:

a=-[0.0402-0.00632(年龄-14)-0.00155(年龄-14)^2+0.00019(年龄-14)^3]

b=37.62-5.50(年龄-14)-0.799(年龄-14)^2

表 4.9 成年身高预测方程的系数(男)

年龄(岁)	RUS 分值	前一年身高增长(cm)	常数(cm)	残差标准差 SD(cm)
12.0~	-0.00333	-1.43	47.50	3.1
12.5~	-0.00333	-1.38	46.18	
13.0~	-0.00333	-1.28	44.42	3.2
13.5~	-0.00333	-1.11	42.22	
14.0~	-0.00333	-0.88	39.57	3.0
14.5~	-0.00333	-0.59	36.47	

预测公式:12~15 岁;成年身高=现身高+a×RUS 分值+b×身高增长+c;其中:

a =-0.0333

b =-1.00+0.459(年龄-14)+ 0.123(年龄-14)^2

c=40.95-5.30(年龄-14)-0.891(年龄-14)^2

2. 女儿童的成年身高预测方程

(1) 年龄 4~7 岁儿童的成年身高预测方程(不必测量骨龄)

成年身高=现身高+85-6(年龄,岁)

在 4~7 岁,预测方程的残差标准差分别为 4.2、4.2、4.1、4.0cm。

(2) 仅有 RUS 分值变量时的成年身高预测方程(TW3-RUS 分值达到 1000 者不能预测)

1) 初潮前儿童使用表 4.10。

表 4.10 成年身高预测方程的系数(初潮前女孩)

年龄(岁)	RUS 分值	常数(cm)	残差标准差 SD(cm)
7.0~	-0.0578	59.77	3.7
7.5~	-0.0559	57.30	
8.0~	-0.0540	54.99	3.5
8.5~	-0.0521	52.82	
9.0~	-0.0502	50.76	3.0
9.5~	-0.0483	48.78	
10.0~	-0.0464	46.86	3.1
10.5~	-0.0445	44.96	
11.0~	-0.0427	43.07	3.0
11.5~	-0.0408	41.16	
12.0~	-0.0389	39.18	3.0
12.5~	-0.0370	37.13	
13.0~	-0.0351	34.97	3.0
13.5~	-0.0332	32.68	

预测公式:7~14 岁;预测成年身高=现身高+a×RUS 分值+b;其中:

a =-(0.0436-0.00379(年龄-11))

b=44.02-3.784(年龄-11)-0.0247(年龄-11)^2-0.0365(年龄-11)^3

2)初潮后儿童使用表 4.11。

3)有 RUS 分值和前一年身高增长量的成年身高预测方程:增加前一年身高增长量指标后,改善了初潮前女孩成年身高的预测(表 4.12)。对于初潮后女孩仍然使用表 4.11。

在使用 TW3 法成年身高预测方程时应当注意,所应用的生活年龄和骨龄均为十进制。另外,对于发育接近成熟的儿童,预测的成年身高有可能低于已经达到的身高,这是由于多元回归方程均存在一定的误差,应用于个体时可能出现的一种现象,是较大的残差标准差所引起。因此,不仅报告方程计算的结果(最可能的身高),也应报告成年身高可能的范围(±2×残差 SD)。例如,一名 13 岁初潮后女孩预测的成年身高为 165cm,由表 4.11 中查到参数标准差为 1.2cm,则应报告为预测身高 165cm,可能的范围为 162.6~167.4cm。

表 4.11 成年身高预测方程的系数(初潮后女孩)

年龄(岁)	RUS 分值	常数(cm)	残差标准差 SD(cm)
12.0~	-0.011	14.47	2.1
12.5~	-0.011	13.85	
13.0~	-0.011	13.34	1.2
13.5~	-0.011	12.94	
14.0~	-0.011	12.66	0.9
14.5~	-0.011	12.50	

预测公式:12~15 岁;预测成年身高=现身高+a×RUS 分值+b;其中:

a =-0.011

b=16.54-1.94(年龄-11)+0.230(年龄-11)^2

表 4.12 成年身高预测系数(初潮前女孩)

年龄(岁)	RUS 分值	前一年身高增长(cm)	常数(cm)	残差标准差 SD(cm)
11.0~	-0.0360	-1.027	45.60	2.7
11.5~	-0.0360	-1.027	44.68	
12.0~	-0.0360	-1.027	43.75	2.7
12.5~	-0.0360	-1.027	42.83	
13.0~	-0.0360	-1.027	41.94	2.6
13.5~	-0.0360	-1.027	40.99	

预测公式:11~14 岁;成年身高=现身高+a×RUS 分值+b×身高增长+c;其中:

a =-0.0360

b =-1.027

c=46.06-1.845(年龄-11)

4.2.3 RWT(Roche AF, Wainer H and Thissen D)法

Roche 等(1975)认为,一种理想的成年身高预测方法应当在宽大年龄范围内都能够应用,而且仅一次测量就能够得到所有需要的变量。可能的变量包括父母身高、儿童身高、胫骨的长度和成熟度,因其他可应用的指标,如初潮年龄、初潮时身高、第二性征、身高速度高峰,只有在身高增长强度较大的年龄后才能够获得,所以应用较少。在 RWT 方法的研究中,Roche 等(1975)以 Fels 纵断生长研究中的 100 名白人儿童为样本,选择了仰卧身长、体重及不同部位的骨成熟度等 78 个可能作为预测指标的变量,这些变量中的大部分为手腕部、足踝部和膝部骨龄。他们使用主成分分析和聚类分析方法,选择出了 18 个变量,然后检验相互结合应用的可能性。经过分析比较,最后选择出能够应用于男、女儿童的 4 个预测指标:仰卧身长、体重、父母身高中值和手腕部 G-P 骨龄。使用多元回归方法,建立了男 1~16 岁、女 1~14 岁的成年身高预测方程。

由于 RWT 方法包括了体重和父母身高中值预测指标,对于 6 岁以下儿童的成年身高预测效果最好。但是,体重受环境因素的影响很大,尤其是近年来儿童肥胖的流行,可能会对 RWT 法预测的精确性产生影响。Onat(1983)曾在土耳其女孩成年身高预测方法的研究中发现,体重变量对 9 岁以上儿童的成年身高预测的贡献无统计学显著性,而且 RWT 方法应用了 G-P 图谱的逐块骨的评价方式(手腕部骨发育成熟的数量达到半数时不能再应用),因而限制了 RWT 方法的广泛应用。

4.2.4 中华 05 法

中国儿童的骨发育特征与欧美儿童显著不同(张绍岩等,2007)。在儿童期,中国儿童的骨发育已接近欧美儿童,但进入青春期后骨发育加速而提前,骨发育成熟的年龄也提前于欧美儿童,所以 B-P 和 TW3 成年身高预测方法不能直接应用于中国儿童。例如,应用 G-P 骨龄图谱评价中国儿童骨龄,即相当于与美国儿童骨发育相比较,因中国儿童青春期发育

提前,较小年龄上就达到相同的发育程度,所以 G-P 图谱标准将高估中国儿童的发育程度,加大骨龄与生活年龄差值,得出错误的发育分类,进而错误地选择成年身高百分数。如果使用适用的中国儿童骨龄标准,可正确地进行发育分类,但是由于青春期发育规律的显著差异,得到的骨龄偏小,使用 B-P 法必然会高估中国儿童的成年身高。

1. 中华 05 法成年身高百分数的计算

在中华 05 骨龄标准样本各年龄组中,根据骨龄与年龄差值,将儿童分为发育一般(骨龄减年龄差值在 1 岁之内)、提前(骨龄减年龄≥1 岁)、延迟(骨龄减年龄≤-1 岁)三种类型,在每种发育类型内计算各骨龄组儿童的身高平均数,除以每发育类型儿童的平均成年身高,得到成年身高百分数(张绍岩等,2012)。经过多项式拟合而计算的骨龄与成年身高百分数对应值见表 4.13~表 4.18。

表 4.13 RC 骨龄与生活年龄相差 1 岁之内儿童的成年身高百分数(%)(男)

骨龄(岁)	3.00	3.25	3.50	3.75	4.00	4.25	4.50	4.75	5.00	5.25	5.50	5.75
成年身高(%)	55.98	56.65	58.31	59.40	60.52	61.64	62.63	63.64	64.63	65.59	66.53	67.44
骨龄(岁)	6.00	6.25	6.50	6.75	7.00	7.25	7.50	7.75	8.00	8.25	8.50	8.75
成年身高(%)	68.34	69.21	70.07	70.92	71.74	72.56	73.37	74.16	74.96	75.74	76.52	77.30
骨龄(岁)	9.00	9.25	9.50	9.75	10.00	10.25	10.50	10.75	11.00	11.25	11.50	11.75
成年身高(%)	78.07	78.83	79.59	80.28	81.08	81.93	82.52	83.21	83.89	84.53	86.08	87.07
骨龄(岁)	12.00	12.25	12.50	12.75	13.00	13.25	13.50	13.75	14.00	14.25	14.50	14.75
成年身高(%)	88.11	89.19	90.28	91.34	92.40	93.41	94.36	95.25	96.07	96.80	97.46	98.02
骨龄(岁)	15.00	15.25	15.50	15.75	16.00	16.25	16.50	16.75	17.00	17.50	18.00	
成年身高(%)	98.49	98.87	99.19	99.42	99.59	99.68	99.74	99.76	99.83	99.91	100	

表 4.14 RC 骨龄大于生活年龄 1 岁儿童的成年身高百分数(%)(男)

骨龄(岁)	3.00	3.25	3.50	3.75	4.00	4.25	4.50	4.75	5.00	5.25	5.50	5.75
成年身高(%)	52.86	53.67	54.53	55.43	56.36	57.31	58.30	59.30	60.31	61.32	62.34	63.34
骨龄(岁)	6.00	6.25	6.50	6.75	7.00	7.25	7.50	7.75	8.00	8.25	8.50	8.75
成年身高(%)	64.35	65.34	66.34	67.30	68.26	69.29	70.12	71.02	71.91	72.78	73.64	74.48
骨龄(岁)	9.00	9.25	9.50	9.75	10.00	10.25	10.50	10.75	11.00	11.25	11.50	11.75
成年身高(%)	75.32	76.15	76.97	77.79	78.62	79.45	80.31	81.17	82.08	83.02	84.00	85.46
骨龄(岁)	12.00	12.25	12.50	12.75	13.00	13.25	13.50	13.75	14.00	14.25	14.50	14.75
成年身高(%)	86.13	87.29	88.83	90.39	91.79	93.00	94.06	94.97	95.75	96.44	97.08	97.66

续表

骨龄(岁)	15.00	15.25	15.50	15.75	16.00	16.25	16.50	16.75	17.00	17.50	18.00
成年身高(%)	98.22	98.78	99.27	99.39	99.47	99.58	99.63	99.70	99.79	99.86	100

表 4.15　RC 骨龄小于生活年龄 1 岁儿童的成年身高百分数(%)(男)

骨龄(岁)	3.00	3.25	3.50	3.75	4.00	4.25	4.50	4.75	5.00	5.25	5.50	5.75
成年身高(%)	60.25	61.43	62.60	63.73	64.85	65.92	66.96	67.94	68.89	69.78	7065	71.46
骨龄(岁)	6.00	6.25	6.50	6.75	7.00	7.25	7.50	7.75	8.00	8.25	8.50	8.75
成年身高(%)	72.24	72.97	73.67	74.33	74.98	75.59	76.19	76.77	77.35	77.92	78.49	79.07
骨龄(岁)	9.00	9.25	9.50	9.75	10.00	10.25	10.50	10.75	11.00	11.25	11.50	11.75
成年身高(%)	79.66	80.27	80.89	81.54	82.22	82.93	83.67	84.45	85.27	86.12	87.01	87.94
骨龄(岁)	12.00	12.25	12.50	12.75	13.00	13.25	13.50	13.75	14.00	14.25	14.50	14.75
成年身高(%)	88.89	89.88	90.89	91.93	92.98	94.03	95.08	96.10	97.10	98.00	98.45	98.76
骨龄(岁)	15.00	15.25	15.50	15.75	16.00	16.25	16.50	16.75	17.00	17.50	18.00	
成年身高(%)	98.96	99.16	99.37	99.45	99.52	99.58	99.65	99.71	99.78	99.91	100	

表 4.16　RC 骨龄与生活年龄相差 1 岁之内儿童的成年身高百分数(%)(女)

骨龄(岁)	3.00	3.25	3.50	3.75	4.00	4.25	4.50	4.75	5.00	5.25	5.50	5.75
成年身高(%)	60.11	61.30	62.45	63.54	64.61	65.63	66.63	67.61	68.58	69.54	70.50	71.45
骨龄(岁)	6.00	6.25	6.50	6.75	7.00	7.25	7.50	7.75	8.00	8.25	8.50	8.75
成年身高(%)	72.41	73.37	74.34	75.30	76.28	77.26	78.25	79.24	80.24	81.28	82.25	83.25
骨龄(岁)	9.00	9.25	9.50	9.75	10.00	10.25	10.50	10.75	11.00	11.25	11.50	11.75
成年身高(%)	84.25	85.24	86.23	87.20	88.17	89.12	90.05	90.95	91.83	92.67	93.63	94.77
骨龄(岁)	12.00	12.25	12.50	12.75	13.00	13.25	13.50	13.75	14.00	14.25	14.50	14.75
成年身高(%)	95.70	96.46	97.09	97.59	98.01	98.29	98.53	98.77	98.97	99.18	99.40	99.58
骨龄(岁)	15.00	15.25	15.50	15.75	16.00	16.25						
成年身高(%)	99.66	99.77	99.86	99.93	99.99	100						

表 4.17　RC 骨龄大于生活年龄 1 岁儿童的成年身高百分数(%)(女)

骨龄(岁)	3.00	3.25	3.50	3.75	4.00	4.25	4.50	4.75	5.00	5.25	5.50	5.75
成年身高(%)	54.14	55.73	57.24	58.65	60.00	61.28	62.51	63.68	64.83	65.93	67.03	68.10

续表

骨龄(岁)	6.00	6.25	6.50	6.75	7.00	7.25	7.50	7.75	8.00	8.25	8.50	8.75
成年身高(%)	69.17	70.22	71.26	72.31	73.36	74.41	75.48	76.54	77.62	78.69	79.78	80.87
骨龄(岁)	9.00	9.25	9.50	9.75	10.00	10.25	10.50	10.75	11.00	11.25	11.50	11.75
成年身高(%)	81.97	83.06	84.16	85.26	86.37	87.42	88.49	89.53	90.56	91.57	92.54	93.46
骨龄(岁)	12.00	12.25	12.50	12.75	13.00	13.25	13.50	13.75	14.00	14.25	14.50	14.75
成年身高(%)	94.36	95.20	96.00	97.25	97.79	98.12	98.37	98.62	98.86	99.10	99.35	99.40
骨龄(岁)	15.00	15.25	15.50	15.75	16.00	16.25						
成年身高(%)	99.43	99.45	99.47	99.50	99.53	99.58						

表 4.18 RC 骨龄小于生活年龄 1 岁儿童的成年身高百分数(%)(女)

骨龄(岁)	3.00	3.25	3.50	3.75	4.00	4.25	4.50	4.75	5.00	5.25	5.50	5.75
成年身高(%)	64.20	65.23	66.31	67.46	68.54	69.65	70.78	71.86	72.91	93.91	74.87	75.76
骨龄(岁)	6.00	6.25	6.50	6.75	7.00	7.25	7.50	7.75	8.00	8.25	8.50	8.75
成年身高(%)	76.61	77.40	78.15	78.29	79.51	80.14	80.75	81.35	81.95	82.57	83.20	83.91
骨龄(岁)	9.00	9.25	9.50	9.75	10.00	10.25	10.50	10.75	11.00	11.25	11.50	11.75
成年身高(%)	84.56	85.24	86.42	87.56	88.66	89.73	90.79	91.81	92.80	93.76	94.67	95.52
骨龄(岁)	12.00	12.25	12.50	12.75	13.00	13.25	13.50	13.75	14.00	14.25	14.50	14.75
成年身高(%)	96.31	97.07	97.66	98.15	98.65	98.99	99.26	99.42	99.52	99.58	99.66	99.74
骨龄(岁)	15.00	15.25	15.50									
成年身高(%)	99.80	99.88	99.95									

在图 4.1 和图 4.2 中,中华 05 法不同发育类型的男、女儿童,在不同骨龄上的成年身高百分数的变化形式与 B-P 法的美国儿童相似(由上往下 3 条黑色或灰色曲线分别为中华 05 和 B-P 法发育延迟、一般、提前儿童的成年身高百分数曲线),但不同发育阶段的成年身高百分数均较大,青春期的提前最明显,反映了中国儿童的发育特征。

目前,有两种方法可以解决这个问题。一是分别拟合中国儿童骨龄与 G-P 骨龄、TW3 SMS 的关系曲线,找出相对应的数学关系,将中国儿童骨龄转换为相应的 G-P 骨龄或 TW3 SMS。在应用时,以适用的标准骨龄进行发育分类,然后以转换后的 G-P 骨龄选择预测表,或使用转换后的 SMS 带入预测方程预测儿童成年身高。

2. 不同骨龄、不同方法预测成年身高准确性的比较

中华 05 法:应用中华 05 RUS-CHN 骨龄、TW3-C RUS 骨龄;

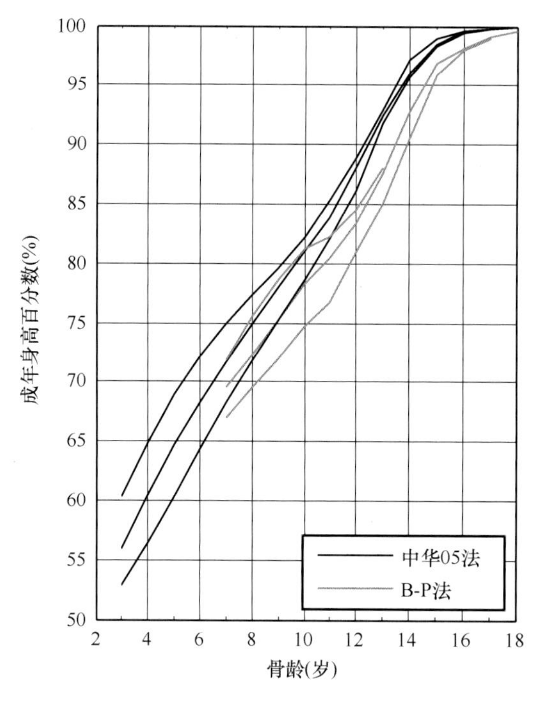

图 4.1 中华 05 法与 B-P 法成年身高百分数的比较(男)

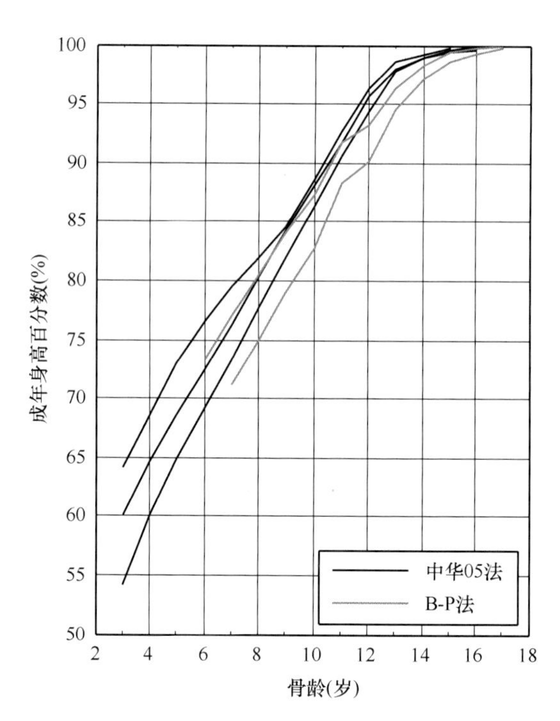

图 4.2 中华 05 法与 B-P 法成年身高百分数的比较(女)

B-P 法:应用中华 05 RUS-CHN 骨龄、CHN 骨龄、G-P 骨龄及中华 05 RUS-CHN 转换推测的 G-P 骨龄;

TW3 法:应用 TW3-RUS 成熟度分值、中华 05 RUS-CHN 转换推测的 TW3-RUS 成熟度分值。

计算各年龄组使用不同骨龄,以中华 05 法、B-P 法和 TW3 法所预测的成年身高的平均数和标准差。因中华 05 骨龄标准的受试者为中国儿童大样本,所以由各年龄组预测的平均成年身高与中国男女成年平均身高(李辉等,2009)之差,观察不同预测方法准确性的变化趋势,并以单样本 t 检验,检验各年龄组差值与零检验值之间的差异显著性。

图 4.3、图 4.4 分别为男女各年龄组不同方法预测成年身高的平均数与人群平均成年身高差值变化曲线。

(1) 中华 05 成年身高预测方法:分别应用 RUS-CHN 或 TW3-C RUS 骨龄,中华 05 法均能准确地预测男 3~16 岁、女 3~15 岁儿童的成年身高,预测成年身高平均数与人群平均成年身高的差值分别为男-1.30~0.52cm 和女-1.9~0.93cm。在男 8 岁、女 9 岁以下年龄组,预测成年身高的标准差较大(男 7.01~8.73cm,女 6.01~9.29cm),在此年龄后与人群成年身高的标准差(男 6.39cm,女 5.60cm)相似。

(2) B-P 成年身高预测方法:B-P 法应用于 G-P 骨龄在男 7 岁、女 6 岁以上的儿童。无论用哪种方法的骨龄,使用 B-P 法均过高预测男童的成年身高,使用 G-P、CHN 骨龄所预测的成年身高平均数与人群平均成年身高差值分别为 1.29~6.18cm 和 0.97~4.17cm。但对于女童,使用 G-P、CHN 骨龄,B-P 法均能较准确预测成年身高,所预测的成年身高平均数减人群平均成年身高差值在-2.95~2.18cm。因当代中国儿童青春期骨发育与 G-P 骨龄的差

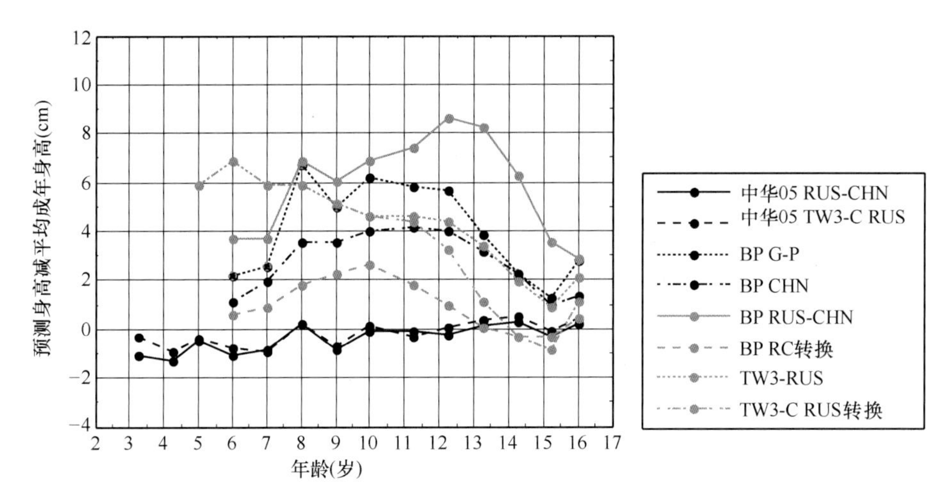

图 4.3　各年龄组不同方法预测的成年身高与平均成年身高差值的变化曲线(男)

单样本 t 检验(0 检验值):除少数年龄组外,中华 05 方法的差值,$P>0.05$;除使用推测 G-P 骨龄的 13 岁以上年龄组外,B-P 法和 TW3 法的差值,$P<0.05$

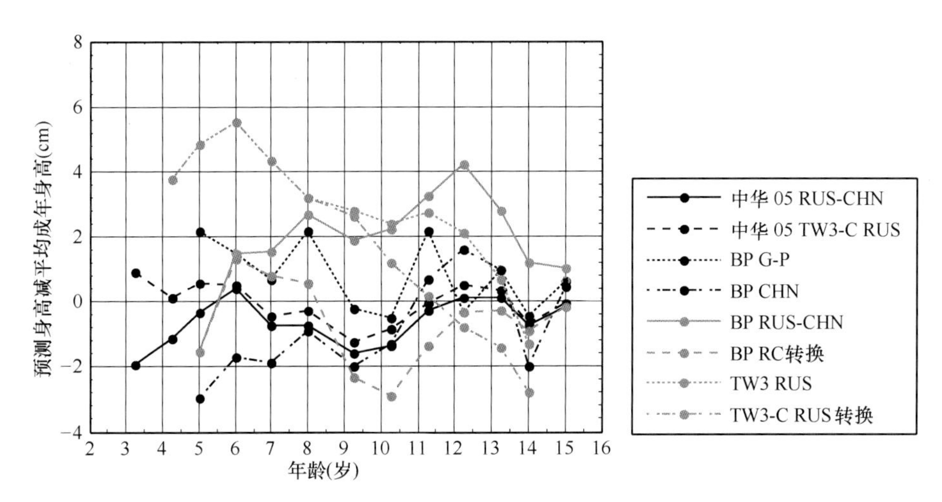

图 4.4　各年龄组不同方法预测的成年身高与平均成年身高差值的变化曲线(女)

单样本 t 检验(0 检验值):除少数年龄组外,中华 05 方法的差值,$P>0.05$。使用 G-P 骨龄,大部分年龄组 B-P 法的差值,$P>0.05$;使用 CHN、RUS-CHN 骨龄时,B-P 法的差值,$P<0.05$。在使用推测的 G-P 骨龄时,12 岁以上年龄组 B-P 法的差值,$P>0.05$。在使用 TW3-RUS 和推测的 TW3-RUS 成熟度得分时,除个别年龄组外,TW3 法的差值,$P<0.05$

异更加显著,所以,当使用中华 05 RUS-CHN 骨龄时,B-P 法均过高预测各年龄组男女童的成年身高,与人群平均成年身高的差值分别在男 2.84~8.64cm 和 1.02~4.22cm。在应用由中华 05 RUS-CHN 骨龄推测转换的 G-P 骨龄时,显著提高了预测成年身高准确性,与人群平均成年身高之间的差值分别在男−0.34~2.65cm 和−2.87~1.29cm。使用不同骨龄,B-P 法预测的各年龄组成年身高的标准差分别在男 6.25~8.20cm 和女 5.76~6.80cm。

(3) TW3 成年身高预测方法:TW3 法应用骨成熟度分值(SMS)作为预测变量,而且包括骨成熟度分值预测变量的公式仅可应用于男 10~17 岁和女 7~15 岁的儿童,男 10 岁、女 7 岁以下使用现身高和年龄变量的预测公式。使用 TW3 法均过高预测男女儿童的成年身高,预测身高平均数与人群平均成年身高差值分别在男 0.86~6.91cm 和女-1.32~5.51cm;而使用 RUS-CHN 骨龄转换推测的 TW3-RUS 成熟度分值,预测成年身高的准确性分别在男 11 岁和女 10 岁后有一定程度的改善,预测身高与平均成年身高差值分别为男-0.34~3.21cm 和女-2.76~1.19cm。使用不同骨成熟度分值,TW3 法预测的各年龄组成年身高的标准差分别为男 4.53~6.61cm 和女 4.52~6.08cm。

上述比较说明,中华 05 法是目前较准确地预测中国儿童成年身高的方法,使用 RUS-CHN 骨龄推测转换的 G-P 骨龄,能够显著改善 B-P 法预测中国儿童的成年身高的准确性。

在国际上,普遍使用 B-P、TW2、TW3 成年身高预测方法。然而,对这些预测方法应用于中国儿童的准确性和精确性的研究却很少。2005 年,王晓鸥等应用 48 名(男 25 名、女 23 名;平均年龄分别为 13.32 岁和 12.43 岁)正常儿童的 G-P、CHN、TW2-RUS 骨龄,使用 B-P 法、TW2 法和叶义言修正方法预测成年身高,并与近成年身高(NAH)进行了比较。对于女童,B-P 法和 TW2 法预测的准确性较高;而对于男童,B-P 法和 TW2 法均过高预测成年身高,平均预测值与近成年身高差值分别为 4.59cm 和 4.51cm($P<0.05$)。但他们所研究的受试者例数很少、年龄范围较窄。1993 年,赵新顺曾评价了 15~18 岁的 200 名正常中国青少年的 TW2-RUS 骨龄,检验了 TW2 成年身高预测方法。在研究中发现,使用 TW2 方法男女各年龄组预测身高均低于成年身高(-0.20~-1.45cm),因而提出了修正的预测方程。但各年龄组的例数较少(24~28 例),受试者年龄较大(青春期后期,生长潜力很小),更重要的是,由于中国儿童生长加速的长期趋势,当代儿童的生长已经出现了很大的变化。

骨龄和身高生长曲线的一致性是决定不同人群成年身高预测方法是否适用的主要因素。原 CHN 骨龄标准已经不适用当代中国儿童,因生长加速的长期趋势,中国儿童骨发育整体提前,青春期前儿童的骨龄已经接近 G-P 骨龄标准和 TW3 骨龄标准,而在青春期的提前更加显著。Maes 等(1997)曾经发现,骨龄延迟是 TW2 法过高预测比利时正常儿童成年身高的主要原因,对骨龄延迟进行修正,可以提高预测的准确性。Lenko(1979)报告,芬兰儿童骨龄延迟于 G-P 骨龄标准,应用修正的 G-P 骨龄,B-P、RWT 方法比使用 TW2-RUS 骨龄的预测方法更准确。这些结果与上述比较中使用推测的 G-P 骨龄和 TW3-RUS 成熟度分值,改善了 B-P 法和 TW3 法预测中国儿童成年身高的准确性相一致。因此,骨发育规律的差异是 G-P 法、TW3 法过高预测中国儿童成年身高的主要因素之一。

不同人群身高生长曲线的一致性是另一个重要的影响因素。例如,图 4.5 和图 4.6 为中华 05 法、B-P 法、S-X 法(沈海琴,1997)发育一般(骨龄减年龄差值在 1 岁内)儿童不同骨龄下的成年身高百分数曲线。S-X 方法依据 20 世纪 80 年代中国北京正常儿童,应用 G-P 图谱标准评价骨龄。与 G-P 法相比,除 S-X 法的男骨龄 15 岁、女骨龄 8~12 岁成年身高百分数低于 G-P 法外,其余均一致;中华 05 方法依据 2005 年中国 5 城市正常儿童,相同骨龄下的成年身高百分数均高于 S-X 法和 G-P 法。这一比较说明,由于当代中国儿童生长出现整体提前的长期趋势,人群平均成年身高增加在 2cm 左右,而在儿童期和青春期的大部分年龄上身高的增加在 5cm 以上,致使成年身高百分数发生明显变化,显著高于 S-X 法和 G-P 法,男童的这种变化比女童更为明显。所以,中国儿童生长发育加速长期趋势而出现的生长曲线的变化也是 G-P 法过高预测成年身高的另一个重要原因。

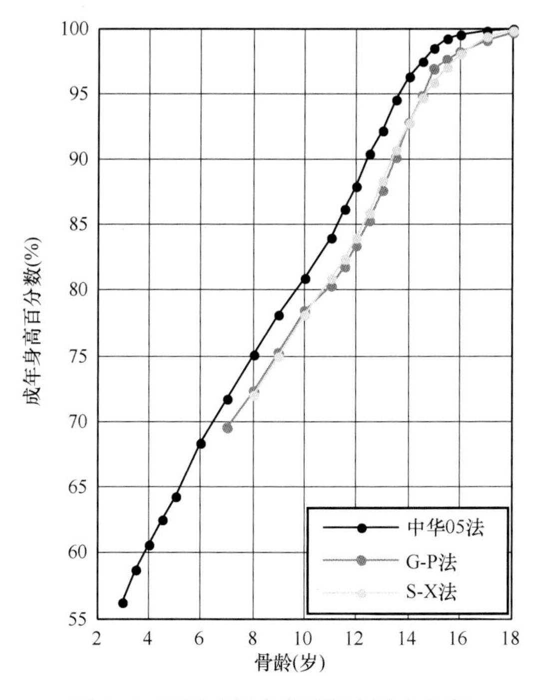

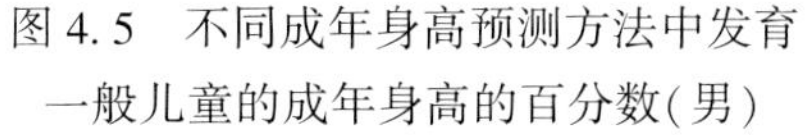

图 4.5　不同成年身高预测方法中发育一般儿童的成年身高的百分数(男)

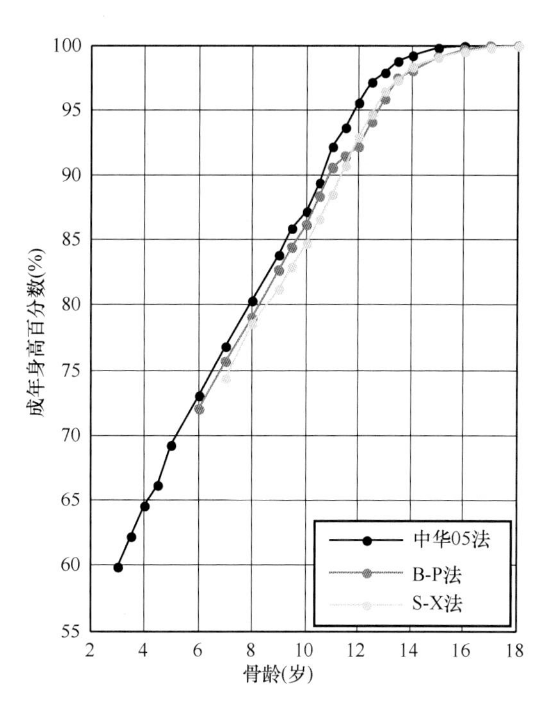

图 4.6　不同成年身高预测方法中发育一般儿童的成年身高百分数(女)

TW2 成年身高预测方法依据 20 世纪 50 ~ 60 年代的英国儿童,1959 ~ 1965 年制订的英国人群成年身高分别为男 174.7cm 和女 162.2cm(Tanner et al.,1966a;1966b),约比 20 世纪 80 年代中国儿童高 4cm。2001 年,Tanner 等(2001)提出的 TW3 方法依据瑞士苏黎世第一次生长发育纵断研究的样本,其成年身高显著高于 20 世纪 60 年代的英国儿童,因此,在使用 TW3 法时过高地预测中国儿童的成年身高。

将 B-P、TW2 成年身高预测方法应用于欧美不同国家的骨发育提前、延迟和高身高、矮身高儿童,存在过高或过低预测的倾向。但相比之下,B-P 法是预测儿童成年身高的首选方法(Sperlich et al.,1995;Bueno et al.,1998),甚至在性早熟和特纳综合征女孩,B-P 法仍然具有较好的准确性(Zachmann,1982)。分析其原因很可能与 B-P 方法依据骨龄提前、一般、延迟进行分类计算成年身高百分数的方法学有关。

4.2.5　体质性高身高儿童的成年身高预测

在许多体育运动项目中,运动员的高大身材对于取得优异的成绩具有重要作用,在人群中也存在高身高儿童本人或家长请求治疗的实际需求。这样的儿童在不同年龄上的身高均较高,当身高高于同年龄、同性别身高标准平均数之上 2SD 时,称为体质性高身高(constitutionally tall stature,CTS)。

CTS 是儿童正常生长形式的异体,占正常人群的 3%~ 10%。成年身高预测是诊断体质性高身高儿童的一个重要方面,是否需要干涉治疗通常根据他们的身高预后。目前普遍应用的成年身高预测方法大都依据正常人群的生长资料,所以在应用于 CTS 儿童前,应对其可适用性进行严格的估价。以往对于治疗和未治疗的 CTS 儿童的研究表明,各成年预测身高方法高估或低估成年身高的系统倾向并不一致(de Waal et al. ,1996a)。

1996 年,荷兰的 De Waal 等(1996b)根据 71 名男和 103 名女高身高儿童(男 8.8~17.2 岁;女 9.0~16.5 岁)的纵断数据,将体质性高身高定义为儿童身高等于或高于荷兰儿童身高标准的第 90 百分位数。所采用的预测指标有生活年龄、骨龄(G-P 骨龄和 TW2-RUS 骨龄)、身高、靶身高、有无初潮(女孩)。因受样本总量的限制,未分年龄组建立预测模型(如果以年龄分层,样本数量太少),而是应用标准的多元回归方法建立了预测方程:

男:$FH=213.66+0.62\times H+0.29\times TH-10.49\times CA-12.98\times BA_{GP}+0.72\times(CA\times BA_{GP})$(模型估价参数:$R^2=77\%$,RSD=2.5cm)

女:$FH=130.53+0.76\times H+0.15\times TH-5.63\times CA-1.51\times BA_{RUS}-6.19\times BA_{GP}+0.39\times(CA\times BA_{GP})$(模型估价参数:$R^2=61\%$,RSD=2.5cm)

在上述模型中,FH:成年身高(cm),CA:生活年龄(岁),BA_{GP}:G-P 骨龄(岁),BA_{RUS}:TW2-RUS 骨龄(岁),H:现身高(cm),TH:靶身高(cm),$CA\times BA_{GP}$:G-P 骨龄与 CA 的相互作用项。

De Waal 等(1996b)在 32 名体质性高身高儿童比较了预测身高与测量的成年身高,结果表明上述预测模型有满意的精确性(平均误差为男-1.4cm±3.2cm,女-0.5cm±3.1cm);B-P 法高估了体质性高身高男孩的成年身高,平均高估 2.3cm;而 TW2 方法则平均低估了 0.7cm,误差的 SD 为 3.8~4.7cm,与上述预测方法间的差异达到显著性水平($P<0.04$)。所有的预测方法都低估了体质性高身高女孩的成年身高,上述高身高儿童成年身高预测方法的误差最小,但不同方法间无显著性差异。

4.3 影响成年身高预测准确性的因素

1. 儿童身高生长形式的可变性

在儿童生长过程中,不同年龄时的身高与成年身高的相关关系是预测成年身高的基础,在 2~10 岁,二者相关系数在 0.8 左右;儿童身高突增开始时的身高和成年身高的相关系数为男 0.84,女 0.81(Tanner et al. ,1976)。但是,这些相关系数也说明由儿童身高预测成年身高的准确性也有一定的限度。再者,儿童青春期身高的生长与青春期前的生长有相当程度的独立性,进入青春期后,儿童身高与成年身高的相关系数下降,到青春期后期相关系数才逐渐增加。

儿童期生长发育延迟而进入青春期的儿童,由于骨成熟度加速与身高的“赶上生长”无关,而降低成年身高(Frisancho et al. ,1970)。在青春期,生长突增开始年龄、突增的强度及青春期生长持续时间不仅存在很大的个体差异(Tanner et al. ,1976;Taranger and Hägg,1980),而且也存在复杂的相互关系,因而对个体青春期身高增长的预测存在一定的难度。例如,Zacharias 和 Rand(1983)根据 338 名美国女孩 6 岁至成年的纵断资料,拟合了每名受试者的身高生长曲线,其中 67 名女孩表现为指数曲线,称为 E 组;其余女孩表现为 S 形曲线,称为 S 组。两组女孩的身高生长形式明显不同,E 组在 6~18 岁一直较高,6~9 岁生长速度较快,在身高生长突增开始和结束时身高都高于 S 组,但在突增开始和结束年龄较小;

E 组女孩达到了较高的成年身高,而且达到成年身高时的年龄较大。因此,儿童身高生长形式的可变性必然是引起长年身高预测误差的主要原因之一。

2. 骨发育速度的可变性

儿童骨骼发育依共同的规律而达到成熟,但是在不同的发育阶段儿童骨发育速度却有相当大的可变性。Pyle 和 Reed(1959)计算了哈佛纵断生长研究中的 133 名儿童手腕部骨龄与生活年龄的差值,将骨发育的不同形式分为四大类。第一类为骨发育的速度基本不变,这一类男女儿童的例数分别占总数的 26% 和 27%;第二类是儿童期和青春期骨发育速度分别表现为慢-快、慢-中、中-快、中-慢、快-慢的儿童,男女分别占总数的 36% 和 39%;第三类是在不同发育期中骨发育速度表现为中-慢-中、中-快-中、慢-中-快、慢-快-慢生长变化的儿童,男女分别占总数的 29% 和 16%;第四类为骨发育无规律者,男女分别占总数的 9% 和 18%。所以,对儿童某一年龄上所评价的骨龄,虽然能够对此年龄时的成年身高预测作出补偿,但并不能完全预测其后的骨发育速度。

因此,Onat 等(1983)在土耳其 9~14 岁女孩的成年身高预测方程研究中,增加了第二性征的指标,结合骨龄共同估价发育成熟度,减小了在青春期开始前后对成年身高预测的误差。

3. 父母身高中值与儿童身高相关关系的变化

父母身高中值在一定程度上决定了儿童身高的遗传潜力。但是由于成年身高受多基因的遗传控制和环境因素的影响,儿童身高和父母身高中值的相关系数随儿童年龄的增长而逐渐下降,在儿童 10 岁后父母身高中值对儿童成年身高的贡献率明显降低。因此,只有在较小年龄上,父母身高中值对儿童成年身高的预测才更加重要。

4. 预测指标测量的准确性

成年身高预测的误差也可能来自预测指标测量的不准确,尤其是骨龄的评价需要一定的知识基础和经验。例如,在中国人手腕骨发育标准——中华 05 可靠性的研究(张绍岩等,2006)中发现,11 名有经验和无经验者经初步学习后,使用 RUS-CHN 方法评价 75 名 3~18 岁正常儿童手腕部 X 线片,骨龄读数 95% 的置信区间在±0. 40 岁至±0. 76 岁之间,但部分无经验者的随机误差显著较大。

身高测量也可能出现误差,例如,在一天内不同时间测量的身高可能相差在 1~2cm。

5. 尚不可预测的因素

成年身高为多基因遗传性状,遗传度高达 0. 9 左右。但关于控制和影响身高生长的基因及基因与基因、基因与环境之间相互作用的定量关系尚不十分清楚。

在后基因组时代,身高的遗传基因也是基因组学研究的热点之一,目前已经发现了一些影响成年身高的基因座,今后,随基因组学研究的进展必将会出现崭新的成年身高预测方法。

4. 4 预测成年身高应注意的问题

原则上,由一个人群得出的成年身高预测方法应用到其他人群中时,应当进行检验。

但这种检验需要追踪儿童至成年的纵断大样本资料，这就为许多国家和地区的可应用性验证带来了困难。在20世纪70～90年代，一些研究曾经应用欧、美的一些纵断研究样本对B-P法、TW2法和RWT法进行过检验(Zachmann et al.,1978;Harris et al.,1980;Bramswig et al.,1990)。这些检验结果似乎说明，对于正常儿童TW2法更适用于欧洲人群，RWT法更适用于美国人群；而对于临床疾病儿童B-P法是首选方法。

数十年来，在世界范围内儿童的生长发育出现了加速的长期趋势，因而应以当代儿童样本重新检验这些成年身高预测方法的适用性。Tanner等(2001)认为，骨成熟度分值在不同人群中可通用，而骨龄则是以人群为基础的，为了解决在不同人群的应用问题，TW3成年身高预测方法中未应用骨龄，而使用了骨成熟度分值。在TW3方法应用于不同人群的检验中，Tanner等所应用的大部分样本仍然来自早期的生长研究。但值得注意的是，在检验中使用了1969～1992年日本东京女孩的纵断研究样本，TW3法低估了(1.4cm)初潮前女孩的成年身高。

目前所应用的成年身高预测方法都是依据儿童一般生长规律而制订，所以要提高成年身高预测的准确性，首先应清楚预测方法的优点与局限性、制订预测方法所依据的人群、所欲应用人群的生长发育特征。还应掌握正常儿童不同生理系统生长发育的规律、影响身高生长的遗传和环境因素、不同生长发育阶段的生长对成年身高的影响等基本知识。在预测成年身高时，首先应用生长图表对儿童当时的生长发育状况做出估价，然后了解儿童本人以前的生长发育过程及父母身高、父母儿时的生长状况等，来佐证预测结果，必要时应根据经验作适当的调整。对于年龄较小的儿童，应当建议以半年或一年的间隔多次预测，以提高预测的准确性。

参考文献

李辉，季成业，叶宗心，等. 2009. 中国0～18岁儿童、青少年身高、体重的标准化生长曲线. 中华儿科杂志，47(7)：487～492.

沈海琴，徐刚. 1997. 骨龄在预测成年身高中的应用. 见：席焕久. 人的骨骼年龄. 沈阳：辽宁民族出版社. 323～325.

王晓鸥，王德芬，谢吉，等. 2005. 三种骨龄评估法预测儿童成年身高与近似成年身高比较. 临床儿科杂志，23(10)：712～714.

张绍岩，马振国，沈勋章，等. 2007. 中国人手腕骨发育标准——中华05 Ⅳ. 中国儿童手腕骨发育特征. 中国运动医学杂志，26(4)：452～455.

张绍岩，吴真列，沈勋章，等. 2006. 中国人手腕骨发育标准——中华05 Ⅱ. RUS-CHN和TW3-C腕骨方法的读片可靠性. 中国运动医学杂志，25(6)：641～646.

张绍岩，张继业，刘丽娟，等. 2012. 以不同方法预测3～16岁中国儿童成年身高的比较研究. 中华医学研究杂志，12(1)：5～14.

赵新顺. 1993. 移用泰纳等人：《成人身高预测多元回归方程》适应性及其修正的研究探讨. 体育科学，13(5)：50～55.

Bayley N, Pinneau SR. 1952. Tables for predicting adult height from skeletal age: Revised for use with the Greulich-Pyle hand standards. J Pediatr, 40: 423～441.

Bayley N. 1946. Tables for predicting adult height from skeletal age and present height. J Pediatr, 28: 49～64.

Bramswig JH, Asse MF, Holthoff ML, et al. 1990. Adult height in boys and girls with untreated short stature and constitutional delay of growth and puberty: Accuracy of five different methods of height prediction. J Pediatr, 117: 886～891.

Bueno Lozano G, Ruibal Francisco JL, Reverte Blanc F, et al. 1998. Accuracy of three methods of height prediction in a group of variant short stature children. An Esp Pediatr, 49(1): 27～32.

De Waal WJ, Greyn-Fokker MH, Stijnen T, et al. 1996a. Accuracy of final height prediction and effect of growth-reductive therapy in 362 constitutionally tall children. J Clin Endocrinol Metab, 81(3):1206~1216.

De Waal WJ, Stijnen TH, Lucas IS, et al. 1996b. A new model to predict final height in constitutionally tall children. Acta Paediatr, 85:889~893.

Frisancho AR, Garn SM. Ascoli W. 1970. Childhood retardation resulting in reduction of adult body size due to lesser adolescent skeletal delay. Am J Phys Anthrop, 33:325~336.

Harris EF, Weinstein S, Weinstein L, et al. 1980. Predicting adult stature: A comparison of methodology. Ann Hum Biol, 7: 225~234.

Lenko HL. 1979. Prediction of adult height with various methods in Finnish children. Acta Paediatr Scand, 68(1):85~92.

Maes M, Vandeweghe M, Du Caju M, et al. 1997. A valuable improvement of adult height prediction methods in short normal children. Horm Res, 48:184~190.

Onat T. 1983. Multifactors prediction of adult height of girls during early adolescent allowing for genetial potential, skeletal and sexual maturity. Hum Boil, 55:443~461.

Paley D, Matz AL, Kurland DB, et al. 2005. Multiplier method for prediction of adult height in patients with achondroplasia. J Pediatr Orthop, 25:539~542.

Pyle SI, Reed RB, 1959. Patterns of skeletal development in the hand. Pediatric, 24:886~903.

Roche AF, Wainer H, Thissen D. 1975. The RWT method for the prediction of adult stature. Pediatrics, 56:1026~1033.

Sperlich M, Butenanadt O, Schwarz HP. 1995. Final height and predicted height in boys with untreated constitutional growth delay. Eur J Pediatr, 154(8):627~632.

Tanner JM, Healy MJR, Goldstein H, et al. 2001. Assessment of Skeletal Maturity and Prediction of Adult Height (TW3 method), 3rd ed. London: Academic Press.

Tanner JM, Whitehouse RH, Cameron N, et al. 1975b. Assessment of Skeletal Maturity and Prediction of Adult Height (TW2 method). New York: Academic Press.

Tanner JM, Whitehouse RH, Cameron N, et al. 1983. Assessment of Skeletal Maturity and Prediction of Adult Height (TW2 method). London: Academic Press.

Tanner JM, Whitehouse RH, Marshall WA, et al. 1975a. Prediction of adult height from height, bone age, and occurrence of menarche, at age 14~16 with allowance for midparent height. Arch Dis Child, 50:14~26.

Tanner JM, Whitehouse RH, Marubini E, et al. 1976. The adolescent growth spurt of boys and girls of the Harpenden growth study. Ann Hum Boil, 3:109~126.

Tanner JM, Whitehouse RH, Takaishi M. 1996a. Standards from birth to maturity for height, weight, height velocity and weight velocity: British children, 1965 Ⅱ. Arch Dis Child, 41:613~635.

Tanner JM, Whitehouse RH, Takaishi M. 1996b. Standards from birth to maturity for height, weight, height velocity and weight velocity: British children, 1965 Ⅰ. Arch Dis Child, 41:454~471.

Targanger J, Hägg U. 1980. The timing and duration of adolescent growth. Acta Odontal Scand, 38:57~67.

Zacharias L, Rand WM. 1983. Adolescent growth in height and its relation to menarche in contemporary American girls. Ann Hum Biol, 10:209~222.

Zachmann M, Sobradillo B, Frank M, et al. 1978. Bayley-Pinneau, Roche-Wainer- Thissen, and Tanner height predictions in normal children and in patients with various pathologic conditions. J Pediatr, 93:749~755.

Zachmann M. 1982. Estimation of bone maturation and calculations of prediction of adult height as tools for the evaluation of growth disorders. Rontgenblatter, 35(3):116~120.

第5章　骨龄在临床医学中的应用

许多疾病影响儿童的生长发育。因此,生长学(auxology)评价是儿童疾病诊断和治疗监测的重要辅助手段,其中骨龄、身高评价的应用最为广泛。在临床评价骨龄的同时,手腕部X线片还能够提供更多的信息,用于临床诊断与治疗监测。所以骨龄评价已经成为小儿放射科的常规检查程序。

骨龄可用三种方式来表示:①骨龄绝对值(岁);②与生活年龄相比的提前与延迟程度(岁);③在同年龄儿童中所处的位置(百分位数或Z分值)。在实际应用中,通常使用前两种表示方法,以骨龄减年龄的差值在±2岁为正常范围,并使用下列方法对儿童进行发育分型:

发育提前:骨龄减年龄≥1岁;

发育一般:-1岁<骨龄减年龄<1岁;

发育延迟:骨龄减年龄≤-1岁;

例如,一名11.2岁的男孩骨龄12.3岁,骨成熟度相当于参考标准样本12.3岁的男孩(骨龄-年龄=1.1岁),发育提前;另一名11.4岁男孩的骨龄为10.0岁(骨龄-年龄=-1.4),相当于参考标准10.0岁男孩的骨成熟度,发育延迟。

但是,儿童骨龄正常范围并非都是±2岁,青春期正常范围在±2岁左右,但在青春期前、后的正常值范围小于±2岁,尤其是婴儿期和儿童期正常值范围随年龄而逐渐增加。所以,最好是以百分位数或Z分值来表示儿童的正常值范围和提前或延迟的程度。Z分值是骨龄的标准化表示方式,Z分值=(测量值-平均数)/标准差,Z分值的单位为SDS,使用相应人群生长标准中相应性别、年龄组的平均数和标准差进行转换。自1977年世界卫生组织提倡使用Z分值以来,SDS已经在生长发育评价中得到了广泛的使用。

使用标准化的SDS表示生长学数据,不仅可在不同年龄、不同性别、不同人群间,以及在不同指标间直接进行比较,而且能够更直观、确切地描述生长和发育异常者的异常程度,例如,一名生长激素缺乏的7岁男童,身高107.8cm,使用年龄身高百分位数标准曲线生长图表评价,该儿童处于第3百分位数以下,而计算的Z分值为-3.5 SDS(处于平均数以下3.5个标准差的位置上)。

5.1　骨龄——生长板衰老程度的标志

在1963年,Prader等首次提出赶上生长(catch-up growth)术语,用来描述在有利环境下儿童线性生长迅速的阶段,进而恢复到疾病前生长曲线上的现象。后来,赶上生长被定义为,在短暂生长抑制后的一定期间内,以高于正常年龄或成熟度标准的速度的生长(Boersma and Wit,1997)。

不同个体的长期生长有一定的规律性,在儿童生长偏离之后,控制机制将使线性生长恢复到生长轨道上来。这种保持狭窄的、可预测的生长轨迹的趋势称为“渠道化”(canalization),是赶上生长的先决条件。以临床术语来说,“渠道化”就是个体在生长图表上沿着与百分位数曲线相平行的曲线生长。

在青春期前,“渠道化”清晰可见,但由于青春期开始年龄、青春期通过速度,以及青春期生长突增幅度强度有很大的个体变异性,所以青春期后则不那么明显,经常可见横跨百分位数曲线的现象。因此,青春期前的赶上生长很容易识别,但青春期生长突增和赶上生长的加速却难以辨别。

赶上生长是疾病治疗效果的重要指征,最好的评估参数是身高 SDS 及其随时间的变化,身高 SDS 持续增加,趋向生长延迟前的身高 SDS,足以说明赶上生长。赶上生长可以分为三种类型(de Wit et al. ,2013):

A 型:在生长受限消除后,身高速度增加使身高亏欠很快被消除,身高速度可以达到平均年龄速度的 4 倍。一旦接近原来的生长曲线时身高速度恢复正常。A 型赶上生长是典型的赶上生长的例子,常见于婴儿期和儿童期。

B 型:在生长受限消除后,生长和身体发育的延迟持续存在,但生长持续时间延长,生长的抑制被代偿。与平均年龄身高速度相比,在这种类型的赶上生长中,身高速度仅有少量或无增长。当赶上生长发生在青春期时,常常不能区分赶上生长与青春期生长突增,例如,在体质性生长延迟的儿童。

C 型:是 A 和 B 型的混合型,当生长受限消除后,身高速度增长而且也表现出生长的延迟与延长。

虽然这样划分赶上生长似乎合理,但是不能很好地描述处于 A、B、C 型的边缘者,而且在实践中也不是都能够对赶上生长划分类型。

对于赶上生长的解释,曾经提出过两种可能的机制:神经内分泌假设和生长板假设。神经内分泌假设由 Tanner 在 1963 年提出,依据典型的中枢性内分泌控制概念。然而迄今为止,仍然缺乏支持这种假设的实验证据。后来,Baron 等(1994)根据对兔生长板的研究,提出生长板固有特性的假设——生长板衰老延迟而出现赶上生长。生长板的衰老不由时间而决定,而是取决于干细胞分裂的累积数量。在以糖皮质类激素或甲状腺功能减退的动物实验中,抑制增生停止后,干细胞分裂累积数量低于预期。在抑制增生之后,细胞开始以快于未暴露细胞的速度增生,导致局部的赶上生长。Marino 等(2008)在甲状腺功能减退的大鼠,分析了生长板衰老的多种功能性、结构性和分子学指标,有力地支持了甲状腺功能减退减慢了生长板衰老发育程序的假设。在对照组的大鼠,骨纵向生长速度随年龄而衰老下降;而在以前甲状腺功能减退的大鼠,这种下降被延迟。生长速度似乎是对照组生长速度的时间漂移,时间漂移的幅度在 5 周左右,类似于其他生长板衰老指标的漂移。

但是,要在人类验证生长板衰老的假设更加困难,因为目前已知的大部分生长板衰老标志都需要在显微镜下检查生长板。所以,普遍使用骨龄和线性生长速度来间接测量生长板衰老(Emons et al. ,2005)。使用骨龄作为生长板衰老的标志有两方面的原因:首先,评价骨龄部分依据于骺与干骺端之间透 X 线的暗带的厚度,也就是说部分依赖于生长板的高度——衰老的结构性的标志。第二,骨龄与剩余的线性生长潜力负相关,这种关系是大部分身高预测方法的基础。因此骨龄也是生长板生长潜力下降——衰老的功能性标志。

如果人类赶上生长确实是由于生长板衰老延迟，而骨龄又是生长板衰老的标志，那么赶上生长应当与骨龄的延迟有关。大量的临床数据支持了这种关系，所有损害儿童生长的疾病，包括营养的、内分泌的、胃肠道的、风湿的、心、肺、肾疾病，都观察到了骨龄的延迟，这些方面的疾病几乎遍及了儿科所有范围，都与生长抑制和骨龄延迟有关。如果这些疾病被消除，将出现赶上生长。这种广泛的关联支持了人类赶上生长至少部分是由于生长板衰老的延迟。

Weise 等(2001)在对切除卵巢的雌性幼兔的研究发现，雌性激素处理加快了胫骨生长速度、软骨细胞增生的速度、生长板的高度、增生软骨细胞的数量、肥大软骨细胞的数量、末期肥大软骨细胞的大小和细胞柱密度的逐渐下降，从而加快了骨骺生长板的衰老进程，引起这种增殖的耗竭，较早发生融合。据此，Weise(2004)提出，性早熟儿童的生长损害是由于雌性激素暴露而生长板衰老过度提前所致，并对 100 名以 GnRHa 治疗的中枢性性早熟女孩(年龄 5.8 岁±2.1 岁)进行了分析研究。在 GnRHa 治疗中绝对身高速度与骨龄的相关程度最高($r=-0.727, P<0.001$)；生长异常(年龄身高速度 SDS)的严重程度与以前雌性激素暴露的严重程度的标志负相关，这些标志包括性早熟持续时间($r=-0.375, P<0.001$)、Tanner 乳房发育等级($r=-0.220, P<0.05$)和骨龄提前($r=-0.283, P<0.01$)。逐步回归证实，骨龄是预测 GnRHa 治疗期间生长的最好的独立变量，为雌性激素暴露引起生长板提前衰老的假设提供了证据。

GnRHa 治疗中的线性生长降低可以看做为“赶下生长”(catch-down growth)，一种用来描述一段生长加速期后所出现的生长速度的下降。因此，“赶上生长”和“赶下生长”不仅在现象上，还是在机制上似乎相互呈镜像。

5.2 手腕部骨成熟度指征对青春期生长阶段的预测

在医学临床领域，经常需要了解儿童所达到的生长阶段，作为疾病诊断和治疗的重要参考。例如，在口腔正畸学中，常常使用手腕 X 线片估价儿童生长突增高峰，并根据骨成熟度预测下颌骨的生长潜力，为制订治疗方案、估价治疗后咬合面的稳定性提供重要的信息(Sato et al.,2001)。在特发性脊柱侧弯儿童，青春期脊柱侧弯的发展与病人成熟度密切相关。在与各种成熟度指征的相关分析中，TW3-RUS 分值与脊柱曲度加速时相的相关最为密切(Sanders et al.,2007)，所以骨成熟度为预测脊柱曲度加速时相及预后提供了可靠的依据。

在青春期，不仅骨龄和身高速度高峰(PHV)密切相关，而且手腕部某些骨的成熟度指征也与生长突增开始年龄、PHV 年龄及突增结束年龄密切相关(Grave and Brown,1976；Hagg and Taranger,1980；Fishman,1982)。所以，可用这些成熟度指征的出现与否预测个体儿童的青春期生长发育阶段。

张绍岩等(2008a)以中华 05 骨龄标准样本中的 14 757 名(男 7373 名，女 7384 名)城市正常儿童为样本，在手腕部选取了第 3 中节指骨、桡骨和拇指内收肌籽骨的 11 个成熟度指征(表 5.1)，分析了中国儿童手腕部特定骨骼成熟度指征出现与青春期生长阶段的关系。

表 5.1 选取的手腕部骨成熟度指征及其定义

中节指骨Ⅲ		桡骨		第一指内收肌籽骨	
指征	定义	指征	定义	指征	定义
MP3＝等宽	骺和骨干宽度相等	Rfb 开始融合	骺与骨干开始融合	Sapp 出现	可见钙化点，边缘尚不清晰
MP3squ 方形	骺内侧或外侧缘与远侧缘成直角	Rf1/2 融合 1/2	生长板的一半钙化	Sb 呈骨结	轮廓清晰，边缘连续、平滑
MP3cap1 一侧覆盖	骺在一侧覆盖骨干	Rf 完全融合	骺与骨干完全融合	Sm 成熟	与第一掌骨头相邻的面变平，可见网状骨小梁结构
MP3cap2 两侧覆盖	骺在两侧覆盖骨干				
MP3f 融合	骺与骨干完全融合				

注：MP3. 中节指骨Ⅲ；R. 桡骨；squ. 方形；cap. 覆盖；f. 融合；fb. 融合开始；S. 籽骨；app. 出现；b. 骨节；m. 成熟。

研究结果表明，中国儿童 PHV 年龄分别为男 13 岁和女 11 岁，手腕骨特定成熟度指征出现年龄存在性别差异，女提前于男，随成熟度的增长性别差异逐渐减小，由第 3 中节指骨骺与骨干等宽时的 2.1 岁下降到桡骨发育成熟时的 0.9 岁（表 5.2）。男女儿童手腕骨特定成熟度指征出现年龄与青春期生长阶段之间的对应关系相同（表 5.3）。

表 5.2 手腕部特定骨成熟度指征的出现年龄（岁）

序号	骨成熟度指征	男			女			性别差异	*P*
		3%	97%	50%	3%	97%	50%		
1	MP3＝中节指骨Ⅲ等宽	9.0	13.5	10.9	7.0	11.5	8.8	2.1	<0.01
2	MP3sq 中节指骨Ⅲ方形	10.0	14.0	11.9	8.0	12.0	9.8	2.1	<0.01
3	MP3cap1 中节指骨Ⅲ一侧覆盖	11.0	15.0	12.8	9.0	13.0	10.7	2.1	<0.01
4	MP3cap2 中节指骨Ⅲ两侧覆盖	11.5	15.5	13.4	8.5	13.5	11.4	2.0	<0.01
5	MP3f 中节指骨Ⅲ融合	13.5	17.0	15.1	12.0	16.0	13.6	1.5	<0.01
6	Rfb 桡骨开始融合	13.0	16.0	14.3	11.5	15.0	12.4	1.9	<0.01
7	Rf1/2 桡骨融合 1/2	14.5	17.0	15.7	12.5	17.0	14.3	1.4	<0.01
8	Rf 桡骨完成融合	15.5	20.0	17.6	15.0	19.0	16.7	0.9	<0.01
9	Sapp 第一指内收肌籽骨出现	10.0	14.0	11.9	9.0	12.0	10.0	1.9	<0.01
10	Sb 第一指内收肌籽骨呈骨结	11.0	15.0	12.6	9.0	13.0	10.8	1.8	<0.01
11	Sm 第一指内收肌籽骨成熟	12.5	19.0	14.6	11.0	18.0	12.8	1.8	<0.01

注：MP3. 中节指骨Ⅲ；R. 桡骨；squ. 方形；cap. 覆盖；f. 融合；fb. 融合开始；S. 籽骨；app. 出现；b. 骨节；m. 成熟。

表 5.3 中国男女儿童手腕骨成熟度指征与青春期生长阶段之间的对应关系

青春期生长阶段	手腕骨成熟度指征
开始生长突增	中节指骨Ⅲ骺干等宽
生长加速期	中节指骨Ⅲ骺呈方形；第一指内收肌籽骨出现
生长速度高峰期	中节指骨Ⅲ骺覆盖骨干；第一指内收肌籽骨呈骨结
生长减速期	桡骨骺干开始融合；第一指内收肌籽骨发育成熟
生长突增结束	中节指骨Ⅲ骺干融合；桡骨骺干融合 1/2
生长终止	桡骨骺干完全融合

使用表 5.3 可以由手腕骨成熟度指征估价青春期生长发育阶段。为了更精确地估价青春期生长高峰,张绍岩等(2008a)将手腕部长骨骨骺覆盖骨干的发育阶段划分为一侧覆盖和两侧覆盖两个阶段,又将第一指内收肌籽骨的发育过程划分为籽骨出现、籽骨呈骨结、籽骨成熟三个阶段。结果可见,青春期生长速度高峰期为中节指骨Ⅲ的骨骺一侧覆盖至两侧覆盖骨干的生长发育期间,同时第一指内收肌籽骨呈骨结的发育阶段。

手腕部骨成熟度指征与身高生长之间的关系与以往国内外的研究一致(表 5.4),但因中国儿童生长发育的种族特征及生长发育加速的长期趋势,当代儿童的 PHV 年龄及骨成熟度指征年龄均显著提前。

表 5.4 不同研究中特定成熟度指征年龄的比较(岁)

指征	张绍岩等		Hagg 等		Grave 等		张世采等		欧阳壬官等	
	男	女	男	女	男	女	男	女	男	女
PHV	13.0	11.0	14.1	12.0	13.8	11.8				
Mp3=	10.9	8.8	11.7	9.5	11.2	9.7	12	10	11.4	9.2
MP3squ	11.9	9.8	13.7	11.3						
MP3cap1	12.8	10.7								
MP3cap2	13.4	11.4	14.6	12.4	14.0	12.4	13	11	12.8	10.8
MP3f	15.1	13.6	16.3	14.3	16.0	14.3	15	14	16.2	14.7
Rfb	14.3	12.4	16.5	14.8						
Rf1/2	15.7	14.3	17.6	15.8						
Rf	17.6	16.7	18.0	16.7	17.3	16.5				
Sapp	11.9	10.0	13.1	10.7	13.5	11.3	13	11	12.9	10.9

注:PHV. 身高速度高峰;MP3. 中节指骨 3;R. 桡骨;squ. 方形;cap. 覆盖;f. 融合;fb. 融合开始;S. 籽骨;app. 出现。

对于大部分儿童,可采用手腕骨成熟度指征来预测青春期的生长。但是儿童成熟度指征的出现有宽大的范围,对于不同手腕骨之间发育显著不平衡的儿童,则应当结合评价手腕部的整体骨龄,估价儿童的生长发育状况。

5.3 骨龄与生长评价的联合应用

5.3.1 中国城市儿童年龄分组和骨龄分组制订的生长图表

身高、体重是儿童生长发育评价与监测的主要生长学指标,评价标准通常依据年龄分组而制订,评价结果称为年龄身高或年龄体重。但是,相同年龄的儿童发育程度存在非常大的个体差异,使用以骨龄分组制订的评价标准可以消除发育程度的影响,评价结果称为骨龄身高或骨龄体重,所以两种评价结果的变化可观察发育程度对生长的影响程度。

1. 中国城市儿童年龄身高、体重和体重指数生长图表

参照 WHO 生长标准,以 BCPE 分布模型制订中国大中城市 1~18 岁儿童青少年年龄身高、体重和 BMI 生长图表(张绍岩等,2008b)。表 5.5 为不同生长学指标所选择的 BCPE 模

型,图 5.1~图 5.6 为以 BCPE 分布模型拟合、平滑的百分位数曲线生长图表。为方便应用,在体重指数(body mass index,BMI)生长图表中绘制出中国儿童超重、肥胖分类标准曲线(中国肥胖问题工作组,2004),以及通过 18 岁时 $24kg/m^2$、$28kg/m^2$ 界值点的 BMI 百分位数曲线。同时,依据 WHO 成年人体瘦(thinness)的 BMI 分类标准(WHO,1995),也绘出了通过 18 岁时 $18.5\ kg/m^2$、$17\ kg/m^2$、$16\ kg/m^2$ 界值点的百分位数曲线。

表 5.5　生长学指标 BCPE 分布模型参数曲线的自由度

参数	男			女		
	身高	体重	体重指数	身高	体重	体重指数
λ	1.15	1.10	0.70	0.95	0.90	1.00
df(μ)	10.59	8.73	6.29	8.80	9.60	5.45
df(σ)	7.40	3.55	5.30	5.22	5.38	5.50
df(ν)	1.00	4.00	4.00	2.00	3.00	3.00
df(τ)	1.00	5.00	4.00	1.00	1.00	2.00
GAIC(3)	53571.1	57997.88	41287.53	54401.4	56154.59	40385.86

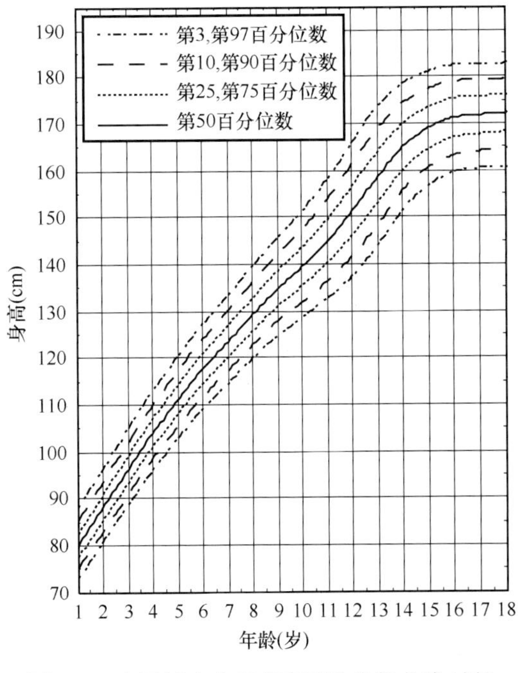

图 5.1　中国城市儿童身高百分位数曲线(男)

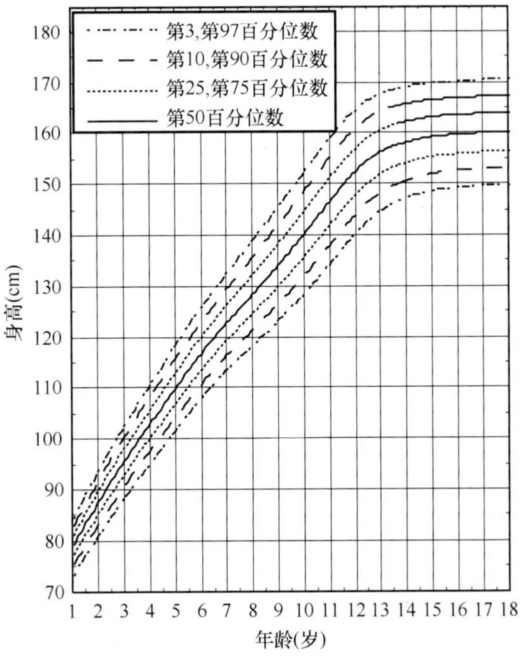

图 5.2　中国城市儿童身高百分位数曲线(女)

2. 中国城市儿童骨龄身高、体重和体重指数生长图表

我们应用 BCPE 模型,首次制订了中国青少年儿童骨龄身高、体重和体重指数生长图表(张绍岩等,2009a)。经过诊断与检验 BCPE 模型的拟合优度,选择出的模型参数见表 5.6,百分位数曲线拟合优度见表 5.7。依 BCPE 模型参数所绘制的骨龄身高、体重及体重指数

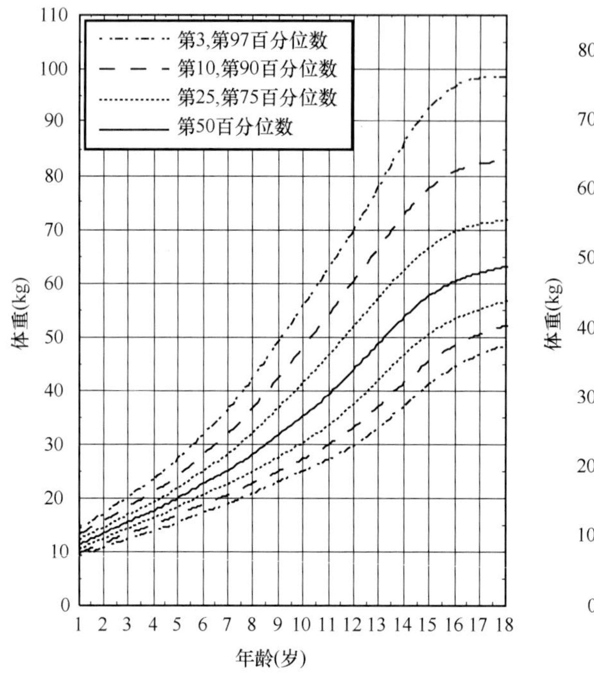

图 5.3　中国城市儿童体重百分位数曲线(男)

图 5.4　中国城市儿童体重百分位数曲线(女)

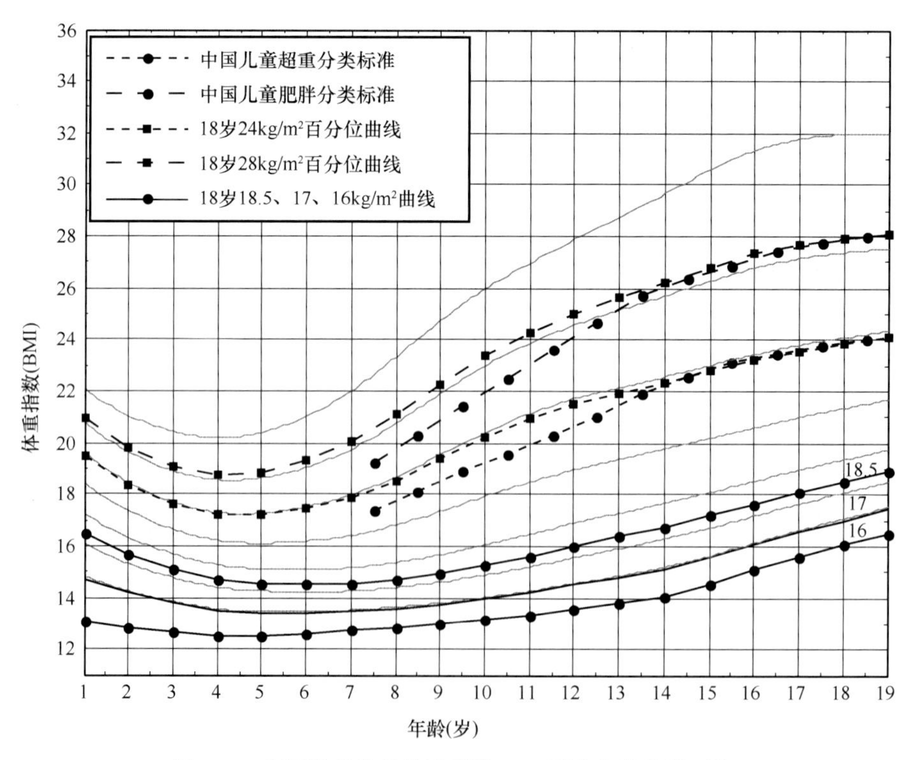

图 5.5　中国城市儿童体重指数 BMI 百分位数曲线(男)

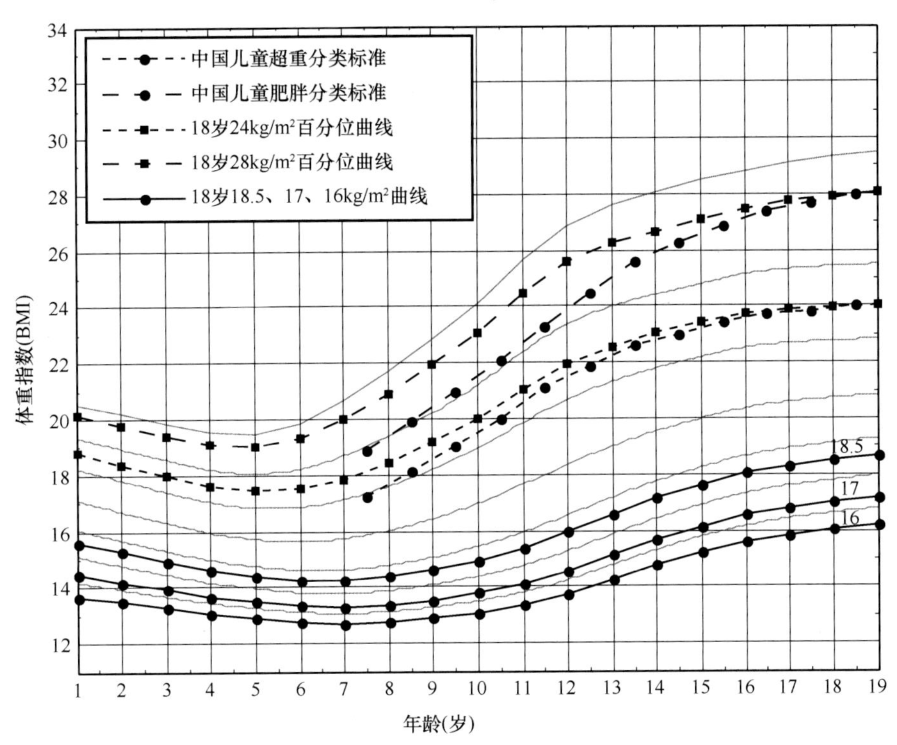

图 5.6 中国城市儿童体重指数 BMI 百分位数曲线(女)

表 5.6 以骨龄分组的生长学指标 BCPE 分布模型参数曲线的自由度

百分位数	男			女		
	身高	体重	体重指数	身高	体重	体重指数
λ	0.30	1.20	1.50	0.10	1.90	1.20
df(μ)	9.82	9.68	6.36	12.48	6.52	4.71
df(σ)	2.71	4.51	3.49	7.84	6.94	4.73
df(ν)	1.00	3.00	4.00	1.00	5.00	6.00
df(τ)	1.00	6.00	1.00	8.00	1.00	7.00
GAIC(3)	53583.38	56823.91	40597.93	52286.17	53188.41	38324.58

注:GAIC(3). Generalized AIC with penalty equal to 3。

表 5.7 生长学指标拟合的百分位数曲线下样本例数的百分数(%)

百分位数	男			女		
	身高	体重	体重指数	身高	体重	体重指数
第 0.4	0.41	0.44	0.45	0.36	0.39	0.45
第 2	2.01	1.75	1.95	1.97	1.92	2.14
第 10	9.58	9.36	9.65	10.24	10.00	9.50
第 25	24.83	25.08	24.71	24.51	24.90	24.96
第 50	50.90	51.17	51.21	49.57	50.12	50.84
第 75	74.89	74.87	75.17	74.66	75.68	75.41
第 90	89.50	89.05	89.19	90.27	89.50	89.53
第 98	97.95	97.91	97.73	98.02	97.90	97.82
第 99.6	99.56	99.81	99.86	99.65	99.73	99.53

生长图表见图 5.7～图 5.12。在 BMI 生长图表中绘制出了通过 18 岁时 24kg/m^2、28kg/m^2 界值点的 BMI 百分位数曲线。也绘出了通过 18 岁时 18.5 kg/m^2、17 kg/m^2、16 kg/m^2 界值点的百分位数曲线。

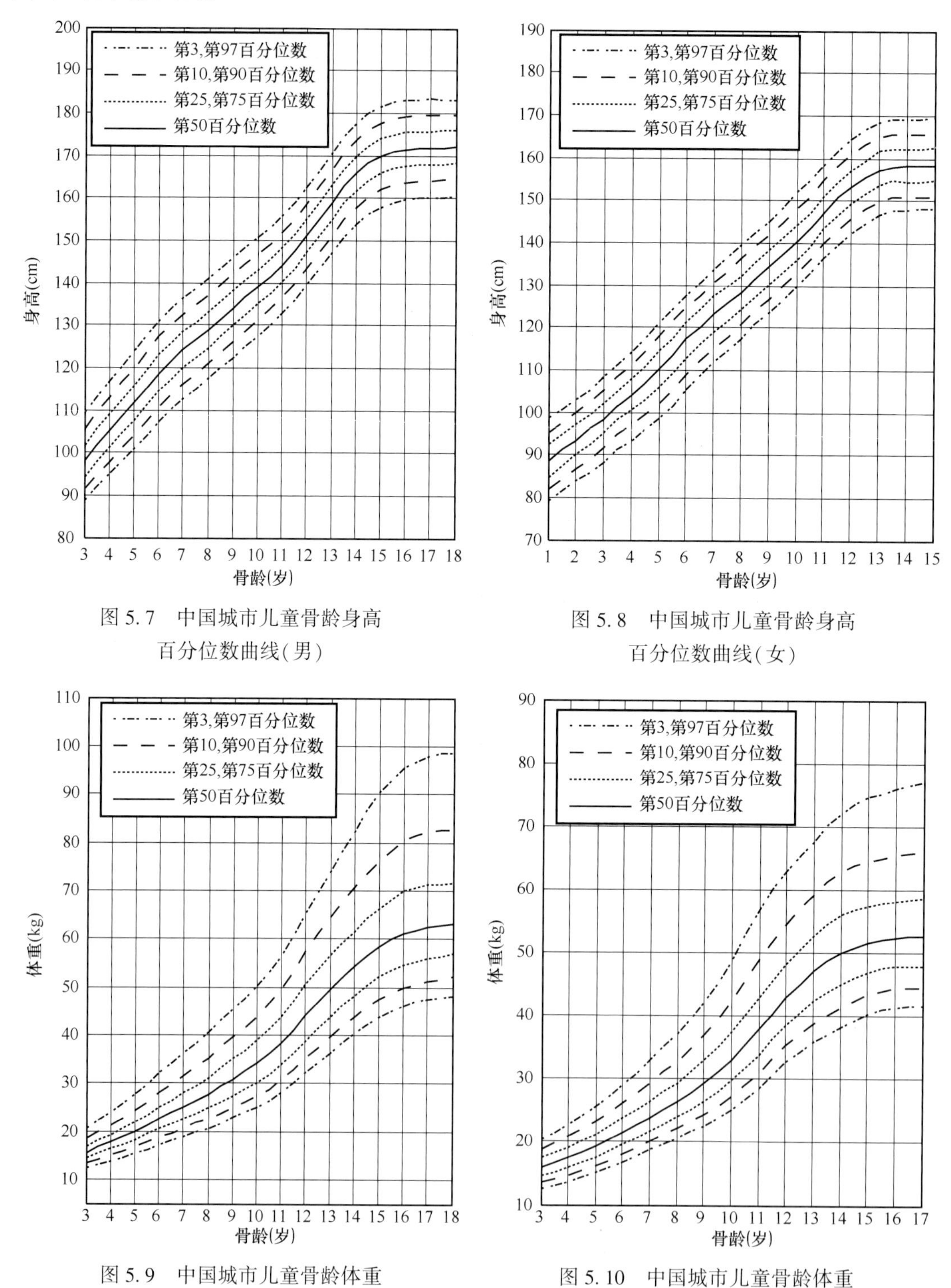

图 5.7 中国城市儿童骨龄身高百分位数曲线(男)

图 5.8 中国城市儿童骨龄身高百分位数曲线(女)

图 5.9 中国城市儿童骨龄体重百分位数曲线(男)

图 5.10 中国城市儿童骨龄体重百分位数曲线(女)

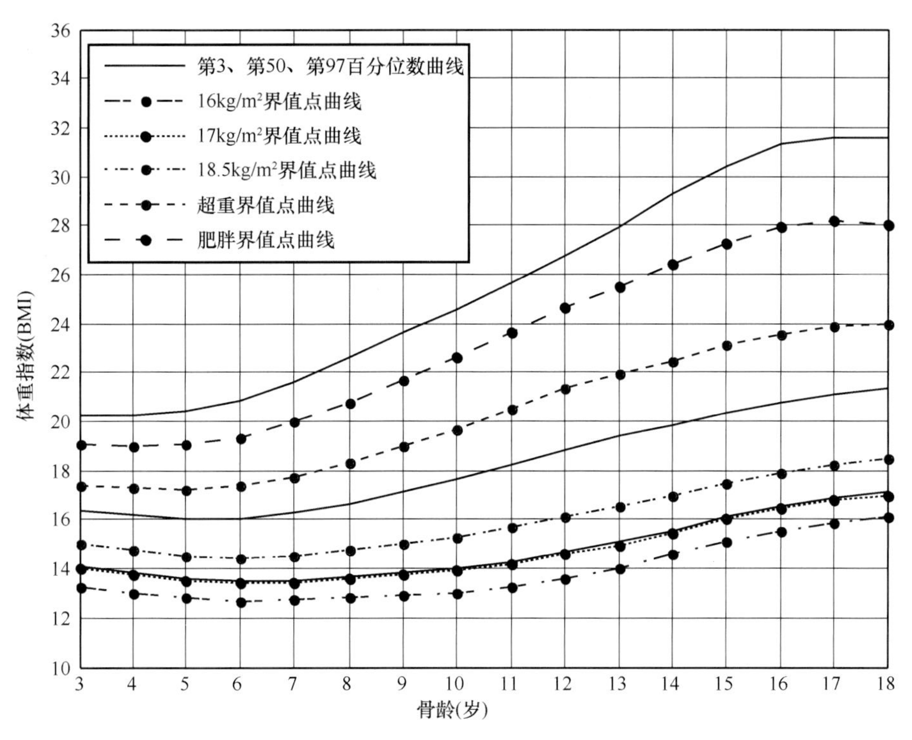

图 5.11 中国城市儿童骨龄体重指数百分位数曲线(男)

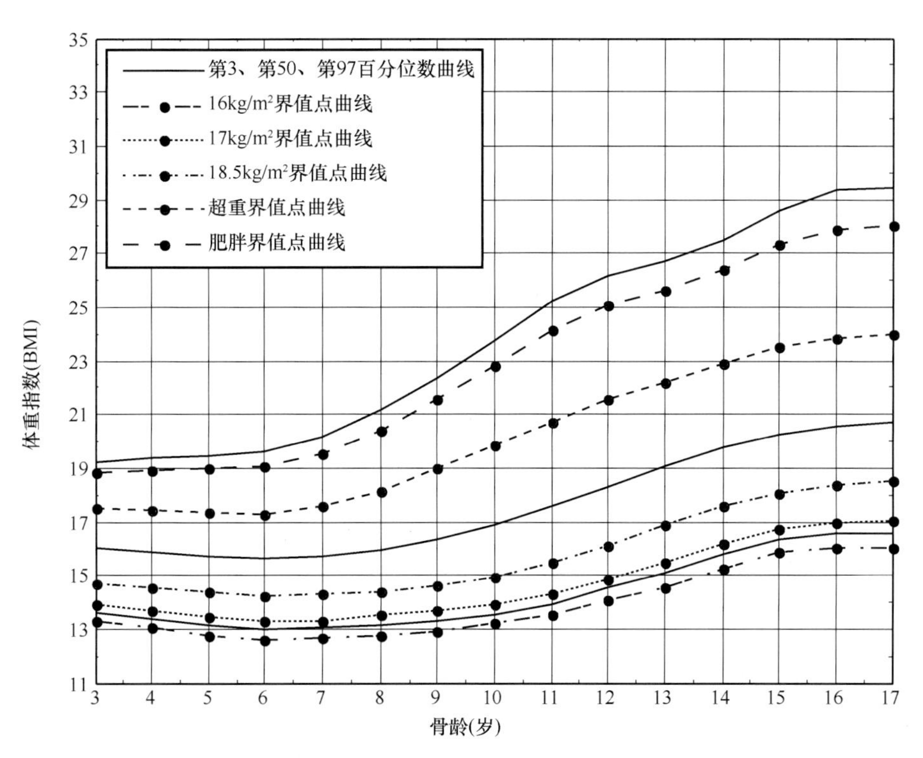

图 5.12 中国城市儿童骨龄体重指数百分位数曲线(女)

以骨龄分组所制订的生长图表是依受试者发育程度而制订，控制了发育程度的影响因素，所以在生长学指标与发育程度相关更为密切的青春期，正常变异范围有一定程度的变窄。

5.3.2 以父母身高中值修正的身高百分位数

身高是儿童矮身高诊断与治疗监测中的重要指标，使用常规百分位数标准图表即可评价儿童的身高。但在不同年龄上，儿童的身高受到遗传的显著影响，因而 Tanner 等（1970）制订了以父母身高修正的 2~9 岁儿童身高百分位数标准，用于遗传性矮身高的鉴别诊断。在此基础上，Cole（2000b）又依据 1990 年英国儿童身高参考标准，提出了以父母身高中值（mid-parental height，MPH）调整的生长图表，可在矮身高儿童的筛选中鉴别非家族矮身高的儿童。这种方法被 2007 年在美国举行的“特发性矮身高（idiopathic short stature，ISS）”国际会议所推荐应用（Wit et al.，2008）。但是，儿童身高及其父母身高存在人群差异，限制了由一人群得出的评价图表在其他人群中的应用（Kramer et al.，1986）。

张绍岩等（2009b）应用中国人手腕骨发育标准——中华 05 研究中的 13 401 名儿童及其父母身高为样本，分析了中国儿童身高与 MPH 的关系，发现不同年龄组儿童的身高与 MPH 的相关系数非常接近（0.43~0.55，表 5.8），与 Tanner 等（1970）的研究相似（0.46~0.58）。但是在男 12~14 岁及女 10~12 岁期间，由于青春期生长突增开始时间的个体差异，儿童身高与 MPH 之间的相关系数有一定程度的下降，而当以骨龄（RUS-CHN 法骨龄）分组后儿童身高与 MPH 的相关系数与该年龄前以年龄分组所计算的相关系数相近（0.43~0.63，表 5.9），以 MPH 为自变量，儿童身高 SDS 为因变量拟合的不同生活年龄段或骨龄段的回归方程系数非常相似（表 5.10），将各年龄段系数平均得出男女儿童身高 SDS 与 MPH 的回归方程如下：

$$男：Y=0.105X-17.512 \quad (1)$$

$$女：Y=0.113X-18.802 \quad (2)$$

方程中 Y 为儿童身高 SDS；X 为 MPH（cm）。

表 5.8　年龄组儿童身高及其与 MPH 的相关系数

年龄	男				年龄	女			
	n	身高	r	p		n	身高	r	P
2.5	67	92.3±3.92	0.44	0.000	2.0	41	88.3±3.43	0.46	0.053
3.0	99	96.9±4.99	0.43	0.000	2.5	51	91.0±3.03	0.51	0.000
3.5	152	100.8±4.97	0.43	0.000	3.0	97	95.9±4.16	0.50	0.000
4.0	182	103.5±5.25	0.45	0.000	3.5	143	99.3±4.30	0.44	0.000
4.5	176	107.5±5.21	0.55	0.000	4.0	204	103.1±4.24	0.45	0.000
5.0	271	110.9±4.67	0.47	0.000	4.5	182	105.1±4.30	0.46	0.000
6.0	249	118.0±4.98	0.48	0.000	5.0	233	109.9±4.86	0.47	0.000
7.0	445	123.3±5.01	0.46	0.000	6.0	233	116.8±4.72	0.44	0.000
8.0	435	129.5±5.54	0.50	0.000	7.0	433	122.9±4.97	0.43	0.000
9.0	402	134.8±5.46	0.46	0.000	8.0	416	128.3±5.86	0.50	0.000

续表

年龄	男				年龄	女			
	n	身高	r	p		n	身高	r	P
10. 0	403	140. 0±6. 32	0. 45	0. 000	9. 0	410	133. 8±6. 00	0. 49	0. 000
11. 0	423	145. 5±6. 54	0. 42	0. 000	9. 5	317	137. 0±6. 24	0. 41	0. 000
11. 5	335	148. 3±7. 32	0. 44	0. 000	10. 0	391	140. 3±6. 25	0. 34	0. 000
12. 0	390	151. 4±7. 96	0. 37	0. 000	10. 5	351	142. 9±6. 79	0. 39	0. 000
12. 5	253	155. 0±8. 25	0. 33	0. 000	11. 0	396	146. 5±7. 21	0. 37	0. 000
13. 0	317	158. 3±8. 36	0. 38	0. 000	11. 5	324	149. 4±6. 46	0. 33	0. 000
13. 5	310	162. 1±8. 10	0. 40	0. 000	12. 0	393	152. 5±6. 92	0. 49	0. 000
14. 0	448	165. 2±7. 79	0. 46	0. 000	12. 5	275	154. 6±6. 57	0. 41	0. 000
14. 5	325	167. 3±6. 78	0. 49	0. 000	13. 0	333	156. 5±5. 98	0. 53	0. 000
15. 0	439	168. 6±6. 64	0. 52	0. 000	13. 5	336	157. 9±5. 77	0. 54	0. 000
15. 5	293	170. 5±6. 73	0. 54	0. 000	14. 0	502	157. 6±5. 97	0. 57	0. 000
16. 0	454	171. 4±6. 44	0. 56	0. 000	15. 0	472	159. 5±5. 78	0. 61	0. 000

表 5.9 以骨龄分组的儿童身高与 MPH 的相关系数

骨龄	男			骨龄	女		
	n	r	P		n	r	p
10. 0~	555	0. 43	0. 000	9. 0~	711	0. 43	0. 000
11. 0~	639	0. 49	0. 000	10. 0~	647	0. 46	0. 000
12. 0~	615	0. 45	0. 000	11. 0~	749	0. 44	0. 000
13. 0~	782	0. 47	0. 000	12. 0~	706	0. 53	0. 000
14. 0~	695	0. 55	0. 000	13. 0~	472	0. 57	0. 000
15. 0~	533	0. 57	0. 000	14. 0~	671	0. 56	0. 000
16. 0~	251	0. 54	0. 000	15. 0~	122	0. 63	0. 000

表 5.10 儿童身高 SDS 与 MPH 的线性回归参数

年龄	自变量	B	标准误	β	t	P
男	生活年龄 2~9 岁					
	常数	−17. 460	0. 670		−26. 046	0. 000
	MPH	0. 105	0. 004	0. 437	26. 076	0. 000
	骨龄 10~13 岁					
	常数	−17. 567	0. 870		−20. 139	0. 000
	MPH	0. 104	0. 005	0. 435	20. 063	0. 000
	骨龄 14~16 岁					
	常数	−17. 510	0. 674		−25. 973	0. 000
	MPH	0. 106	0. 004	0. 478	26. 273	0. 000
女	生活年龄 2~9 岁					
	常数	−18. 936	0. 797		−23. 786	0. 000
	MPH	0. 113	0. 005	0. 448	23. 793	0. 000
	骨龄 10~15 岁					
	常数	−18. 664	0. 587		−31. 783	0. 000
	MPH	0. 113	0. 004	0. 466	32. 053	0. 000

在MPH修正的儿童身高百分位数生长图表(图5.13,图5.14)中,图5.13A和图5.14A分别为以LMSP方法绘制的男女儿童身高百分位数评价图表;图5.13B、图5.14B为分别以男女儿童回归方程(1)、(2)所修正的百分位数曲线。

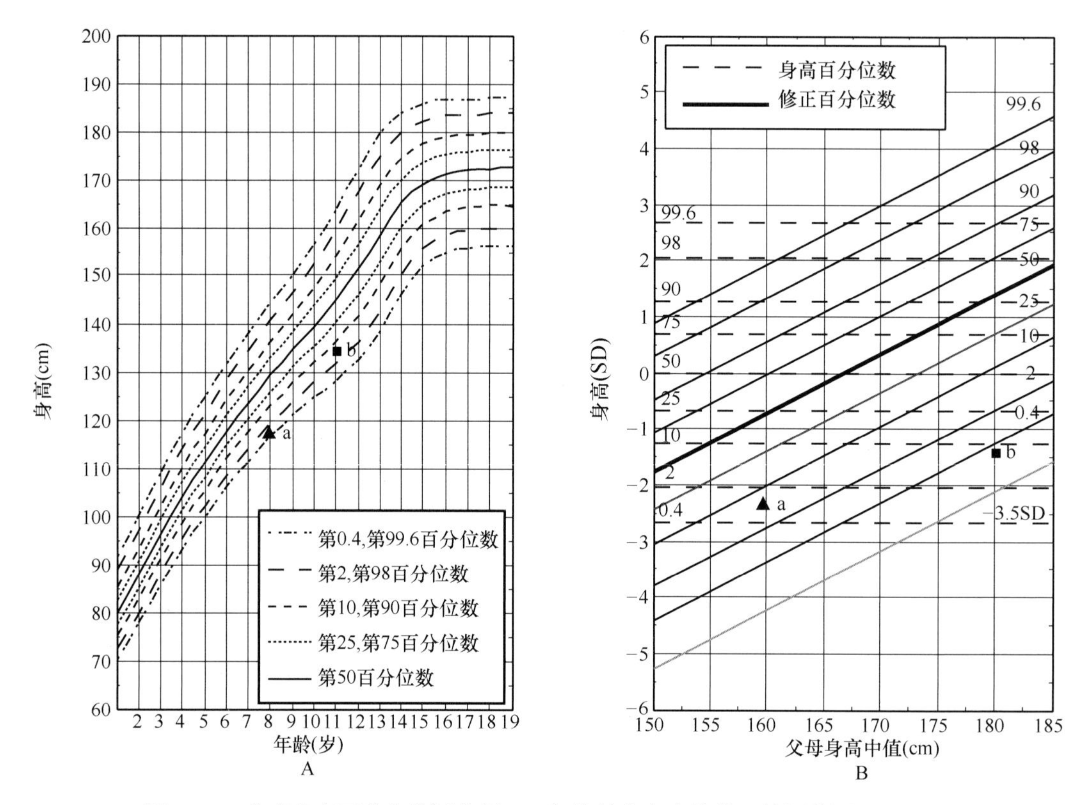

图5.13 儿童身高百分位数评价图(A)与父母身高中值修正的评价图(B)(男)

在应用时,对于2~9岁的男女儿童,首先选择相应性别的身高百分位数评价图(图5.13A或图5.14A),根据儿童的年龄和测量的身高在图中标出所处的位置,确定儿童的身高百分位数;然后再选择相应的修正图(图5.13B或图5.14B),根据身高百分位数和MPH确定修正的身高百分位数。对于9岁以上儿童,以骨龄代替生活年龄使用图5.13A或图5.14A。例如,在图5.13中,一名8岁的男儿童a,身高为117.5cm,MPH为160cm,在图5.13A中该儿童身高处于第2与第0.4百分位数之间;在图5.13B中,根据MPH(160cm)确定该儿童身高百分位数(虚线)的位置,而当以修正百分位数(实线)评价时,该儿童则处于第2和第10百分位数之间(在正常值范围之内)。由此说明,该儿童的身高矮小与父母的矮身高有关,为家族性矮身高。又如13岁男儿童b,骨龄11岁,身高137cm,父母身高中值为180cm。因为这名儿童的生活年龄超过9岁,所以使用骨龄和测量的身高,该儿童在图5.13A中的位置b接近第10百分位数,处于正常范围之内;但是在图5.13B中,却由于MPH很高而处于修正的第0.4百分位数之下,提示身高生长异常,应当进一步查明原因。

另外,也可以分别使用生活年龄和骨龄来估价儿童的身高。例如,一名7岁女孩c,骨龄为9.5岁,身高137cm,MPH为160cm。在图5.14A中依年龄的身高百分位数在第99.6曲线上,超出了正常范围,但如依骨龄则在中位数附近,说明身高超出正常范围是由于骨发

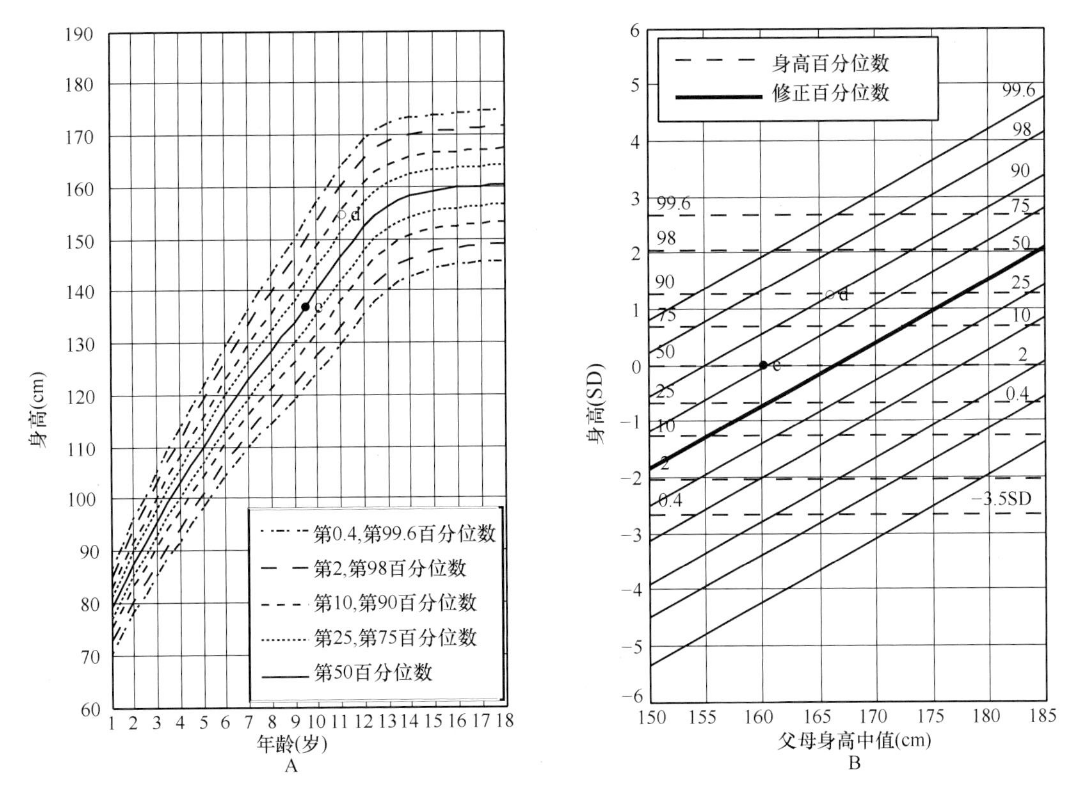

图 5.14　儿童身高百分位数评价图(A)与父母身高中值修正的评价图(B)(女)

育提前所致;在图 5.14B 中,依骨龄评价在修正的第 75 百分位数上。因此,经过发育程度和父母身高的调整,该儿童的身高百分位数为第 75。对于 MPH 接近平均数的儿童,使用不同图表的身高百分位数不会有大的变化。例如,图 5.14A 中的儿童 d,由于 MPH 为 167cm,在图 5.14B 中也同样处于第 90 百分位数上。

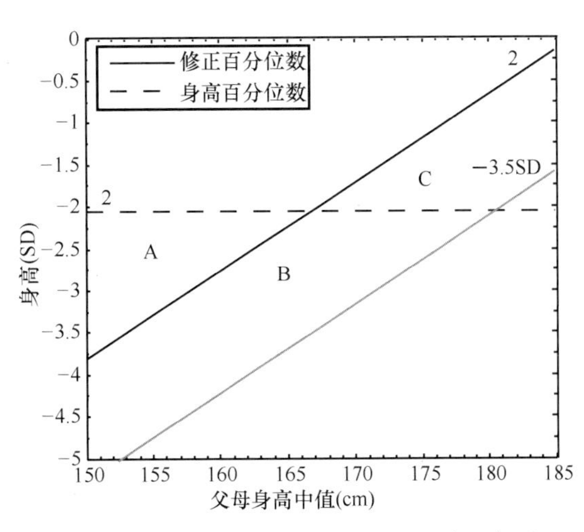

图 5.15　第 2 百分位数线的不同区域示意图

图 5.15 为 MPH 修正的身高百分位数生长图表应用示意图。图中未修正的和修正的第 2 百分位数(对应于 -2.05 SDS)曲线描述出了 3 个区域,标志为 A、B、C,图中 O 点为 MPH 的平均数。如果儿童身高百分位数落在 A 区域中,儿童的矮身高与矮的 MPH 一致,为家族矮身高;而如果落在区域 B 中,儿童的身高则与 MPH 不一致,但仍然在 MPH 修正的第 2 百分位数以下,可能为非家族矮身高儿童;如落在区域 C 中,儿童身高和 MPH 均在平均数以上,以未修正的百分位数评价为正常,而以 MPH 修正的百分位数评价为异常的儿童。如果修正的百分位数落在-3.5SD 线下,非常可能为某些病因所导致的矮身高。

5.3.3 靶身高

靶身高能够预测儿童身高的遗传潜力，所以在儿童矮身高鉴别诊断和治疗监测中应用得非常普遍。

在 1970 年，Tanner 等（1970）首次提出了靶身高（target height，TH）的概念，并以父母身高中值（mid-parental height，MPH）加减 6.5cm 计算男女儿童的靶身高，这种计算方法称为父母身高中值修正法（corrected midparental height，CMH）。

Luo 等（1998）依据瑞典儿童样本，提出了以父母身高中值的线性函数预测儿童靶身高（final parental height，FPH）的方法。Cole（2000a）证明可以使用 SDS 代替传统的父母身高中值的绝对值来计算儿童靶身高 SDS。但是，Tanner 等所提出的 CMH 方法低估了有矮 MPH 的儿童靶身高。因此，Hermanussen 和 Cole（2003）应用父母身高之间的相关系数 r（P，P）和父母-儿童身高相关系数 r（P，O）修正选型婚配和回归偏差对 CMH 的影响，将这种方法称为条件靶身高（conditional target height，cTH）。

Luo 等（1999）在中国香港儿童比较了 CMH 和 FPH 方法预测的靶身高，认为瑞典儿童的靶身高模型可应用于中国香港儿童。但在中国上海（江静等，2005）和中国台湾儿童（Su et al.，2007）的应用比较研究中，瑞典儿童的靶身高模型并不适用于中国儿童，因而分别提出了新的预测模型。

由一人群得出的儿童靶身高预测公式是否能够应用于其他人群，首先取决于不同人群儿童的平均身高、标准偏差及 MPH 是否相似。其次，由于不同人群儿童及其双亲生长环境的差异，儿童成年身高和 MPH 之间相关程度也会有所不同，所以应当建立不同人群的靶身高预测模型。为此，张绍岩等（2009c）以中华 05 骨龄标准研究中的 2550 名正常发育成熟儿童及其父母为样本，以 CMH、FPH、cTH 方法的原则计算的中国儿童靶身高预测公式如下：

（1）CMH-C 公式：男女儿童的成年平均身高差值为 11.94cm（1/2 近似 6.0cm），得到：

男：CMH-C（cm）= MPH（cm）+6.0（cm）；

女：CMH-C（cm）= MPH（cm）−6.0（cm）。

（2）FPH-C 公式：以儿童成年身高为因变量（y），父母身高中值为自变量（x），得到：

在以身高绝对值（cm）表示时，

男：y（cm）= 36.82+0.81 x（cm）；

女：y（cm）= 23.05+0.83 x（cm）

在以身高 SDS 表示时，

男：y（SDS）= −0.005+0.66 x（SDS）

女：y（SDS）= 0.008+0.72 x（SDS）

（3）cTH-C 公式：儿童成年身高与父母身高中值的相关系数为 0.57（$P<0.001$），父母身高之间的相关系数为 0.39（$P<0.001$），得到：

$$\text{cTH-C} = \text{MPHSDS} \times 0.69$$

经过比较分析，得出以下结果：

（1）中国大陆与台湾之间，以及与瑞典儿童之间的平均成年身高和标准差显著不同，父母与儿童两代之间身高生长的长期趋势也有明显的差异，因此不同人群父母身高中值与儿童成年身高之间线性函数的参数不同,见表 5. 11。

表 5. 11　中国和瑞典儿童靶身高预测方程的线性回归参数

	父身高(cm)	母身高(cm)	男				女			
			n	身高(cm)	截距	斜率	n	身高(cm)	截距	斜率
中国儿童[1]	171. 8±5. 11	160. 2±4. 80	1189	172. 2±5. 93	36. 82	0. 81	1361	160. 5±5. 63	23. 05	0. 83
中国上海儿童[2]	172. 4±4. 15	160. 3±4. 01	160	175. 9±4. 27	89. 20	0. 52	160	162. 5±4. 84	11. 50	1. 05
中国台湾儿童[3]	168. 4±5. 61	157. 0±4. 82	614	170. 7±5. 18	79. 30	0. 56	625	159. 4±4. 97	35. 10	0. 76
瑞典儿童[4]	179. 7±6. 73	166. 5±5. 94	1192	180. 4±6. 58	45. 99	0. 78	1210	167. 6±6. 90	38. 85	0. 75

1. 张绍岩等,2008;2. 江静等,2005;3. Su et al. ,2007;4. Luo et al. ,1998.

(2) 以上述三种方法计算的中国儿童靶身高公式(CMH-C、FPH-C、cTH-C)所预测的儿童靶身高与成年身高无显著性差异(单样本双尾 t 检验,$P=0.51\sim0.99$),而除中国台湾男性以外,其他人群靶身高预测公式所预测的靶身高与儿童成年身高之间存在显著性的差异($P<0.01$),见表 5. 12。

表 5. 12　不同方法预测中国儿童的靶身高及其与成年身高的残差

方法	性别	n	靶身高(cm)	靶身高残差		
				残差(cm)	t	P^*
CMH-C	男	1189	172. 15±4. 04	−0. 05±5. 12	−0. 35	0. 73
	女	1361	160. 38±4. 10	−0. 05±4. 54	−0. 38	0. 71
cTH-C(SDS)	男	1189	0. 00±0. 57	−0. 01±0. 83	0. 66	0. 51
	女	1362	−0. 02±0. 56	0. 01±0. 80	0. 37	0. 71
FPH-C	男	1189	172. 06±3. 29	0. 07±5. 02	0. 45	0. 66
	女	1361	160. 40±3. 38	−0. 06±4. 48	−0. 52	0. 60
FPH-C(SDS)	男	1189	−0. 00±0. 54	−0. 00±0. 83	−0. 01	0. 99
	女	1361	0. 01±0. 61	0. 00±0. 79	0. 01	0. 99
CMH-Tanner	男	1189	172. 64±4. 06	−0. 55±5. 10	−3. 02	0. 00
	女	1361	159. 78±4. 09	0. 55±4. 54	4. 50	0. 00
FPH-瑞典	男	1189	175. 58±3. 16	−3. 49±5. 06	−21. 63	0. 00
	女	1361	167. 55±3. 20	−7. 21±4. 49	−59. 30	0. 00
FPH-中国上海	男	1189	175. 62±2. 26	−3. 50±5. 19	−21. 46	0. 00
	女	1361	163. 10±4. 30	−2. 76±4. 58	−22. 25	0. 00
FTH-中国台湾	男	1189	172. 34±2. 27	−0. 25±5. 16	−1. 65	0. 09
	女	1361	161. 57±3. 11	−1. 24±4. 49	−10. 17	0. 00

* H_0的 t 检验 P 值:平均数=0;P value for t-test H_0, mean=0。

(3) 由于 CMH-C 预测公式未以选型婚配和回归偏差影响因素进行修正,所以分别低估和高估了父母身高中值 SDS≤−1. 5 的和父母身高中值 SDS≥1. 5 的儿童的靶身高($P<0.05$),见表 5. 13。

表 5.13 不同父母身高中值 SDS 的儿童的靶身高

方法	MPH SDS≤-1.5 的儿童					MPH SDS≥1.5 的儿童				
	n	成年身高	靶身高	残差	P^*	n	成年身高	靶身高	残差	P^*
CMH-C										
男	42	164.8±5.52	162.9±1.42	1.9±5.07	0.02	35	178.9±5.76	181.4±1.79	-2.5±5.61	0.01
女	48	153.3±3.53	151.4±1.71	1.9±3.41	0.00	45	167.4±4.91	169.3±1.52	-1.9±5.10	0.02
cTH-C(SDS)										
男	42	-1.2±0.91	-1.3±0.19	-0.1±0.84	0.49	35	1.1±0.95	1.3±0.25	-0.2±0.92	0.24
女	48	-1.3±0.63	-1.3±0.22	-0.0±0.59	0.95	45	1.3±0.87	1.2±0.20	0.0±0.89	0.79
FPH-C										
男	42	164.8±5.52	164.5±1.16	-0.3±5.12	0.74	35	178.9±5.76	179.6±1.46	-0.7±5.59	0.47
女	48	153.3±3.53	152.9±1.41	0.3±3.37	0.49	45	167.4±4.91	167.8±1.25	-0.4±5.03	0.63
FPH-C(SDS)										
男	42	-1.2±0.91	-1.2±0.19	0.0±0.85	0.78	35	1.1±0.95	1.2±0.24	-0.1±0.92	0.44
女	48	-1.3±0.63	-1.4±0.24	0.1±0.59	0.26	45	1.3±0.87	1.3±0.22	-0.1±0.90	0.55

* H_0的 t 检验 P 值:平均数=0;P value for t-test H_0, mean=0。

在临床中,更多的是要估价矮身高儿童的靶身高,所以 cTH-C 和 FPH-C 预测公式是临床应用的较好选择,可根据需求得出以 cm 或 SDS 表示的儿童靶身高。

应当指出的是,靶身高所预测的是儿童的遗传身高,并未涉及预测时个体儿童特异的环境影响因素;经常使用的成年身高预测方法依据预测时儿童的身高和骨龄,也反映了儿童所受到的环境因素(疾病、营养状况等)的影响。因此,在临床上常常将两种预测方法结合起来使用,为儿童的疾病诊断与治疗监测提供依据。例如,Nwosu 和 Lee(2012)提出,如果儿童预测的成年身高低于身高潜力(靶身高)5cm 以上,则应当对儿童做进一步的评价或转诊。荷兰的检查诊断指南(Grote et al.,2008)也提出,儿童身高 SDS 减去儿童靶身高 SDS <-1.3 是一项重要的转诊标准。

5.4 描述内分泌疾病的生长发育特征

儿童内分泌疾病及全身性慢性疾病对儿童的生长发育有很大的影响,引起儿童骨龄的延迟或提前(表 5.14)。使儿童恢复正常生长是治疗的主要目的之一,所以不仅要了解儿童的正常生长标准,而且也要了解患病儿童的生长发育特征。

表 5.14 引起骨龄延迟与提前的重要病因

骨龄延迟		骨龄提前	
内分泌疾病	其他疾病	内分泌疾病	其他疾病
1. 甲状腺功能减退	1. 营养不良	1. 性早熟	1. 肥胖
2. 生长激素缺乏	2. 软骨病	2. 肾上腺功能早现	2. 体质性高身高
3. 垂体功能减退	3. 体质性生长和青春期延迟	3. 先天性肾上腺增生	3. Sotos 综合征

续表

骨龄延迟		骨龄提前	
内分泌疾病	其他疾病	内分泌疾病	其他疾病
4. 性腺功能减退	4. 唐氏综合征,特纳综合征	4. 甲状腺功能亢进	4. 综合征:
5. 糖皮质激素过多	5. 综合征:		Beckwith-Wiedemann 综合征
	Russel-Silver 综合征		Marshall-Smith 综合征
	Klinefeiter 综合征		

5.4.1 生长激素缺乏

为了正确鉴别诊断与治疗生长激素缺乏(growth hormone deficiency,GHD),生长激素研究学会(GH Research Society,GRS)于 1999 年召开了专题研讨会(GH Research Society,2000),提出了专家共识的指导性意见。与会专家认为,GHD 诊断过程是临床检查、生长学评价、GH-IGF-Ⅰ轴生物化学检测,以及放射学评价相结合的综合过程,GHD 可能为单纯的生长激素缺乏或同时多种垂体激素缺乏(multiple pituitary hormone deficiency,MPHD)。在排除了其他病因,如甲状腺功能减退、全身慢性疾病、特纳综合征或骨骼生长紊乱后,才能评价是否为 GHD 矮身高儿童。

矮身高通常是明显的生长特征表现,首先应进行的临床与生长学检查的项目有:

(1) 严重矮身高,身高低于正常儿童身高平均数 3SD 以下;

(2) 预测身高低于父母身高中值 1.5SD 以下;

(3) 年龄身高低于平均数 2SD 以下和年身高速度低于 1SD 以下,或 2 岁以内儿童的年身高 SD 减少 0.5 以上;

(4) 在非矮身高情况下,1 年内身高速度低于平均数以下 2SD,或 2 年内持续低于 1.5SD,可能为婴儿期出现的 GHD,或后天器质性 GHD。

(5) 颅内损伤征兆。

(6) MPHD 的征兆。

(7) 新生儿综合征和 GHD 征兆。

在放射学检查中骨龄是主要检查项目之一。骨龄评价应当由专业人员完成,对于不足 1 岁的婴儿,可以使用膝部和踝部的 X 线片来评价(GH Research Society,2000)。在治疗过程中,身高、身高速度和骨龄变化是 GH 治疗效果的重要监测指标。

国际生长激素治疗长期后果和安全性档案数据库(Pfizer International Growth Database,KIGS)是根据 1964 年在芬兰赫尔辛基举办的第 18 届世界医学会的建议而建立,截至 2005 年数据库存有来自 48 个国家的总计 53 763 名病人,其中 25 178 为特发性 GHD(在两次标准的刺激试验中最大 GH 浓度不足 10ng/ml)。其中 1258 名被确定为达到了近似成年身高(即年身高速度小于 2cm/yr,生活年龄男大于 17 岁,女大于 15 岁;骨龄男大于 16 岁,女大于 14 岁),其中的 60% 为特发性 GH 缺乏(idiopathic GH deficiency,IGHD),其余为有促性腺激素缺乏,或促甲状腺激素(TSH)和(或)促肾上腺皮质激素(ACTH)缺乏的 MPHD 病人,治疗前的生长学特征见表 5.15 和表 5.16。经 Kruskal - Wallis 分析,白人和日本人数据组间，以及 IGHD 和 MPHD 数据之间的差异均具有显著性，$P<0.05$（体重除外）。

表 5.15 IGHD 病人治疗前生长学特征（中位数，括号内为第 10~90 百分位数）*

生长学指标	女		男	
	白人（n=200）	日本人（n=68）	白人（n=351）	日本人（n=128）
年龄（岁）	9.3 (4.3~11.7)	9.9 (5.2~12.3)	10.1 (5.3~13.0)	11.7 (6.3~14.0)
出生体重 SDS	-0.6 (-2.4~0.8)	-0.3 (-1.4~0.7)	-0.6 (-1.9~0.8)	-0.3 (-1.7~0.8)
靶身高 SDS	-0.6 (-1.9~1.0)	-1.6 (-2.6~-0.7)	-0.6 (-1.7~1.0)	-1.6 (-2.6~-0.3)
身高 SDS	-2.6 (-3.9~-1.7)	-3.3 (-0.5~-2.4)	-2.4 (-3.6~-0.7)	-2.9 (-4.8~-2.2)
身高减靶身高 SDS	-2.1 (-4.2~-0.6)	-0.9 (-2.5~0.2)	-1.9 (-3.6~-0.7)	-0.7 (-2.4~0.6)
体重 SDS	-2.3 (-4.1~-1.0)	-3.0 (-4.4~-1.2)	-2.1 (-3.9~-0.7)	-2.5 (-4.4~-0.9)
体重指数（BMI）SDS	-0.5 (-1.8~0.7)	-0.9 (-1.9~0.6)	-0.3 (-1.7~1.2)	-0.3 (-1.8~1.1)

* 引自 Rriter et al.，2006。

表 5.16 IGHD 和 MPHD 病人治疗前生长学特征（中位数，括号内为第 10~90 百分位数）*

生长学指标	女		男	
	白人（n=172）	日本人（n=26）	白人（n=257）	日本人（n=56）
年龄（岁）	7.2 (2.7~11.5)	8.4 (3.8~12.8)	8.0 (4.0~12.9)	9.6 (5.1~13.9)
出生体重 SDS	-0.7 (-2.3~1.0)	-0.4 (-2.3~1.5)	-0.5 (-2.1~1.1)	-0.3 (-1.5~0.9)
靶身高 SDS	-0.07 (-1.7~1.3)	-0.7 (-2.1~-0.1)	-0.3 (-1.7~1.4)	-1.0 (-1.9~0.3)
身高 SDS	-3.4 (-4.8~-2.1)	-4.0 (-5.4~-2.7)	-2.9 (-4.6~-1.8)	-3.6 (-4.9~-2.4)
身高减靶身高 SDS	-3.2 (-5.4~-1.0)	-2.0 (-3.7~-0.7)	-2.7 (-4.7~-1.2)	-1.7 (-2.9~-0.5)
体重 SDS	-3.0 (-5.0~-1.0)	-3.0 (-6.0~-1.4)	-2.5 (-4.9~-0.7)	-2.8 (-4.8~-1.3)
体重指数 SDS	-0.15 (-2.0~0.34)	-0.8 (-2.3~1.1)	-0.16 (-1.7~1.4)	-0.18 (-2.1~1.6)

* 引自 Rriter et al.，2006。

表 5.17 和表 5.18 为治疗后接近成年身高时的生长学数据。与白人相比，日本 IGHD 和 MPHD 男孩所达到的最终身高与靶身高更为接近（$P<0.001$），但是白人和日本女孩之间，成年身高与靶身高的差值相差较小（$P<0.02$）；在两种族的患儿中，男孩成年身高均比女孩更接近靶身高。

表 5.17 IGHD 病人治疗后近成年身高时的生长学数据（中位数，括号内为第 10~90 百分位数）*

生长学指标	女		男	
	白人（n=172）	日本人（n=26）	白人（n=257）	日本人（n=56）
年龄（岁）	16.6 (15.3~18.3)	16.8 (15.5~19.3)	18.2 (17.3~20.0)	18.3 (17.3~20.2)
GH 治疗期（年）	6.9 (4.4~11.7)	7.0 (4.7~10.4)	7.5 (5.3~12.1)	6.7 (4.5~10.3)
GH 剂量 mg/（kg · w）	0.2 (0.14~0.28)	0.16 (0.13~0.19)	0.22 (0.15~0.29)	0.15 (0.11~0.17)
平均每周注射次数	6.7 (4.8~7.0)	4.8 (2.6~6.5)	6.8 (5.4~7.0)	5.2 (3.0~6.8)
成年身高 SDS	-1.0 (-2.6~0.3)	-2.1 (-3.6~-1.0)	-0.8 (-2.1~0.4)	-1.6(-3.3~-0.8)
身高增长 SDS	1.6 (0.4~3.1)	0.6 (-0.2~1.6)	1.6 (0.5~2.8)	0.7 (-0.1~2.0)
身高减靶身高 SDS	-0.5 (-2.0~0.7)	-0.3 (-1.5~1.0)	-0.2 (-1.9~1.0)	0.1 (-1.4~1.1)

* 引自 Rriter et al.，2006。

表 5.18 IGHD 和 MPHD 病人治疗后近成年身高时的生长学数据

（中位数，括号内为第 10~90 百分位数）*

生长学指标	女		男	
	白人（n=172）	日本人（n=26）	白人（n=257）	日本人（n=56）
年龄（岁）	17.6（15.6~19.9）	18.4（15.6~22.2）	19.0（17.6~22.0）	19.8（18.0~23.8）
GH 治疗期（年）	9.7（5.3~14.6）	9.4（4.9~11.6）	9.6（5.8~14.9）	9.2（5.1~13.7）
GH 剂量 mg/（kg·w）	0.18（0.14~0.29）	0.17（0.12~0.19）	0.18（0.12~0.28）	0.16（0.12~0.22）
平均每周注射次数	6.1（4.3~7.0）	5.8（3.4~6.8）	6.1（4.5~7.0）	4.5（2.8~6.7）
成年身高 SDS	−1.1（−2.7~0.7）	−1.8（−3.5~−0.3）	−0.7（−2.3~0.9）	−1.3（−2.8~0.1）
身高增长 SDS	2.3（0.5~4.2）	1.6（−0.5~3.3）	2.3（1.1~3.9）	1.9（0.1~3.1）
身高减靶身高 SDS	−0.8（−2.5~0.8）	−0.46（−2.1~0.3）	−0.4（−2.0~0.7）	0.2（−1.3~0.9）

* 引自 Rriter et al.，2006。

生长激素缺乏儿童表现为骨龄异常延迟，一般延迟 2 岁左右，身高矮小。在治疗过程中，骨龄和身高均呈现加速生长现象，应用预测成年身高的增长可观察治疗效果。但在停止治疗后，身高生长有不同程度的减速，低于或相当于治疗前水平。

5.4.2 甲状腺功能减退或亢进

在对 11 名男和 17 名女甲状腺功能减退（hypothyroidism）儿童的身高和手腕部骨龄的 9 年追踪中，Von Harnack 等（1972）发现甲状腺功能减退延缓骨骼的发育，腕骨骨龄和 RUS 骨龄均延迟（图 5.16，图 5.17）。在 2 岁前开始治疗的 2~4 年中，病人身高出现显著的赶上生

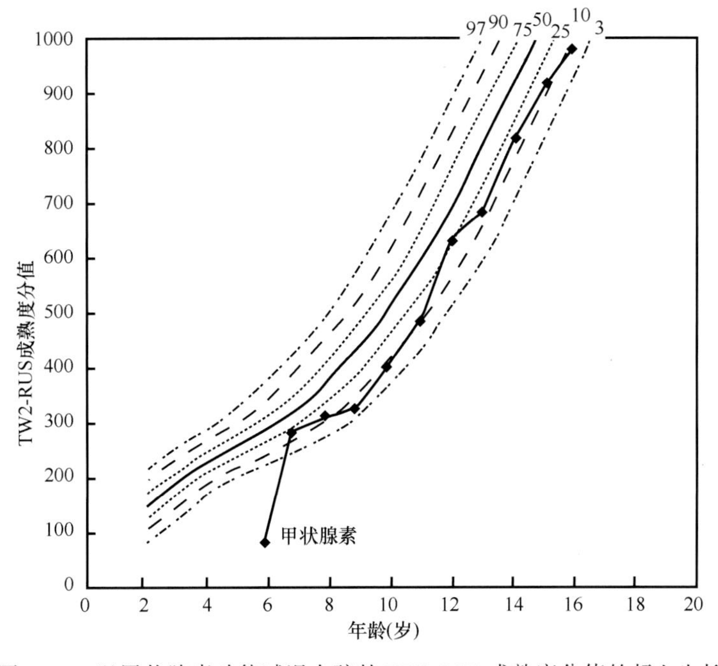

图 5.16 以甲状腺素功能减退女孩的 TW2-RUS 成熟度分值的赶上生长

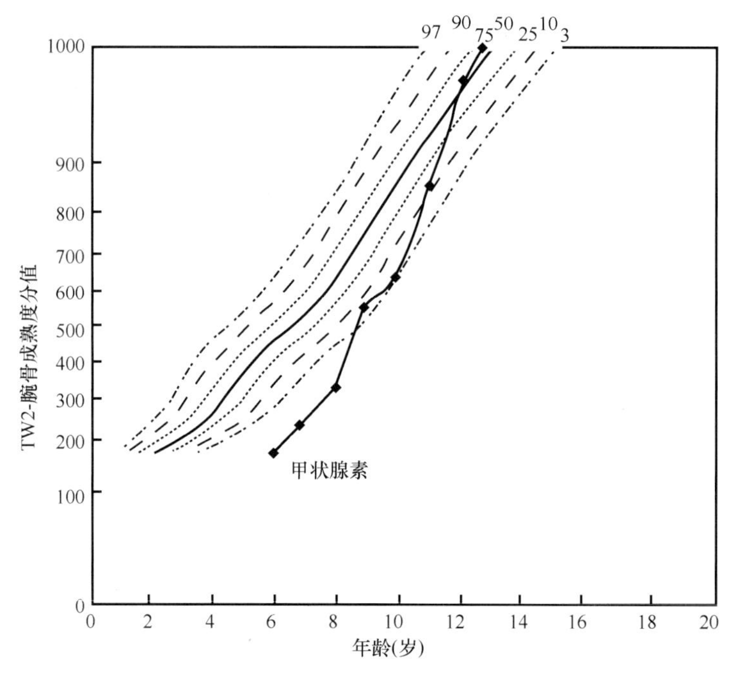

图 5. 17　以甲状腺素功能减退女孩的 TW2-腕骨成熟度分值的赶上生长

长,平均身高由低于第 3 百分位数增高到第 50 百分位数以上,而且这时的骨龄不再延迟。治疗开始时身长亏欠越多,赶上生长的初始速度越大。经过充分、适当的治疗,儿童最终身高在正常范围之内。在 2 岁以后开始治疗的儿童,骨龄未表现出提前。甲状腺功能减退婴儿出生后身长生长速度显著下降,所以出生时及其后的身长测量有助于诊断甲状腺功能减退。过度治疗导致骨龄提前于正常值,但通常也相应伴随以身高的加速生长。

Dickerman 和 Vries(1997)报告了对新生儿筛查计划所诊断的先天性甲状腺功能减退(congenital hypothyroidism,CH)儿童长期跟踪研究的结果,表 5. 19 为 30 名(20 名女,10 名男)CH 病人在治疗过程中的生长学数据。这些病人在不足 4 个月时开始以 L-T_4(左旋-T_4)治疗,以 1~6 个月的间隔跟踪了 11. 4 年。由开始治疗年龄至青春期开始,平均生长速度在正常范围,骨龄稍延迟于生活年龄,但差异无显著性。由表 5. 20 可见,所有病人均未观察到青春期过早或延迟开始(女孩≤8 岁或>13 岁;男孩≤9 岁或>14 岁),青春期开始年龄、各青春期发身等级年龄、初潮年龄(11~15 岁)也在正常范围之内。在各青春期发身等级时,骨龄与生活年龄适当,但有骨龄稍延迟的趋势。青春期开始时的身高及成年身高在正常范围以内;青春期开始年龄及持续时间、青春期生长速度正常,在预期的骨龄(14 岁男,12 岁女)上达到身高速度高峰。青春期总生长占成年身高的 19. 1%(男)和 16. 4%(女);17 名病人达到的成年身高 SDS 平均数与治疗开始时的身高 SDS、预测的成年身高 SDS、修正的父母身高中值 SDS 非常接近。

表 5. 19　30 名 CH 病人在追踪过程中的生长学参数(平均数,范围)*

生长学指标	男	女
开始治疗时身高(cm)	52. 0　(49. 0~57. 3)	53. 5　(48. 0~59. 5)
SDS	0. 0　(−2. 5~1. 8)	−0. 1　(−2. 0~2. 1)

续表

生长学指标	男	女
青春期开始时身高(cm)	138.1　(132.0~148.5)	139.3　(125.0~149.0)
SDS	-0.7　(-1.2~0.3)	0.1　(-1.8~1.8)
身高速度高峰(cm/yr)	9.9　(7.3~15.1)	8.0　(6.2~15.5)
总青春期生长(cm)	32.0　(26.6~39.1)	26.7　(15.8~37.3)
成年身高(cm)	168.5　(165.5~182.6)	163.0　(158.7~176.8)
SDS	-0.4　(-1.4~1.2)	0.3　(-0.6~2.4)
靶身高(cm)	171.0　(164.7~181.0)	161.5　(152.5~167.9)
SDS	0.4　(-0.8~1.5)	-0.1　(-1.6~0.9)

* 引自 Dickerman et al. ,1997。

表 5.20　先天性甲状腺功能减退病人在不同青春期发身等级的年龄和生长参数(平均数,范围)*

发身等级	性别	年龄(岁)	骨龄(岁)	GV(cm/yr)	身高 SDS
2	男	11.6(10.0~12.6)	9.5(8.0~11.0)	4.5(2.9~9.6)	-0.7(-1.2~0.2)
	女	10.9(8.3~13.5)	9.0(8.0~11.0)	5.4(2.0~8.5)	0.1(-1.7~1.8)
3	男	12.6(11.2~13.9)	12.0(9.0~13.0)	6.8(2.6~12.0)	-0.8(-1.2~0.8)
	女	11.2(10.0~14.7)	11.5(10.5~13.0)	7.4(4.8~15.5)	0.4(-1.6~1.3)
4	男	13.8(12.3~15.3)	13.2(12.0~14.5)	8.5(4.9~15.7)	-0.3(-0.8~1.3)
	女	12.7(11.7~15.5)	12.9(12.0~13.5)	7.1(4.8~13.6)	0.5(-1.4~0.9)
5	男	16.7(13.9~18.2)	15.0(14.5~17.0)	1.7(0.0~4.3)	-0.2(-1.3~1.4)
	女	15.0(13.6~17.7)	14.5(13.5~16.0)	0.7(0.0~4.7)	0.3(-1.4~1.5)

GV:生长速度; * 引自 Dickerman et al. ,1997。

儿童期甲状腺功能亢进(hyperthyroidism)最典型的表现为生长和骨成熟加速。甲状腺功能亢进引起骨龄有一定程度的提前,但提前程度似乎与患儿发生甲状腺功能亢进时所处的生长发育期有关(表 5.21),青春期前发生甲状腺功能亢进可能比青春期发生的影响更显著(Cassio et al. ,2006)。

表 5.21　不同青春期甲状腺功能亢进儿童的生长学特征*

发育期	性别	n	症状持续时间(月)	生活年龄(岁)	身高 SDS	骨龄 SDS	体重指数 SDS
青春期前	男	15	1~36	9.3±2.9	0.35±1.18	1.02±0.58	-1.95±1.13
	女	33	1~8	7.6±2.9	0.67±1.11	1.03±1.45	-1.18±1.29
青春期中	男	8	2~28	13.5±0.9	1.42±0.58	0.70±0.56	-1.32±1.34
	女	32	1~12	11.9±1.3	0.31±1.05	0.81±1.15	-0.73±0.75
初潮后	女	13	1~5	15.9±2.0	-0.24±0.86	—	-0.52±1.35

* 引自 Cassio et al. ,2006。

5.4.3 体质性生长与青春期延迟

体质性生长与青春期延迟(constitutional delay of growth and puberty, CDGP)儿童多为男孩，临床诊断依据为：

(1) 矮身高(身高低于-2SD)；

(2) 青春期延迟(14 岁时睾丸体积在 4ml 以下)；

(3) 骨龄低于第 10 百分位数(骨龄比生活年龄小 1.5 岁以上)；

(4) 无慢性疾病和内分泌疾病。

表 5.22 为 CDGP 男孩的生长学特征(Crowne et al., 1990)。

表 5.22 体质性生长与青春期延迟男孩的生长学特征*

生长学指标	n=43	生长学指标	n=43
年龄(岁)	14.0±1.9	靶身高(cm)	170.6±4.8
骨龄(岁)	11.3±2.5	靶身高 SDS	-0.6±0.7
骨龄延迟(岁)	2.7±1.0	预测的成年身高(cm)	166.1±4.6
身高(cm)	139.0±11.4	预测的成年身高 SDS	-1.3±0.7
身高 SDS	-3.4±0.6		

* 引自 Crowne et al., 1990。

CDGP 儿童具有典型的身高生长形式。在青春期前 CDGP 儿童生长缓慢、且持续时间较长，青春期生长突增晚于正常者。约 58% 的 CDGP 儿童的最终身高低于靶身高。Wehkalampi 等(2007)的研究说明，在 CDGP 早期(3~9 岁)，男性儿童的身高 SDS 逐渐下降导致最终身高低于靶身高(表 5.23)，与低剂量的睾酮激素治疗无关(表 5.24)。而 Rensonnet 等(1999)采用多元回归分析说明，青春期的赶上生长是体质性生长和青春期延迟男孩成年身高的重要决定因素。

表 5.23 未治疗男性 CDGP 组儿童期生长形式对成年身高的影响

生长学指标	早期身高 SDS 下降	
	出现(n=18)	未出现(n=22)
出生身长 (cm)	50.9±2.6	50.9±2.1
3 岁时的身高 SDS	-0.52±0.82	-0.52±0.84
青春期开始最低身高 SDS	-2.19±0.65	-1.34±0.81*
骨龄延迟 (岁)	2.51±0.37	2.23±0.63
BMI (kg/m^2)	18.49±2.27	19.47±3.70
青春期生长加速时年龄 (岁)	14.93±0.67	15.04±0.62
靶身高 SDS	-0.02±0.49	0.25±0.68
成年身高 SDS	-0.65±0.69	0.30±1.17*

* 早期身高 SDS 下降与否的组间差异显著性，$P<0.005$. 引自 Wehkalampi et al. 2007。

表 5.24　睾酮治疗对是否出现早期身高 SDS 下降的男性 CDGP 儿童最终身高的影响*

生长学指标	早期身高 SDS 下降			
	出现		未出现	
	治疗($n=18$)	未治疗($n=13$)	治疗($n=22$)	未治疗($n=17$)
出生身长（cm）	50.9±2.6	50.5±1.5	50.9±2.1	51.8±1.5
3 岁时的身高 SDS	-0.52±0.82	-0.10±0.65	-0.52±0.84	-0.32±1.08
骨龄延迟（岁）	2.51±0.73	2.13±0.69	2.23±0.64	2.76±0.96
靶身高 SDS	-0.02±0.49	-0.06±0.51	0.25±0.68	0.16±0.77
成年身高 SDS	-0.65±0.70	-0.42±0.57	0.30±1.17	0.08±1.10

治疗与未治疗组间均无显著性差异；* 引自 Wehkalampi et al. 2007。

然而，对于 CDGP 儿童的治疗应当慎重，超生理水平的性类固醇激素将引起 RUS 成熟速度增加过快，如果骨成熟速度超过了身高生长，那么在身高较低时骨骺融合而生长终止，导致成年身材的矮小。因此，在没有严格的骨龄和身高预测的监测下，对生长发育延迟不多的男孩不要给以合成类固醇治疗。否则，在较小年龄时的确可能比同龄儿童暂时较高，并出现阴茎和阴毛的发育，但却可能因此而导致低于遗传潜力的成年身高。所以，在治疗 CDGP 时，要应用生长学指标密切监测，使身高生长和骨成熟速度始终保持平衡。

5.4.4　库欣综合征

儿童库欣综合征（Cushing's syndrome，CS）是一种罕见的循环系糖皮质激素浓度过高疾病，75%～85% 儿科 CS 由库欣病（CD）所致，由垂体促肾上腺皮质激素细胞腺瘤分泌促肾上腺皮质激素（ACTH）引起。儿科 CD 的一种主要并发症是生长延迟（表 5.25）。

表 5.25　库欣病儿童临床生长学特征*

	n	就诊时年龄（岁）	平均身高 SDS	骨龄延迟（岁）	平均最终身高 SDS（$n=20$）
男	29	14.84（9～19）	-2.18	-1.79±1.41	-1.84
女	19	15.13±1.90	-1.49	-1.28±1.16	其中 9 名身高 SDS<-2.0

* 引自 Acharya et al.，2010。

糖皮质激素对生长板有直接的抑制影响，也抑制下丘脑-垂体-性腺轴，导致青春期延迟，进而延迟骨的成熟。骨龄的延迟与身高 SDS 负相关（$r=-0.594$，$P<0.001$），也与诊断时的生活年龄相关（$r=+0.247$，$P<0.05$），但与症状持续时间不相关。

在 Magiakou 等（1994）对 59 名库欣综合征病人的研究中，有 42 名病人表现生长延迟，但在 37 名有骨龄的病人中，81% 的病人骨龄与生活年龄一致，8% 的病人骨龄加速，11% 的病人骨龄延迟，病人的骨龄反映了皮质醇（抑制作用）、肾上腺雄性激素和性腺类固醇激素（刺激作用）的联合作用。

5.4.5　先天性肾上腺增生

先天性肾上腺增生（congenital adrenal hyperplasia，CAH）由 21-羟化酶缺乏所致。受累

儿童由于过多的雄性激素而身高生长加速,但伴随以长骨骺提前融合。同时,由于雄性激素激活下丘脑-垂体-性腺轴,CAH病人也常出现中枢性性早熟(Pescovitz et al.,1984),更加剧骨骺的过早融合,因此而降低成年身高。

一些研究提示,CAH病人的成年身高比靶身高矮10cm左右。表5.26为先天性肾上腺增生患儿的临床生长学表现。重要的特征为骨龄提前,骨龄标准身高偏低,预测的成年身高低于靶身高。

表5.26 先天性肾上腺增生(CAH)儿童的生长学特征*

生长学指标	$n=14$	生长学指标	$n=14$
年龄(岁)	9.74±2.0	男靶身高(cm)	174.8±5.5
骨龄(岁)	12.53±2.5	女靶身高(cm)	165.1±10.5
身高(cm)	142.1±16.3	预测身高SDS	-1.4±1.4
身高SDS	0.64±1.0	预测身高(cm)	161.6±10.5
骨龄身高SDS	-1.5±1.4	男预测身高(cm)	165.1±10.8
靶身高SDS	-0.06±0.8	女预测身高(cm)	157.0±8.8
靶身高(cm)	170.7±7.1	身高差值(cm)	-9.1±12.0

*引自Lin-Su et al.,2005。

长期的糖皮质激素治疗产生多种生长抑制作用。当以皮质醇激素治疗时雄性激素降低到正常水平,生长速度缓慢下降,骨龄的增长速度也会下降。但过多剂量的皮质醇激素可能引起永久性的身材矮小。最近,Lin-Su等(2005)在应用糖皮质激素的基础上,以GH和促黄体激素释放激素类似物(LHRHa)治疗,明显改善了患儿的成年身高。所以,在应用多种激素治疗时更需要定期连续地监测骨龄,进行成年身高预测。

5.4.6 中枢性性早熟

中华医学会儿科学分会内分泌遗传代谢学组(2007)在中枢性性早熟(central precocious puberty,CPP)诊治指南中,对CPP定义为:女童在8岁前,男童在9岁前呈现第二性征的发育异常性疾病。CPP是缘于下丘脑提前增加了促性腺激素释放激素(gonadotropin releasing hormone,GnRH)的分泌和释放量,提前激活性腺轴功能,导致性腺发育和分泌性激素,使内、外生殖器发育和第二性征呈现。CPP又称为GnRH依赖性性早熟,其过程呈进行性发展,直至生殖系统发育成熟。CPP在女性比在男性更普遍。在大多数CPP女孩没有发现明显的生物学原因,因此称为特发性CPP(idiopathic central precocious puberty,ICPP)。第二性征提前出现、血清促性腺激素水平升高大于青春期水平、性腺增大是诊断的必要指标,线性生长加速,骨龄提前和性激素水平升高也对诊断有重要作用,但不是中枢性和外周性性早熟的特异诊断指标(中华医学会儿科学分会内分泌遗传代谢学组,2007)。

第二性征发育以Tanner等级(Marshall and Tanner,1969;1970)评价,女童8岁前乳房开始发育,达到Tanner B2等级;男童在9岁前睾丸>4ml,外生殖器发育达到Tanner G2等级为第二性征发育异常。

为有效改善 CPP 患儿成年身高的治疗,适用指征为骨龄明显提前,骺与骨干尚未开始融合者,即骨龄≥年龄 2 岁;女童≤11.5 岁,男童≤12.5 岁者;预测成年期身高女童<150cm,男童<160cm,或低于其遗传靶身高减 2 个 SD 者;骨龄/年龄>1,骨龄/身高年龄>1,或以骨龄判断的身高 SDS<-2SDS 者;性发育进程迅速,骨龄增长/年龄增长>1 者。在治疗过程中应定期进行监测,及时调整治疗方案,一般建议在年龄 11.0 岁,或骨龄 12.0 岁时停药。治疗后也要定期随访追踪,观察恢复情况(中华医学会儿科学分会内分泌遗传代谢学组,2007)。

由表 5.27 可见,CPP 儿童第二性征发育较早,和同龄儿童相比身高较高,但骨骼发育加速(骨龄提前较多),生长潜力下降,骨骺生长板较早闭合而导致成年身高下降。目前,在国际上多应用 GnRH 激动剂和 GH 结合治疗,以降低骨骼成熟速度,延长生长期,改善成年身高。因此,在治疗中,应使骨龄的增长与身高生长速度相平衡,尽可能保持近正常水平。

表 5.27 中枢性性早熟(CPP)儿童治疗前的生长学特征*

生长学指标	女(n=58)	男(n=8)
症状出现年龄(岁)	6.3±1.5	7.1±1.3
开始治疗年龄(岁)	7.5±1.3	9.1±1.7
开始治疗时身高 SDS	2.4±1.5	2.2±2.4
开始治疗时骨龄(岁)	10.1±1.5	11.6±1.7
骨龄/身高(岁/岁)	1.1±0.1	1.1±0.1
治疗前生长速度(cm/yr)	8.4±2.2	8.9±1.9

*引自 Carel et al.,1999。

Pasquino 等(2008)在回顾性研究中,分析了以 GnRH 类似物(GnRH analogs,GnRHa)治疗对 87 名 ICPP 女孩成年身高、BMI、骨密度及生殖功能的影响。他们对 CPP 的诊断依据为:

(1) 在 8 岁前乳房开始发育(Tanner 等级在 B2 以上);

(2) 对 GnRH 刺激试验 LH 反应>7IU/L;

(3) 身高速度增长、骨龄至少提前于生活年龄 1 岁以上;

(4) 超声检查子宫长度>3.5cm,卵巢体积>1.5cm^3。

磁共振成像(MRI)无下丘脑-垂体器质性损害的受试者确诊为 ICPP。以 ACTH 刺激试验排除先天性肾上腺增生同时存在的可能性。由表 5.28 和表 5.29 可见,由于骨龄的提前,治疗开始时的绝对身高较高,但骨龄身高却低于平均数 1SD 以下,在治疗结束时和达到成年身高时骨龄标准身高显著提高($P<0.001$),平均成年身高显著高于平均靶身高($P<0.01$)。治疗组 ICPP 女孩的成年身高、成年身高与治疗开始时预测身高的差值及成年身高与靶身高的差值均显著大于对照组。回归分析表明,治疗组 ICPP 女孩成年身高与靶身高($r=0.41$,$P<0.05$)、治疗开始和结束时的身高、治疗开始和结束时的预测身高($r=0.56\sim0.59$,$P<0.01$)正相关,但与治疗的持续时间无关。

Vejvoda 和 Grant(1981)发现性早熟儿童的骨成熟度提前,而且 TW2-RUS 骨龄显著大于 TW2-Carpal 骨龄,因而,监测手腕部不同类骨的发育对于性早熟患儿的诊断和治疗也可能具有重要的参考意义。

表 5.28　ICPP 女孩在治疗开始时和结束时的生长学特征

治疗开始时			治疗结束时		
生长学指标	治疗组(n=87)	未治疗组(n=32)	生长学指标	治疗组(n=87)	未治疗组(n=32)
年龄(岁)	8.4±1.5	8.3±1.2	年龄(岁)	12.6±1.0	—
骨龄(岁)	11.1±1.6	11.2±1.4	骨龄(岁)	13.1±0.5	—
身高速度(cm/yr)	8.2±1.8	—	BMI(kg/m²)	21.7±3.1	—
BMI(kg/m²)	18.5±2.4	—	BMI SDS	0.41±0.9	—
BMI SDS	0.39±0.	—	骨龄身高 SDS	-0.2±0.8*	-1.1±0.6
骨龄身高 SDS	-1.2±0.8	—	身高(cm)	153.8±5.0	136.0±8.9
身高(cm)	138.4±9.3	—	预测成年身高(cm)[1]	160.0±5.9*	151.0±3.9
预测成年身高(cm)[1]	150.0±5.1	—	预测成年身高(cm)[2]	162.8±6.6*	155.0±4.3
预测成年身高(cm)[2]	154.2±5.2	—	治疗持续时间(年)	4.2±1.6	—

1. 以 B-P 法发育一般表预测的成年身高;[2]以 B-P 法发育提前表预测的成年身高;与治疗开始时相比,* $P<0.001$.

表 5.29　ICPP 女孩在达到成年身高时的生长学特征

生长学指标	治疗组(n=87)	未治疗组(n=32)
年龄(岁)	16.1±2.2	16.3±2.7
骨龄(岁)	16.0±1.6	17.7±2.7
BMI(kg/m²)	22.9±3.8**	—
BMI SDS	0.44±1.0	—
骨龄身高 SDS	-0.5±0.9*	-1.3±1.0***
成年身高(cm)	159.8±5.3!	154.4±5.9!!
靶身高(cm)	157.6±4.7	158.5±4.8
成年身高减开始时预测身高[1]	9.5±4.6	3.0±6.0***
成年身高减开始时预测身高[2]	5.1±4.5	0.6±4.5***
成年身高减靶身高(cm)	2.4±5.2	-4.3±5.7***

1. 以 B-P 法发育一般表预测的成年身高;[2]以 B-P 法发育提前表预测的成年身高;与治疗开始时相比,* $P<0.001$, ** $P<0.01$; *** 与治疗组相比 $P<0.01$;与靶身高相比,! $P<0.01$,治疗组与未治疗组相比,!! $P<0.01$.

5.4.7　特发性矮身高

在儿童期生长速度下降的儿童中,许多患儿不能鉴别出其病因,称其为特发性矮身高(idiopathic short stature,ISS),或非生长激素分泌不足的矮身高。其中大部分儿童的身高仅稍低于正常值标准,但是也有一部分儿童类似于生长激素分泌不足,出现身高生长障碍。在劳森-威尔金斯(Lawson Wilkins)儿科内分泌协会的调查中,94%的儿科内分泌学家建议,对这样的儿童应以 GH 治疗(Cuttler et al.,1996)。中华医学会儿科学分会内分泌遗传代谢学组(2008)也提出了矮身材儿童的诊治指南,为矮身高儿童的鉴别诊断与治疗提供了指导。

普遍应用的特发性矮身高儿童的诊断依据为：

（1）出生时的身长和体重正常；

（2）初次就诊时的身高低于同龄儿童身高标准 2SD 以下；

（3）生长速度低于 5cm/yr；

（4）骨成熟度延迟；

（5）对兴奋性刺激试验的生长激素反应正常（GH 峰值≥10ng/ml）。

20 世纪 80 年代以前，垂体生长激素仅用来治疗生长激素严重缺乏的儿童，但重组人生长激素（rhGH）出现以后，生长激素的应用领域迅速扩展，不仅用于 GHD 儿童，而且也用于正常矮身高儿童和 GH 缺乏的成年人的治疗。虽然对于正常矮身高儿童的 GH 治疗还有一些争论，但是近 20 年的研究证明，GH 治疗对 ISS 儿童的成年身高具有增高作用。

未经治疗的 ISS 儿童的成年身高一般等于或低于预测的成年身高，但是都低于靶身高，见表 5.30。临床研究表明，GH 治疗对身高的增长作用与长期治疗中的 GH 剂量有关（Rank and Lindberg，1994）。但是对 GH 治疗的反应存在个体差异，因此，生长学的监测可为治疗方案的调整提供主要依据，见表 5.31。

表 5.30 特发性矮身高儿童（男女）治疗前的生长学特征*

生长学指标	n	百分位数		
		中位数	第 10	第 90
生活年龄（岁）	1017	10.8	5.9	14.1
骨龄（岁）	635	8.5	3.5	12.1
骨龄 SDS	635	-2.6	-4.4	-0.8
身高 SDS	1017	-2.5	-3.5	-1.7
靶身高 SDS	1017	-1.1	-2.2	-0.2
身高别体重	1004	99.3	86.2	117.3
身高速度 SDS	684	4.4	3.1	6.4
预测成年身高 SDS	635	-1.8	-3.3	-0.1

*引自 Rank et al.，1994。

表 5.31 特发性矮身高儿童治疗过程中生长学指标中位数的变化*

生长学指标	治疗第一年	治疗第二年	治疗第三年	治疗第四年	治疗第五年
生活年龄（岁）	11.9	12.8	13.1	13.2	13.5
骨龄 SDS	-2.3	-1.8	-1.7	-1.3	-1.2
身高速度（厘米/年）	7.4	6.7	6.4	6.0	5.9
预测成年身高 SDS	-1.4	-1.3	-1.3	-1.4	-1.1
预测成年身高 SDS 变化	0.6	0.9	1.2	1.1	1.2

*引自 Rank et al.，1994。

2007 年 10 月在美国召开了关于 ISS 儿童的国际会议（Wit et al.，2008），会议认为 ISS 儿童为低于相应人群、性别、年龄标准平均身高 2SD 以下、尚不能确定病因的生长紊乱儿童。ISS 可分类为家族性（familial short stature，FSS）和非家族性（non-familial short stature， non-FSS)，并可根据青春期是否延迟再次分类。低于人群正常值范围而仍在靶身高范围之内的定义为家族性 ISS，而不仅低于人群正常值范围而且也低于靶身高范围的定义为非家族性 ISS。ISS 的诊断应当排除畸形综合征（dysmorphic syndromes）、骨骼发育不良（skeletal dysplasias）、小于孕龄儿（small for gestational age，SGA）继发性的矮身高及全身性和内分泌疾病，在排除了已知的矮身高病因后可诊断为 ISS。在就诊的矮身高儿童中，约 15% 为 SGA 矮身高儿童，约 5% 的 ISS 儿童可发现病因。

Rekers-Mombarg 等（1996）曾以上述分类方法报告了 ISS 儿童的生长学特征，见表 5.32。Non-FSS 儿童青春期开始年龄延迟比 FSS 儿童更显著，与 FSS 儿童相比男延迟 0.5 岁（CI 0.02~1.1 岁），女延迟 1.0 岁（CI 0.4~1.6 岁）。在男孩中，63% 的 non-FSS 儿童和 41% 的 FSS 儿童青春期开始年龄晚于正常儿童；在女孩中，44% 的 non-FSS 儿童和 13% 的 FSS 儿童青春期开始年龄晚于正常儿童。Non-FSS 男孩的成年身高比 FSS 男孩低 3.8cm（IC 1.2~6.5cm），低于靶身高 8.3cm（IC 7.1~9.5cm），FSS 男孩的成年身高与靶身高的差值仅为 2cm（IC 0.6~3.4cm）。女孩 non-FSS 组和 FSS 组成年身高无差异，FSS 组女孩基本达到靶身高，而 Non-FSS 女孩成年身高低于靶身高 6.8cm（IC 5.1~8.6cm）。青春期正常的 FSS 男孩的最终身高、靶身高及靶身高与成年身高差值与青春期延迟的 FSS 男孩之间无差异；不同青春期类型的男女 Non-FSS 组间的最终身高、靶身高及靶身高与成年身高差值也同样无差异。

表 5.32　特发性矮身高儿童亚组的青春期开始年龄、最终身高和靶身高

性别	类型	n	青春期开始年龄（岁）	最终身高（cm）	靶身高（cm）
男	FSS	52	13.4±1.1（n=37）	166.9±5.7（n=32）*	169.0±4.0（n=32）
	FSS，青春期正常	22	12.7±0.8（n=22）	165.1±5.8（n=12）	166.9±3.7（n=12）
	FSS，青春期延迟	15	14.5±0.5（n=15）	167.6±4.8（n=13）*	169.8±3.9（n=13）
	Non-FSS	82	14.0±1.3（n=56）	163.1±6.1（n=48）**	171.4±4.7（n=48）
	Non-FSS 青春期正常	21	12.7±1.0（n=21）	160.1±7.2（n=12）**	170.4±5.7（n=12）
	Non-FSS 青春期延迟	35	14.8±0.8（n=35）	164.2±5.5（n=28）**	171.7±4.7（n=28）
	青春期正常	44	12.7±0.9（n=44）	162.6±6.9（n=24）**	168.6±5.0（n=24）
	青春期延迟	52	14.7±0.7（n=52）	165.3±5.4（n=42）**	171.1±4.5（n=42）
女	FSS	31	12.1±1.0（n=14）	152.3±4.5（n=18）	153.9±4.0（n=18）
	FSS，青春期正常	14	11.0±0.9（n=14）	151.3±4.3（n=13）	153.2±4.2（n=13）
	FSS，青春期延迟	2	13.4，13.5	160.2	152.0
	Non-FSS	51	13.2±1.0（n=41）	153.0±5.8（n=34）**	159.8±5.1（n=34）
	Non-FSS 青春期正常	23	12.4±0.6（n=23）	151.8±6.2（n=17）**	159.0±5.5（n=17）
	Non-FSS 青春期延迟	18	14.1±0.6（n=18）	154.0±5.4（n=15）**	160.9±5.0（n=15）
	青春期正常	39	12.3±0.8（n=39）	151.5±5.3（n=31）**	156.2±5.8（n=31）
	青春期延迟	20	14.0±0.6（n=20）	154.4±5.4（n=16）**	160.4±5.3（n=16）

最终身高与靶身高差异，* $P \leq 0.01$，** $P \leq 0.001$。

对于矮身高儿童，以生长学指标进行亚组分类是有临床价值的。如确定为家族性矮身高，那么儿童出现病理性紊乱的可能性很低，因此不必进行所有的诊断检查。但如果父母也为矮身高,则应当警惕显性遗传疾病的可能性,例如软骨发育不良(hypochondroplasia)或矮身高基因框 SHOX 单倍不足(haploinsufficiency);如果儿童身高 SDS 低于靶身高范围(非家族性矮身高),并有 CDGP 阳性家族史,诊断为 CDGP 的可靠性较高。如果没有青春期延迟家族史,那么病理性的可能性较大,应当进行额外的检查。

随着科学技术的进步,尤其是医学分子遗传学的快速发展,已经发现了一些导致儿童矮身高的病因,例如,曾有研究报告约 2.5% 的 ISS 儿童为 SHOX 缺失和突变(Rappold et al.,2002),约 5% 的 ISS 儿童为生长激素受体(growth hormone receptor,GHR)突变而表现为 GH 抵抗(Sanchez et al.,1998)。为了寻找 *SHOX* 单倍体不足的临床指征,Rappold 等(2007)在来自 14 个国家的 1680 名未经治疗的散发或家族性矮身高儿童中筛选出了 68 名 *SHOX* 基因突变和缺失的矮身高儿童,分析了表型与基因型之间的关系,发现矮身高儿童本人或一级亲属表现出 Léri-Weill 综合征(Léri-Weill syndrome,LWS)或马德隆畸形(Madelung deformity),这些临床表现是 *SHOX* 单倍不足的重要指征。因此,有这些临床诊断的所有儿童都应当进行 *SHOX* 基因分子学分析。

Rappold 等(2007)又针对临床中更具挑战性的非畸形矮身高(ISS)受试者,建立了以临床和人体测量学指标为解释变量的回归模型,提出了一种计分方法来选择应进一步做 *SHOX* 诊断检验的 ISS 儿童(表 5.33)。所提出的计分系统包括 3 项人体测量学变量(臂展/身高、坐高/身高、和 BMI)及 5 个畸形征状,最高得分为 24 分,根据筛选方法的敏感性和特异性设立了 4 分和 7 分两个界值点。在得分>4 分时,敏感性为 71%,阳性预测率为 11%;在得分>7 分时,敏感性下降到 61%,阳性预测率增加到 19%,但是否选择高阈值得分需要考虑敏感性的降低因素。

表 5.33 鉴别 *SHOX* 基因检测儿童的评分表*

评价项目	标准	分值	评价项目	标准	分值
臂展/身高	<96.5%	2	前臂弯曲	是	3
坐高/身高	> 55.5%	2	肌肉肥大	是	3
体重指数 BMI	>第 50 百分位数	4	肘部尺骨脱位	是	5
肘外翻	是	2	总计		24
短前臂	是	3			

* 引自 Rappold et al.,2007。

医学的发展在不断地为 ISS 儿童的鉴别诊断提供新的病因信息,许多目前归类于“特发性”矮身高的儿童可能在未来几年内被鉴别出确切病因而归于其他类别。

5.4.8 小于孕龄儿

胎儿出生体重小于 2500g 或出生身长低于孕龄标准的第 3 百分位数定义为子宫内生长延迟(intrauterine growth retardation,IUGR),IUGR 胎儿出生后称为小于孕龄儿(small for gestational age,SGA)。因此,约 3% 的新生儿受累,大部分儿童在 2 岁前赶上生长而达到正常身高,但是 15%~20% 的儿童在 4 岁时仍然矮小,生长发育延迟,生长激素分泌不足,预测身高及最终身高均低于正常范围,见表 5.34。在未赶上生长的儿童中,50% 的儿童到成年时身高仍然矮（Albertsson-Wickland et al. ,1994）,而约 20% 的矮身高成年人有 IUGR 史（Karlberg et al. ,1995）。

表 5. 34　小于孕龄（SGA）儿出生儿童的生长学特征*

生长学指标	n=70	生长学指标	n=70
靶身高 SDS	−0. 8±1. 0	生长速度 SDS	−1. 0±1. 4
孕龄（周）	39. 7±1. 3	评价时的 BMI（kg/cm^2）	16. 5±2. 2
出生身长（cm）	45. 2±2. 1	评价时的骨龄（岁）	男 9. 6±2. 8;女 8. 1±2. 2
出生身长 SDS	−3. 0±1. 0	最高血浆 GH 峰(ng/ml)	8. 0±3. 4
出生体重 SDS	−1. 8±0. 9	≥10ng/ml	21%
4 岁时身高 SDS	−2. 4±0. 8	5~10ng/ml	59%
评价时年龄（岁）	10. 7±2. 5	≤5ng/ml	20%
评价时身高 SDS	−2. 9±0. 8	预测身高 SDS	−2. 4±1. 0
生长速度（cm/yr）	4. 5±1. 3	最终身高	−2. 0±0. 7

* 引自 Coutant et al. ,1998。

与正常孕龄儿（appropriate for gestational age,AGA）出生的 ISS 儿童相比,SGA 儿童表现出独特的青春期生长形式。Lazar 等（2003）在对 128 名 SGA 儿童和 AGA 矮身高儿童的纵断追踪研究中发现,在儿童期早期,两组儿童身高、骨龄延迟程度及 BMI 相似;但与 AGA 相比,SGA 出生儿童的青春期开始年龄较小,骨龄提前,身高 SDS 和 BMI SDS 也较高。由于 SGA 儿童青春期骨成熟加速而生长期缩短,见表 5. 35。

表 5. 35　76 名 SGA（31 男,45 女）儿童和 52 名（22 男,30 女）AGA 儿童生长学数据*

生长学指标	儿童期早期			青春期开始		
	SGA	AGA	P	SGA	AGA	P
男						
年龄（岁）	3. 4±0. 6	3. 7±0. 4	NS	12. 0±0. 9	13. 0±1. 1	<0. 01
年龄减骨龄（岁）	2. 6±1. 0	2. 7±0. 9	NS	1. 9±0. 9	2. 6±1. 1	<0. 001
身高 SDS	−1. 8±0. 4	−1. 7±0. 2	NS	−1. 6±0. 6	−1. 7±0. 3	<0. 01
BMI SDS	−0. 4±0. 2	−0. 3±0. 5	NS	−0. 5±0. 8	−0. 6±0. 7	0. 05
女						
年龄（岁）	3. 6±0. 8	3. 3±0. 6	NS	10. 4±1. 5	11. 4±1. 3	<0. 01
年龄减骨龄（岁）	1. 9±0. 7	2. 0±1. 0	NS	0. 4±1. 1	1. 8±0. 9	<0. 001
身高 SDS	−1. 8±0. 4	−1. 8±0. 5	NS	−1. 7±0. 4	−1. 8±0. 5	<0. 01
BMI SDS	−0. 4±0. 8	−0. 4±0. 5	NS	−0. 5±0. 9	−0. 7±0. 6	0. 05

* 引自 Lazar et al. ,2003。

5. 4. 9　特纳综合征

特纳综合征（Turner syndrome,TS）是女性较为普遍的性染色体异常。矮身高是特纳综合征最突出的身体异常表现之一,通常在 2~4 岁身高生长速度下降而低于正常女孩,并且无青春期生长突增。未经治疗病人的成年身高比正常人群低 20cm 左右。由于缺乏雌性激素对骨骼生长的促进作用,TS 女孩的骨龄延迟,在青春期尤为明显,见表 5.36。大部分 TS 女孩不能自然发身,因而治疗的目的不仅是以 GH 治疗改善成年身高,而且也要以雌性激素替代治疗引起正常青春期发育。但是,对 TS 患者以 GH 和雌性激素治疗引起骨骼成熟速度的变化,较早接受低剂量雌性激素和 GH 治疗病人的骨龄/年龄比值(BA/CA)显著增加。因此,早开始雌性激素治疗对于身高的增长是不利的(Quigley et al. ,2002)。

表 5.36 99 名特纳综合征女孩治疗前后的生长学特征*

生长学指标	治疗前	治疗后
年龄(岁)	10.9±2.3	16.4±1.4
年龄变化	5.5±1.8	
骨龄(岁)	8.8±2.0	14.9±0.8
骨龄变化	6.1±2.1	
身高(cm)	123.5±10.1	148.7±6.1
身高变化(cm)	25.2±9.8	
身高 SDS	−3.1±1.0	−2.2±1.0
身高 SDS 变化	0.9±1.0	
生长速度(cm/yr)	3.9±1.3	—

* 引自 Quigley et al. ,2002。

5.4.10 全身性疾病

全身性疾病(systemic diseases)很可能造成骨成熟度的延迟,如营养吸收障碍的各种综合征、代谢性疾病及肾脏疾病患儿的骨成熟度明显延迟。因此,骨龄也是儿童疾病治疗期间及痊愈后赶上生长阶段的重要监测随访内容。

5.5 生长发育疾病治疗的纵向监测

因为骨龄与身高生长密切相关,骨龄的变化决定了生长潜力的变化,所以在 GH 激素治疗中普遍用来预测成年身高,监测治疗效果,为临床 GH 治疗剂量和治疗持续时间提供有价值的信息。

Wilson(1999)曾注意到由于骨龄评价技术上的难度而导致观察者之间的差异,引起一段时期内个体骨龄的变化无规律,而且 GH 治疗也加速了骨龄的变化,因此认为没有必要在 GH 治疗期间进行骨龄监测。但是,这种观点未得到更多研究证据的支持。

Kemp 和 Judy(1999)在美国全国生长协作研究(National Cooperative Growth Study, NCGS)中,分析了 990 名进入青春期儿童在 GH 治疗中的纵断生长学数据。结果表明,甚至在青春期,骨龄也是 GH 治疗反应的重要预测指标,各地方诊所与研究中心测定的手腕部骨龄高度相关($r=0.928, P<0.0001$)。

Darendeliler 等(2005)应用 Pfizer 国际生长数据库的横断与纵断数据分析了治疗过程中 GH 对骨龄的影响,见表 5.37 和表 5.38。

Darendeliler 等的研究发现,治疗后一年内骨龄的增长虽有相当大的个体差异,但是平均增长为 1 岁,治疗过程中青春期前患儿的骨龄增长小于 2 岁/年是正常的。治疗过程中骨龄增长与开始治疗时的年龄、骨龄、身高 SDS 或 BMI SDS 无关,治疗的 GH 剂量对骨龄的增长也无一致性的影响;骨龄变化与开始治疗时骨龄之间的线性回归分析表明,在 TS 女孩为负相关($r=-0.46, P<0.001$),在 SGA 出生的矮身高儿童为正相关($r=0.20, P=0.015$)。在

TS女孩,应当注意骨龄增长的特征,以精确评价治疗中身高的预后和骨龄的增长。总之,接受GH治疗的四组患儿数据的分析说明了GH治疗中骨龄增长是正常的。

表5.37 矮身高儿童GH治疗开始时和治疗后第1年的生长学和骨龄数据中位数
(第10和第90百分位数)*

生长学指标	治疗开始时			
	IGHD(n=2209)	TS(n=694)	ISS(n=569)	SGA(n=153)
年龄(岁)	8.9 (4.3~13.4)	9.7 (2.8~13.6)	9.1 (5.2~12.9)	7.6 (3.6~11.8)
骨龄(岁)	6.0 (2.3~11.0)	8.3 (3.3~11.5)	6.1 (2.9~10.5)	5.0 (2.0~10.0)
年龄减骨龄(岁)	2.3 (0.8~4.2)	1.5 (0.0~3.0)	2.4 (1.0~4.1)	2.0 (0.7~3.6)
身高SDS	-2.6 (-3.9~-1.7)	-2.7 (-3.9~-1.5)	-2.5 (-3.5~-1.9)	-2.7 (-3.9~-1.9)
体重SDS	-2.2 (-4.1~-0.8)	-1.7 (-3.2~-0.1)	-2.4 (-3.8~-1.2)	-3.0 (-4.6~1.4)
BMISDS	-0.3 (-1.8~-1.2)	0.1 (-1.1~1.5)	-0.6 (-1.9~0.7)	-1.0 (-2.8~0.8)
GH剂量[mg/(kg·w)]	0.18 (0.13~0.25)	0.26 (0.15~0.24)	0.18 (0.15~0.24)	0.20 (0.14~0.38)
生长学指标	治疗后第1年			
	IGHD(n=2209)	TS(n=694)	ISS(n=569)	SGA(n=153)
年龄(岁)	9.9 (5.3~14.4)	10.7 (5.8~14.6)	10.1 (6.2~13.9)	8.6 (4.6~12.9)
骨龄(岁)	7.5 (3.0~12.0)	9.5 (5.0~12.4)	7.8 (4.0~12.0)	6.8 (2.7~11.0)
年龄减骨龄(岁)	2.1 (0.7~4.0)	1.2 (-0.2~3.3)	2.1 (0.5~3.7)	1.8 (0.1~3.3)
身高SDS变化	0.5 (0.1~1.2)	0.4 (-0.1~0.8)	0.4 (-0.1~0.8)	0.5 (-0.2~1.0)
骨龄SDS变化	1.0 (0.3~2.1)	1.0 (0.0~2.0)	1.2 (0.5~2.2)	1.0 (0.3~2.2)

*引自Darendeliler et al.,2005. IGHD:特发性生长激素缺乏,TS:特纳综合征,ISS:特发性矮身高,SGA:小于孕龄儿。

表5.38 矮身高儿童GH治疗开始前、开始时和治疗后的骨龄中位数(第10和第90百分位数)*

生长学指标	GHD(n=308)	TS(n=99)	ISS(n=57)	SGA(n=29)
开始治疗前1年:				
年龄(岁)	7.9 (3.7~12.2)	9.0 (4.9~13.5)	8.7 (5.0~12.0)	5.7 (2.6~9.7)
骨龄(岁)	5.0 (1.0~9.5)	8.0 (3.3~11.2)	7.0 (3.8~10.3)	4.0 (1.3~6.5)
年龄减骨龄(岁)	2.1 (0.7~3.9)	1.0 (0.0~3.1)	1.8 (0.1~3.6)	1.9 (0.9~3.0)
开始治疗时:				
年龄(岁)	8.8 (4.7~13.3)	10.0 (5.9~14.5)	9.7 (6.1~13.1)	6.8 (3.6~10.5)
骨龄(岁)	6.0 (2.5~10.5)	9.0 (4.0~12.5)	7.6 (4.5~11.4)	4.6 (2.0~8.8)
年龄减骨龄(岁)	2.4 (1.0~4.3)	1.2 (-0.1~3.0)	1.9 (0.5~3.6)	1.8 (0.8~3.0)
治疗后第1年:				
年龄(岁)	9.8 (5.2~14.2)	11.0 (6.9~15.4)	10.7 (7.0~14.1)	7.8 (4.6~11.6)
骨龄(岁)	7.4 (3.1~12.0)	10.3 (6.3~13.0)	9.0 (5.5~12.5)	6.6 (2.8~10.0)
年龄减骨龄(岁)	2.1 (0.7~4.1)	1.0 (-0.6~3.3)	1.8 (0.2~3.6)	1.8 (0.8~3.0)

*引自Darendeliler et al.,2005. IGHD:特发性生长激素缺乏,TS:特纳综合征,ISS:特发性矮身高,SGA:小于孕龄儿。

在内分泌疾病和其他影响生长发育疾病的治疗中,对于观察治疗效果是否达到预测目标,调整治疗方案,决定是否停止治疗,追踪监测生长发育变化具有重要的参考价值。在监测中通常将骨龄和生长学指标联合起来应用，其中骨龄身高、预测的成年身高、身高生长速度、RUS 和腕骨骨龄及其变化，以及二者骨龄的差值都是监测的重要指标。对身高生长速度不仅观察每生活年的生长速度，也要观察每骨龄年的身高生长速度。所测定数据不仅以绝对值表示，还应以相应性别、年龄的生长标准将绝对值转换为 SDS，以便于综合分析与比较。纵向监测的主要指标见表 5.39。

表 5.39 纵向监测的骨龄与主要生长学指标

身高（cm，SDS）	骨龄（岁，SDS）	第二性征	体重（kg，SDS）
年龄身高	TW3-C RUS 骨龄	女孩：乳房 B	体重
骨龄身高	TW3-C Carpal 骨龄	男孩：生殖器 G；	△体重
预测成年身高	RUS 减 Carpal 骨龄	睾丸体积（ml）	BMI
预测成年身高减靶身高	RUS 减生活年龄		△BMI
△身高	△RUS 骨龄		
△预测成年身高	△腕骨骨龄		
生长速度（cm/yr，cm/yr 骨龄）	发育速度（△骨龄/△年龄）		

△变化值（两次测定的差值）。

5.6 特定疾病儿童的成年身高预测方法

目前，国内外普遍使用的预测成年身高的方法（B-P 方法、TW3 方法等）均来自于正常儿童，但极端身高儿童或疾病儿童的身高生长模式可能会有所不同，因此，一些研究者根据长期临床资料的积累，提出了针对特殊人群的成年身高预测方法，与正常儿童的成年身高预测方法同时应用，为儿童生长发育疾病的治疗提供参考。

5.6.1 特发性矮身高儿童成年身高预测模型

大部分 ISS 儿童的身高仅稍低于正常值标准，但是也有一部分类似于生长激素分泌不足儿童，身高生长出现障碍。

Leschek 等（2004）在研究 GH 治疗对 ISS 儿童成年身高的影响时，提出了预测 ISS 儿童（未经治疗）成年身高的回归模型。所包括的 ISS 儿童条件如下：①受试者年龄为男 10~16 岁，女 9~15 岁；②受试者骨龄为男骨龄≤13 岁，女骨龄≤11 岁；③第二性征发育，男睾丸体积≤10ml，女乳房发育 B2 等级以下；④不同部位的生长明显成比例；⑤GH 刺激试验中 GH 高峰>7μg/L；⑥身高 SDS 或预测的成年身高 SDS≤-2.5SDS。

所提出的预测成年身高多元回归模型为：

$$AH\ SDS = 0.00722 + 0.878(BH\ SDS) - 0.047(BA - CA)$$

式中：AH SDS = 成年身高 SDS，BHSDS = 基线身高 SDS，BA = 骨龄（岁），CA = 生活年龄（岁）。

5.6.2 特纳综合征儿童成年身高预测模型

矮身高是 TS 最普遍的身体异常，通常在 2~4 岁身高生长速度下降，未经治疗病人的成年身高比正常人群低 20cm 左右。由于缺乏雌性激素对骨的作用,TS 病人的骨龄延迟,在青春期尤为明显。促进 TS 病人的生长是儿科内分泌学主要的治疗目之一,所以成年身高的预测在治疗过程中具有重要的作用。

1. 成年身高投映法

1985 年,Lyon 等(1985)假设成年身高 SDS 等于 TS 女孩达到成年身高前某生活年龄时的身高 SDS($HSDS_{CA}$),根据 TS 病人身高生长图表可计算出身高 SDS,该 SDS 就是成年时的 SDS,根据 TS 病人成年身高的平均数和标准差进而计算出成年身高,这种方法称为投映方法(projected adult height,PAH)。计算公式为:

$$\text{SDS} = (\text{测量身高} - \text{平均身高}) / \text{标准差}$$

$$\text{成年身高} = \text{平均成年身高} - \text{SDS} \times \text{标准差}$$

2. 特纳综合征成年身高预测方法

1996 年,van Teunenbroek 等(1996)采用了多元回归分析方法,提出了预测 TS 病人成年身高的回归方程,称为 PTS 方法。该方法使用了荷兰特纳综合征女孩的资料,使用病人各年龄组的身高(H)、生活年龄(CA)、骨龄(BA)为自变量,TS 病人成年身高(FH)为变量,预测成年身高公式如下:

$$\text{FH(cm)} = (a \times H) + (b \times CA) + (c \times BA) + \text{常数}$$

方程中的骨龄项可使用 TW2-RUS 或 G-P 骨龄;a、b、c 分别为 H、CA、BA 的回归系数,见表 5.40。与以往的 TS 成年身高预测方法相比,PTS 预测方法有较小的平均预测误差和较高的精确性。如将上述两种方法结合起来(取两种预测结果的平均数)使用,对 TS 病人的成年身高预测效果最好。

表 5.40　分别使用 PTS_{RUS} 和 PTS_{GP} 骨龄的 H、CA、BA 系数与常数

年龄	PTS_{RUS}				PTS_{G-P}			
	a(H)	b(CA)	c(RUS)	常数	a(H)	b(CA)	c(G-P)	常数
6	1.16	-1.80	-3.25	52.74	1.20	-3.30	-2.07	49.47
7	1.18	-1.54	-3.28	49.81	1.27	-2.84	-2.51	40.63
8	1.18	-1.40	-3.18	46.34	1.32	-2.34	-2.87	32.90
9	1.16	-1.41	-2.84	46.14	1.33	-1.91	-3.01	28.98
10	1.08	-1.26	-2.17	47.35	1.26	-1.49	-2.81	30.85
11	0.97	-0.91	-1.33	48.63	1.12	-1.23	-2.20	39.35
12	0.98	-1.12	-0.87	55.43	1.01	-1.44	-1.75	51.69
13	0.89	-1.70	-1.07	64.51	0.96	-1.75	-1.69	59.04
14	0.94	-1.56	-1.50	58.62	0.99	-1.27	-1.80	49.24
15	1.01	-1.06	-1.82	44.73	1.07	-0.53	-2.12	31.28
16	1.04	-0.78	-1.91	37.9	1.13	-0.13	-2.30	18.60
17	1.01	-0.38	-1.83	33.73	1.09	0.31	-1.91	10.94
18	0.99	-0.09	-1.75	30.58	1.03	0.48	-1.41	8.95
19	0.99	-0.18	-1.66	31.32	1.01	0.17	-1.12	13.60

5.6.3 以 GH 治疗的 GHD 儿童成年身高预测方法

长期的临床研究证明,生物合成的 GH 能够有效地改善 GHD 儿童的成年身高。临床医生希望在开始治疗前就可预测经过治疗后患儿的成年身高,以获取 GH 治疗长期预后的信息,而患者也可以了解 GH 治疗所获益处的大小,而且在治疗过程中对患儿成年身高的预测也是决定是否继续治疗的重要依据。因此,de Ridder 等(2007)依据 342 名 GHD 儿童(患综合征、肿瘤及其他疾病者被排除,GH 刺激试验中 GH 峰<11ng/ml,GH 治疗至少 1 年)分别计算了开始治疗时以及在治疗 1 年时的成年身高预测模型。

1. 开始治疗时的成年身高预测模型

青春期前的 GHD 儿童:

$\text{AH SDS}=1.186+1.021\times \text{H SDS}_0+0.077\times \text{H SDS}_0^{\ 2}+0.264\times \text{TH SDS}-0.148\times \ln(\max \text{GH})+0.260\times$性别$+0.302\times \text{MPHD}-0.047\times \text{BA}$;$(R^2=0.37)$

预测方程中,AH SDS:成年身高 SDS;H SDS_0:开始治疗时身高 SDS;TH SDS:靶身高 SDS;ln(max GH):刺激试验中最大 GH 峰的自然对数;性别:男=0、女=1;MPHD:多种垂体激素缺乏,无=0、有=1;BA:骨龄。

进入青春期的 GHD 儿童:

$\text{AH SDS}=-0.746+0.416\times \text{H SDS}_0+0.391\times \text{TH SDS}+0.242\times \text{BA}$延迟 $(R^2=0.41)$

预测方程中,AH SDS:成年身高 SDS;H SDS_0:开始治疗时身高 SDS;TH SDS:靶身高 SDS;BA:骨龄。

2. GH 治疗 1 年后的成年身高预测模型

青春期前的 GHD 儿童:

$\text{AH SDS}=-0.049+1.169\times \text{H SDS}_1+0.107\times \text{H SDS}_1^{\ 2}+0.187\times \text{TH SDS}+0.325\times$性别$+0.289\times \text{MPHD}+0.094\times \text{BA}$延迟$+0.288\times \triangle \text{H SDS}_1$$(R^2=0.50)$

预测方程中,AH SDS:成年身高 SDS;H SDS_1:开始治疗 1 年后的身高 SDS;TH SDS:靶身高 SDS;性别:男=0、女=1;MPHD:多种垂体激素缺乏,无=0、有=1;BA:骨龄;$\triangle \text{H SDS}_1$:治疗 1 年后身高 SDS 的变化。

进入青春期的 GHD 儿童:

$\text{AH SDS}=-0.915+0.502\times \text{H SDS}_1+0.331\times \text{TH SDS}+0.156\times \text{BA}$延迟$+0.477\times \triangle \text{H SDS}_1$ $(R^2=0.66)$

预测方程中,AH SDS:成年身高 SDS;H SDS_1:开始治疗 1 年后的身高 SDS;TH SDS:靶身高 SDS;BA:骨龄;$\triangle \text{H SDS}_1$:治疗 1 年后身高 SDS 的变化。

成年身高 SDS 是临床医生获取 GH 治疗长期结果信息的重要途径。应用预测模型可以给病人提供个体预测值,如果进行 GH 治疗所获益处的大小。在治疗 1 年后,可再次精确预测,决定是否继续治疗。

5.6.4 小于孕龄儿开始治疗时的成年身高SDS预测模型

De Ridder等(2008)根据两项矮身高SGA儿童的GH治疗试验数据,也提出了SGA儿童成年身高预测模型。选择SGA儿童的条件包括:①儿童出生时孕龄身长SDS小于-2;②在开始治疗时儿童年龄在3岁以上,年龄身高SDS小于-2,年龄身高生长速度SDS小于0,出现自然赶上生长的儿童被排除;③女孩Tanner乳房发育等级为B1,男孩睾丸体积小于4ml,为青春期前发育状态。

他们的研究发现,与青春期开始时的身高SDS正相关的决定因子有:开始治疗时的身高SDS_0、靶身高(TH)SDS和GH剂量。但女性开始治疗时的年龄为负相关;与成年身高SDS正相关的因子有:开始治疗时的身高SDS和生活年龄(CA)减骨龄(BA)、靶身高SDS和GH剂量,而血清胰岛素样生长因子结合蛋白-3(IGFBP-3)SDS为负相关,GH剂量与IGFBP-3 SDS之间存在显著的相互作用。最终模型解释了青春期开始时身高SDS方差的57%,成年身高SDS的41%。因为GH治疗剂量是决定因子,所以模型还有助于决定个体SGA儿童适宜的GH治疗剂量。SGA儿童成年身高预测模型如下:

1. 预测青春期开始时身高SDS的模型

青春期开始时的身高SDS=3.10+0.70×身高SDS_0+0.13×TH SDS-0.004×IGFBP-3 SDS+0.16×GH剂量-0.28×GH剂量×IGFBP-3 SDS+0.070(CA-BA)-0.34×性别-0.27×年龄(R^2=0.57,残差SD=0.49cm)

预测方程中,身高SDS_0=开始治疗时身高SDS;TH SDS=靶身高SDS;IGFBP-3 SDS=血清胰岛素样生长因子结合蛋白-3 SDS;GH剂量[0=0.033 mg/(kg·d),1=0.066mg/(kg·d)];CA=生活年龄;BA=骨龄,性别:男=0;女=1。

2. 预测成年身高SDS的模型

成年身高SDS=0.11+0.66×身高SDS_0+0.12×TH SDS-0.11×IGFBP-3 SDS+0.15×GH剂量-0.27×GH剂量×IGFBP-3 SDS+0.21×(CA-BA)(R^2=0.41,残差SD=0.72cm)

预测方程中,身高SDS_0=开始治疗时身高SDS;TH SDS=靶身高SDS;IGFBP-3 SDS=血清胰岛素样生长因子结合蛋白-3 SDS;GH剂量[0=0.033 mg/(kg·d),1=0.066mg/(kg·d)];CA=生活年龄;BA=骨龄。

GH剂量与IGFBP-3相互作用项的系数为负($P=0.0003$),说明治疗开始时GH剂量的作用与IGFBP-3 SDS有关,IGFBP-3值较低时,GH剂量效应则较高。

3. GH治疗剂量特征模型

因为GH剂量是预测成年身高SDS的重要变量,所以de Ridder等(2008)建议,可根据治疗目的使用上述预测模型调整GH剂量。首先,以0.033mg/(kg·d)的GH剂量预测成年身高SDS,如果预测结果达到意愿,就可以该剂量治疗。如果对预测结果不满意,再以0.066mg/(kg·d)的GH剂量预测成年身高SDS,假如预测结果仍然低于治疗目的,那么应当考虑GH治疗是否会获得益处;而如果预测的成年身高在预期的范围之内,则可以该GH剂量进行治

疗;如果预测的结果高于治疗目的许多,可以下列公式计算所应当使用的 GH 剂量:

GH 剂量 mg/(kg · d) = 0.033×[AHSDS 目标 − 0.11 − 0.66×身高 SDS − 0.12×TH SDS + 0.11×IGFBP-3 SDS − 0.21×(CA − BA)] /(0.15 − 0.27×IGFBP-3 SDS) + 1

预测方程中,AHSDS = 预定的成年身高 SDS;身高 SDS = 治疗时身高 SDS;TH SDS = 靶身高 SDS;IGFBP-3 SDS = 血清胰岛素样生长因子结合蛋白-3 SDS;CA = 生活年龄;BA = 骨龄。

例如,一名儿童身高 SDS = −3.86、年龄 = 7.35 岁、骨龄 = 6 岁、IGFBP-3 SDS = −2.46、TH SDS = −1.57,以 0.033 mg/(kg · d)剂量所计算的成年身高 SDS 为 −2.07,仍然在正常值范围之外。而以 0.066 mg/(kg · d)计算,预测的成年身高 SDS 为 −1.26,如果治疗目的是成年身高 SDS 达到 −1.5,那么使用上述公式所计算的 GH 治疗剂量为 0.056 mg/(kg · d)。

5.6.5 软骨发育不全病人成年身高预测方法

软骨发育不全(achondroplasia)病人的下肢长度、上肢长度和身高是主要的受累指标。Paley 等(2005)应用 Horton 数据库的 403 名(214 女和 189 男)出生至 18 岁软骨发育不全病人数据,计算了每年龄时的身高系数(multiplier, M),M = 成年身高除以现身高,并以同样方法计算了躯干(座高)系数和下肢长系数,见表 5.41。使用这些系数可以预测软骨发育不全病人的成年身高、坐高和下肢长。计算公式为:

$$FH = H \times M$$

式中:FH = 最终身高;H = 现身高;M = 身高系数

表 5.41 软骨发育不全病人的身高、坐高和下肢长系数

年龄	男			女		
	身高系数	坐高系数	下肢系数	身高系数	坐高系数	下肢系数
1	2.017	—	—	1.943	—	—
2	1.798	1.652	1.997	1.744	1.652	2.019
3	1.679	1.591	1.827	1.632	1.526	1.830
4	1.579	1.493	1.665	1.535	1.452	1.681
5	1.501	1.416	1.536	1.461	1.388	1.566
6	1.43	1.363	1.435	1.400	1.360	1.437
7	1.366	1.319	1.365	1.343	1.317	1.383
8	1.318	1.274	1.328	1.274	1.285	1.323
9	1.270	1.241	1.297	1.222	1.241	1.235
10	1.221	1.217	1.233	1.170	1.186	1.172
11	1.181	1.176	1.179	1.130	1.174	1.128
12	1.145	1.136	1.122	1.098	1.107	1.097
13	1.105	1.090	1.078	1.066	1.076	1.075
14	1.079	1.056	1.053	1.042	1.046	1.053
15	1.054	1.036	1.033	1.023	1.022	1.023
16	1.032	1.022	1.021	1.009	1.016	1.012
17	1.018	1.013	1.011	1.000	1.006	1.002
18	1.000	1.000	1.000	—	1.000	1.000

5.7 在骨龄和生长评价中应注意的问题

1. 生长发育的种族差异

上述所介绍的不同类型矮身高儿童的诊断与监测数据均来自国外，身高的评价使用了各自人群的评价标准，骨龄的评价大都采用了 G-P 图谱方法或 TW 方法，成年身高预测也多应用了 B-P 方法。但是，因遗传和环境因素的不同，不同种族人群儿童的生长发育规律存在很大的差异。因此，选择适用的评价方法与标准是正确诊断与治疗监测的关键问题之一。

表 5.42 和表 5.43 为 1376 名（男 720 名，女 656 名）中国当代儿童样本的 G-P 法、百分计数法、CHN 法和 TW3-C RUS 法骨龄（张绍岩等，2000d）。在男 10 岁、女 9 岁前，G-P 图谱骨龄与生活年龄差值为男 −0.44 ~ −0.05 岁、女 −0.22 ~ 0.29 岁，除男 5 岁、女 4 岁和 7 岁组（$P<0.05$）外，与零检验值之间无显著性差异（$P>0.05$），此年龄后二者差值为男 0.59 ~ 1.37 岁、女 0.32 ~ 1.38 岁，与零检验值之间有显著性差异（$P<0.01$）。在以往的研究中，已经证实了中国儿童的生长发育特征，即青春期前生长发育延迟于 G-P 图谱的美国白人儿童样本，在青春期中国儿童发育加速而提前。通过上述当代中国儿童 G-P 骨龄的分析表明，因当代中国儿童生长发育加速的长期趋势，使青春期前的生长发育与 G-P 美国儿童样本相近，但青春期的提前更加显著，表现出了明显的种族差异。

2. 中国儿童生长发育加速的长期趋势

由表 5.42 和表 5.43 也可见，百分计数法和 CHN 法骨龄与生活年龄的差值分别为男 0.66 ~ 3.12 岁、女 1.11 ~ 2.53 岁和男 0.54 ~ 0.94 岁、女 0.31 ~ 1.00 岁，均显著大于零检验值（$P<0.01$）。

表 5.42 男子 G-P 图谱、百分位数法、CHN 法和 TW3-C RUS 法骨龄与年龄差值平均数与标准差（岁）

年龄（岁）	G-P 图谱法	百分计数法	CHN 法	TW3-C RUS 法
3	−0.05±0.50	0.95±0.71**	0.70±0.72**	−0.05±0.63
4	−0.25±0.61*	1.09±0.73**	0.86±0.81**	0.01±0.81
5	−0.44±0.73**	1.03±0.78**	0.74±0.85**	−0.25±0.82*
6	−0.19±0.98	1.11±1.22**	0.87±1.14**	−0.19±1.18
7	−0.27±1.03	0.97±1.05**	0.67±1.10**	−0.11±1.13
8	−0.07±1.20	1.05±1.22**	0.72±1.23**	−0.17±1.13
9	−0.16±1.03	0.99±0.96**	0.54±1.14**	−0.13±1.05
10	0.64±1.07**	1.37±1.17**	0.94±1.04**	−0.09±1.12
11	0.71±1.12**	1.68±1.29**	0.86±1.11**	0.08±1.21
12	0.59±1.08**	1.70±1.04**	0.71±0.96*	0.14±0.89
13	0.86±1.32**	2.06±1.32**	0.66±1.21**	0.18±1.08
14	0.89±1.14**	2.15±1.37**	0.60±1.06**	−0.13±0.90
15	1.37±1.22**	3.12±1.65**	0.86±1.25**	0.12±0.88
16	0.98±0.94**	2.81±1.65**	0.61±1.07**	−0.14±0.66

注：单样本 t 检验：* $P<0.05$，** $P<0.01$。

表 5.43 女子 G-P 图谱、百分位数法、CHN 法和 TW3-C RUS 法骨龄与年龄差值平均数与标准差(岁)

年龄(岁)	G-P 图谱	百分计数法	CHN 法	TW3-C RUS 法
3	0.02±0.50	1.11±0.60**	0.31±0.64*	-0.10±0.70
4	-0.21±0.71*	1.33±0.89**	0.50±0.99**	-0.27±1.00*
5	-0.01±0.97	1.78±1.24**	0.71±1.04**	0.22±0.97
6	-0.09±0.93	1.96±0.88**	0.75±1.17**	-0.05±1.19
7	0.24±1.13	2.33±1.01**	1.00±1.20**	0.21±1.19
8	-0.22±1.02	2.11±0.91**	0.68±1.05**	-0.05±1.07
9	0.32±1.12*	1.95±0.72**	0.62±1.04**	-0.07±0.97
10	0.76±0.98**	2.18±0.70**	0.89±0.92**	0.15±0.92
11	0.58±0.87**	1.80±0.58**	0.50±0.72**	-0.13±0.79
12	1.15±1.05**	1.70±1.09**	0.65±1.10**	0.10±0.92
13	1.38±0.92**	1.78±1.10**	0.91±1.15**	0.17±0.99
14	1.01±1.02**	1.50±1.57**	0.83±1.82**	0.01±1.06
15	0.86±0.84**	1.38±1.86**	0.72±0.92**	-0.09±0.59

注:单样本 t 检验, * $P<0.05$, ** $P<0.01$。

百分计数法根据 20 世纪 60 年代中国北京地区的儿童(李果珍等,1979),CHN 法根据 20 世纪 80 年代中国儿童(张绍岩等,1993)。以百分计数法和 CHN 法骨龄标准评价当代儿童,就相当于与我国 20 世纪 60 年代和 80 年代年代的儿童相比较。男、女各年龄组 CHN 法骨龄和百分计数法骨龄与生活年龄差值与零检验值有非常显著的差异($P<0.01$),而且百分计数法的差值显著大于 CHN 法,而男、女各年龄组 TW3-C RUS 法骨龄与生活年龄差值平均数仅在 0.10~0.27 岁,除女 4 岁组($P<0.05$)外,与零检验值之间均无显著性差异($P>0.05$),这些应用研究结果反映了 40 年来中国儿童生长发育不断提前的长期趋势。

因此,在选择骨龄标准时,应当考虑到骨发育所具有的种族差异和中国儿童骨发育加速的长期趋势,否则骨龄标准选择不当,可能对疾病诊断和治疗过程中的生长反应的判断产生误导。

3. 应当选用同代儿童的骨龄标准和生长标准

因我国儿童的生长正处于加速的长期趋势之中,所以在评价儿童的生长发育时应当选用同代儿童样本制订的骨龄标准和生长标准。如果选择了“过时”的骨龄标准,那么将会高估儿童的骨龄,如果选择了“过时”的生长标准,那么也将会高估儿童的身高或体重。如果评价标准使用不当,将会得出错误的生长发育评价结果。我国卫生、教育、体育界一直在监测中国儿童生长发育的长期变化,依据 2003~2005 年中国儿童大样本,同时修订了身高、体重标准(李辉等,2009)、第二性征标准(中华医学会儿科学分会内分泌遗传代谢学组青春发育调查研究协作组,2010)和骨龄评价标准(张绍岩等,2006),为儿童生长发育的评价奠定了基础。

4. 注重以 SDS 表示数据

许多生长学测量数据呈偏态分布，所以需要采用特定数学模型进行数据转换，拟合和平滑百分位数曲线，制订生长图表。目前，国际间已经普遍使用 LMS 方法和 LMSP 方法构建百分位数标准曲线，这些方法不仅可以对百分位数曲线的可靠性进行严格的检验，而且也很容易地将偏态或峰态数据转换为正态分布，计算出 SDS 分值。以 SDS 表示的数据，可在不同性别、年龄和种族人群进行比较，甚至也能够在不同指标之间相互比较，SDS 表示方法已经在临床研究报告中得到普遍的应用。我国近期修订的生长发育标准也都采用了 LMS 方法和 LMSP 法，有利于 SDS 的应用，有益于治疗经验与学术的交流。

5.8 充分利用手腕部 X 线片所含有的信息

儿童手腕部 X 线影像不仅揭示了骨的钙化组分，而且也反映了骨和软骨的生长、分化和钙化过程，这些过程又都受到控制机制的调节。因此，手腕部 X 线片不仅能够用于评价骨龄，而且通过仔细检查，还可以发现骨发育异常及其影响因素，为临床实践提供更多的信息。

5.8.1 手腕骨发育异常

在身体检查中有些表型特征难以发现，需借助 X 线摄片进行观察。因营养不良、特纳综合征等疾病，手腕部有可能出现发育异常：

1. 生长停滞线

生长停滞线（growth arrest lines）也称为哈里斯（Harris）生长线，在长骨干骺端可见密度增加的横向白线，与有规律的纵向排列的骨小梁相垂直（图 5.18、图 5.19）。生长停滞线与生长板之间的距离说明了生长停止以来所经历的时间，如果存在若干条这样的生长停滞线，则提供了儿童长期生长概况史。

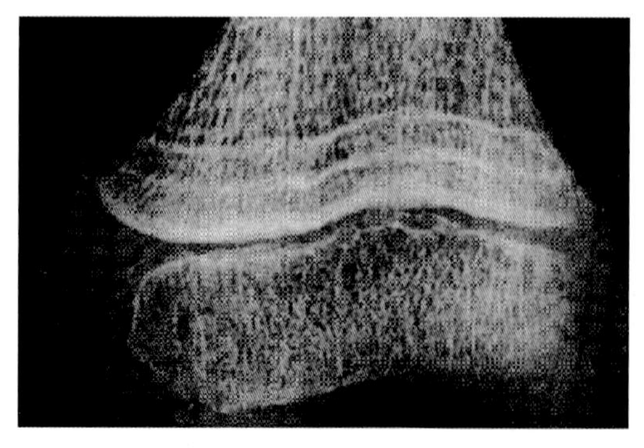

图 5.18　一名 2.5 岁脑水肿儿童的股骨远端 X 线片表现有 2 条生长停滞线

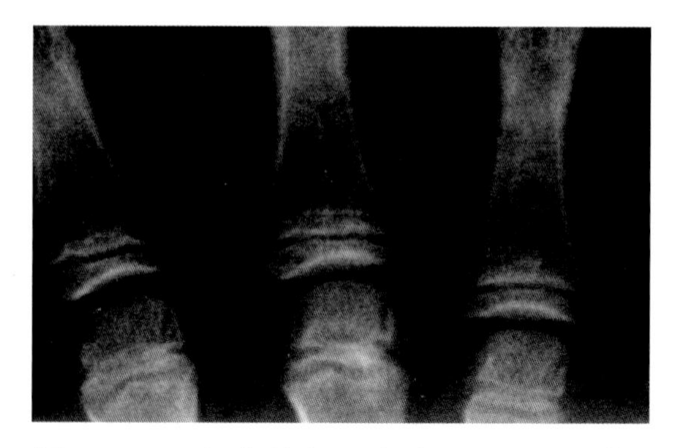

图 5.19　经历 2 年社会心理损害的 13 岁男孩手部 X 线片中节指骨有一条骨化线，表示了连续 18 个月的损害

2. 骨发育异常

Sondgraeee 等(1955)在研究营养状况与骨发育异常的关系时,将在其他非正常解剖学位置上出现类似骨化中心的影像,或出现异常和显著小于相邻骨结和(或)变形的确定为骨发育异常,并将手腕骨异常分为非骺异常和骺异常:

非骺异常:在指骨、掌骨和腕骨部位出现的大小、形状和方向的变形。

骺异常:指真骺位置之外的异常,可继续分类为掌骨、近节指骨、中节指骨骨干的非骺端出现的额外的骨化中心(图 5.20)或假骺(图 5.21、图 5.22)。

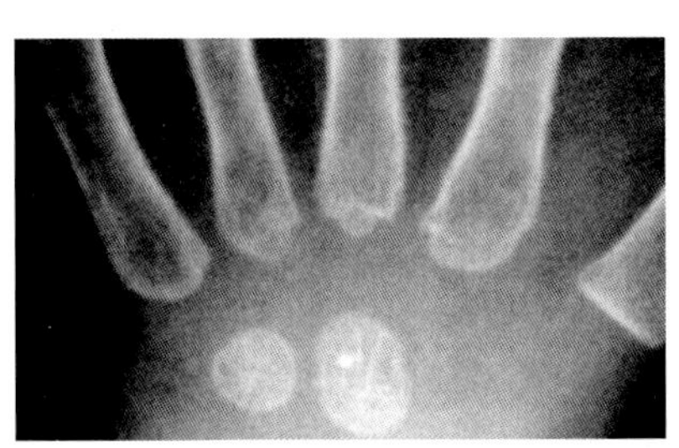
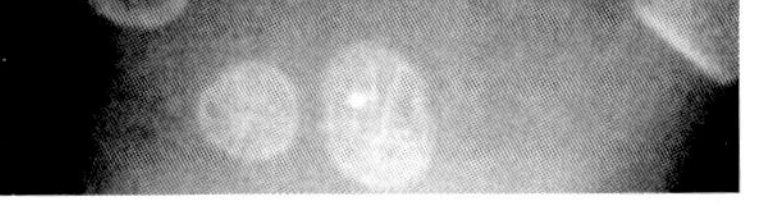

图 5.20 第三掌骨底额外骨化中心

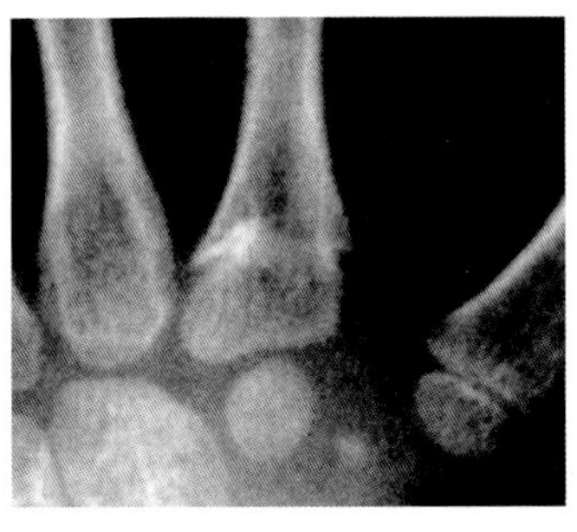

图 5.21 第二掌骨底假骺

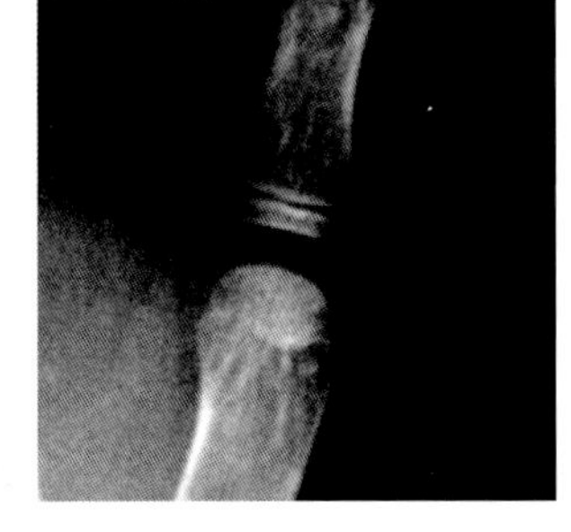

图 5.22 第一掌骨远侧端假骺

Sondgraeee 等(1955)对 266 名 5~14 岁儿童(142 名有营养障碍)左手腕 X 线片"骺异常"频数分析表明,营养障碍儿童骺异常的发生率显著大于无营养障碍的儿童,常见骺异常的骨为:掌骨 Ⅰ 远端,掌骨 Ⅱ 和 Ⅴ 近侧端,拇指近侧指骨远侧端,以及第五手指的中节指骨。

短指骨和短掌骨是骨发育异常的常见表现(图 5.23~图 5.25),例如特纳综合征女孩第四和第五短掌骨的临床表现非常明显。奥尔布赖特遗传性骨营养不良(Albright's hereditary osteodystrophy,AHO)的典型而特异的症状也是短指骨,表现为手部特定长骨相对缩短和加宽,通常发生在掌骨 Ⅲ、Ⅳ、Ⅴ 和远节指骨 Ⅰ。AHO 是假性甲状旁腺功能减退(pseudohypoparathyroidism,PHP)病人的特殊表型(De Sanctis et al. ,2004)。

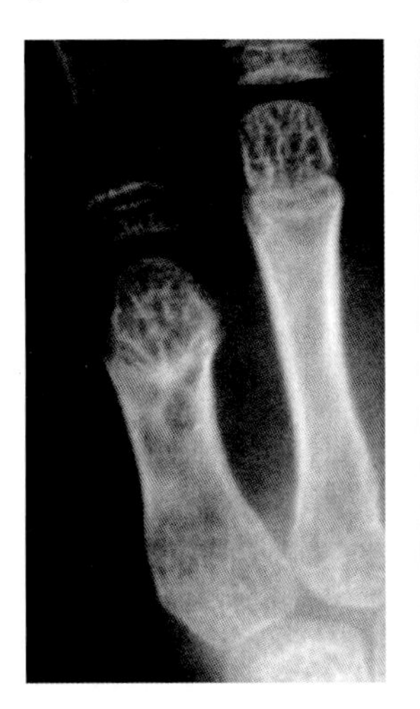

图 5.23 短掌骨 Ⅴ

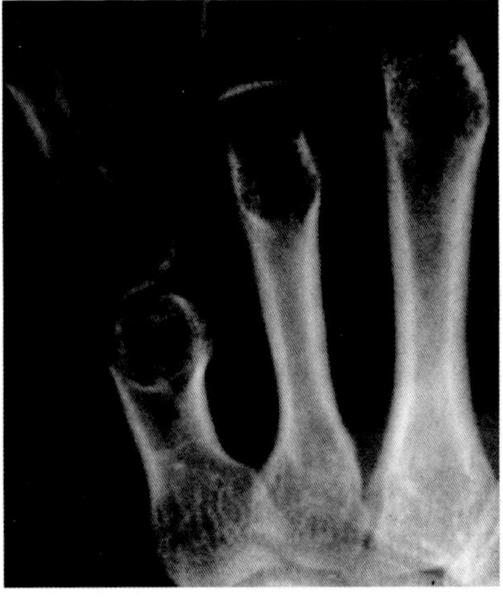

图 5.24 短掌骨 Ⅳ 和 Ⅴ

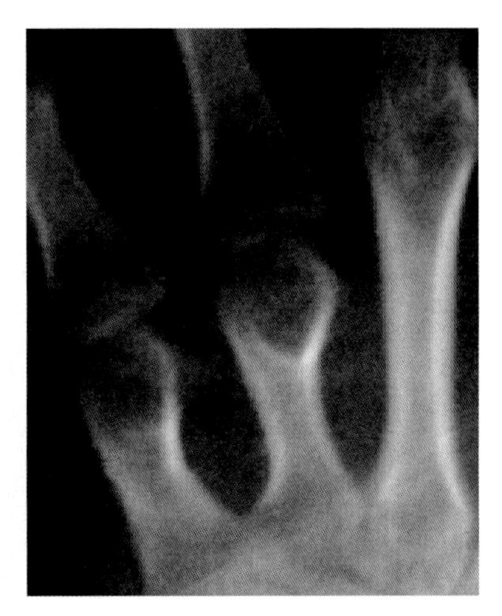

图 5.25 短掌骨 Ⅳ 和 Ⅴ

自 Rao 等(1997)发现矮身高同源框基因(short stature homeobox-containing gene,SHOX)以来,对于 SHOX 的了解迅速增长。SHOX 单倍不足影响肢体发育,是矮身高的重要原因。SHOX 突变的发生率约为 1/1000 新生儿,使得这种基因突变成为最普遍的生长障碍和骨畸形的遗传病因。马德隆畸形(Madelung deformity),以及 77% 的 Leri-Weill 软骨骨生成障碍(Leri-Weill dyschondrosteosis,LWD)、66% 的特纳综合征、3% 的特发性矮身高是由 SHOX 杂合突变所致;而在 100% 的兰格肢中部发育不良(Langer mesomelic dysplasia,LMD)病人都鉴别出了 SHOX 纯合突变(Gahunia et al. ,2009)。马德隆畸形是这些病人共同的手腕部 X 线表现,及早识别出 SHOX 单倍不足的放射学特征,对于疾病的诊断可能有重要作用。

马德隆畸形由桡骨骺生长紊乱所致,可见桡骨下垂,骺过早融合,尺骨头脱位和楔形的腕骨(图 5. 26、图 5. 27)。

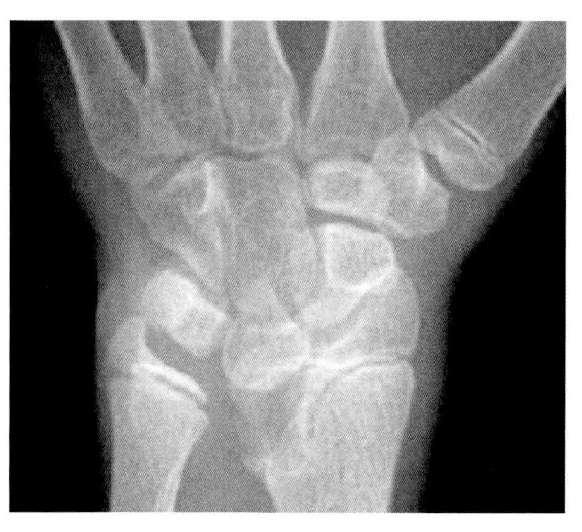

图 5. 26　一名 14 岁女孩左手腕的马德隆畸形(桡骨远侧骺三角形化;近侧排腕骨椎体化;桡骨远侧的尺侧透明区)

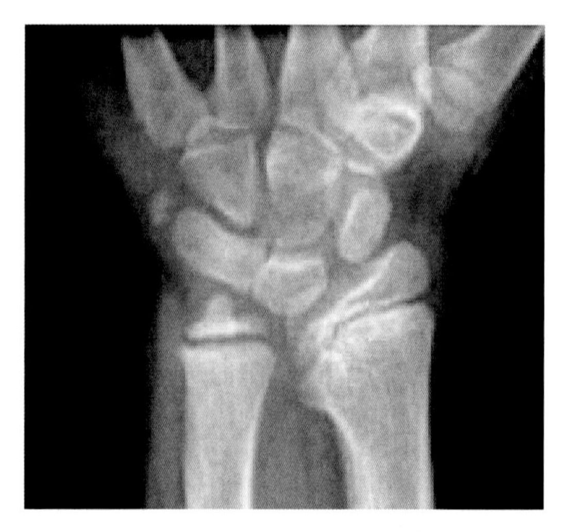

图 5. 27　一名 13 岁 Leri-Weil 软骨骨生成障碍男孩左手腕马德隆畸形

5.8.2 手部掌指骨长度模式特征分析

很多染色体异常、遗传性疾病或内分泌疾病引起掌骨和指骨的长度发生改变。例如，唐氏综合征(Down 综合征)、染色体数目异常(包括镶嵌型，mosaicism)、耳腭指综合征(Oto-Palato-Digital，OPD)、假性先天性甲状旁腺功能减退症(pseudoidiopathic hypoparathyroidism)即是典型的案例。在掌指骨的长度变化较为明显时，有经验的医生能够在 X 线片上直接观察出来。

但是，手部解剖结构复杂，19 块管状骨长度的变化可以组成多种组合，单凭视觉经验难以分析所有掌指骨变化。因此，Poznanski 等(1972)提出以手部掌指骨长度模式特征分析(metacarpophalangeal pattern profiles，MCPP)评价骨骼的异常，Garn 等(1972)也同时发表了用于 MCPP 分析的掌指骨长度标准。1997 年，Poznanski 和 Gartman(1997)报告了自 1972 年以来关于骨发育异常、先天性畸形综合征以及其他生长紊乱疾病 MCPP 的研究文献目录。近些年来，一些研究者使用判别分析统计方法，报告了诊断 Noonan 综合征(Butler et al.，2000)以及 Leri-Weill 软骨骨生成障碍(Laurencikas et al.，2005a)的 MCPP 判别函数。Laurencikas 等(2005b)报告，MCPP 分析是特纳综合征的早期诊断手段，也是软骨骨生成障碍、特纳综合征和软骨发育不良有价值的鉴别诊断方法(Laurencikas et al.，2006)。

虽然不同人群的 MCPP 表现出高度相关，但掌指骨长度也存在一定的种族差异，所以有研究建议，应用特定地域人群的掌指骨长度标准来分析 MCPP(Laurencikas and Rosenborg，2000；Lewis，2001)。因此，张绍岩等(2009e)在中国人手腕骨发育标准——中华 05 样本中随机抽取了 2~19 岁 3259 名(男 1667 名，女 1592 名)中国汉族城市儿童的手腕部 X 线片，使用游标卡尺(测量精度为 0.02mm)，在 X 线片上直接测量 19 块管状骨(掌指骨)的纵轴长度(测量方法见图 5.28)，制订了中国儿童掌指骨长度正常参考值，见表 5.44、表 5.45。

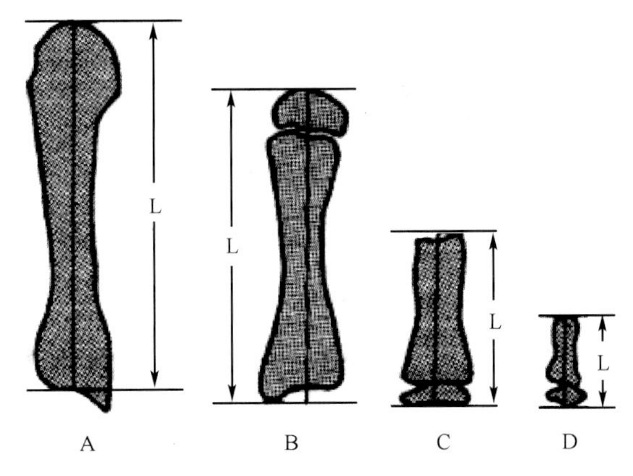

图 5.28 掌指骨长度测量方法示意图

A. 第三掌骨；B. 第一、二、四、五掌骨；C. 近节指骨、中节指骨；D. 远节指骨；L. 长度

中国男女儿童掌指骨长度的生长与骨发育成熟和性发育的规律相一致，女性掌指骨停止生长较早(约 13 岁)，男性较晚(约 15 岁)。13 岁前，女性掌指骨长度生长提前于男儿童，此后男儿童掌指骨长度继续生长而长于女性。在成年，男性掌指骨长度大于女性的程度由近侧至远侧而逐渐加大。

在远、中、近节指骨和掌骨各排内，骨的相对长短具有一定次序，见表 5.46。在远节指骨排中第一指远节指骨最长，第五远节指骨最短；在中节指骨排中，中节指骨Ⅲ最长；在近节指骨排中，近节指骨Ⅲ最长；在掌骨排中，第二掌骨最长，第五掌骨最短。

表 5.44　中国儿童 2 岁至成年掌指骨长度(mm)平均数与标准差(女)

年龄	2	3	4	5	6	7	8	9	10	11	12	13	14	15	16	成年
MC 1	20.0±1.9	23.0±1.9	25.5±1.7	27.5±1.9	30.3±1.8	31.0±2.0	33.6±2.2	35.7±2.5	37.9±2.7	40.2±2.6	42.2±2.6	42.8±2.5	42.9±2.3	43.1±2.5	43.1±2.3	43.2±2.3
MC 2	31.8±2.3	35.2±2.4	38.6±2.6	41.8±2.6	45.5±2.6	48.0±2.6	49.9±2.8	52.5±3.2	55.8±3.4	58.9±3.9	62.1±3.8	63.7±3.9	63.8±3.3	63.8±3.4	63.9±3.1	63.9±3.0
MC 3	29.9±2.2	33.4±2.3	36.9±2.7	39.6±2.5	43.3±2.5	45.7±2.7	47.3±3.0	49.8±3.4	52.8±3.7	50.6±3.9	58.7±3.7	60.1±4.0	60.2±3.3	60.4±3.4	60.6±3.1	60.5±3.0
MC 4	26.6=2.3	29.9±2.2	32.8±2.6	35.2±2.5	38.6±2.3	40.6±2.4	42.3±2.8	44.4±2.9	47.1±3.3	49.8±3.6	52.3±3.4	53.4±3.6	53.6±3.4	53.7±3.2	53.6±3.2	53.8±2.6
MC 5	23.8=2.0	26.7±2.2	29.6±2.2	32.1±2.6	35.3±2.1	37.0±2.4	38.6±2.5	40.8±2.9	43.1±3.5	45.8±3.3	48.2±3.1	49.3±3.4	49.4±3.0	49.4±2.8	49.6±2.7	49.5±2.6
PP 1	15.1±1.5	16.6±1.2	18.0±2.1	19.1±2.2	20.7±1.1	21.9±1.6	22.5±2.0	24.4±1.9	26.1±2.1	27.9±2.3	29.4±2.6	30.1±2.0	30.2±2.0	30.2±1.8	30.3±1.7	30.3±1.8
PP 2	21.0±1.5	22.9±1.4	24.3±2.1	26.0±1.9	28.3±1.6	19.6±1.9	30.4±2.4	32.5±2.1	34.5±2.3	36.4±2.7	38.6±2.7	38.7±2.3	38.8±2.4	38.9±2.3	38.9±2.2	39.0±2.0
PP 3	23.3±1.4	25.5±1.7	27.0±2.6	28.6±2.3	31.3±1.7	32.6±1.8	33.8±2.1	35.8±2.3	38.0±2.6	40.3±2.7	42.4±2.5	43.1±2.5	43.2±2.3	43.1±2.7	43.2±2.1	43.3±2.2
PP 4	21.8±1.3	23.7±1.7	25.3±1.6	26.6±2.3	28.9±1.6	30.2±1.7	31.3±2.2	33.1±2.2	35.1±2.8	37.1±2.8	39.3±2.4	40.1±2.5	40.2±2.5	40.3±2.6	40.2±1.9	40.3±2.1
PP 5	17.1±1.2	18.5±1.8	19.8±1.3	20.9±1.9	22.4±1.2	23.4±1.9	24.3±2.3	25.7±2.0	27.6±2.4	29.1±2.2	30.9±2.7	31.5±2.3	31.5±2.1	31.6±2.2	31.5±1.9	31.5±1.7
MP 2	11.8±1.0	13.0±1.1	14.1±1.0	15.1±1.8	16.3±1.5	16.8±1.4	17.7±1.6	18.7±1.8	19.6±1.6	20.8±1.7	21.9±1.5	22.2±1.6	22.2±1.7	22.3±1.7	22.3±1.3	22.3±1.5
MP 3	14.3±1.1	15.6±1.1	16.9±1.3	17.7±1.6	19.5±1.4	20.3±1.4	21.1±1.6	22.3±1.7	23.5±1.7	24.8±2.0	26.2±1.8	26.3±2.0	26.5±1.4	26.6±1.8	26.5±1.5	26.6±1.7
MP 4	13.6±1.1	15.0±1.3	16.0±1.1	16.7±1.4	18.3±1.3	19.1±1.4	19.8±1.7	21.0±1.5	22.2±1.8	23.4±2.0	24.7±1.7	24.9±2.0	25.1±1.5	25.2±1.6	25.2±1.5	25.1±1.7
MP 5	9.2=1.0	10.1±1.3	11.1±1.0	11.5±1.2	12.6±1.1	13.4±1.5	13.7±1.2	14.8±1.2	15.5±1.7	16.6±1.5	17.2±1.6	17.5±1.6	17.6±1.4	17.8±1.7	17.7±1.3	17.8±1.5
DP 1	11.5±0.9	12.5±0.9	13.3±0.9	14.2±1.1	15.5±1.0	16.5±1.3	17.1±1.1	17.9±1.1	19.0±1.3	20.1±1.4	20.9±1.4	21.2±1.3	21.6±1.2	21.5±1.3	21.6±1.2	21.6±1.4
DP 2	8.4±0.9	9.3±0.7	10.0±0.7	10.7±0.9	11.8±0.8	12.5±0.8	13.0±0.9	13.7±0.9	14.5±1.0	15.1±1.2	15.7±1.2	16.0±1.1	16.1±1.0	16.2±1.2	16.1±1.1	16.2±1.1
DP 3	9.3±0.8	10.2±0.9	10.9±0.7	11.5±0.8	12.7±0.8	13.3±0.9	13.9±0.9	14.7±0.9	15.5±1.1	16.2±1.2	16.9±1.2	17.2±1.2	17.2±1.0	17.3±1.1	17.2±1.2	17.2±1.1
DP 4	9.5±0.8	10.4±0.7	11.2±0.6	11.8±0.8	13.0±0.7	13.7±0.9	14.3±0.9	15.0±1.0	15.9±1.1	16.7±1.3	17.4±1.2	17.6±1.3	17.6±1.0	17.7±1.2	17.6±1.2	17.6±1.1
DP 5	8.1±1.0	8.9±0.8	9.8±0.6	10.4±0.7	11.4±0.7	11.9±0.8	12.5±0.8	13.2±0.9	14.1±1.0	14.7±1.2	15.5±1.1	15.6±1.2	15.8±1.0	15.9±1.1	15.8±1.2	15.8±1.1

注:MC(metacarpal). 掌骨;PP (proximal phalange). 近节指骨;MP(middle phalange). 中节指骨;DP (distal phalange). 远节指骨。

表 5.45　中国儿童 2 岁至成年掌指骨长度(mm)平均数与标准差(男)

年龄	2	3	4	5	6	7	8	9	10	11	12	13	14	15	16	17	成年
MC 1	17.3±1.3	19.8±1.3	24.1±2.1	26.5±2.0	29.4±1.9	30.9±2.1	32.8±1.9	34.5±2.1	36.6±2.5	38.7±2.7	41.5±3.7	43.4±3.1	45.5±3.0	46.1±2.9	47.0±2.8	46.9±2.5	47.1±2.8
MC 2	28.3±1.8	31.4±1.9	37.4±2.4	40.8±2.5	44.9±2.3	46.5±2.9	49.4±2.3	51.6±2.8	54.2±3.1	57.0±3.7	60.6±4.8	62.5±4.3	66.1±4.2	68.3±3.5	69.5±3.4	69.5±3.3	69.4±3.7
MC 3	26.1±1.8	29.1±2.0	35.2±2.5	38.8±2.6	42.4±2.4	44.2±2.8	46.8±2.5	49.1±2.7	51.9±3.6	54.5±3.8	57.7±4.8	60.1±4.3	63.0±4.4	64.9±3.7	65.6±3.4	65.5±3.2	65.5±3.6
MC 4	23.7±1.8	26.3±1.8	31.2±2.4	34.5±2.4	37.8±2.2	39.5±2.7	41.7±2.3	43.6±2.4	46.1±3.1	48.5±3.5	51.4±4.7	53.5±3.8	56.5±4.2	57.9±3.6	58.8±3.1	58.6±3.1	58.7±3.4
MC 5	21.1±1.6	23.7±1.6	28.3±2.2	31.2±2.1	34.3±1.9	35.9±2.7	38.0±2.3	39.8±2.4	42.1±2.8	44.7±3.2	47.3±4.1	49.5±3.6	52.2±3.4	53.4±3.2	54.4±2.8	54.3±2.8	54.4±3.0
PP 1	13.6±1.5	14.7±1.3	17.8±2.2	18.7±2.0	20.6±1.6	21.4±1.7	22.5±1.3	23.6±1.8	24.9±2.0	26.3±2.4	28.5±3.1	30.4±2.6	32.1±2.3	32.6±2.1	33.1±1.9	33.0±2.0	33.1±2.1
PP 2	18.0±1.6	20.2±1.3	23.9±1.8	25.5±1.6	27.3±1.8	28.8±1.9	30.3±1.6	31.4±1.8	33.2±2.1	35.0±2.6	37.1±3.2	38.7±2.8	41.0±2.7	41.5±2.4	42.0±2.3	41.8±2.1	41.9±2.4
PP 3	20.6±1.4	22.9±1.3	26.7±1.6	28.4±2.0	30.7±1.8	31.9±2.0	33.6±1.8	34.8±1.9	36.7±2.3	38.6±2.6	41.1±3.4	43.0±3.0	45.5±3.1	46.1±2.6	46.5±2.6	46.6±2.3	46.7±2.7
PP 4	19.5±1.3	21.5±1.3	25.1±1.5	26.7±1.6	28.5±1.7	29.7±1.9	31.2±1.7	32.2±1.9	34.1±2.3	35.9±2.7	38.0±3.2	40.0±3.0	42.2±2.8	43.1±2.7	43.4±2.2	43.5±2.2	43.6±2.5
PP 5	14.9±1.1	16.4±1.0	19.5±1.4	20.7±1.6	22.1±1.6	23.0±1.5	23.9±1.7	25.0±1.5	26.3±1.9	28.1±2.5	29.7±2.7	31.4±2.8	33.1±2.4	34.3±2.5	34.4±2.1	34.4±1.9	34.5±2.2
MP 2	9.7±1.1	11.0±1.0	13.6±1.1	14.5±1.4	15.7±1.7	16.4±1.8	17.1±1.2	17.8±1.5	19.0±1.5	19.9±1.5	21.1±2.1	22.2±1.9	23.3±1.7	23.4±1.7	23.3±1.4	23.4±1.5	23.5±1.8
MP 3	12.1±1.2	13.5±1.1	16.2±1.3	17.3±1.3	18.6±1.3	19.5±1.6	20.8±1.6	21.5±1.5	22.6±1.6	23.8±1.7	25.2±2.3	26.4±1.8	27.9±1.9	28.0±1.9	27.9±1.8	2.80±2.0	28.1±1.9
MP 4	11.6±1.1	13.0±1.0	15.5±1.2	16.4±1.4	17.6±1.3	18.4±1.7	19.5±1.3	20.3±1.7	21.4±1.6	22.5±1.8	23.7±2.4	25.1±1.9	26.4±1.9	26.5±1.9	26.6±1.7	26.4±2.0	26.5±1.9
MP 5	7.8±1.0	8.6±0.9	10.4±1.2	11.3±1.3	12.2±1.3	12.9±1.6	13.6±1.4	14.1±1.1	15.1±1.4	16.1±1.8	16.9±1.8	18.0±2.0	18.3±1.7	18.4±1.7	18.5±1.5	18.4±1.5	18.5±1.9
DP 1	9.1±0.7	10.1±0.8	13.3±1.0	13.9±1.0	15.3±1.0	16.2±1.0	17.2±1.0	17.8±1.1	18.9±1.5	20.0±1.4	21.2±1.9	22.3±2.0	22.9±2.0	23.4±2.0	23.8±1.6	23.9±1.5	24.1±1.6
DP 2	6.7±0.6	7.3±0.6	9.7±0.8	10.4±0.7	11.3±0.7	11.9±1.1	12.7±0.8	13.4±0.9	14.0±1.3	15.0±1.0	15.9±1.4	16.6±1.3	17.0±1.3	17.2±1.2	17.3±1.2	17.2±1.5	17.3±1.2
DP 3	7.3±0.7	7.9±0.7	10.6±0.8	11.2±0.8	12.1±0.9	12.7±1.2	13.6±0.9	14.4±1.0	15.2±1.2	16.0±1.1	17.0±1.5	17.9±1.4	18.4±1.3	18.5±1.2	18.4±1.4	18.4±1.3	18.5±1.2
DP 4	7.7±0.8	8.3±0.8	10.9±0.8	11.6±0.8	12.5±1.0	13.3±1.1	14.0±0.9	14.8±1.0	15.6±1.3	16.6±1.2	17.5±1.5	18.5±1.3	19.0±1.4	19.1±1.3	19.0±1.4	19.1±1.2	19.2±1.3
DP 5	6.4±0.7	7.1±0.6	9.4±0.9	10.1±0.7	10.9±0.8	11.5±0.8	12.2±0.8	12.9±0.9	13.6±1.2	14.5±1.1	15.4±1.4	16.3±1.3	16.8±1.3	16.9±1.1	17.0±1.3	17.0±1.1	17.1±1.2

注:MC(metacarpal). 掌骨; PP (proximal phalange). 近节指骨; MP(middle phalange). 中节指骨; DP (distal phalange). 远节指骨。

表 5.46 手腕部掌指骨排中的长度次序

排	列				
	5	4	3	2	1
	在排中的次序*				
远节指骨	5	2	3	4	1
中节指骨	4	2	1	3	—
近节指骨	4	2	1	3	5
掌骨	4	3	2	1	5

* 排列次序:1(最长)到 5(最短)。

儿童掌指骨长度的变异不尽相同,按变异系数大小排序,男女儿童中节指骨Ⅴ、中节指骨Ⅱ和近节指骨Ⅰ的相对变异程度较大,而掌骨Ⅱ、掌骨Ⅲ、近节指骨Ⅲ、近节指骨Ⅳ相对变异较小(表 5.47);各排骨之间相比,变异系数的大小排列为远节指骨、中节指骨、近节指骨和掌骨;如果在各排骨内排序,第五手指各块骨的相对变异程度较大(但男性掌骨排中掌骨Ⅰ变异较大)。

表 5.47 男女儿童掌指骨长度的变异系数 CV

按变异系数大小排序				在排骨内按变异系数大小排序			
男		女		男		女	
骨	CV	骨	CV	骨	CV	骨	CV
MC 2	5.87	MC 2	5.93	MC 2	5.87	MC 2	5.93
PP 3	6.20	PP 3	6.29	MC 3	6.36	MC 3	6.35
PP 4	6.31	MC 3	6.35	MC 5	6.59	MC 1	6.54
MC 3	6.36	PP 4	6.46	MC 4	6.64	MC 4	6.66
PP 2	6.56	MC 1	6.54	MC 1	6.79	MC 5	6.83
MC 5	6.59	MC 4	6.66	PP 3	6.20	PP 3	6.29
MC 4	6.64	DP 1	6.67	PP 4	6.31	PP 4	6.46
MC 1	6.79	DP 4	6.67	PP 2	6.56	PP 2	6.80
PP 5	7.17	PP 2	6.80	PP 5	7.17	PP 5	7.53
DP 1	7.34	MC 5	6.83	PP 1	8.26	PP 1	7.85
MP 3	7.51	DP 3	6.91	MP 3	7.51	MP 3	7.16
DP 4	7.62	MP 3	7.16	MP 4	7.87	MP 4	7.42
DP 3	7.63	DP 2	7.31	MP 2	8.47	MP 2	8.15
DP 2	7.67	DP 5	7.38	MP 5	10.28	MP 5	9.48
DP 5	7.80	MP 4	7.42	DP 1	7.34	DP 1	6.67
MP 4	7.87	PP 5	7.53	DP 4	7.62	DP 4	6.67
PP 1	8.26	PP 1	7.85	DP 3	7.63	DP 3	6.91
MP 2	8.47	MP 2	8.15	DP 2	7.67	DP 2	7.31
MP 5	10.28	MP 5	9.48	DP 5	7.80	DP 5	7.38

注:MC. metacarpal,掌骨;PP. proximal phalange,近节指骨;MP. middlephalange,中节指骨;DP. distal phalange,远节指骨。

由图 5.29、图 5.30 可见,与美国白人儿童掌指骨长度相比(即应用美国白人儿童长指骨长度标准评价中国儿童),中国男女儿童在成年时掌指骨长度均显著较短,男成年时的掌骨Ⅱ和中节指骨差异较大,Z 分值平均在-1.7 SDS 至-2.0 SDS 之间,其余在-0.4 SDS 至-1.3 SDS 之间,女成年时的差异程度比男性小的多,除掌骨Ⅱ的 Z 分值平均数为-1.2 SDS 外,其余在

-0.2 SDS至-0.9 SDS之间。但由于中国儿童青春期骨发育显著提前于欧美儿童,所以在生长发育过程中,男 6 岁和 12 岁时的近节指骨和远节指骨,以及 9 岁时的远节指骨显著较长,在 15 岁时大部掌指骨长度开始显著较短;女在 2 岁时,近节指骨Ⅱ~近节指骨Ⅴ和远节指骨Ⅱ~远节指骨Ⅴ显著较长,在 5 岁、8 岁、11 岁时的掌骨Ⅱ显著较短而远节指骨Ⅱ~远节指骨 5 显著较长,14 岁时除远节指骨Ⅰ、Ⅲ、Ⅴ外,所有掌指骨均显著较短。

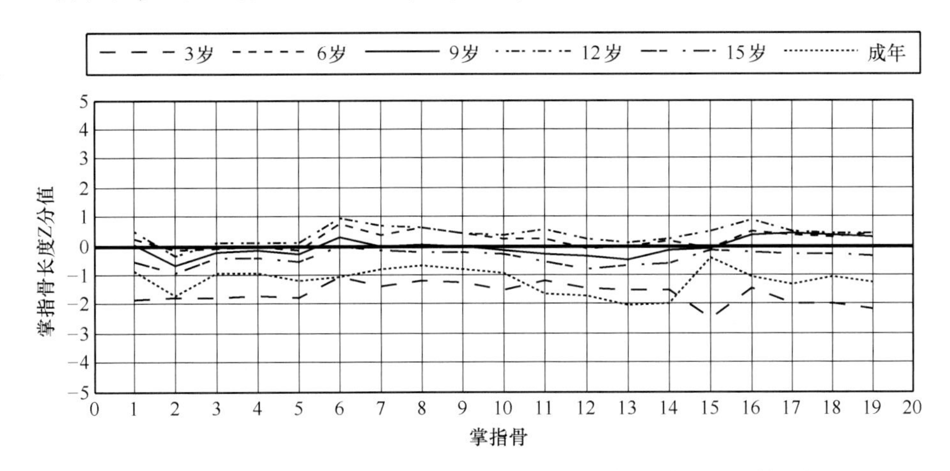

图 5.29 中国儿童与美国欧洲后裔儿童掌指骨模式特征的比较(男)

1~5:掌骨Ⅰ~Ⅴ;6~10:近节指骨Ⅰ~Ⅴ;11~14:中节指骨Ⅱ~Ⅴ;15~19:远节指骨Ⅰ~Ⅴ

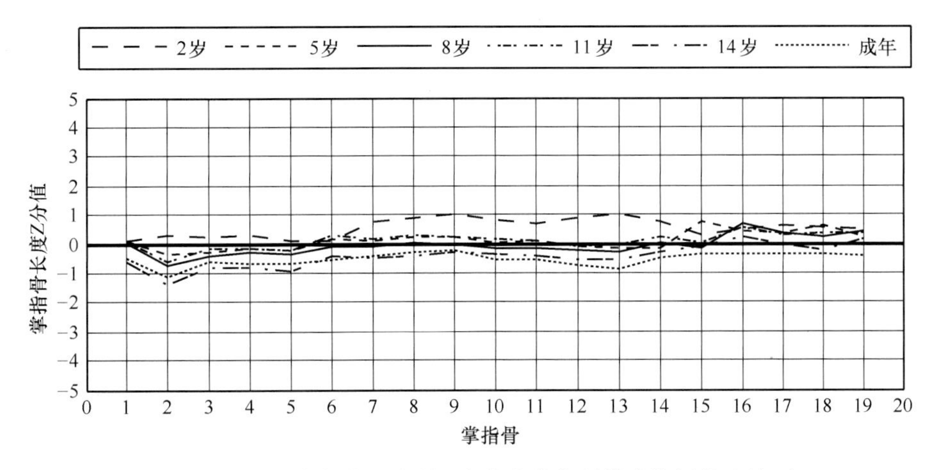

图 5.30 中国儿童与美国欧洲后裔儿童掌指骨模式特征的比较(女)

1~5:掌骨Ⅰ~Ⅴ;6~10:近节指骨Ⅰ~Ⅴ;11~14:中节指骨Ⅱ~Ⅴ;15~19:远节指骨Ⅰ~Ⅴ

在 MCPP 分析中,首先要将测量的掌指骨长度数值转换成 Z 分值(SDS)。然后在纵坐标为 Z 分值,横坐标为掌指骨的图示中标出各 Z 分值的位置。因为在很多情况下,掌指骨以排的方式发生变化,所以横坐标以排骨的顺序列出。在临床实践中,使用该种简单的图式方法能够观察到许多异常的掌指骨长度在数量和方向上的变化,例如图 5.31。由于绘图时使用了 Z 分值而不是实际的测量数值,所以在同一图中还可以比较不同性别、不同年龄患儿的 MCPP。此外,还可使用判别分析方法综合分析病人 19 块骨的 Z 分值,得出判别函数,为某些疾病的早期诊断提供辅助手段。

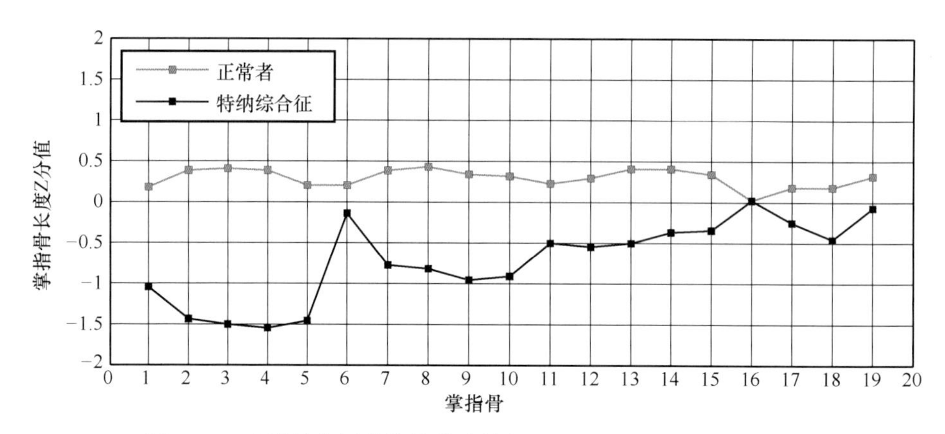

图 5. 31　特纳综合征掌指骨模式特征（Laurencikas et al. ,2005b）
1~5:掌骨Ⅰ~Ⅴ;6~10:近节指骨Ⅰ~Ⅴ;11~14:中节指骨Ⅱ~Ⅴ;15~19:远节指骨Ⅰ~Ⅴ

对于骨发育明显提前和延迟的儿童,可以使用骨龄代替生活年龄分析儿童的 MCPP（Poznanski et al. ,1972）。

5. 8. 3　第二掌骨的掌骨指数

在 1960 年,Virtama 和 Mahonen(1960)拍摄了由尸体解剖得到的 26 块近节指骨 X 线片,计算了骨皮质面积与其余面积的比值(百分数),并将这 26 块指骨在 800℃下燃烧得到骨灰;发现皮质骨的面积百分数与骨灰重量高度相关($r=0.707$,$P<0.001$),计算的回归方程为:$Y=46.5X-4$(Y 为骨皮质面积的百分数%,X 为实际的矿物质含量,g/cm^3)。据此提出,指骨的骨皮质厚度可以用来估价矿物质含量。同年,Barnett 和 Nordin(1960)报告了使用骨皮质厚度诊断骨质疏松的新方法。该方法使用普通的直尺(mm)测量成年人对照组(125 名)和疾病组(150 名有骨代谢疾病)外周骨(股骨与手部第二掌骨)的皮质骨厚度,以及中轴骨(腰椎锥体)的凹度,将计算的结果称为分值。结果发现,在正常对照组中,仅第二掌骨的皮质骨厚度分值与年龄显著相关,在疾病组中只有女性的股骨、第二掌骨分值与年龄负相关。使用由对照组得出的正常值标准评价疾病组,58%的病人的分值在正常值以下。据此认为,皮质骨厚度测量为常规筛选骨质疏松疑似病例提供了简单而有价值的方法。

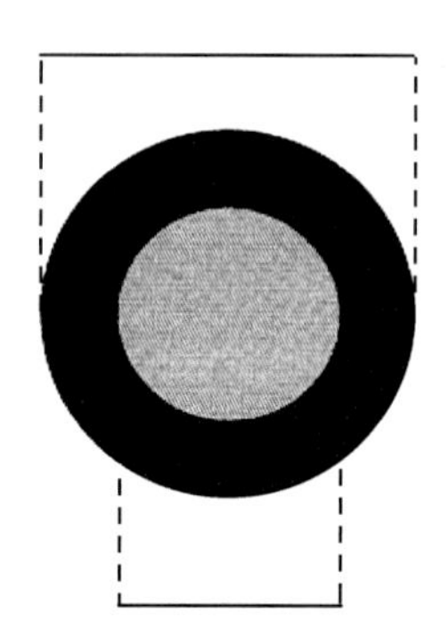

图 5. 32　计算 MCI 的示意图
骨皮质外径(50mm),内径(30mm)
MCI=(骨皮质外径−骨皮质内经)/骨皮质外径=20mm/50mm=0. 40

在测量第二掌骨皮质骨厚度时,一般拍摄左手后前位 X 线片,在第二掌骨干的中点测量骨外径和内径,计算皮质骨厚度与骨外径的比例,称为掌骨指数(metacarpal index,MCI),测量方法见图 5. 32。

上述的研究为临床医学开辟了 X 线影像计量学(radiogrammetry)领域。在临床应用的最初十多年中,主要针对中老年骨量减少和骨质疏松的评价。因为不同人群骨骼的大小及一定骨骼大小时的骨量存在明显差异(Dequeker,

1976），所以在美国、尼日利亚及欧洲的许多国家建立了不同人群的 MCI 的正常值。

但是，第二掌骨 MCI 在临床中的应用也具有一定的局限性。首先，MCI 虽然与中轴骨的骨质量显著相关，但不能直接测量小梁骨，而大部分骨代谢疾病对小梁骨的影响大于管状骨。第二，早期 MCI 测量误差较大，Dequeker（1976）报告了第二掌骨外径的评价者内和评价者间的误差分别为 1.2% 和 1.5%；内径分别为 4.8% 和 6.4%。骨皮质内径误差较大在于确定褶皱状的内表面边缘存在一定的困难，因而应以明确的定义作为定位准则，以提高测量的准确性。同时，也有作者使用多块掌骨的骨皮质厚度平均数计算 MCI，减小了测量误差（Saville，et al.，1976）。

由于骨密度测量新方法的出现，例如单光子吸收法（single photon absorptiometry，SPA）、双光子吸收法（dual photon absorptiometry，DPA）、定量计算机 X 线断层摄影技术（quantitative computed tomography，QCT）和双能 X 吸收法（dual X - ray absorptiometry，DXA），能够直接测量主要由小梁骨组成的中轴骨的骨量，因而临床应用偏重于新的测量方法。但在 20 世纪 90 年代，随医学图像识别技术的发展以及应用外周骨骼测量骨密度的方法逐渐增多，导致了重新使用 X 线片放射学测量作为骨密度的测量方法，所不同的是采用了数字化图像的计算机自动识别技术（Nielsen，2001），称为数字化 X 线片测量法（Digital X-ray radiogrammetry，DXR）。DXR 可以快速测量多项指标，自动鉴别出解剖学界限标志，准确和精确地确定骨的边缘，观察者内和观察者之间的测量误差减小到约 1%，自动评价系统还可将 DXR 与纹理分析结合起来测量骨密度（Jorgensen et al.，2000）。

许多儿童疾病不仅影响到儿童的生长，而且也影响骨量的增长，尤其是一些慢性疾病需要多次拍摄手腕部 X 线片，进行骨龄评价，监测骨的发育（例如 GH 缺乏、特纳综合征、Marfan 综合征、骨发生不全、哮喘等），同时应用手腕部 X 线片测量 MCI，监测骨量变化可避免额外的 X 线暴露，因而 MCI 在儿科领域的应用日益广泛。掌骨指数反映了骨皮质的骨膜敷着生长（periosteal apposition）和骨内膜的再吸收，因此激素水平，如生长激素、性激素、甲状腺激素或糖皮质激素，以及营养状况是影响儿童掌骨指数的主要因素。Mentzel 等（2006a；2006b）使用 DXR 估价慢性炎症性肠病（chronic inflammatory bowel diseas）和哮喘疾病儿童的骨质减少，但许多研究仍然使用常规手腕 X 线片，直接测量 MCI，监测矮身高儿童（Bettendorf et al.，1998）和先天性肾上腺增生儿童（Paganini et al.，2000）治疗过程中的骨质量。Deqiong 和 Jones（2003）在上肢骨折儿童的骨密度研究中发现，皮质骨和小梁骨的低骨量是儿童手腕和前臂骨折的风险因素，DXA 测量的脊椎体积骨密度和 MCI 是显著的预测变量。

为了应用 MCI 评价儿童骨量，张绍岩等（2009f）依据中国人手腕骨发育标准——中华 05 研究中 3~19 岁的 11 685 名（男 5763 名，女 5895 名）儿童样本，提出了中国城市青少年儿童第二掌骨 MCI 正常值。所有测量由 1 名观察者使用数字游标卡尺（精确度为 0.02mm）完成，其重复测量 82 名 3~18 岁儿童第二掌骨外径、内径的差值分别为 0.001mm±0.129mm 和 0.035mm±0.196mm。

由表 5.48 和表 5.49 可见，男女正常儿童掌骨指数的中位数均随年龄而增长，男童由 3 岁时的 0.436 增长到 19 岁时的 0.623；女童由 3 岁时的 0.473 增长到 19 岁时的 0.655。在生长过程中男女童都出现两个快速增长阶段，第一个快速增长阶段在男 3~6 岁、女 3~7 岁，女童比男童明显；第二个快速增长阶段在男 12~16 岁、女 10~14 岁，男童比女童更明显。

表 5.48 男童各年龄组第二掌骨长度和中点处的内外直径与掌骨指数

年龄	长度(mm)			外径(mm)			内径(mm)			掌骨指数		
	LQ	M	UQ	LQ	M	UQ	LQ	M	UQ	LQ	M	UQ
3	32.47	33.91#	36.01	4.98	5.32*	5.57	2.64	2.93*	3.31	0.391	0.436*	0.494
4	35.61	37.65#	39.27	5.01	5.46*	5.74	2.57	2.92*	3.30	0.414	0.455*	0.492
5	38.94	40.51	42.57	5.29	5.67*	5.94	2.66	2.97*	3.31	0.432	0.469*	0.517
6	42.08	43.88	45.41	5.51	5.86*	6.28	2.69	3.10*	3.52	0.435	0.474*	0.517
7	44.28	46.21	47.98	5.76	6.08*	6.44	2.85	3.20*	3.58	0.433	0.473*	0.517
8	46.57	48.40	50.23	5.92	6.29*	6.66	2.88	3.29*	3.65	0.432	0.475*	0.526
9	48.64	50.79	52.78	6.13	6.52*	6.93	2.94	3.39*	3.76	0.443	0.485*	0.528
10	50.75	52.85*	54.98	6.26	6.74#	7.16	3.10	3.46*	3.87	0.442	0.482*	0.518
11	52.83	55.30*	57.90	6.47	6.92	7.36	3.07	3.53*	3.92	0.449	0.492*	0.533
12	55.22	58.20*	61.29	6.87	7.30#	7.77	3.19	3.63*	4.17	0.452	0.494*	0.548
13	58.58	61.52	64.48	7.13	7.62*	8.11	3.19	3.61*	4.04	0.468	0.525*	0.570
14	62.07	64.92*	67.67	7.55	8.05*	8.47	3.02	3.54*	4.04	0.502	0.563*	0.612
15	63.94	66.23*	68.55	7.81	8.39*	8.82	2.98	3.44*	3.98	0.532	0.582*	0.635
16	64.42	66.70*	69.13	8.01	8.40*	8.91	2.86	3.31*	3.85	0.552	0.607*	0.655
17	64.32	66.46*	68.97	8.04	8.47*	8.85	2.71	3.28*	3.82	0.554	0.616*	0.667
18	64.49	66.82*	69.26	8.13	8.54*	8.94	2.70	3.21*	3.81	0.567	0.622*	0.669
19	64.33	66.81*	69.18	8.13	8.53*	8.99	2.66	3.18*	3.69	0.577	0.623*	0.678

注:LQ. 上四分位数;UQ. 下四分位数;与女童相比,# $P<0.05$; * $P<0.01$。

表 5.49 女童各年龄组第二掌骨长度和中点处的内外直径与掌骨指数

年龄	长度(mm)			外径(mm)			内径(mm)			掌骨指数		
	LQ	M	UQ	LQ	M	UQ	LQ	M	UQ	LQ	M	UQ
3	33.24	34.79	36.10	4.72	5.02	5.34	2.22	2.57	2.94	0.433	0.473	0.525
4	36.50	38.26	39.84	4.83	5.18	5.50	2.25	2.57	2.99	0.443	0.502	0.541
5	39.03	41.14	42.83	5.10	5.41	5.70	2.30	2.64	2.93	0.468	0.513	0.562
6	42.25	44.16	45.79	5.26	5.68	6.03	2.28	2.65	3.09	0.477	0.527	0.581
7	44.50	46.36	47.91	5.59	5.89	6.19	2.37	2.71	3.01	0.499	0.538	0.587
8	46.78	48.57	50.31	5.74	6.08	6.43	2.43	2.77	3.17	0.496	0.542	0.586
9	48.75	50.90	52.92	5.94	6.31	6.65	2.45	2.83	3.24	0.506	0.545	0.599
10	51.74	53.81	55.96	6.26	6.61	7.01	2.57	3.00	3.39	0.499	0.551	0.597
11	54.12	56.69	59.61	6.44	6.83	7.33	2.46	2.89	3.39	0.517	0.575	0.630
12	56.71	59.60	62.04	6.71	7.16	7.67	2.39	2.89	3.27	0.552	0.603	0.654
13	58.87	61.15	63.29	6.98	7.39	7.73	2.34	2.79	3.36	0.557	0.623	0.677
14	59.48	61.87	63.81	7.04	7.46	7.86	2.26	2.66	3.18	0.585	0.637	0.691
15	59.98	61.98	64.37	7.11	7.49	7.87	2.21	2.76	3.23	0.583	0.635	0.691
16	59.57	61.73	63.76	7.15	7.50	7.87	2.17	2.60	3.05	0.601	0.653	0.708
17	59.84	61.83	63.99	7.23	7.56	7.90	2.05	2.60	3.10	0.602	0.657	0.716
18	59.73	61.69	63.97	7.19	7.58	7.99	2.17	2.65	3.18	0.593	0.648	0.704
19	59.64	62.03	64.35	7.24	7.60	7.99	2.11	2.64	3.14	0.597	0.655	0.715

注:LQ. 上四分位数;UQ. 下四分位数。

在男 15 岁、女 13 岁以前,第二掌骨的外径随年龄增加成线性增长,其后增长速度迅速下降,增长缓慢;而第二掌骨内径在男 3~6 岁、女 3~5 岁增长缓慢,在男 6 岁、女 5 岁后迅速增长,在男 12 岁、女 10 岁达到最大值,其后第二掌骨内径逐渐减小。由此看来,上述掌骨指数的变化规律在很大程度上由掌骨内径的变化所致。

第二掌骨形态测量学指标存在显著的性别差异。在 3~4 岁和 10~12 岁,女童第二掌骨长度大于男童($P<0.05$),但 13 岁后男童大于女童($P<0.01$)。除 11 岁组的外径之外,男童第二掌骨的外径和内径都大于女童($P<0.05$),在所有年龄组女童掌骨指数均显著大于男童($P<0.01$)。

由表 5.50 可见,在 11 岁以前,男女童掌骨指数与身高、体重间均无显著相关;在 11 岁以后,男童大部分年龄组和女童部分年龄组掌骨指数与身高存在显著的相关关系,仅在女童少数年龄组掌骨指数与体重相关显著。但这些具有显著性的相关关系的数绝对值均较低,在 0.1~0.2 之间。由此说明,掌骨指数随儿童年龄增长而增大,但因掌骨指数是相对值,由骨皮质厚度除以掌骨外径而得出,所以在很大程度消除了年龄组内身高和体重对骨皮质厚度的影响,虽然在青春期部分年龄组身高的影响仍然存在显著性,但影响的程度很小。

表 5.50　年龄组内掌骨指数与身高、体重的相关系数

年龄	男		女		年龄	男		女	
	身高	体重	身高	体重		身高	体重	身高	体重
3	0.08	0.13	0.02	−0.06	12	0.17*	0.05	0.15*	0.10*
4	0.08	0.03	−0.06	−0.01	13	0.20*	0.10	0.06	0.05
5	0.05	0.03	0.07	0.10	14	0.16*	0.08	0.07	0.02
6	0.01	−0.04	0.13	0.06	15	0.03	0.10	−0.14*	−0.02
7	−0.03	−0.05	0.04	0.06	16	−0.14*	0.02	−0.07	0.05
8	0.03	0.03	0.03	0.07	17	−0.02	−0.05	−0.06	0.01
9	0.07	0.08	0.05	0.02	18	−0.13*	0.02	−0.05	−0.13*
10	0.02	0.04	0.09	−0.02	19	−0.11#	−0.05	−0.12#	−0.11*
11	0.10#	0.03	0.19*	0.01	—	—	—	—	—

因掌骨指数数据呈偏态和峰态分布,所以用百分位数描述第二掌骨长度、内外径及掌骨指数的数据分布,采用 Box-Cox 幂指数(Box-Cox power exponential distribution,BCPE)分布模型,拟合掌骨指数百分位数曲线。经以 Q 检验进行模型诊断,得到掌骨指数 BCPE 模型如下:

男:BCPE[$age^{0.88}$, $df(\mu)=6.91$, $df(\sigma)=6.93$, $df(\upsilon)=2$, $df(\tau)=1$]

女:BCPE[$age^{1.04}$, $df(\mu)=8.07$, $df(\sigma)=3.56$, $df(\upsilon)=3$, $df(\tau)=1$]

以上述 BCPE 模型拟合的百分位数曲线下样本例数的百分数与理论百分位数之间的差值在 0.03%~0.34%,表明拟合效果良好(表 5.51)。为便于临床应用,根据百分位数与 SD 分值的对应关系,以 BCPE 模型计算并绘画出第 99.9、97.8、84.1、50、15.9、2.2、0.1 百分位数曲线,得到 3SD、2SD、1SD、0SD、−1SD、−2SD、−3SD 的掌骨指数 Z 分值评价图表(图 5.33,图 5.34)。

表 5.51 BCPE 模型拟合的百分位数曲线下样本例数的百分数

性别	百分位数曲线（%）								
	0.4	2	10	25	50	75	90	98	99.6
男	0.49	1.88	9.89	25.10	49.82	75.03	89.84	98.03	99.67
女	0.44	1.96	9.77	25.34	50.32	75.03	89.70	97.88	99.75

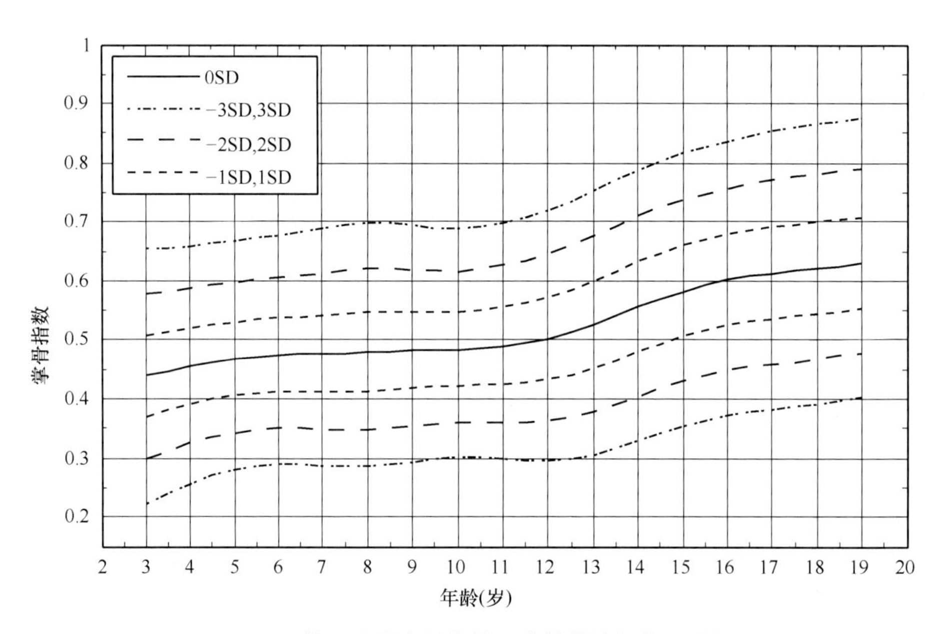

图 5.33 第二掌骨掌骨指数 Z 分值曲线评价图(男)

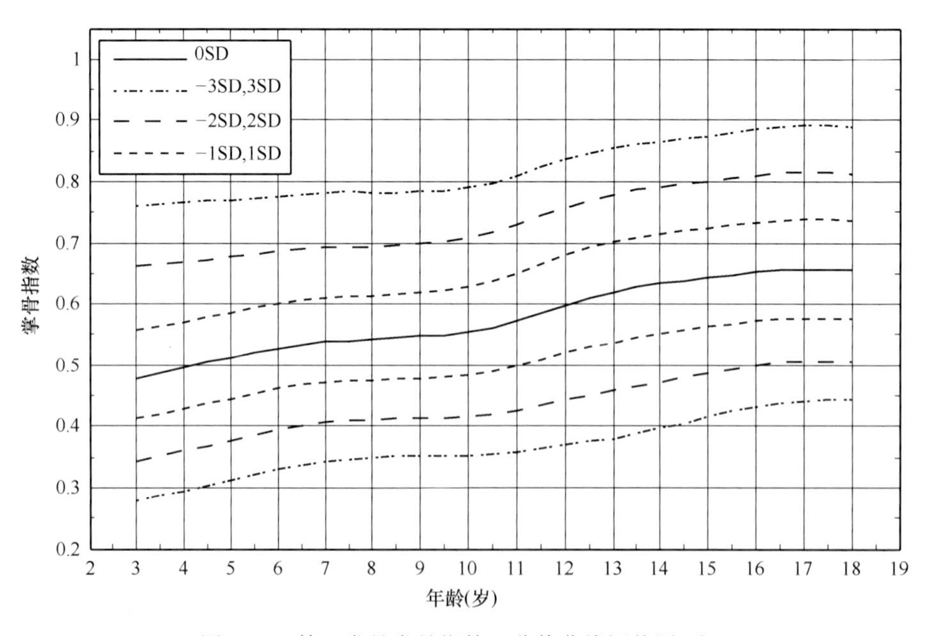

图 5.34 第二掌骨掌骨指数 Z 分值曲线评价图(女)

人进入中年以后,特别是绝经后的妇女,随年龄的增长掌骨外径基本保持不变,但骨髓(掌骨内径)的宽度增加而致骨皮质变薄,掌骨指数下降(Aguado et al. ,1997)。但在儿童青少年则不同,在生长发育期掌骨外径持续增加;青春期前掌骨内径也增长,但在青春期掌骨内径逐渐下降,骨皮质迅速增厚,掌骨指数增大,在青春期结束时基本达到稳定状态。在不同人群,骨皮质厚度的变化规律相同,但中国儿童不同年龄时的掌骨指数的绝对值大于欧洲儿童(Malich et al. ,2003)。以往关于中国儿童掌骨指数的研究较少,在宁刚等(2000)对 489 例 1~15 岁城市儿童的研究中,各年龄组掌骨指数的绝对值与本文相似,但由于他们研究中的年龄组样本量过少(27~38 例)未能说明掌骨指数的变异程度及男女性别的差异。

皮质骨和小梁骨具有不同的代谢特征,小梁骨的代谢活性高于皮质骨,在骨质疏松中小梁骨的丢失较早开始,所以应用双能 X 线吸收法(DXA)测量中轴骨的骨密度得到了广泛的重视。但是,除骨质疏松外的许多疾病,如甲状旁腺功能亢进(Adami et al. ,1998)、甲状腺功能亢进,以及儿童期蛋白质-热量营养不良均引起皮质骨的丢失(Mentzel et al. ,2006a);也有研究发现风湿性关节炎病人掌骨指数较低(Ozgocmen et al. ,1999),糖尿病伴随以骨髓腔的直径的增大(Auwers et al. ,1988),而这些疾病对中轴骨(小梁骨)的骨质量并未产生显著影响,所以对类似疾病的骨质量监测应当以皮质骨为重点。应用 DXA 法测量中轴骨和外周骨或应用定量超声法测量外周骨的骨密度时,都不能区分皮质骨和小梁骨的代谢变化,因而结合使用掌骨指数能够较全面了解骨质量,有益于更多疾病的诊断与治疗监测。

掌骨指数测量方法简易、成本低廉,然而也有其固有的不足。为避免早期研究中较大的测量误差,应使用测量精度较高的游标卡尺。但测量误差的主要来源是某些疾病情况下确定骨皮质内侧缘的难度,因此需要在实践应用中积累经验,采用一致的确定边缘的尺度。

成年骨量峰值的大部分在生长发育期所积累,所以在治疗影响儿童骨量自然增长的疾病中,应用掌骨指数监测骨骼生长也有重要的参考价值。

参考文献

江静,王伟,邱定众,等. 2005. 一种预测成年身高的新方法. 中国优生与遗传杂志,13:115~117.

李果珍,张德苓,高润泉. 1979. 中国人骨发育的研究 Ⅱ. 骨龄百分计数法. 中华放射学杂志,1979,13:19~23.

李辉,季成业,宗心南,等. 2009. 中国 0~18 岁儿童、青少年身高、体重的标准化生长曲线. 中华儿科杂志,47(7):487~492.

宁刚,吴康敏,吴家农,等. 2000. 不同年龄组小儿骨皮质发育状况观察. 中国儿童保健杂志,8:380~382.

欧阳壬官,王巧娣,王杏英,等. 1981. 手、腕骨骨化和青春期突增. 学校卫生,4:11~15.

张绍岩, 韩一三, 沈勋章等. 2008b 中国大中城市汉族儿童青少年身高、体重和体重指数生长图表. 中国儿童保健杂志, 16(3): 257~259.

张绍岩,刘刚,刘丽娟,等. 2008a. 手腕部特定骨成熟度指征与青春期生长突增的关系. 中华医学杂志,88(31):2198~2200.

张绍岩,刘丽娟,吴真列,等. 2006. 中国人手腕骨发育标准——中华 05. Ⅰ. TW-RUS,TW-Carpal,RUS-CHN 法. 中国运动医学杂志,25(6):641~646.

张绍岩,杨世增,邵伟东,等. 1993. 中国人手腕骨发育标准——CHN 法. 体育科学,13(6):33~39.

张绍岩,张继业,刘钢,等. 2009c. 中国儿童靶身高预测公式. 中华现代儿科学杂志,6(1):7~11.

张绍岩,张继业,刘丽娟,等. 2009d. 当代城市儿童 Greulich-Pyle 图谱法、百分计数法、CHN 法和 TW3-C RUS 法骨龄的比较. 中华现代儿科学杂志,6(5):257~261.

张绍岩,张继业,刘钢,等. 2009b. 以父母身高修正的中国儿童身高生长图表. 中国实用儿科杂志,24(1):41~45.

张绍岩,张继业,刘钢,等. 2009e. 中国儿童掌指骨长度正常值. 中华现代儿科学杂志,6(1):1~6.

张绍岩,张继业,马振国等. 2009a. 青少年骨龄标准身高、体重和体重指数生长图表. 中国法医学杂志,24(5): 308~311.

张绍岩,张丽君,张继业,等. 2009f. 中国大中城市儿童第二掌骨的掌骨指数正常参考值. 中华现代儿科学杂志,6(4): 193~198.

张世采,程礼静,姚维群,等. 1991. 骨龄的纵向研究. 中华口腔医学杂志,26(2):99~102.

中国肥胖问题工作组. 2004. 中国学龄儿童青少年超重、肥胖筛查体重指数分类标准. 中华流行病学杂志,25(2):97~102.

中华医学会儿科学分会内分泌遗传代谢学组. 2007. 中枢性(真性)性早熟诊治指南. 中华儿科学杂志,45(6):426~427.

中华医学会儿科学分会内分泌遗传代谢学组. 2008. 矮身材儿童诊治指南. 中华儿科杂志,46(6):428~430.

中华医学会儿科学分会内分泌遗传代谢学组青春发育调查研究协作组. 2010. 中国九大城市男孩睾丸发育、阴毛发育和首次遗精年龄调查. 中华儿科杂志,48(6):418~423.

中华医学会儿科学分会内分泌遗传代谢学组青春发育调查研究协作组. 2010. 中国九大城市女孩第二性征发育和初潮年龄调查. 中华内分泌代谢杂志,26(8):669~675.

Acharya SV. Gopal RA. Lila A, et al. 2010. Bone age and factors affecting skeletal maturation at diagnosis of paediatric Cushing's disease. Pituitary, 13:355~360.

Adami S, Braga V, Squaranti R, et al. 1998. Bone measurements in asymptomatic primary hyperparathyroidism. Bone, 22: 565~570.

Aguado F, Revilla M, Villa LF, et al. 1997. Cortical bone resorption in osteoporosis. Calcif Tissue Int, 60:323~326.

Albertsson-Wickland K, Karlberg J. 1994. Natural growth in children born small for gestational age with and without catch-up growth. Acta Pediatr, 399(Suppl):64~70.

Auwers J, Dequeker J, Bouillon P, et al. 1988. Mineral metabolism and bone mass at peripheral and axial skeleton in diabetes mellitus. Diabetes, 37:8~12.

Barnett F, Nordin BEC. 1960. The radiological diagnosis of osteoporosis. a new approach. Clinical Radiology, 11:166~174.

Baron J, Klein OK, Colli MJ, et al. 1994. Catch-up growth after glucocorticoid excess: a mechanism intrinsic to the growth plate. Endocrinology, 135:1367~1371.

Bettendorf M, Graf K, Nelle M, et al. 1998. Metacarpal index in short stature before and during growth hormone treatment. Arch Dis Child, 79:165~168.

Blethen SL, Baptista J, Kuntze J, et al. 1997. Adult height in growth hormone (GH)-deficient children treated with biosynthetic GH. J Clin Endocrinol Metab, 82(2):418~420.

Boersma B, Wit JM. 1997. Catch-up growth. Endocr Rev, 18:646~661.

Butler MG, Kumar R, Davis MF, et al. 2000. Metacarpophalangeal pattern profile analysis in Noonan syndrome. Am J Med Genet, 92:128~131.

Carel JC, Roger M, Ispas S, et al. 1999. Final height after long-term treatment with triptorelin slow release for central precocious puberty: importance of statural growth after interruption of treatment. J Clin Endocrinol Metab, 84(6):1973~1978.

Cassio A, Corrias A, Gualandi S, et al. 2006. Influence of gender and pubertal stage at diagnosis on growth outcome in childhood thyrotoxicosis: results of a collaborative study. Clin Endocrinol, 64:53~57.

Cole TJ. 2000a. A simple chart to identify non-familial short stature. Arch Dis Child, 82:173~176.

Cole TJ. 2000b. Galton's midparent height revisited. Ann Hum Biol, 27:401~405.

Coutant R, Care JC, Letrait M, et al. 1998. Short stature associated with intrauterine growth retardation: final height of untreated and growth hormone-treated children. J Clin Endocrinol Metab, 83(4):1070~1074.

Crowne EC, Shalet SM, Wallace WH, et al. 1990. Final height in boys with untreated constitutional delay in growth and puberty, Arch Dis Child, 65(10):1109~1112.

Cuttler L, Silvers JB, Singh J, et al. 1996. Short stature and growth hormone therapy. a national study of physician recommendation patterns, JAMA, 276:531~537.

Darendeliler F, Ranke MB, Bakker B, et al. 2005. Bone age progression during the first year of growth hormone therapy in pre-pubertal children with idiopathic growth hormone deficiency, Turner syndrome or idiopathic short stature, and in short children born small for gestational age: analysis of data from KICS(Pfizer International Growth Database). Horm Res, 63:40~47.

De Ridder MAJ, Stijnen T, Hokken-Koelega ACS. 2007. Prediction of adult height in growth hormone-treated children with growth hormone deficiency. J Clin Endocrinol Metab, 92(3): 925~931.

De Ridder MAJ, Stijnen T, Hokken-Koelega ACS. 2008. Prediction model for adult height of small for gestational age children at the start of growth hormone treatment. J Clin Endocrinol Metab, 93: 477~483.

De Sanctis L, Vai S, Andreo MR, et al. 2004. Brachydactyly in 14 genetically characterized pseudohypoparathyroidism type Ⅰ a patients. J Clin Endocrinol Metab, 89: 1650~1655.

De Waal WJ, Stijnen TH, Lucas IS, et al. 1996. A new model to predict final height in constitutionally tall children. Acta Paediatr, 85: 889~893.

De Wit CC, Sas TCJ, Wit JM. 2013. Patterns of catch-up growth. The Journal of Pediatrics, 162(2): 415~420.

De Onis M, Onyango AW, Borghi E, et al. 2007. Development of a WHO growth reference for school-aged children and adolescents. Bulletin of the World Health Organization, 85: 660~667.

Deqiong MA, Jones G. 2003. The association between bone mineral density, metacarpal morphometry, and upper limb fractures in children: a population-based case-control study. J Clin Endocrinol Metab, 88: 1486~1491.

Dequeker J. 1976. Quantitative radiology: radiogrammetry of cortical bone. Br J Radiol, 49: 912~920.

Dickerman Z, Vries LD. 1997. Prepubertal and pubertal growth, timing and duration of puberty and attained adult height in patients with congenital hypothyroidism(CH) detected by the neonatal screening programme for CH- a longitudinal study. Clin Endocrinol, 47: 649~654.

Emons JAM., Boersma B, Baron J, et al. 2005. Catch-up urowth: uesting the hypothesis of delayed growth plate senescence in humans. J Pediatr, 147: 843~846.

Fishman LS. 1982. Radiographic evaluation of skeletal maturation; a clinically oriented method based on hand wrist films. Angle Orthod, 52: 88~112.

Fjellestad-Paulsen A, Simon D, Czernichow P. 2004. Short children born small for gestational age and treated with growth hormone for three years have an important catch-down five years after discontinuation of treatment. J Clin Endocrinol Metab, 89(3): 1234~1239.

Gahunia HK, Babyn PS, Kirsch S, et al. 2009. Imaging of SHOX-associated anomalies. Seminers in Musculoskeletal Radiology, 13(3): 236~254.

Garn SM, Hertzog KP, Poznanki AK. 1972. Metacarpophalangeal length in the evaluating of skeletal malformation. Radiology, 105: 375~381.

GH Research Society. 2000. Consensus Guidelines for the diagnosis and treatment of growth hormone(GH) deficiency in childhood and adolescence: summary statement of the GH Research Society. J Clin Endocrinol Metab, 85(11): 3990~3993.

Grave KC. Brown T. 1976. Skeletal ossification and the adolescent growth spurt. Am J Orthod, 69(6): 611~619.

Grote FK, Oostdijk W, De Muinck Keizer-Schrama SM, et al. 2008. The diagnostic work up of growth failure in secondary health care; An evaluation of consensus guidelines. BMC Pediatr, 8: 21. doi: 10. 1186/1471-2431-8-21.

Hagg U. Taranger J. 1980. Skelatal stage of the hand and wrist as indicators of the pubertal growth spurt. Acta Odontol Scand, 38: 187~200.

Hermanussen M, Cole TJ. 2003. The calculation of target height reconsidered. Horm Res, 59: 180~183.

Hoepffner W, Willgerodt H, Keller E. 2008. Patients with classic congenital adrenal hyperplasia due to 21-hydroxylase deficiency can achieve their target height: the Leipzig experience. Horm Res, 70(1): 42~50.

Jorgensen J, Andersen P, Rosholm A, et al. 2000. Digital X-ray radiogrammetry: a new appendicular bone densitometric method with high precision. Clin Physiol, 20: 330~335.

Kamp GA, Waelkens JJ, de Muinck Keizer-Schrama SM, et al. 2002. High dose growth hormone treatment induces acceleration of skeletal maturation and an earlier onset of puberty in children with idiopathic short stature. Arch Dis Child, 87: 215~220.

Karlberg J, Albertsson-Wickland K. 1995. Growth in full-term small for gestational age infants from birth to final height. Pediatr Res, 38: 733~739.

Kemp SF, Judy P. 1999. Analysis of bone age data from National Cooperative Growth Study substudy Ⅶ. Prdiarrics, 104: 1031~1036.

Kramer HH, Hendrikx B, Trampish HJ, et al. 1986. Parental and childhood height development. corrected percentile standards for German children between the age of 2 and 9. Monatsschr Kinderheilkd, 134(4):184~189.

Laurencikas E, Rosenborg M. 2000. Swedish metacappophalangal standards compared with previous published norms. Acta Radiol, 41:498~502.

Laurencikas E, Savendahl L, Jorulf H. 2006. Metacarpophalangeal pattern profile analysis: useful diagnostic tool for differentiating between dyschondrosteosis, Turner syndrome, and hypochondroplasia. Acta Radiol, 47:518~524.

Laurencikas E, Soderman E, Davenport M, et al. 2005b. Metacarpophalangeal pattern profile analysis as a tool for early diagnosis of Turner syndrome. Acta Radiol, 46:424~430.

Laurencikas E, Soderman E, Grigelioniene G, et al. 2005a. Metacarpophalangeal pattern profile analysis in Leri-Weill dyschondrostrosis. Acta Radiol, 46:200~207.

Lazar L, Pollak U, Kalter-Leibovici O, et al. 2003. Puberty course of persistently short children born small for gestational age (SGA) compared with idiopathic short children born appropriate for gestational age (AGA). Eur J Endocrinol, 149:425~432.

Leschek EW, Rose SR, Yanovski JA, et al. 2004. Effect of growth hormone treatment on adult height in peripubertal children with idiopathic short stature: a randomized, double-blind, placebo-controlled trial. J Clin Endocrinol Metab, 89(7):3140~3148.

Lewis S. 2001. Metacarpophalangeal pattern profile analysis of a sample drawn from a North Wales population. Ann Hum Biol, 28: 589~593.

Lin-Su K, Vogiatzi MG, Marshall I, et al. 2005. Treatment with growth hormone and luteinizing hormone releasing Hormone analog improves final adult height in children with congenital adrenal hyperplasia. J Clin Endocrinol Metab, 90(6):3318~3325.

Luo ZC, Kerstin AW, Johan K. 1998. Target height as predicted by parental heights in a population-based study. Pediatr Res, 44 (4):563~571.

Luo ZC, Low LC, Karlberg J. 1999. A comparison of target height estimated and final height attained between Swedish and Hong Kong Chinese children. Acta Paediatr, 88(3):248~252.

Lyon AJ Preece MA, Grant DB. 1985. Growth curve for girls with Turner syndrome. Arch Dis Child, 60:932~935.

Magiakou MA, Mastorakos G, Oldfield EH, et al. 1994. Cushing's syndrome in children and adolescents-presentation, diagnosis, and therapy. N Engl J Med, 331(10):629~636.

Malich A, Freesmeyer MG, Mentzel HJ, et al. 2003. Normative values of bone parameters of children and adolescents using digital computer - assisted radiogrammetry (DXR). J Clin Densitom, 6:103~111.

Marino R, Hegde A, Barnes KM, et al. 2008. Catch-up growth after hypothyroidism is caused by delayed growth plate senescence. Endocrinology, 149(4):1820~1828.

Marshall WA, Tanner JM. 1969. Variations in the pattern of pubertal changes in girls. Arch Dis Child, 44:291~303.

Marshall WA, Tanner JM. 1970. Variations in the pattern of pubertal changes in boys. Arch of Dis Child, 45:13~23.

Mentzel HJ, Blume J, Boettcher J, et al. 2006a. The potential of digital X-ray radiogrammetry (DXR) in the assessment of osteopenia in children with chronic inflammatory bowel disease. Pediatr Radiol, 36:415~420.

Mentzel HJ, Mainz J, Schäfer M. 2006b. Peripheral bone status in children with asthma evaluated by digital X-ray radiogrammetry. Internet J Radiol, 5(1):5~13.

Nielsen SP. 2000. The fallacy of BMD: A critical review of the diagnostic use of dual X-ray absorptiometry. Clin Rheumatol, 19: 174~183.

Nielsen SP. 2001. The metacarpal index revisited. J Clin Densitom, 4:199~207.

Nwosu BU, Lee MM. 2008. Evaluation of short and tall stature in children. Am Fam Physician, 78(5):597~604.

Ozgocmen S, Karaoglan B, Kocakoc E, et al. 1999. Correlation of hand bone mineral density with the metacarpal cortical index and carpo: metacarpal ratio in patients with rheumatoid arthritis. Yonsei Med J, 40:478~482.

Paganini C, Radetti G, Livieri C, et al. 2000. Height, bone mineral density and bone markers in congenital adrenal hyperplasia. Horm Res, 54:164~168.

Paley D, Matz AL, Kurland DB, et al. 2005. Multiplier method for prediction of adult height in patients with achondroplasia. J Pediatr Orthop, 25:539~542.

Pasquino AM, Pucarelli I, Accardo F, et al. 2008. Long-term observation of 87 girls with idiopathic central precocious puberty treated with gonadotropin-releasing hormone analogs: impact on adult height, body mass index, bone mineral content, and reproductive function. J Clin Endocrinol Metab,93:190~195.

Pescovitz O,Comite F,Cassorla F,et al. 1984. True precocious puberty complicating congenital adrenal hyperplasia:treatment with a luteinizing hormone-releasing hormone analog. J Clin Endocrinol Metab,8:857~861.

Poznanski AK,Garn SM,Nagy JM,et al. 1972. Metacarpophalangeal pattern profiles in the evaluation of skeletal malformations. Radiology,104:1~11.

PoznanskiAK,Gartman S. 1997. A bibliography covering the use of metacarpophalangeal pattern profile analysis in bone dysplasias,congenital malformation syndromes,and other disorders. Pediatr Radiol,27:358~365.

Prader A,Tanner JM,Von Harnack GA. 1963. Catch-up growth following illness or starvation. An example of developmental canalization in man. J Pediatr 62:646~659.

Quigley CA,Crowe BJ,Anglin DG,et al. 2002. Growth hormone and low dose estrogen in Turner syndrome: results of a united states multi-center trial to near-final height. J Clin Endocrinol Metab,87(5):2033~2041.

Rank MB and Lindberg A. 1994. Growth hormone treatment of idiopathic short stature:analysis of the database from KIGS,the Kabi Pharamacial International Growth Study. Acta Paediatr Suppl,406:18~23.

Rao E,Weiss B,Fukami M,et al. 1997. Pseudoautosomal deletions encompassing a novel homeobox gene cause growth failure in idiopathic short stature and Turner syndrome. Nat Genet,16:54~63.

Rappold GA,Blum WF,Shavrikova EP,et al. 2007. Genotypes and phenotypes in children with short stature:clinical indicators of *SHOX* haploinsufficiency. J Med Genet,44:306~313.

Rappold GA,Fukami M,Niesler B,et al. 2002. Deletions of the homeobox gene SHOX (short stature homeobox) are an important cause of growth failure in children with short stature,J Clin Endocrinol Metab,87:1402~1406.

Rekers-Mombarg LTM,Wit JM,Massa GG,et al. 1996. Spontaneous growth in idiopathic short stature. Arch Dis Child,75: 175~180.

Rensonnet C,Hanen F,Coremans C,et al. 1999. Pubertal growth as a determinant of adult height in boy with constitutional delay of growth and puberty. Horm Res,51:223~229.

Rriter EO,Price DA,Wilton P,et al. 2006. Effect of growth hormone (GH) treatment on the final height of 1258 patients with idiopathic GH deficiency:Analysis of a large international database. J Clin Endocrin Metab,91:2005~2284.

Sanchez JE,Perera E,Baumbach L,et al. 1998. Growth hormone receptor mutations in children with idiopathic short stature,J Clin Endocrinol Metab,83:4079~4083.

Sanders JO,Browne RH,McConnell SJ,et al. 2007. Maturity assessment and curve progression in girls with idiopathic scoliosis. J Bone Joint Surg Am,89(1):64~73.

Sato K,Mito T,Mitani H. 2001. An accurate method of predicting mandibular growth potential based on bone maturity. Am J Orthod Dentofacial Orthop,120:286~290.

Saville PD,Heaney RP,Recker RR. 1976. Radiogrammetry at four bone sites in normal middle-aged women:their relation to each other,to calcium metabolism and to other biological variables. Clin Orthop Relat Res,114:307~315.

Sondgraeee RM.,Dreizen S,Currie C,et al. 1955. The association between anomalous ossification centers in the hand skeleton,nutrition status and rate of skeletal maturation in children five to fourteen years of age. Am J Roentgen,74:1037~1048.

Su PH,Wang SL,Chen JY. 2007. Estimating final height from parental heights and sex in Taiwanese. Hum Biol,79(3): 283~293.

Tanner JM,Goldstein H,Whitehoues RH. 1970. Standards for children's height at ages 2~9 years allowing for height of parent. Arch Dis Child,45:755~762.

Tanner JM. 1963. Regulation of growth in size from mammals. Nature,199:845~850.

Van Teunenbroek A,Stijnen Th,Otten B,et al. 1996. A regression method including chronological and bone age for predicting final height in Turner's syndrome,with a comparison of existing methods. Acta Paediatr,85:413~420.

Vejvoda M,Grant DB. 1981. Discordant bone maturation of the hand in children with precocious puberty and congenital adrenal hyperplasia. Acta Paediatr Scand,70:903~905.

Virtama P,Mahonen K. 1960. Thickness of the cortical layer as an estimate of mineral content of human finger bones. Br J Radiol,

6:60 ~ 62.

Von Harnack GA, Tanner JM, Whitehouse RH, et al. 1972. Catch-up in height and skeletal maturity in children on long-term treatment for hypothyroidism. Zeitschrift fur Kinderheikunde, 112:1 ~ 17.

Wehkalampi K, Vangonen K, Laine T, et al. 2007. Progressive reduction of relative height in childhood predicts adult stature below target height in boys with constitutional delay of growth and puberty. Horm Res, 68:99 ~ 104.

Weise M, De-Levi S, Barnes KM, et al. 2001. Effects of estrogen on growth plate senescence and epiphyseal fusion. PNAS, 98 (12):6871 ~ 6876.

Weise M, Flor A, Barnes KM, et al. 2004. Determinants of growth during gonadotropin- releasing hormone analog Therapy for precocious puberty. J Clin Endocrinol Metab 89:81 ~ 86.

Wilson DM. 1999. Regular monitoring of bone age is not useful in children treated with growth hormone. Pediatrics, 104: 1035 ~ 1039.

Wit JM, Clayton PE, Rogol AD, et al. 2008. Idiopathic short stature: Definition, epidemiology, and diagnostic evaluation. Growth Horm IGF Res, 18:89 ~ 110.

第 6 章　骨龄在法医学领域中的应用

十几年来,由于经济的全球化、欧洲一体化以及局部地区的武装冲突,许多欧洲国家跨边界移民的数量不断增长,导致需要对青少年犯罪嫌疑人进行法庭年龄推测(forensic age estimation)的案件急剧增多,同时也促进了学术界对青少年法庭年龄推测的研究。青少年法庭年龄推测已经成为近年来国际法医学界的主要研究领域之一。

在中国,随经济的迅速发展和流动人口的大量增加,无可靠出生日文证的青少年犯罪案件也在逐渐增多,并主要集中在经济相对发展较快的大中城市。

青少年法庭年龄推测属于司法鉴定中的法医学鉴定范畴,是司法鉴定机构和司法鉴定人依法进行的司法鉴定活动。骨龄在青少年法庭年龄推测中占据主要地位,因此骨龄评价的准确性和精确性对于维护法律的尊严以及当事人的合法权益均具有重要的作用。

6.1　青少年法庭年龄推测的理论依据

青少年儿童个体的生长发育主要受到遗传因素的控制,因此发育进程在时间上的可变性有一定的限度。例如,生长学指标与年龄高度相关,在中国人手腕骨发育标准——中华05 研究中,男 3~19 岁、女 3 ~18 岁正常儿童的骨龄与生活年龄的相关系数分别为 0.970(P=0.000)和 0.968(P = 0.000),男女身高与生活年龄的相关系数分别为 0.947(P = 0.000)和 0.915(P=0.000)。这种相关关系为使用生长学指标推测生活年龄提供了基础。

但在生活年龄相同的正常儿童之间,生长学指标也存在相当大的个体差异,这种差异可由不同指标数据分布的第 3 和第 97 百分位数确定,即正常值范围。反过来,应用相同的统计学方法,可以确定生长学指标数值相同的正常儿童生活年龄分布的范围。在生长发育过程中,某些特定骨成熟度指征的出现也具有一定的年龄范围,确定该指征出现年龄的下限能够可靠地推测青少年年龄。

严格地说,青少年年龄推测所推测是年龄的范围,这个范围是一定概率下测量数值的分布区间,称为置信区间。例如,包括 95% 的测量数值的区间就称为概率 P=95% 置信区间,概率 P=95% 称为这个区间的置信度。所以鉴定结果不仅要报告推测的具体年龄,也要报告所推测的年龄范围。

青少年法庭年龄推测是一个求证的过程,鉴定者应当根据被鉴定者身体不同系统的生长发育指征,相互印证,提出缩小年龄范围的证据,以提高青少年法庭年龄推测的证据地位。

6.2　青少年法庭年龄推测中选择生长发育标准应考虑的因素

青少年法庭年龄推测所进行的生长学评价都要依据正常标准。应用不同标准,评价结果会有很大不同,主要原因是制订标准所依据的样本的差异。这些差异主要表现如下。

6.2.1 生长发育的种族差异

许多研究报告了不同种族人群生长发育的显著性差异。与欧洲青少年相比，东亚的中国和日本青少年骨发育在青春期前稍延迟，但是在进入青春期后生长发育加速而提前(Zhang et al. ,2008；Ashizawa et al. ,2005；Ashizawa et al. ,1996)。在对德国、日本和南非人群样本第三臼齿发育年龄的研究中，Olze 等(2004a)发现日本人达到 Demirjian 方法 D~F 等级的年龄比德国人大 1~2 岁，南非黑人达到 D~G 等级的年龄比德国人小 1~2 岁。因此，为了提高法庭年龄推测的准确性，应当使用特定人群生长发育标准。欧美国家青少年法庭年龄推测多采用 G-P 骨龄图谱和 TW3 法骨龄标准，但这些标准均以白种人儿童样本制订，与中国青少年生长发育存在显著的差异，所以不适用于中国青少年。

6.2.2 生长发育的长期趋势

在社会发展过程中，青少年儿童生长发育的长期趋势是普遍的现象。自 20 世纪 90 年代以来，发达国家的青少年儿童生长发育的长期趋势已趋于停滞状态，但在发展中国家，青少年儿童生长发育则正处于加速的长期趋势之中。

张绍岩等(2009a)对随机抽取的 950 名(男 516，女 434)12~18 岁正常城市青少年儿童，分别应用 20 世纪 80 年代制订的 CHN 法标准(张绍岩等，1993)和 21 世纪制订的 RUS-CHN(RC)法标准(张绍岩等，2006a)评价骨龄，以不同方法骨龄与生活年龄的差异观察了骨发育加速长期趋势对法庭年龄推测的影响。由表 6.1 可见，在男 12~16.5 岁、女 12~15.5 岁之间，各年龄组男女 CHN 骨龄与生活年龄之差值均为正数，分别比生活年龄大 0.35~1.00 岁和 0.57~1.16 岁，与零检验值之间的差异具有统计学显著性($P<0.01$)。而 RC 骨龄则与生活年龄相近，二者差值的平均数分布于零的左右，男女差值分别在-0.23~0.23 岁和-0.27~0.06 岁之间，除女 14.5 岁组($P<0.05$)外，与零检验值之间均无统计学显著性。在男 17~18 岁、女 15~17 岁之间，发育成熟者逐渐增多(发育成熟者的骨龄不再增长)，因而使骨龄减生活年龄差值的平均数低于年龄组的生活年龄而出现负值，大部分 CHN 骨龄减生活年龄差值大于 RC 骨龄减生活年龄的差值。CHN 法骨龄标准依据于 20 世纪 80 年代末中国一般社会经济状况的城市汉族青少年儿童，与之相比，当代中国青少年儿童手腕部骨骼发育达到相同程度的年龄提前，表现出了骨骼发育加速的长期趋势。这种长期趋势对青少年活体年龄推测的影响表现为 CHN 法标准将高估被评价者的年龄(高估 0.5~1 岁)。

因此，在青少年活体年龄推测而选择骨龄评价标准时，要考虑到制订评价标准样本的种族和年代，以保持年龄推测的可靠性。

6.2.3 不同区域人群社会经济环境因素的差异

除遗传因素外，环境因素对青少年生长发育也有重要的影响。Schmeling 等(2000)在种族差异是否影响骨成熟度的综述研究中发现，一定人群的社会经济状况是决定骨化速度的主要影响因素，对社会经状况低于参考标准人群的个体通常被低估年龄。后来，他们在文献中选择了 36 个以 G-P 图谱标准评价骨龄的样本，分别以平均个人收入和平均寿命作为人群现代化的参数,使用回归分析描述这些参数对骨化速度的影响。结果发现,相对高水平的经济发展和医学现代化与较高的骨化速度相一致,而相对低的现代化水平与骨化的延迟有关(Schmeling et al. 2006a)。此外,自然地理环境也对青少年生长发育有一定的影响(Mappes et al. ,1992;林琬生、胡成康,1990)。

在欧美许多国家,不同社会阶层家庭的青少年儿童的生长发育存在一定程度的差异,在中国这种现象并不明显,但却存在显著的城乡差异,城市青少年儿童生长发育提前,因此在制订生长发育标准时大都以城市青少年儿童为样本。当以这样的标准应用于农村青少年时可能低估年龄,但无不利影响。

表 6.1 RC 法和 CHN 法骨龄与生活年龄差值(岁)的比较

年龄	n	方法	男		年龄	n	方法	女	
			$\bar{x}$	s				$\bar{x}$	s
12.0	50	RC	−0.22	1.02	12.0	38	RC	−0.27	1.13
		CHN	0.54**	1.11			CHN	0.57**	1.19
12.5	47	RC	−0.26	0.92	12.5	35	RC	−0.09	1.09
		CHN	0.52**	0.95			CHN	0.93**	1.28
13.0	37	RC	0.11	1.12	13.0	22	RC	0.02	0.76
		CHN	0.95**	1.10			CHN	1.16**	1.24
13.5	38	RC	0.00	0.90	13.5	37	RC	−0.17	0.99
		CHN	0.86**	1.05			CHN	0.92**	1.21
14.0	40	RC	0.15	0.89	14.0	36	RC	0.06	1.36
		CHN	1.00**	1.01			CHN	0.95**	1.11
14.5	50	RC	0.01	1.02	14.5	81	RC	−0.22*	0.87
		CHN	0.95**	1.10			CHN	0.82**	0.81
15.0	55	RC	−0.15	1.19	15.0	44	RC	−0.31*	1.15
		CHN	0.89**	1.10			CHN	0.48**	0.77
15.5	41	RC	0.07	1.03	15.5	35	RC	−0.22	0.87
		CHN	0.79**	0.93			CHN	0.23*	0.54
16.0	39	RC	0.23	0.93	16.0	35	RC	−0.50**	0.86
		CHN	0.69**	0.53			CHN	−0.16	0.23
16.5	54	RC	0.13	0.94	16.5	32	RC	−0.74**	0.77
		CHN	0.35**	0.37			CHN	−0.60**	0.11
17.0	30	RC	−0.35*	0.85	17.0	39	RC	−0.79**	0.77
		CHN	−0.16**	0.27			CHN	−1.13**	0.13
17.5	34	RC	−0.17	0.57			—	—	—
		CHN	−0.52**	0.08			—	—	—
18.0	29	RC	−0.48**	0.73			—	—	—
		CHN	−1.05**	0.23			—	—	—

单样本 t 检验:* $P< 0.05$;** $P<0.01$。

6.2.4 推测方法的准确性与精确性

青少年生长发育存在相当大的个体差异,因此依据人体测量学、骨龄、牙龄等生长发育程度所推测的生活年龄处于以骨龄(或牙龄)为中心的一定的年龄范围之中,这个范围决定了评价方法的准确性,一般以人群样本所有个体推测年龄与实际年龄差值的平均数和95%的置信区间来描述(Maber et al.,2006)。使用G-P图谱法推测的年龄范围的标准差在0.6~1.1岁(Greulich and Pyle,1959),使用Thiemann-Nitz(T-N)图谱的标准差在0.2~1.2岁(Schmeling et al.,2006b),对青少年应用RC图谱法的95%置信区间在±2岁(张绍岩等,2009c)。

成熟度评价标准的制订方法也影响青少年年龄推测的准确性和可靠性。最近,Chaillet等(2004a,2004b,2004c)在法国、芬兰、比利时通过样本比较了百分位数方法和多项式方法制订的牙龄标准推测青少年年龄的准确性和可靠性,发现应用百分位数法的准确性较高(2~18岁,平均数±1.2岁至±2.08岁),应用多项式方法准确性较低(与百分位数方法相比下降2.6~7.5个月),实际应用的可靠性较高(错误分类0.19%~1.3%,低于百分位数法)。但多项式方法计算的置信区间大于百分位数法,其可靠性较高是以降低准确性为代价的。

以第三臼齿推测的年龄与真实年龄之差的95%置信区间为女孩±4.5岁,男±2.8岁(Thorson and Hägg,1991)。

不同推测方法的精确性可由重复性来说明。在11名有不同经验的评价者使用中华05 RUS-CHN法测定骨龄时,评价者内骨发育等级的重复率为63.4%~82.2%,骨龄读数95%置信区间为±0.40岁至±0.76岁;评价者间的骨发育等级重复率为61.3%~77.3%,骨龄读数95%置信区间为±0.42岁至±0.96岁;在有不同经验的评价者之间,骨龄评价的可靠性存在显著性差异(张绍岩等,2006b)。Kohatsu等(2007)分析了牙龄评价的可重复性,4名评价者两次读数之间的相关系数在0.81~0.94,评价者之间的牙龄读数的相关系数为0.93~0.95(多元回归分析)。不同牙齿Demirjian等级评价者间的重复性在63%~81%,Kappa检验值在0.53~0.76(Leurs et al.,2005),在重复评价下颌骨第三臼齿时,牙龄读数差值95%置信区间在±0.8岁(Thorson and Hägg,1991)。

应用不同方法推测青少年年龄的精确性不仅与方法本身有关,而且评价者使用该方法的经验对评价的精确性也有很大的影响,因此,定期进行评价可靠性检验是青少年年龄推测工作中的主要内容之一。评价者内的可靠性检验可对评价者本人的系统误差和随机误差得出正确的估价,而不同评价者间的检验有助于保持评价结果的一致性,对青少年活体年龄推测质量都有重要的保障作用。

6.2.5 制订标准的样本量大小与拟合生长曲线的统计学方法

青少年生长发育存在较大的个体变异,尤其是在青春期前后的生长发育阶段,只有采用大样本才能够反映这种变异。同时,足够的样本量也能使年龄组内的样本均匀分布,便于统计分析。许多生长学指标的数据分布呈现偏态和峰态,因此大都采用百分位数法制订生长发育标准,并以适宜的曲线平滑模型拟合,消除抽样误差,使百分位数曲线符合数据的实际分布。

6.3 青少年法庭年龄推测的程序

评价青少年身体发育程度的方法有多种多样,究竟使用何种方法推测青少年法庭年龄呢? 在 2000 年,欧洲讲德语的国家(德国、奥地利、挪威、瑞士)成立了由法医师、放射学专家、牙科医生和人类学家组成的多学科法庭年龄诊断研究组(Study Group on Forensic Age Diagnostics,AGFAD),曾经对欧洲一些国家的法医学会、人类学家和从事法医工作的牙科医生进行了问卷调查(Schmeling et al. ,2001),以了解法庭年龄推测种所采用方法的总体状况,调查结果见表 6. 2。

在调查与研究工作的基础上,欧洲法庭年龄诊断研究组提出了青少年法庭年龄推测的程序指南(Rötzscher and Grundmann,2005;Schmeling et al. ,2006c)。

表 6. 2 讲德语的国家中 24 名专家所使用的年龄推测方法

体格检查	专家应用数量	X 线检查	专家应用数量	牙齿	专家应用数量
身体测量	15	手部	22	牙齿状况	19
性成熟度征兆	16	肩/上臂	5	牙科全景 X 线片	17
		颈部骨骼	3	石膏模型	5
		骨盆	2		
		股骨	1	其他	
		膝部	1	毛发横断面	1
		足部	1		
		肩胛骨	1		
		鼻旁窦	1		

6. 3. 1 身体检查

身体检查包括身高、体重、体格类型和第二性征的人体测量学指标。

第二性征的评价包括男外生殖器和睾丸的发育(睾丸体积)、阴毛、腋毛、胡须和喉结突出;女乳房发育,阴毛、腋毛和臀部形态。

一般情况下,在女 16 岁、男 17 岁达到完全性成熟。但在不同成熟度指征中性成熟的可变性范围最大,因此应当结合骨成熟度或牙齿成熟度的评价共同使用。

在身体检查时,要排除与年龄有关的疾病征兆,并复核骨龄或牙龄与全身发育状况是否相符。

大部分疾病延迟青少年儿童的生长发育,因而导致低估年龄。但是,加速发育的疾病(如性早熟、肾上腺增生综合征和甲状腺功能亢进等内分泌疾病)将导致高估年龄,这样的疾病不仅影响所达到的身高和性征发育,而且也影响到骨骼发育。因此,在身体检查时应当观察是否存在发育加速的征兆,如巨人症、肢端肥大症、身材矮小、女孩的男性化、甲状腺肿大或眼球突出等征兆。另外,牙龄和骨龄不一致也可能是内分泌疾病的一种指征,因为牙齿的发育不受内分泌紊乱的影响。

6.3.2 拍摄手部 X 线片——评价骨龄

法庭年龄诊断的第二个关键是手部 X 线片骨龄评价,但其先决条件是确定渊源者是否有影响骨骼发育的疾病。

在欧洲,使用 G-P 图谱(Greulich and Pyle,1959)或 T-N 图谱(Thiemann and Nitz,1991)进行法庭年龄推测。在年龄推测范围内,G-P 图谱骨龄与年龄差异的标准差在 0.6~1.1 岁;T-N 图谱骨龄与年龄差异的标准差在 0.2~1.2 岁(Schmeling et al. ,2006b)。女孩在 17 岁,男孩在 18 岁手部骨发育成熟。

6.3.3 牙科检查

牙科检查需要拍摄牙齿状态照片及口腔全景 X 线片(orthopantomogram)。

采用 Demirjian 方法(Demirjian et al. ,1973)评价全景 X 线片的牙龄。由于第三智齿通常在 19 岁或 20 岁时完成矿化,所以第三臼齿的矿化是推测是否达到 18 岁的牙龄指标。

但第三臼齿矿化年龄存在种族差异,为了提高以臼齿矿化推测法庭年龄的准确性,应使用特定人群的臼齿矿化年龄标准。

但第三臼齿牙龄不能为是否达到 21 岁的年龄推测提供准确的信息(在一些国家,刑事责任年龄在 16~22 岁)。

6.3.4 锁骨常规 X 线或计算机断层 X 线扫描摄片检查

在 18 岁时身体各系统都已发育成熟,所以对 18 岁以上的年龄推测,锁骨胸骨端骺的评价特别重要。可以使用常规 X 线片(Schmeling et al. ,2004)或 CT 扫描摄片(Schulze et al. ,2006)检查胸锁关节骺的骨化。Schulze 等(2008)对这两种方法进行了比较,发现少数受试者(13%)由于其他骨结构的影像重叠,常规 X 线摄片的方法不能够可靠评价;在使用两种摄片方法对总计 57 例受试者的研究中,有两例两种方法的评价结果不一致,所以在实践应用中,应使用不同方法各自的骨化等级参考标准。

传统的骨化分级方法将锁骨胸骨端骺的骨化分为 4 个等级。Schmeling 等(2004)增加了骺线是否可见的成熟度指征,将锁骨骺完全骨化过程划分为 2 个等级。这样,锁骨胸骨端的骨化过程分为以下 5 个等级:

等级 1:骨化中心尚未骨化;

等级 2:骨化中心已经骨化,但骺软骨板尚未骨化;

等级 3:骺软骨板部分骨化;

等级 4:骺软骨板完全骨化,但骺线可见;

等级 5:骺软骨板完全骨化,骺线不可见。

在欧洲白人,男女锁骨胸骨端骺发育的第 3 等级分别在 20.8 岁±1.7 岁和 20.0 岁±2.1

岁时出现;第 4 等级分别在 26.7 岁±2.3 岁和 26.7 岁±2.6 岁时出现。

6.3.5 综合年龄推测

最后,由专家整理所有的身体检查、骨龄、牙龄或锁骨胸骨端骺的骨化评价结果,进行最后的年龄诊断。综合内容应包括参考标准应用于个体时年龄变异的讨论,如不同的遗传、地理区域和社会经济状况的可能影响,是否存在影响发育的疾病及对年龄推测的影响,如果可能应当定量影响程度。

6.4 适用于中国青少年法庭年龄推测的方法与标准

欧洲多学科法庭年龄诊断研究组的经验为法医学年龄推测提供了重要参考,有助于提高年龄推测的准确性和精确性。但是由于生长发育的种族差异,欧洲白种人的评价标准不适用于中国青少年。因此,在青少年法庭年龄推测中应当采用中国青少年生长发育评价标准。

6.4.1 身体检查标准

2009 年,李辉等(2009)将《2005 年中国九市 7 岁以下儿童体格发育调查》数据和《2005 年中国学生体质与健康调查》中相应九城市(北京、哈尔滨、西安、上海、南京、武汉、广州、福州、昆明)的 6~19 岁儿童数据合并,采用 LMS 模型制订了中国 0~18 岁儿童、青少年身高、体重评价标准。中华医学会儿科学分会内分泌遗传代谢学组在 2003~2005 年根据九城市(青岛、上海、重庆、广州、福州、南宁、北京、天津、武汉)儿童青少年发育调查提出了中国儿童青少年第二性征发育和男首次遗精年龄、女初潮年龄标准(青春发育调查研究协作组,2010)。《中国人手腕骨发育标准——中华 05》也在同一时期完成。所以,这些标准为我国当代儿童青少年生长发育评价奠定了基础。

中国儿童青少年生长发育标准依年龄分组制订。但是,法医学领域需要年龄推测的受试者恰是那些无有效文证或怀疑出生日期不准确的青少年,也就是说在青少年法庭年龄推测中生活年龄是未知的,因此需要骨龄标准身高、体重和体重指数生长图表,根据骨龄评价被推测者的生长发育状况,支持年龄推测结果。为此,张绍岩等(2009b)依据中国人手腕骨发育标准——中华 05 研究样本,应用 BCPE 模型首次制订了中国青少年儿童骨龄标准身高、体重和体重指数生长图表(参考第五章 5.3 节)。

以骨龄分组所制定的生长图表是依受试者发育程度而制订,控制了发育程度的影响因素,所以在生长学指标与发育程度更为密切相关的青春期,正常变异范围有一定程度的变窄。

在对青少年进行年龄推测时,评价当事人身高、体重,可以判断其发育是否正常,为骨龄评价结果提供佐证。

依据 Tanner 发育等级(Marshall and Tanner,1969;1970)评价第二性征发育。近些年来,由于中国青少年儿童生长发育出现了加速的长期趋势,中华医学会儿科学分会内分泌遗传代谢学组(2010)全面分析了当代中国儿童青少年第二性征发育的长期趋势，提出了评价标准，见表 6.3 和表 6.4。

表 6.3　中国城市女孩乳房发育、阴毛发育和初潮的百分位年龄和中位年龄的 95%可信区间

第二性征	百分位数年龄(岁)						
	P3	P10	P25	P50(95% CI)	P75	P90	P95
乳房发育							
Tanner Ⅱ	7.11	7.72	8.38	9.20(9.06~9.32)	10.08	10.95	11.89
Tanner Ⅲ	8.20	8.84	9.53	10.37(10.28~10.45)	11.27	12.16	13.10
阴毛发育							
Tanner Ⅱ	8.85	9.53	10.27	11.16(11.03~11.29)	12.13	13.08	14.09
Tanner Ⅲ	9.83	10.59	11.41	12.40(12.25~12.55)	13.48	14.53	15.65
初潮	10.26	10.86	11.51	12.27(12.16~12.39)	13.09	13.87	14.68

表 6.4　中国城市男孩睾丸发育、阴毛发育和初遗百分位年龄和中位年龄的 95%可信区间

第二性征	百分位数年龄(岁)						
	P3	P10	P25	P50(95% CI)	P75	P90	P95
睾丸容积≥4ml	7.80	8.81	9.63	10.55(10.27~10.79)	11.47	12.29	13.10
睾丸容积≥12ml	10.29	11.28	12.30	13.42(13.04~13.79)	14.54	15.55	16.55
睾丸容积≥20ml	11.10	12.49	13.90	15.47(14.49~16.74)	17.03	18.44	19.83
阴毛发育 PH2	10.66	11.34	12.02	12.78(12.67~12.89)	13.54	14.22	14.90
阴毛发育 PH3	11.10	12.00	12.92	13.94(13.50~14.35)	14.95	15.87	16.77
初遗	11.62	12.40	13.18	14.05(13.80~14.32)	14.92	15.71	16.48

与达到某骨龄或牙龄的年龄范围相比，第二性征等级出现年龄的可变范围更为宽大，因此，应结合骨龄或牙龄来使用，核查骨龄或牙龄与身体的发育是否相符。同时，第二性征发育的正常与否也是用来排除某些疾病的征兆。

6.4.2　骨龄评价方法与标准

青少年活体年龄推测与依据遗骸推测死亡年龄不同，活体年龄推测应用 X 线放射学技术，可选择不同关节部位，综合多块骨骺的发育来准备骨龄评价标准，而由遗骸推测死亡年龄则应用干燥的骨骼标本，需准备各个关节部位的每块骨骺的发育年龄标准。由于放射学影像与观察干燥骨的方法不同，二者标准之间不可互用。

骨龄是青少年活体年龄推测的主要依据。在骨龄评价方法的研究过程中，人体的肩、肘、手腕、髋、膝、足踝关节都曾作为 X 线摄片部位，用来评价骨龄。在早期的研究中曾经采用身体左侧各关节骨化中心的出现及骺与骨干融合年龄评价个体发育程度，但是这种方法由于多关节的正常变异大于单关节，X 线投照剂量过大而很少应用。

骨龄作为青少年年龄推测的主要依据是因为它与身体发育程度的相关最密切,在 6 个关节部位的 71 块骨化中心中,对全身骨发育最有预测价值的有 20 块,其中的 11 块和 13 块分别位于男女儿童的手腕部(Garn and Rohomann,1966)。不同关节部位含有的骨化中心块数和每块骨的成熟度指征不同,因而骨龄分布的正常值范围不同,分布的离散程度将直接影响青少年年龄推测的范围。在 6 关节部位中手腕部骨龄的标准差最小,其次是足、膝、肘、肩、髋部(Greulich and Pyle,1959)。不同关节部位骨骺完成融合的年龄也不同,上肢肘部骨骺在 11~15 岁首先融合,然后为肩部和手腕部(Cardoso,2008a);下肢各关节以及髋部骨骺在手腕部骨骺融合之前或在大致相同的年龄上完成融合(Cardoso,2008b)。由于手腕部包括多种类型的众多骨化中心反映了全身骨发育状况,而且易于摄片,X 线照射剂量很小,所以在青少年年龄推测中手腕部骨龄得到了最为广泛的应用。在对德国、奥地利、瑞士的 24 名法医学家、人类学家和从事法庭工作的牙科医生的问卷调查中,使用不同部位骨龄进行年龄推测的专家的百分比为:手腕部 61%,肩和上肢 16%,锁骨 8%,骨盆 5%,股骨、膝部、足、肩胛骨等各 2.7%(Schmeling et al. 2001)。

在欧洲,普遍使用 G-P 图谱和德国的 T-N 图谱骨龄标准(Schmidt et al. ,2007),德国青少年 G-P 骨龄与生活年龄差值分布为女-0.39 岁±2.16 岁、男-0.49 岁±2.02 岁,应用 T-N 图谱时分别为女 0.05 岁±1.74 岁、男-0.05 岁±1.65 岁,所以对于德国儿童青少年 T-N 图谱标准更为准确。最近的一项研究检验了 TW 法骨龄在法庭年龄推测中的可应用性(Schmidt et al. ,2008a),在 14~16 岁期间,由于 TW2 方法存在系统高估年龄的风险,不适合法庭年龄诊断;TW3 方法骨龄与年龄差值的平均数在-0.4 岁和 0.2 岁之间,所以可应用于法庭年龄推测。但由于东亚青少年在青春期生长发育加速,若应用这些方法都可能高估年龄。

在中国,也先后在不同年代制订了不同关节部位的骨龄评价方法与标准(表 6.5)。百分计数法、顾氏图谱法和 CHN 法骨龄标准制订年代较早,由于近几十年来中国青少年生长发育加速的长期趋势,应用这些方法将高估被鉴定者的年龄。朱锦田和张继宗(2007)应用 100 名 13~18 岁男性青少年档案资料,对肩、肘、腕、髋、膝、踝单关节部位、百分计数法、CHN 法和六大关节法骨龄推测年龄的可靠性进行了比较。结果发现,在不同年龄段每种方法的准确性是不同的,在 15~16 岁之前,百分位数法、CHN 法、肩关节法、肘关节法和腕关节法准确性更高些。在 15~16 岁之后,6 大关节法、膝关节法、踝关节法和髋关节法的准确性更好。虽然该项研究没有分析不同年代骨龄标准对评价青少年档案材料的影响,但比较结果基本反映了不同方法中的问题。在各单关节部位的评价方法(谢细仁、张继宗,1997)中,基本上仅选取了骨骺融合成熟度指征,大都将骨骺融合过程划分为 5 个等级,列出了达到每个等级的平均年龄和范围,每部位仅以一块重要的骨骺融合等级推测年龄。因不同部位骨骺开始融合以及完成融合的年龄不同,所以在相应的年龄段具有较好的评价结果。上肢以手腕部(桡、尺骨远侧端)的年龄推测较好,其次是肩部,再次是肘部,下肢以膝关节较好,其次是足踝部,再次是髋部。6 大关节法将上述部位评价方法通过多元回归方程综合在一起,在评价不同年龄的受试者时,只是部分骨骺发生作用,但由于包括了变异程度较大的骨,所以影响了 15~16 岁之前的预测效果。由于 CHN 法包括了骨骺融合之外的指征,所以在 15~16 岁以前其预测年龄效果较好,此年龄后掌指骨均已完成融合,仅剩桡骨,而且桡骨融合过程仅划分为两个等级,所以准确性降低是必然的。

表 6.5　中国青少年儿童骨龄评价的主要方法

作者	方法	评价部位	取样年代	样本情况		
				例数	年龄	来源
李果珍等(1979)	百分计数法	手腕部	1960s	1938	1~18 岁	北京地区
顾光宁等(1962)	图谱法	手腕部	1960s	1890	0~18 岁	上海市
张绍岩等(1993)	CHN 法	手腕部	1980s	22160	0~19 岁	福州、长沙、西安、重庆、石家庄、哈尔滨市
张绍岩等(2006a)	中华 05 RC 法	手腕部	2005	17401	0~20 岁	广州、上海、温州、石家庄、大连市
张绍岩等(2009c)	RC 图谱法	手腕部	2005	5468	13~18 岁	广州、上海、温州、石家庄、大连市
谢细仁等(1997)	单关节法	肩、肘、腕髋、膝、踝	—	340(男)	12~20 岁	海南
田雪梅等(2001)	6 大关节法	肩、肘、腕髋、膝、踝	2001	210(男)	13~20 岁	河南西华县
薛晓捷等(2006)	6 大关节法	肩、肘、腕髋、膝、踝	2006	150(女)	11~16 岁	河南西华县
王鹏等(2008)	6 大关节法	肩、肘、腕髋、膝、踝	2008	1059(男)	11~20 岁	华中、华东、华南地区
王亚辉等(2008)	6 大关节法	肩、肘、腕髋、膝、踝	2008	838(女)	11~20 岁	华中、华东、华南地区

不同部位骨骺融合等级评价难易程度不同,6 大关节法包括了大量的骨骺,不仅评价费时,掌握困难,也会降低评价方法本身的可靠性。同时,需要拍摄各关节部位的 X 线片,曝光时间长,对人体损伤大,费用高,故在实际应用中受到了限制(朱锦田、张继宗,2007)。此外,上述单关节部位法和 6 大关节部位法研究的样本量过小,年龄组组距过大,将会影响预测年龄 95% 置信区间的可靠性,依据社会经济水平较低地区的样本所制订的标准也可能有高估社会经济水平较高地区个体年龄的风险。

采用单一部位骨龄是目前国内外法医学青少年活体年龄推测的研究趋势。骨龄评价的准确性不完全在于包括更多的骨骺,更重要的在于单一部位方法的不断改进。因此在修订 CHN 法标准时,我们在 TW3 方法的基础上增加了掌指骨的成熟度指征,并将桡、尺骨骺融合过程划分为 4 个等级,来提高手腕部骨龄的准确性(张绍岩等,2006a)。为了使手腕部骨龄更适用于法医学 14~18 岁青少年的年龄推测,我们又在中华 05 RUS-CHN 方法基础上提出了 RC 图谱法(张绍岩等,2009c)。由于 RC 图谱法增加了骨发育等级,特别是增加了手腕部桡尺骨融合等级,所以在男骨龄 16~18 岁、女骨龄 15~17 岁期间显著增多了骨龄读数,增加了骨龄对青少年发育程度的分辨能力。

虽然骨龄是青少年活体年龄推测的主要依据,但根据骨龄预测年龄 95% 的置信区间更加重要,预测年龄 95% 置信区间下限是最易被法庭所采信的科学推测结果。6 大关节方法采用了判别分析,分别提出了判定是否已满 14 岁、16 岁和 18 岁的判别方程,在样本范围内,这些判别方程的判别率(准确率)在 68.5% ~ 91.5%,在校验样本中判别率在 20.0%~100%,判别率随年龄增大而下降,所以,判别方程结果是否能够作为法庭年龄推测的可靠依据是有疑问的。在这些研究中没有对多元回归方程预测年龄的 95%置信区间进行分析,但估计可能更加宽大,因为包括了发育年龄变异更大的髋骨和锁骨胸骨端骺。6 大关节法的优点是能够推测是否达 18 岁的年龄,但这一优点完全能够由锁骨或髋骨单部位方法所实现,而免除拍摄多部位 X 线片的弊端。

6.4.3 牙龄评价

牙龄也是青少年活体年龄推侧的重要方法,但在 16 岁左右牙齿发育成熟(第三臼齿除外),所以不如手腕部骨龄应用广泛。但是牙齿的发育具有一定的独立性(Bielicki et al.,1984;Demirjian et al.,1985),受到环境因素的影响较小(Moorres et al.,1963),与其他方法结合应用能够提高青少年年龄推测的准确性。

Demirjian 等(1973)最早提出了根据牙冠、牙根矿化以及根尖闭合评价牙龄的计分法,类似于骨龄评价的 TW 方法,在国际上得到了广泛的应用。后来,Demirjian 和 Goldstein (1976)又进行了更新,分别制订了左下颌 7 颗恒牙和 4 颗恒牙的评价标准。在实际应用中人们也发现,牙齿发育成熟度存在种族差异(Davis and Hägg,1994;Liversidge et al.,1999)。因此,Chaille 等(2005)以来自 8 个国家的 9577 名 2~25 岁健康受试者为样本,应用 Demirjian 方法建立了国际间的牙齿发育成熟度曲线,用于进行未知种族者的牙龄评价。但在不同国家人群牙齿成熟度的比较时发现,由于研究样本汇集了多个国家的人群,牙齿发育的正常变异过大,致使 Demirjian 法国际标准评价的牙龄准确性低于特定人群标准。

最近,意大利 Cameriere 等(2006)提出了测量牙根尖开放距离的牙龄方法。在 7 颗左下颌恒牙中,对于单根牙测量开放牙尖内侧距离,对于双根牙则计算两个牙根开放牙尖内侧距离之和,为了评价 X 线放大和角度的可能影响,用牙齿的长度去除上述指标,以标准化测量数据,使用标准化数据以及牙根完全发育成熟的牙齿数量评价牙成熟度。统计分析说明,这些形态学变量解释了推测生活年龄方差的 83.6%,实际和推测年龄之间的残差中位数为-0.035 岁,上下四分位数之间的范围(inter quartile rang,IOR)为 1.18 岁。

有关中国青少年儿童牙龄的研究较少,陶疆等(2007)在以 Demirjian 法对上海地区 828 名 11~19 岁青少年的牙龄评价中发现,在 11~14 岁年龄段牙龄高估了实际年龄,在 15~16 岁年龄段又低估了实际年龄,因而提出,可以使用 Demirjian 法标准评价上海地区 11~16 岁青少年的牙龄,但应进行适当的修正。范建林和周文莲(2005)应用 Demirjian 法测定 276 名 6~17 岁北京地区青少年儿童的牙龄,结果牙龄高估了实际年龄,男女分别高估 0.26 岁和 0.31 岁($P<0.05$)。但这些研究中某些年龄组的样本量过小,所以仅可说明基本的差异趋势,尚不能作为中国儿童牙龄的评价标准。

6.5 18 岁年龄的推测

18 岁是非常重要的法律责任年龄。青少年在男 18 岁、女 17 岁时身体各系统均已发育成熟,几乎没有可供年龄推测使用的生物学指征,因而以往的手腕部骨龄推测年龄的方法不能对个体是否达到 18 岁提供充分可靠的证据,是否达 18 岁只有依据那些并非理想的生物学特征。在年龄推测的概念上也有不同,在前面的讨论中是使用骨龄或牙龄来预测生活年龄,这里则是采用两分法分析(dichotomous question),对可信程度的要求更高(Mincer et al. ,1993)。

6. 5. 1 第三臼齿发育年龄

在齿系中,第三臼齿的萌出、大小、各发育等级出现时间最为可变,它的发育与年龄之间仅存在中等程度的相关,而且经常遇到缺失、畸形和挤压状况。第三臼齿发育的性别差异也与在青春期时有所不同,男性第三臼齿的形成和萌出时间提前于女性。不同种族人群男女第三臼齿的 Demirjian 等级 H(根尖闭合)出现年龄(50%频数年龄)在 20~23 岁。左右侧第三臼齿发育无显著差异,上颌骨第三臼齿发育一般提前于下颌骨。

美国法医齿科学管理委员会(American Board of Forensic Odontology,ABFO.)研究委员会所进行的研究表明(Mincer et al. ,1993),因为 Demirjian 法 D~H 发育等级年龄区间太宽大,使用多元回归预测年龄的方法准确性不高,因此只有采用两分法。表 6. 6 说明不同人群青少年年龄至少在 18 岁时第三臼齿根尖闭合的概率或 95%置信区间。

表 6. 6 不同国家人群 18 岁以上者第三臼齿根尖闭合等级的概率或置信区间

国家	性别	例数	年龄范围(岁)	评价方法	部位	根尖闭合
美国白人(Mincer et al. ,1993)	男 女	823	14~24	Demirjian et al.	下颌	90. 1% 90. 2%
奥地利(Meinl et al. ,2007)	男 女	275 335	12~24	Demrijian et al.	下颌	99. 5% 99. 3%
印度(Bhat et al. ,2007)	男 女	389 346	15~25	Kullman et al.	下颌	100% 100%
德国(Willershausen et al. ,2001)	男 女	600 602	15~24	Kullman et al.	上颌	95%的置信区间±2 岁至 4 岁
日本(Olze et al. ,2004)	男 女	686 929	12~30	Demrijian et al.	下颌	22. 7 岁±2. 1 岁 22. 3 岁±2. 1 岁

在青少年法庭年龄推测的相关文献中,尚未发现中国青少年第三臼齿发育年龄的研究。因中国人和日本人同属蒙古人种(Mongoloid),因而,在法医学青少年法庭年龄推测中可参考使用日本秋田大学医学院所提出的 Demirjian 法第三臼齿发育年龄数据(Olze et al. ,2004a;2004b)。

6. 5. 2 锁骨内侧骺发育年龄

锁骨内侧骺骨化中心是人体骨骺出现及融合最晚、变异程度最大的骨化中心之一,也是青少年活体推测 18 岁以上年龄的重要指征。锁骨内侧端骺的发育一般划分为 3~5 个等级,通常采用计算机断层扫描(CT)和常规 X 线摄片。使用常规 X 线摄片方法,约 13%的锁骨与其他骨结构影像重叠而影响观察,两种方法所评价的等级基本相同(Schulz et al.,2008)。性别对锁骨完全融合概率的影响是显著的,女性锁骨的融合一般早于男性。表 6.7 为不同国家人群锁骨内侧端骺完全融合等级的年龄范围下限,中国青少年锁骨胸骨端骺完成融合时的年龄至少在 19 岁。

表 6.7 不同国家人群锁骨内侧端骺完全融合等级的年龄下限

国家	性别	例数	年龄范围	摄片方法	评价方法	融合年龄(岁)
德国(Schmeling et al.,2004)	男	243	16~30	常规平片	Schmeling et al.	21
	女	456				20
德国(Schulze et al.,2006)	男	50	16~25	CT	Schmeling et al.	21
	女	50				
日本(Ji L et al.,1994)	男	54	13~31	常规平片	McKernet al.	19
	女					
中国(李松柏等,2001)	男	380	30 岁以下	CT	3 等级方法	19
	女	315				

6.5.3 桡骨远侧骺的骨发育年龄

Schmeling 等(2004)为了确定是否达到 21 岁年龄,在锁骨内侧骺的评价方法中又选择了骺线是否存在指征,增加了骺完全融合且骺线不可见等级(等级 5)。最近,Schmidt 等(2008b)将这种 5 等级划分方法应用于手腕部桡骨、尺骨和第三手指掌指骨,寻找确定达到 18 岁的可靠证据。在 439 名 10~18 岁的青少年样本中,桡骨远侧骺达到等级 5 的年龄最晚,在男性 16~18 岁组有 78 人桡骨骺处于融合过程,但评价为等级 5 的仅有 2 人(最低年龄 18.6 岁);女性等级 5 出现年龄较早,最低年龄在 16.2 岁,因而提出桡骨等级 5 可能是有效确定男性最小 18 岁年龄的指征。

Schmidt 等(2008b)的研究结果在中国青少年大样本研究(张绍岩等.,2010a)中得到了证实。但中国男女青少年桡、尺骨骺融合且骺线不可见等级出现年龄的下限提前,而尺骨该等级出现年龄(50%出现率)却较晚。在男 18 岁以下桡骨骺线不可见等级出现 4 例,占年龄组样本例数的 0.9%(表 6.8),因此说明,若桡骨骺骨化达到骺线不可见等级,受试者年龄至少在 18 岁的概率为 99%;在表 6.9 中,女 18 岁以下桡骨骺线不可见等级出现 26 例,占年龄组样本例数的 4.9%,说明达到该等级时,年龄至少在 18 岁的概率为 95.1%。若以尺骨骺线不可见等级的骨化年龄(50%出现率)评价骨龄,男女骨龄可分别评价至 19 岁和 18 岁。

在通常的骨龄评价方法中,骨骺融合是最终的发育等级。在融合过程中骨骺与骨干干骺端之间的生长板肥大软骨细胞凋亡、基质钙化,导致大量的钙盐沉积,其 X 线影像表现为条状的不透 X 线的亮带。随破骨细胞不断吸收钙盐,同时成骨细胞不断形成小梁骨,上述亮带不断变细(形成骺线),逐渐消失而被小梁骨全部替代。许多骨龄评价方法对骨骺完全融合等级未详细定义,在 TW1 方法中,Tanner 和 Whitehouse(1959)曾对骨骺完全融合等级定义为生长板暗带消失,尚存部分骺线。因此,以往的骨龄评价方法仅能够评价到男 18 岁、女17岁。

表6.8 男性桡骨、尺骨骺融合且骺线不可见等级出现例数和百分数

年龄	例数	桡骨		尺骨	
		例数	百分数(%)	例数	百分数(%)
16	480	1	0.2	8	1.7
17	430	3	0.7	49	11.4
18	438	14	3.2	175	40.0
19	375	29	7.7	209	55.7
20	219	21	9.6	139	63.5

表6.9 女性桡骨、尺骨骺融合且骺线不可见等级出现例数和百分数

年龄	例数	桡骨		尺骨	
		例数	百分数(%)	例数	百分数(%)
15	519	0	0.0	31	6.0
16	552	9	1.6	124	22.5
17	521	17	3.3	212	40.7
18	559	43	7.7	294	52.6
19	399	44	11.0	257	64.4

与目前应用的其他方法相比,以手腕部桡、尺骨骺线消失生物学指征推测青少年达到18岁年龄具有明显的优势。首先,提高了推测的准确性。在上述可信度下桡骨骺线不可见等级出现年龄的下限为18岁,而下颌第三臼齿根尖闭合年龄为男22.7岁±2.1岁、女22.3岁±2.1岁(Olze et al.,2004b),锁骨内侧骺完全融合年龄的下限在19岁(Ji L et al.,1994;李松柏等,2001)。第二,取材简便,容易获得清晰的X线影像,而且X线辐射量很小。在年龄推测时只需要拍摄一次手腕部X线片,既可评价骨龄又可在桡、尺骨骺融合后根据骺线消失的指征推测是否达到18岁年龄,而免除额外的X线辐射。第三,方法简单,评价本身的可靠性较高,骨龄评价者对手腕部桡、尺骨发育最为熟悉,与其他部位相比评价相对容易。

6.6 在综合评价中寻找缩小年龄推测范围的证据

在生活年龄相同的青少年中,生长发育程度存在相当大的个体差异,依据骨龄所推测的年龄是较为宽大的可能范围。被鉴定者的年龄在以骨龄为中心、骨龄与推测年龄95%置信区间的上限之间为发育提前个体年龄的可能范围,骨龄与推测年龄95%置信区间的下限之间为发育延迟者年龄的可能范围。所以,对于身体检查确定为正常者,如果通过其他系统的生长发育状况推测出发育提前或发育延迟,即可将推测的年龄范围减小一半,大大提高年龄推测的准确性。

营养状况是青少年生长发育的重要影响因素,体重指数(body mass index,BMI)是近年来国内外普遍用来估价青少年体瘦、超重或肥胖的指标。研究表明,6~16岁女孩肥胖和体瘦分别与骨骼成熟度的提前与延迟相关(Beunen et al. ,1994),9~16 岁肥胖男女青少年表现出手腕骨骼发育加速的倾向(Akridge et al. ,2007),肥胖青少年组的平均骨龄显著大于同龄的体重正常组(Schmeling et al. ,2006a)。

在观察超重、肥胖和体瘦青少年发育特征能否为缩小年龄推测范围提供参考的研究中,张绍岩等(2010b)以 12~18 岁中国 5 城市 7143 名(男 3985,女 3157)汉族正常青少年为样本,以中华 05RUS-CHN 法骨龄重新分组,计算各骨龄组的体重指数(body mass index,BMI)百分位数(表 6.10),将 BMI>第 85 百分位数的受试者分类为超重和肥胖者,BMI<第 15 百分位数者分类为体瘦者。结果发现,BMI 数值大于骨龄组第 85 百分位数的男女青少年大多分布于骨龄减年龄大于等于零的区间之内,即骨龄大于年龄,骨发育表现为不同程度的提前。骨龄小于年龄的例数较少,在这部分青少年中又大多分布于骨龄减年龄小于零,大于或等于-1 岁的区间,而分布于骨龄减年龄小于-1 岁区间的例数很少,大都在 10%以下(表 6.11、表 6.12)。

表 6.10 青少年骨龄组 BMI 第 15、50、85 百分位数

	骨龄	南方				北方			
		n	15%	50%	85%	*n*	15%	50%	85%
男	12	340	16.0	18.7	25.0	289	17.0	20.0	26.0
	13	485	16.0	18.5	24.0	330	17.0	20.1	26.0
	14	400	16.0	19.1	24.0	312	18.0	20.8	26.0
	15	438	17.5	19.7	24.0	241	18.5	21.4	27.0
	16	291	17.5	20.2	25.0	174	19.0	22.6	27.0
	17	163	18.0	20.5	25.0	91	19.5	22.1	27.0
	18	275	18.0	21.5	26.0	157	20.0	22.4	28.0
女	12	370	15.5	18.0	21.5	352	17.0	19.3	24.0
	13	301	16.5	19.0	22.0	233	17.5	20.3	24.0
	14	272	16.5	19.5	23.5	216	18.0	20.5	25.0
	15	380	17.0	20.0	23.5	214	18.0	21.1	25.0
	16	166	17.5	20.3	24.5	131	18.5	21.6	25.0
	17	343	18.0	20.4	24.5	179	19.0	21.7	25.0

表 6.11 BMI 在第 85 百分位数以上的男青少年骨龄减年龄差值的分布

	骨龄	*n*	骨龄减年龄<-1		-1≤骨龄减年龄< 0		骨龄减年龄≥0	
			n	%	*n*	%	*n*	%
南	12	30	0	0.0	8	26.7	22	73.3
	13	44	4	9.1	14	31.8	26	59.1
	14	49	5	10.2	11	22.4	33	67.3
	15	61	5	8.2	13	21.3	43	70.5
	16	43	3	7.0	11	25.6	29	67.4
	17	26	0	0.0	6	23.1	20	76.9
	18	44	0	0.0	0	0.0	44	100.0

续表

	骨龄	n	骨龄减年龄<-1		-1≤骨龄减年龄< 0		骨龄减年龄≥0	
			n	%	n	%	n	%
北	12	43	2	4.7	5	11.6	36	83.7
	13	45	2	4.4	11	24.5	32	71.1
	14	49	3	6.1	16	32.7	30	61.2
	15	61	0	0.0	15	24.6	46	75.4
	16	40	3	7.5	29	72.5	8	20.0
	17	13	0	0.0	6	46.2	7	53.8
	18	33	0	0.0	0	0.0	33	100.0

表 6.12　女青少年 BMI 在第 85 百分位数以上时骨龄减年龄差值的分布

	骨龄	n	骨龄减年龄<-1		-1≤骨龄减年龄< 0		骨龄减年龄≥0	
			n	%	n	%	n	%
南	12	40	4	10.0	12	30.0	24	60.0
	13	45	4	8.9	9	20.0	32	71.1
	14	37	4	10.8	4	10.8	29	78.4
	15	44	2	4.5	17	38.7	25	56.8
	16	15	1	6.7	9	60.0	5	33.3
	17	36	0	0.0	0	0.0	36	100.0
北	12	42	3	7.1	11	26.2	28	66.7
	13	31	1	3.2	10	32.3	20	64.5
	14	31	1	3.2	3	9.7	27	87.1
	15	33	2	6.1	10	30.3	21	63.6
	16	18	1	5.6	10	55.5	7	38.9
	17	33	0	0.0	0	0.0	33	100.0

与上述情况相反，BMI 数值小于骨龄组第 15 百分位数的男女青少年大多分布于骨龄减年龄小于等于零的区间之内，骨龄小于年龄，骨发育表现为不同程度的延迟。而骨龄大于年龄，即发育提前者是少数，而且又主要集中在骨龄减年龄大于零，小于+1 岁的区间，骨龄减年龄大于+1 岁者很少，也大都在 10% 以下（表 6.13、表 6.14）。

由此说明，BMI 数值在第 85 百分位数以上和第 15 百分位数以下的青少年发育程度的分布分别以相反的方向偏移，超重、肥胖青少年倾向于发育提前，骨龄减年龄分布的下限为-1 岁；体瘦青少年倾向于发育延迟，骨龄减年龄分布的上限为+1 岁，可信度均在 90% 以上。

表 6.13　男青少年 BMI 在第 15 百分位数以下骨龄减年龄差值的分布

	骨龄	n	骨龄减年龄≤0		0< 骨龄减年龄≤1.0		骨龄减年龄>1.0	
			n	%	n	%	n	%
南	12	50	38	80.0	12	20.0	0	0.0
	13	51	42	82.3	6	11.8	3	5.9
	14	51	35	68.6	14	27.5	2	4.0
	15	65	41	63.1	21	32.3	3	4.6
	16	38	20	52.6	16	42.1	2	5.3
	17	19	13	68.4	4	21.1	2	10.5
	18	40	20	50.0	18	45.0	2	5.0
北	12	64	45	70.3	19	29.7	0	0.0
	13	27	24	88.9	2	7.4	1	3.7
	14	59	41	69.5	15	25.4	3	5.1
	15	29	19	65.5	8	27.6	2	6.9
	16	27	16	59.3	10	37.0	1	3.7
	17	20	14	70.0	4	20.0	2	10.0
	18	33	21	63.6	10	30.3	2	6.1

表 6.14　女青少年 BMI 在第 15 百分位数以下骨龄减年龄差值的分布

	骨龄	n	骨龄减年龄≤0		0< 骨龄减年龄≤1.0		骨龄减年龄>1.0	
			n	%	n	%	n	%
南	12	30	23	76.7	5	16.7	2	6.6
	13	39	28	71.8	11	29.2	0	0.0
	14	13	8	61.5	4	30.8	1	7.7
	15	23	17	73.9	5	21.8	1	4.3
	16	20	19	95.0	1	5.0	0	0.0
	17	47	28	59.6	17	36.2	2	4.3
北	12	53	35	66.0	16	30.2	2	3.8
	13	41	26	63.4	11	26.8	4	9.8
	14	31	19	61.3	10	32.2	2	6.5
	15	20	17	85.0	2	10.0	1	5.0
	16	24	22	91.7	2	8.3	0	0.0
	17	20	0	0.0	19	95.0	1	5.0

超重、肥胖和体瘦者的不同发育程度特征在青少年活体年龄推测的综合分析中具有重要的参考价值，对于 BMI 大于第 85 百分位数的青少年，推测年龄范围的上限为骨龄加 2 岁，下限为骨龄减 1 岁；对于 BMI 小于第 15 百分位数的青少年，推测年龄范围的上限为骨龄加 1 岁，下限为骨龄减 2 岁。但是，对于骨龄男 18 岁、女 17 岁的青少年，在 BMI 大于该骨龄组第 85 百分位数时，采用上述方法推测年龄范围的可信度尚不能

确定，因为都已达到了男女骨龄评价的最高限度，在以骨龄分组时不可能出现骨龄减年龄小于零的现象。

在青少年中超重、肥胖和体瘦者毕竟是少数，因此，更重要的是广泛研究青少年身体不同发育系统的相互关系，寻找缩小推测范围的方法与证据，以提高青少年活体年龄推测的准确性。

参考文献

范建林，周文莲. 2005. 应用 Demirjian 法测定北京地区 6～16 岁儿童的牙龄. 口腔医学，25(3)：179～181.

顾光宁，吴晓钟. 1962. 中国人手与腕部之骨化. 解剖学报，5：173～184.

侯冬青，李辉，孙淑英，等. 2006. 北京市儿童青少年女性青春期性征发育流行病学研究. 中国循证儿科杂志，1(4)：264～268

李国珍，张德苓，高润泉. 1979. 中国人骨发育的研究（Ⅱ）. 骨龄百分计数法. 中华放射学杂志，13(1)：19～23.

李红娟，季成叶. 2006. 遗传与环境因素对女性青春期性征发育的影响. 中国学校卫生，27(10)：834～835.

李辉，季成业，叶宗心，等. 2009. 中国 0～18 岁儿童、青少年身高、体重的标准化生长曲线. 中华儿科杂志，47(7)：487～492.

李松柏，李智勇，陶路阳，等. 2001. 东北地区国人锁骨内侧二次骨化中心骨龄的计算机断层扫描测定. 中国医科大学学报，30(增 1)：34～37.

林琬生，胡承康. 1990. 中国青年生长发育环境差异的研究. 人类学学报，9：152～158.

陶疆，汪轶，刘瑞珏，等. 2007. 应用 Demirjian 法进行法医学年龄推断的评价. 法医学杂志，63：219～229.

田雪梅，张继宗，闵建雄，等. 2001. 男性青少年 X 线片的骨骺特征及年龄推断. 中国法医学杂志，16(2)：91～94

王鹏，朱广友，王亚辉，等. 2008. 中国男性青少年骨龄鉴定方法. 法医学杂志，24(4)：252～258.

王亚辉，朱广友，王鹏，等. 2008. 中国汉族女性青少年法医学活体骨龄推断数学模型的建立. 法医学杂志，24(2)：110～113.

伍学焱，史轶蘩，邓洁英，等. 2007. 大庆市健康男性青少年青春期发育时间的调查. 中华医学杂志，87(16)：1117～1119.

谢细仁，张继宗. 1997. 应用活体骨骺判定年龄/席焕久. 人的骨骼年龄. 沈阳：辽宁民族出版社，265～288.

薛晓捷，田雪梅，张继宗，等. 2006. 女性 11～16 岁骨关节 X 线影像特征及其年龄推断. 中国法医学杂志，21(1)：22～24.

张金山，侯冬青，李辉，等. 2006. 北京市儿童青少年男性青春期性征发育流行病学研究. 中国循证儿科杂志，1(4)：269～272.

张绍岩 刘丽娟 花纪青，等. 2009a. 青少年儿童手腕骨骨龄与生活年龄差异的观察. 中国法医学杂志，24(1)：18～20.

张绍岩，韩一三，沈勋章，等. 2008. 中国大中城市汉族儿童青少年身高、体重和体重指数生长图表. 中国儿童保健杂志，16(3)：257～259.

张绍岩，刘丽娟，吴真列，等. 2006a. 中国人手腕骨发育标准——中华 05 Ⅰ. TW3-C RUS、TW3-C 腕骨和 RUS-CHN 方法. 中国运动医学杂志，5(5)：509～516.

张绍岩，刘丽娟，张继业，等. 2009c. RUS-CHN 图谱骨龄评价法用于推测青少年年龄. 中国法医学杂志，24(4)：249～253.

张绍岩，吴真列，沈勋章，等. 2006b. 中国人手腕骨发育标准——中华 05 Ⅱ. RUS-CHN 和 TW3-C 腕骨方法的读片可靠性. 中国运动医学杂志，25(6)：641～646.

张绍岩，张继业，刘丽娟，等. 2010a. 手腕部桡、尺骨骺线消失：推测青少年 18 岁年龄的指征. 中国法医学杂志，25(2)：100～101.

张绍岩，张继业. 2010b. 7146 名城市青少年肥胖、超重和体瘦者的年龄推测. 中国法医学杂志，25(4)：228～231.

张绍岩，杨世增，邵伟东，等. 1993. 中国人手腕骨发育标准——CHN 法. 体育科学，13：33～39.

张绍岩，张继业，马振国，等. 2009b. 青少年骨龄标准身高、体重和体重指数生长图表. 中国法医学杂志，24(5)：308～311.

张璇. 2002. 上海市儿童少年性发育的现况调查及女性特发性性早熟病因探讨. 复旦大学硕士学位论文，NSTL：Y470456/R179.

中华医学会儿科学分会内分泌遗传代谢学组青春发育调查研究协作组. 2010a. 中国九大城市男孩睾丸发育、阴毛发育和首次遗精年龄调查．中华儿科杂志,48(6):418~423.

中华医学会儿科学分会内分泌遗传代谢学组青春发育调查研究协作组．2010b. 中国九大城市女孩第二性征发育和初潮年龄调查．中华内分泌代谢杂志,26(8):669~675.

朱慧娟,邓洁英,史轶蘩,等．2005. 大庆市健康青少年女性青春期性发育调查．中华医学杂志,85(15):1045~1048.

朱锦田,张继宗．2007. 单一大关节判定男性青少年骨龄可靠性的比较研究．刑事技术,3:23~26.

Akridge M, Hilgers KK, Silveira AM, et al. 2007. Childhood obesity and skeletal maturation assessed with Fishman's hand-wrist analysis. Am J Orthod Dentofacial Orthop, 132:185~190.

Arany S, Iino M, Yoshioka N. 2004. Radiographic survey of third molar development in relation to chronological age among Japanese juveniles. J Forensic Sci, 49(3):534~538.

Ashizawa K, Asami T, Anzo M, et al. 1996. Standard RUS skeletal maturation in Tokyo children. Ann Hum Biol, 23:457~469.

Ashizawa K, Kumakura1 C, Zhou X, et al. 2005. RUS skeletal maturity of children in Beijing. Ann Hum Biol, 32(3):316~325.

Beunen GP, Malina RM, Lefevre JA, et al. 1994. Adiposity and biological maturity in girls 6-16 years of age. Int J Obes Relat Metab Disord, 18(8):542~546.

Bhat VJ, Kamath GP. 2007. Age estimation from root development of mandibular third molars in comparison with skeletal age of wrist joint. Am J Forensic Med Pathol, 28:238~241.

Bielicki T, Koniark J, Malina RM. 1984. Interrelationships among certain measures of growth andmaturation rate in boys during adolescence. Ann Hum Biol, 11:201~210.

Cameriere R,. Ferrante L, Cingolani M. 2006. Age estimation in children by measurement of open apices in teeth. Int J Legal Med, 120:49~52.

Cardoso HF. 2008a. Age estimation of adolescent and young adult male and female skeletons Ⅱ, epiphyseal union at the upper limb and scapular girdle in a modern Portuguese skeletal sample. Am J Phys Anthropol, 137(1):97~105.

Cardoso HF. 2008b. Epiphyseal union at the innominate and lower limb in a modern portuguese skeletal sample, and age Estimation in adolescent and young adult male and female skeletons. Am J Phys Anthropol, 135:161~170.

Chaillet N, Demirjian A. 2004a. Dental maturity in south France: a comparison between Demirjian's method and polynomial function. J Forensic Sci, 49(5):1059~1066.

Chaillet N, Nystrom M, Demirjian A. 2005. Comparison of dental maturity in children of different ethnic origins: international maturity curves for clinicians. J Forensic Sci, 50(5):1164~1174.

Chaillet N, Nystrom M, Kataja M, et al. 2004c. Dental maturity curves in Finnish children: Demirjian's method revisited and polynomial functions for age estimation. J Forensic Sci, 49(6):1324~1331.

Chaillet N, Willems G, Demirjian A. 2004b. Dental maturity in Belgian children using Demirjian's method and polynomial functions: New standard curves for forensic and clinical use. J Forensic Odontostomatol, 22:18~27

Davis PJ, Hägg U. 1994. The accuracy and precision of the "Demrijian System" when used for age determination in Chinese children. J Swed Dent, 18:113~116.

Demirijian A, Goldstrin H, Tanner JM. 1973. A new system of dental age assessment. Hum Biol, 45:221~227.

Demirjian A, Goldstein H. 1976. New systems for dental maturity based on seven and four teeth. Ann Hum Biol, 3(5):411~421.

Demirjian, A, Buschang PH, Tanguy R, et al. 1985. Interrelationships among measures of somatic, skeletal, dental and sexual maturity. Am J Orthod, 88:433~438.

Garn SM, Rohomann CG. 1966. Developmental communalities of homologous and non-homologous body joints. Am J Phys Anthrop, 25:147~152.

Greulich WW, Pyle SI. 1959. Radiographic Atlas of Skeletal Development of Hanf and Wrist. 2nd ed. Stanford, CA: Stanford University Press.

Healy MJR, Goldstein H. 1976. An approach to the scaling of categorized attributes. Biometrika, 63:219~229.

Ji L, Terazawa K, Taukamoto T, et al. 1994. Estimation of age from epiphyseal union degrees of the sternal end of the clavicle. Hokkaido Igaku Zasshi, 69(1):104~111.

Kohatsu LI, Tanaka JLO, Moraes LCD, et al. 2007. Assessment of a method for dental age assessment in panoramic radiographs and its relationship with the chronological age. Cienc Odontol Bras, 10 (4):19~25.

Leurs IH, Wattel E, Aartman IHA. 2005. Dental age in Dutch children. Eur J Orthod, 27: 309 ~ 314.

Liversidge HM, Speechly T, Hector MP. 1999. Dentalmaturation in British children: are Demrijian's standards applicable? Int J Paediatr Dent, 9: 263 ~ 269.

Maber M, Liversidge HM, Hector MP. 2006. Accuracy of age estimation of radiographic methods using developing teeth. Forensic Sci Int, 159S: S68 ~ S73.

Mappes MS, Harris EF, Behrents RG. 1992. An example of regional variation in the tempos of tooth mineralization and handwrist ossification. Am J Orthod Dentofac Orthop, 101: 145 ~ 151.

Marshall WA, Tanner JM. 1969. Variations in the pattern of pubertal changes in girls. Arch Dis Child, 44: 291 ~ 303.

Marshall WA, Tanner JM. 1970. Variations in the pattern of pubertal changes in boys. Arch of Dis Child, 45: 13 ~ 23.

Meinl A, Tangl S, Huber C, et al. 2007. The chronology of third molar mineralization in the Austrian population -a contribution to forensic age estimation. Forensic Sci Int, 169: 161 ~ 167.

Mincer HH, Harris EF, Berryman HE. 1993. The A. B. F. O. study of third molar development and its use as an estimate of chronological age. J Forensic Sci, JFSCA, 38(2): 379 ~ 390.

MoorresCFA, Fanning EA, Hunt EE. 1963. Age variation of formation stages for ten permanent teeth. J Dent Res, 42: 1490.

Olze A, Schmeling A, Taniguchi M, et al. 2004a. Forensic age estimation in living subjects: the ethnic factor in wisdom tooth mineralization. Int J Legal Med, 118: 170 ~ 173.

Olze A, Taniguchi M, Schmelinga A, et al. 2004b. Studies on the chronology of third molar mineralization in a Japanese population. Legal Medicine, 6: 73 ~ 79.

Rötzscher K, Grundmann C. 2005. The Demand in forensic medicine to assess the age of adolescents and young adults in crime procedures. Int Poster J Dent Oral Med, 7 (02), Poster 275.

Schmeling A, Baumann U, Schmidt S. et al. 2006b. Reference data for the Thiemann-Nitz method of assessing skeletal age for the purpose of forensic age estimation. Int J Legal Med, 120(1): 1 ~ 4.

Schmeling A, Olze A, Reisinger W, et al. 2001. Age estimation of living people undergoing criminal proceedings. Lancet, 358(14): 89 ~ 90.

Schmeling A, Reisinger W, Geserick G, et al. 2006c. Age estimation of unaccompanied minors Part Ⅰ. General consideration. Forensic Sci Int, 159S: S61 ~ S64.

Schmeling A, Reisinger W, Loreck D, et al. 2000. Effects of ethnicity on skeletal maturation: consequences for forensic age estimations. Int J Legal Med, 113: 253 ~ 258.

Schmeling A, Schulz R, Danner B, et al. 2006a The impact of economic progress and modernization in medicine on the ossification of hand and wrist. Int J Legal Med, 120: 121 ~ 126.

Schmeling A, Schulz R, Reisinger W, et al. 2004. Studies on the time frame for ossification of the medial clavicular epiphyseal cartilage in conventional radiography. Int J Legal Med, 118: 5 ~ 8.

Schmidt S, Baumann U, Schulz R, et al. 2008b. Study of age dependence of epiphyseal ossification of the hand skeleton. Int J Legal Med, 122: 51 ~ 54.

Schmidt S, Koch B, Schulz R, et al. 2007. Comparative analysis of the applicability of the skeletal age determination methods of Greulich-Pyle and Thiemann-Nitz for forensic age estimation in living subjects. Int J Legal Med, 121: 293 ~ 296.

Schmidt S, Nitz I, Schulz R, et al. 2008a. Applicability of the skeletal age determination method of Tanner and Whitehouse for forensic age diagnostics. Int J Legal Med, 22: 309 ~ 314.

Schulz R, Mühler M, Reisinger W. 2008. Radiographic staging of ossification of the medial clavicular epiphysis. Int J Legal Med, 122: 55 ~ 58.

Schulze D, Rother U, Fuhrmann A, et al. 2006. Correlation of age and ossification of the medial clavicular epiphysis using computed tomography. Forensic Sci Int, 158: 184 ~ 189.

Tanner JM, Whitehouse RH. 1959. Standard for skeletal maturity. Part Ⅰ. Paris: International Children's Centre, 1 ~ 20.

Tanner JM, Healy MJR, Goldstein H, et al. 2001. Assessment of Skeletal Maturity and Prediction of Adult Height (TW3 method). 3 ed. London: Academic Press.

Thiemann H-H, Nitz I. 1991. Röntgenatlas der Normalen Hand im Kindesalter. Leipzig: Thieme.

Thorson J, Hägg U. 1991. The accuracy and precision of the third mandibular molar as an indicator of chronological age. Swed Dent J, 15(1): 15~22.

Willershausen B, Loffler N, Schulze R. 2001. Analysis of 1202 orthopantograms to evaluate the potential of forensic age determination based on third molar developmental stages. Eur J Med Res, 6: 377~384.

Zhang SY, Liu LJ, Wu ZL, et al. 2008. Standards of TW3 skeletal maturity for Chinese children. Ann Hum Biol, 35(3): 349~354.

第 7 章　骨龄在体育领域中的应用

众所周知，随着年龄的增长，儿童青少年的身高、体重等身体形态和身体组成有规律地生长，骨骼、肌肉等组织器官和呼吸循环、生殖系统、神经体液调节的功能逐渐发育成熟，儿童青少年的力量以及有氧和无氧运动能力也相应地自然增长。但是，由于发育成熟的速度存在个体差异，个体间在身体形态、运动素质和运动能力表现有很大的不同。所以，为了客观、全面了解儿童少年运动员的基本素质和运动能力，预测发展趋势，生长发育评价已经成为运动员科学选材中的重要内容。

7.1　生长发育与身体大小、素质和运动能力的关系

7.1.1　生长发育与身体大小的关系

在儿童少年生长发育与运动能力的研究中，无论是纵断的还是横断的研究设计，大都采用相关分析或以不同发育类型分组，比较组间差异的研究方法。

表 7.1 为各年龄组内儿童少年骨龄与身高、体重和 BMI 的相关系数，样本来自中国人手腕骨发育标准修订研究中 12 796 名（男 6329 名，女 6467 名）5 ~16 岁的儿童青少年，各年龄组例数在 238 ~535 名之间。在男 14 岁、女 12 岁以前，骨龄与身高、体重存在中等程度的相关关系，在青春期开始前后的年龄组内相关程度最高。在男 14 岁、女 12 岁以后，相关系数逐渐降低，女性比男性更显著，在女 15 岁和 16 岁时骨龄与身高之间为负相关。

骨龄与 BMI 的相关程度较低，仅在青春期开始时达到中等程度的相关。

表 7.1　儿童少年各年龄组内骨龄与身体形态指标的相关系数

指标	5	6	7	8	9	10	11	12	13	14	15	16
男												
身高	0.41	0.50	0.40	0.41	0.46	0.45	0.57	0.71	0.62	0.52	0.27	0.11 *
体重	0.32	0.35	0.40	0.48	0.48	0.49	0.57	0.59	0.50	0.47	0.35	0.31
BMI	0.13 *	0.11 *	0.31	0.29	0.39	0.41	0.47	0.39	0.34	0.30	0.31	0.30
女												
身高	0.42	0.51	0.41	0.55	0.54	0.64	0.67	0.49	0.33	0.16	−0.13	−0.14
体重	0.33	0.45	0.34	0.51	0.51	0.47	0.49	0.30	0.43	0.34	0.25	0.16
BMI	0.15 *	0.25	0.21	0.35	0.37	0.36	0.45	0.40	0.38	0.34	0.33	0.19

相关系数显著性 $P<0.01$；* $P<0.05$。

由图 7.1 和图 7.2 可见，当以成熟度分组时，发育提前组比发育一般组、发育延迟组的身材高大，在男 11 ~ 14 岁、女 9 ~ 12 岁之间不同成熟组之间的身高差异最为明显。发育提前组的身高先停止生长，而其他两种发育类型组继续生长，如果将各年龄身高以成年身高百

分数表示,发育提前组的成年身高百分数也大于发育一般和延迟组。最终,发育延迟组达到或超过发育提前组。但不同成熟类型组达到成年时,体重差异仍然存在(图 7.3,图 7.4),发育提前者体重较大,而且每单位身高的体重(BMI)也较大(图 7.5,图 7.6),说明了不同成熟类型者之间的体格和身体组成的差异。

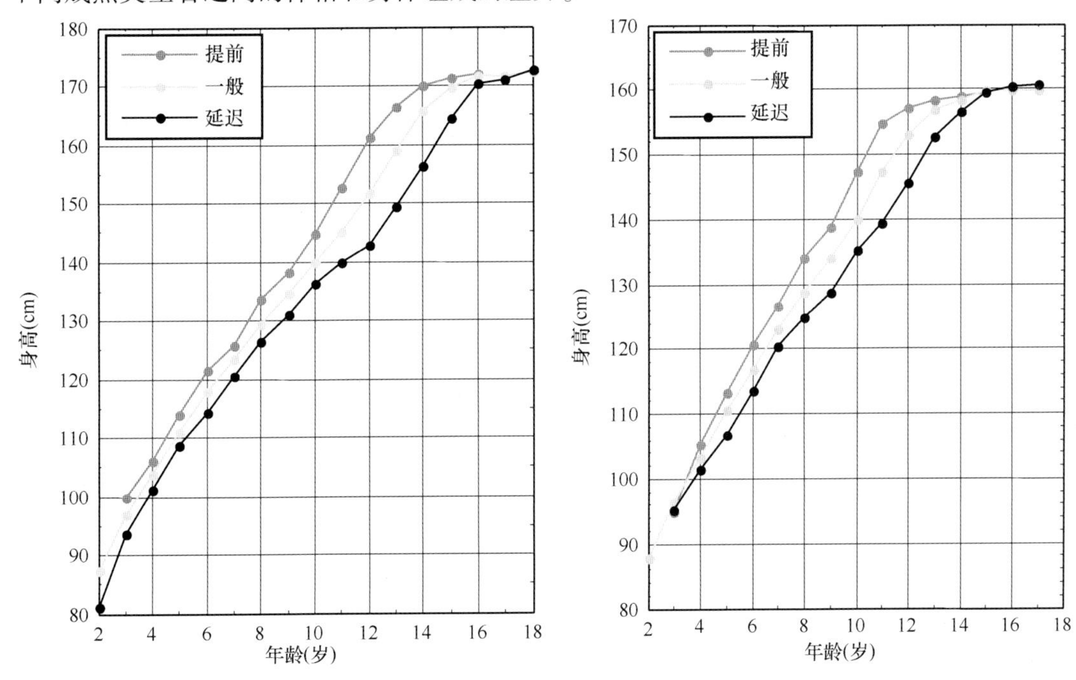

图 7.1 不同发育类型儿童少年平均身高的比较(男) 图 7.2 不同发育类型儿童少年平均身高的比较(女)

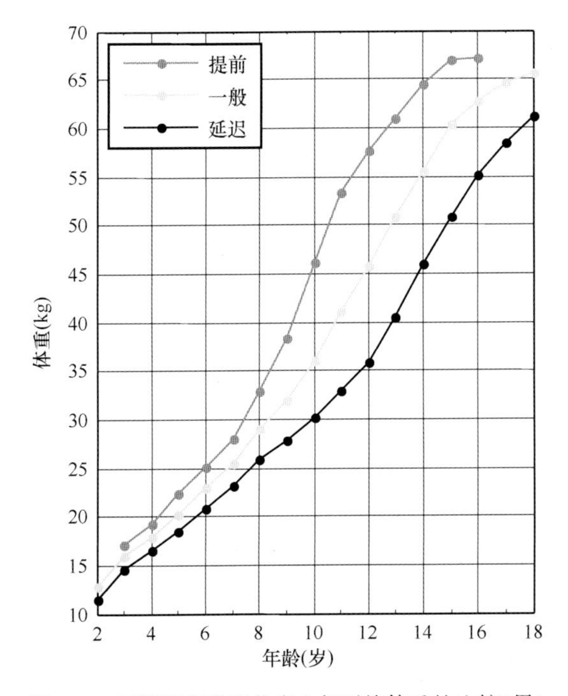

图 7.3 不同发育类型儿童少年平均体重的比较(男)

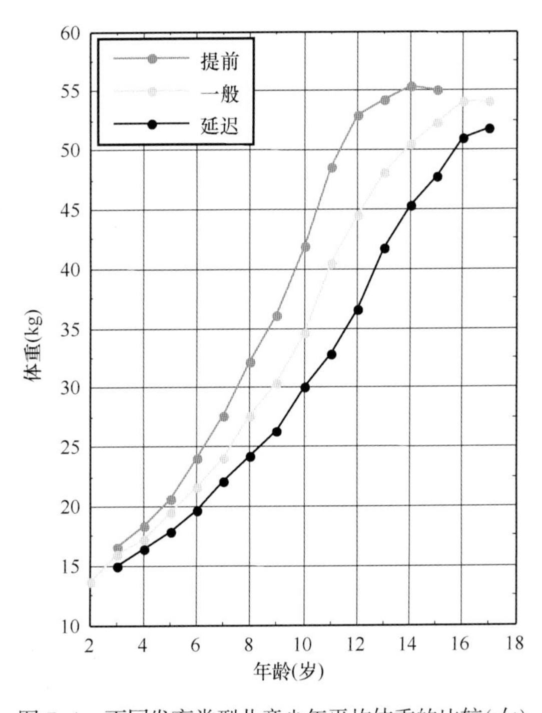

图 7.4 不同发育类型儿童少年平均体重的比较(女)

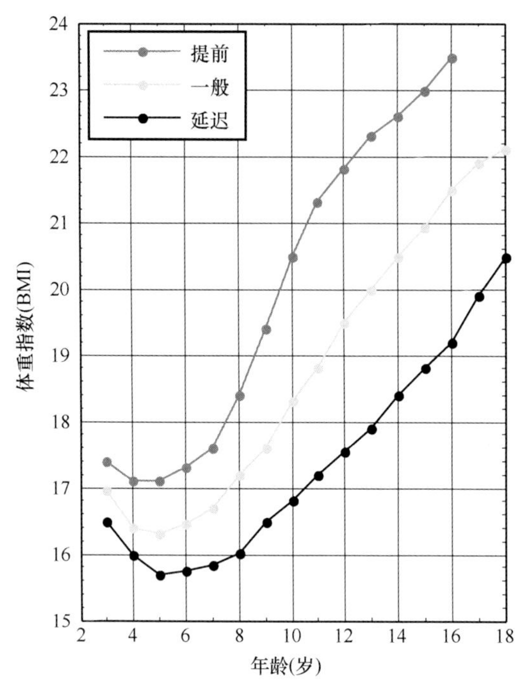

图 7.5　不同发育类型儿童少年平均 BMI 的比较(男)

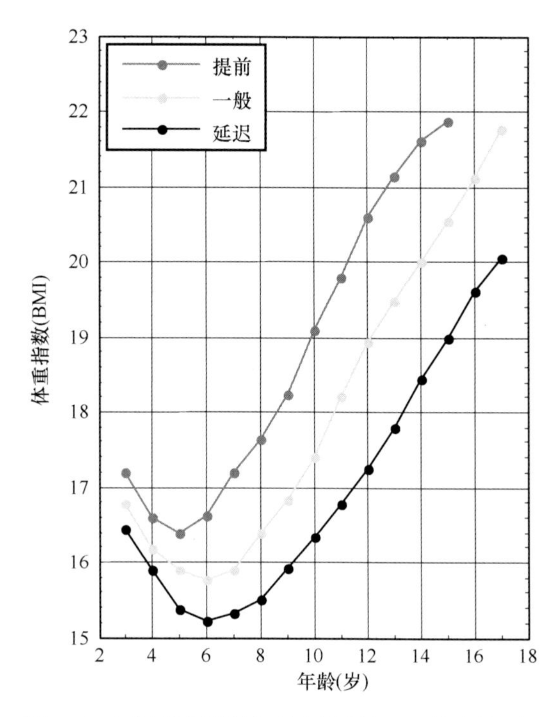

图 7.6　不同发育类型儿童少年平均 BMI 的比较(女)

不同成熟组儿童少年青春期生长突增的时间和突增的强度也不同(表 7.2)。发育提前者身高速度高峰(PHV)年龄也提前,而且生长突增的强度稍大一些,但生长突增开始时间和突增强度之间仅有中等程度的负相关(在-0.3 至-0.5 之间)。在青春期后期(16~17 岁)不同发育类型的儿童少年身高生长的速度也有所不同,发育延迟者在此期间的生长速度高于提前者。

表 7.2　不同发育类型组的儿童少年 PHV 年龄与强度*

生长发育指标	发育提前		发育一般		发育延迟	
	平均数	标准差	平均数	标准差	平均数	标准差
女						
PHV 年龄 (岁)	10.7	0.4	12.0	0.4	13.5	0.6
PHV 强度 (cm/y)	8.7	1.2	8.2	1.1	7.9	1.4
16~17 岁身高增长 (cm/y)	0.8	0.8	1.1	0.8	1.9	1.3
男						
PHV 年龄 (岁)	12.5	0.5	14.2	0.5	15.7	0.3
PHV 强度 (cm/y)	10.7	1.5	9.7	1.1	9.2	1.8
16~17 岁身高增长 (cm/y)	0.4	0.4	1.4	1.2	3.1	1.6

* 引自 Lindgren, 1976。

许多生长发育延迟的儿童青少年在 18 岁以后仍然有较大的身高生长潜力(Roche and Davila, 1972),在一项瑞典儿童的纵断研究(Hägg and Taranger, 1991)中,追踪至 25 岁时保留下来的男女受试者的例数仍然占原样本例数(男 103,女 80)的 71% 和 73%。在 15~25 岁之间,女子三种发育类型的组间身高差异无统计学显著性;但男子在 17 岁以上时,发育延迟组(17 名)的身高高于发育提前组,在 18 岁以上组间差异显著,最终的身高差异达 6.5cm($P<0.01$)。这 17 名发育延迟者在 17~25 岁间,身高平均增长 6.3cm(3~16cm),18~25 岁之间平均增长 2.9cm(1.1~6.9cm)。发育一般组在 18 岁前高于延迟组,但最后发育延迟组高于一般组。三组受试者的最终身高为:提前组 177.5cm,一般组 179.8cm,延迟组 184.0cm。Hägg 和 Taranger 的研究提示我们,在运动员选材实践中选择高身高的运动员时,要特别注意青春期后期发育成熟度的评价。

发育延迟的男女儿童,下肢长度相对较长,提示了线性体格与发育成熟度的关系。在体型与成熟度关系的研究中曾发现外胚型与发育延迟相关,但是内胚型和中胚型与成熟度的关系不明显。一般来讲,极端内胚型、中胚型比极端的外胚型者生长发育速度较快,骨龄提前,在生长过程中的不同年龄上所达到的成年身高百分数也较大;而外胚型者生长发育速度较慢,骨龄延迟,但生长时间较长。但在人群中的年龄组内,因体型为连续性分布,仅可对极端体型者应用上述规律。

7.1.2 生长发育与力量和运动素质之间的关系

在儿童期,男女儿童的力量和运动素质与骨龄正相关(表 7.3),力量与骨龄为中等程度的相关($r=0.51\sim0.63$),比运动素质与骨龄的相关程度($r=0.27\sim0.56$)要高一些。因此,生长发育提前者比延迟者有更大的力量和更高的运动能力。但是,男儿童的力量和运动素质与生活年龄之间的相关系数大致相同,而在女儿童则不同,运动素质与生活年龄基本无相关。

表 7.3 6~9 岁儿童的力量、运动素质与骨龄和生活年龄之间的相关系数*

	测试项目	男		女	
		骨龄	生活年龄	骨龄	生活年龄
力量	踝关节伸	0.60	0.52	—	—
	膝关节伸	0.51	0.63	—	—
	髋关节伸	0.56	0.58	—	—
	腕关节屈	0.54	0.64	—	—
	肘关节屈	0.63	0.65	—	—
运动素质	40 码跑	0.51	0.37	0.46	0.04
	立定跳远	0.27	0.28	0.56	-0.03
	掷远	0.42	0.21	0.38	0.13
	平衡能力	0.07	0.13	0.03	0.09
	灵敏	0.55	0.21	0.43	0.10

*引自 Malina,et al.,1991。

在青春期,男孩的力量和运动素质与骨龄正相关(表 7.4)。和在儿童期一样,运动素质与生活年龄的相关系数与骨龄相似,反映了骨龄、生活年龄和身体大小之间的相互关系。但青春期女孩的运动素质与骨龄的相关程度很低,在某些测试项目为负相关。

表7.4 少年的运动素质与骨龄和生活年龄之间的相关系数*

测试项目	男		女	
	骨龄	生活年龄	骨龄	生活年龄
50码跑	0.37	0.52	-0.12	-0.19
立定跳远	0.56	0.71	-0.11	-0.22
纵跳	0.48	0.53	0.14	0.11
掷远	0.51	0.34	-0.19	0.07
力量	0.50	0.39	—	0.19

*引自Malina, et al., 1991。

当以不同发育成熟类型分组时,骨龄与运动能力之间的关系更为明显。在对11~17岁美国加利福尼亚儿童的早期研究中(Jones, 1949),男性发育提前者的握力和推力显著高于发育一般及延迟者。青春期初期发育提前女孩力量稍大,但在13岁以后,力量反而较小;在13~14岁时,三种成熟类型组女孩的力量基本达到稳定状态,不再自然增长。

但是,当以单位体重和单位身高表示力量时,不同成熟类型组间差异减小。男孩各成熟类型组间相对于体重的握力差异显著下降,而且在11~17岁期间发育延迟组的握力大于其余两组;发育提前组在13~17岁仍然有较大的推力。发育提前组的相对身高的力量仍都大于一般组和延迟组。女孩不同成熟类型组的单位体重和单位身高力量的比较与男孩相反,发育提前组相对体重的力量都小于其他两组,而不同类型组间的相对身高的力量无差异。

Lefever和Beunen(1990)在1986年再次测试了比利时的柳温少年生长研究(Leuven Growth Study of Belgian Boys)中的173人,这时受试者的平均年龄为30岁,三种发育类型组的身高和体重相似。经方差分析发现,原来的发育提前组的叩击速度仍然好于一般组和延迟组,但是纵跳和屈臂悬垂成绩却相反,原来的发育延迟组超过了一般组和提前组,三组的举腿次数和臂拉力基本相同;原发育提前组的跑速快于一般组和延迟组。再次的比较研究说明,不同成熟类型组儿童的运动能力在18岁以后仍然在变化,发育延迟者的某些运动能力在18~30岁间赶上或超过发育提前者。在青春期有良好运动能力的发育延迟者,在成年期可以达到最好的运动成绩,而在青春期运动能力较差的发育提前者,在成年期的运动成绩也较差。

儿童少年的力量和运动能力受到身高、体重和发育成熟度的影响,那么力量和运动能力的变异到底有多少归因于儿童少年发育成熟度本身呢?

Beunen等(1981b)采用多元逐步回归的方法,分析了生活年龄、骨龄、身高和体重对12~19岁比利时男孩运动能力的影响。当使用统计学方法控制了生活年龄、身高和体重的影响作用后,骨龄与运动能力之间的相关系数下降。但在12~19岁,骨龄对身体大小的决定作用比生活年龄或二者相互作用要大得多,在14~15岁骨龄的贡献率最大。生活年龄或骨龄,或与身高体重一起,解释了许多测试项目成绩变异的0~17%,对静力力量测试项目解释了变异的33%~58%,由生活年龄、骨龄和身体大小共同对运动能力产生决定作用的年龄段为14~18岁。

Beunen等(1997a)同样采用多元回归方法,分析了6~16岁6593名比利时女孩的生活年龄、骨龄、身高、体重对体能与心血管和肺功能的影响。分析结果说明,生活年龄、骨龄、身高和体重及其相互作用项对大部分体能测试项目变异的解释不足 10%,但是对于身体工作能力(physical working capacity,PWC)、臂拉力和挂臂撑(bent arm hang)测试项目,生活年龄、骨龄、身高和体重相互作用项所解释的变异在 12%~67%。

为了进一步区分儿童少年发育程度和身体大小对力量和运动能力的作用,Katzmarzyk 等(1997)检验了 7~12 岁美国白人(男 194 名,女 156 名)和黑人(男 184 名,女 207 名)儿童骨成熟度、身体大小、力量和运动能力之间的相互关系。力量测量包括左右手的握力、肩部的推力和拉力;运动能力测量包括 35 码跑计时、站立式跳远与垒球掷远,所有测量数据均使用 Z 分值表示而标准化。骨龄采用 TW2 方法评价,因骨龄与生活年龄相关,所以用骨龄减生活年龄表示年龄组儿童少年的发育成熟程度,以排除生活年龄的影响,多元逐步回归分析结果见表 7.5 和表 7.6。在男孩,对力量与运动能力的回归方程中有 21 个具有统计学显著性,所解释的变异在 4%~46%($P<0.05$),最好的预测指标是体重、骨龄减年龄和身高,分别在 14、12 和 7 次进入回归方程。体重、骨龄减年龄和身高之间的相互作用项多次进入回归方程,在 11 个回归方程中,这些相互作用项解释了变异的 3%~7%。

表 7.5 对力量的多元回归分析结果*

年龄	握力(右)		握力(左)		推力		拉力	
	R^2	变量	R^2	变量	R^2	变量	R^2	变量
男								
7~8	0.30	MA(0.27)	0.27	ST(0.22)	0.24	MA(0.20)	0.21	MA(0.18)
		AG * MA(0.03)		MA(0.02)		AG(0.03)		AG(0.03)
				AG(0.03)				
9~10	0.30	MA(0.21)	0.27	MA(0.23)	0.37	MA(0.28)	0.28	MA(0.15)
		AG(0.06)		AG * ST(0.04)		AG(0.05)		AG(0.10)
		AG * ST(0.03)				ST * MA(0.03)		ST * MA(0.03)
11~12	0.46	MA(0.39)		MA(0.36)				
		ST * MA(0.03)	0.41	ST(0.02)	0.27	MA	0.31	MA
		ST(0.03)		AG * MA(0.03)				
女								
7~8	0.28	MA	0.23	MA	0.26	MA(0.21)		
						AG * ST(0.05)	0.18	MA
9~10	0.25	ST(0.22)	0.12	ST	0.16	MA(0.13)	0.14	MA
		MA(0.03)				AG(0.03)		
		ST(0.33)						
11~12	0.41	MA(0.04)	0.29	MA(0.26)	0.14	MA	0.19	MA
		ST * MA(0.02)		ST(0.03)				
		AG(0.02)						

* 引自 Katzmarzyk et al.,1997. R^2 = 多元决定系数;AG = 骨龄减年龄;ST = 身高;MA = 体重;NVE = 无变量进入;( ) = 自变量解释方差。

表 7.6　对运动能力的多元回归分析结果*

年龄	速度		跳跃		投掷	
	R^2	变量	R^2	变量	R^2	变量
男						
7~8	0.10	AG(0.07)	0.15	ST(0.05)	0.30	ST(0.27)
		ST(0.03)		MA(0.07)		AG * MA(0.03)
				ST * MA(0.03)		
9~10	0.04	AG	0.10	AG	0.20	AG(0.14)
						MA(0.16)
11~12	0.19	AG(0.12)	0.13	AG(0.09)	0.11	ST
		AG * ST(0.07)		AG * ST(0.05)		
女						
7~8	0.09	AG * ST(0.05)	0.16	ST(0.08)	0.11	ST
		AG(0.04)		AG * ST(0.04)		
				AG(0.04)		
9~10	0.12	ST(0.04)	0.07	AG	0.20	AG
		AG * ST(0.04)				MA(0.04)
		ST * AM(0.04)				ST * MA
						AG(0.02)
11~12	0.20	ST(0.09)	0.27	ST * MA		NVE
		MA(0.07)		AG(0.09)		
		AG(0.04)		ST(0.07)		
				MA(0.11)		

*引自 Katzmarzyk et al. ,1997. R^2 = 多元决定系数;AG = 骨龄减年龄;ST = 身高;MA = 体重;NVE = 无变量进入;( ) = 自变量解释方差。

在女孩,对力量与运动能力的回归方程中有 20 个具有统计学显著性,解释了力量和运动能力变异的 7% ~41%(P<0.05),体重、骨龄减年龄和身高也分别在 14、7 和 9 次进入回归方程。体重、骨龄减年龄和身高之间的相互作用项也多次进入回归方程,在 7 个回归方程中解释了变异的 2% ~9%。体重是预测力量的最好指标,而骨龄是运动能力最好的预测指标,相互作用项也是运动能力的显著的预测变量,解释了 2% ~9% 的变异。

这些采用多元回归分析方法的研究结果进一步说明了身体大小和生物成熟度对力量和运动能力的作用,在儿童少年,骨龄的影响主要通过身体的大小而体现,而且骨龄对运动能力的影响比对肌力的影响更大。

7.1.3　生长发育与有氧运动能力的关系

Bouchard 等(1977)在 237 名 8~18 岁男孩研究了骨龄与极限下运动能力的关系,发现在 8~11 岁之间骨龄与心率 130 次/分时的摄氧量相关程度较低,但在 12~16 岁之间二者相关系数增高到 0.33~0.77（$P<0.05$），表明男孩青春期中极限下运动能力与发育程度相关。在相同样本的另一项研究中（Bouchard et al.，1978），男孩运动的输出功率（自行车测功计）与心容量的相关系数为 0.82，在控制了身体大小影响因素后，每千克体重的心容量与输出功率之间的相关系数下降到 0.04。因为心排血量是决定摄氧量的主要因素，所以成熟度与极限下运动能力的相关在一定程度上是成熟度对身体大小影响的结果。

骨龄与最大摄氧量高度相关。Hollman 和 Bouchard（1970）报告，在 17 岁以前，男、女发育提前组均比延迟组有较高的最大摄氧量，在青春期后期，不同成熟类型组间的差异减小。但是，不同成熟度类型组的相对最大摄氧量[单位体重的摄氧量，ml/（kg · min）]却呈现相反的变化，除男 12~13 岁外，男、女发育延迟组的相对最大摄氧量均高于提前组。在青春期，男孩的相对最大摄氧量基本保持不变，而女孩均呈下降的趋势。

在生长发育过程中，儿童青少年各器官系统的生理功能不断完善，最大摄氧量也随之不断增长。但是，由于与身高、体重的生长变化及年龄、发育成熟度等影响因素混淆在一起，掩盖了最大摄氧量真实的生长发育变化。因此，在运动生理学领域惯用单位体重的最大摄氧量[ml/（kg · min）]来消除体重的影响。

但是，以单位比例表示的方法在理论上和统计学方法方面具有局限性。因此，在 20 世纪 90 年代出现了一种新的分析纵断数据的统计模型，包括协方差分析（ANCOVA）、异速生长定标（allometric scaling）和多层建模（multilevel modeling）方法。异速生长描述的是一种差异，这种差异与机体整体或局部绝对大小变化成比例，用来研究形态学、生理学或生物化学特征的个体发育（ontogenetic）和种系发生（phylogenetic）的变化。在异速生长术语学中，个体发育异速生长指的是个体生长过程中的生长差异，可使用在一定时期内同一个体的纵断数据计算个体发育异速生长系数。例如，测定最大摄氧量所采用的生长异率测定（allometry）数学模型为：

$$y = a\ x^{k}$$

其中 y 为最大摄氧量，x 为体重，k 为标度因子，a 为比例常数。通常将上述公式进行对数转换后，由线性回归（$\log y = \log a + k \log x$）计算异速生长系数（$k$）。在统计分析中，横断地计算异速生长标度因子（allometric scaling factors）的平均数，也可根据纵断数据计算个体发育异速生长（ontogenetic allometry）的标度因子，描述个体的生长发育变化（Nevill and Holder.，1995；Round et al.，1999）。多层回归建模可以灵活和敏感地解释纵断数据，身体大小、年龄、成熟度和性别的影响均可在异速生长构架中被分离。

通过使用多层建模方法，对生长发育过程中最大摄氧量变化的分析得到了与以往不同的解释。在正常儿童青少年，男孩最大摄氧量随年龄和成熟度的增长而增加，而女孩青春期前至青春期的最大摄氧量增长，但青春期中的最大摄氧量与进入成年期时相似，说明女孩青春期后期到成年初期最大摄氧量保持不变。青少年最大摄氧量存在显著的性别差异，女孩数值较低，随年龄的增长男、女孩最大摄氧量的差异逐渐加大（Nevill et al.，1998；Welsman et al.，1996；Armstrong et al.，1999）。

不同生长发育类型对异速生长系数（标度因子）有显著的影响。Beunen 等（1997b）依据波兰华沙体育运动学校的 118 名（男 78，女 40 名）11~14 岁少年的混合纵断研究数据报告了不同年龄组最大摄氧量对身高体重回归分析的异速生长系数。由表 7.7 可见，男孩经对数转换的最大摄氧量与身高、体重的相关系数在 0.73~0.90 之间；但女孩最大摄氧量与身高的相关系数较低(0.48~0.71),体重的相关系数与男孩相似(0.61~ 0.84)。但是所有的回归直线的斜率,即异速生长系数(k)与零之间有显著性差异。14 岁男孩身高和体重的斜率都显著较大,而女孩在所有年龄上的身高或体重的斜率均相似。

表 7.7 不同年龄组儿童少年最大摄氧量与身高和体重的回归分析

性别	年龄	最大摄氧量与身高				最大摄氧量与体重			
		截距	K^*	RMS	r	截距	K^*	RMS	r
男	11~	-9.397	2.045	0.081	0.76	-1.044	0.516	0.084	0.73
(n=47)	12~	-11.095	2.377	0.082	0.83	-1.707	0.693	0.075	0.86
	13~	-10.927	2.336	0.090	0.81	-1.827	0.716	0.073	0.88
	14~	-14.139	2.959	0.124	0.74	-3.069	1.026	0.082	0.90
女	11~	-6.479	1.437	0.068	0.71	-1.386	0.575	0.052	0.84
(n=31)	12~	-8.454	1.828	0.098	0.64	-1.694	0.650	0.080	0.78
	13~	-6.678	1.467	0.078	0.61	-1.148	0.492	0.073	0.67
	14~	-5.643	1.275	0.092	0.48	-1.398	0.562	0.083	0.61

* 与 0 检验值相比,$P<0.05$。

在发育提前组和一般组男孩仅有 3 个 k 系数与 0 检验值无显著性,而在发育延迟的男孩有 13 个 k 系数与 0 之间无统计学显著性。这些男孩的对数转换值之间的线性拟合优度较差。在发育提前组、发育一般组、发育延迟组中最大摄氧量与体重拟合良好者的平均异速生长系数分别为 0.799±0.216 和 0.536±0.141(二者之间差异显著,$P<0.001$),由此说明发育提前和发育一般的男孩最大摄氧量的增长大于由体重增长所预期(正常男孩的 k = 0.67 或 0.75);而在发育延迟的男孩最大摄氧量的增长低于预期。

发育提前、发育一般、发育延迟组女孩体重的平均异速生长系数分别为 0.267±0.410 和 0.416±0.124,由于随年龄增长最大摄氧量不变或下降,经对数转换的数据线性回归拟合优度较差。

许多研究证明了最大摄氧量个体标度因子存在相当大的可变性,除体重外尚存在许多影响因素,例如,受试者身体形态的相似性、腿部肌肉质量与体重的比例变化、不同的身体活动或运动训练水平、与身体大小无关的骨骼肌氧化酶功能或心肌收缩性等发育速度的差异。最近的研究(Tolfrey et al.,2006)表明,与体重和瘦体重相比,小腿肌肉体积能够更有效地定标最大摄氧量。

7.1.4 生长发育与无氧运动能力的关系

目前尚不能直接测量少年儿童的无氧能力,因此,主要以短时间的功率输出为指标来进行研究工作。Wingate 无氧测试(Wingate anaerobic test,WAnT)是广泛使用的测量儿童青少年无氧功率的方法,应用自行车功率计可以测量 1 秒或 5 秒钟的峰值功率(peak power,PP)和 30 秒钟的平均功率(mean power,MP)。为了消除身体大小差异的影响,通常以体重的比值(瓦特/千克,W/kg)表示 PP 和 MP。但是,在少年儿童以 W/kg 表示的 PP 和 MP 的研究结果并不一致,不同的研究曾分别说明,男孩 PP 和 MP 高于女孩(Docherty and Gaul,

1991),或低于女孩(Carlson and Naughton,1994),或无显著的性别差异(van Praagh et al.,1990)。而在 Docherty 和 Gaul(1991)的研究中,唾液睾酮与 PP 和 MP 相关,提示男孩性成熟对无氧能力发育的作用,但是由于没有适当控制年龄、身高和体重,相关的因果关系尚存疑问。

在 20 世纪 90 年代,关于消除身体大小影响的比例标定(Ratio scaling)方法可靠性的讨论也同样影响到了对少年儿童无氧能力的研究。Armstrong 等(1997)以 Tanner 第二性征发育等级评价了 200 名 12 岁儿童的性发育成熟度,检验了性成熟度对 WAnT 的影响。结果 PP 和 MP 无性别差异($P>0.05$);在以 W、W/kg 或异速生长分析(allometric analysis)控制体重时,发现了性成熟度对 PP 和 MP 的主效应($P<0.01$)。一年后,Armstrong 等(2000)对其横断研究中的样本又进行 WAnT 测试,使用多层回归建模方法分析数据,探索性别、生长和成熟对 PP 和 MP 的影响。结果证明体重、皮褶厚度、生活年龄和性别是 PP 和 MP 的显著的协变量,年龄与性别相互作用项为负,表明女孩 MP 的增长较少。但因受试者年龄范围相当窄,没有检测出成熟度对 PP 和 MP 的显著影响。5 年后,Armstrong 等(2001)募集了原横断研究样本中的 45 名儿童,以相同方法和设备再次测试,用多层建模方法分析 12 岁、13 岁、17 岁的纵断数据,观察与年龄、身体大小、性别和性成熟(Tanner 的第二性征发育等级)有关的 PP 和 MP 变化。结果鉴别出体重、身高和年龄是显著的 PP 和 MP 的解释变量,女少年的 PP 和 MP 显著低于男少年;显著的年龄与性别相互作用项说明男、女少年 MP 的差异随年龄增长而逐渐加大;而性成熟的影响无统计学显著性。在模型中,年龄的平方项为显著的负值,说明在生长减速期随青少年生长速度的变化,年龄影响的强度也减小。在模型中引入第二性征发育等级时被鉴别为无显著性的参数估计量,说明成熟度的影响通过身体大小而发生作用,不存在对 PP 和 MP 的额外影响。

7.2 少年运动员的相对年龄效应

为了公平竞赛和给儿童少年提供同等的发展机遇,几乎在所有的体育运动项目中都以生活年龄分组,并以 1 月 1 日为年龄分组的截止日期。因此,在相同年龄组内儿童的生活年龄并不相同。这种相同年龄组个体间的年龄差异称为相对年龄,其后果称为相对年龄效应(relative age effect,RAE)。最大相对年龄相差几乎 1 岁。

7.2.1 相对年龄效应的普遍性

Grondin 等(1984)和 Barnsley 等(1985)发现冰球和排球运动员的出生日期呈高度偏态分布,1 月份出生的运动员过多,最后几个月出生的运动员很少。这种偏斜分布是年龄分组截止日期所导致的结果,从此开始了相对年龄与参加体育运动的关系的讨论。

后来的研究发现,在游泳、曲棍球、冰球、棒球、网球、排球、篮球、足球等运动项目普遍存在显著的相对年龄效应,但对足球和冰球项目的相对年龄效应研究最多。在足球运动中这种现象是世界性的。1992 年,Verhulst(1992)报告了比利时、荷兰、法国职业足球运动员中存在显著的 RAE。Dudink(1994)证明这种效应也存在于英国 4 个最高级别的职业足球联合会中。Musch 和 Hay(1999)报告了巴西、澳大利亚、日本和德国足球运动员的 RAE。

在 2005 年,Helsen 等(2005)研究了 1999 年至 2000 赛季比利时、丹麦、英格兰、法国、德国、意大利、荷兰、葡萄牙、西班牙和瑞典国家少年队的相对年龄效应。表 7.8 为 15 岁以下(U-15)、16 岁以下(U-16)、17 岁以下(U-17)、18 岁以下(U-18)国家少年队的出生日期分布,10 个欧洲国家少年队存在显著的相对年龄效应($P<0.01$)。在 2000 年比利时 U-14 国际锦标赛的 16 支职业队和 U-12 欧洲国际锦标赛的 32 支俱乐部队也发现有显著的相对年龄效应(表 7.9)。

表 7.8　欧洲国家 U-15、U-16、U-17 和 U-18 组出生日期分布

队	出生月												Kolmogorov-Smirnov 检验
	1	2	3	4	5	6	7	8	9	10	11	12	
比利时	15	10	12	13	9	10	9	6	5	3	3	4	$P<0.01$
	N= 37 (37.37%)									N= 10 (10.10%)			
丹麦	14	10	9	4	15	10	7	7	6	6	0	2	$P<0.01$
	N= 33 (36.67%)									N= 8 (8.89%)			
英格兰	21	15	11	5	5	3	4	6	8	8	5	3	$P<0.01$
	N= 47 (50.00%)									N= 16 (17.02%)			
法国[a]	9	3	6	5	5	3	4	0	0	4	1	1	$P<0.01$
	N= 18 (43.90%)									N= 6 (14.63%)			
德国	18	17	17	6	13	7	9	7	5	2	2	0	$P<0.01$
	N = 52 (50.49%)									N= 4 (3.89%)			
意大利	14	12	10	7	6	5	6	9	5	1	0	2	$P<0.01$
	N= 36 (46.75%)									N= 3 (3.90%)			
荷兰	14	15	11	6	8	7	1	12	14	6	5	2	$P<0.05$
	N= 14 (36.84%)									N= 6 (15.79%)			
葡萄牙	18	15	10	13	9	3	1	5	3	2	3	0	$P<0.01$
	N= 33 (45.83%)									N= 5 (6.94%)			
西班牙[a]	8	4	6	11	7	4	4	1	0	2	2	1	$P<0.01$
	N= 18 (36.00%)									N= 5 (10.00%)			
瑞典[a]	6	8	3	5	3	3	1	3	3	1	0	0	$P<0.05$
	N= 17 (47.22%)									N= 1 (2.78%)			
总计	N= 331 (43.38%)									N= 71 (9.31%)			$P<0.01$

a. 对于法国、西班牙和瑞典,仅获得了 UEFA 比赛中官方 U-16 和 U-18 国家队数据。

表 7.9　U-12 和 U-14 俱乐部队出生日期分布

队	出生月												Kolmogorov-Smirnov 检验
	1	2	3	4	5	6	7	8	9	10	11	12	
U-12,U-14	75	68	78	81	45	61	54	55	52	43	28	37	$P<0.01$
总计	N= 221 (32.64%)									N= 108 (15.95%)			

2009 年,Cobley 等(2009)使用让步比(odds ratios,ORs)和随机效应方法对 1984 年至 2007 年

期间的38项研究进行了meta分析,这些研究包括了14个运动项目,含有来自16个国家的253个独立样本。研究结果表明,RAE是强健的,普遍存在于不同项目之中。在246个样本中,124 524名运动员出生日期分布不均衡,一季度Q1=31.2%,二季度Q2=26.1%,三季度Q3=22.3%,四季度Q4=20.6%。分析中仅有24个女子运动员样本(3321名,占所有运动员的2%),这些样本的相对年龄效应分析表明,不同性别运动员的ORs的差异很小(男:Q1与Q4的OR=1.65,95% CI 1.54,1.77;女:Q1与Q4的OR=1.21,95% CI 1.10,1.33)。Cobley等也分析了年龄、运动水平和运动项目对RAE的影响。

1. 年龄

在儿童(10岁以下)至青少年(15~18岁)年龄范围内,相对年龄效应逐渐增大(表7.10),Q1和Q4相比,相对年龄效应由小增加到中等,在青春期OR为2.36(95% CI 2.00~2.79),而到青年期(19岁以上)OR下降到1.44(95% CI 1.35,1.53)。

表7.10 不同年龄组别的相对年龄效应的让步比(ORs)

类别	Q1与Q4比较		前、后6个月比较	
	样本数(总数%)	OR(95% CI)	样本数(总数%)	OR(95% CI)
≤10岁	17(6.91)	1.22(1.08,1.39)	17(6.71)	1.12(1.03,1.22)
儿童(11~14岁)	42(17.07)	1.29(1.29,1.96)	44(17.39)	1.36(1.15,1.60)
少年(15~18岁)	69(28.04)	2.36(2.00,2.79)	70(27.66)	1.72(1.54,1.92)
青年≥19岁	107(43.49)	1.44(1.35,1.53)	110(43.47)	1.29(1.24,1.35)

注:Q1与Q4比较排除了11个样本,前后6个月比较排除了12个样本;Q=季度。

2. 运动水平

所有样本的运动水平分为四类:娱乐、竞技(少年和业余)、代表队(地区和国家)、优秀(职业或成年国家代表队)。表7.11表明,随技术水平的提高RAEs的风险增加,在代表队阶段风险最高,Q1与Q4比较的OR=2.77(95%CI 2.36,3.24)。值得注意的是,在优秀阶段的RAE风险低于代表队阶段。

表7.11 不同技术水平的相对年龄效应的让步比(ORs)

类别	Q1与Q4比较		前、后6个月比较	
	样本数(总数%)	OR(95% CI)	样本数(总数%)	OR(95% CI)
娱乐	28(11.38)	1.12(1.05,1.20)	28(11.06)	1.09(1.03,1.15)
竞技	53(21.54)	1.63(1.35,1.97)	55(21.73)	1.40(1.21,1.62)
代表队	70(28.45)	2.77(2.36,3.24)	73(28.85)	1.87(1.68,2.07)
优秀	95(38.61)	1.42(1.34,1.51)	97(38.33)	1.28(1.22,1.33)

注:比较中未包括其他运动项目(如网球)的样本;Q=季度。

3. 运动项目

虽然评估了 14 个运动项目的相对年龄效应,但大部分研究集中在冰球(32.8%)、足球(30%)、棒球(13%)运动项目。由表 7.12 可见,无论是以四季度还是前后半年来分析 ORs,冰球、足球、棒球、篮球和排球项目都有小而显著性的相对年龄效应,仅美式足球的 ORs 无显著性。

表 7.12 不同运动项目的相对年龄效应的让步比(ORs)

类别	Q1 与 Q4 比较		前、后 6 个月比较	
	样本数(总数%)	OR(95% CI)	样本数(总数%)	OR(95% CI)
冰球	77(31.30)	1.62(1.45,1.79)	83(32.80)	1.40(1.31,149)
足球	7630.89)	2.01(1.73,2.32)	76(30.03)	1.55(1.37,1.74)
棒球	33(13.41)	1.20(1.12,1.30)	33(13.04)	1.14(1.08,1.20)
篮球	15(6.09)	2.66(1.80,3.93)	15(5.92)	1.77(1.34,2.33)
排球	14(5.69)	1.33(1.07,1.65)	14(5.53)	1.24(1.03,1.49)
美式足球	7(2.84)	1.24(0.93,1.65)	7(2.76)	1.08(0.94,1.23)

注:分析比较中排除了不能清晰分类的样本;Q=季度。

Cobley 等(2009)的 meta 分析主要集中在成队比赛项目,对于个体运动项目的研究很少。最近,Hollings 等(2014)报告了世界青年田径锦标赛(2008 年在波兰举行,包括来自 183 个国家、40 个运动项目的 1479 名运动员,运动员年龄≤19 岁)和世界少年田径锦标赛(2009 年在意大利举行,包括来自 173 个国家、38 个田径项目的 1445 名运动员,运动员年龄 16~17 岁)各项目决赛选手的相对年龄效应。以年龄相差 1 岁运动员的计数比进行泊松回归(Poisson regression)分析,以 90%的置信区间表示效应的不确定性(以×/÷形式表示)。表 7.13 中的数据表明,世界少年锦标赛的相对年龄效应大于世界青年锦标赛,男性大于女性,并存在于所有四类田径项目之中。以相差 1 岁的计数比例表示的男青年、少年(2.1~3.7)和女青年、少年(1.7~2.1)的相对年龄效应,明显大于 Cobley 等(2009)的 meta 分析(男 1.4~1.7,女 1.2~1.7)。

表 7.13 世界年龄组田径锦标赛四类项目运动员的相对年龄效应和大小

锦标赛	性别	短跑、跨栏	中距离	跳跃	投掷
2008 年世界青年锦标赛	男	2.0,×/÷1.8,大	2.1,×/÷1.3,大	2.0,×/÷1.8,大	1.4,×/÷1.4,中等
	女	1.7,×/÷1.2,中等	1.3,×/÷2.1,不清	1.9,×/÷1.8,中等	2.4,×/÷2.1,大
2009 年世界少年锦标赛	男	4.0,×/÷1.7,很大	2.0,×/÷1.7,中等	5.6,×/÷1.9,很大	7.2,×/÷2.3,很大
	女	3.0,×/÷1.6,大	2.2,×/÷1.8,大	1.4,×/÷1.4,中等	2.3,×/÷2.0,大

注:因子以×/÷形式的 90% 置信区间表示。短跨:100m,200m,400m,100m 栏(女),110m 栏(男),400m 栏;中距离:800m,1500m,3000m(男女少年和女青年),5000m(男女青年),2000m 障碍跑(男女少年),3000m 障碍跑(男女青年),10000m(男青年),5000 竞走(女少年),10 000 竞走(男少年和男女青年);跳跃:跳高,撑杆跳高,跳远,三级跳远;投掷:铅球,铁饼,标枪,链球。

最近,Baker 等(2014)报告了滑雪、花样滑冰、体操个人运动项目的 RAE。研究的第一部分分析 1474 名高台滑雪、7501 名越野滑雪、15 565 名高山滑雪、4179 名单板滑雪和 713 名北欧两项运动员。除了高台滑雪女运动员效应无显著性和北欧两项女运动员数量不足以分析之外,其他运动项目的男女运动员都有显著的 RAE,见表 7.14。

表 7.14 不同滑雪项目运动员每季度的相对(绝对)分布

项目	性别	Q1	Q2	Q3	Q4
高台滑雪	男	32.3(423)	25.1(328)	23.7(310)	18.9(248)
	女	28.5(47)	28.5(47)	23.6(39)	19.4(32)
越野滑雪	男	31.2(1539)	27.9(1376)	22.7(1119)	18.2(896)
	女	30.8(792)	24.3(627)	24.0(619)	20.7(533)
高山滑雪	男	28.6(2784)	26.3(2557)	23.6(2302)	21.5(2094)
	女	27.2(1587)	26.7(1558)	23.9(1392)	22.2(1291)
北欧两项	男	31.5(222)	25.8(182)	23.7(167)	19.0(134)
	女	数据不足以分析			
单板滑雪	男	28.0(634)	25.4(576)	25.1(568)	21.5(486)
	女	24.6(225)	23.7(217)	29.2(267)	22.5(206)
总计		29.0(8253)	26.3(7468)	23.9(6783)	20.8(5920)

研究的第二部分包括 1997 年至 2007 年加拿大国家花样滑冰(男:$n=53$,14~30 岁;女:$n=63$,14~28 岁;双人:$n=56$,14~33 岁)和国家体操队(少年:$n=120$,12~15 岁;青年 $n=148$,15~24 岁)运动员的 RAE。全部花样滑冰运动员的分析表明运动员出生日期分布的差异无显著性,见表 7.15。同样,男女性别和不同运动项目的运动员分布均无显著性差异。与预期分布相比,全组体操运动员表现出非典型的相对年龄效应[$\chi^2(3,n=268)=11.21, P=0.05, w=0.20$],第二季度出生的运动员的百分数最高。当分别分析青年和少年女子体操运动员时,仅青年女子体操运动员表现出非典型形式的效应,$\chi^2(3,n=148)=9.81, P<0.05, w=0.26$,但少年运动员的效应无显著性,$\chi^2(3,n=120)=4.05, P>0.05, w=0.18, 1-\beta=0.36$。

表 7.15 花样滑冰项目运动员每季度的相对(绝对/期望)分布

项目	n	Q1	Q2	Q3	Q4
单人 女	63	20.6(13/15.4)	27.0(17/16.6)	23.8(15/16.3)	28.6(18/14.8)
单人 男	53	28.3(15/12.9)	28.3(15/13.9)	22.6(12/13.7)	20.8(11/12.4)
双人	56	12.5(7/13.7)	28.6(16/14.7)	28.6(16/14.5)	30.4(17/13.1)
所有女	91	19.8(18/22.2)	28.6(26/24.0)	26.4(19/20.9)	25.3(23/21.3)
所有男	81	21.0(17/19.8)	27.2(22/21.3)	23.5(19/20.9)	28.4(23/19.0)
总计	172	20.3(35/42)	27.9(48/45.3)	25.0(43/44/4)	26.7(46/40.4)

7.2.2 相对年龄效应的产生机制

1. 竞争是相对年龄效应的必要条件

假设运动队有 15 个位置,而且有 15 名少年对这些位置感兴趣,那么在这样的情况下,就不可能出现 RAE。但如果在这一年龄组中有 150 人对该队感兴趣,那么为了获取一个位置将出现激烈的竞争,这时就可能出现 RAE。所以,一定运动项目的运动员数量越多,产生的 RAE 强度就越大。运动员的数量又取决于一定项目的运动人群。根据这个观点,在了解了世界范围内的足球人群后,可有趣地看到足球运动员在全世界表现出了显著的 RAE。

2. 身体成熟度的差异

在青少年体育运动竞赛中,一般采用间隔 1 岁分组。然而对于青少年儿童来说,身体大小(身高、体重等)、力量、爆发力、耐力等素质都随年龄而增加,年龄相差 1 岁,使身体特征、运动素质产生很大的差异,特别是在 12~15 岁之间的青少年。所以,许多研究将 RAE 归因于相对年龄较大运动员的身体优势。那些晚熟的相对年龄劣势的青少年运动员不可能具有竞争的优势,见图 7.7。

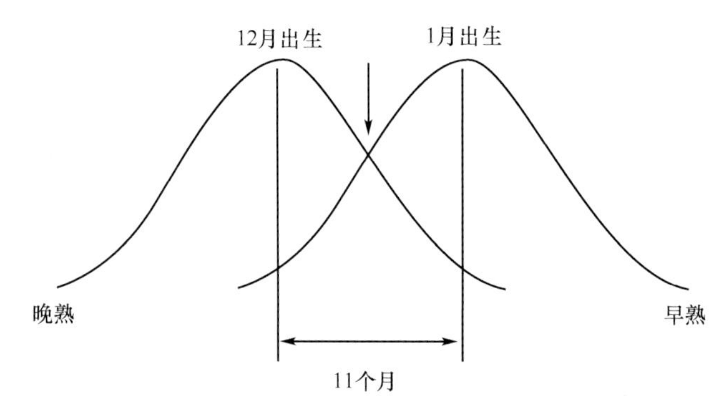

图 7.7　1 月份出生的较同年 12 月份出生儿童的身体成熟度优势

虽然 1 月出生的儿童比 12 月份出生具有提前 11 个月的优势,但根据 1 月 1 日为截止日期的方法,都分为同一年龄组中。每一分布表示了相同生活年龄儿童的身体成熟度的可能差异。图示表明,12 月出生、早熟(提前平均数 5.5 个月)的儿童于 1 月出生、晚熟儿童(延迟于平均数 5.5 个月)有相同的自然年龄(分布的交叉点)。但图示也说明,1 月出生、早成熟儿童的潜在优势,以及 12 月出生、晚成熟儿童的潜在劣势。12 月出生儿童的相对年龄劣势使晚熟者不可能去参与竞争。在青春期,这种优势/劣势可能被放大,与年龄平均数的偏差更加重要

体操是成熟度提前为劣势的少数运动项目之一。在体操运动中可看到,晚熟者常常出现于优秀体操运动员之列。一些研究发现优秀少年体操运动员不存在 RAE 现象,这与只有在成熟度提前有利于运动成绩的项目中身体成熟度才是重要的观点相一致。

Bell 等(1997)报告了相对年龄与运动能力相关的直接证据。他们在 16 岁男女学生体育考试中发现,出生日期效应影响体育成绩等级评价,在小学期间仅根据身体发育就可预测显著的 RAE。最近,Gil 等(2014)对 88 名 2001 年出生的西班牙足球俱乐部球员(9.75 岁±0.3 岁)进行了人体测量学、成熟度、冲刺跑、YO-YO 间歇耐力、灵敏、握力、纵跳测试,分析运动员出生日期分布与身体大小和运动素质的关系。测试结果表明,运动员出生日期分布与理论分布期望值有显著性差异($P<0.05$),在所有的受试者中,第一季度出生的运动员占优势(34.09%)。由表 7.16 可见,年龄较大运动员身高较高($P<0.05$),腿较长($P<0.01$),并有较大的去脂体重($P<0.05$)。年龄较大儿童的青春期开始年龄较小($P<0.05$)。由运动能力来看(表 7.17),年龄较大男孩速度和灵敏成绩较好($P<0.05$),特别是成绩总分显著较

高($P<0.01$)。逐步回归分析揭示,生活年龄是灵敏性测试和总分值的最重要的预测变量。这些测试数据说明,相对年龄较大与较小的足球运动员的人体测量学、身体运动能力之间的差异是引起 RAE 的重要原因。

表 7.16 不同季度出生的运动员人体测量学变量、成熟度变量和身高速度高峰年龄

指标	Q1 (n = 22)	Q2 (n = 22)	Q3 (n = 22)	Q4 (n = 22)	d(Q1-Q4)	效应大小(r)
体重 (kg)	35.26±5.87	34.15±4.69	33.41±5.71	32.85±5.00	0.442	0.215
身高(cm)	140.85±5.58 *	140.45±6.52	139.93±7.15	137.13±4.51	0.733	0.344
坐高(cm)	74.74±3.48 *	73.80±2.66	73.20±3.57	73.01±2.13	0.599	0.287
腿长(cm)	66.10±2.81 **	66.64±4.23	66.72±4.21	64.11±2.99	0.685	0.324
LL/SH	88.53±3.67	90.25±3.80	91.17±4.31	87.81±3.52	0.200	0.099
BMI (kg/m^2)	17.70±1.98	17.25±1.49	16.93±1.46	17.40±1.94	0.153	0.070
Σ 皮褶厚度(mm)	46.57±24.77	52.35±19.61	55.12±19.65	58.13±29.81	-0.421	-0.206
去脂体重(kg)	29.54±3.32 *	28.71±3.00	27.96±3.64	27.35±2.78	0.715	0.336
青春期开始(岁)	-3.50±0.36 *	-3.67±0.28	-3.79±0.36	-3.93±0.23	-1.423	-0.579
APHV(岁)	13.72±0.30	13.69±0.25	13.64±0.32	13.52±0.18	0.323	0.579

注:Σ. 皮褶厚度之和;LL/SH. 腿长/坐高;BMI. 体重指数,APHV. 估价的身高速度高峰年龄。学生 t 检验: * $P<0.05$:与 Q4 的差异显著性, ** $P<0.01$:与 Q4 的差异显著性。

表 7.17 不同季度出生的足球运动员速度、灵敏、耐力、弹跳、握力测试成绩

测量项目	Q1	Q2	Q3	Q4	d (Q1-Q4)	效应大小(r)
速度(s)						
15m	2.66±0.18 **	2.72±0.23	2.76±0.22	2.88±0.27	-0.580	-0.432
30m	5.07±0.27 **	5.16±0.38	5.20±0.35	5.37±0.42	-0.849	-0.391
灵敏(s)						
15m	2.97±0.25 **	3.03±0.25	3.04±0.22	3.19±0.24	-0.897	-0.409
30m	5.89±0.38 *	5.98±0.43	6.05±0.35	6.24±0.42	-0.873	-0.400
Yo-Yo IR1(m)	626.66±285.49	616.36±241.15	514.54±198.39	470.47±216.85	0.616	0.294
CMJ(cm)	29.56±3.13	28.70±3.59	27.55±3.09	27.10±3.25	0.771	0.359
HG(kp)	19.18±2.53	18.33±3.32	17.81±2.64	18.00±3.22	0.407	0.199
SCORE	1.70±3.32 **	0.68±3.47	-0.40±2.66	-1.57±2.89	1.030	0.465
$SCORE_{HG}$	2.03±3.55 **	0.89±3.98	-0.57±2.79	-1.66±3.41	1.060	0.468

注:Yo-Yo IR1. Yo-Yo 间歇耐力测试(水平 1);CMJ. 反向跳测试;HG. 握力;SCORE:速度 30 m + 灵敏 30 m + Yo-Yo IR1 + CMJ,分别加握力($SCORE_{HG}$) 和不加握力 (SCORE). 学生 t 检验: * $P<0.05$:与 Q4 差异, ** $P<0.01$:与 Q4 的差异。

3. 运动员选材的偏差

研究普遍认为,相对年龄效应是运动员选材中选择了早熟运动员的一种偏差。体育运动激烈的对抗和竞争,使得教练员为了在短期内取得优异的成绩,增加了选择那些表现出能力优势的早熟运动员的概率。

Auqste 和 Lames(2011)对德国三个地区(北/东北部、西部和南/西南部)的 U-17 甲级联赛的 41 个代表队 911 名足球运动员分析相对年龄效应与联赛"排名"的关系。在 41 个 U-17 代表队中,有 4 个队(9.8%)的相对年龄效应"非常强",其中 1/4 的队可分为 3 类:"强"(24.4%)、"中等"(26.8%)、"小"(24.4%);仅有 6 个队(14.6%)未表现出相对年龄效应。相对年龄效应与联赛成绩显著相关($r=0.328, P<0.036$),回归分析揭示,出生日期中位数提前一个月,决赛成绩排位提前 1.035。

4. 心理学因素

能力知觉(perceived competence)是参加体育运动的重要决定因素。在情境要求(如需要在竞争背景下证实能力)与资源(如身体能力不足)之间不平衡的特定条件下,早出生者开始的行为表现优势可能增加了内在(察觉到的能力)的和外在(教师和家长的赞许)的激动性而继续参加训练,进一步改进提高技术;出生晚者可能觉察到参加体育运动有太大的压力,因此而退出体育运动。

5. 运动训练经验

因为相对年龄的差异,早出生者可获得多 1 年的体育运动训练的经历,而训练的结果又增加了参加更多赛季活动的机会。相对年龄较大的运动员更可能被高一级的运动队所选中,不仅能够接受更好的教练指导,而且也将面对更强对手,随竞技水平的提高更加享有声望,因而提高参加体育运动的动机。

7.2.3 相对年龄效应的不利影响

1. 相对年龄效应——不公平的竞赛

在体育运动竞赛中,使用一定的截止日期进行年龄分组,使许多运动项目产生了相对年龄效应,早出生者具有身体和运动能力的优势,而晚出生者则处于劣势,这种不公平的运动竞赛阻碍了运动员个人的发展。

2. 晚出生运动员的退出

在 9 岁以下年龄组中,相对年龄效应不明显,随年龄的增长,相对年龄效应增加,在 13~15 岁达到最大。相对年龄较小的运动员处于身体和选拔过程中的劣势,显著减少了晚出生运动员向更高水平努力的机会而退出体育运动。为了证明这个问题,Delorme 等(2010)分析了 2005 年至 2007 年赛季,选择退出的法国男子足球运动员出生日期分布。在 2005 年至 2007 年间,退出率随年龄的增加而增加。U-7 组退出率为 8.11%,到 U-18 组升高 25%。在成年人中,退出率为 23.49%,总退出率为 19.825%。表 7.18 表明,在 U-7 组和成年组,理论分布与实际观察分布之间无显著性差异。但由 U-9 至 U-18 之间的 5 个年龄组中,理论分布与实际观察分布之间存在显著性差异,后两季度出生的运动员过多而前两季度出生的运动员过少,在 U-13 岁和 U-15 岁组这种不平衡最为明显。

表 7.18　2006~2007 赛季退出的法国男足球运动员出生日期分布

年龄组	Q1	Q2	Q3	Q4	总计	χ^2	P
成年	43 003	42 135	41 420	41 391	167 949	1.51	<0.680
(Δ)	(+41)	(-204)	(+138)	(+25)			
U-18	10 766	10 971	10 879	9 987	42 603	45.42	<0.0001
(Δ)	(-447)	(-199)	(+211)	(+435)			
U-15	7 597	7 794	8 125	7 876	31 392	192,57	<0.0001
(Δ)	(-775)	(-293)	(+211)	(+856)			
U-13	7822	8677	9052	8840	34 391	188.30	<0.0001
(Δ)	(-879)	(-247)	(+320)	(+806)			
U-11	8562	9049	9435	9458	36 504	102.79	<0.0001
(Δ)	(-535)	(-263)	(+53)	(+754)			
U-9	7969	8559	8965	8976	34 496	141.71	<0.0001
(Δ)	(-652)	(-275)	(+106)	(+821)			
U-7	4166	4094	4332	3690	16282	4.81	<0.186
(Δ)	(+33)	(-101)	(+90)	(-22)			

Δ 为理论期望分布与观察分布之间的差值。

7.2.4　解决办法

在对相对年龄效应的研究中,也提出了一些可能的解决办法:

(1) 每年的分组截止年龄的轮转,因为这样做,所有的运动员都可经历相对年龄较大的优势。

(2) 减小年龄组的宽度,产生更多的年龄组别(如 1 年内有 2 组)。这样的变化可使特定年龄组内产生较小的年龄差异和身体差异。

(3) 根据生物年龄(如骨龄)分组,使运动员处于相同成熟度水平上,使竞赛更加公平。

(4) 根据身体(身高或体重)类别分组,类似于拳击和摔跤。这种方法对个体身体特征更敏感,在发育阶段应用可能是合理的。

(5) 将运动员选拔、鉴别的过程延长到青春期和成熟之后(如 15~16 岁)。体育运动成功的道路要求高强度的长期训练和献身精神,但是许多项目中,20 或 30 多岁时才达到能力的高峰,为青少年之后的训练发展提供了充分的窗口。

(6) 改变教练员的认识。教练员在选择运动员时应当更重视技术和战术,而不要过度依赖身体特征。要鼓励教练员改变指导训练的思维方法,“赢球不是一切,而仅说明了一时”的陈述代表了许多少年教练员的战略思想。应当将运动员的发展视为 10 年甚至更长的长期过程。

上述策略整合进入体育管理与发展系统可能存在难度,所以采用生物年龄分组,以及改变教练员的认识可能是当前解决 RAE 的有效方法。

7.3 少年运动员的成熟度特征

少年儿童参加体育活动非常普遍。但少年运动员是指参加某体育组织,进行有规律的运动训练,并按照规定有组织地参加竞赛的未成年人运动员。在当代,随体育科学技术的发展,少年运动员参加国家、国际高水平比赛的机会越来越多,优秀运动员的年龄也在不断地降低。所以,少年运动员的发育成熟度也是人们所感兴趣的问题。

少年运动员有多种水平,不同水平的少年运动员的分布呈金字塔形,在初级水平上有大量的参加者,随对技术水平要求的提高少年运动员中成功者逐渐减少,仅有少数少年运动员能够参加高水平的比赛,成为优秀少年运动员,到达塔尖的位置上。因此,优秀少年运动员具有高选择性的特征。各级教练员依据运动项目对运动员特定的运动能力,特定的技术要求,不断地对少年运动员进行选择。但选择的依据与少年运动员的成熟度有密切的关系,所以了解少年运动的成熟度特征对优秀少年运动员的选材与培养也有重要的作用。

7.3.1 男少年运动员的骨成熟度特征

对年龄组以及参加墨西哥城、慕尼黑和蒙特利尔奥运会的男游泳运动员的研究(Malina and Bouchard,1991)表明,在青春期初期运动员平均身高和体重处于美国生长标准的第 75 百分位数附近,和一般人相比有较大的身材,在很大程度上反映了提前的发育程度。与青春期初期的身体大小优势相反,在青春期中期和后期平均身高和体重接近标准的第 50 百分位数曲线。这种变化说明,发育提前者青春期早期的身体大小优势已经不明显,发育一般或发育延迟者赶上生长,运动水平提高而成为优秀少年游泳运动员。

Cumming 等(1972)对加拿大田径训练营的 259 名(15.2±1.7 岁)少年运动员的调查发现,男少年田径运动员的运动成绩与骨龄为中等正相关(表 7.19),骨龄是预测运动成绩的显著性变量,在控制了身高和体重后,骨龄与运动成绩的相关仍然显著(偏相关系数,$P<0.01$)。Malina 和 Beunen(1986)报告,在参加 1981 年国际少年田径比赛的比利时国家少年集训队(15.2~18.3 岁)中,有 29 名(62%)队员已发育成熟,在短跑、跳跃项目中发育成熟者占多数;在发育未成熟者中,骨龄比生活年龄平均提前 0.8 岁,而在 17~18 岁的未成熟者中,骨龄比生活年龄延迟 0.8~0.9 岁。长跑运动员的骨发育稍延迟,平均身高比非运动员稍矮,但生长速度与对照组间无差异。

表 7.19　少年田径运动员骨龄与运动成绩的关系

运动项目	骨龄		生活年龄		预测变量		偏相关系数	
	男	女	男	女	男	女	男	女
100 码跑	0.58	0.28	0.4	0.08	BA, H	BA	0.48**	0.21*
440 码跑	0.25	0.31	0.12	0.12	BA, H	BA	0.27**	0.24*
880 码跑	0.37	0.1	0.24	0.14	BA	BA, H, W	0.50**	0.15
推铅球	0.51	0.45	0.32	0.08	BA, H, W	BA, W	0.32**	0.16
掷标枪	0.44	0.29	0.37	0.02	BA, W	BA, W	0.28**	0.11

续表

运动项目	骨龄		生活年龄		预测变量		偏相关系数	
	男	女	男	女	男	女	男	女
掷铁饼	0.57	0.15	0.48	0.14	BA, H, W	BA, W	0.36**	0.02
跳 高	0.51	0.86	0.39	0.3	BA, H	BA	0.36**	0.81*
跳 远	0.5	0.27	0.42	0.06	BA, H	BA	0.42**	0.22*
跨栏跑	0.32	0.17	0.26	0.03	BA	—	0.27**	—
2 哩 跑	0.42	0.03	0.39	0.04	BA	BA	0.38**	0.01

注:BA. 骨龄,H. 身高,W. 体重; * $P<0.05$, ** $P<0.01$。

Gurd 和 Klentrou(2003)对 21 名美国安大略南部竞技体操俱乐部的优秀男少年体操运动员(13.3 岁±0.3 岁)的第二性征发育进行了研究,发现与相同年龄的对照组相比,除身高、体重、体脂百分数较低外,Tanner 第二性征发育等级无显著性差异。

Malina 等(2005)以非损伤方法测量了 582 名 9~14.6 岁美国密歇根州少年橄榄球队员的生物成熟度。他们以生活年龄、身高体重和父母身高中值预测受试者的成年身高,以成年身高的百分数进行成熟度分组。结果有 405 名队员分类为成熟度一般组(69.6%,95% CI 65.7%~73.3%),154 名分类为发育提前组(25.5%,95% CI 23.0%~30.3%),仅 23 名为发育延迟组(3.9%,95% CI 2.6%~6%)。

许多研究资料和经验说明,田径、游泳、举重、自行车、划船、篮球、足球等项目的少年运动员生长发育总趋势为骨龄提前,因为在这些运动项目中力量和爆发力是取得优异成绩的基础,所以与骨发育提前相关的身高、体重和肌肉数量是从事这些运动项目的有利因素。但是少年长跑运动员一般表现为骨发育一般或延迟。

7.3.2 女少年运动员的骨成熟度特征

Malina 和 Bouchard(1991)对参加奥运会的女子游泳和体操运动员的生长发育调查说明,两种运动项目的运动员身体大小差异非常显著,游泳运动员的身高体重均超过正常人,在所有年龄上接近正常标准 75% 百分位数,在青春期也处于中位数以上,并未出现男运动员在青春期后期接近正常人中位数的变化。但是女少年体操运动员的身高低于正常人标准的中位数,体重接近正常人标准的第 25 百分位数。在 83 名(5.6~15.6 岁)澳大利亚体操运动员中,骨龄平均延迟 1.3 岁± 0.1 岁(Bass et al., 2000);在 22 名中国体操女子运动员(12.8 岁±1.8 岁)中,骨龄平均延迟 1.7 岁±0.39 岁(未发表资料)。

由表 7.19 可见,在田径运动项目中跳高和掷铅球项目女少年运动员(14.9 岁±1.3 岁)的骨龄与运动成绩有中等或高度相关。虽然骨龄也是运动成绩的预测变量,但在控制了身高和体重后,骨龄与运动成绩的相关仅在 100 码跑、400 码跑、跳高和跳远项目存在显著性(偏相关,$P<0.05$)。女田径少年运动员骨龄与运动成绩的相关关系与男少年运动员有很大的不同,相关系数大都很低,反映了男女少年生长发育过程中运动素质与能力发育的性别差异。在 Malina 等(1986)的研究中,也包括了 29 名女子田径运动员(15.2~17.9 岁),其中

发育成熟者为 15 名(52%,投掷项目的运动员均已发育成熟),年龄为 15 岁的运动员中骨龄比生活年龄平均延迟 0.6 岁,年龄在 16 岁及其以上运动员中有 9 人骨发育未成熟,骨龄延迟 1.5 岁。

一般来说,田径、划船、排球项目的女少年运动员骨龄倾向于延迟,体操、花样滑冰项目的女运动员骨龄延迟更为显著;游泳、篮球、手球等项目的女少年运动员骨发育倾向于一般或稍提前。

女子少年运动员的另一个成熟度特征是初潮年龄的延迟(Malina,1983)。由表 7.20 可见,不同国家的女少年运动员初潮年龄均比一般人群延迟;和女少年运动员骨龄一样,延迟的程度也具有项目特点,游泳项目的女少年运动员初潮年龄接近正常人群,田径、划船运动员初潮年龄逐渐延迟,体操、花样滑冰等项目的运动员初潮年龄最晚;并且也呈现出运动水平越高,初潮年龄越晚的倾向。

表 7.20 不同运动项目的女少年运动员的初潮年龄

作者	样本	初潮年龄			说明
		n	平均数	标准差	
Malina 等	**奥林匹克运动员**	139	13.7	1.4	参加 1976 年蒙特利尔
(1979)	游泳	32	13.1	1.3	奥运会
	跳跃和跨栏	11	13.4	2.1	
	划船	59	13.7	1.1	
	径赛	17	14.3	1.6	
	体操	11	14.5	0.8	
	不同国家				
	比利时 (13.0)	9	14.1	0.7	圆括号中的年龄为一
	加拿大 (13.1)	27	14	1.1	般人群的中位数年龄
	英国 (13.0)	16	13.6	1.2	
	意大利 (12.8)	12	13.1	1.5	
	荷兰 (13.4	9	14	1.1	
	美国 (12.8)	27	13.8	1.7	
Beunen 等(1981)	体操	13	13.8	1.7	比利时国家队水平
Ross 等	花样滑冰	15	14	1.3	优秀滑冰与滑雪运动员
(1976)	滑雪	9	12.9	0.9	
	中学生	91	12.9	1.3	
	大学生	30	12.9	1.1	
Warren, 等	芭蕾舞学生	13	15.4	1.9	
(1980)	非芭蕾舞学生	14	12.5	1.2	

7.3.3 少年运动员骨成熟度的动态变化

虽然男女少年运动员骨成熟度表现出一定的项目特征,但少年运动员的骨成熟度特征并非一成不变,而是在发展过程中表现出一定的动态变化。例如,Malina 等(2000)测定了 135 名 11~16 岁的葡萄牙男少年足球运动员的骨龄(表 7.21),在 11~12 岁时平均年龄与骨龄相似,而在 13~14 岁组和 15~16 岁组平均骨龄明显大于年龄;另外,年龄组骨成熟度的分布也显著不同,11~12 岁组发育提前的运动员为 21%,但在 13~14 岁升高到 38%,在 15~16 岁则达到了 65%。比较分析提示,随着年龄增长和专门化水平的提升,在系统的选拔过程中排除了晚成熟男孩而有利于发育一般和发育提前的运动员。

表 7.21 135 名 11~16 岁葡萄牙优秀少年足球运动员骨成熟度状况[a]

年龄组(岁)	年龄(CA)	骨龄(SA)	SA-CA	训练情况	
				训练年限	训练量(小时/周)
11~12 (n=63)	12.3±0.5	12.4±1.3	早熟者 21% 晚熟者 7%	2.6±1.0	4.1±1.7
13~14 (n=29)	13.6±0.7	14.3±1.2	早熟者 38% 晚熟者 2%	3.1±1.6	4.5±1.7
15~16 (n=43)[b]	15.8±0.4	16.7±1.0	早熟者 65%	4.7±2.4	6.1±2.0

a. Fels 方法评价骨龄;b. 因 7 名运动员成熟而未计算 SA 与 CA 差值。

Hirose(2009)报告了 1997 年至 2000 年间参加日本联合会学院队选拔的 332 名优秀少年男足球运动员(优秀具有将来进入职业队的可能性:由教练员评估)骨成熟度。由表 7.22 可见,U-10 岁组运动员骨成熟度分布偏向延迟,在 U-11 岁组,发育提前与延迟者基本平衡,但在 U-12~U-15 岁组却显著地偏向发育提前,在 U-15 岁组,已经有 31.7% 的运动员发育成熟。这些数据也同样说明,在优秀少年运动员的选拔过程中,由 U-11 组开始发育延迟者逐渐退出,发育提前者的优势非常明显。

表 7.22 332 名日本优秀少年足球运动员的成熟度状况分布

	U-10	U-11	U-12	U-13	U-14	U-15	总计
晚	14 (41.2)	10 (19.2)	7 (10.6)	9 (9.8)	1 (2.1)	4 (9.8)	45
一般-晚	11 (32.3)	14 (26.9)	15 (22.7)	13 (14.1)	12 (25.6)	8 (19.5)	73
一般-早	4 (11.8)	19 (36.6)	27 (40.9)	41 (44.6)	18 (38.3)	14 (34.1)	123
早	5 (14.7)	9 (17.3)	17 (25.8)	28 (30.4)	15 (31.9)	2 (4.9)	76
成熟	0 (0.0)	0 (0.0)	0 (0.0)	1 (1.1)	1 (2.1)	13 (31.7)	15
总计	34	52	66	92	47	41	332

注:晚=成熟度差值(MD)≤-1.0;一般-晚=-1.0<MD<0.0;一般-早=0.0≤MD<1.0;早=MD≥1.0。

7.3.4 生物成熟度是运动员选材中更大的混淆因素

在少年体育竞赛中,年龄分组的组距一般为 1 岁或 2 岁。在年龄组内相对年龄最大相差分别在11个月或23个月,因而引起相对年龄效应。然而,在相同年龄组内,少年运动员的生物成熟度(骨龄)的差异更为显著。在一项葡萄牙中部地区5个俱乐部的男少年足球运动员的研究中,Figueiredo等(2010)在11~12岁($n=87$)和13~14岁($n=72$)组少年运动员中各选8名身高最高、最矮和骨龄最提前、最延迟的运动员,进行生长发育、运动素质和足球技术的比较。在11~12岁组和13~14岁组运动员以身高的高、矮,骨龄的提前、延迟之间的比较趋势相一致,两年龄组在11~12岁组(表7.23),发育最延迟运动员的平均骨龄为9.6岁,骨龄减生活年龄平均差值为-2.35岁;最提前运动员的平均骨龄为14.1岁,骨龄减生活年龄平均差值为2.61岁。在13~14岁组(表7.24),骨发育最延迟运动员的平均骨龄为13.1岁,骨龄减生活年龄平均差值为-1.20岁;最提前运动员的平均骨龄为16.8岁,骨龄减生活年龄平均差值为2.43岁。11~12岁和13~14岁组内骨发育最延迟与最提前运动员之间的平均生活年龄差异分别为0.6岁和0.1岁,而骨龄的平均差异则分别为4.5岁和3.7岁。发育最延迟与最提前运动员明显不同的成熟度导致身高、体重,以及灵敏、爆发力、速度能力的显著性差异,但有氧耐力和足球技能差异则无显著性。因此,应当保护那些发育延迟而运动技能较好的少年运动员,为他们的发展提供机会。

体育天才的鉴别和发展计划应当是动态的,要以生物成熟度和发展潜力来解释,以避免体育天才在较早年龄上就被排除掉。最近,比利时皇家足球协会(RBFA)为提升天才鉴别和发展计划的功效,除了正常的U-16($n=22$)、U-17($n=21$)国家队外,又组织了两个由发育一般和发育延迟的运动员组成的未来U-16(U-16F,$n=20$)和未来U-17(U-17F,$n=15$)国家队(Vandendriessche et al.,2012)。表7.25和表7.26表明,未来组运动员身高速度高峰约晚1岁(U-16F:14.3岁±0.5岁,U-17F:14.9岁±0.4岁);U-16和U-17组运动员的形态学变量都与未来组有显著性差异;除了柔韧性和冲刺速度(5m冲刺)外,U-16运动员所有素质测试成绩都好于U-16F组运动员。在U-17与U-17F的比较分析中,也观察到了类似的趋势。除了T-测试和5m冲刺跑外,U-17运动员素质测试成绩好于U-17F组运动员。两年龄组中两种类型运动员之间的运动协调性无显著性差异。为了排除生物成熟度的影响,以身高速度高峰年龄调整的多变量协方差分析揭示,身高速度高峰有显著性的影响(U-16与U-16F:$F=9.66$,$P<0.001$;U-17与U-17F:$F=5.03$,$P=0.002$),多变量协方差检验无显著性(U-16与U-16F:$F=1.13$,$P=0.412$;U-17与U-17F:$F=0.77$,$P=0.710$)。在以身高速度高峰年龄调整后,U-16与U-16F的多变量协方差分析表明,两组运动员体重指数、握力、立定跳远、T-测试、冲刺跑成绩存在显著性差异;而在U-17与U-17F组运动员仅在体重、体重指数和30m冲刺跑成绩存在显著性差异。其他参数无显著性差异。虽然这是一项横断数据的研究,但却观察到了发育延迟组运动员素质测试成绩的"赶上生长"作用,一旦达到成年,晚熟运动员将赶上更成熟的同龄运动员。

表 7.23　11～12 岁组最矮和最高、骨龄最延迟和最提前运动员的生活年龄、骨龄和身体特征

	身高(cm)		F	骨龄(岁)		F
	最矮($n=8$)	最高($n=8$)		最延迟($n=8$)	最提前($n=8$)	
生活年龄(岁)	11.7±0.5	12.4±0.6	5.74a	12.0±0.7	11.4±0.3	4.66a
骨龄(岁)	10.4±1.5	14.0±0.5	40.31a	9.6±0.8	14.1±0.3	208.27a
骨龄减年龄	-1.33±1.68	1.58±0.79	19.59a	-2.35±0.91	2.61±0.41	198.10a
身高(cm)	134.4±1.2	157.5±2.0	783.23a	137.2±4.4	150.5±4.6	34.57a
体重(kg)	30.3±4.0	49.0±4.1	84.86a	32.9±4.2	44.7±7.4	15.49a
BMI(kg/m^2)	16.8±2.3	19.8±1.8	8.38a	17.5±2.1	19.6±2.5	3.46a
坐高比例(%)	52.9±1.5	51.5±0.9	4.55a	52.6±1.4	51.6±1.2	2.27
皮褶厚度(mm)	22.7±7.1	39.1±16.1	6.94a	21.3±7.4	49.9±24.2	10.25a
运动能力						
灵敏(秒)	20.3±0.9	19.3±0.8	5.02a	20.1±1.2	21.5±1.6	4.07a
爆发力(cm)	24.6±3.8	29.3±5.0	4.55a	24.1±3.9	27.3±5.7	1.66
Yo-Yo 耐力(m)	820±701	1615±850	0.28	2080±685	915±497	15.15a
冲刺跑(秒)	8.3±0.3	8.0±0.4	3.64a	8.3±0.4	8.7±0.4	3.31a
足球技能						
控球(n)	30.0±27.4	30.3±14.1	0.00	34.3±26.8	16.5±16.3	2.57
运球速度(秒)	15.5±1.5	14.5±1.3	1.98	14.9±0.9	16.6±2.0	4.72a
过人(n)	18.5±4.7	19.6±2.3	0.37	20.0±2.3	17.3±3.5	3.49a
射门准确性	5.9±1.5	8.5±2.1	8.23a	6.6±1.4	7.0±2.6	0.13

a. $P<0.10$(因小样本,所以 $P<0.01$ 为显著性水平)。

表 7.24　13～14 岁组最矮和最高、骨龄最延迟和最提前运动员的生活年龄、骨龄和身体特征

	身高(cm)		F	骨龄(岁)		F
	最矮($n=8$)	最高($n=8$)		最延迟($n=8$)	最提前($n=8$)	
生活年龄(岁)	13.8±0.3	14.7±0.4	31.08a	14.3±0.6	14.4±0.5	0.02
骨龄(岁)	13.1±0.6	15.2±0.6	42.78a	13.1±0.9	16.8±0.6	95.84a
骨龄减年龄	-0.67±0.77	0.43±0.72	8.78a	-1.20±0.43	2.43±0.26	414.15a
身高(cm)	146.7±3.1	177.3±2.5	476.13a	155.0±9.9	169.6±3.1	15.61a
体重(kg)	40.7±5.6	63.2±5.7	63.50a	41.9±5.9	63.5±8.8	33.22a
BMI(kg/m^2)	18.9±2.3	20.1±1.7	1.45	17.4±1.8	22.0±2.4	18.18a
坐高比例(%)	52.0±1.0	50.7±0.7	9.08a	51.8±1.7	52.9±1.0	2.43
皮褶厚度(mm)	39.3±22.3	32.5±8.1	0.65	26.7±12.5	38.1±14.5	2.84
运动能力						
灵敏(秒)	18.9±0.8	18.4±0.9	1.31	18.7±0.7	17.7±1.2	3.89a
爆发力(cm)	29.1±7.0	36.4±5.0	5.73a	29.1±4.2	35.3±3.6	10.06a
Yo-Yo 耐力(m)	2765±746	2820±836	0.02	2880±635	2805±854	0.04
冲刺跑(秒)	8.0±0.4	7.5±0.3	5.65a	7.9±0.3	7.6±0.5	2.14
足球技能						

续表

	身高(cm)		F	骨龄(岁)		F
	最矮(*n*=8)	最高(*n*=8)		最延迟(*n*=8)	最提前(*n*=8)	
控球(n)	37.4±14.2	85.3±77.6	2.95	68.1±88.6	53.0±47.0	0.18
运球速度(秒)	13.3±0.6	13.2±0.9	0.53	12.9±0.6	13.0±0.8	0.02
过人(n)	20.1±2.0	21.6±2.6	1.68	21.1±2.9	22.1±2.0	0.65
射门准确性	8.1±3.4	6.1±1.6	2.29	9.9±3.3	8.5±4.2	0.54

a. $P<0.10$(因小样本,所以 $P<0.10$ 为显著性水平)。

表 7.25　U-16 和 U-16F 国际水平足球运动员的形态、素质和运动协调性的方差分析结果

	U-16(*n*=18)	U-16F (*n*=19)	多变量方差分析		协变量 APHV		多变量协方差分析	
			F	*P*	F	*P*	F	*P*
多变量检验			2.20	NS	9.66	<0.001	1.13	NS
生活年龄(岁)	15.3±0.3	15.2±0.3	1.71	NS		NS	1.93	NS
APHV(岁)	13.6±0.5	14.3±0.5	22.09	<0.001				
形态学指标								
身高(cm)	175.4±8,5	167.9±6.3	9.40	0.004		<0.001	3.40	NS
体重(kg)	64.0±6.8	54.4±6.4	19.19	<0.001		<0.001	0.96	NS
体脂(%)	10.4±2.4	8.7±1.6	6.71	0.014		NS	3.27	NS
体重指数(kg/m2)	20.8±1.5	19.0±1.8	10.35	0.003		NS	4.90	0.034
素质								
握力(kg)	41.7±5.2	29.9±8.0	27.89	<0.001		<0.001	6.52	0.015
立定跳远(cm)	224±11.0	205±13	21.59	<0.001		NS	8.26	0.007
坐位前屈(cm)	26.7±5.3	23.5±5.2	3.48	NS		NS	2.22	NS
反向跳(cm)	35.4±3.5	30.9±4.6	11.42	0.002		NS	3.25	NS
T-测试 左(秒)	8.29±0.20	8.44±0.20	5.45	0.025		NS	5.60	0.024
T-测试 右(秒)	8.31±0.24	8.50±0.22	6.65	0.014		NS	7.02	0.012
冲刺 5m(秒)	1.07±0.05	1.10±0.06	1.99	NS		NS	0.49	NS
冲刺 10m(秒)	1.82±0.06	1.91±0.08	14.63	0.001		NS	9.76	0.004
冲刺 20m(秒)	3.13±0.10	3.29±0.13	16.76	<0.001		NS	10.76	0.002
冲刺 30m(秒)	4.38±0.16	4.63±0.17	21.47	<0.001		NS	12.57	0.001
运动协调性								
无球测试(秒)	10.52±0.66	10.9±0.7	2.24	NS		NS	3.32	NS
带球测试(秒)	17.55±1.31	18.01±1.9	0.900	NS		NS	2.11	NS
侧跳(n/2×15 秒)	104.1±8.0	99.6±8.6	2.73	NS		NS	2.15	NS
侧动(n/2×20 秒)	68.7±7.4	65.9±8.3	1.20	NS		NS	0.16	NS
倒走(n)	60.9±8.4	58.4±10.8	0.62	NS		NS	1.59	NS

注:NS. 无显著性;APHV. 身高速度高峰年龄。

表 7.26 U-17 和 U-17F 国际水平足球运动员的形态、素质和运动协调性的方差分析结果

	U-17(n=21)	U-17F (n=5)	多变量方差分析		协变量 APHV		多变量协方差分析	
			F	P	F	P	F	P
多变量检验			2.55	0.038	5.03	0.002	0.77	NS
生活年龄(岁)	16.2±0.3	16.1±0.3	0.06	NS		NS	0.58	NS
APHV(岁)	13.8±0.5	14.9±0.4	44.08	<0.001				
形态学指标								
身高(cm)	176.8±5.9	167.9±4.8	24.95	<0.001		<0.001	0.11	NS
体重(kg)	67.9±6.7	53.2±5.1	51.28	<0.001		<0.001	4.94	0.033
体脂(%)	12.3±3.0	8.0±2.6	20.45	<0.001		0.010	1.45	NS
体重指数(kg/m2)	21.7±1.3	19.1±1.2	37.00	<0.001		NS	8.13	0.007
素质								
握力(kg)	45.0±7.8	31.7±6.8	20.16	<0.001		0.003	0.89	NS
立定跳远(cm)	230±16	211±12	15.15	<0.001		NS	2.70	NS
坐位前屈(cm)	28.2±5.5	23.3±5.4	6.99	0.012		NS	1.25	NS
反向跳(cm)	36.3±3.8	31.8±4.4	11.05	0.002		NS	0.84	NS
T-测试 左(秒)	8.15±0.18	8.24±0.21	1.92	NS		NS	1.04	NS
T-测试 右(秒)	8.20±0.22	8.33±0.23	2.56	NS		NS	1.58	NS
冲刺 5m(秒)	1.07±0.08	1.08±0.04	0.02	NS		NS	0.00	NS
冲刺 10m(秒)	1.82±0.09	1.88±0.06	5.88	0.021		NS	2.65	NS
冲刺 20m(秒)	3.12±0.12	3.24±0.11	9.02	0.005		NS	3.89	NS
冲刺 30m(秒)	4.33±0.16	4.55±0.16	16.26	<0.001		NS	6.06	0.019
运动协调性								
无球测试(秒)	10.3±0.6	10.4±0.3	0.40	NS		NS	3.62	NS
带球测试(秒)	17.39±1.48	16.9±0.8	1.02	NS		NS	0.05	NS
侧跳(n/2×15 秒)	109.2±8.8	106.7±7.4	0.80	NS		NS	0.53	NS
侧动(n/2×20 秒)	70.0±5.7	67.1±6.0	2.23	NS		NS	0.39	NS
倒走(n)	60.0±9.2	58.3±10.5	0.28	NS		NS	2.01	NS

注:NS. 无显著性;APHV. 身高速度高峰年龄。

7.4 竞技体育运动训练对发育成熟度的影响

随着科学技术的发展,竞技体育运动水平在不断提高。为了追求"更快、更高、更强"的奥林匹克运动目标,运动员开始运动训练的年龄越来越小,例如在体操、游泳、乒乓球等运动项目,由 5 岁、6 岁即开始训练。运动员在训练过程中度过自己的儿童期和青春期。随着运动水平的不断提高,运动训练的强度和训练量也在不断增加。因此,人们不免会产生大强度运动训练对少年运动员的生长发育是否存在不利影响的疑问。在 20 世纪初期对男孩的研究中,曾提出可能存在不利影响的研究结果。但在最近,关于运动训练对儿童少年生长的不利影响的疑虑主要集中在女子体操运动员,争论的主要焦点为:

(1) 女子体操运动员身高、坐高或腿长的生长是否存在青春期生长突增;

(2) 体操运动训练是否降低女子体操运动员的成年身高;

(3) 女子体操运动员矮身高、骨龄延迟是运动训练还是对体操运动员的选材所致。

1991 年,Theintz 等(1993)对 22 名体操运动员(12. 3 岁±0. 2 岁,平均训练时间 11 小时/周)和 21 名游泳运动员(12. 3 岁±0. 3 岁)追踪测试了 2. 35 年。他们发现,在骨龄 11~13 岁时体操运动员的生长速度显著低于游泳运动员($P<0.05$)。随年龄增长身高 Z 分值显著下降($r=-0.747$;$P<0.001$),而游泳运动员保持不变($r=-0.165$;$P=0.10$)。在骨龄 12 岁时开始,体操运动员腿长显著生长迟缓,导致体操与游泳运动员之间的坐高/腿长比值出现显著差异(体操运动员 1. 054±0. 005,游泳运动员 1. 100±0. 005;$P<0.001$)。随年龄增长体操运动员的预测成年身高下降,而游泳运动员没有变化。因此得出结论,体操运动员青春期前开始并在青春期持续的大强度的运动训练可能改变了生长速度,以致达不到所应该达到的成年身高。运动训练对下丘脑-垂体-性腺轴的长期抑制,以及限定饮食的代谢影响是可能的原因。

然而,要将运动训练的影响与儿童少年运动员的生长区分开来需要长期追踪的纵断数据,而且也必须考虑到许多混淆因素,例如对体操运动员的选择,体操运动员本身的生长发育特征,以及父母身高的遗传等。所以,根据大部分的横断研究得出运动训练延迟发育,降低成年身高的推论是有疑问的。

Bass 等(2000)在 83 名澳大利亚优秀女体操运动员、42 名退役的成年女体操运动员,以及 154 名健康受试者作为对照的研究中,发现体操运动员骨龄延迟(1. 3 岁±0. 1 岁),随运动训练年限的增加,骨龄延迟加重($r=-0.47$,$P<0.0001$);在多元回归分析中,唯一预测身高生长速度的自变量是能量摄入量($R^2=0.16$,$P<0.001$);而在对照组,唯一的预测身高生长速度的自变量是生活年龄($R^2=0.40$,$P<0.001$)。骨成熟度的延迟与能量、碳水化合物、脂肪和蛋白摄入量相关($r=-0.4\sim-0.5$,$P<0.06\sim0.03$)。体操运动员的血清胰岛素样生长因子Ⅰ(insulin-like growth factor-Ⅰ,IGF-Ⅰ)低于对照组(分别为 92ng/ml±6 ng/ml和 114ng/ml±7 ng/ml,$P<0.05$),与骨龄($r=0.27$,$P<0.02$)和身高($r=0.38$,$P<0.02$)相关。身高、坐高和腿长的 Z 分值分别为-1. 32±0. 08 SD、-1. 24±0. 09 SD 和-1. 25±0. 08 SD(与对照组相比,$P<0.001$)。仅在训练开始后的 2 年内腿长损失(-0. 8±0. 2 SD),随着训练年限增加,坐高的损失加重($r=-0.5$,$P<0.001$)。在退役后追踪的 12 个月时坐高生长加速,坐高的不足减少了 0. 46±0. 14 SD ($P<0.01$)。在退役 8 年的成年体操运动员无坐高、腿长的不足,并无月经紊乱。他们认为,现役体操运动员的矮身高部分是由于对腿长较短个体的选择。较矮的坐高可能是获得性的,但在停止体操运动后是可逆的。体操训练似乎未导致成年身高降低或月经紊乱。

在 1990~1997 年间,Thoms 等(2005)追踪了 15 名比利时国家水平的优秀女子体操运动员(12. 8~17. 6 岁)的生长与发育,观察女子体操运动员是否存在青春期生长突增。研究发现女体操运动员有明显的身高、腿长和坐高生长突增,大约比非运动员女孩的青春期晚 1 年,生长突增的强度较正常者低,见表 7. 27。其中 9 名女孩达到初潮,平均初潮年龄为 14. 5 岁±1. 5 岁(11. 3~16. 5 岁),出现在 PHV 之后的 1. 5 岁±0. 8 岁;初潮时平均骨龄为 13. 6 岁±0. 5 岁(13. 0~14. 8 岁);其余 6 名未初潮者的平均年龄为 14. 5 岁±0. 8 岁,平均骨龄 12. 9 岁±1. 0 岁。在比较分析中也发现,不同国家的女体操运动员青春期生长和成熟与正常矮身高晚熟女孩以及父母身高矮的晚熟女孩相似,见表 7. 28。其研究结果强调了在相对较小年龄时选择女体操运动员过程中体质性因素的重要影响。

表 7.27 比利时优秀女子体操运动员的青春期生长突增变量

青春期生长变量	n	平均数	标准差	范围
身高速度高峰年龄（岁）	13	12.9	1.5	10.55~14.52
身高高峰速度（cm/y）		6.8	1.1	4.81~9.23
腿长速度高峰年龄（岁）	10	12.1	1.5	10.10~14.16
腿长高峰速度（cm/y）		3.7	0.8	2.88~5.21
坐高速度高峰年龄（岁）	12	13.3	1.4	11.01~14.82
坐高高峰速度（cm/y）		3.8	1.0	2.40~5.49

表 7.28 优秀女子体操运动员和其他矮身高女孩身高速度高峰年龄及高峰速度

样本	n	PHV 年龄（岁）		PHV（cm/y）	
		平均数	标准差	平均数	标准差
体操运动员					
比利时	13	12.9	1.5	6.8	1.1
波兰	9	13.1	0.8	5.6	0.5
	6	13.1	0.7	5.8	0.5
瑞士	22	13.0	—	5.5	—
矮身高女孩					
波兰*	18	12.9	0.6	7.2	1.0
美国**	27	12.4	1.0	6.9	1.0

*父母身高矮的晚成熟女孩；**晚成熟的矮身高正常女孩。

Daly 等(2005)在对 137 名澳大利亚女子艺术体操运动员进行的 2 年前瞻性研究中，发现不同训练水平体操运动员的生长差异。高、中水平的体操运动员的身高速度高峰年龄分别为 13 岁和 13.5 岁，平均 PHV 分别为 6.2cm/年和 6.4cm/年，相对于美国参考标准为晚熟，均有强度减弱的青春期生长突增。青春期前后高水平运动员身高生长速度较低，是由于坐高生长速度的显著下降(分别为 2.3 cm/年与 3.1cm/年，$P<0.05$)。在对 59 名体操运动员追踪 1 年的过程中，个体生长速度的分析揭示 35% 的青春期前和青春期前后的体操运动员存在生长迟缓(身高生长速度低于 4.5cm/年)，其余的高水平组体操运动员和中等水平组运动员的平均生长速度分别为(6.1±0.7) cm/年和(6.1±1.3) cm/年。因此，体操运动训练可能改变了某些，但不是所有女子体操运动员的生长和成熟速度。

Erlandson 等(2008)比较了 8~19 岁的英国优秀少年女子体操(81 名)、游泳(60 名)、网球(81 名)运动员的生长发育状况及其父母的身高和母亲的初潮年龄。体操运动员及其母亲的初潮年龄均显著大于游泳和网球运动员($P < 0.05$)，预测的体操运动员靶身高显著低于网球和游泳运动员的靶身高($P<0.05$)。体操运动员的父母身高也大都显著低于网球和游泳运动员的母亲($P < 0.05$)，见表 7.29。在以问卷追踪调查研究中(表 7.30)，各项目运动员达到的成年身高与靶身高之间无显著性差异($P <0.05$)，体操运动员初潮年龄仍然显著较大($P<0.05$)。各项目运动员成年身高 Z 分值显著大于 0，说明了成年身高大于英国参考人群的第 50 百分位数，但体操运动员 16 岁以前的身高均低于正常标准身高的第 50 百分位数。当以生物年龄调整后，三组运动员的身高、腿长和坐高均无显著性差异($P>0.05$)。

表 7.29 不同项目女运动员与母亲的初潮年龄、父母身高及预测的靶身高

指标	体操运动员		游泳运动员		网球运动员	
	n	平均数±标准差	n	平均数±标准差	n	平均数±标准差
初潮年龄（岁）	65	14.49±1.47*	57	13.32±1.36	75	13.29±1.36
母亲身高（cm）	79	159.91±5.60*	56	163.12±5.36	80	162.77±4.96
父亲身高（cm）	79	170.77±7.09**	55	173.35±5.26	80	174.39±6.15
靶身高（cm）	79	158.99±4.92*	55	161.92±4.19	80	162.23±4.29
母亲初潮年龄（岁）	69	13.68±1.58**	49	13.02±1.37	67	12.90±1.45

* 与游泳运动员和网球运动员的差异显著性，$P<0.05$；** 仅与网球运动员的差异显著性，$P<0.05$。

表 7.30 追踪样本中不同项目运动员的初潮年龄与成年身高

指标	体操运动员		游泳运动员		网球运动员	
	n	平均数±标准差	n	平均数±标准差	n	平均数±标准差
初潮年龄（岁）	38	14.43±1.45*	34	13.78±1.78	36	12.97±2.09
成年身高（cm）	38	162.36±5.86	34	164.56±6.48	38	165.79±7.96
靶身高（cm）	38	162.82±5.57	34	165.78±4.75	38	165.51±4.84
成年身高Z分值	38	0.57±1.67**	34	1.20±1.84**	38	1.55±2.26**

* 与网球运动员的差异显著性，$P<0.05$；** 与0检验值的差异显著性，$P<0.05$。

总结上述研究结果，我们可以看到，女子体操运动员生长发育的延迟可能是适应体操运动项目的特点而对运动员进行选择的结果，大强度的运动训练可能加重了女子少年体操运动员的延迟程度，在运动员退役后出现一定程度的赶上生长，尚未发现因此而降低运动员成年身高的有力证据。但在运动训练过程中女子体操运动员生长发育表现出明显的个体差异，因此应当加强优秀女子少年体操运动员的医务监督，科学训练。

7.5 在运动员选材应用骨龄时应注意的问题

1. 骨龄是调整身体大小、身体功能和运动素质测量数据的尺度

儿童少年运动员是一个具有高选择性的群体。在选择过程中，主要的参考因素是身体大小、技术水平、运动素质和生理功能水平。但是在相同生活年龄的儿童少年，发育成熟度存在相当大的差异，而发育成熟度又与这些参考因素高度相关。因此，在选择儿童少年运动的综合评价中，应当以骨龄调整身体大小、身体功能和运动素质测量数据，也就是说应当在相同骨龄下进行比较。例如，我国制订的运动员科学选材标准（曾繁辉等，1992）使用了骨龄分组，对各测量指标进行统计分析，得出评价标准。

2. 发育成熟度与运动能力关系的性别差异

在青春期前，男女儿童发育成熟度与身体大小、运动素质等之间的关系相似。但进入青春期后，仅在男少年仍然存在二者之间的密切关系，因而，在大部分运动项目的男少年运动员中发育提前者仍然占有很大的比例。在青春期后期，由于晚发育者赶上生长，运动能力迅速提高，进入优秀少年运动员队伍的比例逐渐增加，而部分早发育而提前发育成熟者，

由于运动能力自然发展的潜力耗尽,运动成绩增长缓慢而逐渐退出优秀少年运动员队伍。这种普遍现象提示我们,应当特别注意发现那些晚发育而运动能力较高的男少年运动员。尤其要重视 16~18 岁男少年运动员的骨龄、运动能力的综合评价,因为这个年龄段是估价男少年运动员能否成为优秀运动员的关键阶段。而在女少年运动员则不同,在进入青春期后发育成熟度与运动素质基本无相关,运动能力自然增长的潜力很小,在 12~14 岁,就能够根据女少年运动员的身体形态、运动素质、身体功能估价是否有利于从事特定运动项目。所以,对女少年运动员应当特别注意 12~14 岁年龄段的综合评价。

7.6 骨龄在青少年体育运动竞赛中的应用

为保证不同年龄的运动员有同等的机遇、体现公平竞赛原则,国际体育运动联合会组织的青少年运动竞赛均根据生活年龄分组,根据竞赛项目的不同,分组的年龄范围由 13 岁以下至 21 岁以下。在 2010 年 8 月,国际奥林匹克委员会(International Olympic Committee, IOC)举办了第一届青少年(14~18 岁)奥林匹克运动会。

青少年比赛的级别和地位提高了,奖励、个人或国家的名望也随之提高。青少年体育竞赛为青少年运动员展现提供了重要的场地,也为有才能的运动员将来的职业生涯奠定了基础。但是,青少年运动员年龄不实的问题也随之而来,一种是超龄运动员,为了获取更好的比赛成绩,参加较低年龄组的比赛“以大打小”。另一方面,低于年龄限度的运动员参加有年龄下限的运动项目的比赛(例如,14 岁才能参加奥林匹克运动会),特别是那些晚熟者可能具有优势的项目,例如体操,“以小打大”。

超龄或低龄运动员参赛对体育运动有多种危害:①违背体育运动的精神和公平竞赛的原则;②超龄运动员参赛,增加了其对手的受伤风险,特别是有接触和冲撞的运动项目,例如足球、手球;③低龄运动员参赛,使其承担了与真正年龄不相符的负荷和危险,影响儿童少年的心理和社会发育。

2009 年,国际奥林匹克委员会(IOC)专家组讨论了运动竞赛中青少年年龄确认的问题,国际奥林匹克医学委员会、国际足联,以及挪威、澳大利亚、瑞典、美国、英国运动医学机构共同发表了关于高水平青少年运动员年龄确认的共识声明(Engebretsen et al.,2010)。专家组一致认为,为了保证公平竞赛并保护青少年运动员的健康和安全,有必要提出和使用适当的年龄确定方法。在现有的方法中,手腕部骨龄仍然是最精确的实用方法。

7.6.1 体育运动竞赛中应用骨龄确认年龄的方法

1. 设定骨龄大于生活年龄的限度

生活年龄相同的儿童青少年,身体发育程度(骨龄)有很大的不同,但都有一个正常值范围,一般在生活年龄上下 2 岁的范围之内。因为绝大部分运动项目是要防止“以大打小”,所以采用正常值范围的上限。如果骨龄大于生活年龄 2 岁以上,那么被评价者的生活年龄是不真实的。但这个范围过于宽大,因此大都采用 1.5 岁(相当于第 90~95 百分位数)的上限。在我国体育界多年的应用中,这种方法确实对“以大打小”的顽症起到明显的遏制作用。然而,由于使用骨龄所推测的是年龄的范围,所以,不能确认年龄不真实的发育程度一般或延迟的青少年运动员。

但这种方法使用了不可靠的出生日期(生活年龄),所以,仍然存在不公平的问题。

2. 以骨龄分组

实际上,青少年运动竞赛以骨龄分组并非新的提议,在以往的青少年运动员选材研究中,针对同年龄组运动员生长发育的很大差异,许多作者就曾经提出以骨龄分组的建议。应用骨龄分组,既可以免除年龄虚假之害,又体现了公平竞赛的原则。同时,在有身体接触的运动项目中也降低了使本人或对手受到伤害的风险。根据竞赛规程规定的年龄组出生日期和拍摄骨龄的日期,设定分组骨龄的上限。这种方法不考虑生活年龄,是目前解决年龄虚假问题的最好方法。

7.6.2 骨龄评价标准问题

在国际间,左手腕 X 线片骨龄仍然是生物成熟度评价的金标准,目前国际间使用最广泛的骨龄评价方法有:

(1) Greulich - Pyle 骨成熟度图谱,在 1950 年提出,依据美国克利夫兰地区中上阶层家庭的儿童样本。

(2) Tanner-Whitehouse 法,在 1962 年提出。1975 年的修订版称为 TW2 法,2001 年修订版称为 TW3 法。TW2 方法根据于 2700 名 20 世纪 50~60 年代初期的英国中下阶层家庭的儿童。TW3 法更新了标准参考人群,依据于英国、比利时、意大利、西班牙、阿根廷、美国和日本儿童样本。

(3) Fels 法是评价骨龄的第三种方法,依据于 Fels 纵断研究中的美国儿童样本。

骨龄的评价受到种族差异和生活条件(营养、疾病)的影响。上述三种方法分别依据了不同年代、不同国家、不同社会阶层家庭的儿童。因此,应当以当代儿童样本进行检验。由表 7.31 可见,G-P 骨龄似乎并不适用于巴西和土耳其儿童;TW2 骨龄比 TW3 骨龄大 1 岁左右,虽然相比之下,TW3 骨龄比 TW2 标准更适用,但在 Zhang 等(2008)对中国儿童的研究表明,青春期初期男、女孩 TW3 骨龄减生活年龄的差值分别为 1.0~1.3 岁和 0.2~1.0 岁,进入青春期后骨发育明显加速。与欧洲儿童相比,东亚儿童表现出明显的种族差异。

表 7.31 G-P 图谱法和 TW 计分法对不同国家儿童样本的骨龄评价

作者	国家	n(年龄范围)	方法	BA 减 CA (岁)	
				男	女
Haiter-Neto	巴西	360 (7~15)	GP	-0.4 ~ 1.3	-1.2 ~1.0
			TW3	-0.6 ~ 1.0	-0.5 ~ 1.9
Ortega	巴西	214 (7~17)	TW2	-0.7 ~1.4	0.6 ~ 1.9
			TW3	-0.7 ~ 0.3	-0.4 ~ 0.8
Schmidt	德国	92 (14~16)	TW2	-0.1 ~ 1.4*	
			TW3	-0.4 ~ 0.2*	
Zhang	中国	17401 (1~20)	TW3	1.0 ~ 1.3	0.2 ~ 1.0
			GP	-0.7 ~ 0.9	0.4 ~ 1.1
Büken	土耳其	333 (11~16)	TW3	-0.4 ~ 0.1	-0.6 ~ -0.1

* 末区分男女;GP. Greulich-Pyle;TW. Tanner - Whitehouse。

因此,如果在国际体育竞赛中应用骨龄确认年龄,必须首先解决评价标准问题。应用TW3 法,在世界范围内进行不同种族、不同地区人群儿童生长发育的调查,确定不同的修正值,似乎是解决这个问题的捷径。

7.6.3 无辐射方法的应用

1. 磁共振成像对 U-17 男足球运动员的年龄确认

使用手腕部 X 线片来评价骨龄的方法主要优点是最省时,评价方法有充分的可重复性,但其缺点是要使用 X 线拍摄左手腕 X 线片。虽然拍摄左手腕 X 线片所需的电离辐射剂量很小(放射暴露 0.00017mSV),几乎可忽略,但根据"国际电离辐射防护和辐射源安全基本标准",许多国家的伦理委员会并不认可在青少年运动员年龄确认中使用 X 线。

因此,国际足联(Frderation International de Football Association,FIFA)研究中心发起一项多中心国际研究(Dvorak et al. 2007a),确定磁共振成像(magnetic resonance imaging,MRI)方法代替 X 线摄片来确认年龄的可能性。他们对 496 名 14~19 岁的健康男性足球运动员(来自瑞士、马来群岛、阿尔及利亚和阿根廷)进行腕部 MRI 扫描,使用的扫描参数为:1.0 或 1.5T 磁体,专用腕部线圈,冠状面 T_1-加权自旋回波图像,切片厚度 3mm,切片间隔 0.3mm,每名运动员 9 幅图像(由前向后覆盖全部远侧桡骨)。根据桡骨远侧骺 MRI 融合过程等级标准(图 7.8),评价每名运动员桡骨的融合程度。研究结果表明,运动员平均年龄随融合等

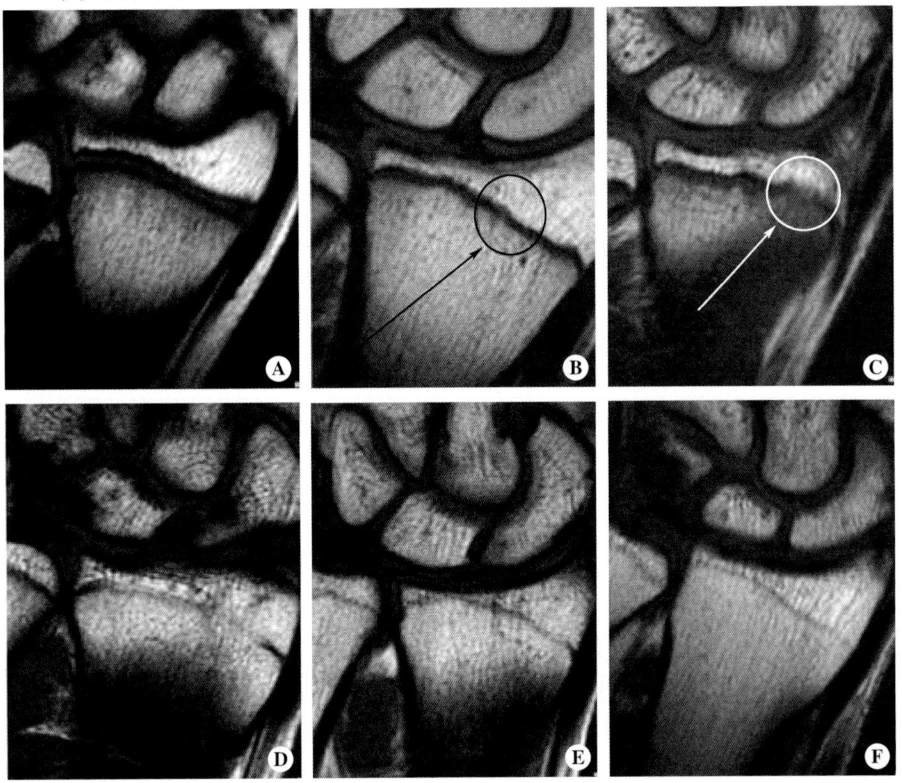

图 7.8 桡骨远侧端骺 MRI 的融合等级的定义(Dvorak et al.,2007)

A. 等级Ⅰ,完全未融合;B. 等级Ⅱ,早期融合:出现很少的高密度;C. 等级Ⅲ,小梁骨融合不足桡骨横断面 50%;D. 等级Ⅳ,小梁骨融合多于桡骨横断面的%;E. 等级Ⅴ,任何切面中的生长部剩余<5mm;F. 等级Ⅵ,完全融合

级逐渐增加而增长(表7.32),年龄与融合等级高度相关($r=0.69$. $P<0.001$)。仅有1名(0.8%)16岁的马来西亚运动员桡骨为完全融合等级,证明了所提出的新的MRI等级标准可清晰分辨桡骨骺融合过程中的骨成熟度。

表7.32 不同国家足球运动员达到各融合等级的平均年龄

	Ⅰ	Ⅱ	Ⅲ	Ⅳ	Ⅴ	Ⅵ
阿根廷	15.2(0.86) $n=16$	15.9(0.97) $n=51$	16.2(0.69) $n=6$	17.0(0.90) $n=19$	17.8(0.77) $n=42$	18.1(0.87) $n=4$
马来西亚	15.9(1.2) $n=7$	16.1(0.79) $n=41$	16.0(0.65) $n=10$	17.4(0.95) $n=18$	18.1(1.28) $n=36$	18.4(1.1) $n=15$
阿尔及利亚	15.7(0.58) $n=29$	16.7(0.81) $n=52$	16.7(0.78) $n=11$	17.2(1.31) $n=7$	18.1(1.00) $n=18$	17.9(0.62) $n=3$
瑞士	15.8(0.55) $n=20$	16.5(0.78) $n=33$	17.4(0.96) $n=18$	17.3(0.76) $n=13$	17.9(1.05) $n=21$	18.2(0.76) $n=6$

然后,Dvorak等(2007b)将这种MRI方法应用于4项国际U-17比赛:2003年和2005年国际足联(FIFA)U-17世界杯赛;2004年和2006年亚洲足联(AFC)U-17锦标赛,共对189名运动员的MRI进行了年龄确认分析。根据文证,AFC比赛的运动员年龄都在17岁以下,而FIFA比赛中有71%($n=66$)的运动员为17岁。表7.33为U-17足球运动员及与正常人群桡骨融合等级的分布。

表7.33 四次U-17比赛中和正常人群不同年龄组的融合等级的分布

融合等级	FIFA U-17		AFC U-17		正常人群		
	芬兰2003	秘鲁2005	日本2004	新加坡2006	16~17	17~18	18~19
Ⅰ	7(15)	0	3(6)	0	16(12)	5(4)	0
Ⅱ	11(23)	4(9)	11(23)	5(10)	65(50)	37(32)	5(8)
Ⅲ	3(6)	5(11)	4(8)	6(13)	16(12)	10(9)	8(9)
Ⅳ	2(4)	4(9)	9(19)	15(31)	15(11)	21(18)	13(15)
Ⅴ	8(17)	24(53)	10(21)	19(40)	17(13)	31(27)	49(58)
Ⅳ	17(36)	8(18)	11(23)	3(6)	1(1)	11(10)	10(12)
总计	48	45	48	48	130	115	85

注:括号内为百分数;FIFA.国际足联;AFC.亚洲足联。

在FIFA比赛中25名(27%)队员远侧桡骨完全融合,AFC比赛中14名(15%)队员远侧桡骨完全融合,2003年芬兰FIFA U-17世界杯赛运动员完全融合的百分数最高,达到了35%。在2006年新加波AFC锦标赛赛前宣布了要进行MRI图像评价,各队对运动员进行了预选,所以百分数(6%)最低。此外,两类重大赛事(AFC和FIFA)的第一次和第二次比赛之间(2003~2005年的FIFA;2004年和2006年的FAC)完全融合的比率下降。因此可以假设,这种下降是由于将要进行赛间骨龄检查,各队做了更加仔细的挑选的结果。但在正常人群中,17岁以下运动员不足1%,17岁运动员中仅10%。在所有四次U-17比赛中,两个最高融合等级的运动员数量比相同年龄的正常人群高许多(AFC,48%比14%;FIFA,62%比37%)。

在AFC U-17比赛中,8名运动员的文证年龄为14岁,但其中3名运动员远侧桡骨融合达到Ⅳ等级(完全融合)、两名达到Ⅴ等级;而在正常人群中年龄14岁组都未出现Ⅳ、Ⅴ、Ⅵ

桡骨融合等级,仅在15岁组有5%的运动员出现V等级。在U-17运动员中,由15~16岁和由16~17岁组融合等级例数增加的很少。而且,与正常人群值不同,U-17运动员的年龄分类与融合等级之间无显著相关($r=0.13$,NS)。

最后,Dvorak等认为,评价左手腕桡骨远侧MRI融合程度,是青少年足球运动员年龄筛查和成熟程度测定(特别是在U-16和U-17)的可行方法。根据左侧桡骨MRI检查结果,官方证明的U-17运动员的年龄并不全部准确。

近些年来,使用MRI对骨骼的组织学结构与正常发育的研究有很大进展,对于骨生长和成熟的磁共振影像动态过程有了基本了解。在此基础上,Terada等(2013)使用开放、紧凑型的磁共振扫描仪(场强=0.3T,间隔=142mm,同质性=50PPM,22cm×22cm×8 cm的椭圆体积内,重量=700kg)在93名(50男,43女)健康日本儿童(年龄范围4.1~16.4岁,平均9.7岁)获取了MR图像。在93例中,有4例(年龄5.3~9.1岁,平均6.9岁)因运动产生严重的伪像、6例(13.2~15.8岁,平均14.4岁)因远侧指骨关节超出了视场或信号显著丢失而不能评价骨龄。在MR图像中清晰可见TW2方法的等级形态学特征,因此,使用日本儿童样本的TW2-RUS标准评价了83名受试者MR图像的骨龄。MRI骨龄与生活年龄之间存在高度正相关(两名评价者的相关系数分别$r=0.921$,$r=0.866$,$P<0.0001$),评价者内的可靠性(1名评价者重负评价$r=0.958$,$P<0.0001$)与评价者之间的可靠性(两名评价者之间$r=0.992$,$P<0.0001$)均较高。由此表明MRI可能是一种有效的、无辐射的儿童骨龄评价方法。

然而,即使MRI能够替代X线摄片,但以不同种族、区域人群样本修正骨龄评价标准的任务仍然相当繁重。此外,MRI需要昂贵的设备,在条件不具备时X线摄片仍然是简便、可靠的方法。所以,在MRI尚不普及的情况下,尚需研究MRI骨龄与X线摄片骨龄的一致性。

2. 超声技术的应用

手腕部超声检测是另外一种无辐射的技术,而且设备简便、费用相对便宜。目前主要有下面两种应用超声波技术评价骨龄的方法:

(1) 超声扫描图方法(Ultrasonography):1998年,Castriota-Scanderbeg等(1998)分析了115名儿童的股骨头关节软骨厚度超声图,提出了一种评价骨龄的方法,但超声骨龄与常用的G-P法、TW2法骨龄之间的差值在4.19~5.13岁,对于骨龄与生活年龄差值的敏感性为72.5%、特异性为56.8%。所以,因准确性低,不适合临床应用。Bilgili等(2003)采用超声图实时成像技术,对0~6岁儿童手腕部的骨龄评价进行了研究,超声图清晰地表现出了骨化中心的出现。但这种方法需要多次变换探头位置,并须专业人员操作,仅能够用于是否开始骨化的判断,无法阅读常规骨龄评价的成熟度指征。

最近Karami等(2014)在182名5~20岁少年足球运动员尝试使用超声扫描的方法确认青少年足球运动员的年龄。他们使用超声图仪(7~10MHz线性传感器)测量桡骨远侧骺生长板的厚度(骺与骨干之间的回声带)。将运动员分别分为3个组别:<16岁和>16岁、<17岁和>17岁、<18岁和>18岁。根据生长板厚度设置每年龄组的界值点,受试者<界值的为阴性结果,表明受试者在每年龄组规定年龄之上。受试者工作特征(receiver operator characteristics,ROC)曲线分析证明,每年龄组的年龄确认都有可接受的敏感性和特异性,可

用于青少年足球运动员的年龄确认。

（2）超声传导速度（ultrasound speed）的方法：2004 年，Zadik 等在第 43 届欧洲儿科内分泌年会上报告，以色列阳光公司生产了一种新的超声骨龄设备——BonAge，根据桡尺骨骺超声传导速度与 G-P 骨龄关系来推测骨龄。所评价的骨龄与 G-P 骨龄的相关系数在 0.817～0.926（$P<0.001$），超声骨龄与 G-P 骨龄平均差值为 1.0 岁±0.8 岁。据此认为 BoneAge 超声法可得出准确的骨龄，可以代替常规 X 线片方法。

但是，Khan 等（2009）将 100 名临床病人的超声骨龄与 G-P 和 TW3 骨龄进行了比较，发现 X 线摄片法骨龄与手腕超声法骨龄相关系数最低（74.6%～82.6%）。当以骨龄为依据，将受试者分为发育一般、延迟和提前组时，一般骨龄组的 X 线片法与超声法之间的相关系数最高（80.9%～86.1%），延迟骨龄组（77.1%～86.9%）和提前骨龄组（62.2%～81.1%）的相关系数较低。超声法倾向于高估延迟者的骨龄，而低估提前者的骨龄。因此，超声法尚不能有效替代 X 线摄片法的骨龄评价。

Khan 等（2009）认为，X 线摄片法和超声法测量骨龄的方式不同，X 线摄片依据骨关节面的钙化、骨化中心的大小等形态学变化特征评价骨龄，而超声法则是根据生长板物理化学性质决定的传导速度，并以一定算法转换成连续尺度。

另外，证明一种新方法与已经确认的旧方法是否一致，采用相关系数并不适当（Bland and Altman，1986），因为高相关系数并不意味着两种方法的一致性，其原因如下：①相关系数所度量的是两种变量相关的强度，而不是二者的一致性。②测量尺度的改变并不影响这种相关关系，但却肯定影响一致性。例如，在卡钳测量皮褶厚度时，卡钳测量值（双层皮褶厚度）与半卡钳测量值（单层皮褶厚度）之间的相关为完全相关（即为 1），但两种测量方法的尺度却不一致。③相关系数取决于样本中实际数值的范围，如果范围宽大，相关系数也较大。④一致性较差的数据可能产生相当高的相关系数。

参考文献

曾繁辉，王路德，邢文华. 1992. 运动员科学选材. 国家体委科学技术成果专辑. 北京：人民体育出版社.

Armstrong N, Welsman JR, Chia MYH. 2001. Short term power output in relation to growth and maturation. Br J Sports Med, 35: 118～124.

Armstrong N, Welsman JR, Kirby BJ. 1997. Performance on the Wingate anaerobic test and maturation. Pediatr Exerc Sci, 9: 253～261.

Armstrong N, Welsman JR, Nevill AM, et al. 1999. Modeling growth and maturation changes in peak oxygen uptake in 11～13 yr olds. J Appl Physiol, 87: 2230～2236.

Armstrong N, Welsman JR, Williams CA, et al. 2000. Longitudinal changes in young people's short-term power output. Med Sci Sports Exerc, 32: 1140～1145.

Armstrong, N, Welsman JR. 1994. Assessment and interpretation of aerobic fitness in children and adolescents. Exerc Sport Sci Rev, 22: 435～476.

Auqste C, Lames M. 2011. The relative age effect and success in German elite U-17 soccer teams. Journal of Sports Sciences, 29(9): 983～987.

Baker J, Janning C, Wong H, et al. 2014. Variations in relative age effects in individual sports: Skiing, figure skating and gymnastics. European Journal of Sport Science, 14(S1): S183～S190.

Barnsley, RH, Thompson, AH, Barnsley, PE. 1985. Hockey success and birthdate: The RAE. Canadian Association for Health, Physical Education, and Recreation, 51: 23～28.

Bass S, Bradeney M, Pearce G, et al. 2000. Short stature and delayed puberty in gymnasts: influence of selection bias on leg length and the duration of training on trunk length. J Pediatr, 136 : 149 ~ 155.

Bell, JF, Massey A, Dexter T. 1997. Birthdate and ratings of sporting achievement: Analysis of physical education GCSE results. European Journal of Physical Education, 2 : 160 ~ 166.

Beunen G, Claessens A, van Esser M. 1981a. Somatic and motor characteristics of female gymnasts. In The Female Athlete, edited by J Borms, M Hebbelinck and A Venerando. Basel: S Karger, 176 ~ 185.

Beunen G, Ostyn M, Simons J, et al. 1981b. Chornological and biological age as related to physical fitness in boy 12 to 19 years. Ann Hum Biol, 8 : 321 ~ 331.

Beunen GP, Malina RM, Lefevre J, et al. 1997a. Skeletal maturation, somatic growth and physical fitness in girls 6 ~ 16 years of age. Int J Sports Med, 18 : 413 ~ 419.

Beunen GP, Rogers DM, Woynarowska B, et al. 1997b. Longitudinal study of ontogenetic allometry of oxygen uptake in boys and girls grouped by maturity status. Ann Hum Biol, 24 : 33 ~ 43.

Bilgili Y, Hizel S, Kara SA, et al. 2003. Accuracy of skeletal age assessment in children from birth to 6 years of age with the ultrasonographic version of the Greulich-Pyle atlas. J Ultrasound Med, 22 : 683 ~ 690.

Bland JM, Altman DG. 1986. Statistical methods for assessing agreement between two methods of clinical measurement. Lancet, 1 : 307 ~ 310.

Bouchard C, Leblanc C, Malina RM, et al. 1978. Skeletal age and submaximal working capacity in boys. Ann Hum Biol, 5 : 75 ~ 78.

Bouchard C, Malina RM, Hollmann W, et al. 1977. Submaximal working capacity, heart and body size in boys 8 ~ 18 years. Eur J Appl Physiol, 36 : 115 ~ 126.

Caine D, Bass S, Daly RM. 2003. Does Elite competition inhibit growth and delay maturation in some gymnasts? Quite possibly. Pediatr Exerc Sci, 15 : 360 ~ 372.

Carlson J, Naughton G. 1994. Performance characteristics of children using various braking resistances on the Wingate anaerobic test. J Sports Med Phys Fitness, 34 : 362 ~ 369.

Castriota-Scanderbeg A, Sacco MC, Emberti-Gialloreti L, et al. 1998. Skeletal age assessment in children and young adults: comparison between a new development sonographic method and conventional methods. Skeletal Radiol, 27 : 271 ~ 277.

Cobley S, Baker J, Wattie N, et al. 2009. Annual age-grouping and athlete development: A meta-analytical review of relative age effects in sport. Sports Med, 39 (3) : 235 ~ 256.

Cumming GR, Garand T, Borysk L. 1972. Correlation of Performance in track and field events with bone ages. J Pediatr, 80 : 970 ~ 973.

Daly RM, Caine D, Bass SL, et al. 2005. Growth of highly versus moderately trained competitive female artistic gymnasts. Med Sci Sports Exerc, 37 : 1053 ~ 1060.

Delorme N, Boiche J, Raspaud M. 2010. Relative age and dropout in French male soccer. J Sports Sci, 28(7) : 717 ~ 22.

Docherty D, Gaul CA. 1991. Relationship of body size, physique, and composition to physical performance in young boys and girls. Int J Sports Med, 12 : 525 ~ 532.

Dudink, A. 1994. Birth date and sporting success. Nature, 368 : 592.

Dvorak J, George J, Junge A, et al. 2007a. Age determination by magnetic resonance imaging of the wrist in adolescent male football players. Br J Sports Med, 41 : 45 ~ 52.

Dvorak J, George J, Junge A, et al. 2007b. Application of MRI of the wrist for age determination in international U-17 soccer competitions. Br J Sports Med, 41 : 497 ~ 500.

Engebretsen L, Steffen K, Bahr R, et al. 2010. The International Olympic Committee Consensus Statement on age determination in high-level young athletes. Br J Sports Med, 44(7) : 476 ~ 484.

Erlandson MC, Sherar LB, Mirwald RL, et al. 2008. Growth and maturation of adolescent female gymnasts, swimmers, and tennis players. Med Sci Sports Exerc, 40 : 34 ~ 42.

Figueiredo AJ, Silva MJC, Cumming SP. 2010. Size and maturity mismatch in youth soccer players 11- to 14-years-old. Pediatric Exercise Science, 22 : 596 ~ 612.

Georgopoulos NA, Markou KB, Theodoropoulou A, et al. 2002. Growth Retardation in Artistic Compared with Rhythmic Elite Female Gymnasts. J Clin Endocrinol Metab, 87 : 3169 ~ 3173.

Gil S M, Badiola A, Bidaurrazaga-Letona I, et al. 2014. Relationship between the relative age effect and anthropometry, maturity and performance in young soccer players. Journal of Sports Sciences, 32(5): 479~486.

Grondin, S, Deshaies, P, Nault LP. 1984. Trimestres de naissance et participation au hockey et au volleyball. La Revue Quebecoise de l' Activite Physique, 2: 97~103.

Gurd B, Klentrou P. 2003. Physical and pubertal development in young male gymnasts. J Appl Physiol, 95: 1011~1015.

Hägg U, Taranger J. 1991. Height and height velocity in early, average and late matures followed to age 25: a prospective longitudinal study of Swedish urban children from to adult. Ann Hum Biol, 18: 47~56.

Helsen WF, Winckel JV, Williams AM. 2005. The relative age effect in youth soccer across Europe. Journal of Sports Sciences, June, 23(6): 629~636.

Hirose N. 2009. Relationships among birth-month distribution, skeletal age and anthropometric characteristics in adolescent elite soccer players. Journal of Sports Sciences, 27(11): 1159~1166.

Hollings AC, Hume PA, Hopkins WG. 2014. Relative age effect on competition outcomes at the World Youth and World Junior Athletics Championships. European Journal of Sports Science, 14(S1): S456~S461.

Hollman W, Bouchard C. 1970. Study of relationship between chronological and biological ages and spiroergometric values, heart volume, anthropometric data, and muscular strength in youth 8~18 years. Zeitschrift fur Kreislaufforschung, 59: 160~176.

Jones HE. 1949. Motor Performance and Growth: A Developmental Study of Static Dynamometric Strength. Berkeley: University of California Press.

Karami M, Moshirfatemi A, Daneshvar P. 2014. Age determination using ultrasonography in young football players. Adv Biomed Res. 3: 174. doi: 10. 4103/2277-9175. 139192.

Katzmarzyk PT, Malina RM, Beunen GP. 1997. The contribution of biological maturation to the strength and motor fitness of children. Ann Hum Biol, 24: 483~505.

Khan KM, Miller BS, Hoggard E, et al. 2009. Application of ultrasound for bone age estimation in clinical practice. J Pediatr, 154: 243~247.

Lefever J, Beunen G. 1990. Motor performance during adolescence and age thirty as related to age at peak height velocity. Ann Hum Biol, 17: 423~435.

Lindgren G. 1976. Growth of schoolchildren with early, average and late ages of peak height velocity. Ann Hum Biol, 5: 253~267.

Malina RM, Beunen G. 1986. Skeletal maturity and body size of teenage Belgian track and field athletes. Ann Hum Biol, 13: 331~339.

Malina RM, Bouchard C, 1991. Growth, Maturation and Physical Activity. Champaign Human Kinetics Publisher, Inc. 288.

Malina RM, Bouchard C, SHoup RF, et al. 1976. Age at menarche, family size, and birth order in athletes at the Montreal Olympic Games, Med Sci Sports, 11(4): 354~358.

Malina RM, Cumming SP, Morano PJ, et al. 2005. Maturity status of youth football players: A noninvasive estimate. Med Sci Sports Exerc, 37: 1044~1052.

Malina RM, Pena Reyes ME, Eisenmann JC Horta L, et al. 2000. Height, mass and skeletal maturity of elite Portuguese soccer players aged 11~16 years. J Sports Sci, 18(9): 685~693.

Malina RM. 1983. Menarche in athletes: a synthesis and hypothesis. Ann Hum Biol, 10: 1~24.

Musch J, Hay R. 1999. The relative age effect in soccer: Cross-cultural evidence for a systematic discrimination against children born late in the competition year. Sociology of Sport Journal, 16: 54~64.

Nevill AM, Holder RL, Baxter-Jones A, et al. 1998. Modeling developmental changes in strength and aerobic power in children. J Appl Physiol, 84: 963~970.

Nevill AM, Holder RL. 1995. Scaling, normalizing and "per ratio" standards: an allometric modeling approach. J. Appl. Physiol, 79: 1027~1031.

Nindl BC, Mahar MT, Harman EA, et al. 1995. Lower and upper body anaerobic performance in male and female adolescent athletes. Med Sci Sports Exerc, 27: 235~241.

Roche AF, Davila GH. 1972. Late adolescent growth in stature. Pediatrics, 50: 874~880.

Ross WD, Brown SR, Faulkner RA, 1976. Age of menarche of elite Canadian skaters and skiers. Canadian Journal Applied Sport

Sciences, 1: 191 ~ 193.

Round JM, Jones DA, Honour JW, et al. 1999. Hormonal factors in the development of differences in strength between boys and girls during adolescence: a longitudinal study. Ann Hum Biol, 26: 49 ~ 62.

Sjodin, B, Svedenhag J. 1992. Oxygen uptake during running as related to body mass in circumpubertal boys: a longitudinal study. Eur J Appl Physiol, 65: 150 ~ 157.

Terada T, Kono S, Tamada D, et al. 2013. Skeletal age assessment in children using an open compact MRI. Magn Reson Med, 69 (6): 1697 ~ 1672.

Theintz GE, Howald H, Weiss U, et al. 1993. Evidence for a reduction of growth potential in adolescent female gymnasts. J Pediatr, 122: 306 ~ 313.

Thoms M, Claessens AL, Lefever J, et al. 2005. Adolescent growth spurts in female gymnasts. J Pediatr, 146: 239 ~ 244.

Tolfrey K, Barker A, Thom JM, et al. 2006. Scaling of maximal oxygen uptake by lower leg muscle volume in boys and men. J Appl Physiol, 100: 1851 ~ 1856.

Van Praagh E, Fellmann N, Bedu M. 1990. Gender difference in the relationship of anaerobic power output to body composition in children. Pediatr Exerc Sci, 2: 336 ~ 348.

Vandendriessche JB, Vaeyens R, Vandorpe B, et al. 2012. Biological maturation, morphology, fitness, and motor coordination as part of a selection strategy in the search for international youth soccer players (age 15 ~ 16 years). Journal of Sport Sciences, 30 (15): 1659 ~ 1703.

Verhulst J. 1992. Seasonal birth distribution of West European soccer players: A possible explanation. Medical Hypotheses, 3: 346 ~ 348.

Warren MP. 1980. The effect of exercise on pubertal progression and reproductive function in girls. J Clin Endocrinol Metab, 51: 1150 ~ 1157.

Welsman JR, Armstrong N, Nevill AM, et al. 1996. Scaling peak. O_2 for differences in body size. Med Sci Sports Exerc, 28: 259 ~ 265.

Zhang SY, Liu LJ, Wu ZL, et al. 2008. Standards of TW3 skeletal maturity for Chinese children. Ann Hum Biol, 35: 349 ~ 354.

第 8 章　生长发育的调节

人的机体在基因、激素、营养和环境因素的相互作用下，维持着生长和发育的整合。生长与成熟是一体化的过程，各种影响因素间既有相互作用，也存在有各自的独立作用。

骨的纵向生长是长骨骺生长板内软骨细胞增殖和分化的结果，受到众多激素及生长因子的调节。出生后儿童的线性生长(linear growth)有三个明显不同的时相：第一时相在 3 岁前，生长速度迅速下降；第二时相以青春期前缓慢下降的低速生长为特征；最后一个时相为青春期，以生长速度逐渐增加，达到身高速度高峰为特征，然后生长速度迅速下降，长骨生长板融合时纵向生长停止。

8.1　骨骺生长板(epiphyseal growth plate)

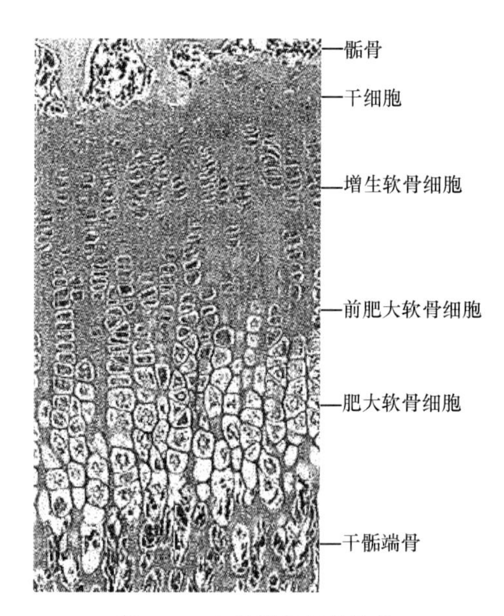

图 8.1　生长板的组织结构

生长板是骨骺与骨干骺端之间所形成的一种高度组织化的结构(图 8.1)，在上述三个时相中，不管生长速度如何，纵向生长均依赖于长骨生长板的软骨内骨化，因而生长板是激素和生长因子作用会聚的最终靶器官。

8.1.1　生长板的组织结构

1. 静止带

在生长板的骨骺端为静止带(resting zone)。静止带可分为两个区域：储备软骨和骺软骨区域。骺软骨距离增生带较远，而距离骨骺较近，骺软骨中含有圆形或椭圆形软骨细胞；储备软骨接近增生带，含有扁平的软骨细胞。这些细胞通常成对聚合，排列方向与骨的纵轴平行。静止带软骨细胞分散在软骨细胞基质中(Hunziker，1994)。

近些年来的动物实验研究发现静止带软骨细胞有许多重要功能。Hunziker(1994)曾经提出静止带软骨细胞可能具有干细胞样作用，这些细胞仅偶尔分裂，当分裂时其中的一个子细胞有时转化为增生带的软骨细胞，建立新的细胞柱以代替耗竭的增生软骨细胞柱。Abad 等(2002)在兔的尺骨远侧生长板证实了这个假设，静止带软骨的储备细胞为干细胞样(stem-like)细胞，引起增生软骨细胞的克隆，并根据其功能特征提出了术语：干细胞样细胞(stem-like cells)。静止带软骨细胞也生成一种形态发生素(morphogen)，即生长板方位因子(growth plate-orienting factor)，指引增生的克隆排列成与骨的长轴相平行的细胞柱。在他们的实验中也发现,在异位移植的静止带附近,增生软骨细胞不能经历肥大的分化过程,因而提出静止带可能生成一种因子,直接或间接地抑制增生软骨细胞的终末(terminal)分化,因而可能是生长板出现增生带和肥大带组织结构的部分原因。

在赶上生长机制的研究中,Baron 等(1994)曾提出生长板功能衰老性下降的概念。Nilsson 和 Baron(2004)在综合了有关研究文献后认为,生长板衰老可能由静止带干细胞样细胞增生能力逐渐耗竭所引起,这一假设被 Schrier 等(2006)的研究所证实。他们发现,兔的静止带软骨细胞增生速度随年龄增长而下降,同时每单位面积生长板的静止带软骨细胞数量也下降;用地塞米松处理后,降低兔生长板静止带软骨细胞的增殖速度,保存了生长板的增生能力;而以雌二醇处理则减慢了静止带软骨细胞的增殖。研究结果支持了生长板衰老是由静止带干细胞样细胞的耗竭所致的假设。

DNA 甲基化水平可能影响基因表达,因此染色体组 DNA 甲基化的外遗传变化(epigenetic changes)曾被用来解释细胞复制的衰老。Nilsson 等(2005)在兔的尺骨生长板观察到,在体静止带软骨细胞 DNA 甲基化水平随动物年龄的增长而下降。在体情况下,甲基化的下降出现在静止带软骨细胞缓慢增生的特定时刻。因此,DNA 甲基化的下降可能是限制纵向骨生长的基本生物学机制。

2. 增生带

增生带(proliferative zone)在软骨内骨生成中发挥重要的作用,是活性细胞复制带。在富含基质的增殖带中,扁平的软骨细胞纵向分裂,子细胞呈柱状排列,细胞柱的方向与骨的长轴相一致,这种空间定位指引骨朝特定的方向生长。增殖带的软骨细胞合成大量的细胞外基质(extracellular matrix,ECM)蛋白,这些蛋白是构成生长板基质的主要成分,在细胞分裂达到一定的数量或是暴露于局部生长因子的变化时,例如甲状旁腺激素相关肽(parathyroid hormone - related peptide,PTHrP),增殖的软骨细胞失去分裂的能力,开始分化为肥大软骨细胞(Minina et al. ,2002)。

3. 肥大带

肥大带(hypertrophic zone)在软骨内骨生成中也具有重要的作用。在距离骨骺最远端的增生带软骨细胞终末(terminal)分化时,软骨细胞停止分裂,而成为圆形的肥大软骨细胞,肥大软骨细胞分泌大量的基质蛋白。肥大带以软骨细胞内钙浓度的增加为重要特征,这是生成基质小泡的必要条件。基质小泡是肥大软骨细胞所释放的一种被膜所封闭的微粒,含有大量的膜联蛋白(annexin),调节基质小泡对钙的摄取(Wang and Kirsch,2002;Kirsch et al. ,2000)。基质小泡分泌钙磷酸盐、羟磷灰石和金属蛋白酶(MMPs),引起小泡和周围基质的矿化。矿化过程吸引血管的侵入,矿化的软骨细胞程序性死亡(凋亡),形成新的骨架。凋亡的过程受到细胞内钙水平(引起蛋白酶、脂肪酶、核酸酶的激活)、视黄酸和维生素 D 的调节(Wang et al. ,2003;Boyan et al. ,2001)。软骨细胞保持柱状方向的隔膜被破骨细胞所吸收(Lewinson et al. ,1992),同时成骨细胞进入,生成新的小梁骨。

在 X 线片中,可以看到随骨骺内骨化中心的不断增大,与骨干相邻的缘逐渐变平,并与干骺端相应缘形成一条宽度均匀的暗带(因 X 线透过生长板软骨而感光),即为生长板。在青春期后期生长板逐渐变薄,出现骨桥(bony bridge)时融合开始。骨骺融合过程是重要的骨成熟度指征。

8.1.2 软骨细胞外基质

软骨细胞被包埋在周围的基质中,细胞外基质支持软骨细胞。细胞外基质(extracelluar matrix,ECM)由 ECM 分子、ECM 重建酶和各种生长因子所组成。

第一组 ECM 分子由胶原(collagens)所组成,Ⅱ、Ⅸ、Ⅹ型胶原分别在增生带、前肥大带和肥大带所表达,是 ECM 整体性的关键。此外,胶原蛋白在螯合调节软骨细胞增生和分化的各种生长因子方面发挥重要作用(Spranger et al.,1994)。

另一组 ECM 分子由蛋白聚糖组成,包括聚集蛋白聚糖(aggrecan)、双糖链蛋白聚糖(biglycan)、磷脂酰肌醇聚糖(glypican)和软骨素(chondroitin),它们的激活和 ECM 的结合都需要自由的硫酸盐基。过低的硫酸盐化的蛋白多糖引起常染色体隐性软骨发育不良。

通过细胞表面黏附的受体,ECM 分子和软骨细胞内的细胞反应进行信息联系,这种受体称为整联蛋白(integrin)。整联蛋白调节软骨细胞与周围基质大分子的联结,增加生长板的整体性(Ruoslahti,1991)。

此外,还有一组 ECM 改建酶,称为基质金属蛋白酶(matrix metalloproteinases,MMPs),以及它们的抑制因子,它们对于 ECM 的改建及降解有重要作用,参与了 ECM 整体性的维持和血管发生的启动(Werb,1997;Ortega et al.,2003)。

ECM 也具有各种生长因子储库的功能,在 ECM 降解时释放这些生长因子,影响软骨细胞的功能。此外,ECM 还能够控制成纤维细胞生长因子(FGFs)和刺猬生长因子(Ihh)的扩散(Wu et al.,2002)。

ECM 的作用对于软骨的整体性及正常纵向生长至关重要,但是对胶原、ECM 改建酶、整联蛋白和 ECM 中的众多生长因子之间的相互作用了解尚少。

8.1.3 生长板衰老

为什么纵向生长随年龄增长而逐渐下降?Tanner(1963)曾提出生长缓慢下降是由于中枢神经系统按照程序性的轨道监控身体的大小而调整生长速度的假设。长时间以来,该假设并未得到有力证据的支持,而最近的研究结果却对这种神经内分泌假设提出了挑战。研究表明,引起生长下降的机制不在中枢神经系统,而是位于生长板内。在生长板移植实验中,移植的生长板的生长速度与供体动物的年龄有关,而与接受体无关(Stevens et al.,1999)。这就说明,生长速度的下降由生长板内的机制所致,而不是接受体激素的全身性机制(Gafni et al.,2001)。Baron 等(1994)称这种固有的程序性变化为“生长板衰老(growth-plate senescence)”。

生长板衰老性下降主要由生长板软骨细胞增生速度的下降所引起。除了功能性的衰老变化外,生长板也经历组织性的衰老变化。随动物年龄的增长,生长板的总高度下降,这与每一细胞柱增生和肥大的软骨细胞数量下降有关。此外,年龄较大动物的肥大细胞的大小也减小,细胞柱之间的距离变得更宽,更多地深入软骨细胞基质之中(Kember,1973)。

生长板衰老被归因于静止带干细胞样细胞的耗竭。因静止带干细胞样细胞的增生能力有一定的限度,其增生能力逐渐耗竭,所以引起生长减慢,而最终停止(Schrier et al.,2006)。

8.1.4 赶上生长

早在20世纪初期曾经有报告,由于营养不良而延迟生长的动物在取消食物限制后,生长速度高于同龄正常动物。但到20世纪50年代后才对这种线性生长加速现象给以关注,Prader等(1963)将这种现象称为"赶上生长(catch-up growth)"。

人类生长是长期而有规律的过程。线性生长在动态的复杂系统控制之下,在生长偏离之后该系统使儿童恢复到他本来的生长轨道上来,这种限定的、可预测的生长轨迹称为"渠道化"(canalization),说明的是儿童保持预定生长轨迹的固有能力,是赶上生长的先决条件。在青春期前,狭管效应清晰可见,但青春期后由于青春期开始的年龄、生长速度、生长突增的强度有很大的个体变异性,所以有时难以辨别是青春期生长突增还是赶上生长的加速。不同生长学参数的"渠道化"程度不同,头围、身高、骨成熟度最为明显,因而常以身高来描述赶上生长现象。赶上生长的定义为:短暂的生长抑制后,在一定的时期内身高生长速度超过该年龄或成熟度所预期的生长速度(Boersma and Wit,1997)。

生长板衰老依赖于静止带干细胞样细胞复制能力的观点为赶上生长现象提供了一种解释(Gafni et al.,2001;Schrier et al.,2006)。正常的生长板衰老过程依赖于生长板软骨细胞复制的累计数量,抑制生长板软骨细胞增生则保存了增生能力,而减慢衰老。所以,在暂时的生长抑制后,因生长板保留了较大的增生潜力和较少的衰老,表现出比该年龄所预期的更高的生长速度,导致赶上生长。

生长板衰老延迟的假设可能也解释了局部赶上生长的现象。Baron等(1994)以地塞米松局部处理幼兔胫骨近侧生长板时,抑制了骨纵向生长。在局部灌注停止后,生长板的生长速度立即超过正常,引起局部的赶上生长,同侧或对侧肢体未经处理的生长板没有出现生长的加速。这种局部赶上生长现象难以由全身性的机制来解释,而是说明了生长板的固有机制至少部分地解释了赶上生长。

生长板衰老延迟是否能够普遍解释赶上生长的现象尚需在不同生长抑制条件下得到进一步的证实。Marino等(2008)为了检验这个假设,应用丙基硫尿嘧啶引起8周龄的大鼠甲状腺功能减退,然后撤出抑制条件,使其赶上生长,并同时测定了生长板中mRNA表达显著变化的基因。在实验中,未经处理的对照大鼠表现出多种功能性和结构性的衰老变化,而处理大鼠在撤出抑制条件后,生长板的功能性、结构性以及分子的衰老变化均延迟于对照组。研究结果表明,生长抑制减缓了生长板衰老的发育程序,纵向骨生长下降,证实了生长板衰老的延迟是在甲状腺功能减退消除之后赶上生长的机制。

8.1.5 骨骺融合

在人类,性成熟时生长板软骨被骨组织所代替。雌性激素是男女少年骨骺融合(epiphyseal fusion)的关键因素(Grumbach and Auchus,1999;Grumbach,2000)。

但雌性激素促进骨骺融合的机制尚未完全了解。早期的研究说明,雌性激素通过刺激生长板软骨血管和骨细胞侵入，引起肥大带的骨化提前扩展到增生带和静止带，导致生长板骨化。但是最近的研究提示，雌性激素不直接刺激软骨的骨化，而是加速生长板衰老的正常过程。Weise 等(2001)以雌性激素处理切除卵巢的幼兔，加速了幼兔正常的纵向生长速度、软骨细胞增生速度、生长板高度、每细胞柱增生和肥大的软骨细胞数量、肥大软骨细胞的大小及细胞柱的密度下降。雌性激素处理也引起较早的生长板融合，特别是在这个动物模型中，软骨细胞增生速度接近零时发生融合，这种时间关系说明了生长板软骨细胞增生潜力耗竭时启动了骨骺融合。

在儿童年龄较小时，生长板软骨细胞存在较大的增生能力，增生能力的耗竭需要多年的雌性激素暴露。而在年龄较大儿童，增生能力小得多，因而增生能力耗竭而融合只需较短的雌性激素暴露。

雌性激素也可能直接作用于生长板软骨细胞而影响衰老。应用免疫组织化学方法已经在出生后的动物生长板各细胞带中(Nilsson et al.,2002)，以及在人类青春期生长板(Nilsson et al.,2003)中检测到了雌性激素受体(ER-α 和 ER-β)，特别是在静止带干细胞样细胞中的雌性激素受体，通过这些受体，来调节雌性激素致生长板衰老和骨骺融合的作用。

8.2 生长板的局部调节——生长因子

局部调节生长板软骨细胞活动的新观点来自于转基因小鼠的研究。这些研究揭示了胚胎生长板中调节生长的各种生长因子的重要作用。除了 IGF-Ⅰ外，已经鉴别出来的局部影响纵向生长最重要的生长因子为印度刺猬(Indian hedgehog,Ihh)、甲状旁腺激素相关肽(parathyroid hormone-related peptide,PTHrP)、成纤维细胞生长因子(fibroblast growth factors,FGFs)、骨形态发生蛋白(bone morphogenetic proteins,BMPs)和血管内皮生长因子(vascular endothelial growth factor,VEGF)。出生后，这些因子在生长板发育调节中发挥作用，同时这些机制也是调节纵向生长激素的重要靶。

8.2.1 生长板内的生长因子

1. 印度刺猬

印度刺猬(Ihh)属于刺猬蛋白家族，是一种形态发生素(morphogen)，在胚胎模式发育中有重要的作用。刺猬与称为 patched(Ptcd 蛋白)的受体结合，从而释放 smoothened(Smo 蛋白)。Smo 是一种具有细胞内固有活性的膜蛋白，在没有刺猬存在的情况下其活性被 Ptc 所中止。释放 Smo 将导致构象变化，引发下游信号，激活细胞内的靶(Van Den Heuvel and Ingham,1996)。Ihh 是软骨内骨化的协调因子，调节软骨细胞的增殖和分化、成骨细胞的分化、耦合软骨发生与骨生成(Ingham and McMahon,2001;St-Jacques et al.,1999)。

2. 甲状旁腺激素相关肽

最初曾认为，甲状旁腺激素相关肽(PTHrP)与恶性体液钙过多症的病因有关(Suva et al.,1987),PTHrP 和 PTH 有共同的受体——Ⅰ型 PTH/PTHrP 受体。在胚胎关节周围的软骨膜上 PTHrP 表达丰富,而其受体 PTH1R 则在增殖期和早期肥大软骨细胞上显著表达,影响软骨细胞的增殖与分化。PTHrP 敲除小鼠表现出软骨细胞分化加速,导致矮小(Kronenberg and Mulligan,1994)。而生长板中 PTHrP 的异位表达引起软骨细胞分化的抑制,导致比野生鼠较小的软骨质骨骼(Weir et al. ,1996)。PTH/PTHrP 受体敲除小鼠的表型与 PTHrP 敲除鼠类似(Lanske et al. ,1996)。

3. 成纤维细胞生长因子

成纤维细胞生长因子(FGFs)至少由 22 个成员所组成,并至少与 4 种受体(FGF receptor,FGFR)相互作用,是胚胎骨发育的主要调节因子(Szebenyi and Fallon,1999)。软骨细胞表达 FGF-1 和-2,以及 FGFR-1 和 FGFR-2、FGFR-3。在人类,活化的 FGFR3 基因突变引起软骨发育不全(achondroplasia),这是一种在人类常见的矮小类型(Shiang et al. ,1994)。与此相反,失活的 FGFR3 基因突变增加小鼠的纵向生长(Deng et al. ,1996)。此外,FGF2 过表达减慢纵向生长(Coffin et al. ,1995)。

FGF2 通过减少生长板软骨的增殖,降低细胞的肥大,在高浓度下降低软骨基质的合成而抑制纵向生长(Mancilla et al. ,1998)。

4. 骨形态发生蛋白

骨形态发生蛋白(BMPs)家族由至少 15 个成员所组成,它们都是转换生长因子 β(Transforming growth factor,TGFβ)超家族的一部分。BMPs 的作用受到两种Ⅰ型受体的调节,BMPR-ⅠA 和 BMPR-ⅠB。在胚胎肢体中Ⅰ型受体有不同的定位,在间叶细胞凝集初期检测到了 BMPR-ⅠB,参与早期的软骨生成,而 BMPR-ⅠA 的表达限于前肥大软骨细胞。ⅠA 型受体控制软骨细胞分化的速度,而ⅠB 型受体参与软骨的生成和细胞的凋亡(Zou et al. ,1997)。

5. 血管内皮生长因子

血管内皮生长因子(VEGF)是内皮细胞最重要的生长因子之一(Ferrara and Davis-Smyth. ,1997)。在细胞肥大过程中,包围肥大细胞的 ECM 钙化,启动血管由干骺端侵入,而在这个过程之前,VEGF 在肥大软骨细胞中表达。VEGF 的失活抑制血管的侵入和小梁骨的生成,增加肥大带的宽度,而且也抑制表达基质金属蛋白酶-9(matrix metalloproteinase-9,MMP-9)的破骨细胞的募集和终末分化的软骨细胞的重吸收(Gerber et al. ,1999)。由此说明,VEGF 和 MMP-9 在软骨内生骨末期,例如软骨细胞终末分化、血管的侵入、软骨细胞凋亡,以及被骨所替代过程中发挥关键的作用。

8.2.2 生长因子间的相互作用

在软骨内骨生成过程中,Ihh、PTHrP、BMP 和 FGF 信号通道相互作用,调节软骨细胞的增生和分化。软骨细胞表达 Ihh 使软骨细胞由增生表型进入肥大表型;在该阶段,肥大表型的软骨细胞中的 BMP 上调 Ihh 表达,而 FGFs 则抑制 Ihh 的表达。Ihh 激活临近的软骨细胞朝向软骨膜扩散,在软骨膜附近与其受体 Ptc 结合,刺激 PTHrP 的生成。然后,PTHrP 向前肥大带扩散，前肥大带软骨细胞表达高水平的 PTH/PTHrP 受体，抑制增生的软骨细胞的分化，限制增生软骨细胞合成 Ihh 的能力。Ihh 除调节软骨细胞分化外，也直接或间接地(通过 BMP 信号发放)刺激软骨细胞的增生。FGFs 能够抑制软骨细胞的分化，作用途径独立于上述两种刺激通道之外。BMP 发放的信号抑制软骨细胞的终末分化，这个过程受到 FGFs 的促进。BMP 和 FGF 信号发放之间的平衡似乎是调节细胞增生、Ihh 表达以及软骨细胞终末分化的关键(Van Der Eerden et al. ,2003)。

Takeda 等(2001)在肥大软骨细胞中发现了转录因子 Runt 家族成员——Cbfa1/Runx2。在增生软骨细胞中，Cbfa1 的表达引起肥大软骨细胞的分化，但也诱导 Ihh 的表达(Ueta et al. ,2001)。而在原始软骨细胞中，Ihh 信号发放增加 Cbfa1 的表达(Takamoto et al. ,2003)。所以 Ihh 和 VEGF 之间可能是通过 Cbfa1 而发生联系，调节生长板软骨细胞肥大和终末分化的进程。

最近的许多研究证实上述所有生长因子都在出生后的生长板中表达，支持了这些生长因子同样调节出生后软骨细胞的增生和分化，在骨骼纵向生长中发挥类似作用的观点。

8.3 生长发育的激素调节

8.3.1 激素作用的胞分泌、自分泌和旁分泌方式

近十年来，在生长发育内分泌调节的研究中，大量的事实证据说明激素作用的方式不仅通过内分泌，经血液循环运送至远距离的靶器官发挥作用，而且也通过胞分泌、自分泌和旁分泌的方式产生生理效应(图 8.2)。

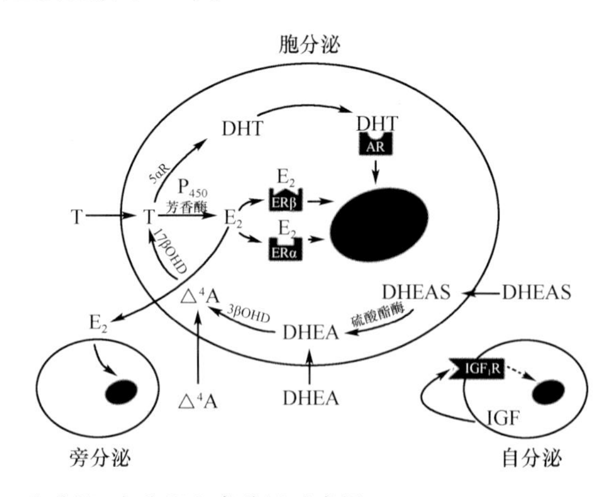

图 8.2 胞分泌、自分泌和旁分泌示意图 (Grumbach and Auchus,1999)

胞分泌机制：睾酮 T 由循环系进入细胞，经 5α 还原酶转变为双氢睾酮 DHT，DHT 与雄性激素受体结合发生作用；T 也可经芳香化酶作用转变为 E_2(17β 雌二醇)，E_2 与雌性激素受体 ERα 或 ERβ 结合；在细胞内可以由雄烯二酮 Δ^4A 和 DHEA 或 DHEAS 合成 T。旁分泌机制：胞分泌机制合成的 E_2 可以释放至细胞外，通过雌性激素受体作用于临近细胞；E_2 也可进入循环中，发挥内分泌的作用。自分泌机制：在一种外周细胞内生成并释放 IGF-Ⅰ，通过细胞表面的 IGF-Ⅰ受体作用于同一细胞

1. 胞分泌

1988年,Labrie等(1988)在对阉割的雄性大鼠灌注脱氢表雄酮(HDEA)以及雄烯二酮(△4-二酮)后发现, 肾上腺类固醇在大鼠前列腺中被转化为双氢睾酮(DHT),并作用于前列腺组织,因此提出了胞分泌(intracrine)的概念。

胞分泌用于描述局部合成的激素在发生合成的细胞内发挥作用,而没有释放入细胞间隙和血液循环之中。这一术语是对自分泌和旁分泌生理机制的补充。

2. 旁分泌

内分泌细胞合成的激素释放后不进入血液,而是通过细胞外液弥散到邻近的靶细胞发生作用,或通过特化的细胞连接将信使分子输送到邻近细胞,激素的这种调节方式称为旁分泌(paracrine)。

3. 自分泌

如果内分泌细胞所分泌的激素在局部扩散后,也与细胞自身发生作用,刺激、抑制或调控分泌细胞的自身功能,这种激素作用方式称为自分泌(autocrine)。

8.3.2 调节生长发育的主要激素

在儿童期调节纵向生长的主要激素有生长激素(growth hormone,GH)、胰岛素样生长因子Ⅰ(insulin-like growth factor-Ⅰ,IGF-Ⅰ)、甲状腺激素(thyroxine,T3、T4)和糖皮质激素(glucocorticoids,GC);而在青春期,性激素(estrogens and androgens)则对纵向生长过程起较大的作用。

1. GH-IGF-Ⅰ 系统

出生后,GH是骨纵向生长的主要调节激素,并和IGF-Ⅰ一起成为下丘脑-垂体-生长板轴中的主要激素。垂体分泌GH受到下丘脑释放的生长激素释放激素(GH release hormone,GHRH)、脑肠肽(Ghrelin)和生长激素抑制素(somatostatin,SMS)的调节与控制。GH以脉冲方式分泌,在有较高峰水平的男孩更有规律,而在女孩GH分泌的规律性较差。儿童或成年人的垂体腺瘤增强GH的分泌,导致垂体性巨人症或肢端肥大症。相反,GH分泌细胞生成缺陷(Prop-1或Pit-1突变)、GH合成和释放缺陷(例如GHRH受体或Pit-1突变,GH基因缺失,以及其他形式的GH分泌不足), 或对GH不敏感,都导致严重的矮小。

GH和IGF-Ⅰ是如何对人体纵向生长发生作用的?在长期的基础研究及临床实验研究中,对GH和IGF-Ⅰ促进生长作用的复杂性的认识不断深入,最初所提出的假设被多次修改。

(1) 生长调节素假设(somatomedin hypothesis):该假设源于了解垂体分泌的因子如何调节躯体生长的早期研究(Salmon and Daughaday,1957)。这个假设提出,GH首先对肝脏产生作用,刺激IGF-Ⅰ的合成与释放,然后IGF-Ⅰ经循环系统至靶器官,例如软骨和骨组织,以内分泌的方式发生促进生长的作用。

(2) 双效应器假设(dual effector theory):后来的许多实验与发现表明,许多组织合成 IGF-Ⅰ,并受到多种局部因子和内分泌因子的调节。因此,需要对生长调节素假设提出修正。Isakson 等(1987)将 GH 和 IGF-Ⅰ对脂肪细胞分化作用的新观点——双效应器假设(Green 等,1985)扩展到了骨生长板,提出 GH 直接作用于生长板静止带,刺激软骨细胞的分化,非经 IGF-Ⅰ所媒介;GH 也刺激局部生成 IGF-Ⅰ,IGF-Ⅰ以自分泌和旁分泌方式刺激软骨细胞柱的无性扩展。

(3) 生长调节素假设-2001(somatomedin hypothesis-2001):分子生物学的发展促进了对 GH 促进生长机制的了解。Roith 等(2001)对生长调节素假设做出了进一步的修正与补充。

1) 除 GH 刺激肝脏合成 IGF-Ⅰ外,也刺激三重结构的 IGF 复合物-IGFBP3 和酸性不稳定亚单位(acid-labile subunit,ALS)的形成,稳定血清中的 IGF-Ⅰ。虽然尚未确切了解 GH-IGF-Ⅰ系统的内分泌与局部自分泌/旁分泌促进躯体生长的比例,但是有充分的证据支持两种系统对正常出生后生长的作用。

2) *igf*-Ⅰ基因敲除小鼠出生时显著生长延迟,而且两性别均不育,提示 IGF-Ⅰ对胚胎生长及生殖功能有重要而不依赖于 GH 的作用,因为在 GH 分泌不足或 GHR(GH receptor,GHR)缺乏动物均无这种影响。

(4) 生长调节素假设-2007 刺激作用/抑制作用的修正(augmentative/counteractive modification):Kaplan 和 Cohen(2007)认为,自生长调节素假设提出以来,虽然根据新的实验证据对假设进行过几次修正,但都未说明完整的 GH 和 IGF-Ⅰ的作用,因此,综合了所有 GH 和 IGF-Ⅰ复杂作用的实验证据,联系到生物进化生存的适应机制,对生长调节素假设提出了刺激作用/抑制作用的修正,见图 8.3。

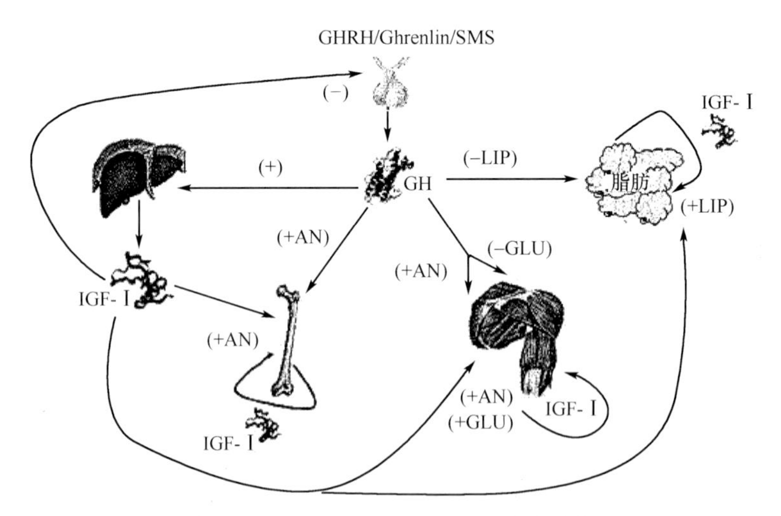

图 8.3 新的生长调节素假设:GH 和 IGF-Ⅰ对生长和代谢的作用(Kaplan et al.,2007)
GHRH. 生长激素释放激素;Ghrelin. 脑肠肽;SMS. 生长激素抑制素,IGF-Ⅰ. 胰岛素样生长因子Ⅰ;+,刺激作用;−,抑制作用;AN. 合成作用;GLU. 葡萄糖利用;LIP. 脂解

Kaplan 和 Cohen(2007)将大量的实验研究结果综合为:

1) GH 直接(独立于 IGF-Ⅰ)作用于骨的生长。

2）虽然肝脏是循环系统中 IGF-Ⅰ的主要来源，但实际上机体的每种组织都生成 IGF-Ⅰ。

3）事实也已经证明在每种组织中都存在 GH 受体，存在 GH 对器官和组织直接作用的机制，不需要肝脏生成 GH 依赖性的因子并释放入血。

4）在体和离体情况下，IGFs 具有胰岛素样并增强活性的作用，例如增加葡萄糖消耗，降低糖原异生和脂解，与 GH 的生物学作用相反。所以认为 IGFs 不是 GH 作用的效应器（effector），而是增强性激素，通过刺激蛋白合成和抑制蛋白水解（不依赖于 GH 的），增强 GH 激素的合成作用；同时它们的胰岛素样作用抵消 GH 刺激糖原异生和脂解的作用。

在生物进化生存的适应过程中，IGFs 分泌增强了 GH 的正面合成作用，同时消除高血糖和脂肪丢失的潜在有害后果而有益于机体。

GH 治疗能够增强蛋白的合成而增加瘦体重，也能够使身体脂肪组织减少，特别是在长期 GH 分泌不足而积累过多脂肪组织的个体。在动物实验中 GH 促进骨纵向生长的作用比 IGF-Ⅰ更加强劲。但是，有些研究曾说明以重组人生长激素（recombinant human growth hormone，rhGH）处理的作用大于重组人胰岛素样生长因子-Ⅰ（recombinant human insulin-like growth factor Ⅰ，rhIGF-Ⅰ）（LeRoith et al.，1996）。但对这些结果的解释需要小心，因为 GH 的全身处理增加了 IGF-Ⅰ、IGFBP-3、ALS 的循环水平，而 IGF-Ⅰ的处理仅暂时增加了 IGF-Ⅰ的循环水平，抑制了 GH 的分泌，可能最终降低 IGFBP-3 和 ALS 水平，而导致更快的 IGF-Ⅰ的清除。因此，一些研究者开始应用 IGF-Ⅰ/IGFBP-3 复合物，而不是仅仅 IGF-Ⅰ进行临床实验。在切除垂体大鼠，共同应用 IGFBP-3 和 IGF-Ⅰ显著减少了以 IGF-Ⅰ治疗有关的低血糖症。但是，同时使用 IGFBP-3 对 IGF-Ⅰ的合成作用影响不同，有的无变化，有的则增强了 IGF-Ⅰ对生长的作用。

根据 IGF-Ⅰ的胰岛素样作用，rhIGF-Ⅰ也成功地用来作为 1 型和 2 型糖尿病病人的辅助治疗手段。在急性和持续应用 rhIGF-Ⅰ后血浆葡萄糖浓度下降，在胰岛素抵抗的病人也是如此（Schoenle et al.，1991；Morrow et al.，1994）。rhIGF-Ⅰ这种作用与 GH 治疗时不同，GH 引起胰岛素抵抗的增加。在控制不佳的 1 型糖尿病病人，IGF-Ⅰ循环水平下降而 GH 水平升高，rhIGF-Ⅰ的处理常常能使高水平的 GH 恢复正常，改善胰岛素的敏感性，增强外周组织对葡萄糖的摄取（Cheetham et al.，1995）。2 型糖尿病病人普遍表现为胰岛素抵抗，IGF-Ⅰ治疗能够有一定程度的改善，主要是增强肌肉组织对葡萄糖的摄取（Moses et al.，1996）。

在 GH 分泌不足的诊断与治疗监测中，测量 IGF-Ⅰ水平有重要的作用。但儿童循环 IGF-Ⅰ水平受到许多生长发育因素的影响，例如儿童循环 IGF-Ⅰ水平与身体大小有关，体质性高身高儿童有较高的血浆 IGF-Ⅰ水平（Gourmelen et al.，1984），正常矮小儿童的 IGF-Ⅰ值较低（Cacciari et al.，1985；Rosenfeld et al.，1986）。青春期引起循环系 IGF-Ⅰ水平的显著增长（Cacciari et al.，1985；Wilson et al.，1991）。青春期性激素的调节能够增强 GH 的分泌（Luna et al.，1983；Link et al.，1986），青春期男孩睾酮激素经芳香化转化为雌二醇是 GH 分泌和 IGF-Ⅰ增长的重要原因（Metzger and Kerrigan，1994）。因此，测量儿童循环系统 IGF-Ⅰ水平应当以年龄、性别及青春期状况进行修正（Löfqvist et al.，2001）。

2. 甲状腺激素

除了生长激素外，T3 以及它的前体 T4 对于骨骼的正常发育和成熟至关重要。先天性甲状腺功能减退和 T3 缺乏与严重生长延迟有关。儿童甲状腺功能减退引起生长障碍,并无其他成年人常见的甲状腺功能减退特征,所以对于生长障碍影响可能不易察觉,可是一旦确证,就已经严重了。在未经治疗的甲状腺功能减退儿童,生长停止,骨龄延迟,骨骺发育不良,T4 替代治疗引起迅速的赶上生长,但因为骨龄的增长快于身高的增长而可能导致成年身高受损(Rivkees et al. ,1988)。治疗后身高的损失与甲状腺功能减退的持续时间有关,如果在青春期开始前后治疗,应以较低剂量的 T4,并增加延迟青春期和延迟骨骺融合的治疗。而甲状腺功能亢进引起儿童生长速度增加,但也导致早熟,生长板过早融合和矮身高(Schlesinger et al. ,1973)。

最近,在人类生长板干细胞和增殖的软骨细胞中证实了甲状腺激素(thyroid hormone)受体的存在(Robson et al. ,2000;Abu et al. ,1997a)。T3 刺激软骨细胞由静止带募集到增殖带,T4 也对软骨细胞的增殖和分化产生刺激作用,也促进软骨细胞的肥大(Okubo and Hari,2003)。在甲状腺功能减退大鼠,T4 能够恢复生长板增殖带的减少和肥大带宽度,并恢复被扰乱的生长板结构和血管的侵入(Lewinson et al. ,1989),进一步确立了甲状腺激素调节骨骼生长和成熟的作用。

甲状腺激素也通过其他通道间接影响骨骼的生长与发育。甲状腺激素影响 GH 的分泌(Gothe et al. ,1999),T3 也刺激软骨细胞 GHR 和 IGF-Ⅰ mRNA 的表达(Gevers et al. ,2002;Ohlsson et al. ,1992),说明了在生长板水平上甲状腺激素与 GH-IGF-Ⅰ系统的相互作用。

甲状腺激素是手腕部腕骨和 RUS 骨的正常发育所必需。在甲状腺功能减退的儿童,二者的成熟度低于正常。在治疗过程中骨成熟度"赶上生长",但过度治疗导致骨龄提前于正常值,通常伴随以身高有类似的提前生长。甲状腺功能亢进引起骨龄有一定程度的提前。

3. 糖皮质激素

在机体内,糖皮质激素(glucocorticoids)是一种具有强力分解作用的激素。糖皮质激素过多增强骨的吸收,抑制成骨细胞的活性,减少骨基质的生成而引起儿童生长延迟,而家族性糖皮质激素不足与高身高有关(Elias et al. ,2000)。糖皮质激素抑制肠胃道对钙的吸收以及肾脏对钙的再吸收(Luengo et al. ,1991;Reid and Ibbertson,1987),也引起性激素的不足,改变维生素 D 代谢,导致对生长和骨骼完整性的损害(Montecucco et al. ,1992)。

糖皮质激素过多导致的生长延迟与剂量和持续时间有关(Magiakou et al. ,1994;Avioli,1993),因此, 对于糖皮质激素过多的激素暴露应及早修正。在治疗时可间歇性给药,在连续治疗情况下或是修正了糖皮质激素过多后给以 GH 治疗通常不能达到靶身高,提示糖皮质激素对生长板的损害作用是持久的,在停用糖皮质激素后仅可能部分地恢复。

一些研究已经在大鼠的骨软骨细胞(Silvestrini et al. ,1999)和人类生长板中,特别是在肥大的软骨细胞中发现了糖皮质激素受体(GR)的存在,提示糖皮质激素对生长板的直接作用(Abu et al. ,2000)。糖皮质激素可能通过促使生长板增生软骨细胞的凋亡而减少纵向生长(Chrysis et al. ,2005)。

糖皮质激素在不同水平上改变 GH-IGF-Ⅰ通道而抑制生长,除了抑制垂体释放 GH 外,糖皮质激素还减少生长板中的 IGF-Ⅰ、GHR 以及 IGF-ⅠR mRNA(Smink et al. ,2003;Luo and Murphy,1989)。此外,糖皮质激素也在局部调节甲状腺激素水平(Cavalieri et al. ,1984)。显然,糖皮质激素不仅通过 GR 而直接发生作用,而且也通过干扰其他调节生长的通道而引起生长的延迟。

4. 雌性激素

性类固醇激素对于纵向生长的重要性早已确定,特别是在青春期。一般认为,雌性激素(estrogens)是调节女孩青春期生长的主要性类固醇激素,而男孩则主要是雄性激素。但在 20 世纪 90 年代,一些特殊病例的发现,使这种传统认识发生了根本性的改变。

Smith 等(1994)首次报道了一名成年男子雌性激素受体基因突变引起雌性激素抵抗的案例。此后,又相继有研究报道了成年男子由于编码芳香化酶的基因常染色体隐性遗传性突变,而严重雌性激素缺乏的案例(Morishima et al.,1995;Carani et al.,1997)。虽然这些成年男子案例的青春期开始年龄正常,但普遍表现为高身高、长骨骨骺尚未融合(手腕部骨龄为 14~15 岁)、骨质量减少,躯体骨骼比例失调(表 8.1),而血液循环中雄性激素和雌性激素水平显著不同(表 8.2)。这几名病人的多年生长曲线表现出连续、稳定的身高生长速度,无身高生长突增,骨龄基本无变化,达到高身高(+3.7 SD)。雌性激素抵抗的男子对雌性激素治疗无反应,而对芳香化酶缺乏的男子以雌性激素治疗,骨骼迅速成熟,在 6~9 个月内手腕部骨骺融合,而且骨矿化显著增加(Carani et al.,1997;Bilezikian et al.,1998)。这些典型的案例提示,雌性激素在生长发育中有重要作用,引起了不同领域研究者的兴趣,促进了对雌性激素生理作用研究进展。

表 8.1 雌性激素受体 α 缺乏和芳香化酶缺乏男子的临床症状

28 岁男子-雌性激素受体缺乏	24 岁男子-芳香化酶缺乏
身高:204cm;体重:127kg	身高:204.5cm;体重:135kg
膝外翻;类阉者骨骼比例	膝外翻;类阉者骨骼比例
开始发育年龄正常	开始发育年龄正常
完全男性化,睾丸大小正常	完全男性化,睾丸体积 34ml
骨龄 15 岁	骨龄 14 岁
严重骨质疏松	严重骨质疏松
性心理倾向性:异性	性心理倾向性:异性
胰岛素抵抗	胰岛素抵抗
对高剂量雌性激素治疗无反应	对低剂量雌性激素治疗反应显著
遗传特性:常染色体隐性	遗传特性:常染色体隐性
突变:ERα 基因 Arg157X (Exon 2)	突变:CYP19 基因 Arg376Cys (Exon Ⅸ)

表 8.2 芳香化酶缺乏和雌性激素受体 α 缺乏男子的血浆性激素水平

血浆	CYP19 缺乏	雌性激素受体 α 缺乏	正常
睾酮 (ng/dl)	2015	445	200-1200
雌酮 (pg/ml)	<7	145	30-85
雌二醇 (pg/ml)	<7	142	10-50
FSH (mIU/ml)	28	33	5.0-9.9
LH (mIU/ml)	26	37	2.0-9.9

雌性激素是女性的主要性类固醇激素，是引起女性青春期生长突增、骨成熟和骨质自然增长的原因。而芳香化酶缺乏男子血浆睾酮浓度正常或增高，却无生长突增，骨成熟度延迟而持续生长。这些临床观察支持了雌性激素也在男性生长突增中发挥重要作用的观点。Klein 等(1996)使用超灵敏度的生物测定方法研究了男儿童正常青春期雌性激素与身体生长之间的关系，发现青春期前的雌性激素水平很低，在青春期稳定增长，雌性激素水平与睾酮浓度和生长速度高峰相关最为密切。特别应注意的是男、女儿童身高速度高峰时的雌性激素水平相似(3～4 pg/ml)；雌性激素最大绝对值的变化出现在 Tanner 发育等级 4 至等级 5 之间，最大增长倍数的变化出现在 Tanner 发育等级 1 至等级 2 之间；男儿童雌性激素浓度不仅与睾酮水平相关，也与骨龄相关。这些结果与低水平的雌性激素促进骨骼生长和成熟的假设相一致，而也与连续的雌性激素暴露导致骨骺融合的假设相一致。

一些综合征病人的生长形式也对雌性激素的重要作用提供了支持。例如，完全雄性激素不敏感性综合征(complete androgen insensitivity，CAIS)的 46，XY 核型女子，由于基因突变或雄性激素受体缺乏而抵抗雄性激素的作用，但也出现了青春期生长突增，身高速度高峰年龄、骨成熟度和骨骺融合与正常女子相似(Zachmann et al.，1986)。说明在无睾酮生理作用的条件下，46，XY 核型女子的青春期生长是由于睾丸分泌的雌性激素和外周组织内雄性激素转化的雌性激素所致。同样，患有常染色体显性芳香化酶过多综合征的青春期前男孩，无论血浆睾酮浓度如何，均表现出男性乳房女性化，也引起生长和骨骼成熟的加速(Stratakis et al.，1998)。

芳香化酶广泛在人类成骨细胞、软骨细胞中表达(Sasano et al.，1997；Jakob et al.，1997)，使雄性激素经芳香化转化为雌性激素(Schweikert et al.，1995)。在男性约 20% 的雌性激素直接由睾丸分泌，约 80% 的雌性激素来自性腺外睾酮和雄烯二酮的芳香化(Grumbach，2000)。

在人骨骼中表达两种雌性激素受体(ERα 和 ERβ)，在生长板静止带、增生带、肥大带软骨细胞中均表达 ERα(Kusec et al.，1998)，在成骨细胞和破骨细胞中也表达 ERα 和 ERβ(Kusec et al.，1998)，说明雌性激素可能直接作用于生长板软骨细胞发挥调节作用。在人类，雌性激素调节骨骼生长发育的作用主要通过 ERα 来完成。

5. 雄性激素

雄性激素(androgens)可以通过雄性激素受体或通过芳香化酶转换为雌性激素而发生作用。通过对雌性激素缺乏或雌性激素抵抗男子的观察不仅说明了雌性激素的作用，而且也说明了雄性激素在骨骼生长发育中的重要作用。

雌性激素对男性青春期生长和骨骺融合重要作用的发现，并未排除雄性激素对骨骼的直接作用。大量证据支持雄性激素对骨质量和骨骼的性别特征产生直接作用(Orwoll，1996；Hofbauer and Khosla，1999)，在人类各种骨细胞和生长板软骨细胞中都存在有雄性激素受体(Abu et al.，1997a；Colvard et al.，1989)。在循环系统 GH 和 IGF-Ⅰ浓度没有增长的情况下，非芳香化酶底物的双氢睾酮、人工合成的雄激素增加了生长持续延迟儿童的纵向生长速度，骨骼长度显著增加(Cassorla et al.，1984；Zung et al.，1999)。

在动物实验中，局部注射超生理剂量的睾酮激素增加了生长板的宽度(Ren et al.，

1989);在切除垂体和阉割的大鼠,睾酮的处理引起 IGF-Ⅰ及其受体表达的增加和胫骨生长板宽度的增加(Maor et al. ,1999;Phillip et al. ,2001)。因此,雄性激素通过影响软骨细胞的局部机制对纵向生长产生刺激作用,而与雌性激素的作用无关。

6. 瘦素

瘦素(leptin)是脂肪组织 *ob* 基因表达的一种激素,具有抑制食欲,刺激能量消耗的作用,对生殖系统的功能也有重要的影响(Zhang et al. ,1994)。

在生长发育过程中,男、女儿童瘦素水平的变化存在有性别差异(Blum et al. ,1997)。在青春期前男、女儿童的瘦素水平逐渐增长,女孩血清瘦素浓度高于男孩。但在青春期后,男、女儿童的瘦素水平变化不同,男儿童在 Tanner 生殖器(G)等级 2 至等级 3 之间瘦素水平达到峰值,而女儿童青春期瘦素水平持续增长,在初潮后增长更明显。在男孩 G5 等级时,瘦素水平恢复到青春期前水平。

在儿童期,体重指数(body mass index,BMI)、BMI SDS 分值、体脂% 是瘦素水平最显著的决定因素。在儿童期,瘦素的生物活性也逐渐增强,并以较高的生物活性进入青春期(Quinton et al. ,1999)。

瘦素或瘦素受体基因突变均持续性地引起性腺功能减退(Strobel et al. ,1998;Clement et al. ,1998)。对在青春期前后瘦素缺乏的儿童,以瘦素治疗不仅导致脂肪减少,而且也增加了夜间促性腺激素的分泌(Farooqi et al. ,1999)。此外,在体质性生长和青春期延迟(constitutional delay in growth and puberty,CDGP)的男孩,青春期开始时的瘦素水平低于根据年龄和 BMI 所预期的数值(Gill et al. ,1999),但是青春期前的体质性生长延迟与 CDGP 男儿童青春期初期的瘦素水平无差别。

因此,研究证据表明,瘦素的缺乏与青春期延迟有关,但并非青春期所必需,而可能是对青春期具有允许作用,通过对食欲和 GnRH 神经元的影响而维持正常的下丘脑-垂体-性腺功能(Lebrethon 等,2000)。

8.4 激素和生长板局部调节之间的相互作用

在不同种属的生长板中先后发现了生长激素、甲状腺激素、糖皮质激素、雌性激素和雄性激素受体,为说明全身性激素直接影响出生后生长板的发育过程提供了证据。

Stevens 等(2000)研究了甲状腺功能减退、甲状腺功能亢进及甲状腺-T4 治疗的大鼠生长板中 PTHrP 和 PTH/PTHrP 受体的表达,发现甲状腺激素状况显著影响 PTHrP 及其受体的表达。甲状腺功能减退引起 PTHrP 表达的增强,而甲状腺功能亢进大鼠的 PTH/PTHrP 受体则处于不可检测水平,说明 Ihh/PTHrP 负反馈回路的扰乱可能是甲状腺疾病生长紊乱的重要机制。Kindblom 等(2002)对骨骺外科手术病人进行了生长板活组织检查(biopsies),发现 Ihh 和 PTHrP 主要在早期肥大软骨细胞中表达;在青春期初期表达水平较高,青春期后期水平较低。他们的研究结果说明 Ihh 和 PTHrP 存在于人类生长板,可能参与青春期生长的调节。

在生长板中表达 ERs 的各带也都表达 Ihh 和(或)PTHrP,提示这些基因的表达可能受到性类固醇激素的调节。

虽然目前激素与生长板局部调节之间相互作用的直接证据尚不充分，但是全身性激素通过影响局部生长因子，如Ihh、PTHrP、BMPs、FGFs、VEGF，发挥对生长板软骨细胞的作用，调节纵向生长是可能的。

参考文献

Abad V, Meyers JL, Weise M, et al. 2002. The role of the resting zone in growth plate chondrogenesis. Endocrinology, 143: 1851 ~ 1857.

Abu EO, Bord S, Horner A, et al. 1997a. The expression of thyroid hormone receptors in human bone. Bone, 21: 137 ~ 142.

Abu EO, Horner A, Kusec V, et al. 1997b. The localization of androgen receptors in human bone. J Clin Endocrinol Metab, 82: 3493 ~ 3497.

Abu EO, Horner A, Kusec V, et al. 2000. The localization of the functional glucocorticoid receptor α in human bone. J Clin Endocrinol Metab, 85: 883 ~ 889.

Avioli LV. 1993. Glucocorticoid effects on statural growth. Br J Rheumatol, 32 (suppl 2): 27 ~ 30.

Baron J, Klein KO, Colli MJ, et al. 1994. Catch-up growth after glucocorticoid excess: a mechanism intrinsic to the growth plate. Endocrinology, 135: 1367 ~ 1371.

Bilezikian JP, Morishima A, Bell J, et al. 1998. Increased bone mass as a result of estrogen therapy in a man with aromatase deficiency. N Engl J Med, 339: 599 ~ 603.

Blum W, Englaro P, Hanitsch S, et al. 1997. Plasma leptin levels in healthy children and adolescents; dependence on body mass index, body fat mass, gender, pubertal stage and testosterone. J Clin Endocrinol Metab, 82: 2904 ~ 2910.

Boersma B, Wit JM. 1997. Catch-up Growth. Endocr Rev, 18: 646 ~ 661.

Boyan BD, Sylvia VL, Dean DD, et al. 2001. 24, 25- (OH)(2)D(3) Regulates cartilage and bone via autocrine and endocrine mechanisms. Steroids, 66: 363 ~ 374.

Cacciari E, Cicognani A, Pirazzoli P, et al. 1985. Differences in somatomedin-C between short-normal subjects and those of normal height. J Pediatr, 106: 891 ~ 894.

Carani C, Qin K, Simoni M, et al. 1997. Effect of testosterone and estradiol in a man with aromatase deficiency. N Engl J Med, 337: 91 ~ 95.

Cassorla FG, Skerda MC, Valk IM, et al. 1984. The effects of sex steroids on ulnar growth during adolescence. J Clin Endocrinol Metab, 58: 717 ~ 720

Cavalieri RR, Castle JN, McMahon FA. 1984. Effects of dexamethasone on kinetics and distribution of triiodothyronine in the rat. Endocrinology, 114: 215 ~ 221.

Cheetham TD, Holly JM, Clayton K, et al. 1995. The effects of repeated daily recombinant human insulin-like growth factor I administration in adolescents with type 1 diabetes. Diabet Med, 12(10): 885 ~ 892.

Chrysis D, Zaman F, Chaqin AS, et al. 2005. Dexamethasone induces apoptosis in proliferative chondrocytes through activation of caspases and suppression of the Akt-phosphatidylinositol 3'-kinase signaling pathway. Endocrinology, 146(3): 1391 ~ 1397.

Clement K, Vaisse C, Lahlou N, et al. 1998. A mutation in the human leptin receptor gene causes obesity and pituitary dysfunction. Nature, 392: 398 ~ 401.

Coffin JD, Florkiewicz RZ, Neumann J, et al. 1995. Abnormal bone growth and selective translational regulation in basic fibroblast growth factor (FGF-2) transgenic mice. Mol Biol Cell, 6: 1861 ~ 1873.

Colvard DS, Eriksen EF, Keeting PE, et al. 1989. Identification of androgen receptors in normal human osteoblast-like cells. Proc Natl Acad Sci USA, 86: 854 ~ 857.

Deng C, Wynshaw-Boris A, Zhou F, et al. 1996. Fibroblast growth factor receptor 3 is a negative regulator of bone growth. Cell, 84: 911 ~ 921.

Elias LL, Huebner A, Metherell LA, et al. 2000. Tall stature in familial glucocorticoid deficiency. Clin Endocrinol (Oxf), 53: 423 ~ 430.

Farooqi IS, Jebb SA, Langmack G, et al. 1999. Effects of recombinant leptin therapy in a child with congenital leptin deficiency. N Engl J Med, 341: 879 ~ 884.

Ferrara N, Davis-Smyth T. 1997. The biology of vascular endothelial growth factor. Endocr Rev, 18: 4 ~ 25.

Gafni RI, Martina W, Robrecht DT, et al. 2001. Catch-up growth is associated with delayed senescence of the growth plate in rabbits. Pediatr Res, 50: 618 ~ 623.

Gerber HP, Vu TH, Ryan AM, et al. 1999. VEGF couples hypertrophic cartilage remodeling, ossification and angiogenesis during endochondral bone formation. Nat Med, 5: 623 ~ 628.

Gevers EF, van der Eerden BC, Karperien M, et al. 2002. Localization and regulation of the growth hormone receptor and growth hormone-binding protein in the rat growth plate. J Bone Miner Res, 17: 1408 ~ 1419.

Gill MS, Hall CM, Tillmann V, et al. 1999. Constitutional delay in growth and puberty (CDGP) is associated with hypoleptinaemia. Clin Endocrinol, 50: 721 ~ 726.

Gothe S, Wang Z, Ng L, et al. 1999. Mice devoid of all known thyroid hormone receptors are viable but exhibit disorders of the pituitary-thyroid axis, growth, and bone maturation. Genes Dev, 13: 1329 ~ 1341.

Gourmelen M, Le Bouc Y, Girard F, et al. 1984. Serum levels of insulin-like growth factor (IGF) and IGF binding protein in constitutionally tall children and adolescents. J Clin Endocrinol Metab, 59: 1197 ~ 1203.

Green H, Morikawa M, Nixon T. 1985. A dual effector theory of growth-hormone action. Differentiation, 29: 195 ~ 198.

Grumbach MM, Auchus RJ. 1999. Estrogen: consequences and implications of human mutations in synthesis and action. J Clin Endocrinol Metab, 84: 4677 ~ 694.

Grumbach MM. 2000. Estrogen, bone, growth and sex: a sea change in conventional wisdom. J Pediar Endocrinol Metab, 13 (Suppl 6): 1439 ~ 1455.

Hofbauer LC, Khosla S. 1999. Androgen effects on bone metabolism: recent progress and controversies. Eur J Endocrinol, 140: 271 ~ 286.

Hunziker EB. 1994. Mechanism of longitudinal bone growth and its regulation by growth plate chondrocytes. Microsc Res Tech, 28: 505 ~ 519.

Ingham PW, McMahon AP. 2001. Hedgehog signaling in animal development: paradigms and principles. Genes Dev, 15: 3059 ~ 3087.

Isaksson OG, Lindahl A, Nilsson A, et al. 1987. Mechanism of the stimulatory effect of growth hormone on longitudinal bone growth. Endocr Rev, 8: 426 ~ 438.

Jakob F, Siggelow H, Homann D, et al. 1997. Local estradiol metabolism in osteoblast- and osteoclast-like cells. J Steroid Biochem Mol Biol, 61: 167 ~ 174.

Kaplan SA, Cohen P. 2007. REVIEW: The Somatomedin Hypothesis 2007: 50 Years Later. J Clin Endocrinol Metab, 92 (12): 4529 ~ 4535.

Kember NF. 1973. Aspects of the maturation process in growth cartilage in the rat tibia. Clin Orthop, 95: 288 ~ 294.

Kindblom JM, Nilsson O, Ohlsson C, et al. 2002. Expression and localization of Indian hedgehog (Ihh) and parathyroid hormone related protein (PTHrP) in the human growth plate during pubertal development. J Endocrinol, 174: R1 ~ R6.

Kirsch T, Harrison G, Golub EE, et al. 2000. The roles of annexins and types Ⅱ and Ⅹ collagen in matrix vesicle-mediated mineralization of growth plate cartilage. J Biol Chem, 275: 35577 ~ 35583.

Klein KO, Martha PM, Blizzard RM, et al. 1996. A longitudinal assessment of hormonal and physical alterations during normal puberty in boys. Ⅱ. Estrogen levels as determined by an ultrasensitive bioassay. J Clin Endocrinol Metab, 81: 3203 ~ 3207.

Kronenberg HM, Mulligan RC. 1994. Lethal skeletal dysplasia from targeted disruption of the parathyroid hormone-related peptide gene. Genes Dev, 8: 277 ~ 289.

Kusec V, Virdi AS, Prince R, et al. 1998. Localization of estrogen receptor-α in human and rabbit skeletal tissues. J Clin Endocrinol Metab, 83: 2421 ~ 2428.

Labrie C, Belanger A, Labrie F. 1988. Androgenic activity of dehydroepiandrosterone and androstenedione in the rat ventral prostate. Endocrinology, 123: 1412 ~ 1417.

Lanske B, Karaplis AC, Lee K, et al. 1996. PTH/PTHrP receptor in early development and Indian hedgehog-regulated bone growth. Science, 273: 663 ~ 666.

Lebrethon MC, Vandersmissen E, Gérard A, et al. 2000. Cocaine and amphetamine-regulated-transc ript peptide mediation of leptin stimulatory effect on the ratgonadotropin -releasing hormone pulse gen- erator in vitro. J Neuroendocrinol, 12(05): 383 ~ 385.

LeRoith D, Yanowski J, Kaldjian EP. 1996. The effects of growth hormone and insulin-like growth factor 1 on the immune system of aged female monkeys. Endocrinology, 137: 1071 ~ 1079.

Lewinson D, Harel Z, Shenzer P, et al. 1989. Effect of thyroid hormone and growth hormone on recovery from hypothyroidism of epiphyseal growth plate cartilage and its adjacent bone. Endocrinology, 124: 937 ~ 945.

Lewinson D, Silbermann M. 1992. Chondroclasts and endothelial cells collaborate in the process of cartilage resorption. Anat Rec, 233: 504 ~ 514

Link K, Blizzard RM, Evans WS, et al. 1986. The effect of androgens on the pulsatile release and the twenty- four- hour mean concentration of growth hormone in peripubertal males. J Clin Endocrinol Metab, 62: 159 ~ 164.

Luengo M, Picado C, Piera C, et al. 1991. Intestinal calcium absorption and parathyroid hormone secretion in asthmatic patients on prolonged oral or inhaled steroid treatment. Eur Respir J, 4: 441 ~ 444.

Luna AM, Wilson DM, Wibbelsman CJ, et al. 1983. Somatomedins in adolescence: a cross-sectional study of the effect of puberty on plasma insulin-like growth factor Ⅰ and Ⅱ levels. J Clin Endocrinol Metab, 57: 268 ~ 271.

Luo JM, Murphy LJ. 1989. Dexamethasone inhibits growth hormone induction of insulin-like growth factor-Ⅰ (IGF-Ⅰ) messenger ribonucleic acid (mRNA) in hypophysectomized rats and reduces IGF-Ⅰ mRNA abundance in the intact rat. Endocrinology, 125: 165 ~ 171.

Löfqvist C, Andersson E, Gelander L, et al. 2001. Reference values for IGF-Ⅰ throughout childhood and adolescence: A model that accounts simultaneously for theeffect of gender, age, and puberty. J Clin Endocrinol Metab, 86: 5870 ~ 5876.

Magiakou MA, Mastorakos G, Chrousos GP. 1994. Final stature in patients with endogenous Cushing's syndrome. J Clin Endocrinol Metab, 79: 1082 ~ 1085.

Mancilla EE, De Luca F, Uyeda JA, et al. 1998. Effects of fibroblast growth factor-2 on longitudinal bone growth. Endocrinology, 139: 2900 ~ 2904.

Maor G, Segev Y, Phillip M. 1999. Testosterone stimulates insulin-like growth factor-I and insulin-like growth factor-Ⅰ-receptor gene expression in the mandibular condyle-a model of endochondral ossification. Endocrinology, 140: 1901 ~ 1910.

Marino R, Hegde A, Barnes KM, et al. 2008. Catch-up growth after hypothyroidism is caused by delayed growth plate senescence. Endocrinology, 149: 1820 ~ 1828.

Metzger DL, Kerrigan JR. 1994. Estrogen receptor blockade with tamoxifen diminishes growth hormone secretion in boys: evidence for a stimulatory role of endogenous estrogens during male adolescence. J Clin Endocrinol Metab, 79: 513 ~ 518.

Minina E, Kreschel C, Naski M C, et al. 2002. Interaction of FGF, Ihh/Pthlh, and BMP signaling integrates chondrocyte proliferation and hypertrophic differentiation. Developmental Cell, 3: 439 ~ 449.

Montecucco C, Caporali R, Caprotti P, et al. 1992. Sex hormones and bone metabolism in postmenopausal rheumatoid arthritis treated with two different glucocorticoids. J Rheumatol, 19: 1895 ~ 1900.

Morishima A, Grumbach MM, Simpson ER, et al. 1995. Aromatase deficiency in male and female siblings caused by a novel mutation and the physiological role of estrogens. J Clin Endocrinol Metab, 80: 3689 ~ 3698.

Morrow LA, O'Brien MB, Moller DE, et al. 1994. Recombinant human insulin-like growth factor-Ⅰ therapy improves glycemic control and insulin action in the type A syndrome of severe insulin resistance. J Clin Endocrinol Metab, 79(1): 205 ~ 210.

Moses AC, Young SC, Morrow LA, et al. 1996. Recombinant human insulin-like growth factor Ⅰ increases insulin sensitivity and improves glycemic control in type Ⅱ diabetes. Diabetes, 45(1): 91 ~ 100.

Nilsson O, Abad V, Chrysis D, et al. 2002. Estrogen receptor-alpha and -beta are expressed throughout postnatal development in the rat and rabbit growth plate. J Endocrinol, 173: 407 ~ 414.

Nilsson O, Baron J. 2004. Fundamental limits on longitudinal bone growth: growth plate senescence and epiphyseal fusion. Trends Endocrinol Metab, 15: 370 ~ 374.

Nilsson O, Chrysis D, Pajulo O, et al. 2003. Localization of estrogen receptors-alpha and -beta and androgen receptor in the human growth plate at different pubertal stages. J Endocrinol, 177: 319 ~ 326.

Nilsson O, Mitchum RD, Schrie L, et al. 2005. Growth plate senescence is associated with loss of DNA methylation. J Endocrinol, 186:241~249.

Ohlsson C, Nilsson A, Isaksson O, et al. 1992. Effects of tri-iodothyronine and insulin-like growth factor-Ⅰ (IGF-Ⅰ) on alkaline phosphatase activity, [^{3}H] thymidine incorporation and IGF-Ⅰ receptor mRNA in cultured rat epiphyseal chondrocytes. J Endocrinol, 135:115~123.

Okubo Y, Hari RA. 2003. Thyroxine downregulates Sox9 and promotes chondrocyte hypertrophy. Biochem Biophys Res Commun, 306:186~190.

Ortega N, Behonick D, Stickens D, et al. 2003. How proteases regulate bone morphogenesis. Ann NY Acad Sci, 995:109~116.

Orwoll ES. 1996. Androgens as anabolic agents for bone. Trends Endocrinol Metab, 7:77~84.

Phillip M, Maor G, Assa S, et al. 2001. Testosterone stimulates growth of tibial epiphyseal growth plate and insulin-like growth factor-1 receptor abundance in hypophysectomized and castrated rats. Endocrine, 16:1~6.

Prader A, Tanner JM, Von Harnack GA. 1963. Catch-up growth following illness or starvation. An example of developmental canalization in man. J Pediatr, 62:646~659.

Quinton N, Smith RF, Clayton PE, et al. 1999. Leptin binding activity changes with age: the link between leptin and puberty. J Clin Endocrinol Metab, 84:2336~2341.

Reid IR, Ibbertson HK. 1987. Evidence for decreased tubular reabsorption of calcium in glucocorticoid treated asthmatics. Horm Res, 27:200~204.

Ren SG, Malozowski S, Sanchez P, et al. 1989. Direct administration of testosterone increases rat tibial epiphyseal growth plate width. Acta Endocrinol (Copenh), 121:401~405.

Rivkees SA, Bode HH, Crawford JD. 1988. Long-term growth in juvenile acquired hypothyroidism: the failure to achieve normal adult stature. N Engl J Med, 318:599~602.

Robson H, Siebler T, Stevens DA, et al. 2000. Thyroid hormone acts directly on growth plate chondrocytes to promote hypertrophic differentiation and inhibit clonal expansion and cell proliferation. Endocrinology, 141:3887~3897.

Roith DL, Bond C, Yakar S, et al. 2001. The Somatomedin Hypothesis: 2001. Endocrine Reviews, 22 (1):53~74.

Rosenfeld RG, Wilson DM, Lee PD, et al. 1986. Insulin-like growth factors Ⅰ and Ⅱ in evaluation of growth retardation. J Pediatr, 109:428~433.

Ruoslahti E. 1991. Integrins. J Clin Invest, 87:1~5.

Salmon WD, Daughaday WH. 1957. A hormonally controlled serum factor which stimulates sulfate incorporation by cartilage *in vitro*. J Lab Clin Med, 49:825~826.

Sasano H, Uzuki M, Sawai T, et al. 1997. Aromatase in human bone tissue. J Bone Miner Res, 12:1416~1423.

Schipani E, Lanske B, Hunzelman J, et al. 1997. Targeted expression of constitutively active receptors for parathyroid hormone and parathyroid hormone-related peptide delays endochondral bone formation and rescues mice that lack parathyroid hormone-related peptide. Proc Natl Acad Sci USA, 94:13689~13694.

Schlesinger S, MacGillivray MH, Munschauer RW. 1973. Acceleration of growth and bone maturation in childhood thyrotoxicosis. J Pediatr, 83:233~236.

Schoenle EJ, Zenobi PD, Torresani T. 1991. Recombinant human insulin-like growth factor Ⅰ (rhIGF Ⅰ) reduces hyperglycaemia in patients with extreme insulin resistance. Diabetologia, 34(9):675~679.

Schrier L, Ferns SP, Barnes KM, et al. 2006. Depletion of resting zone chondrocytes during growth plate senescence. J Endocrinol, 189:27~36.

Schweikert HU, Wolf L, Romalo G. 1995. Oestrogen formation from androstenedione in human bone. Clin Endocrinol, 43:37~42.

Shiang R, Thompson LM, Zhu YZ, et al. 1994. Mutations in the transmembrane domain of FGFR3 cause the most common genetic form of dwarfism, achondrodysplasia. Cell, 78:335~342.

Silvestrini G, Mocetti P, Ballanti P, et al. 1999. Cytochemical demonstration of the glucocorticoid receptor in skeletal cells of the rat. Endocr Res, 25:117~128.

Smink JJ, Gresnigt MG, Hamers N, et al. 2003. Short-term glucocorticoid treatment of prepubertal mice decreases growth and IGF-Ⅰ expression in the growth plate. J Endocrinol, 177:381~388.

Smith EP, Boyd J, Frank GR, et al. 1994. Estrogen resistance caused by a mutation in the estrogen-receptor gene in a man. N Engl J Med, 331; 1056 ~ 1060.

Spranger J, Winterpacht A, Zabel B. 1994. The type Ⅱ collagenopathies: a spectrum of chondrodysplasias. Eur J Pediatr, 153: 56 ~ 65.

Stevens DA, Hasserjian RP, Robson H, et al. 2000. Thyroid hormones regulate hypertrophic chondrocyte differentiation and expression of parathyroid hormonerelated peptide and its receptor during endochondral bone formation. J Bone Miner Res, 15: 2431 ~ 2442.

Stevens DG, Boyer MI, Bowen CVA. 1999. Transplantation of epiphtseal plate allografts between animals of different ages. J Pediatr Orthop, 19: 398 ~ 403.

Stratakis CA, Vottero A, Brodie A, et al. 1998. The aromatase excess syndrome is associated with feminization of both sexes and autosomal dominant transmission of aberrant P450 aromatase gene transcription. J Clin Endocrinol Metab, 83: 1348 ~ 1357.

Strobel A, Issad T, Camoin L, et al. 1998. A leptin missense mutation associated with hypogonadism and morbid obesity. Nat Genet, 18: 213 ~ 215.

St-Jacques B, Hammerschmidt M, McMahon AP. 1999. Indian hedgehog signaling regulates proliferation and differentiation of chondrocytes and is essential for bone formation. Genes Dev, 13: 2072 ~ 2086.

Suva LJ, Winslow GA, Wettenhall RE, et al. 1987. A parathyroid hormone-related protein implicated in malignant hypercalcemia: cloning and expression. Science, 237: 893 ~ 896.

Szebenyi G, Fallon JF. 1999. Fibroblast growth factors as multifunctional signaling factors. Int Rev Cytol, 185: 45 ~ 106.

Takamoto M, Tsuji K, Yamashita T, et al. 2003. Hedgehog signaling enhances core-binding factor-1 and receptor activator of nuclear factor-Bligand (RANKL) gene expression in chondrocytes. J Endocrinol, 177: 413 ~ 421.

Takano H, Aizawa T, Irie T, et al. 2007. Estrogen deficiency leads to decrease in chondrocyte numbers in the rabbit growth plate. J Orthop Sci, 12: 366 ~ 374.

Takeda S, Bonnamy JP, Owen MJ, et al. 2001. Continuous expression of Cbfa1 in nonhypertrophic chondrocytes uncovers its ability to induce hypertrophic chondrocyte differentiation and partially rescues Cbfa1-deficient mice. Genes Dev, 15: 467 ~ 481.

Tanner JM. 1963. Regulation of growth in size in mammals. Nature, 199: 845 ~ 850.

Ueta C, Iwamoto M, Kanatani N, et al. 2001. Skeletal malformations caused by overexpression of Cbfa1 or its dominant negative form in chondrocytes. J Cell Biol, 153: 87 ~ 100.

Van den Heuvel M, Ingham PW. 1996. Smoothened encodes a receptor-like serpentine protein required for hedgehog signalling. Nature, 382: 547 ~ 551

Van Der Eerden BCJ, Karperien M, WIT JM. 2003. Systemic and local regulation of the growth plate. Endocr Rev, 24: 782 ~ 801.

Vortkamp A, Lee K, Lanske B, et al. 1996. Regulation of rate of cartilage differentiation by Indian hedgehog and PTH-related protein. Science, 273: 613 ~ 622.

Wang W, Kirsch T. 2002. Retinoic acid stimulates annexin-mediated growth plate chondrocyte mineralization. J Cell Biol, 157: 1061 ~ 1069.

Wang W, Xu J, Kirsch T. 2003. Annexin-mediated Ca^{2+} influx regulates growth plate chondrocyte maturation and apoptosis. J Biol Chem, 278: 3762 ~ 3769.

Weir EC, Philbrick WM, Amling M, et al. 1996. Targeted overexpression of parathyroid hormone- related peptide in chondrocytes causes chondrodysplasia and delayed endochondral bone formation. Proc Natl Acad Sci USA, 93: 10240 ~ 10245.

Weise M, De-Leiv S, Barnes KM, et al. 2001. Effects of estrogen on growth plate senescence and epiphyseal fusion. PNAS, 98: 6871 ~ 6876.

Werb Z. 1997. ECM and cell surface proteolysis: regulating cellular ecology. Cell, 91: 439 ~ 442.

Wilson DM, Killen JD, Hammer LD, et al. 1991. Insulin-like growth factor- Ⅰ as a reflection of body composition, nutrition, and puberty in sixth and seventh grade girls. J Clin Endocrinol Metab, 73: 907 ~ 912.

Wu CW, Tchetina EV, Mwale F, et al. 2002. Proteolysis involving matrix metalloproteinase 13 (collagenase-3) is required for chondrocyte differentiation that is associated with matrix mineralization. J Bone Miner Res, 17: 639 ~ 651.

Zachmann M, Prader A, Sobel EH, et al. 1986. Pubertal growth in patients with androgen insensitivity: indirect evidence for the importance of estrogen in pubertal growth of girls. J Pediatr, 108: 694 ~ 697.

Zhang Y, Proenca R, Maffei M, et al. 1994. Positional cloning of the mouse obese gene and its human homologue. Nature, 372: 425 ~ 432.

Zou H, Wieser R, Massague' J, et al. 1997. Distinct roles of type I bone morphogenetic protein receptors in the formation and differentiation of cartilage. Genes Dev, 11: 2191 ~ 2203.

Zung A, Phillip M, Chalew SA, et al. 1999. Testosterone effect on growth and growth mediators of the GH-IGF- Ⅰ axis in the liver and epiphyseal growth plate of juvenile rats. J Mol Endocrinol, 23: 209 ~ 221.

第9章　生长发育的遗传控制

生长与发育受遗传的影响,也就是说受到生物学和文化遗传的影响。文化遗传包括环境、社会条件和生活方式等,父母通过教育、经济状况等传给后代,直接或间接地影响后代的表型,文化的遗传与父母的基因无关。

在生长发育性状正常变异的遗传流行病学研究中,通常的研究策略是首先应用双生子法和家系法估价遗传度,然后以连锁或关联分析进行基因鉴别和基因定位,再进行基因测序,最后鉴别基因的功能性遗传多态性。

遗传流行病学研究普遍应用的生长发育指标及评价方法见表9.1。

表9.1　普遍应用的生长发育性状指标

测量特征	变量	评价方法
躯体生长	身高(0岁~成年)	测量或自我报告(cm)
	体重(0岁~成年)	测量或自我报告(kg)
形态成熟度	时间:生长突增开始年龄(即青春期前生长最低点)和青春期身高速度高峰年龄	应用个体的纵断数据拟合生长曲线
	速度:生长突增开始年龄时的身高生长速度和身高速度高峰时的身高生长速度	应用个体的纵断数据拟合生长曲线
骨骼成熟度	生活年龄1~18岁时的骨龄	G-P图谱法、TW方法或Fels方法等
	不同生活年龄时的骨成熟度分值	TW方法等计分法的成熟度分值
性成熟度	初潮年龄	回顾性或前瞻性自我报告
	乳房发育	Tanner乳房发育等级B1~B5,临床评价或自我报告
	阴毛发育	Tanner阴毛发育等级PH1~PH6,临床评价或自我报告
	生殖器发育	Tanner生殖器发育等级G1~G5,临床评价或自我报告

9.1　生长发育性状的遗传度与家庭相似性

关于生长发育指标正常变异的遗传研究很广泛,现在已经完全确立,基因在儿童生长发育变异中发挥主要作用。

9.1.1　身高和体重

身高是多基因遗传性状的典型例子。儿童时和成年时身高自相关(autocorrelation)提供了生长稳定性的信息。在纵断研究中,出生时和成年时的身高相关系数很低,为0.2~0.3,出生后相关系数的增长非常迅速,在1岁时身长与成年身高之间的相关系数在0.5~

0.6,3 岁时约为 0.8。在儿童期相关系数稳定,青春期有一定程度的下降,说明了生长突增时间上的个体变异。

父母-儿童、兄弟姐妹和双生子研究常常用来说明身高的遗传作用,表 9.2 说明不同年龄儿童身高与父母身高中值存在中等程度的相关,但在身高生长突增期间相关系数有一定程度的下降,而在接近成年身高时相关系数有一定程度增长,达到 0.5~0.6。

表 9.2　年龄组儿童身高与父母身高中值的相关系数

年龄	男			年龄	女		
	n	r	P		n	r	P
2.5	67	0.44	0.000	2.0	41	0.46	0.053
3.0	99	0.43	0.000	2.5	51	0.51	0.000
3.5	152	0.43	0.000	3.0	97	0.50	0.000
4.0	182	0.45	0.000	3.5	143	0.44	0.000
4.5	176	0.55	0.000	4.0	204	0.41	0.000
5.0	271	0.47	0.000	4.5	182	0.46	0.000
6.0	249	0.48	0.000	5.0	233	0.47	0.000
7.0	445	0.46	0.000	6.0	233	0.44	0.000
8.0	435	0.50	0.000	7.0	433	0.43	0.000
9.0	402	0.46	0.000	8.0	416	0.50	0.000
10.0	403	0.45	0.000	9.0	410	0.49	0.000
11.0	423	0.42	0.000	9.5	317	0.41	0.000
11.5	335	0.44	0.000	10.0	391	0.34	0.000
12.0	390	0.37	0.000	10.5	351	0.40	0.000
12.5	253	0.33	0.000	11.0	396	0.37	0.000
13.0	317	0.38	0.000	11.5	324	0.33	0.000
13.5	310	0.40	0.000	12.0	393	0.49	0.000
14.0	448	0.46	0.000	12.5	275	0.41	0.000
14.5	325	0.49	0.000	13.0	333	0.53	0.000
15.0	439	0.52	0.000	13.5	336	0.54	0.000
15.5	293	0.54	0.000	14.0	502	0.57	0.000
16.0	454	0.56	0.000	15.0	472	0.61	0.000

引自张绍岩等,2009。

在出生时,单卵(monozygotic,MZ)和双卵(dizygotic,DZ)双生子对间的身长相关系数相似,提示环境因素对新生儿身长的重要性。在出生后 3 个月,MZ 双生子的相似性增加,在 3 岁时稳定下来,并达到相似的身高。而在 3 岁时,DZ 双生子对间出生时的高度相似性下降,约为 MZ 双生子数值的一半。

在世界范围内,不同人群身高遗传度的范围在 0.6~0.9 或以上。在对来自 8 个富足的西欧国家人群的 30 111 双生子对数据的分析中,Silventoinen 等(2003)发现不同国家人群的成年平均身高不同,意大利人平均身高最低(男 177cm,女 163cm),荷兰人最高(男 184cm,

女 171cm);但不同国家人群男性身高的遗传度无相应的变异,遗传度范围在 0.87~0.93;而女性一般低于男性,遗传度在 0.68~0.93,存在有一定程度的变异。这些研究结果清楚地说明了身高是高度遗传的性状,不同人群身高的遗传结构仅有微小的差异。

虽然发达国家人群的身高遗传度相似,但是,Mueller(1978)在比较 24 项双亲-儿童相关系数后发现,对发展中国家人群所估价的身高遗传度系统地低于发达国家。这个观察结果可部分解释发展中国家人群的营养差异及对疾病有较高的应激反应,这样的环境因素对于生长有不利的影响,从而增加了环境的可变性,降低了遗传度。发展中国家迅速的经济变化也对儿童和双亲产生不同的生长环境,因此,降低了双亲和儿童之间的相关系数,减小了归因于基因的总变异的估价。

对于中国人群,不同研究所报告的身高遗传度为 0.65~0.93(郭梅等,1987;Li et al.,2004;王伟等,2004)。郭梅等(1987)还发现,共同生活的 MZ 对与分开抚养的 MZ 对之间的骨龄相关系数分别为 0.97 和 0.96,差异无显著性,而身高、体重的相关系数存在显著性差异,从而说明身高、体重较骨龄更易受到环境因素的影响(表 9.3)。而且,7~13 岁年龄组内的 MZ 和 DZ 组相关系数的分析表明,在不同年龄段遗传因素对骨龄、身高和体重的影响程度是不同的(表 9.4)。

表 9.3 共同生活与分开抚养的 MZ 骨龄、身高和体重的相关系数

指标	共同生活		分开抚养 5 年以上		*P*
	n(对)	*r*	*n*(对)	*r*	
骨龄	170	0.97	24	0.96	>0.05
身高	170	0.98	24	0.94	<0.05
体重	170	0.95	24	0.79	<0.01

引自郭梅等,1987。

表 9.4 273 对 7~13 岁双生子骨龄、身高和体重的组内相关系数

指标	卵性	年龄(岁)						
		7	8	9	10	11	12	13
骨龄	MZ	0.9714	0.8320	0.9366	0.8728	0.9536	0.8629	0.9763
	DZ	0.7180	0.6590	0.6959	0.4238	0.6176	0.9754	0.9914
身高	MZ	0.9304	0.9266	0.9416	0.8860	0.9627	0.9135	0.9450
	DZ	0.8022	0.9484	0.6741	0.5311	0.1304	0.8354	0.4417
体重	MZ	0.8579	0.8273	0.7631	0.8418	0.9657	0.7965	0.9450
	DZ	0.9231	0.9636	0.6501	0.4886	0.1353	0.7226	0.4417

引自郭梅等,1987。

因体重更易受环境影响,所以体重的遗传度一般低于身高,而且不同研究所估价的体重遗传度变异很大(0.20~0.90),两项中国儿童体重遗传度的研究结果分别为 0.78(郭梅等,1978)和 0.87(王伟等,2004)。

9.1.2 生长模式

分析遗传对生长模式的影响,需要用纵断的测量数据拟合生长曲线,以定量生长期开始时间和幅度的参数。Murata 和 Hibi(1992)发现亚洲人群青春期生长突增早于白人人群。在对欧洲和美国生长研究的 meta 分析中,Hermanussen 等(1998)发现这些国家人群间的生长模式无显著差异,提示了种族背景相似人群的生长模式也类似。

遗传对成熟事件开始时间及出现次序也有重要的影响,表 9. 5 中瑞典和波兰的双生子研究说明,MZ 双生子身高和体重的青春期生长突增开始时间比 DZ 双生子更相似,提示了遗传的调节。

表 9. 5 双生子对间身高体重速度高峰年龄及身高体重高峰速度的相关系数

卵型	PHV 年龄	PHV	PWV 年龄	PWV
男				
DZ 双生子	0. 42	0. 43	0. 38	0. 48
MZ 双生子	0. 85	0. 75	0. 68	0. 76
女				
DZ 双生子	0. 39	0. 48	0. 50	-0. 07
MZ 双生子	0. 78	0. 48	0. 83	0. 57

引自 Fischbein,1977。PHV. 身高速度高峰;PWV. 体重速度高峰。

Beunen 等(2000)在比利时柳温纵断双生子研究(Leuven Longitudinal Twin Study,LLTS)中对 99 对 10~18 岁双生子的分析发现,青春期生长突增开始时间和突增速度的遗传度分别为 0. 89 和 0. 93,环境影响作用分别为 0. 07 和 0. 11,性别差异无显著性。但是,环境因素对男孩 PHV 时的身高和最终身高的作用显著(遗传度为 0. 39~0. 56)。

Towne 等(2001)依据 Fels 生长研究中 105 个家庭的 158 名男孩和 205 名女孩的纵断资料,发现身高生长突增前最低生长速度(minimum height velocity,MHV)时的身高和身高生长速度的遗传度分别为 0. 61 和 0. 72;在身高速度高峰 PHV 时身高和身高速度的遗传度均为 0. 59。

Silventoinen 等(2008)应用 DNA 检测方法确定了瑞典 175 对双生子的卵型(MZ,99;DZ,76),对 0~18 岁纵断身高数据,使用非线性回归模型拟合生长曲线,将 9 岁后生长速度开始由负变正时的年龄定义为生长突增开始年龄,将生长速度再次由正变负时的年龄定义为身高速度高峰年龄。双生子对组内相关系数和遗传与环境因素的方差成分如表 9. 6 所示,所估价的青春期生长突增开始年龄、身高速度高峰年龄、成年身高的遗传度分别为 0. 91、0. 93 和 0. 97。

表 9. 6 双生子对组内相关系数和方差成分的估价

指标	双生子对间相关系数		方差成分估价			
			加性遗传因素		环境因素	
	MZ	DZ	a^2	95% CI	e^2	95% CI
生长突增开始年龄	0. 90	0. 42	0. 91	0. 88~0. 94	0. 09	0. 06~0. 12
身高速度高峰年龄	0. 92	0. 41	0. 93	0. 90~0. 95	0. 07	0. 05~0. 10
成年身高	0. 97	0. 46	0. 97	0. 96~0. 98	0. 03	0. 02~0. 04

引自 Silventoinen et al. ,2008。

9.1.3 骨成熟度

在 273 对 7～13 岁双生子的研究中，郭梅等（1987）发现 MZ 对内骨龄的相关系数大于 DZ 对，骨龄的遗传度为 0.79。由上述的表 9.3 可见，与身高、体重不同，共同生活的 MZ 对与分开抚养 5 年以上的 MZ 对之间骨龄相关系数无显著性差异（$P>0.05$），提示身高和体重较骨龄更易受环境因素的影响。

Loesch 等.（1995a）观察了女子初潮年龄时体重、身高和骨龄的遗传关系，发现只有骨成熟度是初潮年龄的决定因素，月经初潮时的骨龄遗传度为 0.85。

在日本东京中等社会经济阶层 12～18 岁双生子的纵断研究中（Kimura，1983），骨龄的遗传度大于骨生长性状的遗传度，第二掌骨长度的遗传度大于宽度和皮质骨厚度的遗传度，见表 9.7。

表 9.7　骨龄和第二掌骨长度、宽度及皮质骨厚度的遗传度

性别	MZ	DZ	TW2 骨龄	第二掌骨		
				长度	宽度	皮质骨厚度
男	134	36	0.9208	0.7652	−0.3804	0.3728
女	130	29	0.6258	0.7304	0.4175	0.2412

引自 Kimura，1983。

Towne 等（1999）以美国 Fels 纵断研究中 192 个家庭的 807 名 3～15 岁儿童少年为对象，研究了骨成熟度的遗传调节。结果发现，在不同年龄上骨龄的遗传度不同，3～6 岁遗传度为 0.71～0.93；7～15 岁为 0.78～0.11。不同年龄之间的骨龄相关系数随年龄间隔的增加而下降，即 3 岁时骨龄和 4 岁时骨龄之间的相关系数为 0.96，但是 3 岁时骨龄和 15 岁骨龄之间的相关系数为 0.56；而环境影响的相关系数下降更明显，3 岁时骨龄和 4 岁时骨龄之间的相关系数为 0.77，3 岁时骨龄和 15 岁时骨龄间的相关系数为 0.12，这些数据不仅说明了遗传对骨龄的显著影响，而且也说明了骨成熟度遗传和环境的影响存在有特异的发育阶段性。

身高生长和骨骼成熟之间存在高度整合的遗传基础。Loesch 等（1995b）曾经使用纵断双生子资料鉴别和定量了生长过程中身高和骨成熟度的遗传作用，发现 PHV 在男 13.8 岁、女 11.8 岁时出现，而骨成熟速度高峰则在男 11.6 岁、女 9.8 岁出现。在生长过程中也存在有这两个性状的遗传协方差高峰，这个高峰年龄与身高速度高峰年龄和骨成熟度的最大减速年龄相一致。Towne 等（2001）又在针对 Fels 生长研究中 105 个家庭的 158 名男孩和 205 名女孩纵断资料的分析中发现，在 MHV 时骨龄与身高、骨龄与身高速度的相关系数分别为 0.53 和−0.36；在 PHV 时骨龄与身高、骨龄与身高速度的遗传相关系数分别为 0 和−0.55。

身高生长与骨骼成熟之间的整合关系可能与雌性激素和雄性激素刺激线性生长和骨骼成熟加速或减速的不同作用有关（Loesch et al.，1995b）。

9.1.4 性成熟度

在 167 对 6～18 岁男性双生子的研究中，王伟等（2005）发现青春期睾丸容积的遗传度

在 0.93~0.97;李红娟等和季成业(2006)对 6~18 岁 180 对女性双生子研究表明,乳房和阴毛发育的遗传指数为 0.34 和 0.45。

初潮是女性青春期的特殊成熟事件,许多研究表明初潮开始时间显著受到遗传的影响。女性 MZ 对间初潮年龄的相关系数最高,在 0.65~0.90(Loesch et al., 1995a; Treloar and Martin, 1990);DZ 对间的相关系数较低,在 0.16~0.60;姐妹之间的相关系数一般在 0.40 左右,母亲和女儿之间的相关系数在 0.24~0.39(Damon et al., 1969; Brooks-Gunn and Warren, 1988)。最近研究报告,美国女孩初潮年龄遗传度在 0.5 左右(Towne et al., 2005a),而中国女孩初潮年龄的遗传度为 0.78(李红娟等,2006)。

9.1.5 牙齿成熟度

虽然牙齿的发育独立于躯体、骨和性成熟度,但牙齿的发育也显著受到遗传因素的影响。Dempsey 和 Townsend(2001)测量了近 600 对 MD 和 ZD 双生子 28 颗恒牙的近-远侧、颊-舌侧的直径。所有 56 个变量显著贡献于加性遗传变异,变量对表型变异的贡献率在 56%~92%,大部分在 80%以上。在胎儿期和儿童初期,环境对上颌骨第一臼齿的近-远侧、颊-舌侧直径的显著性影响为 22%~27%。

9.2 控制生长发育的基因

人类生长发育和所达到的最终身高是全身性激素和局部激素、生长因子等多基因及环境因素调节的复杂性状。在群体的分布中,这些基因呈现出多态性,致使生物表型及其对环境的反应不同。

因为普遍应用的生长发育指标的遗传基础已经完全确立,所以后基因组时代的注意力转向了影响这些指标变异的特定基因的鉴别。

连锁分析(linkage analysis)是定位影响性状基因(遗传基因座)的重要初始工具。在一条染色体上相互接近的基因座称为连锁,含有影响数量性状,例如身高、体重等变异基因的基因座称为数量性状基因座(quantitative trait loci, QTL)。在特定标记的基因座上,当表型更为相似的亲缘关系对的等位基因比表型更不相似的亲缘关系对更多时,QTL 与标记连锁。在现代全基因组连锁扫描中,将大量确切已知染色体位置的 DNA 标记,以一定的间隔(10 厘摩)有规律地遍布全基因组,进行基因分型。连锁分析的基本假设为,在染色体上相互接近的两个基因座可能一起遗传,当基因座位之间的距离增加时,减数分裂过程中两个基因座杂交或重组的概率也增加(因此而不同时遗传)。

基因鉴别的第二种方法是关联研究(association studies)。在关联研究中要测量特定(多态性)标记的等位基因(候选基因内)对一种性状变异的影响。例如,根据标记的基因型将研究样本分组,应用方差分析估价该性状的组间差异,或检验案例-对照设计中“受累”组与“对照”组之间标记的等位基因频率是否存在差异的显著性。连锁分析和关联研究的作用是相互补充的,是鉴别引起性状变异的功能性遗传决定基因过程中的不同步骤。

9.2.1 连锁分析

1. 身高

因为身高是评价生长发育的主要指标,为遗传度较高的多基因遗传性状,而且大部分以往的遗传研究中均有身高表型的记录,所以影响成年身高的基因鉴别定位研究最为普遍。由表 9.8 可以看到,应用全基因组扫描方法的研究集中在欧洲和美国人群,有显著性(LOD>3)和提示性(LOD>1)连锁证据的基因座几乎遍布除染色体 16、19 和性染色体 Y 以外的所有染色体,其中仅染色体 1、5、6、7、8、9、20 和性染色体 X 上的成年身高 QTLs 在不同研究中得到了复制,由此说明身高 QTL 鉴别的复杂性。许多作者也讨论了不同连锁分析结果的差异,归纳起来如下。

(1) 身高受到多 QTLs 的调节,而每一个 QTL 的影响可能都较小,因此应使用最大化的样本。

(2) 抽取类似年龄和相同环境下的亲缘关系样本(DZ 双生子样本更为适宜)以最小化环境的影响。

(3) 分层取样,使样本更匀质。

(4) 不同人群间候选基因对身高的重要性可能不同。

(5) 不同人群间基因与基因及基因与环境相互作用存在差异。

(6) 不同人群间罕见的或普遍的等位基因频率不同,或存在连锁不平衡模式的差异。

(7) 复杂性状表型分类可能不确切,测量错误或数量性状的个体内变异可能降低表型的测量,贡献于非遗传性的方差来源。

表 9.8 应用全基因组扫描对成年身高数量性状基因座(QTLs)连锁分析的部分结果

作者	受试者	QTL 染色体区域	LOD* 得分
Perola M 等(2001)	芬兰(247 个家庭,614 人)	染色体 7p(pter,短臂末端)	2.91(多点)
		染色体 9q	2.61(多点)
Hirschhorn JN 等(2001)	芬兰(58 个家庭,408 人)	染色体 6q24-25(芬兰)	3.85(多点)
	芬兰(183 个家庭,753 人)	染色体 7q31.3-36(瑞典)	3.40
	瑞典(179 个家庭,746 人)	染色体 12p11.20-q14(芬兰)	3.35
	加拿大(63 个家庭,420 人)	染色体 13q32-33(芬兰)	3.56
Deng HW 等(2002)	53 个家庭,4584 人	染色体 5q31	2.14(多点)
		染色体 Xq22(矮身高基因(*SHOX*)	1.95(两点)
		染色体 Xq25	1.91(两点)
Wu XD 等(2003)	欧洲后裔、非洲后裔美国人(2508 个家庭,6752 人)	染色体 7q319(所有受试者)	2.46(多点)
		染色体 14q21.1(欧洲后裔)	3.67(多点)
		染色体 1p11(非洲后裔)	2.25(多点)
		染色体 3q25(欧洲后裔)	2.06(多点)
		染色体 5q23(欧洲后裔)	2.26(多点)
		染色体 6q13(欧洲后裔)	2.66(多点)

续表

作者	受试者	QTL 染色体区域	LOD* 得分
Willemsen G 等(2004)	荷兰(174 个家庭,573 人)	染色体 6q12-q14.1	2.32
		染色体 1q31.3-q32.2	1.56
		染色体 5p14.3-p13.3	2.04
		染色体 8q21.11-q22.2	1.83
		染色体 10na-q26.3	1.90
		染色体 18na-qq22.3	1.67
Liu YZ 等(2004)	79 个家庭,1816 人	染色体 9q22.32	2.74(多点)
		染色体 9q34.3	2.66(多点)
		染色体 Xq24	2.64(两点)
Sammalisto S 等(2005)	芬兰(244 个家庭,1477 人)	染色体 1q21(男)	4.25(多点)
		染色体 9q24(男)	2.57(多点)
		染色体 18q21(男)	2.39(多点)
		染色体 13q12(女)	2.66(多点)
		染色体 4q35	2.18(多点)
		染色体 22q13	2.85(多点)
Ellis JA 等(2007)	维多利亚白种人(392 同胞对)	染色体 3 上 78cM	3.5
Perola M 等(2007)	澳大利亚、丹麦、荷兰	染色体 7q22.3	2.03(多点)
	芬兰、瑞典、英国	染色体 8q21.3	3.28(多点)
	(3817 个家庭,8450 人;3301 对 DZ 双生子)	染色体 20p13	1.69(多点)
		染色体 Xq25	2.03(多点)

* LOD. 概率比对数。

2. 体重和 BMI

由于肥胖的流行,近些年来出现了许多超重、肥胖的连锁分析研究。但大部分针对成年人超重和肥胖分布高端的表型,涉及全部体重正常可变范围的较少。最近,因成年疾病风险在儿童期的前兆得到密切的关注,这种状况已经发生了改变。

Arya 等.(2006)对 804 名墨西哥裔美国人进行了全基因扫描,以鉴别影响出生体重的 QTL。研究发现了出生体重与染色体 6q 上的 QTL 连锁的显著性证据(LOD=3.72),并在另外的欧洲裔美国人样本中得到复制(LOD=2.3)。此外,在染色体 1q,2q,3q,4q,19p,19q 发现提示性证据,LOD 值在 1.3~2.7。在美国 Fels 纵断研究中,也发现出生体重与染色体 6q 相同位置上的 QTL 连锁的提示性证据(LOD=2.84),不仅复制了出生体重与染色体 6q 上 QTL 连锁,而且也提供了染色体 6q 上的 QTL 影响不同种族背景儿童在子宫内生长的证据。Chen 等(2004)应用了 782 个白种人同胞对,对儿童至成年 BMI 纵断变化进行了全基因组扫描连锁分析,结果提示 BMI 与染色体 1,5,7,12,13,18 的区域连锁,其中的几个区域与成年人的体重或肥胖连锁呈显著性。

3. 骨骼成熟度

在 Fels 纵断研究中,曾对 478 名儿童的约 400 个常染色体标记进行了基因分型。在方差组分的连锁分析(sequential oligogenic linkage analysis routines,SOLAR)基础上,发现染色体 8q 上的一个基因座影响 2~10 岁时的骨龄(LOD 值在 0.96~3.16),以及在不同生活年龄时骨龄与其他染色体标记连锁的提示性证据。同时,也发现了影响儿童不同发育阶段正常骨骼成熟速度的特定 QTL 的证据。

最近,在对尼泊尔 Jiri 生长研究资料的分析中,Towne 等(2005b)发现儿童中期和青春期(6~18 岁)骨骼成熟速度与染色体 3p 的遗传标记显著连锁(LOD = 3. 32)。Duren 等(2006)对 Fels 纵断研究中的 600 名 10 岁儿童的第二掌骨皮质骨厚度和骨龄的双变量连锁分析中也发现,两种性状与染色体 3p 上的同一基因座共同连锁。对不同人群儿童研究结果的一致性,为证实染色体 3p 上的基因影响儿童期骨骼成熟与生长提供了较为确切的证据。

与成熟度评价有关的骨骼大小与长度的生物学特征也高度遗传。Shen 等(2006)对 451 个白种人家庭的 3899 人的全基因组 410 个微卫星标记的基因分型进行多点连锁分析,鉴别出的影响髋骨和脊椎骨大小的 QTL 分别为 8q24(LOD = 3. 27)和 2p24(LOD = 2. 04)。8q24 可能通过与 19p13 相互作用而影响髋骨的大小;也鉴别出了几个特定性别的 QTL,14q21 影响女性腕骨的大小(LOD = 2. 94),16q21 影响男性髋骨的大小(LOD = 2. 19)。但在以往的研究中曾经鉴别出 17q23(LOD = 3. 01)含有影响腕骨大小的 QTL(Deng et al. ,2003),染色体区域 1q22 和 10q21(LOD>4. 32)与双能 X 线吸收法(DXA)测量的腕部远侧骨的面积显著连锁(Huang et al. ,2004)。

Chinappen-Horsley 等(2008)应用 DXA 图像中骨纵轴的像素数量测量长度,以正常白种人女性双生子样本(MZ,n = 1157;DZ,n = 2594)得出的椎骨、股骨、胫骨、肱骨和桡骨长度的遗传度在 0. 57~0. 73。对其中的 2000 DZ 双生子对进行全基因组连锁扫描鉴别 QTL,结果提供了染色体 5q15-5q23. 1 区域与椎骨长度连锁(LOD = 3)的高度提示性证据,与股骨长度连锁(LOD = 2. 19)的提示性证据。

9. 2. 2 关联研究

因为关联研究可以使用无亲缘关系的受试者而具有吸引力,所以关联研究的数量比连锁分析要多。以往等位基因异体(allelic variant)与身高、体重和成熟特征关联的报告主要集中在编码生长激素、生长激素受体基因和骨代谢相关基因的变异方面,近年来出现了一些全基因组关联研究,加深了我们对生长发育遗传的认识。

1. 成年身高全基因组关联研究

成年身高全基因组连锁研究提示了许多含有影响身高的基因组 QTLs,分布在除染色体 10,16,19 外的所有染色体上,但仅其中的部分得到了复制。因而刺激了对身高这一典型的多基因性状关联研究的进展。

Dahlgren 等(2008)对在瑞典东部地区的 1153 名 70 岁老年人完成了 17 个候选基因的关联研究。对均匀分布在候选基因上的 137 个单核苷酸多态性(single nucleotide polymorphism,SNPs)进行基因分型。在染色体 6q25. 1 上鉴别出雌性激素受体基因(estrogen receptor gene)的 4 个单核苷酸多态性与站立身高关联的提示性信号(P< 0. 05)。然后,在第二个组群中对 ESR1 基因中的 25 个 SNPs 进行基因分型,以来自同一地区 70 岁的 507 名男性和 509 名女性作为对照。在男子样本中位于 ESR1 内含子 4

的一个 SNP, rs2179922 表现出关联信号(P = 0.0056)。携带 SNP, rs2179922 的 G 等位基因的纯合体比其他两基因型者平均高 0.90cm 和 2.3cm。但在女性未观察到与身高关联的 SNP。

Weedon 等(2008)使用了 13 665 人的样本以及在另外 16 482 人的样本中基因分型的 39 个变异的全基因组关联数据,鉴别出与成年身高关联的 20 个变异($P<5\times10^{-7}$),其中 10 个变异的关联显著性达到 $P<1\times10^{-10}$,这 20 个 SNPs 解释了约 3% 的身高变异。所鉴别出的基因座包括印度刺猬信号传导(Hedgehog signaling; IHH、HHIP、PTCH1)、细胞外基质(EFEMP1、ADAMTSL3、ACAN)及癌(CDK6, HMGA2, DLEU7)通道的基因。

Gudbjartsson 等(2008)在 25 174 名冰岛人、2876 名荷兰人、1770 名欧洲后裔和 1148 名非洲后裔美国人进行全基因组扫描,搜索影响身高的序列变异,然后在 5517 名丹麦人检验所选择的 SNPs 亚组。结果鉴别出含有一个序列或多个序列的 27 个基因组区域与身高显著关联,每一等位基因异体影响身高的范围在 0.3~0.6cm,所有这些等位基因总共解释了人群身高变异的 3.7%。与已经鉴别出的这些基因座相邻的基因与骨发育和有丝分裂的生物过程有关。以前已经报道的 3 个基因座被复制,关联最为紧密的为 ZBTB38 基因中的 SNPs。

Lettre 等(2008)对来自 15 821 人的 220 万 SNPs 的全基因组关联研究数据进行了 meta 分析,然后在 10 000 人以上的样本深入探究最有说服力的结果。结果鉴别出 10 个新的和 2 个以前已经报道的基因座与身高变异紧密关联(P 由 4×10^{-7}~ 8×10^{-22})。这 12 个基因座解释了约 2% 的人群身高总变异。少于或等于 8 个增加身高的等位基因者的身高与大于或等于 16 个增加身高等位基因者的身高相差约 3.5cm。新鉴别出的以及具有高度提示性关联的基因座包含了重要的生物学候选基因和未预料到的基因,强调了几个通道(Let-7 靶、染色质改建蛋白和刺猬信号传导)是人类身高的重要调节因子。这些结果拓展了关于人类身高生物学调节和典型的复杂性状遗传结构的范围。

2. 特定基因与生长发育性状的关联研究

在全基因组关联研究以前,等位基因异体与生长发育性状关联的研究主要集中在生长激素、雌性激素受体、维生素 D 受体、多巴胺受体、肾上腺素受体、促性腺激素释放激素受体等。

(1) 生长激素基因(*GH-1*):*GH-1* 位于染色体 17q22-24,是生长激素基因簇中的主要基因,在垂体细胞中 *GH-1* 表达丰富。Hasegawa 等(2000)在 43 名无垂体异常的 GH 分泌不足的青春期前矮儿童、46 名 GH 分泌正常的矮儿童,以及 294 名正常成年人,鉴别了 *GH-1* 基因多态性与生长激素分泌和身高的关系,在内含子 4(P-1,在碱基 1663 处的 A 或 T)鉴别出一个多态性位点,在 *GH-1* 基因启动子区域鉴别出两个多态性位点(P-2,碱基 218 处的 A 或 T;P-3,碱基 439 处的 G 或 T),见表 9.9。研究发现 P-1,P-2,P-3 和 GH 生成相关联,GH 的分泌部分地由 *GH-1* 基因所决定,并在一定程度上解释了 GH 分泌和身高的变异,见表 9.10。

最近,Esteban 等(2007)对 307 名正常身高的成年人进行了系统的 *GH-1* 基因分析,建立 *GH-1* 基因单核苷酸多态性(SNPs)谱,确定 SNPs 与成年身高的关联。结果发现单核苷酸多态出现频率超过 1%的有 25 个,但身高 SDS 与 25 个 SNP 的基因型之间的逐步回归分析说明,仅 P6、P12、P17、P25 位点的基因型与身高 SDS 显著相关,在 P6 的基因型 A/G 和 G/G,以及在 P12 的基因型 A/G 降低身高 SDS,而 P17 的 A/T 基因型和 P25 位点的 T/G 基因型增加身高 SDS。

表 9.9　P-1 和 P-2 位点基因型频率的比较

受试者	位点 P-1			位点 P-2		
	A/A	A/T	T/T	T/T	T/G	G/G
正常矮身高儿童*(n=46)	7	19	20	8	18	20
	(A : T = 35.9 : 64.1)			(T : G = 37.0 : 63.0)		
GH 分泌不足儿童*(n=43)	16	17	10	17	16	10
	(A : T = 57.0 : 43.0)			(T : G = 58.1 : 41.9)		
正常成年人(n=294)	62	124	108	64	128	102
	(A : T = 42.2 : 57.8)			(T : G = 43.5 : 56.5)		

* 与正常成年人相比, P<0.0001;引自 Hasegawa et al. ,2000.

表 9.10　青春期前正常矮身高和 GH 分泌不足儿童不同基因型的最大 GH 峰、IGF-Ⅰ和身高

基因型	GH 峰(ng/ml)	IGF-Ⅰ(SDS)	身高(SDS)
P-1 位点			
A/A	10.3±5.80	−2.32±1.21	−3.58±0.80
A/T	16.6±12.1	−1.72±1.29	−3.35±0.86
T/T	18.2±9.80	−0.83±1.27	−2.95±0.58
	P=0.0012	P< 0.0001	P=0.0017
P-2 位点			
T/T	11.1±8.10	−2.35±1.14	−3.67±0.83
G/T	16.4±11.6	−1.66±1.32	−3.26±0.81
G/G	18.2±9.80	−0.83±1.27	−2.95±0.58
	P=0.0057	P< 0.0001	P=0.004

引自 Hasegawa et al. ,2000. P 为 A/A 与 T/T 基因型之间的差异显著性。

(2) 雌性激素受体 α 基因[Estrogen receptorα(ERα) gene, *ESR1*]:因为自 1994 年以来发现了雌性激素对生长发育的许多重要生理作用,所以在生长发育性状的遗传机制研究中雌性激素受体基因占有重要的位置。

Parks 等(2002)在 Fels 纵断生长研究中的受试者(183 男和 131 女)中发现,男孩 ESRa 的 *Pvu* Ⅱ和 *Xba* Ⅰ位点多态性与青春期前生长最低点、青春期前最低点时的身高,以及 PHV 年龄时的身高显著相关。对于 *Pvu* Ⅱ的多态性,罕见等位基因(pp)纯合子男孩青春期前生长最低点的年龄比杂合子(Pp)或更常见的纯合子(PP)小 0.6 岁(P =0.0035),身高矮 5.7cm(P =0.0026);在青春期生长突增高峰时的年龄也小 0.6 岁(P =0.0088),身高矮 5.4cm(P =0.0023)。在成年时,pp 基因型男子比 PP 基因型矮 4.8cm(P =0.01)。在女孩,也存在这种倾向,但是统计学的显著性较低,例如,PHV 时 pp 基因型与 PP 基因型女孩的身高相差 2.5cm(P =0.047),pp 基因型女子的平均成年身高比 PP 基因型矮 2.5cm。ESRa 的 *Xba* Ⅰ多态性对男女青春期的生长参数无影响。Lorentzon 等(1999)也在青春期白人男孩观察到类似的倾向,ESRa *Pvu* Ⅱ pp 基因型比 PP 基因型男孩矮,但 *Xba* Ⅰ基因型无影响。

初潮年龄的变异很大程度受到遗传因素的影响,Guo 等(2006)发现编码芳香化酶的 *CYP19* 基因的 5 个 SNP 与初潮年龄关联。Mendoza 等(2008)在雌性激素合成和信号传导途经的遗传异体和初潮年龄关联研究中发现,除卵泡刺激素受体基因标记与初潮年龄显著关联外(P=0.013),ESR1 和 ESR2 等位基因的上位相互作用(epistatic interactions)可能与初潮年龄提前有关。

雌性激素受体基因也影响儿童的骨密度。在英国埃文父母与儿童纵断研究(Avon Longitudinal Study of Parents and Children, ALSPAC)中,Tobias 等(2007a)发现,在青春期延迟女孩以面积调整的骨矿物质含量的增长与 *ESR1* 基因 rs2234693(*Pvu* Ⅱ)和 rs9340799(*Xba* Ⅰ)位点多态性高度关联,提示雌性激素通过雌性激素受体 α 途经发生作用。在男孩,雌性激素受体 *Xba* Ⅰ和 *Pvu* Ⅱ位点的基因型与雌二醇水平无关,雌二醇水平也与骨密度(bone mineral density, BMD; g/cm^2)不相关($P>0.05$)。但在多变量分析中,*Xba* Ⅰ基因型独自预测了全身 BMD、头部 BMD 和脊椎的体积骨密度(volumetric BMD, vBMD; mg/cm^3), $P<0.05$;*Pvu* Ⅱ基因型独自预测 vBMD(pp>PP, P = 0.01)。20 名 PP 等位基因异体男孩的身高高于其余 70 名男孩(182cm 与 179cm, P=0.03)。在 2 年的追踪中,*Xba* Ⅰ位点的基因型仍然独自与全身 BMD、头部 BMD 和脊椎 vBMD 相关(Lorentzon et al., 1999)。

Tobias 等(2007b)在对 3097 名 11 岁儿童 *ESR*1 基因型与体脂含量关系的分析中发现,rs7757956 位点多态性与身体脂肪含量关联(P=0.002)。在 TA/AA 基因型,以身高调整的总体脂减少 6%,超重的风险下降 20%。

在婴儿期,可能存在影响婴儿生长的雌性激素受体和维生素 D 受体基因之间的相互作用。Suarez 等(1998)在 161 名足月出生至 2 岁的 VDR 基因 *Bsm* Ⅰ位点多态性纯合子(BB 或 bb)儿童,分析了 ER 基因型(*Pvu* Ⅱ和 *Xba* Ⅰ位点)和身体大小的关系。ER 多态性与男女孩体重、女孩身长以及 bb 基因型男孩身长无显著性关联,但 ER 多态性与 BB 基因型男孩身长显著关联。BBpp 基因型男孩在出生时和在 10 个月时都比其他基因型矮(分别为 $P<0.005$ 和 $P<0.001$)。这些结果说明,VDR 和 ER 基因影响之间有一定程度的相互作用,导致婴儿期身体长度的显著变异,特别是在男孩。

最早的女孩青春期的性征——乳房开始发育与某些性激素代谢酶相关。在 Kadlubar 等(2003)对 137 名健康 9 岁女孩的研究中,高活性的雌性激素生成酶 *CYP17* 等位基因、代谢雌二醇的 *CYP1A2* 和 *CYP1B1* 等位基因与女孩乳房发育无关;但是主要代谢睾酮激素的高活性的 *CYP3A4* 与乳房开始发育显著关联(让步比 OR=3.21,95%的置信区间 1.62~6.89),在 *CYP3A4* * *1B/1B* 纯合子携带者,80%的女孩已经进入青春期;而在低活性的 *CYP3A4* * *1A/1A* 纯合子携带者,仅 40%的女孩达到青春期,杂合子携带者中 56%的女孩进入青春期。

(3) 维生素 D 受体(Vitamin D receptor,VDR)基因:VD 内分泌系统对多种生理过程,特别是对骨骼代谢具有多效性影响,因此,维生素 D 受体基因的多态性曾得到广泛的研究。

Fang 等(2007)对来自荷兰阿姆斯特丹和鹿特丹人群样本(7187 人)鉴别了影响 VDR 受体 mRNA 表达的启动子和 3'非翻译区域(untranslated region,UTR)单体型等位基因(haplotype alleles),研究 VDR 基因异体对身高遗传变异的贡献。在鹿特丹人群,嵌段(block)3 中的单体型 3 携带者身高降低 0.3%,嵌段 5 单体型 2 纯合子身高增长 0.5%,具有等位基因剂量效应。二者结合的基因型对身高有加性作用。在两极端基因型组间身高差异为 1.4cm(相当于 0.15SD,$P=0.00002$)。这一研究结果在阿姆斯特丹人群得到了复制,极端基因型组间身高差异为 2.7cm。最后,对已经发表的 27 项研究进行了 meta 分析,这些研究包括了来自不同种族的 2~75 岁的 14 157 名受试者,其中大部分为 Bsm Ⅰ 与身高比较研究。研究结果发现,VDR Bsm Ⅰ 位点 BB 基因型携带者的身高比 bb 基因型高 0.63cm(95%置信区间,0.17~1.08cm,$P=0.006$),也观察到了 BB、Bb 和 bb 基因型身高依次下降的趋势,说明了 VDR Bsm Ⅰ 的 B 等位基因与身高关联。同时,发现亚洲人群有显著较低的 B 等位基因频率(3%~9%,$P<0.001$),其他人群(包括非洲裔的美国人)有较高的 B 等位基因频率(27%~49%)。

在 Tao 等(1998)对女性的研究中,VDR 基因的 *Taq* Ⅰ 位点多态性纯合子(TT)的身高和体重比 Tt 或 tt 基因型高 4.1cm,重 3.9kg。

(4) 促性腺激素释放激素与促性腺激素基因:最近,Sedlmeyer 等(2005)在 125 亲缘关系对(青春期晚发育者及其父母)及 506 名青春期发育早(初潮年龄小于 11 岁,$n=216$)或晚(初潮年龄大于 15 岁,$n=290$)的女性,报告了促性腺激素释放激素受体(gonadotropin-releasing hormone receptor,*GNRHR*)单体型标记 SNPs(haplotype-tagging SNPs,htSNPs)与初潮的关系。在亲缘关系对的研究中,*GNRHR* 基因的 3 个 htSNPs 与青春期晚发育有较低程度的关联,在 506 名女子中仅发现 *GNRHR* 基因中的一个 htSNP 与初潮晚有显著关联,hCV3145733 位点的异体等位基因纯合子携带者初潮晚的可能性是非携带者的 1.8 倍。但这种关联存在种族的差异,非洲裔美国人有最高的让步比(odds ratios,OR = 2.39;95%置信区间在 0.48~11.95),而日本人群的让步比最低(OR = 1.08;95%置信区间为 0.33~3.50)。因此,种族差异可能是日本女孩 *GNRHR* 基因多态性与初潮年龄无关(Nanao and Hasegawa,2000)的原因。

在雄性激素受体(androgen receptor,*AR*)基因中 GGC 重复多态性(16 个重复,相对于其他重复数的多态性)与初潮年龄有关,16GGC 重复携带者早于其他重复数的基因型(Comings et al.,2002)。

Raivio 等(1996)在平均年龄 11.7 岁开始追踪的 49 名健康男孩,对黄体生成素 β(Luteinizing Hormone)基因亚单位的两个突变进行了研究,其中 36 名男孩(74%)为纯合子 LH-β 野生型等位基因,12 名(24%)为携带异体等位基因杂合子,1 名(2%)为异体等位基因纯合子。与纯合野生型 LH-等位基因男孩相比,异体等位基因男孩较矮($P<0.02$),生长速度较慢($P<0.04$),并有较低水平的血清胰岛素样生长因子Ⅰ-结合蛋白-3($P<0.03$)。在青春期进程中,LH-异体等位基因刺激睾丸生长的活性比 LH-野生型等位基因低,导致睾丸体积

小于LH-野生型等位基因纯合子($P<0.03$)。因此,LH基因有可能影响生长速度,贡献于健康男孩青春期进程的宽大的正常变异。在Fels纵断研究中的美国男、女孩也观察到了类似的结果,但是,在青春期过程中LH-异体等位基因和身高之间的关系不如芬兰男孩那样显著(Towne et al. ,1997)。

(5)肾上腺素受体基因:Endo等(2000)在9~15岁的553名(男291,女262)日本学龄儿童样本,研究β_3肾上腺素受体(β_3-adrenergic receptor,β_3-AR)基因、瘦素受体(Leptin receptor,Ob-R)基因位点Gln223Arg多态性是否与儿童肥胖关联。在β_3-AR基因的Trp64Arg多态性中,Trp/Arg或Arg/Arg基因型的肥胖儿童的例数显著高于非肥胖儿童($\chi^2=5.79$, $P=0.02$)。Arg/Arg或Arg/Trp基因型儿童的肥胖指数[实际体重减去标准体重)/标准体重]显著大于Trp/Trp基因型儿童[(19.4±3.6) kg/m^{2}与(18.9±3.2)kg/m^2,$P=0.02$],但是Ob-R基因的基因型组间无显著性差异。因而,提出β_3-AR基因Trp64Arg多态性可能是肥胖的遗传风险因素,Ob-R基因Gln223Arg位点的多态性与肥胖无关。但在8~11岁中国儿童的研究中发现,β_3肾上腺素受体Trp64Arg突变不是影响体重的主要因素,而是在一定程度上可以预测饮食干涉的效果(Xinli et al. ,2001)。

在西班牙185名肥胖(BMI在西班牙标准第97百分位数以上)和185名对照儿童的研究中,Ochoa等(2004)采用案例-对照研究方法,探索过氧化物酶体增殖物激活受体(peroxisome proliferator- activated receptor,PPAR)γ-2基因的Pro12Ala位点及β3-ADR受体基因Trp64Arg位点的多态性与肥胖的关系。结果Pro12Ala位点多态性携带者比非携带者具有显著较高的肥胖风险(odds ratio =2.18,95%置信区间为1.09~4.36)。上述两种多态性共同与肥胖关联的让步比(OR)为5.30,说明了Pro12Ala位点和Trp64Arg位点多态性对于肥胖风险具有增强效应。这一研究结果在韩国和中国儿童中部分证实,Park等(2005)对329名韩国青少年的研究发现,β_2-ADR基因的1053G/C及β_3-ADR基因的Trp64Arg多态性与BMI关联(统计学的显著性分别为$P<0.05$和$P<0.01$)。Trp64Arg多态性也影响体脂百分数($P<0.01$)和血浆瘦素水平($P<0.05$)。此外,1053G/C和Trp64Arg多态性对BMI的影响存在显著的相互作用($P<0.01$)。β_2-ADR和β_3-ADR基因多态性分别解释了BMI变异的4.3%和10.1%,两个基因座的共同作用解释了BMI变异的18.3%。鲁瑾等(2005)在130例中国人肥胖组中发现,携带等位基因Ala12者体重指数(BMI)、臀围和尿酸均显著高于Pro纯合子组,且该多态性与BMI独立相关。

(6)其他基因:Arinami等(1999)在日本7~18岁的79对亲缘关系对和125名无亲缘关系的成年男子中发现,身高与多巴胺2受体基因(dopamine 2 receptor gene,DRD2)启动子区域功能多态性之间的关联(亲缘关系对配对t检验,$P=0.009$;成年人的单因素方差分析,$P=0.006$),提示DRD2启动子多态性对身高有影响。

在影响肾上腺类固醇激素代谢的候选基因与青春期早熟关系的研究中,Xin等(2006)发现胰岛素受体底物基因(Insulin receptor substrate IRS-1)IRS-1 972R多态性与中国女孩青春期开始关联。

最近,Dissanayake等(2007)研究了表皮生长因子(epidermal growth factor,*EGF*)多态性与出生体重的关系。在4组不同种族妇女及其婴儿组群中,母亲*EGF*基因型与婴儿的出生体重有关($P=0.03$~0.001),*EGF*基因多态性是出生体重变异的重要原因。

9.3 导致矮身高表型的性染色体基因

在健康人所观察到的身高变异主要由常染色体基因所决定,性染色体基因的贡献较小。但在一些导致矮身高的遗传性疾病中,发现性染色体的某些基因与病人身高存在密切的关系。

1. 矮身高同源框基因(short stature homeobox-containing gene,*SHOX*)

人类 X 或 Y 染色体短臂缺失的临床经验提示,有关正常生长的基因位于性染色体拟常染色体区域 1(pseudoautosomal region 1,PAR1)内。Ogata 和 Matsuo(1993)证实这个基因位置在 PAR1 最远侧的 700kb 内。Rao 等(1997)在人的性染色体拟染色体区域(PAR1)鉴别出了与身高生长有关的一个重要的基因座(DNA 长度为 170kb),在 36 名矮身高个体中检测出该基因的缺失或在 Xq22 或 Yp11.3 上有不同的重组,在身高相对正常的亲属则无缺失。在这个区域内,分离出了矮身高同源框基因(short stature homeobox-containing gene,*SHOX*)。通过对 91 名特发性矮身高个体的筛选,也鉴别出了 *SHOX* 突变的功能意义,首次提出 *SHOX* 与特发性生长延迟及特纳综合征病人的矮身高表型有关。在同一时期,另一个研究组在特纳综合征候选基因的研究中也鉴别出了该基因,称为 *PHOG*(pseudoautosomal homeobox-containing osteogenic gene)。*SHOX* 在骨髓纤维原细胞中有高水平的表达,提示与骨骼生长发育有关。

SHOX 位于 X 染色体短臂顶部的拟染色体区域(PAR1)。位于 PAR1 内的基因逃逸了 X 的失活,存在于 X 和 Y 染色体。这意味着不能像传统的认识那样,将 *SHOX* 基因看做是 X 连锁的,因为在 Y 染色体上有一个相同的活性基因。所以,当父代的 Y 染色体上的 *SHOX* 基因突变时,而由父代遗传给他的子代。

自从 1997 年发现 *SHOX* 以来,关于 *SHOX* 的了解迅速增加,许多研究发现 *SHOX* 与特纳综合征(Turner syndrome)和莱里-维尔软骨骨生成障碍(Léri-Weill dyschondrosteosis,LWD)的矮身高表型有关,在这两种综合征中都发现 *SHOX* 单倍不足(haploinsufficiency)。特纳综合征最普遍的病因是缺少一个 X 染色体(45,X),在 60% 的 LWD 病人则是由于 *SHOX* 基因的缺失或点突变。

矮身高的发病率约为 3%,是儿童经常出现的生长发育失调现象,特发性矮身高则说的是各种未知原因的矮身高。Rappold 等(2002)报告了 750 名核型正常、无 LWD 骨骼发育异常的矮身高儿童中 *SHOX* 的突变类型及发生率。在所分析的 750 名病人中,有 9 名被鉴别出编码区域有沉默、错义、无义突变以及小的缺失。在基因缺失的 150 名病人中有 3 名为完全基因缺失。2.4% 的矮身高儿童被检测出有 *SHOX* 突变,*SHOX* 突变谱为偏倚的,大部分的突变导致完全的基因缺失。矮身高儿童中由于 *SHOX* 基因突变而导致矮身高的发生率与生长激素(growth hormone,GH)缺乏或特纳综合征相似。同源框基因 *SHOX* 缺失是矮身高儿童生长障碍的重要原因。

然而,在性腺发育不全者 *SHOX* 过量(overdosage)通常导致长肢体和高身高(Ogata et al.,2000)。因此,*SHOX* 可能具有抑制远侧肢体生长板融合和骨骼发育成熟的功能而抵消雌性激素加速骨成熟的作用(Ogata et al.,2001)。

在人生长板静止带、增生带和肥大带中均发现了 *SHOX* 蛋白和 mRNA 的表达(Munns, et al. ,2004),而且在肥大和凋亡的软骨细胞中的表达最为显著,提示 *SHOX* 蛋白直接调解软骨细胞的分化,引起软骨细胞生长的抑制和凋亡(Marchini et al. ,2004)。

2. Y 染色体生长控制基因(Y chromosome growth-control gene, *GCY*)

身高是受遗传与环境影响的多因素性状。性染色体为 XY 男子的身高高于 XX 男子, XY 女子的身高高于 XX 的女子,XYY 男子的身高高于 XY 男子的事实可以推测,Y 染色体含有影响身高的基因。Ogata 和 Matsuo(1992)比较了 XX 和 XY 性腺发育不全病人(XXGD 和 XYGD)的成年身高,分别为 164.4cm±7.7cm 和 171.0cm±7.8cm($P<0.01$),支持了存在有 Y 染色体特异生长基因的推测。

在 1000 名男子中,至少有 1 名男子 Y 染色体长臂部分缺失,这种 46,XYq-核型的病人通常为矮身高和不育表型。这个矮身高基因座被称为 *GCY* (growth control gene(s) on the Y)。通过分析 Yq 断裂点与身高的关系将 *GCY* 基因座确定在 Yq11 的着丝粒附近(Salo et al. ,1995),Rousseaux-Prevost 等(1996)进一步分析,在这个区域内确定了两个可能存在 *GCY* 基因座的间隔。最近,应用荧光原位杂交(fluorescence in situ hybridization, FISH)方法的分子学分析最终确定 DYZ3 至 GYS11 是唯一的 *GCY* 临界间隔(Kirsch et al. ,2000;2002)。在 2003 年公布了人类男性 Y 染色体序列后,Kirsch 等(2005)分析了人 Y 染色体着丝粒附近(pericenttromeric)高重复序列中的常染色质岛,确定了这个间隔的分子学结构,发现了该特定区域中的 8 个基因,至今尚未了解的身高基因 *GCY* 即在其中,但各基因功能尚待确定。

3. Y 染色体基因多态性

Ellis 等(2001)首次报道正常成年男女身高变异与芳香化酶基因和 Y 染色体基因关联。应用单核苷酸多态性 SNP 检验了 *CYP19* 等位基因,对男性以限制性片段长度多态性(restriction fragment length polymorphism, RELP)分析 Y 染色体着丝粒附近的非编码区域,结果发现 *CYP19* 和 Y 染色体基因型与身高关联(表 9.11 和表 9.12),男性的关联程度比女性更为显著。*CYP19* 和 Y 染色体基因的遗传变异是正常成年人身高的决定因素之一,芳香化酶和 Y 染色体身高基因座的人群变异决定了男性高加索人 4cm 的身高差异。

表 9.11 *CYP19* 基因型之间身高的比较

受试者	*CYP19* 基因型			*P*
	AA	AB	BB	
所有受试者	167.4±8.8 (*n*=214)	169.2±8.7 (*n*=342)	169.4±9.3 (*n*=173)	0.003
男性	173.5±7.5 (*n*=102)	174.0±6.7 (*n*=200)	175.6±6.5 (*n*=92)	0.05
女性	162.1±6.2 (*n*=112)	162.4±6.1 (*n*=142)	162.3±6.6 (*n*=81)	0.94

A. 多态性位点上的 A 核苷酸;B. 多态性位点上的 G 核苷酸(Ellis et al. ,2001)

表 9.12　以 Y 染色体 RELP(列)和 *CYP19* SNP(行)单体型分组的身高比较

基因型	a	b
AA	173.4±6.6 (n = 70)	172.8±9.2 (n = 32)
AB	174.7±6.5 (n = 136)	172.8±7.4 (n = 60)
BB	176.9±5.9 (n = 60)	173.2±6.9 (n = 32)

a 和 b 分别代表酶切位点的存在与不存在(Ellis et al. ,2001)

影响生长发育特定等位基因的频率存在跨人群的差异。这就意味着在不同人群中生长发育的遗传影响的相对重要性不同,基因-环境相互作用对跨人群儿童和青少年生长和成熟变异的影响是显著的。发现免受有害环境因素影响的基因异体,在检测儿童对环境因素反应的风险性方面有重要的价值。

在过去 20 年中,分子遗传学和统计遗传学取得了意义深远的进展,并将继续快速发展,生长发育复杂过程的遗传体系结构将会被更好地阐明。

参 考 文 献

郭梅,叶广俊,叶恭绍. 1987. 双生子骨龄、身高及体重的研究. 人类学学报,6(2):131~138.

李红娟,季成业. 2006. 遗传与环境因素对女性青春期性征发育的影. 中国学校卫生,27(10):834~835.

鲁瑾,邹大进,陈光椿,等. 2005. PPARγ-2 基因 Pro12Ala 多态性与中国人超重和肥胖相关. 中华内分泌代谢杂志. 21(6):543~544.

王伟,季成业,蓬增昌,等. 2004. 男童青春期发育及相关内分泌激素影响因素的实验双生子研究. 中国学校卫生,25(2):129~130.

张绍岩 张继业 刘刚,等. 2009. 中国儿童靶身高预测公式. 中华现代儿科学杂志,6(1):7~11.

Arinami T, Iijima Y, Yamakawa-Kobayashi K, et al. 1999. Supportive evidence for contribution of the dopamine D2 receptor gene to heritability of stature: linkage and association studies. Ann Hum Genet 1999, 63: 147~151.

Arya R, Demerath E, Jenkinson CP, et al. 2006. A QTL for birth weight on chromosome 6q identified in two independent family studies. Hum Mol Genet, 15: 1569~1579.

Beunen G, Thomis M, Maes HH, et al. 2000. Genetic variance of adolescent growth in stature. Ann Hum Biol, 27: 173~186.

Brooks-Gunn J, Warren MP. 1988. Mother-daughter differences in menarcheal age in adolescent girls attending national dance company schools and non-dancers. Ann Hum Biol, 15: 35~44.

Chen W, Li S, Cook NR, et al. 2004. An autosomal genome scan for loci influencing longitudinal burden of body mass index from childhood to young adulthood in white sibships: The Bogalusa Heart Study. Int J Obes Relat Metab Disord, 28: 462~469.

Chinappen-Horsley U, Blake GM, Fogelman I, et al. 2008. Quantitative trait loci for bone lengths on chromosome 5 using dual energy X-ray absorptiometry imaging in the twins UK cohort. PloS ONE 3(3): e1752.

Comings DE, Muhleman D, Johnson JP, et al. 2002. Parent-daughter transmission of the androgen receptor gene as an explanation of the effect of father absence on age of menarche. Child Dev, 73: 1046~1051.

Dahlgren A, Lundmark P, Axelsson T, et al. 2008. Association of the estrogen receptor 1(ESR1) gene with body height in adult males from two Swedish population cohorts. PLoS ONE, 3(3): e1807.

Damon A, Damon ST, Reed RB, et al 1969. Age at menarche of mothers and daughters, with a note on accuracy of recall. Hum Biol, 41: 160~175.

Dempsey PJ, Townsend GC. 2001. Genetic and environmental contributions to variation in human tooth size. Heredity, 86(6): 685~693

Deng HW, Shen H, Xu FH, et al. 2003. Several genomic regions potentially containing QTLs for bone size variation were identified in a whole-genome linkage scan. Am J Med Genet A, 119(2): 121 ~ 131.

Deng HW, Xu FH, Liu YZ, et al. 2002. A whole-genome linkage scan suggests several genomic regions potentially containing QTLs underlying the variation of stature. Am J Med Genet Part A, 113: 29 ~ 39.

Dissanayake VHW, Tower C, Broderick A, et al. 2007. Polymorphism in the epidermal growth factor gene is associated with birth-weight in Sinhalese and white Western Europeans. Mol Hum Reprod, 13(6): 425 ~ 429.

Duren DL, Blangero J, Dyer T, et al. Bivariate linkage of cortical bone thickness and skeletal age to chromosome 3p. Abstract 1466. Presented at the annual meeting of The American Society of Human Genetics, October 25 ~ 29, 2005, Salt Lake City, Utah, USA. Available at *http://www. ashg. org/genetics/*ashg05s/. Accessed 6 September, 2006.

Ellis JA, Scurrah KJ, Duncan AE, et al. 2007. Comprehensive multi-stage linkage analyses identify a locus for adult height on chromosome 3p in a healthy Caucasian population. Hum Genet, 121(2): 213 ~ 222.

Ellis JA, Stebbing M, Harrap SB. 2001. Significant population variation in adult male height associated with the Y chromosome and the aromatase gene. J Clin Endocrinol Metab, 86: 4147 ~ 4150.

Ellison JW, Wardak Z, Young MF, et al. 1997. PHOG, a candidate gene for involvement in the short stature of Turner syndrome. Hum Mol Genet, 6: 1441 ~ 1447.

Endo K, Yanagi H, Hirano C, et al. 2000. Association of Trp64Arg polymorphism of the β_3-adrenergic receptor gene and no association of Gln223Arg polymorphism of the leptin receptor gene in Japanese schoolchildren with obesity. Int J Obes, 24: 443 ~ 449.

Esteban C, AudíL, Carrascosa A, et al. 2007. Human growth hormone(*GH1*) gene polymorphism map in a normal-statured adult population. Clin Endocrinol(Oxf), 66: 258 ~ 268.

Fang Y, van Meurs JBJ, Rivadeneira F, et al. 2007. Vitamin D receptor gene haplotype is associated with body height and bone size. J Clin Endocrinol Metab, 92(4): 1491 ~ 1501.

Fischbein S. 1977. Intra-pair similarity in physical growth of monozygotic and of dizygotic twins during puberty. Ann Human Biol, 4(5): 417 ~ 430.

Gudbjartsson DF, Walters GB, Thorleifsson G, et al. 2008. Many sequence variants affecting diversity of adult human height. Nat Genet, 40(5): 609 ~ 615.

Guo Yan, Xiong DH, Yang TL, et al. 2006. Polymorphisms of estrogen- biosynthesis genes *CYP17* and *CYP19* may influence age at menarche: a genetic association study in Caucasian females. Hum Mol Genet, 15(16): 2401 ~ 2408.

Hasegawa Y, FujiiK, Yamada M, et al. 2000. Identification of Novel Human *GH-1* Gene Polymorphisms that Are Associated with Growth Horm one Secretion and Height. J Clin Endocrinol Metab, 85(3): 1290 ~ 1295.

Hermanussen M, Thiel C, von Buren E, et al. 1998. Micro and macro perspectives in auxology: findings and considerations upon the variability of short term and individual growth and the stability of population derived parameters. Ann Hum Biol, 25: 359 ~ 385.

Hirschhorn JN, Lindgren CM, Daly MJ, et al. 2001. Genomewide linkage analysis of stature in multiple populations reveals several regions with evidence of linkage to adult height. Am J Hum Genet, 69: 106 ~ 116.

Huang QY, Xu FH, Shen H, et al. 2004. Genome scan for QTLs underlying bone size variation at 10 refined skeletal sites: genetic heterogeneity and the significance of phenotype refinement. Physiol Genomics, 17(3): 326 ~ 331.

Kadlubar FF, Berkowitz GS, Delongchamp RR, et al. 2003. The *CYP3A4 * 1B* variant is related to the onset of puberty, a known risk factor for the development of breast cancer. Cancer Epidemiol Biomarkers Prev, 12: 327 ~ 331.

Kimura K. 1983. Skeletal maturity and bone growth in twins. Am J Phys Anthrop, 60: 491 ~ 497.

Kirsch S, Weiss B, De Rosa M, et al. 2000. FISH deletion mapping defines a single location for the Y chromosome stature gene, *GCY*. J Med Genet, 37: 593 ~ 599.

Kirsch S, Weiss B, Miner TL, et al. 2005. Interchromosomal segmental duplications of the pericentromeric region on the human Y chromosome. Genome Res, 15: 195 ~ 204.

Kirsch S, Weiss B, Schön K, et al. 2002. The definition of Y chromosome growth-control gene(GCY) critical region: relevance of terminal and interstitial deletions. J Pediatr Endocrinol Metab, 15: 1295 ~ 1300.

Koziel S. 2001. Relationships among tempo of maturation, midparent height, and growth in height of adolescent boys and girls. Am J Hum Biol, 13(1): 15~22.

Lettre G, Jackson AU, Gieger C, et al. 2008. Identification of ten loci associated with height highlights new biological pathways in human growth. Nat Genet, 40(5): 584~591.

Li MX, Liu PY, Li YM, et al. 2004. A major gene model of adult height is suggested in Chinese. J Hum Genet, 49: 148~153.

Liu YZ ·Xu FH, Shen H, et al. 2004. Genetic Dissection of Human Stature in a Large Sample of Multiplex Pedigrees. Ann Hum Genet, 68: 472~488.

Loesch DZ, Huggins R, Rogucka E, et al. 1995a. Genetic correlates of menarcheal age: a multivariate twin study. Ann Hum Biol, 22: 470~490.

Loesch DZ, Hopper JL, Rogucka E, et al. 1995b. Timing and genetic rapport between growth in skeletal maturity and height around puberty: similarities and differences between girls and boys. Am J Hum Genet, 56: 753~759.

Lorentzon M, Lorentzon R, Bäckström T, et al. 1999. Estrogen receptor gene polymorphism, but not estradiol levels, is related to bone density in healthy adolescent boys: a cross-sectional and longitudinal study. J Clin Endocrinol Metab, 4: 4597~4601.

Marchini A, Marttila T, Winter A, et al. 2004. The short stature homeodomain protein SHOX induces cellular growth arrest and apoptosis and is expressed in human growth plate chondrocytes. J Biol Chem, 279: 37103~37114.

Mendoza N, Morón FJ, Quereda F, et al. 2008. A digenic combination of polymorphisms within ESR1 and ESR2 genes are associated with age at menarche in the Spanish population. Reprod Sci, 15(3): 305~311.

Mueller WH. 1978. Transient environmental changes and agelimited genes as causes of variation in sib-sib and parentoffspring correlations. Ann Hum Biol, 5: 395~398.

Munns CJ, Haase HR, Crowther LM, et al. 2004. Expression of SHOX in human fetal and childhood growth plate. J Clin Endocrinol Metab, 89: 4130~4135.

Murata M, Hibi I. 1992. Nutrition and the secular trend of growth. Horm Res, 38(suppl 1): 89~96.

Nanao K, Hasegawa Y. 2000. Polymorphisms at the5' end of the human gonadotropin-releasing hormone receptor gene are not associated with the timing of menarche in Japanese girls. Eur J Endocrinol, 143: 555~556.

Ochoa MC, Marti A, Azcona C, et al. 2004. Gene-gene interaction between PPAR gamma 2 and ADR beta 3 increases obesity risk in children and adolescents. Int J Obes Relat Metab Disord, 28(Suppl 3): S37~41.

Ogata T, Kosho T, Wakui K. 2000. Short stature homeobox-containing gene duplication on the der(X) chromosome in a female with 45, X/46, X, der(X), gonadal dysgenesis, and tall stature. J Clin Endocrinol Metab, 85: 2927~2930.

Ogata T, Matsuo N, Nishimura G. 2001. *SHOX* haploinsufficiency and overdosage: impact of gonadal function status. J Med Genet, 38: 1~6.

Ogata T, Matsuo N. 1992. Comparison of adult height between patients with XX and XY gonadal dysgenesis: support for a Y specific growth gene(s). J Med Genet, 29: 539~541.

Ogata T, Matsuo N. 1993. Sex chromosome aberrations and stature: deduction of the principal factors involveed in the determination of adult height. Hum Genet, 91: 551~562.

Park HS, Kim Y, Lee C. 2005. Single nucleotide variants in the beta2-adrenergic and beta3-adrenergic receptor genes explained 18.3% of adolescent obesity variation. J Hum Genet, 50: 365~369.

Parks JS, Brown MR, Siervogel RM. 2002. Variation in the estrogen receptor gene and the timing of pubertal growth. In: Gilli G, Schell L, Benso L, eds. Human Growth from Conception to Maturity. London: Smith-Gordon, 141~144.

Perola M, Öhman M, Hiekkalinna T, et al. 2001. Quantitative-trait-locus analysis of body-mass index and of stature, by combined analysis of genome scans of five Finnish study groups. Am J Hum Genet, 69(1): 117~123.

Perola M, Sammalisto S, Hiekkalinna T, et al. 2007. Combined genome scans for body stature in 6,602 European twins: evidence for common Caucasian loci. PLoS Genet, 3: e97.

Raivio T, Huhtaniemi I, Anttila R, et al. 1996. The role of luteinizing hormone-beta gene polymorphism in the onset and progression of puberty in healthy boys. J Clin Endocrinol Metab, 81: 3278~3282.

Rao E, Weiss B, Fukami M, et al. 1997. Pseudoautosomal deletions encompassing a novel homeobox gene cause growth failure in idiopathic short stature and Turner syndrome. Nat Genet, 16: 54~63.

Rappold GA, Fukami M, Niesler B, et al. 2002. Deletions of the homeobox gene *SHOX*(short stature homeobox) are an important cause of growth failure in children with short stature. J Clin Endocrinol Metab, 87: 1402 ~ 1406.

Rousseaux-Prevost R, Rigot JM, Delobel B, et al. 1996. Molecular mapping of a Yq deletion in a patient with normal stature. Hum Genet, 98: 505 ~ 507.

Salmon WD, Daughaday WH. 1957. A hormonally controlled serum factor which stimulates sulfate incorporation by cartilage *in vitro*. J Lab Clin Med, 49: 825 ~ 826.

Salo P, Kääriäinen H, Page DC, et al. 1995. Deletion mapping of stature determinants on the long arm of the Y chromosome. Hum Genet, 95: 283 ~ 286.

Sammalisto S, Hiekkalinna T, Suviolahti E, et al. 2005. A male-specific quantitative trait locus on 1p21 controlling human stature. J Med Genet, 42: 932 ~ 939.

Sedlmeyer IL, Pearce CL, Trueman JA, et al. 2005. Determination of sequence variation and haplotype structure for the gonadotropin-releasing hormone(GnRH) and GnRH receptor genes: investigation of role in pubertal timing. J Clin Endocrinol Metab, 90: 1091 ~ 1099.

Shen H, Long JR, Xiong DH, et al. 2006. A genomewide scan for quantitative trait loci underlying areal bone size variation in 451 Caucasian families. J Med Genet, 43: 873 ~ 880.

Silventoinen K, Haukka J, Dunkel L, et al. 2008. Genetics of pubertal timing and its associations with relative weight in childhood and sdult height: the Swedish young male twins study. Pediatrics, 121: e885 ~ e891.

Silventoinen K, Sammalisto S, Perola M, et al. 2003. bility of adult body height: a comparative study of twin cohorts in eight countries. Twin Res, 6: 399 ~ 408.

Suarez F, Rossignol C, Garabédian M. 1998. Interactive effect of estradiol and vitamin D receptor gene polymorphisms as a possible determinant of growth in male and female infants. J Clin Endocrinol Metab, 83: 3563 ~ 3568.

Tao C, Yu T, Garnett S, et al. 1998. Vitamin D receptor alleles predict growth and bone density in girls. Arch Dis Child, 79: 488 ~ 494.

Tobias JH, Steer CD, Vilariño-Güell C, Brown MA. 2007b. Effect of an estrogen receptor-α intron 4 polymorphism on fat mass in 11-year-old children. J Clin Endocrinol Metab, 92: 2286 ~ 2291.

Tobias JH, Steer CD, Vilariño-Güell C, et al. 2007a. Estrogen receptor-α regulates area-adjusted bone mineral content in late pubertal girls. J Clin Endocrinol Metab, 92: 641 ~ 647.

Towne B, Blangero J, Duren DL, 2005b. A QTL on chromosome 3p influences the tempo of skeletal maturation in Nepali children from early to late childhood. Abstract 1577. Presented at the annual meeting of The American Society of Human Genetics, October 25 ~ 29, 2005, Salt Lake City, Utah, USA. Available at: http://www. ashg. org/genetics/ashg05s/. Accessed 6 September, 2006.

Towne B, Czerwinski SA, Demerath EW, et al. 2005a. Heritability of age at menarche in girls from the Fels Longitudinal Study. Am J Phys Anthropol, 128: 210 ~ 219.

Towne B, Czerwinski SA, Demerath EW . 2001. Genetic associations between pubertal growth and skeletal maturity in healthy boys and girls. Program Nr: 1261 from the 2001 ASHG Annual Meeting.

Towne B, Parks JS, Blangero J. 1997. Associations between luteinizing hormone-b polymorphisms and skeletal maturation and growth before and during puberty. Am J Hum Genet, 61: A214 1238.

Towne B, Siervogel RM, Parks JS. 1999. Genetic regulation of skeletal maturation from 3 to 15 years. Program Nr: 2267 from the 1999 ASHG Annual Meeting.

Treloar SA, Martin NG. 1990. Age at menarche as a fitness trait: nonadditive genetic variance detected in a large twin sample. Am J Hum Genet, 47: 137 ~ 148.

Weedon MN, Lango H, Lindgren CM, et al. 2008. Genome-wide association analysis identifies 20 loci that influence adult height. Nat Genet, 40: 575 ~ 583.

Willemsen G, Boomsma DI, Beem AL, et al. 2004. QTLs for height: results of a full genome scan in Dutch sibling pairs. Eur J Hum Genet, 12: 820 ~ 828.

Wu XD, Cooper RS, Boerwinkle E, et al. 2003. A combined analysis of genomewide scans for adult height: results from the NHLBI

Family Blood Pressure Program. Eur J Hum Genet, 11: 271 ~ 274.

Xin X, Xiao J, Luan X, et al. 2006. Association study of six activity SNPS in adrenal steroid hormone metabolism and IBM related genes with precocious puberty in Chinese girls. Neuro Endocrinol Lett, 27: 219 ~ 224.

Xinli W, Xiaomei T, Meihua P, et al. 2001. Association of a mutation in the beta3-adrenergic receptor gene with obesity and response to dietary intervention in Chinese children. Acta Paediatr, 90: 1233 ~ 1237.

Yang TL, Xiong DH, Guo Y, et al. 2006. Association analyses of CYP19 gene polymorphisms with height variation in a large sample of Caucasian nuclear families. Hum Genet, 120: 119 ~ 125.

第 10 章 影响生长发育的环境因素

人类生长对环境有较高的敏感性而表现出较大的可塑性,因此环境因素对个体生长的影响很大。人类生长对环境的敏感性可由儿童营养不良而生长迟缓和消瘦、当环境条件改善时赶上生长的普遍现象所证实。

已知影响生长发育的环境因素包括营养、传染性疾病、二者之间的相互租用、心理应激、食物污染、环境污染等。这些因素是直接影响生长的因素,在生长的不同阶段各影响因素的重要性不同。而社会经济状况、社会阶层、文化、行为等是间接影响生长的因素,在不同的生长阶段都发挥重要作用。在发展中国家,间接影响因素主要表现为低收入、较差的卫生基本设施、环境污染等。在工业化国家,损害儿童生长的因素则主要表现为低社会经济地位,包括亲子关系、家庭拥挤、低收入、双亲的健康状况、社会的福利等。

长期趋势用来描述生活在相同地域的人群中连续几代生长发育所出现的明显变化。因为人类生长和身体大小对环境因素反应的敏感性,正向的长期趋势很大程度上归因于社会经济的发展、营养和卫生条件的改善;而负向长期趋势常常看做是环境、社会状况恶劣的后果。在世界范围内,长期趋势主要表现为随社会经济的发展而出现的正向趋势,尤其是近些年来亚洲经济崛起,亚洲人群生长的正向长期趋势非常明显。无论在经济发达国家还是在发展中国家,人群身高的长期趋势和社会经济状况之间存在类似的正向关系,而体重的长期趋势则不同,在经济发达国家儿童超重、肥胖与低社会经济地位相关(Sobal,1991;de Garine and Pollock,1995)。但在营养状况发生转变的发展中国家,儿童生长发育迟缓与超重、肥胖问题均较突出。这种现象首先在秘鲁发现(Trowbridge et al. ,1987),最近在俄罗斯、巴西、南非和中国也观察到这种现象的存在(Popkin et al. ,1996;中国学生体质健康研究组,2002a)。

10.1 营养

饮食的数量和质量可以影响儿童生长和身体组成。虽然母乳喂养和处方喂养儿童在达到学龄年龄时生长状况没有差异,但是母乳喂养的儿童成为肥胖的可能性较小(Frongillo,2001)。能量、蛋白质和锌的缺乏阻碍生长(Tremblay,2004;Li et al. ,2000),而高脂肪饮食与体重的增长和肥胖有关(Li et al. ,2000)。素食者和素食饮食可能导致锌的缺乏,在埃及、肯尼亚、墨西哥乡村以素食饮食为主的学龄儿童缺乏维生素 A、维生素 B_{12}、核黄素、钙、铁和锌(Murphy and Allen,2003)。

婴幼儿极易受到营养素摄入不足的影响,蛋白质、能量摄入不足可引起急性和慢性蛋白质-能量营养不良(protein-energy malnutrition,PEM)。蛋白质和能量是维持机体组织代谢的基本营养素,蛋白质、能量摄入不足将直接影响生长,如果能量缺乏非常严重,那么脂肪和瘦体重将丢失,以供其他组织维持代谢。急性营养不良更多表现为身高别体重的下降,而慢性营养不良则导致生长迟缓(growth stunting)、矮身高,在极端情况下 PEM 可发展为以热量缺乏为主的重度营养不良（marasmus）和以蛋白质缺乏为主的重度营养不良（kwashiorkor）（Waterlow，1973）。在发展中国家，PEM 是婴幼儿最主要的难以控制的疾病之一，据 2000 年世界卫生组织估计，在南亚和非洲约一半的儿童由于 PEM 而生长发育延迟。生命早期营养干涉可取得良好的短期和长期效果，在中美洲和巴拿马营养学会的两项持续 20 年的纵断研究中，对妇女和学龄前儿童以蛋白质和能量补充干涉，增加了出生体重，减少了婴儿发病率，提高了 3 岁以下儿童的生长速度；在对 11 ~27 岁受试者的追踪研究中发现，青春期和成年平均身高和去脂体重显著性增长，改善了男子的工作能力，增加了男、女受试者的智力；但另一方面，营养干涉未显著影响青春期骨成熟度或初潮年龄（Martorell，1995）。

儿童正常生长发育也需要多种微量营养素。许多研究提供了锌缺乏导致生长停滞（growth faltering）的证据，甚至轻微至中等程度的缺乏就可能影响生长；严重的维生素 A 缺乏和铁缺乏也是引起儿童生长停滞的原因（Rivera et al. ，2003）。Ramakrishnan 等（2004）采用 meta 分析的研究结果表明，多种微量营养素干涉对印度儿童身高和体重的生长均有正向影响，维生素 A 和锌结合补充能够改善巴西儿童受损的肠道功能屏障和身高生长的不足（Chen et al. ，2003）。而在一项补充微量元素的随机临床实验中，Bhandari 等（2001）认为补充锌和铁对缺乏人群身高的生长有一定的促进作用，而维生素 A 可能并无显著的影响。Yang 等（2002）在对生长延迟的学龄前儿童所进行的双盲安慰剂对照试验研究中发现，补充锌或补充锌+钙能够改善身高的增长，维生素 A 能够改善体重的增长，微量营养素补充可以降低这些儿童的发病率。最近，Ruz（2006）在总结了近期关于补充锌与婴幼儿生长的研究后提出，对于不缺乏锌的非生长迟缓的健康儿童，锌的补充不能引起促进生长的作用；对于无特殊营养需求的儿童，额外的锌补充只对某些而不是所有儿童的身高和体重产生有益的影响。除最初的人体测量及锌状态之外，锌补充影响生长的其他决定因素尚不完全清楚。

在儿童中也存在很大比例的微量维生素缺乏的亚临床状况。根据印度国家营养监测公署报告（Singh，2004），50% 以上的健康儿童为亚临床维生素缺乏，2/3 以上的儿童有铁缺乏的临床证据。儿童偏食，对蔬菜和水果摄取相当挑剔，因而危及到由食物源摄取的微量营养素。微量营养素亚临床缺乏可能影响到儿童遗传生长潜力充分发挥以及智力的发育，而且也损害儿童的免疫功能而频繁感染疾病，因而触发营养不良和再次感染的恶性循环。在临床中单独的微量营养素缺乏极为少见，通常是同时缺乏多种微量营养素，但仅由饮食远不可能 100% 地达到微量营养素推荐量的要求，大部分学龄前儿童需要营养干涉补充。

维生素 D 很早就被证明是骨骼生长必不可少的重要营养素，维生素 D 能够增加钙的肠内吸收，有利于骨矿化所必需的微环境，此外，维生素 D 通过其对破骨细胞的作用而防止低血钙症，严重的维生素缺乏导致儿童佝偻病。但近些年的研究认为，维生素 D 缺乏症已经成为世界范围内的公共健康问题（Gannagé-Yared et al. ，2001），在发展中国家普遍存在维生素 D 循环水平不足和饮食中钙缺乏（Fischer et al. ，2008）。

低脂肪的饮食可能影响儿童的生长。含有脂肪能量不足 30% 的饮食对婴儿期以后的生长有负作用，但尚不清楚这是由于总能量摄入不足还是对其他营养物摄入的影响（Koletzko，1999），因为低脂肪摄入的儿童存在脂溶性维生素摄入不足的风险，例如，饮食中脂肪能量不足 30% 的儿童维生素 B_1、B_6、B_{12}，维生素 E，核黄素和烟酸的摄入量不足（Nicklas et al. ，1992）。这种营养素摄入关系可能受到社会经济地位的影响，具有一般至较高社会经济背景的挪威 8 ~ 12 岁儿童自我选择低脂肪饮食，并没有危及到宏量-微量营养素或饮食能量的摄入(Tonstad and Sivertsen,1997)。但是,社会经济地位低的家庭可能更多地消费食糖和精制的碳水化合物而导致饮食中的脂肪摄入低于平均脂肪摄入量,因为这样的食物比瘦肉、鱼、新鲜蔬菜和水果更经济(Drewnowski,2004),因此而限制了微量营养素的摄入。在巴西,肥胖儿童有低锌摄入和缺锌的生长表现(Marreiro et al. ,2002),这可能是营养质量较差的一个方面,导致儿童矮身高和肥胖。

与营养有关的另一个世界性公共健康问题是肥胖。在一些发展中国家,例如中国和巴西,由于社会经济的发展营养状况也在发生重大转变,在这个过渡时期肥胖以及营养相关性慢性疾病(nutrition-related chronic diseases,NRCDs)发生率逐渐增长,儿童生长迟缓、微量营养素缺乏(铁、维生素 A 和锌等)与肥胖、NRCDs 同时存在,因而应当采取不同的预防营养不良的干涉策略,其中应当注意生长迟缓和肥胖的关键发生期。Shrimpton 等(2001)分析了世界卫生组织儿童生长和营养不良全球数据库中的39个发展中国家的全国代表性数据,发现这些国家新生儿的出生身长与美国国家卫生统计中心及英国剑桥生长标准非常接近,但此后即出现生长迟缓,在约3个月时平均体重开始缓慢增长,在大约12个月时增长速度迅速下降,18~19个月后开始赶上生长。因此提出,应在出生前和生命初期进行干涉,预防生长迟缓。另一方面,不同生长期肥胖相互关系的研究发现,6岁前开始肥胖的儿童通常将持续肥胖进入成年期(Popkin et al. ,1996;Rolland-Cachera et al. ,1984),影响儿童期肥胖的三个关键时期为妊娠期,婴儿早期和5~7岁之间的脂肪重聚期(Dietz,1994);而在儿童后期和青春期出现的肥胖则与出生时低体重,然后赶上生长有关(Ong and Dunger,2002;Monteiro et al. ,2003)。Uauy 等(2008)在总结了许多肥胖监测指标的研究之后,提出预防营养不良的干涉策略应当强调2~3岁前身高生长的改善,而不是以体重增长为目标,特别是要防止2岁后过多的相对身高的体重增长(BMI)。根据新的世界卫生组织标准对儿童进行常规生长评价,依据最近的联合国粮食与农业组织标准确定能量需求,提供重要的微量营养素以支持瘦体重的增长是生命早期预防肥胖和 NRCDs 的关键。这样做可以预防和控制儿童期的肥胖,因此有助于预防将来成年时期的 NRCDs。

10.2 疾病

疾病是影响儿童生长的主要风险因素,但发病率较高的流行疾病均与相关营养素的缺乏有关。例如维生素 A 和锌的不足与患传染性疾病的风险有密切的关系(Tomkins,2002)。而传染性疾病又通过降低食欲减少食物摄入、损害营养素的吸收、增加代谢的需求,营养物的分解丢失等使营养状况进一步恶化而影响儿童的生长。此外,疾病引起的急性时相反应以及炎症引起的细胞因子也可能是生长迟缓的原因,因为细胞因子直接抑制长骨的生长(Stephensen,1999)。

腹泻和呼吸道感染是学龄前儿童的最为普遍的疾病,根据1992年至2000年的研究,对发展中国家儿童腹泻发病率的综述(Kosek et al. ,2003)揭示,5岁以下儿童每年发生3.2次腹泻事件,每年由于腹泻的死亡率为4.9/1000。在一项对巴西6~48个月婴幼儿追踪1年的研究中,Assisl 等(2005)在控制了几种社会经济(母亲教育水平、家庭的社会经济状况)和环境变量(室内卫生间设施、垃圾处置方式和水源)、年龄、性别、季节变化后发现,腹泻对身高生长的影响仍然存在,年腹泻总天数在7天或7天以上,平均年龄身高的Z分值损失为

0.0472 SDS。Torres 等(2000)在 5~11 岁儿童的前瞻性组群研究中检验了传染性疾病和体重、身高增长之间的关系,发现患病最为频繁的是呼吸道感染,平均每年 4 次(共 27 天),然后是非痢疾腹泻,平均每年 2.3 次(共 15 天),以及痢疾腹泻,平均每年 0.2 次(共 2 天)。儿童患病次数和持续时间随年龄增长而显著下降。在以年龄、性别、能量和蛋白摄入以及家庭土地所有权调整后,腹泻发生的总天数与每年体重的增长显著负相关,而上呼吸道感发病率与持续时间与体重增长均不相关。两类疾病的发病率和持续时间与身高的增长之间的相关均无显著性。在学龄年龄以上,只有腹泻与延迟的体重增长有关。

儿童期早期腹泻疾病也对儿童生长具有长期的不利后果。Moore 等(2001)采用多元回归方法分析了 119 名巴西儿童早期腹泻和寄生虫疾病与长期后果之间的关系,结果发现在控制了婴儿期营养状况、0~2 岁寄生虫疾病、家庭收入和母亲的教育水平后,0~2 岁腹泻与 2~7 岁生长迟缓仍然显著相关,2 岁前平均 2.1 次腹泻与 7 岁时身高生长降低 3.6cm(95% CI:0.6~6.6cm)有关。儿童早期寄生虫疾病也与儿童身高生长迟缓有关,在 7 岁时儿童身高进一步下降 4.6cm(95% CI:0.8~7.9cm)。

贫血是全球性的公共健康问题,儿童青少年是缺铁与贫血的高风险人群。虽然贫血由多种因素引起,但铁缺乏是第一位的病因。美国第三次全国健康与营养调查(NHANES Ⅲ)发现,3% 的 3~5 岁儿童、2%~5% 的青春期女孩出现缺铁性贫血(Looker et al.,1997)。欧洲不同国家和特定人群的铁缺乏和贫血发生率分别在 2%~48% 和 2%~4%;青少年分别在 5%~43% 和 7%~8%,发展中国家贫血的发生率最高,42% 的 5 岁以下儿童和 53% 的 5~14 岁儿童贫血(ACC/SCN,2000)。在 2000 年中国学生体质与健康调查中(中国学生体质健康研究组,2002b),7~17 岁中国儿童贫血患病率在 20% 左右,乡村高于城市,在生长发育迅速的青春期中期乡村男生贫血检出率接近 30%。

贫血对儿童的影响是多方面的。在随机对照试验研究中,Cogswell 等(2003)观察了 28 周妊娠期预防性补充铁对妊娠后果的影响,发现妊娠期补铁显著地提高了新生儿的出生体重($P=0.010$),也显著降低了低出生体重婴儿的发生率($P=0.003$)和早产的低出生体重婴儿的发生率($P=0.017$)。在 10~18 岁女孩,贫血损害青春期生长突增,补充铁和叶酸可提高血红蛋白浓度,增长体重和 BMI,10~14 岁组的增长最为明显(Kanani and Poojara,2000)。Sen 和 Kanani(2006)使用哈佛台阶试验和儿童智力量表评价了 9~14 岁女孩的身体工作能力和认知功能,发现贫血女孩攀登台阶级数显著低于非贫血对照组,脉搏恢复到安静时的时间显著长于对照组($P<0.001$);贫血组女孩的智力测验成绩也显著较低,在控制了营养不良(BMI)后,这种不利影响仍然存在。Haas 和 Brownlie(2001)全面综述了缺铁影响身体工作能力的研究文献,29 项动物和人类试验报告证实二者之间存在密切的因果关系,由于贫血导致氧运输能力和组织的氧化能力下降而降低有氧能力,耐久力也受到贫血的损害,不同程度的缺铁均影响能量效率。

寄生虫疾病也是影响儿童生长迟缓的重要因素。钩虫、蛔虫和鞭虫感染是世界上最为普遍的土源性线虫疾病。中国 2001~2004 年底全国寄生虫病现状调查报告,土源性线虫感染率为 19.56%(钩虫 6.12%,蛔虫 12.72%,鞭虫 4.63%),12 岁以下儿童蛲虫感染率为 10.28%。中南部地区土源性线虫感染率仍高达 20.07%~56.22%,寄生虫感染率以 0~14 岁组儿童偏高,以 10~14 岁和 5~9 岁两年龄组感染率最高。

在某些地理区域,营养不良与寄生虫和血吸虫疾病感染同时存在,钩虫感染引起食欲降低而摄取的食物减少，由于呕吐、腹泻和血液丢失而增加营养素的消耗。这些不利影响加剧了蛋白质-能量营养不良、贫血以及其他营养素的缺乏。钩虫感染降低儿童和成年工作能力和生产能力、增加母亲和胎儿的发病率、早产、低出生体重，以及对其他疾病的易感性，降低认知发育的速度(Stephenson，1994)。在有些区域 90% 的儿童感染蛔虫，减少了人体对蛋白质的利用和脂肪的吸收，也会恶化蛋白-能量营养不良。儿童对鞭虫的感染率也很高，虽然轻度感染无症状，但严重感染或鞭虫痢疾综合征以生长迟缓和贫血为特征(Ramdath et al.，1995)。大部分肠寄生虫的感染强度高峰在儿童期和青春期，而钩虫病感染强度在儿童期稳定增长，到成年期之前仍然没有达到高峰或稳定状态。

在发展中国家，婴儿和儿童普遍存在无临床症状的寄生虫感染，这种亚临床状况引起营养素吸收障碍，导致铁和维生素 A 等营养素吸收不良，影响儿童生长。例如，有研究证实婴幼儿受损的肠黏膜通透性解释了生长停滞的 48%(Lunn et al.，1991)。

对感染寄生虫疾病的儿童给以驱虫剂治疗能够改善血细胞比容和生长。Dickson 等.(2007)总结了 30 项驱虫药物随机试验研究，发现与安慰剂组比较，驱虫药物治疗组的体重、身高和皮褶厚度表现出一定的促进作用，一次给以驱虫药物平均体重增长 0.38kg(95% CI 0.00~0.77kg)，一年内多次给药平均体重增长 0.15kg(95% CI 0.00~0.30kg)，跟踪一年以上平均体重增长 0.43kg(95% CI 0.61~1.47kg)，但对认知功能影响尚不能确定。

严重疾病和长期营养不良对儿童生长发育的影响是多方面的，对于骨发育的影响不仅表现为骨发育的延迟，而且不同类骨之间延迟的程度不同，骨发育的延迟更多出现在腕骨(Fobes et al.，1971)。Greulich 和 Pyle(1959)认为，儿童患病期间可能延迟该年龄阶段骨化中心的出现及骨化程度，但并不影响后来的正常骨化。在许多人群，0~5 岁儿童最易受疾病和营养不良的侵害。

10.3 环境污染与食物污染物

污染和污染物遍及全球，所有人群均受到不同程度的危害，不同人群所暴露的污染水平的差异很大程度上依赖于工业化的程度。影响生长的工业污染物中，铅和多氯化联苯(PCBs)最为重要(Schell，1991)，黄曲霉毒素污染的食物也影响儿童的健康和生长。

铅是普遍存在的环境污染物，铅暴露与生长和内分泌功能改变有关。出生前后的铅暴露抑制实验动物和人的生长(Bellinger et al.，1991a；Shukla et al.，1991)。在大样本的横断研究中，铅浓度的增加与儿童身高、体重的下降有关(Frisancho and Ryan，1991；Ballew et al.，1999)，10μg/dl 以上的血铅浓度降低儿童的智力发育(Bellinger et al.，1991b)。

鉴于环境中铅暴露的危害，在 20 世纪 90 年代美国疾病控制与预防中心和世界卫生组织曾经提出血铅浓度≥10μg/dl 为危害水平。但是许多研究证明，低血铅水平仍然对儿童的生长发育存在危害。在美国第三次全国健康和营养调查(NHNES Ⅲ)数据的研究中(Selevan et al.，2003)，美国不同种族女孩的平均血铅浓度为 3μg/dl，平均 3μg/dl 血铅浓度女孩的身高低于 1μg/dl 血铅浓度的女孩($P<0.001$)，而且乳房和阴毛发育延迟，非洲裔美国女孩最为明显。血铅水平 3μg/dl 女孩的乳房发育达到 Tanner 等级 2、3、4、5 的年龄分别比 1μg/dl 女孩延迟 4.0 个月、5.5 个月、6.0 个月、2.1 个月，阴毛发育分别延迟 4.0 个月、5.5 个月、6.0 个月、2.2 个月，初潮年龄延迟 3.6 个月。Canfield 等(2003)也研究了低于 10μg/

dl 的血铅浓度对儿童智力的影响,对 172 名儿童测量 6 个月、12 个月、18 个月、24 个月、36 个月、48 个月和 60 个月时的血铅浓度以及使用斯坦福-比奈智力测验法测量 3 ~5 岁期间的智商(intelligence quotient,IQ),结果发现血铅浓度与 IQ 显著负相关,在线性模型中平均血铅浓度每增加 10μg/dl,IQ 下降 4.6 分($P = 0.004$);在 101 名血铅水平低于 10μg/dl 的亚组中,当血铅浓度由 1μg/dl 增长到 10μg/dl 时,IQ 下降 7.4 分。这些结果说明有更多的美国儿童受到环境中铅的损害。

在发展中国家的工业化过程中,由于经济的快速增长,缺乏废弃物的控制,儿童生长暴露于环境污染的危险性大大增加。在中国台湾,除职业性铅暴露外,饮用水和附近工厂是高血铅的主要来源(Chu et al.,1998)。

由于现代生活应用大量的化学物质,加剧了环境的污染,其中有一类物质称为内分泌干扰化学物(endocrine disrupting chemicals,EDCs),通过多种机制影响调节激素作用的受体、激素的合成或清除而影响内分泌系统(Tabb and Blumberg,2006)。许多 EDCs 由于结构稳定,能够抵抗生物降解而长期滞留于环境之中。EDCs 的种类很多,主要包括有雌性激素样 EDCs、抗雄激素 EDCs、多氯联苯(polychlorinated biphenyls,PCBs)、多溴联苯(polybrominated biphenyls,PBB)、杀虫剂、酞酸酯、双酚 A、重金属等。

EDCs 对机体的影响具有明显特点,在胎儿期和出生后发育的早期 EDCs 的影响特别强烈,但影响后果则在其后的不同生命期中逐渐表现出来。大量的动物实验研究已经证明,生命早期的 EDCs 暴露在下丘脑-垂体-性腺轴的各个水平上产生影响,导致异常的性分化、生殖功能的扰乱或不适的性行为(Dickerson and Gore,2007)。随着研究的进展,关于 EDCs 对人类影响的证据也在不断增多。

Rogan 等(1987)认为作用弱而持久的雌性激素样的 DDE(滴滴涕 DDT 的主要代谢物)干扰了母乳的生成,是婴儿较早断奶的原因。因而,在美国北卡罗莱纳州婴儿喂养研究中的出生至 5 岁儿童检验了这个假设,结果表明母亲体内化学污染物水平与母乳喂养时间有密切的关系,有最高 DDE 和 PCBs 水平的母亲以母乳喂养的时间低于母亲喂养时间最低水平的 40%;为了重复验证,在墨西哥曾使用过 DDT 的产棉区再次进行了研究,结果发现墨西哥人母乳中的 DDE 水平比北卡罗莱纳州人高数倍,DDE 浓度与断奶时间之间的关系非常相似(Gladen and Rogan,1995),见表 10.1。

表 10.1　断奶年龄与母乳中 DDE 浓度

DDE(ppm)	墨西哥		北卡罗莱纳州	
	n	年龄中位数(月)	n	年龄中位数(月)
0.0~ 2.4	29	7.5	392	7.6
2.5~ 4.9	59	5.0	282	6.0
5.0~ 7.4	66	3.0	45	3.5
7.5~ 9.9	33	3.5	18	2.2
10.0~ 12.4	21	4.0	9	2.8
≥ 12.5	21	3.0	6	7.7

引自 Rogan et al.,1987;Gladen and Rogan,1995。

Gladen 等(2000)在 1992 年开始对上述北科罗莱纳州研究中的 594 名儿童进行了青春期追踪研究,结果发现出生前 DDE 暴露较高的男孩,在 14 岁时身高较高,体重较大;最高暴露者身高比最低暴露者高6.3cm，体重大6.9kg，对于达到青春期发育等级的年龄没有影响。哺乳期DDE暴露、妊娠期和哺乳期的PCBs暴露均无明显的影响。女孩妊娠期PCBs暴露最高者的身高别体重比其他女孩平均重5.4kg，但是仅限于白人女孩具有统计学显著性，虽然有最高PCB暴露的女孩较早达到青春期发育等级的证据，但受试者的例数较少。

在另外一项研究中，Blanck等(2000)追踪分析了美国密歇根州组群研究中的328名20世纪70年代中期PBB暴露者的女性后代的初潮年龄，出生前后的污染物暴露由以前对母亲的研究所确定。在母乳喂养的女孩中，出生前较高水平PBB暴露的女孩在11.6岁达到初潮，而暴露水平较低者在12.2岁；而处方喂养的女孩在12.7岁。

美国劳伦斯河两岸的少数民族人群有食用鱼与野味的习惯，由于严重的工业污染而被认为是有机污染物和重金属持久暴露的人群。在138名青春期女孩的横断研究中，4种PCBs类似物较高浓度的女孩或有较低血铅浓度的女孩初潮较早(Denham et al.,2005)。所测量的其他化学物，包括灭蚁灵、六氯苯(hexachlorobenzene,HCB)、汞和DDE对初潮年龄无影响。这些结果与NHANES关于血铅水平越高，初潮时间越晚的分析一致。

中国在相对较近的时期中使用DDT，因而存在较高程度的暴露。Ouyang等(2005)在针对1996~1998年期间结婚不久的466名20~34岁纺织女工的研究中发现，DDT和DDE总量最高四分位的女子初潮年龄比最低四分位女子早1.1岁，较高暴露者有更短的月经周期。Lu等(2006)对中国79名性早熟女孩以及42名对照女孩测量了血清DDE、4-壬基苯酚(4-nonyiphenol)和酞酸二乙酯(DEHP)，在性早熟女孩所有三种化学物的水平均较高，4-壬基苯酚浓度与子宫体积和骨密度正相关，DDE与子宫体积正相关。

最近，Baillie-Hamilton(2002)在一篇综述中提出，由于大量生产和使用合成的有机与无机化学物，地球的环境已经发生了显著的变化，其中许多化学物在高水平暴露时引起体重的下降，而在低浓度的暴露时却有强力的体重增加作用，这些化学物的这种性质已被广泛开发，用于生产家畜增长剂和增加体重过低病人体重的药物。因而提出假设，当前人类对这些化学物的暴露水平可能已经损害了自然的体重控制机制，而且这种损害性影响与许多其他因素一起在世界性的肥胖流行中发生作用。该假设提出后，针对环境化学物暴露对体重增加或下降影响的问题进行了许多研究。在这些研究中包括了一类称为有机锡(organotins)的化学物，具有持久性内分泌干扰性质的有机污染物，其中磷酸三丁酯氯化锡(Tributyl tin chloride)和三苯基氯化锡(triphenyl tin chloride)被鉴别出为脂稳态和脂肪生成中重要的类维生素AX受体(retinoid X receptor,RXR)、过氧物酶体增殖物活化受体C(proliferator-activated receptor c)、核受体的激动剂配体；在脂肪生成和能量平衡过程中磷酸三丁酯锡(tributyl tin,TBT)干扰正常进程和稳态控制，导致肥胖(Grün and Blamberg.,2006;Tabb and Blamberg.,2006)。TBT引起出生前雄、雌小鼠永久性的生理学变化，导致对体重增长的易感体质。

Newbold等(2005)检验了二乙基已烯雌酚(diethylstilbestrol,DES)对体重的影响，对新生雌性小鼠以每天0.001mg的DES处理1~5天未影响处理期的体重，但却显著增加成年时的体重，而且体重的增长与体脂百分数的增长有关；而以每天1mg的高剂量DES处理，引起雌性小鼠处理期体重的显著下降，然后出现2个月内的体重赶上生长期，最后也导致体重显著增长。在成年期所有DES剂量处理的小鼠均保持高体重，而且有过多的腹部脂肪(Newbold et al.,2007a;2007b)。

黄曲霉毒素是一种霉菌代谢物，由生成毒素的曲霉菌所产生，其中许多为肝毒素和免疫毒素，是主要的食物污染物，在贝宁和多哥曾经证明儿童生长迟缓与这些毒素有关（Gong et al.，2003；2004）。易被黄曲霉毒素所污染的基本生活用品包括玉米、花生、棉籽以及黄曲霉毒素污染的饲料所饲养的动物性食品，如牛奶。在世界上的许多国家，都曾经证实易被黄曲霉毒素显著污染的食物。

最近的研究发现，营养与环境暴露之间存在相互作用，营养状况可能改变对环境化学污染物暴露的易感性（Kordas et al.，2007）。例如，饮食钙摄入量较高的成年妇女和儿童的血铅水平均较低（Hertz-Picciotto et al.，2000）；铁或钙的补充可以降低儿童的血铅水平（Markowitz et al.，2004；Zimmermann et al.，2006）。

10.4 高原

与平原人群相比，生活在高原人群的出生体重一般较低，出生后生长速度较慢、生长期较长（De Meer et al.，1993），青春期延迟并有较小的成年体格。例如，在高原出生和生长的中国汉族儿童的身高、体重比平原对照者较矮和较轻（Weitz and Garruto，2004）。高原地带儿童生长较慢的原因为缺氧、较差的经济条件和营养不足。但是，较高社会经济地位的欧洲儿童移居安第斯高原比生活在平原相同阶层者也身高稍矮和体重稍轻（Stinson，1982）。因此，即使高原缺氧对生长有影响的话，这种影响的程度也相对较小。

10.5 卫生习惯与生活方式

良好的卫生习惯对儿童生长有有益影响。在中国，出生后 1 年内以母乳喂养、母亲的知识水平较高和良好的营养习惯与婴儿正向的生长和营养状态有关（Guldan et al.，1993）。

中小学生长时间观看电视由于增加了食物的摄入和身体活动的减少而与儿童的肥胖有关（Taras er al.，1989；Gortmaker et al.，1996），将看电视和使用计算机的时间减少 50% 可降低儿童的体重指数，对于预防儿童肥胖有重要的作用（Epstein et al.，2008）。

青少年儿童经常参加体育活动有益于健康生长与发育。在生长发育期长期坚持体育活动能够促进骨骼矿物质的自然增长（Bailey et al.，1999），并不影响儿童骨骼结构的发育（Alwis et al.，2008）。

参 考 文 献

中国学生体质健康研究组．2002a．1991～2000 年期间中国汉族学生营养问题变化趋势和干预建议．见：中国学生体质与健康研究组：2000 年中国学生体质与健康调研报告．北京：高等教育出版社，142～159.

中国学生体质健康研究组．2002b．1991～2000 年中国学生缺铁性贫血患病率和贫血程度变化．见：中国学生体质与健康研究组：2000 年中国学生体质与健康调研报告．北京：高等教育出版社，228～237.

Administrative Committee on Coordination/Standing Committee on Nutrition, ACC/SCN, 2000. Fourth Report on the World Nutrition Situation. New York：United Nations.

Alwis G，Linden C，Stenevi-Lundgren S，et al. 2008. A one-year exercise intervention program in pre- pubertal girls does not influence hip structure. BMC Musculoskelet Disord，9：9doi：10. 1186/1471- 2474-9-9.

Assisl AM，Barreto ML，Santos LM，et al. 2005. Growth faltering in childhood related to diarrhea：a longitudinal community based study. Eur J Clin Nutr,59:1317~1323.

Bailey DA,McKay HA,Mirwald RL,et al. 1999. A six-year longitudinal study of the relationship of physical activity to bone mineral accrual in growing children:the university of Saskatchewan bone mineral accrual study. J Bone Miner Res,14:1672~1679.

Baillie-Hamilton PF,2002. Chemical Toxins:A hypothesis to explain the global obesity epidemic. J Altern Complement Med,8(2):185~192.

Ballew C,Khan LK,Kaufmann R,et al. 1999. Blood lead concentration and children's anthropometric dimensions in the Third National Health and Nutrition Examination Survey(NHANES Ⅲ),1988~1994. J Pediatr,134:623~630.

Bellinger D,Leviton A,Rabinowitz M,et al. 1991a. Weight gain and maturity in fetuses exposed to low levels of lead. Environ Res,54:151~158.

Bellinger D,Sloman J,Leviton A,et al. 1991b. Low-level lead exposure and children's cognitive function in the preschool years. Pediatrics,87:219~227.

Bhandari N,Bahl R,Taneja S. 2001. Effect of micronutrient supplementation on linear growth of children. Br J Nutr,85(suppl 2):S131~137.

Blanck HM,Marcus M,Tolbert PE,et al. 2000. Age at menarche and Tanner stage in girls exposed *in utero* and postnatally to polybrominated biphenyl. Epidemiology,11:641~647.

Canfield RL,Henderson CR,Cory-Slechta DA,et al. 2003. Intellectual impairment in children with blood lead concentrations below 10 μg per deciliter. N Engl J Med,348:1517~1526.

Chen P,Soares AM,Lima AA,et al. 2003. Association of vitamin A and zinc status with altered intestinal permeability:analyses of cohort data from northeastern Brazil. J Health Popul Nutr,21:309~ 315.

Chu NF,Liou SH,Wu TN,et al. 1998. Risk factors for high blood lead levels among the general population in Taiwan. Eur J Epidemiol,14:775~781.

Cogswell ME,Parvanta I,Ickes L,et al. 2003. Iron supplementation during pregnancy,anemia,and birth weight:a randomized controlled trial. Am J Clin Nutr,78(4):773~781.

De Garine I,Pollock N. 1995. Social Aspects of Obesity. New York:Gordon and Breach.

De Meer K,Bergman R,Kusner JS,et al. 1993. Differences in physical growth of Aymara and Quechua children living at high-altitude in Peru. Am J Phys Anthropol,90:59~75.

Denham M,Schell L,Deane G,et al. 2005. Relationship of lead,mercury,Mirex,dichlorodophenyl dichloroethylene,hexachlorobenzene,and polychlorinated biphenyls to timing of menarche among Akwesasne Mohawk girls. Pediatrics,115:127e~134e.

Dickerson SM,Gore AC. 2007. Estrogenic environmental endocrine-disrupting chemical effects on reproductive neuroendocrine function and dysfunction across the life cycle. Rev Endocr Metab Disord,8:143~159.

Dickson R,Awasthi S,Demellweek C. 2007. WITHDRAWN:anthelmintic drugs for treating worms in children:effects on growth and cognitive performance. Cochrane Database Syst Rev,18(2):CD 000371.

Dickson R,Awasthi S,Williamson P,et al . 2000. Effects of treatment for intestinal helminth infection on growth and cognitive performance in children:systematic review of randomised trials. BMJ,320:1697~1701.

Dietz WH. 1994. Critical periods in childhood for the development of obesity. Am J Clin Nutr,59:955~959.

Drewnowski A. 2004. Obesity and the food environment:dietary energy density and diet costs. Am J Prev Med,27(3 suppl):154~162.

Epstein LH,Roemmich JN,Robinson JL,et al. 2008. A randomized trial of the effects of reducing television viewing and computer use on body mass index in young children. Arch Pediatr Adolesc Med,162:239-245.

Fischer PR,Thacher TD,Pettifor JM. 2008. Pediatric vitamin D and calcium nutrition in developing countries. Rev Endocr Metab Disord,9(3):181~192.

Fobes AP,Ronaghy HA,Majd M. 1971. Skeletal maturation of children in Shiraz,Iran. Am J Phys Anthrop,35:449~454.

Frisancho AR,Ryan AS. 1991. Decreased stature associated with moderate blood lead concentrations in Mexican-American children. Am J Clin Nutr,54:516~519.

Frongillo EA. 2001. Growth of the breast-fed child. In:Martorell R,Haschke F,eds. Nutrition and Growth. Philadelphia,Pa,USA:Lippincott Williams and Wilkins,37~49.

Gannagé-Yared MH, Tohmé A, Halaby G. 2001. Hypovitaminosis D: a major worldwide public health problem. Presse Med. 30 (13): 653 ~ 658.

Gladen BC, Ragan NB, Rogan WJ. 2000. Pubertal growth and development and prenatal and lactational exposure to polychlorinated biphenyls and dichlorodiphenyl dichloroethene. J Pediatr. 136: 490 ~ 496.

Gladen BC, Rogan WJ. 1995. DDE and shortened duration of lactiaton in a Northern Mexican town. Am J Public Health, 85: 504 ~ 508.

Gong YY, Egal S, Hounsa A, et al. 2003. Determinants of aflatoxin exposure in young children from Benin and Togo, West Africa: the critical role of weaning. Int J Epidemiol, 32: 556 ~ 562.

Gong YY, Hounsa A, Egal S, et al. 2004. Postweaning exposure to aflatoxin results in impaired child growth: a longitudinal study in Benin, West Africa. Environ Health Perspect, 112: 1334 ~ 1338.

Gortmaker SL, Must A, Sobol AM, et al. 1996. Television watching as a cause of increasing obesity among children in the United States, 1986 ~ 1990. Arch Pediatr Adolesc Med, 150: 356 ~ 362.

Greulich WW, Pyle IS. 1959. Radiographic Atlas of Skeletal Development of the Hand and Wrist. Stanford, California: Stanford University Press.

Grün F, Blumberg B. 2006. Environmental obesogens: organotins and endocrine disruption via nuclear receptor signaling. Endocrinology, 147(6 Suppl.): S50 ~ S55.

Guldan GS, Zhang MY, Zhang YP, et al. 1993. Weaning practices and growth in rural Sichuan infants: a positive deviance study. J Trop Pediatr, 39: 168 ~ 175.

Haas JD, Brownlie T. 2001. Iron deficiency and reduced work capacity: a critical review of the research to determine a causal relationship. J Nutr, 131: 676S ~ 690S.

Hertz-Picciotto I, Schramm M, Watt-Morse M, et al. 2000. Patterns and determinants of blood lead during pregnancy. Am J Epidemiol, 152: 829 ~ 837.

Kanani SJ, Poojara RH. 2000. Supplementation with iron and folic acid enhances growth in adolescent Indian girls. J Nutr, 130: 452S ~ 455S.

Koletzko B. 1999. Response to and range of acceptable fat intakes in infants and children. Eur J Clin Nutr, 53 (suppl 1): S78 ~ 83.

Kordas K, Lonnerdal B, Stoltzfus RJ. 2007. Interactions between nutrition and environmental exposures: effects on health outcomes in women and children. J Nutr, 137: 2794 ~ 2797.

Kosek M, Bern C, Guerrant RL. 2003. The global burden of diarrhoeal disease, as estimated from studies published between 1992 and 2000. Bull World Health Organ, 81: 197 ~ 204.

Li D, Sinclair AJ, Mann NJ, et al. 2000. Selected micronutrient intake and status in men with differing meat intakes, vegetarians and vegans. Asia Pacific J Clin Nutr, 9: 18 ~ 23.

Looker AC, Dallman PR, Carroll MD, et al. 1997. Prevalence of iron deficiency in the United States. JAMA, 277(12): 973 ~ 976.

Lu JP, Zheng LX, Cai DP. 2006. Study on the level of endocrine disruptors in serum of precocious puberty patients. Chin J Prev Med, 40: 88 ~ 92.

Lunn PG, Northrop-Clewes CA, Downes RM. 1991. Intestinal permeability, mucosal injury, and growth faltering in Gambian infants. Lancet, 338, 907 ~ 910.

Markowitz ME, Sinnett M, Rosen JF. 2004. A randomized trial of calcium supplementation for childhood lead poisoning. Pediatrics, 113: e34 ~ 39.

Marreiro DD, Fisberg M, Cozzolino SM. 2002. Zinc nutritional status in obese children and adolescents. Biol Trace Elem Res, 86: 107 ~ 122.

Martorell R. 1995. Results and implications of the INCAP Follow-up Study. J Nutr, 125: 1127S ~ 1138S.

Monteiro PO, Victora CG, Barros FC, et al. 2003. Birth size, early childhood growth, and adolescent obesity in a Brazilian birth cohort. Int J Obes Relat Metab Disord, 27: 1274 ~ 1282.

Moore SR, Lima AAM, Conaway MR, et al. 2001. Early children diarrhoea and helmingthiaese associate with long-term linear growth faltering. Int J Epidemiol, 30: 1457 ~ 1464.

Murphy SP, Allen LH. 2003. Nutritional importance of animal source foods. J Nutr, 133(suppl 2):3932S ~ 3935S.

Newbold R, Padilla-Banks E, Snyder RJ, et al. 2007a. Developmental exposure to endocrine disruptors and the obesity epidemic. Reprod Toxicol, 23:290 ~ 296.

Newbold RR, Padilla-Banks E, Snyder RJ, et al. 2005. Developmental exposure to estrogenic compounds and obesity. Birth Defects Res A Clin Mol Teratol, 73:478 ~ 480.

Newbold RR, Padilla-Banks E, Snyder RJ, et al. 2007b. Perinatal exposure to environmental estrogens and the development of obesity. Mol Nutr Food Res, 51:912 ~ 917.

Nicklas TA, Webber LS, Koschak M, et al. 1992. Nutrient adequacy of low fat intakes for children: the Bogalusa Heart Study. Pediatrics, 89:221 ~ 228.

Ong KK, Dunger DB. 2002. Perinatal growth failure: the road to obesity, insulin resistance and cardiovascular disease in adults. Best Pract Res Clin Endocrinol Metab, 16:191 ~ 207.

Ouyang F, Perry MJ, Venners SA, et al. 2005. Serum DDT, age at menarche, and abnormal menstrual cycle length. Occup Environ Med, 62:878 ~ 884.

Paigen B, Goldman LR, Magnant MM, et al. 1987. Growth of children living near the hazardous waste site, Love Canal. Hum Biol, 59:489 ~ 508.

Popkin BM, Richards MK, Montiero CA. 1996. Stunting is associated with overweight in children of four nations that are undergoing the nutrition transition. J Nutr, 126:3009 ~ 3016.

Ramakrishnan U, Aburto N, McCabe G, et al. 2004. Multimicronutrient interventions but not vitamin A or iron interventions alone improve child growth: results of 3 meta-analyses. J Nutr, 134:2592 ~ 2602.

Ramdath DD, Simeon DT, Wong MS, et al. 1995. Iron status of schoolchildren with varying intensities of Trichuris trichiura infection. Parasitology, 110:347 ~ 351.

Rivera JA, Hotz C, Gonza' lez-Cossi'oT, et al. 2003. The effect of micronutrient deficiencies on child growth: a review of results from community-based supplementation trials. J Nutr, 133:4010S ~ 4020S.

Rogan WJ, Gladen BC, McKinney JD, et al. 1987. Polychlorinated biphenyls(PCBs) and dichlorodophenyl dichloroethene(DDE) in human milk: effects on growth, moubidity, and during of lactation. Am J Public Health, 77:1294 ~ 1297.

Rogan WJ, Ragan NB. 2007. Some evidence of effects of environmental chemicals on the endocrine system in children. Int J Hyg Environ Health, 210:659 ~ 667.

Rolland-Cachera MF, Deheeger M, Bellisle F, et al. 1984. Adiposity rebound in children: a simple indicator for predicting obesity. Am J Clin Nutr, 39:129 ~ 135.

Ruz M. 2006. Zinc supplementation and growth. Curr Opin Clin Nutr Metab Care, 9(6):757 ~ 762.

Schell L, Cameron N. 2003. Weight growth velocity from birth to 2 years of age in relation to lead burden. Am J Phys Anthropol, (suppl 36):185.

Schell LM. 1991. Effects of pollutants on human prenatal and postnatal growth: noise, lead, polychlorobiphenyl compounds, and toxic wastes. Yearb Phys Anthropol, 34:157 ~ 188.

Selevan SG, Rice DC, Hogan KA, et al. 2003. Blood lead concentration and delayed puberty in girls. N Engl J Med, 348:1527 ~ 1536.

Sen A, Kanani SJ. 2006. Deleterious functional impact of anemia on young adolescent school girls. Indian Pediatrics, 43:219 ~ 226.

Shrimpton R, Victora CG, de Onis M. 2001. Worldwide timing of growth faltering: implications for nutritional interventions. Pediatrics, 107(5). URL: http://www. pediatrics. org/cgi/content/full/107/5/ e75.

Shukla R, Dietrich KN, Bornschein RL, et al. 1991. Lead exposure and growth in the early preschool child: a follow-up report from the Cincinnati Lead Study. Pediatrics, 88:886 ~ 892.

Singh M. 2004. Role of micronutrients for physical growth and mental development. Indian J Pediatr, 71(1):59 ~ 62.

Sobal J. 1991. Obesity and socioeconomic status: a framework for examining relationships between physical and social variables. Med Anthropol, 13:231 ~ 247.

Stephensen CB. 1999. Burden of infection on growth failure. J Nutr, 129(2S suppl):534S ~ 538S.

Stephenson LS. 1994. Helminth parasites, a major factor in malnutrition. World Health Forum, 15(2):169~172.

Stinson S. 1982. The effect of high altitude on the growth of children of high socioeconomic status in Bolivia. Am J Phys Anthropol, 59:61~71.

Tabb MM, Blumberg B. 2006. New modes of action for endocrine-disrupting chemicals. Mol Endocrinol, 20:475~482.

Taras HL, Sallis JF, Patterson PR, et al. 1989. Television's influence on children's diet and physical activity. J Dev Behav Pediatr, 10:176~180.

Tolentino K, Friedman JF. 2007. An update on anemia in less developed countries. Am J Trop Med Hyg, 77(1):44~51.

Tomkins A. 2002. Nutrition, infection and immunity: public health implications. In: Calder PC, Field CJ, Gill HS, eds. Nutrition and Immune Function. Wallingford, Oxfordshire, UK: CABI Publishing.

Tonstad S, Sivertsen M. 1997. Relation between dietary fat and energy and micronutrient intakes. Arch Dis Child, 76:416~420.

Torres AM, Peterson KE, de Souza ACT. 2000. Association of diarrhoea and upper respiratory infections with weight and height gains in Bangladeshi children aged 5 to 11 years. Bull World Health Organ, 78:1316~1323.

Tremblay A. 2004. Dietary fat and body weight set point. Nutr Rev, 62:S75~S77.

Trowbridge FL, Marks JS, Lopez de Romana G, et al. 1987. Body composition of Peruvian children with short stature and high weight-for-height. Ⅱ. Implications for the interpretation of weight-for height as an indicator of nutritional status. Am J Clin Nutr, 46:411~418.

Uauy R, Kain J, Mericq V, et al. 2008. Nutrition, child growth, and chronic disease prevention. Ann Med, 40(1):11~20.

Waterlow JC. 1973. Note on the assessment and classification of proteinenergy malnutrition in children. Lancet, 2:87~89.

Weitz CA, Garruto RM. 2004. Growth of Han migrants at high altitude in Central Asia. Am J Hum Biol, 16:405~419.

Yang YX, Han JH, Shao XP, et al. 2002. Effect of micronutrient supplementation on the growth of preschool children in China. Biomed Environ Sci, 15(3):196~202.

Zimmermann MB, Muthayya S, Moretti D, et al. 2006. Iron fortification reduces blood lead levels in children in Bangalore, India. Pediatrics, 117:2014~2021.

第 11 章　手腕骨发育等级标准

11.1　读片应注意的问题

1. 骨发育等级的习惯性标示

TW3-C RUS 和 TW3-C Carpal 方法完全采用了 TW3 法手腕骨发育等级标准。RUS-CHN 法是在 TW3-RUS 基础上,在大部分等级内增加了新的成熟度指征。为避免习惯使用以往方法的读者发生混淆,我们以阿拉伯数字编码原 TW3 等级顺序,但在其后增加后缀相区别。因为是在原 TW 等级内增加等级,相当于将原来的 1 个等级划分为 2 个等级,所以将划分后的第一个等级添加(0)的后缀,在第 2 个等级后添加(2)的后缀。例如,在将原近节指骨第 5 等级划分为 2 个等级后,分别称为 5(0) 和 5(2)。桡、尺骨开始融合过程划分为 5 个等级,所以分别添加(0)、(1)、(2)、(3)、(4)后缀进行标示。

2. 读片方位与手腕骨阅读顺序

在骨龄评价中,拍摄正位(后前位)左手腕部 X 线片,因此也以 X 射线方向阅读 X 线片。为了避免差错或丢失,骨的阅读顺序如下:

(1) RUS(桡尺骨、掌指骨)方法:桡骨,尺骨,掌骨Ⅰ,掌骨Ⅲ,掌骨Ⅴ,近节指骨Ⅰ,近节指骨Ⅲ,近节指骨Ⅴ,中节指骨Ⅲ,中节指骨Ⅴ,远节指骨Ⅰ,远节指骨Ⅲ,远节指骨Ⅴ。

在 TW 方法中,因掌指骨块数过多,所以将第二、第四手指各骨的权重设置为零,实际应用中不再评价。

(2)腕骨方法:头状骨,钩骨,三角骨,月骨,舟骨,大多角骨,小多角骨。

3. 骨发育等级评价的原则

在 TW3 法的骨发育等级标准中,每一骨发育等级标准有 1~3 条,分别以 a、b、c 标出。在应用时应遵循下列原则:

(1) 当评价某块骨达到某一发育等级时,也必须符合前一等级标准的第 a 条。

(2) 在骨发育等级标准有两条时,符合其中的一条就可评价为该等级。

(3) 在骨发育等级标准有三条时,必须符合其中的两条标准才能评价为该等级。

4. 手腕骨发育的生理性变异

在手腕骨生长发育过程中,存在一些正常的生理性变异。

(1) 桡、尺骨茎突:个体间变异比较大。有时很难完全凸显出来。因此,桡、尺骨茎突一般不作为等级评价的标准。

(2) 短指骨:短指骨特征为骨干短、粗,骺发育很快,融合较早,见图 11.1。短指骨一般发生在第五指中节指骨。在中节指骨Ⅴ为短指骨的情况下,可给以中节指骨Ⅲ骺同样的发育等级。

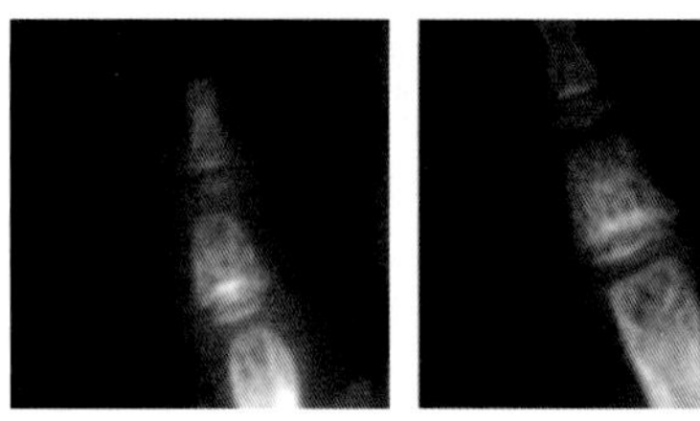
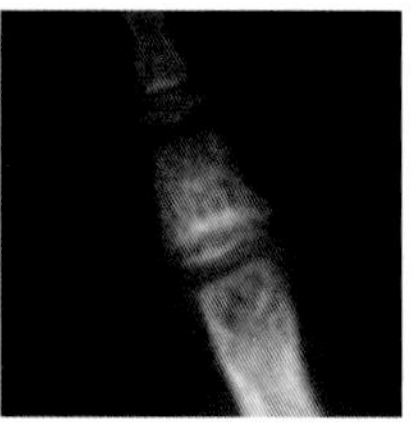
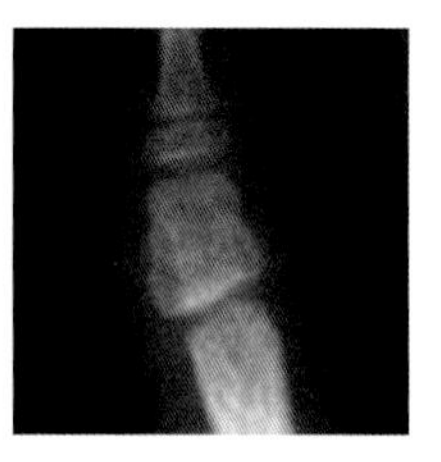

图 11.1　短指骨

由左向右分别为 4 岁、6 岁、12 岁女孩的短中节指骨Ⅴ

(3) 锥形骨骺:骨干短、粗,骺似锥形,其远侧缘与骨干的洞穴形状相一致,与其他远节指骨相比发育很快,融合较早,图 11.2。锥形骨骺大多出现在拇指远节指骨,因发育状况与等级文字描述不确切相符,所以在评价骨龄时,可给以远节指骨Ⅲ骺同样的发育等级。

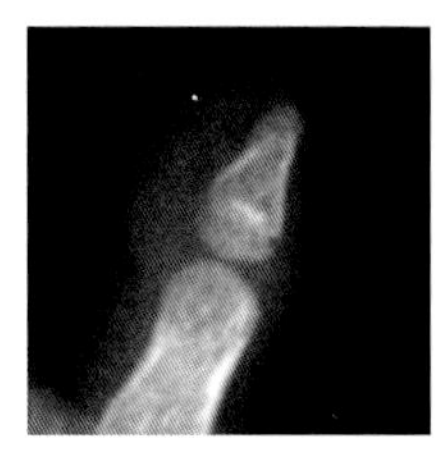
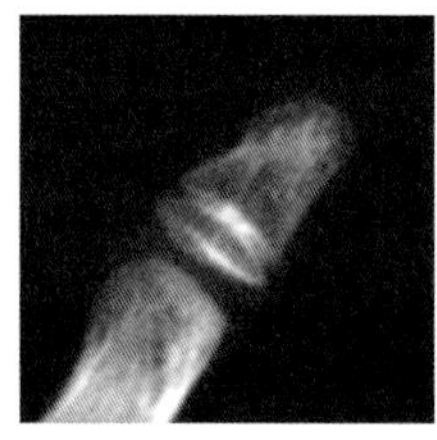
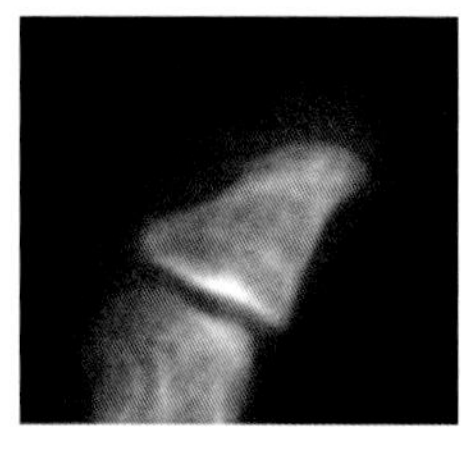

图 11.2　锥形骨骺

由左向右分别为 5 岁、9 岁、13 岁女孩远节指骨Ⅰ的锥形骺

11.2　解剖学方位与术语

1. 解剖学方位

在学习和掌握手腕部骨发育等级标准中,解剖学方位非常重要,因为它能够使我们正确了解骨成熟度指征的形态和位置。

(1) 掌侧(palmar):距手掌面近的部分。

(2) 背侧(dorsal):距手背面近的部分。

(3) 近侧(proximal):距肢体根近的部分。

(4) 远侧(distal):距肢体根远的部分。

(5) 内侧(medial):距身体正中矢状面(线)近的部分。

(6) 外侧(lateral):距身体正中矢状面(线)远的部分。

(7) 尺侧(ulnar):前臂距尺骨侧近的部分。

(8) 桡侧(radial):前臂距桡骨侧近的部分。

2. 术语与定义

(1) 手腕骨(skeleton of hand and wrist):泛指构成手的诸关节和桡尺远端关节的骨,包括桡骨远端、尺骨远端，腕骨（头状骨、钩骨、三角骨、月骨、舟骨、大多角骨、小多角骨），掌骨（5 块），近节指骨（5 块），中节指骨（4 块），远节指骨（5 块），见图 11.3。

（2）钙化点（deposit of calcium）：软骨内或膜内骨化时，基质开始钙化的部位，X 线影像为无骨性结构的致密点。

（3）骨化中心（ossification center）：软骨内或膜内骨化时，从钙化点开始骨化的部位，X 线影像为具有骨性结构的骨化点。

（4）骺（epiphysis）：儿童少年长骨未完成发育的骺端，简称骺。

新生儿长骨的两端为软骨，随生长发育骺软骨内出现次级骨化中心。由于骨化中心骨化的扩展和骺软骨的增殖，骨骺端不断增长和扩大，但骨化中心周围的软骨仍然为骺软骨，X 线影像不显影。

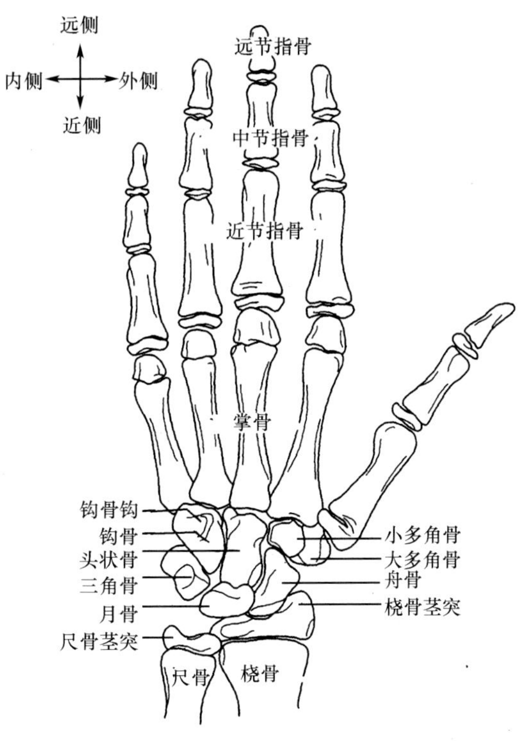

图 11.3 手腕骨骨骼示意图

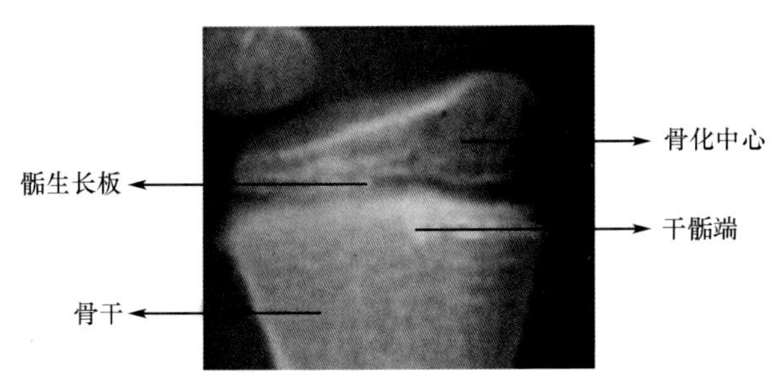

图 11.4 生长板 X 线影像示意图

（5）骺生长板（epiphysis growth plate）：生长阶段的长骨骺内次级骨化中心与干骺端之间的板状透明软骨，见图 11.4。骺软骨板软骨细胞的分裂增殖和软骨的骨化，使长骨不断加长。成年后骺软骨板骨化，骺与骨干融合。

（6）缘（border）：与 X 线束平行的骨表面所形成的线条状 X 线影像。

（7）关节面（articular surface）：组成关节的骨的相对面，以与它相关节的骨的名称命名，例如在头钩关节中，头状骨的关节面称为头状骨的钩骨面。

因为与 X 线束平行的骨关节面的 X 线影像称为缘，所以头状骨的钩骨面的 X 线影像称为钩骨缘。

（8）变平（flattening）：骨开始出现关节面，X 线影像表现为圆弧状的缘上出现直线段。

（9）凸（bulge）：在发育过程中，组成关节的骨的关节面开始按相对骨的关节面形成，X 线影像表现为圆弧状或直线状的缘向外突出。

（10）凹（concavity）：在发育过程中，组成关节的骨的关节面开始按相对骨的关节面形成，X 线影像表现为圆弧状或直线状的缘向内凹陷。

（11）致密（thicken）：不同骨面影像重叠或骨密度增加所形成的浅而明亮的 X 线影像。

（12）呈方形（square）：指骨骨化中心的远侧缘和外侧缘（或内侧缘）变平，使圆形外侧端（或内侧端）呈方形。

（13）覆盖（capping）：骺的骨化中心近侧缘或远侧缘沿相邻干骺端包绕干骺端的顶部

周缘。

(14) 融合(fusion):骺软骨板钙化,导致骺软骨板消失,骨干与骺连接成一体,X线影像表现为原骺软骨板的黑色暗带消失。

1) 融合开始:生长板开始钙化、暗带X线影像开始消失;相对应的骨化中心与干骺端的临时钙化带以致密点相连接。

2) 融合结束:生长板全部消失,致密、宽大的骺线变淡、变细,并部分消失。

(15) 发育等级(development stage):根据骨在生长发育过程中形态和密度变化特征的X线影像,将骨发育过程所划分的若干发育阶段。

11.3 手腕部骨正位X线影像掌背侧面的区分

在拍摄左手腕正位X线片时,经X线投照后三维的手腕骨形成了二维的X线影像结构,手腕骨的背侧面和掌侧面重叠在一起,给成熟度指征的辨认带来了许多困难。所以,正确区分手腕骨X线影像的掌、背侧面,是保证骨龄评价准确性的基础。为便于读者掌握,我们选择了一些X线片例图,并以简图加以说明。在下面简图中,灰色线代表骨化中心背侧面,黑色线代表掌侧面。

1. 桡骨

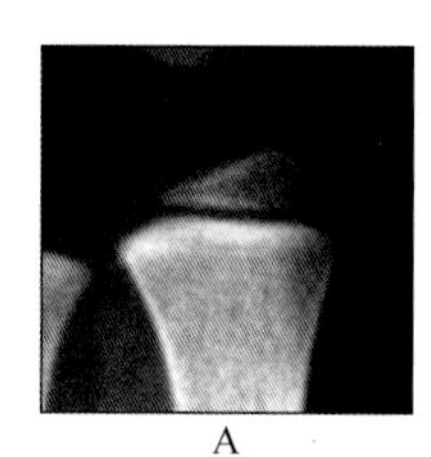

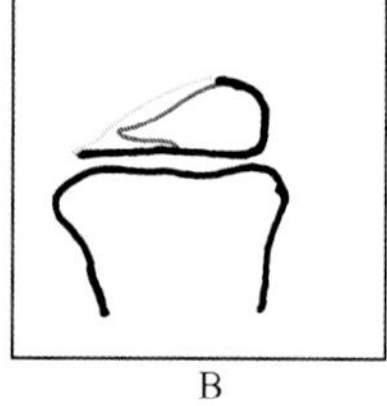

A　　B

图11.5　桡骨骺骨化中心的掌、背面

桡骨是手腕部最粗大的长骨。桡骨远侧与腕骨相关节,内侧与尺骨形成桡尺关节。桡骨远侧的腕骨关节面的背侧面高于掌侧面,因此在手腕正位X线片中,桡骨腕骨关节面的掌侧面在背侧面的阴影之中,表现为致密白线(图11.5),沿这条致密线就可画出掌侧面的轮廓(简图中的细黑线)。在骨化中心的骨化过程中,通过绘画掌侧面可分别观察掌侧面的发育变化(图11.6),在桡骨的尺骨关节面骨化时清晰可见其掌、背面(图11.7)。此后掌、背侧面的区分很重要,可以了解桡骨骺的复杂影像。图11.8和图11.9中分别为桡骨尺骨关节面的掌侧面和背侧面朝向尺骨,但掌侧面都与干骺端的影像部分重叠(细黑线与骨干交叉的部分)。在图11.10、图11.11中,无论是掌侧面还是背侧面朝向尺骨,都可见桡骨骺尺骨关节面掌、背侧面相对应的骨干部分,二者清晰地描绘出了生长板的厚度。

图11.8~图11.11中桡骨骺尺骨关节面的掌侧面或背侧面朝向尺骨,反映了拍摄手腕部正位X线片时,受试者桡骨的内旋或外旋。

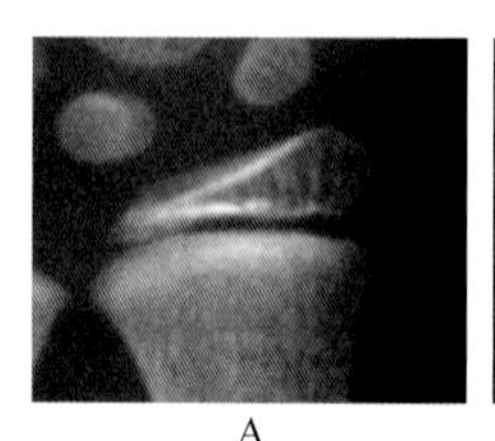

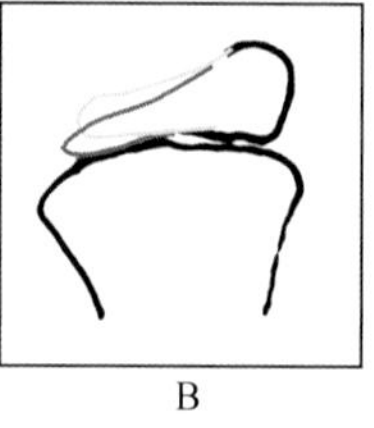

A　　B

图11.6　桡骨骺骨化中心掌、背侧面朝向内侧生长

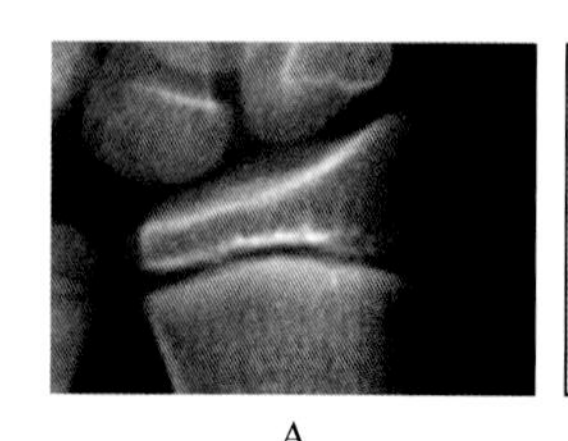

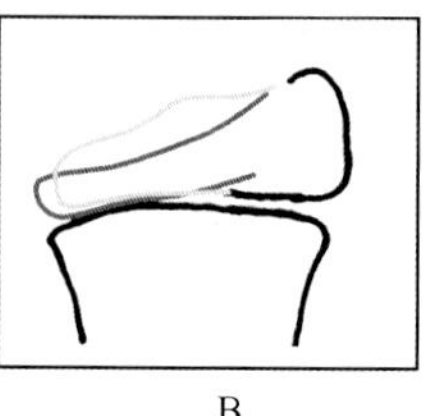

A　　B

图11.7　桡骨骺尺骨关节面的掌、背侧面

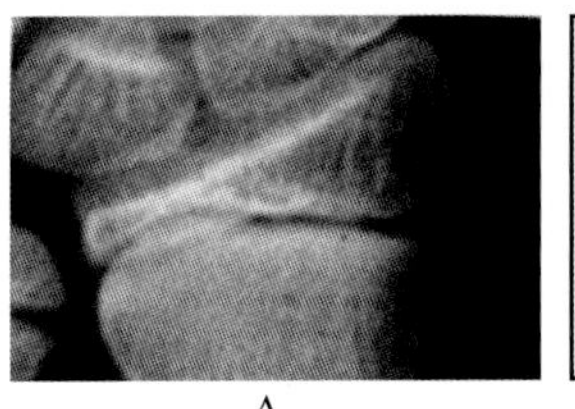
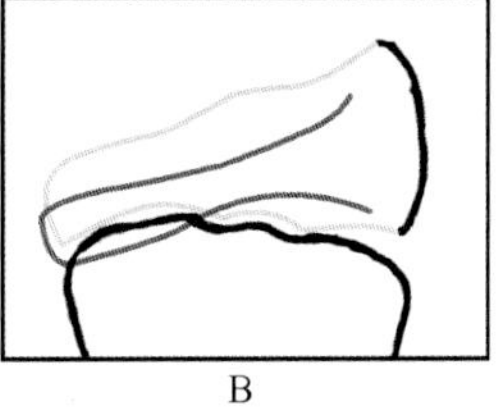

A　　B

图 11.8　桡骨骺尺骨关节面的掌侧面超出背侧面，掌侧面与部分干骺端影像重叠

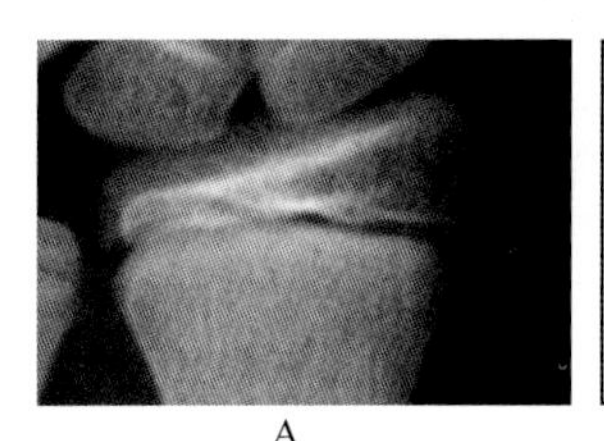
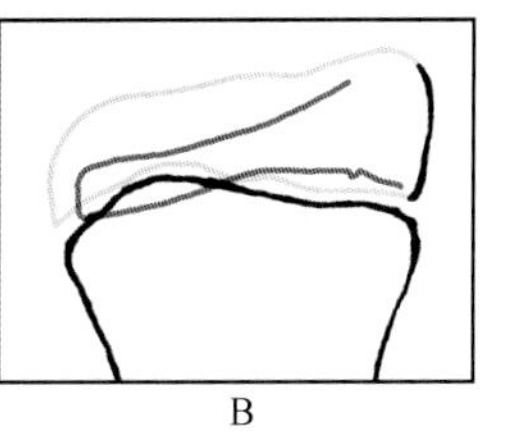

A　　B

图 11.9　桡骨骺尺骨关节面的背侧面超出掌侧面，掌侧面与部分干骺端影像重叠

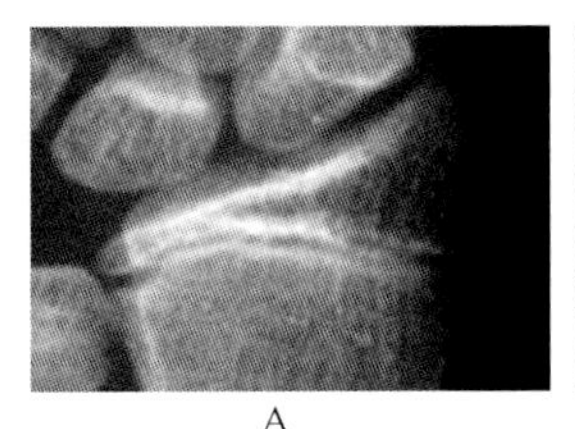
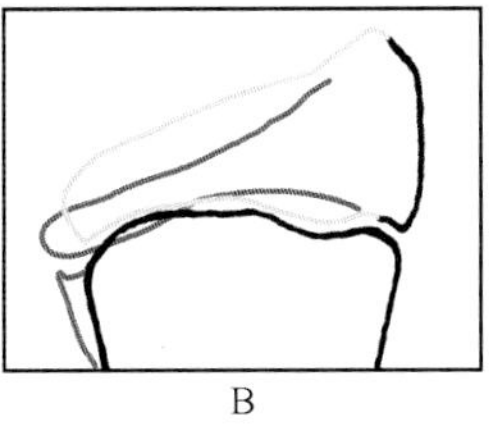

A　　B

图 11.10　桡骨骺尺骨关节面可见掌、背侧面相应的骨干部分，掌侧面朝向尺骨

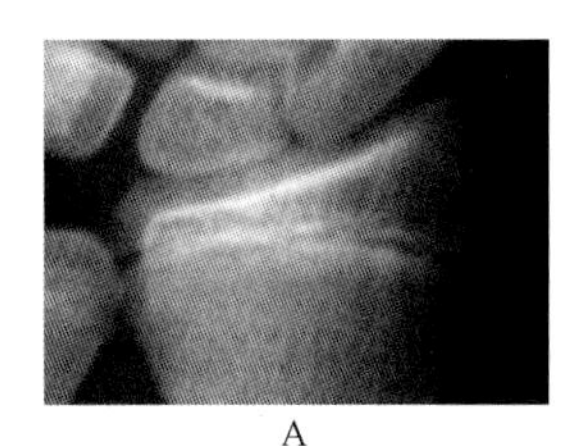
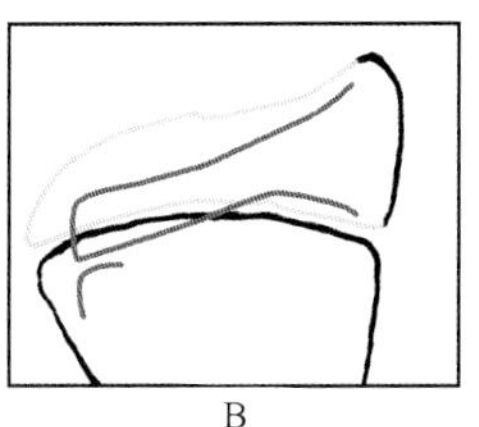

A　　B

图 11.11　桡骨骺尺骨关节面可见掌、背侧面相应的骨干部分，背侧面朝向尺骨

2. 尺骨

尺骨骺骨化中心可明显分为尺骨头和尺骨茎突两部分，掌、背侧面影像的重叠主要发生在尺骨头部分(图 11.12)。在拍摄手腕部正位 X 线片时，受试者的尺骨更容易出现旋转，图 11.13 和图 11.14 分别为尺骨外旋、内旋时所形成的掌、背侧面。

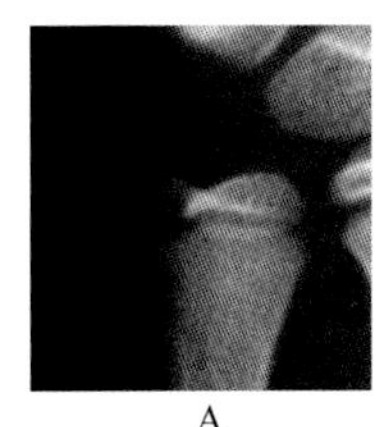
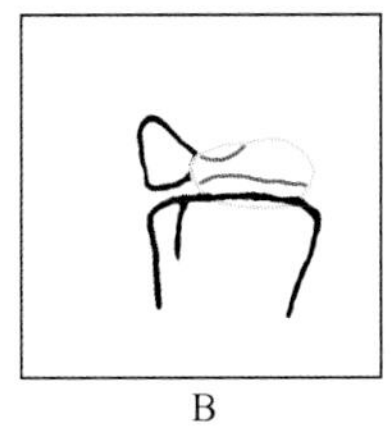

A　　B

图 11.12　尺骨骺骨化中心的掌、背侧面

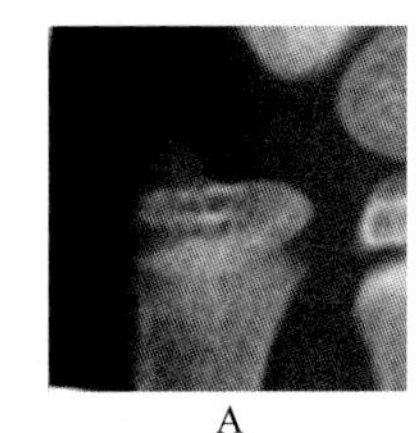
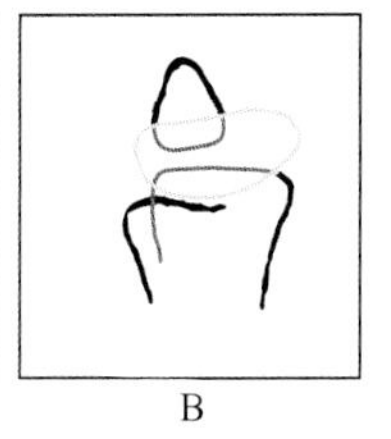

A　　B

图 11.13　尺骨外旋时所形成的尺骨骺掌、背侧面

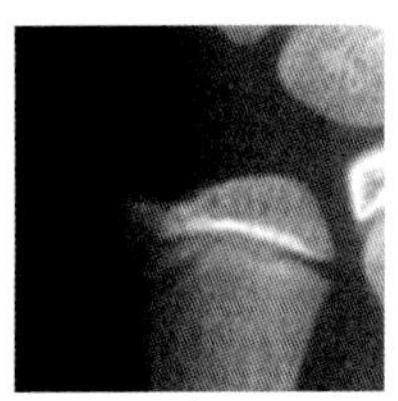
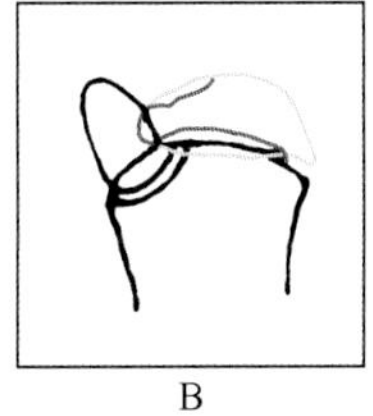

A　　B

图 11.14　尺骨内旋时所形成的尺骨骺掌、背侧面

3. 掌骨 I

在拍摄手腕部正位 X 线片时，第一手指呈现一定程度的内旋，所以第一掌骨的大多角骨的鞍状关节面的掌、背侧面出现交叉，见图 11.15。随骨化中心的生长发育，骨化中心外侧部分与干骺端影像重叠，重叠部分呈现致密白线，致密线上下清晰可见掌、背侧面的生长板暗带(图 11.16)。

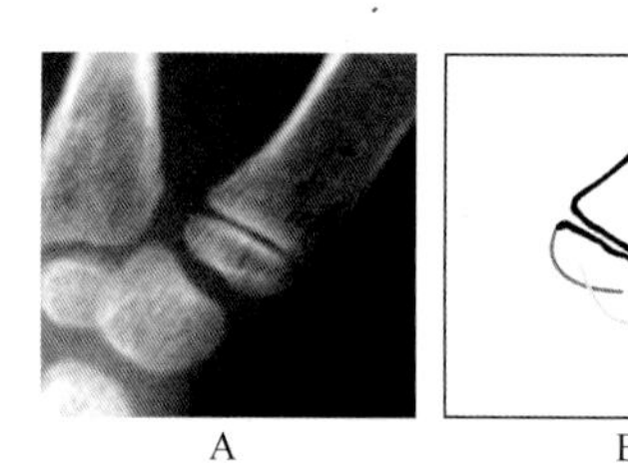

A　B

图 11.15　掌骨Ⅰ骨化中心的掌、背侧面

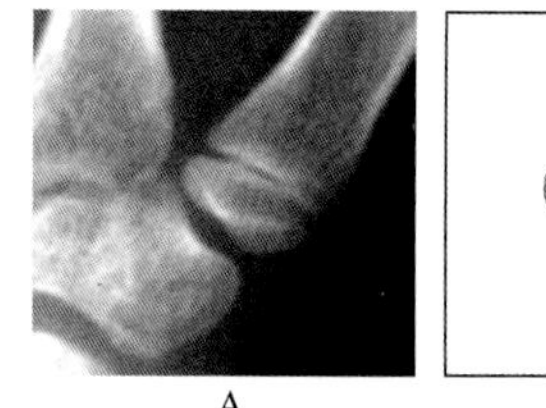

A

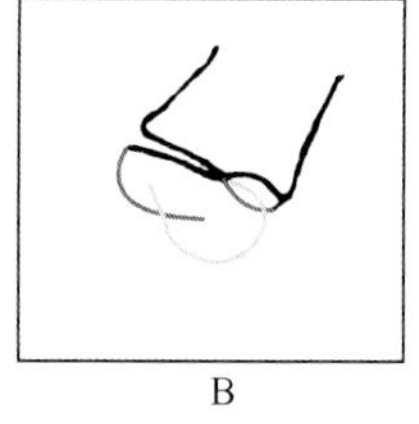

B

图 11.16　掌骨Ⅰ骨化中心外侧部分与干骺端影像的重叠

4. 掌骨Ⅲ、Ⅴ

在图 11.17 中,可见掌骨Ⅲ骨化中心关节面的背侧面(灰色线)。背侧关节面可见纵向的骨小梁,其近侧缘及相对应的骨干缘为致密白线,二者清晰地描述出背侧面生长板暗带。在图 11.18 中,掌骨Ⅲ骨化中心关节面的掌侧面已经清晰可见,表现为纵向的致密白线(密度大于背侧面),在简图中以细黑线表示(图 11.18B)。掌侧面和背侧面的生长板暗带清晰可见,但掌侧面生长板的大部分被背侧面所掩盖。

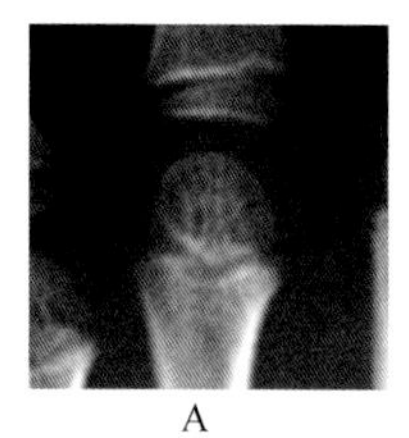

A

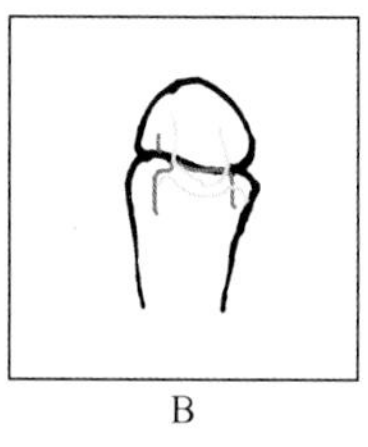

B

图 11.17　掌骨Ⅲ骺骨化中心的背侧面

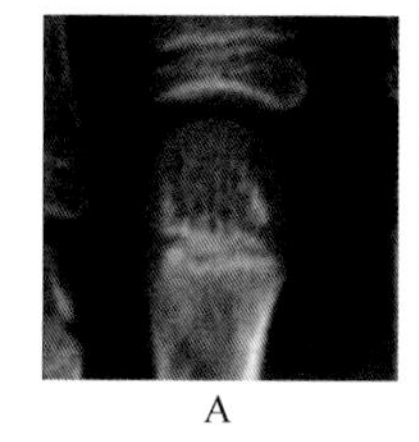

A

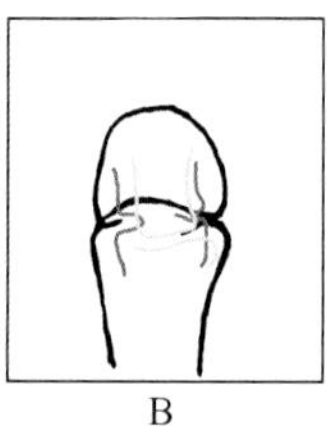

B

图 11.18　掌骨Ⅱ骺骨化中心的掌侧面和背侧面

在拍摄手腕部正位 X 线片时,掌骨Ⅴ有轻度的外旋,但掌、背侧面的 X 线表现与掌骨Ⅲ相同(图 11.19)。

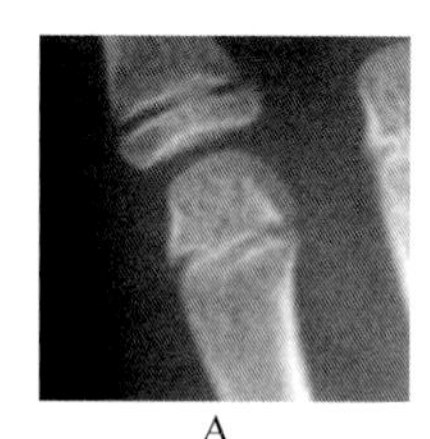

A

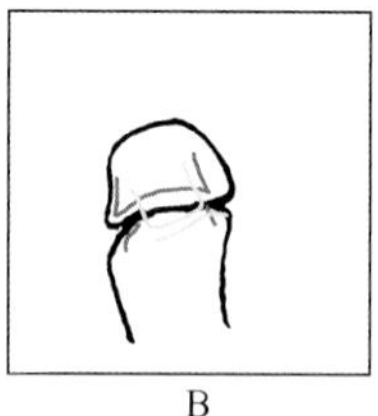

B

图 11.19　掌骨Ⅴ骨化中心的掌侧面和背侧面

5. 近节指骨Ⅰ

在图 11.20 的骨骺中间部位,隐约可见骨干骺端与骨化中心影像重叠。在图 11.21 中,骺骨化中心远侧缘与干骺端近侧缘重叠为致密白线,在其近侧可见掌侧面的部分生长板暗带。

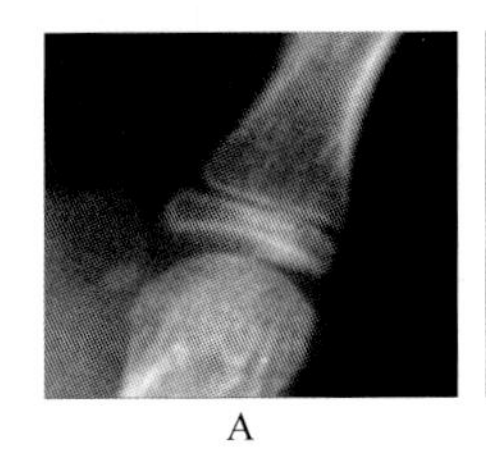
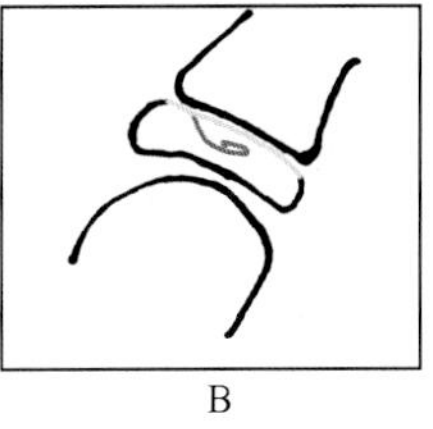

A　　B

图 11.20　骨化中心影像内隐约可见干骺端掌侧面的阴影

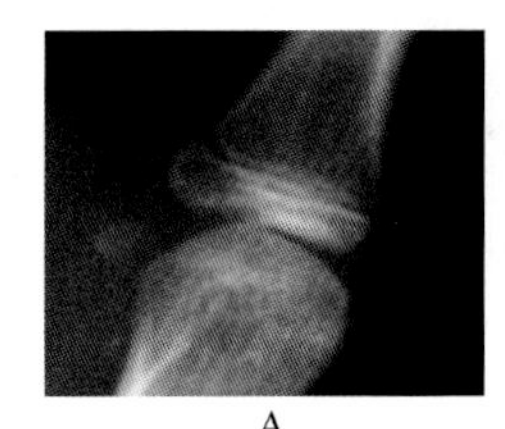
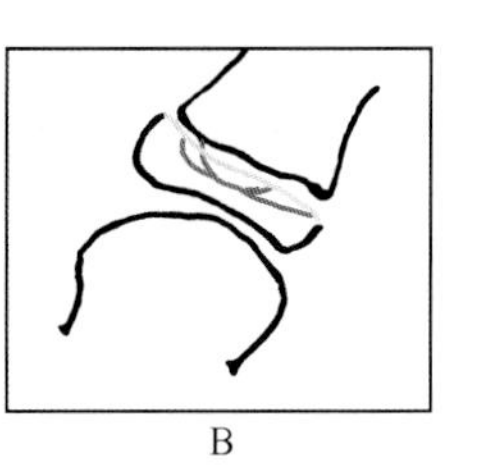

A　　B

图 11.21　骨化中心远侧缘与干骺端掌侧面近侧缘影像重叠

6. 近节指骨Ⅲ、Ⅴ

在图 11.22 中,能够清晰看到干骺端的掌背侧面(掌侧面为图 11.22B 中的细黑线所示),掌侧面的近侧缘与骨化中心的远侧缘重叠,形成致密白线,在致密白线远侧和近侧分别为背侧和掌侧的生长板暗带。图 11.23 说明了骺骨化中心内侧的远侧部分与骨干影像的重叠,其重叠部分表现为致密白线,在其上下方分别可见掌背侧生长板暗带。这种骨化中心与骨干影像的重合也往往表现在骺的内外两侧(图 11.24A1 和 A2)。

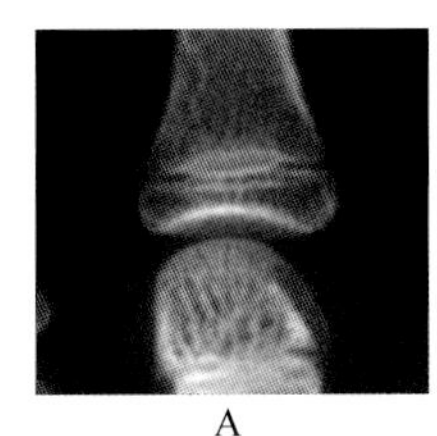
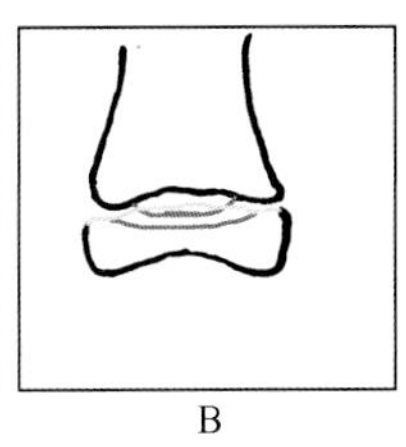

A　　B

图 11.22　骨化中心远侧缘中部与骨干掌侧面近侧缘的影像重叠

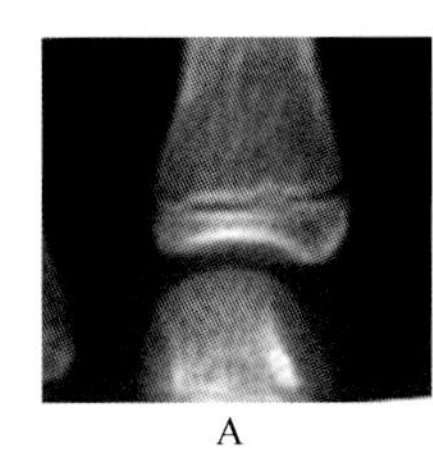
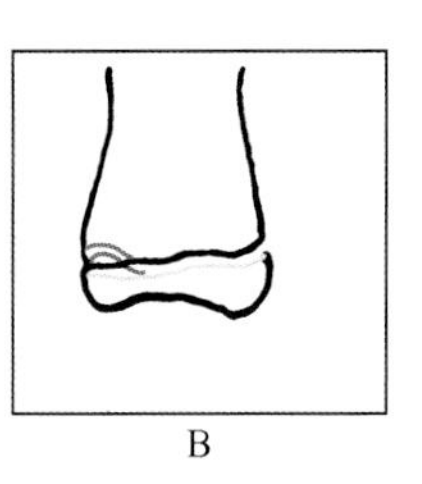

A　　B

图 11.23　骨化中心内侧的远侧部分与骨干影像的重叠

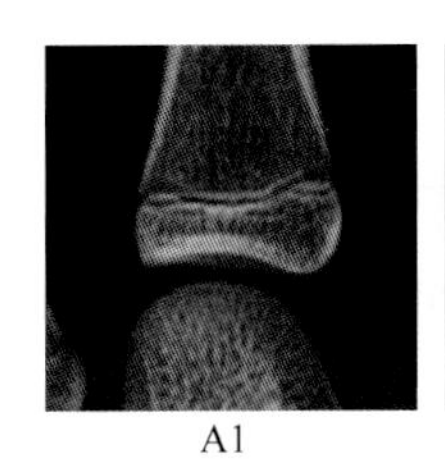
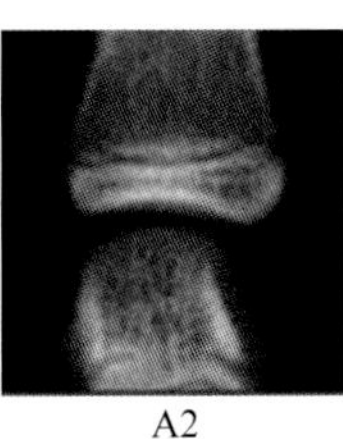
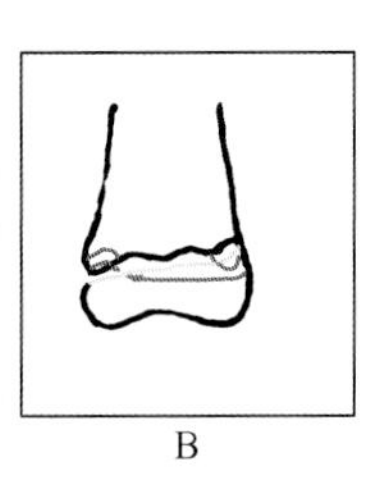

A1　　A2　　B

图 11.24　骨化中心两侧的远侧部分与骨干影像的重叠

7. 中节指骨

在中节指骨也可见骺骨化中心远侧缘与干骺端掌侧面近侧缘的影像重叠(图 11.25),特别是在图 11.26 中,这种影像的重叠更清晰,骺骨化中心远侧缘与干骺端掌侧面近侧缘重叠,形成致密白线,在致密白线近侧和远侧可见掌侧和背侧生长板暗带。

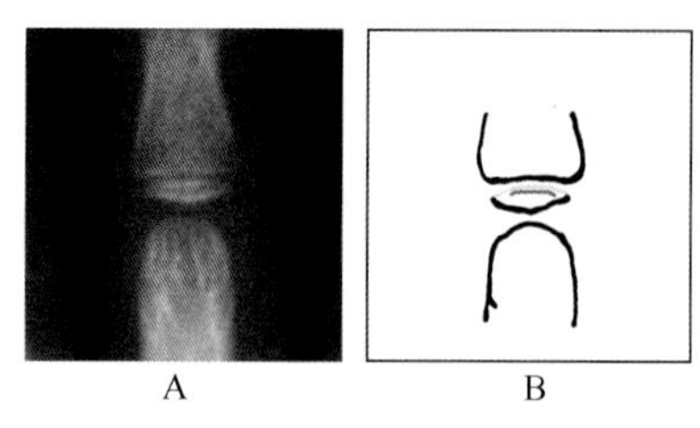

A　　　B

图 11.25　骨化中心的远侧隐约可见干骺端掌侧面的阴影

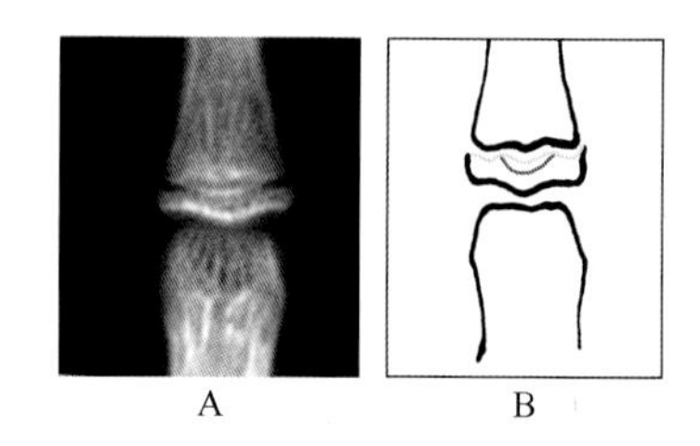

A　　　B

图 11.26　骨化中心远侧与干骺端掌侧面影像的重叠

8. 远节指骨 I

由于拍摄手腕部正位 X 线片时第一手指内旋，远节指骨 I 的干骺端掌侧面在骺内的重叠影像也偏向内侧（图 11.27）。在图 11.28 中，骺骨化中心远侧缘上可见与干骺端掌侧面相对应的内外侧面，以及二者之间的生长板暗带。而且，骺与干骺端掌侧面的融合可能早于背侧面（图 11.29）。

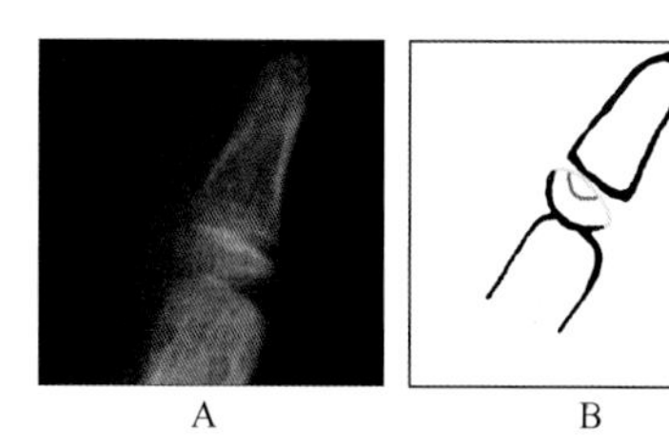

A　　　B

图 11.27　骨化中心内可见干骺端掌侧面的影像重叠

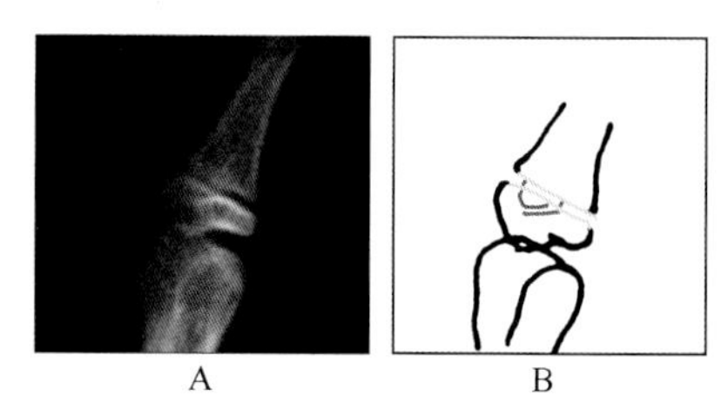

A　　　B

图 11.28　骨化中心远侧缘可见内外侧面

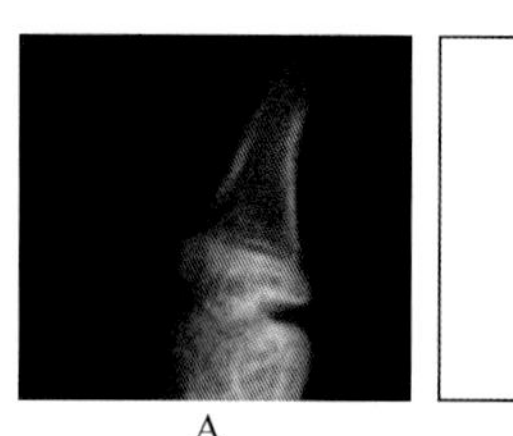

A　　　B

图 11.29　骨化中心与干骺端掌侧面融合

9. 远节指骨Ⅲ、V

在图 11.30 中，骺骨化中心近侧缘可区分为掌、背侧面，掌侧面为致密的背侧面近侧的凸出部分。同时，在骨化中心远侧缘上可见干骺端掌侧面影像重叠所形成的致密白线，随生长发育这种影像重叠逐渐变得明显起来（图 11.31）。

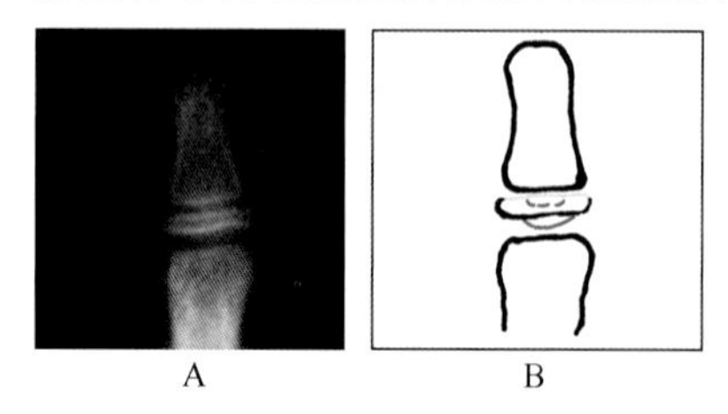

A　　　B

图 11.30　远节指骨Ⅲ骨化中心的掌侧面

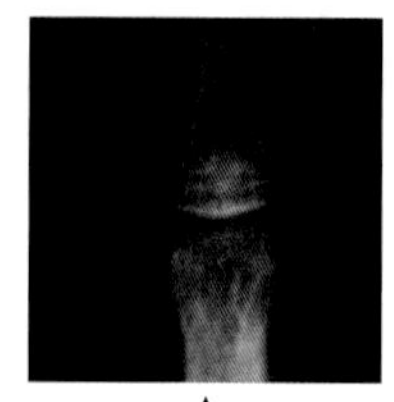

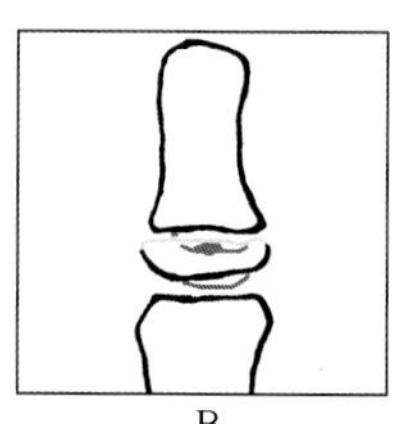

A　　　B

图 11.31　骨化中心远侧缘与干骺端掌侧面影像重叠

11.4 手腕骨发育等级标准

11.4.1 RUS-CHN 和 TW3-C RUS 法骨发育等级标准

1. 桡骨(radius)

(1) RUS-CHN 等级 1 和 TW3-C RUS 等级 1:骨化中心仅可见一个钙化点,极少为多个,边缘不清晰(图 11.32)。

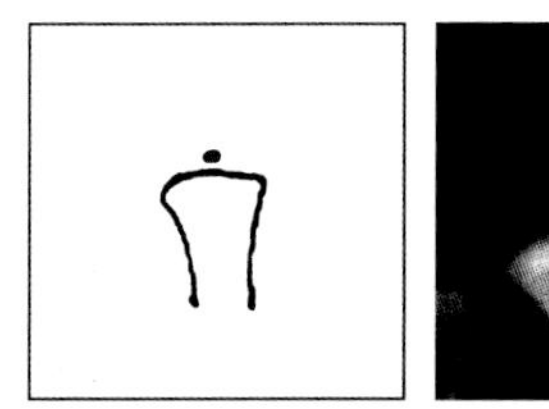
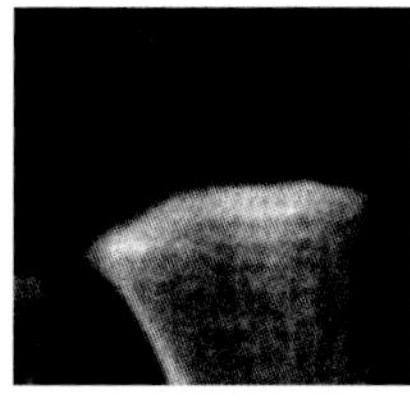
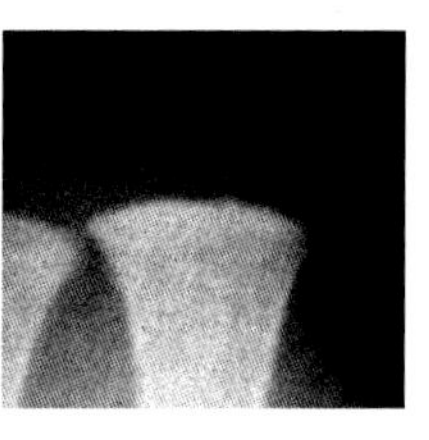

图 11.32 RUS-CHN 等级 1 和 TW3-C RUS 等级 1(桡骨)

(2) RUS-CHN 等级 2 和 TW3-C RUS 等级 2:骨化中心清晰可见,为圆盘形,有平滑连续的缘(图 11.33)。

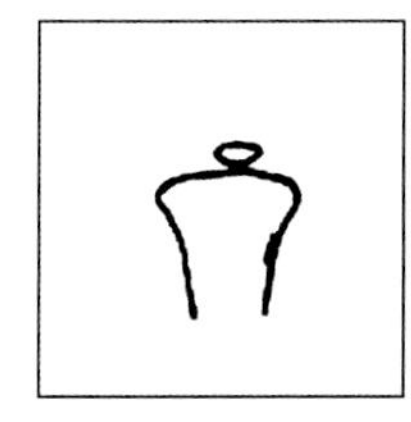
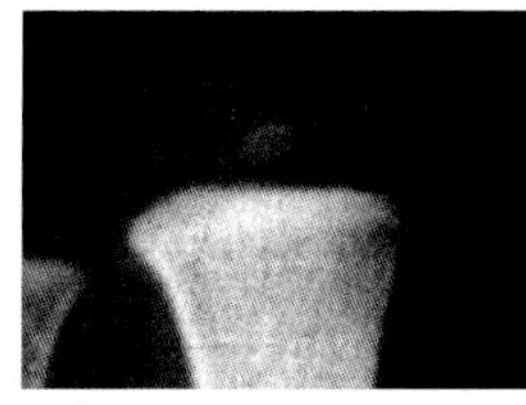
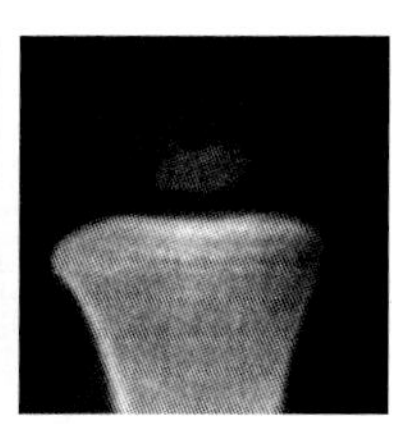

图 11.33 RUS-CHN 等级 2 和 TW3-C RUS 等级 2(桡骨)

(3) RUS-CHN 等级 3 和 TW3-C RUS 等级 3(图 11.34)。

1) 骺最大直径为骨干宽的一半或一半以上。

2) 骺外侧端增大、变厚、圆滑;内侧端为锥形。

3) 骺近侧面的 1/3 变平,并稍致密,骺和骨干之间的间隙变窄,约 1mm。

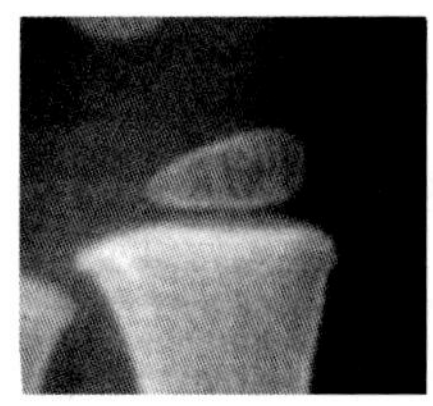
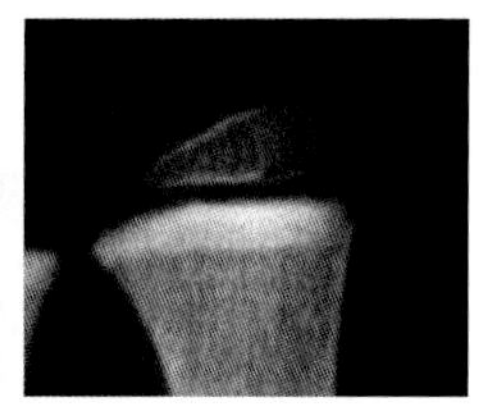

图 11.34 RUS-CHN 等级 3 和 TW3-C RUS 等级 3(桡骨)

(4) RUS-CHN 等级 4 和 TW3-C RUS 等级 4:骺远侧缘内出现致密白线,为掌侧缘,在其远侧为背侧缘(图 11.35)。

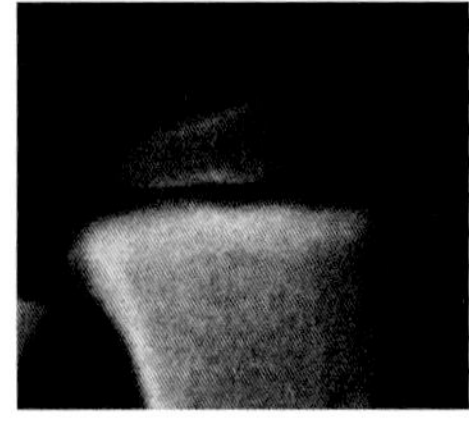
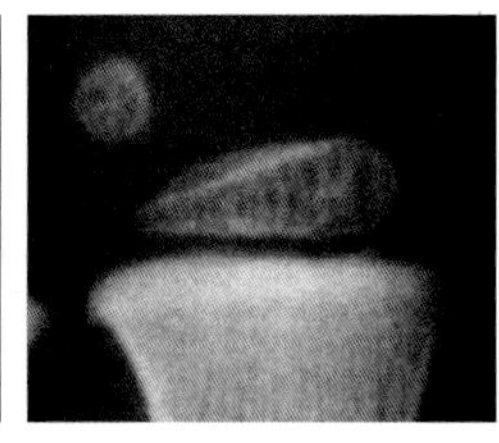

图 11.35 RUS-CHN 等级 4 和 TW3-C RUS 等级 4(桡骨)

(5) RUS-CHN 等级 5(0)和 TW3-C RUS 等级 5(图 11.36)

1) 骺近侧缘可区分为掌侧面和背侧面;掌侧面为该缘上不规则的致密白线。

2) 骺内侧端向内侧和近侧生长,大部分近侧缘的形状和骨干相一致。

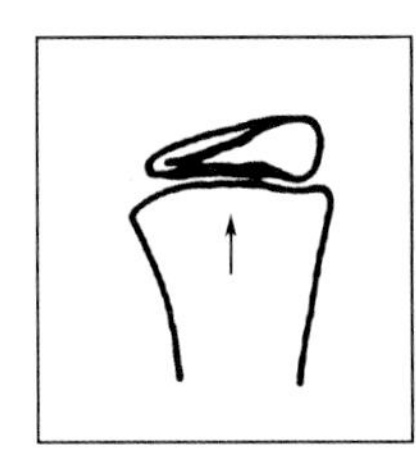
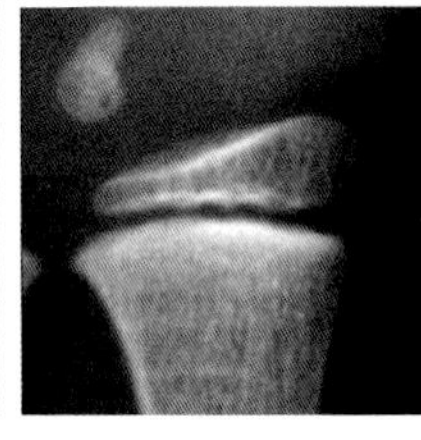
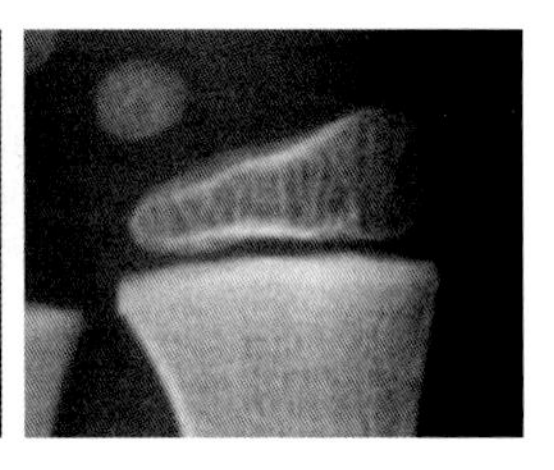

图 11.36 RUS-CHN 等级 5(0)和 TW3-C RUS 等级 5(桡骨)

(6) RUS-CHN 等级 5(2):骺内侧端与骨干等宽(图 11.37)。

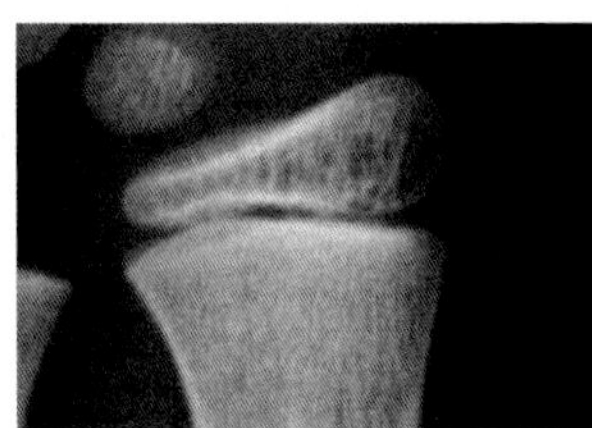
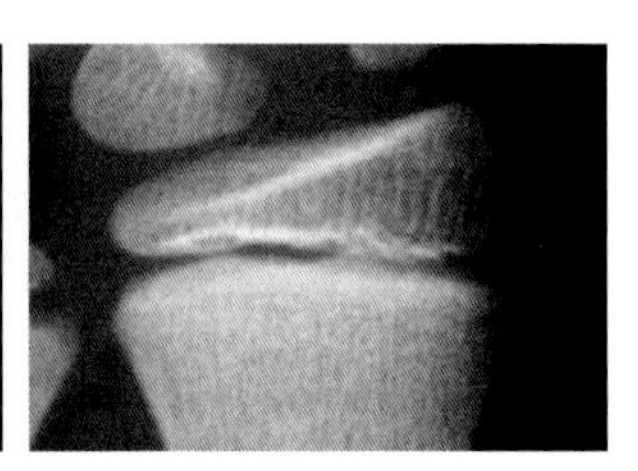

图 11.37 RUS-CHN 等级 5(2)(桡骨)

(7) RUS-CHN 等级 6 和 TW3-C RUS 等级 6(图 11.38)

1) 骺背侧面出现月骨和舟骨关节面,以一个小驼峰相连接。

2) 骺内侧缘出现与尺骨骺相关节的掌侧面和背侧面;掌侧面或背侧面向内侧突出。

3) 骺近侧缘稍凹。

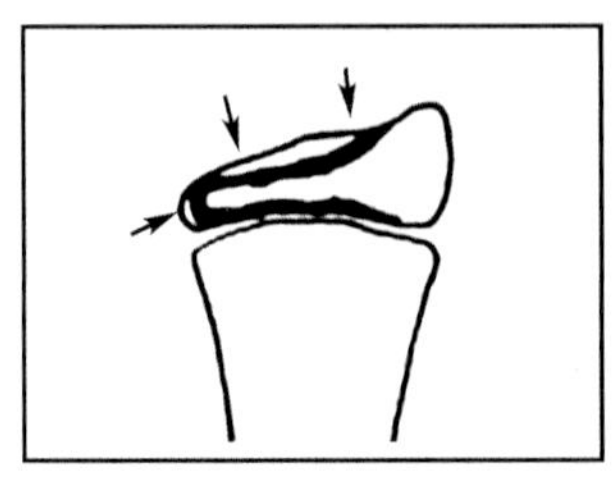
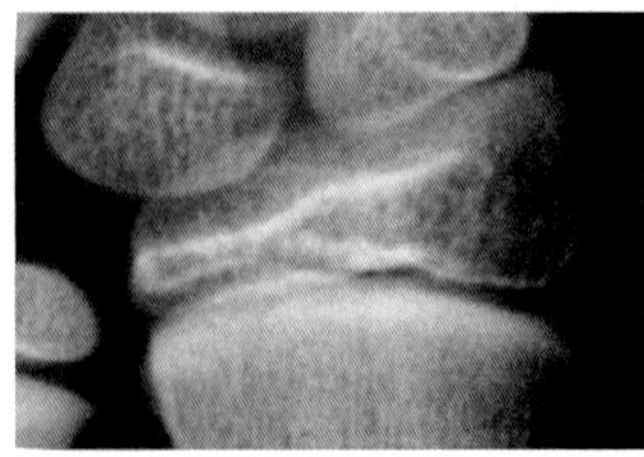
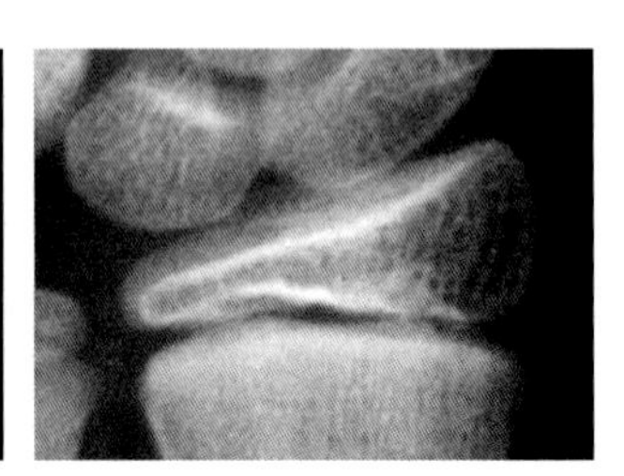

图 11.38 RUS-CHN 等级 6 和 TW3-C RUS 等级 6(桡骨)

(8) RUS-CHN 等级 7(0)和 TW3-C RUS 等级 7:骺在一侧(通常在内侧)覆盖骨干(图 11.39)。

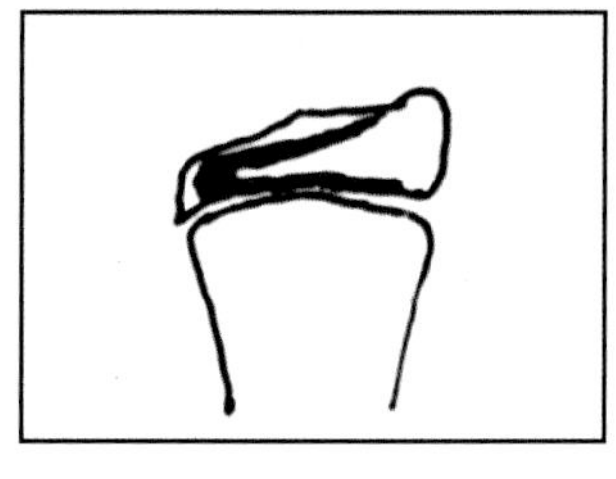
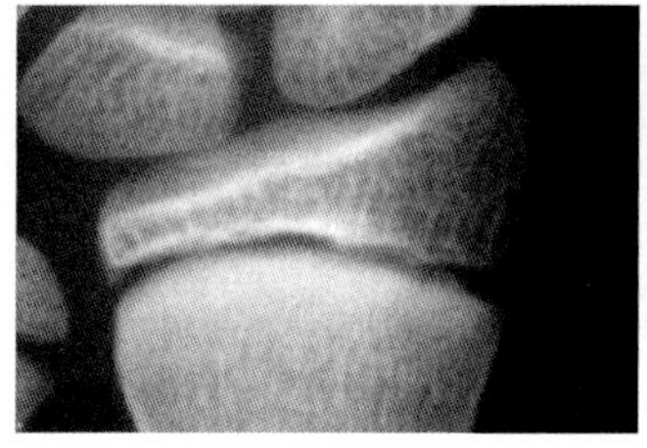
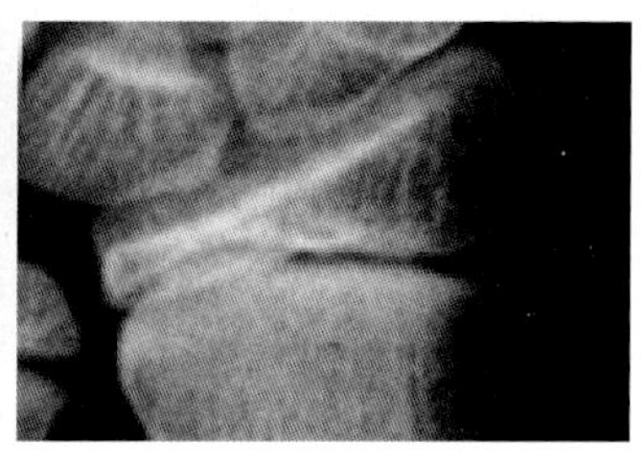

图 11.39 RUS-CHN 等级 7(0)和 TW3-C RUS 等级 7(桡骨)

(9) RUS-CHN 等级 7(2):骺在两侧覆盖骨干(图 11.40)。

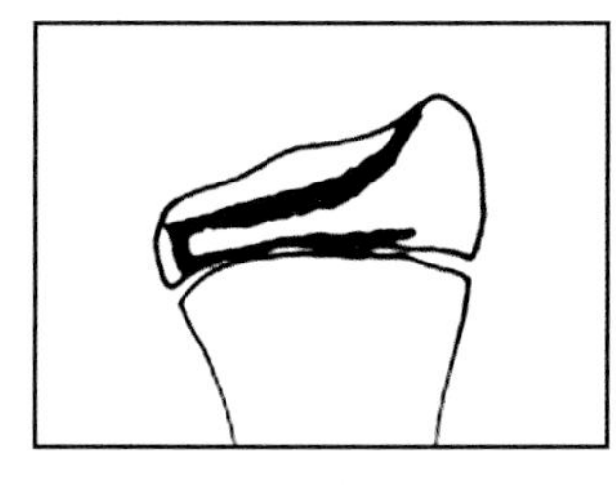
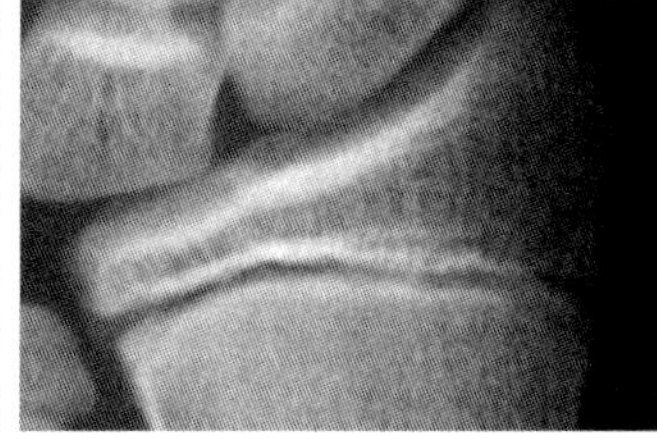
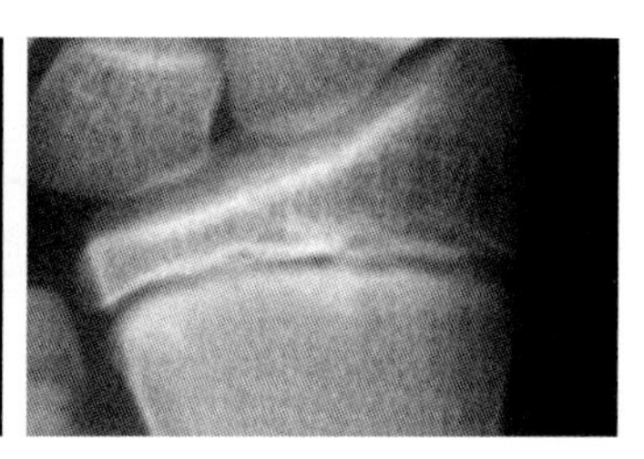

图 11.40 RUS-CHN 等级 7(2)(桡骨)

(10) RUS-CHN 等级 8(0)和 TW3-C RUS 等级 8:骺和骨干开始融合(图 11.41)。

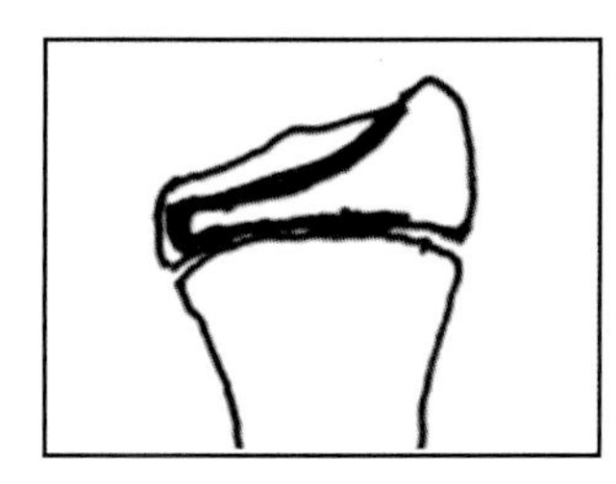
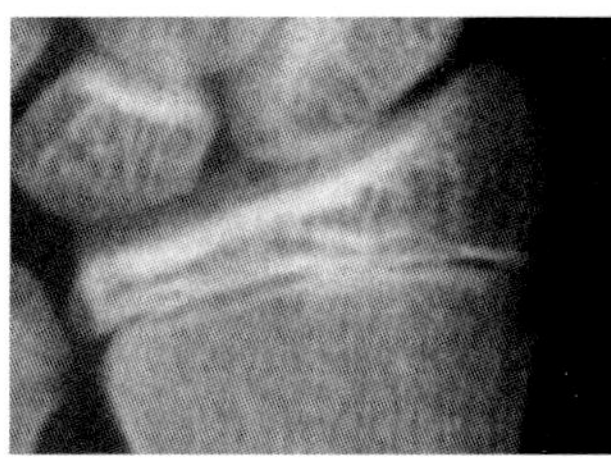
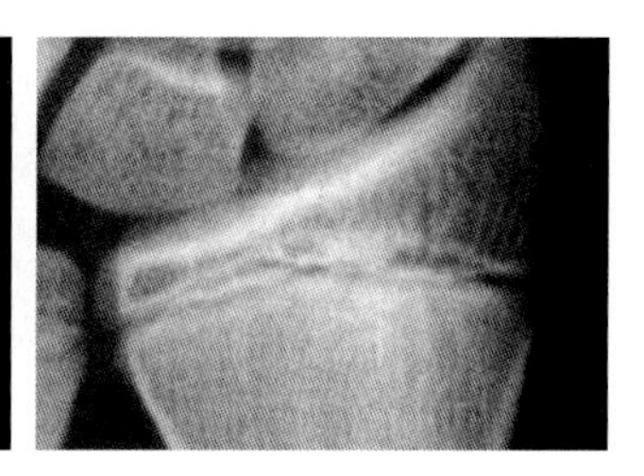

图 11.41 RUS-CHN 等级 8(0)和 TW3-C RUS 等级 8(桡骨)

(11) RUS-CHN 等级 8(1):骺和骨干融合 1/4(图 11.42)。

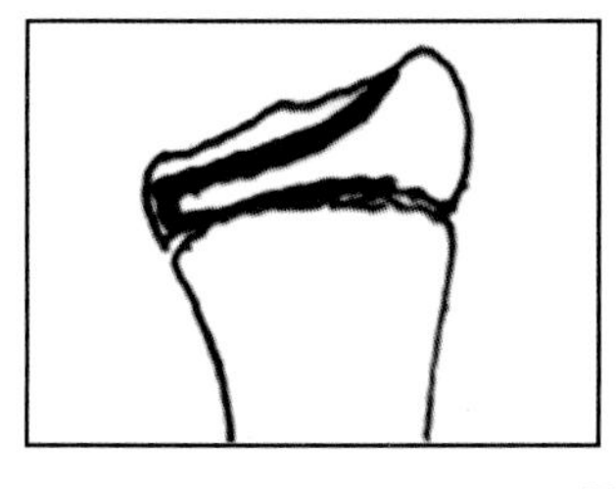
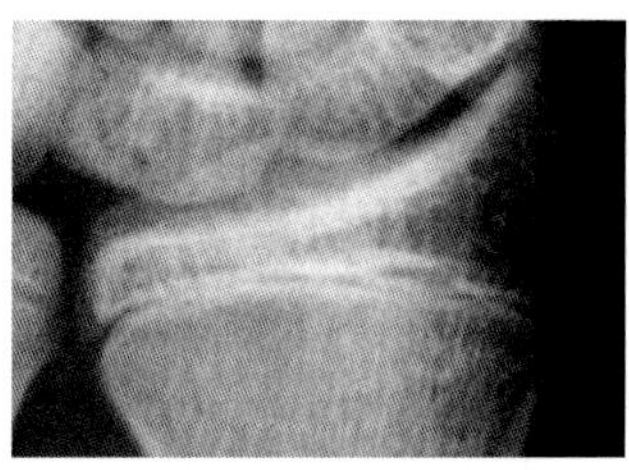
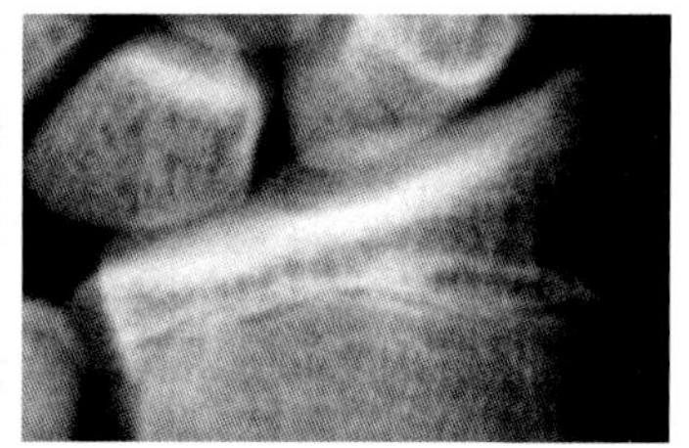

图 11.42 RUS-CHN 等级 8(1)(桡骨)

(12) RUS-CHN 等级 8(2):骺和骨干融合 1/2(图 11.43)。

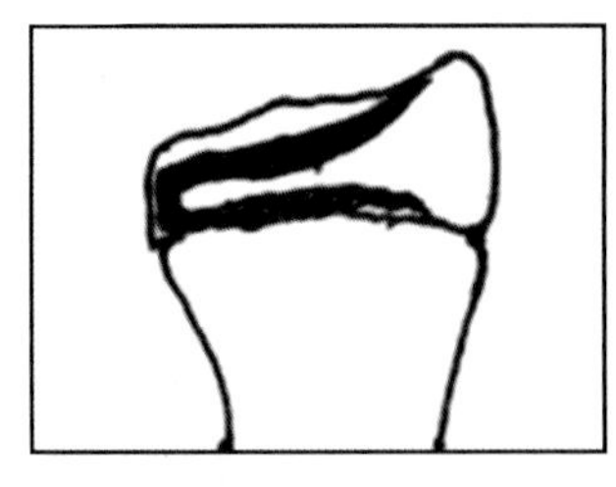
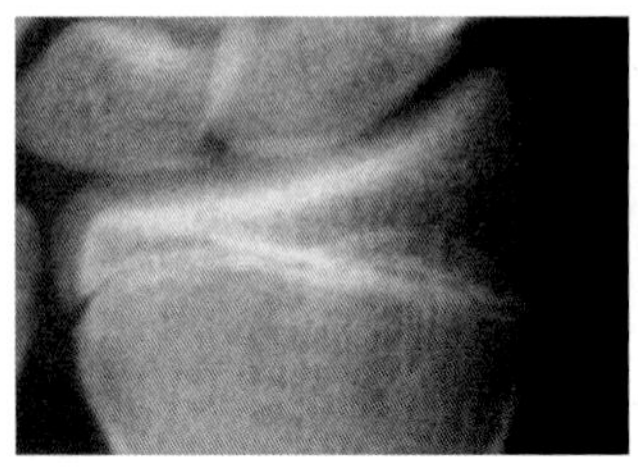
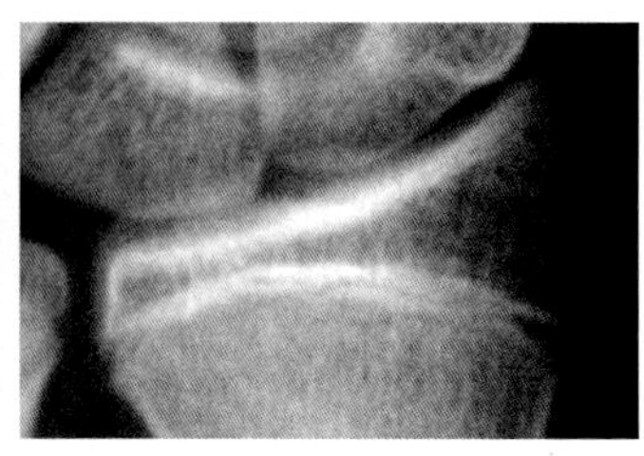

图 11.43 RUS-CHN 等级 8(2)(桡骨)

(13) RUS-CHN 等级 8(3):骺和骨干融合 3/4(图 11.44)。

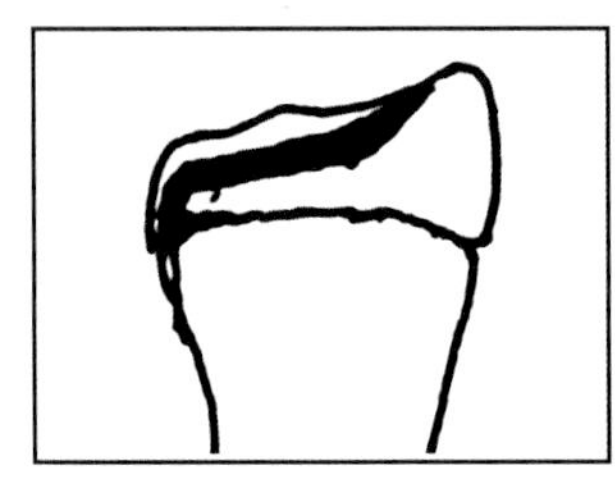
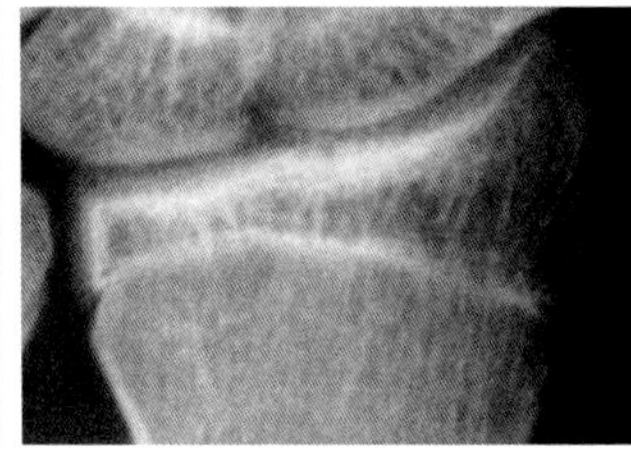
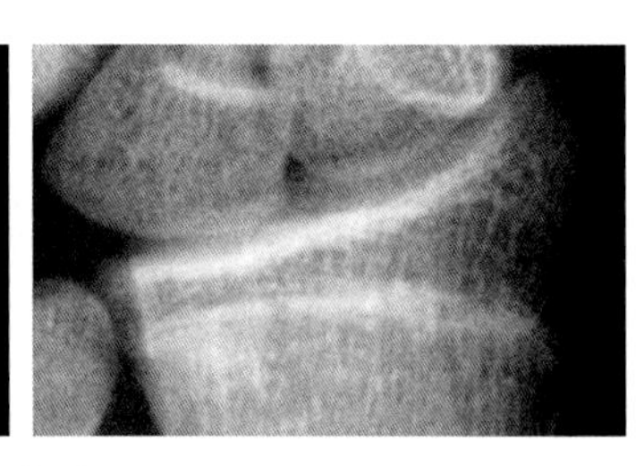

图 11.44 RUS-CHN 等级 8(3)(桡骨)

(14) RUS-CHN 等级 8(4):骺和骨干完全融合(图 11.45)。

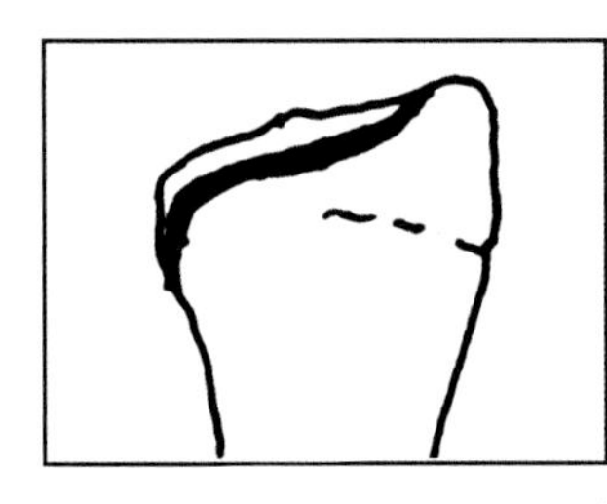
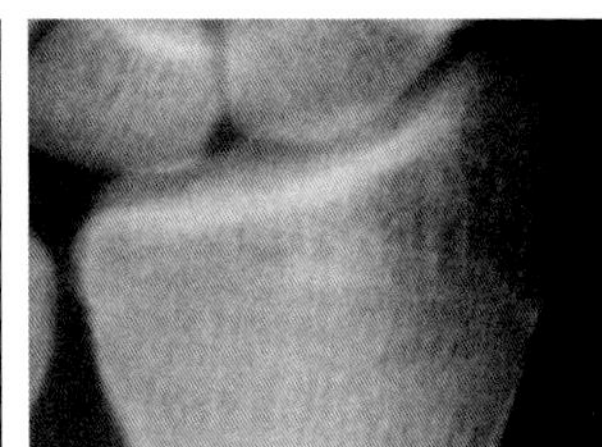
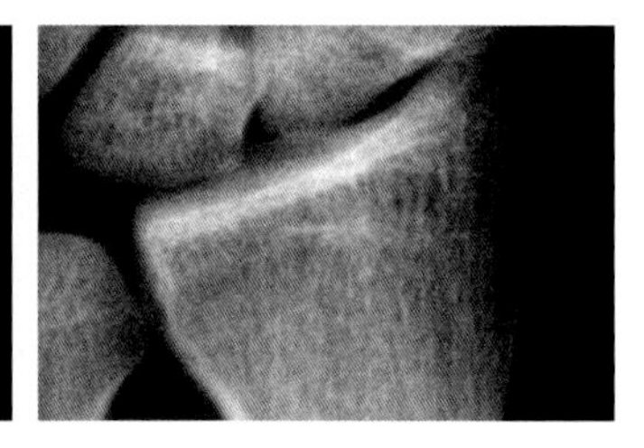

图 11.45 RUS-CHN 等级 8(4)(桡骨)

2. 尺骨 (ulna)

(1) RUS-CHN 等级 1 和 TW3-C RUS 等级 1:骨化中心可见一个钙化点,极少为多个,边缘不清晰(图 11.46)。

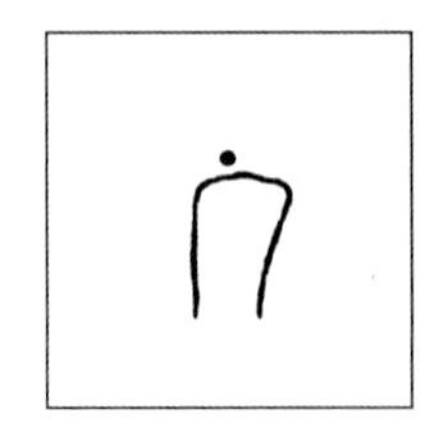
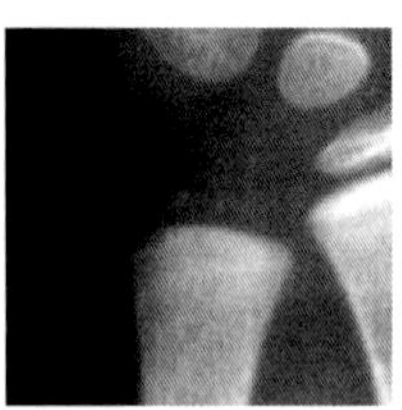
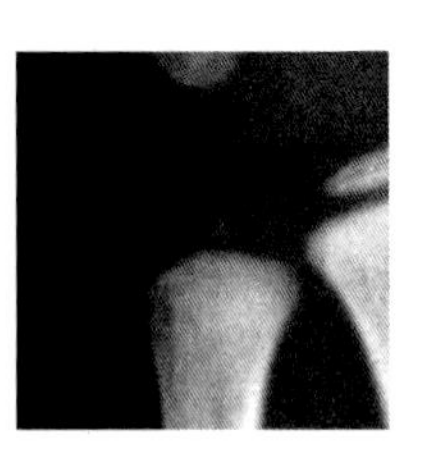

图 11.46 RUS-CHN 等级 1 和 TW3-C RUS 等级 1(尺骨)

(2) RUS-CHN 等级 2 和 TW3-C RUS 等级 2:骨化中心清晰可见,有平滑连续的缘(图 11.47)。

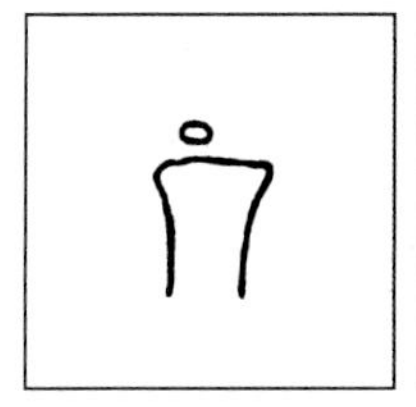 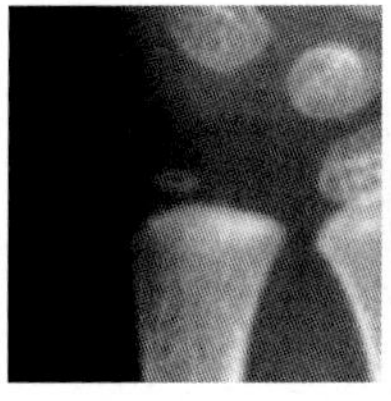 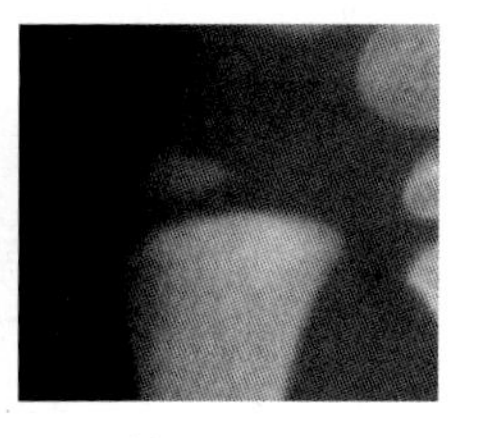

图 11.47 RUS-CHN 等级 2 和 TW3-C RUS 等级 2(尺骨)

(3) RUS-CHN 等级 3 和 TW3-C RUS 等级 3(图 11.48)

1) 骺最大直径为骨干宽的一半或一半以上。

2) 骺横向的内、外侧直径比纵向的远、近侧直径大得多。

3) 骺近侧和远侧缘都变平,但并不一定平行;骺通常为楔形,尖端指向外侧。

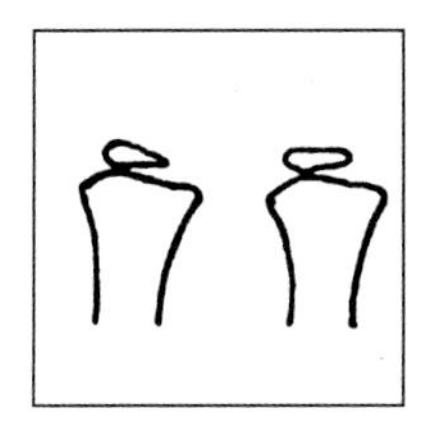 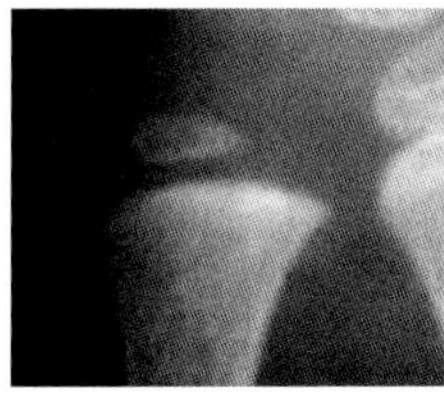 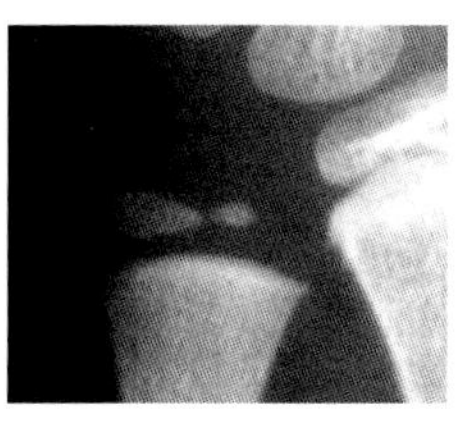

图 11.48 RUS-CHN 等级 3 和 TW3-C RUS 等级 3(尺骨)

(4) RUS-CHN 等级 4 和 TW3-C RUS 等级 4:骺茎突可见为小而清晰的凸起(图 11.49)。

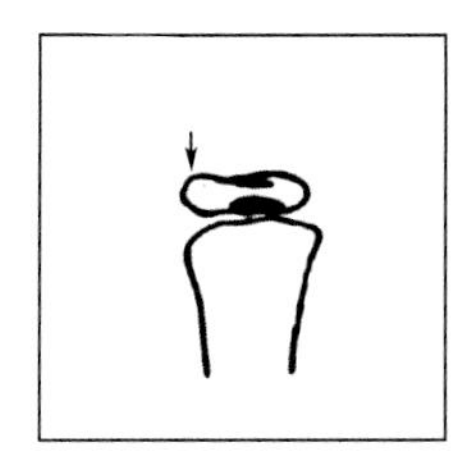 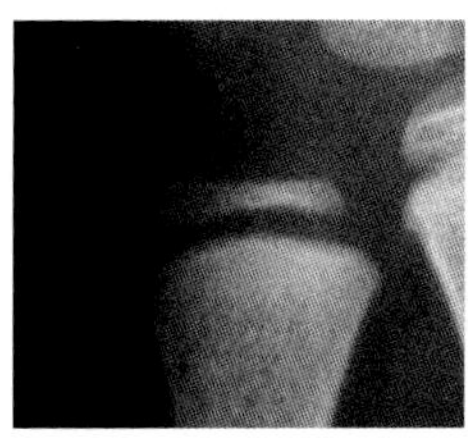 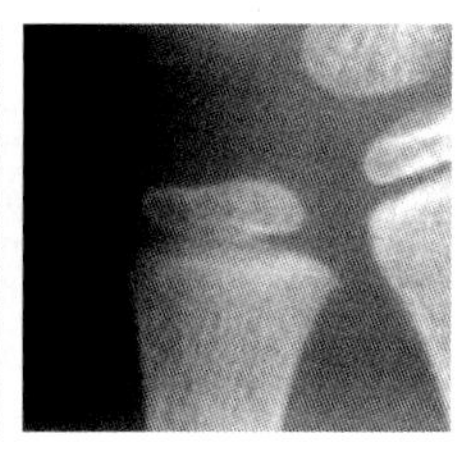

图 11.49 RUS-CHN 等级 4 和 TW3-C RUS 等级 4(尺骨)

(5) RUS-CHN 等级 5(0)和 TW3-C RUS 等级 5(图 11.50)

1) 骺尺骨头清晰可辨,密度大于茎突(内侧关节面通常为致密的白线,而将尺骨头和茎突区分开来;尺骨头和茎突相接处的近侧或远侧缘通常出现凹陷)。

2) 与桡骨骺相邻的缘变平。

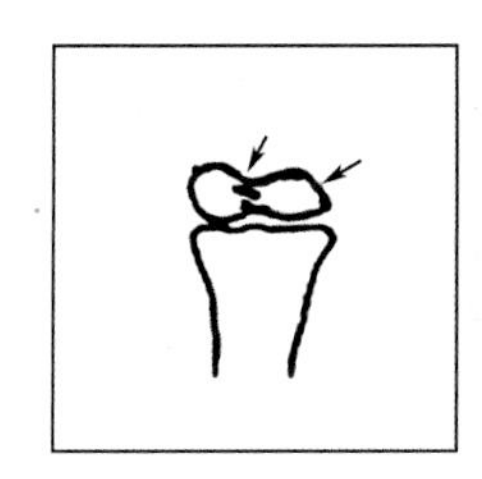 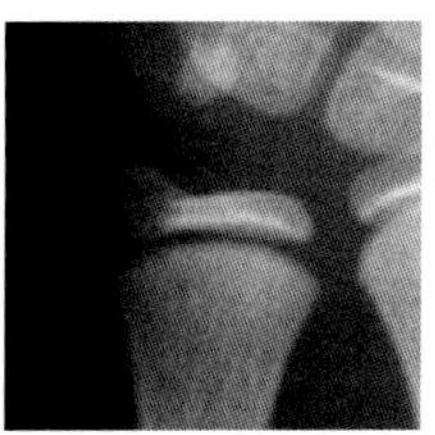 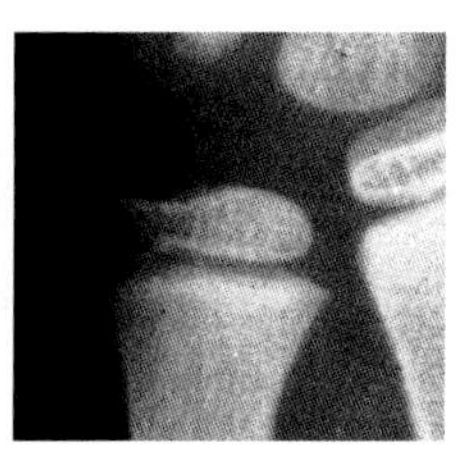

图 11.50 RUS-CHN 等级 5(0)和 TW3-C RUS 等级 5(尺骨)

(6) RUS-CHN 等级 5(2):骺近侧缘在一侧与骨干等宽(图 11.51)。

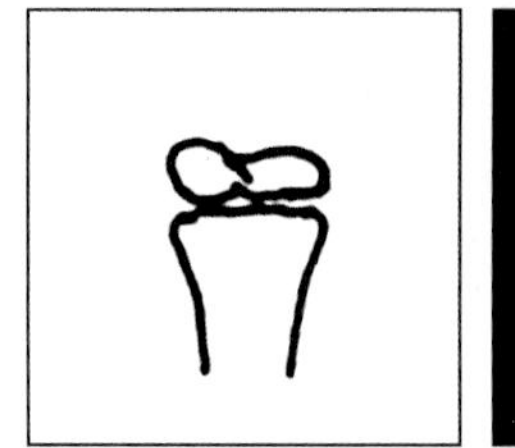
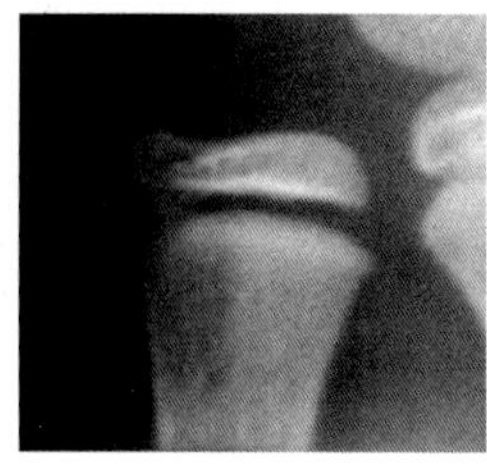
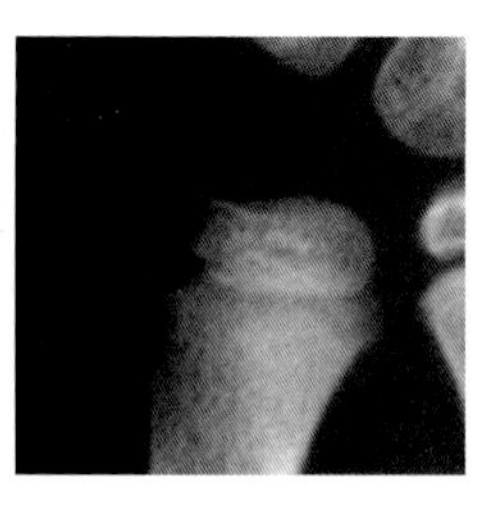

图 11.51 RUS-CHN 等级 5(2)(尺骨)

(7) RUS-CHN 等级 6 和 TW3-C RUS 等级 6(图 11.52)

1) 骺近侧缘在两侧与骨干等宽。

2) 骺近侧缘和骨干远侧缘在中间 1/3 处重叠。

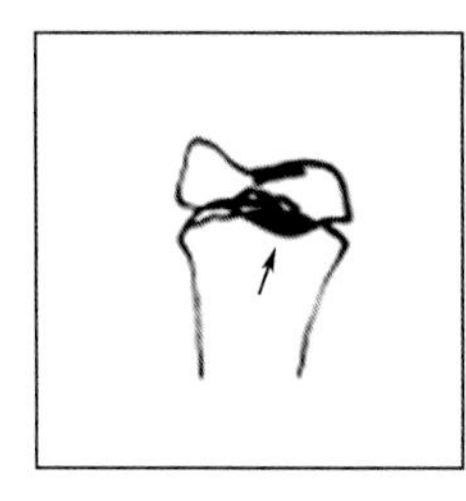
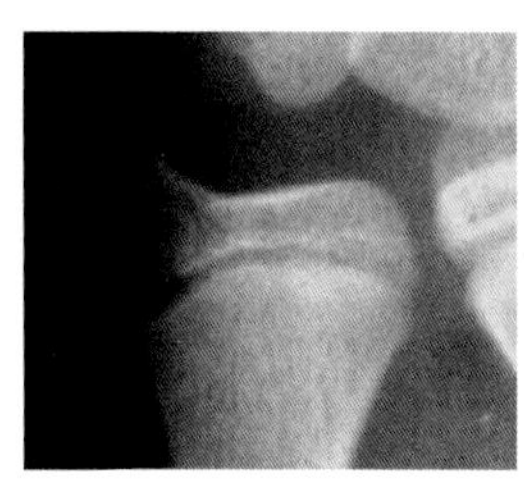
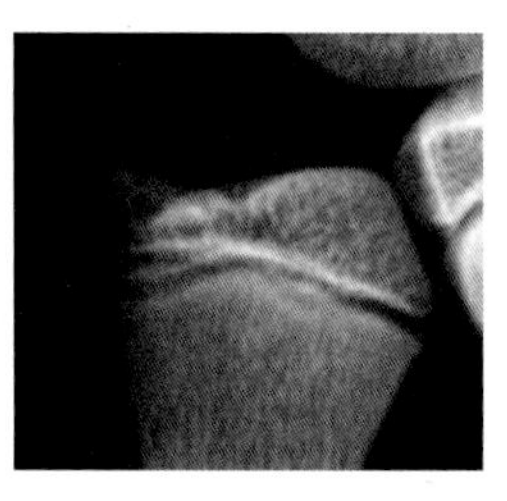

图 11.52 RUS-CHN 等级 6 和 TW3-C RUS 等级 6(尺骨)

(8) RUS-CHN 等级 7(0)和 TW3-C RUS 等级 7:骺和骨干开始融合(图 11.53)。

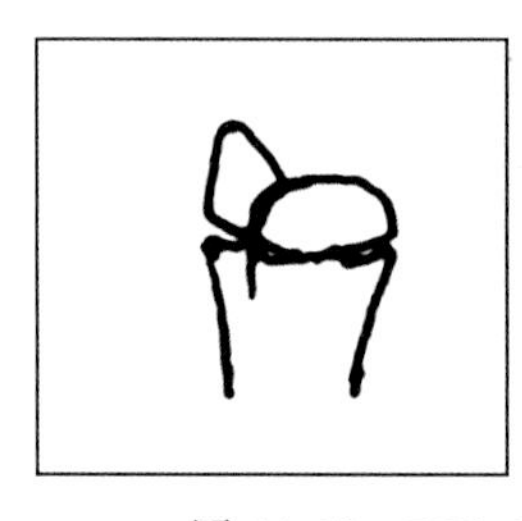
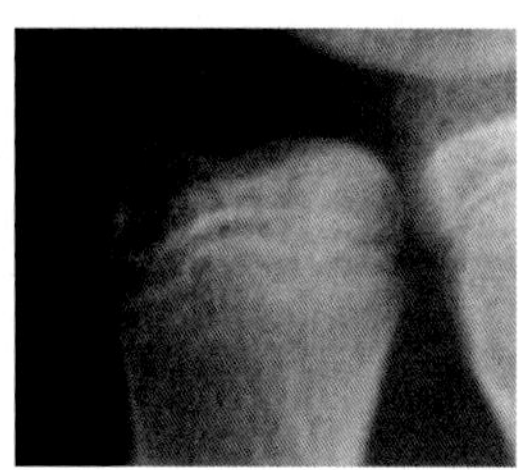
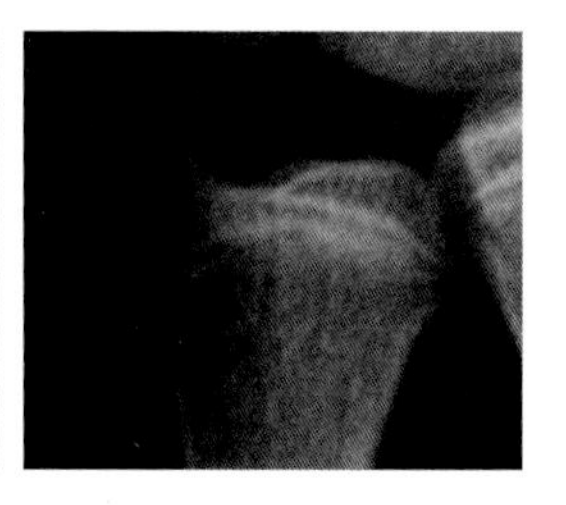

图 11.53 RUS-CHN 等级 7(0)和 TW3-C RUS 等级 7(尺骨)

(9) RUS-CHN 等级 7(1):骺和骨干融合 1/4(图 11.54)。

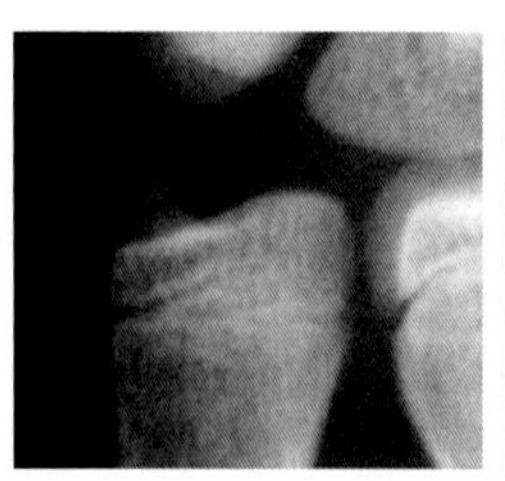
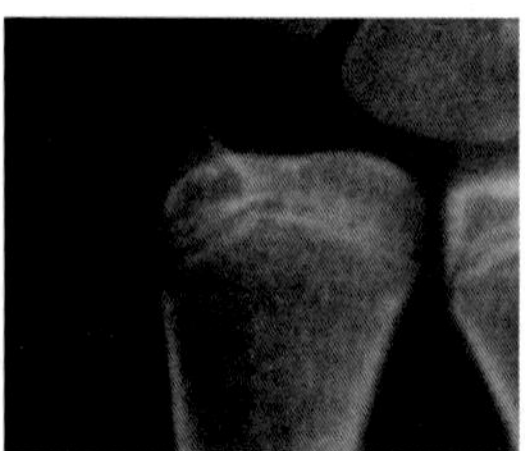

图 11.54 RUS-CHN 等级 7(1)(尺骨)

(10) RUS-CHN 等级 7(2):骺和骨干融合 1/2(图 11.55)。

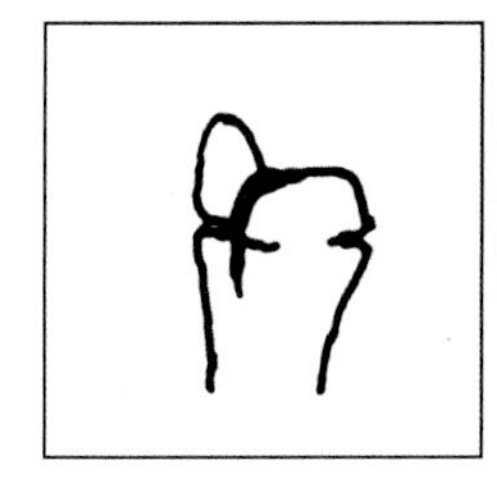
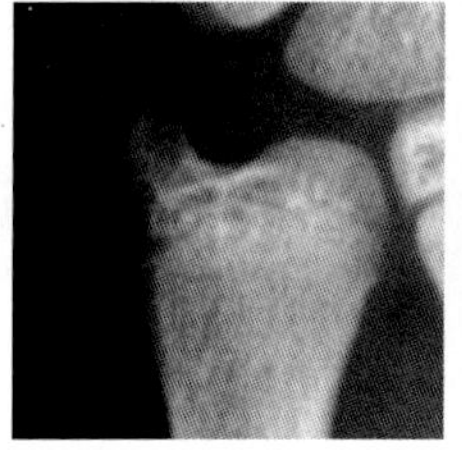
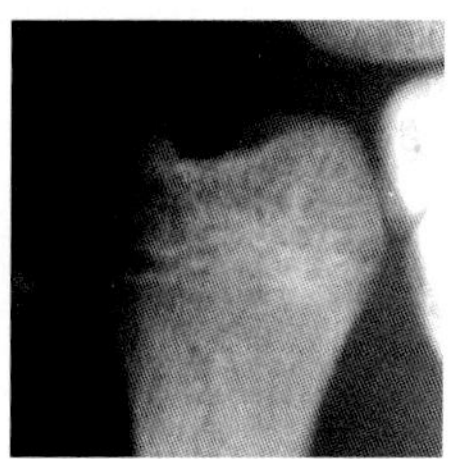

图11.55 RUS-CHN等级7(2)(尺骨)

(11) RUS-CHN等级7(3):骺和骨干融合3/4(图11.56)。

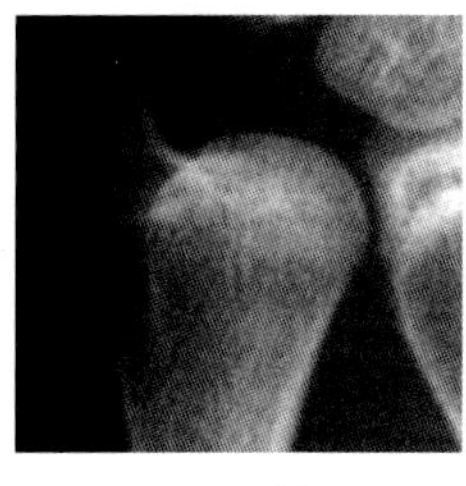
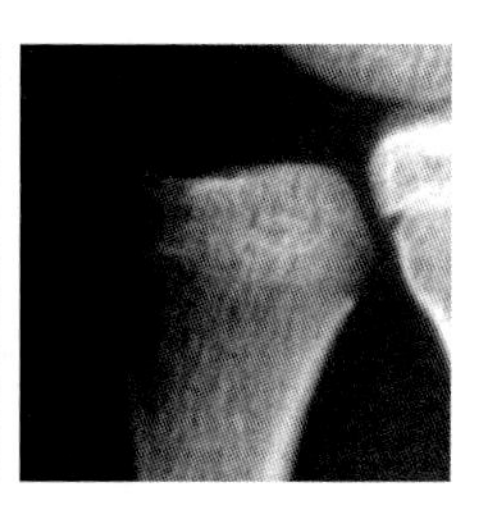

图11.56 RUS-CHN等级7(3)(尺骨)

(12) RUS-CHN等级7(4):骺和骨干完全融合(图11.57)。

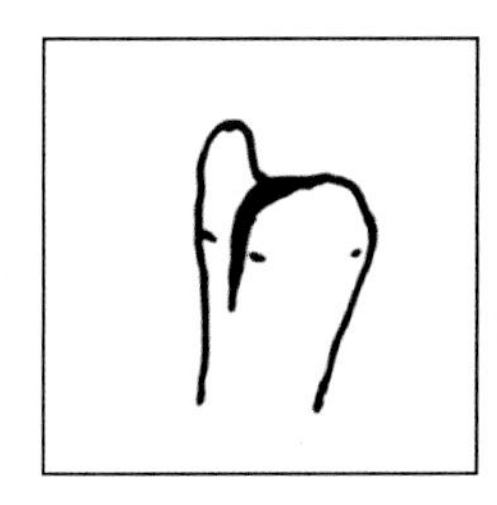
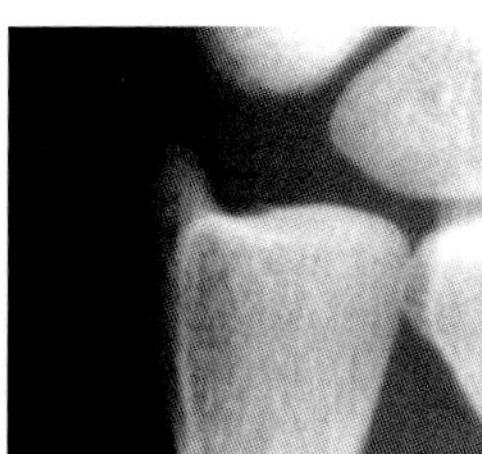
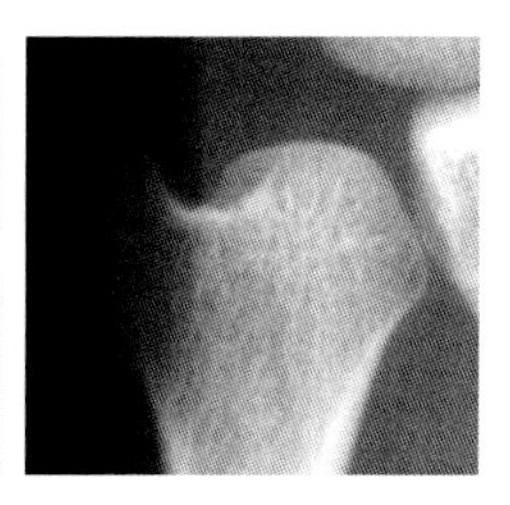

图11.57 RUS-CHN等级7(4)(尺骨)

3. 第一掌骨 (first metacarpal)

(1) RUS-CHN等级1和TW3-C RUS等级1:骨化中心仅可见一个钙化点,极少为多个,边缘不清晰(图11.58)。

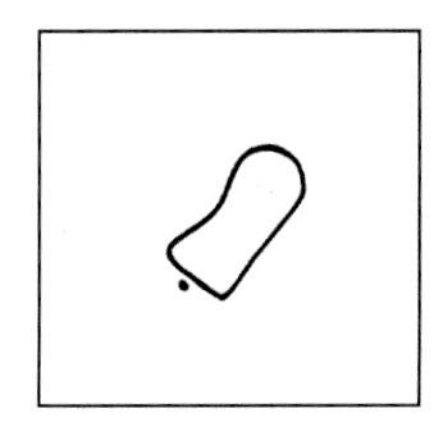
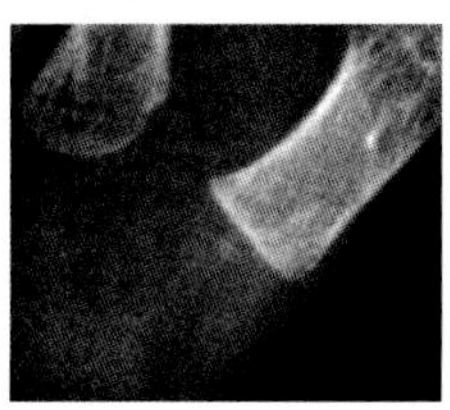
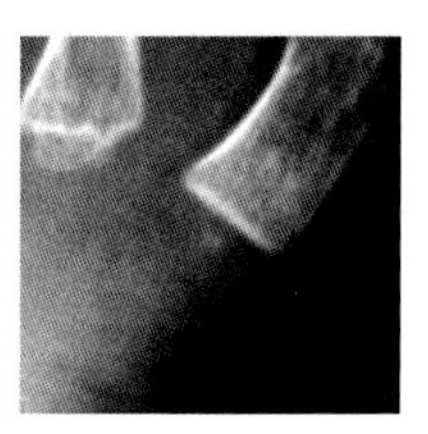

图11.58 RUS-CHN等级1和TW3-C RUS等级1(第一掌骨)

(2) RUS-CHN等级2和TW3-C RUS等级2:骨化中心清晰可见,形状为椭圆形,有平滑连续的缘(图11.59)。

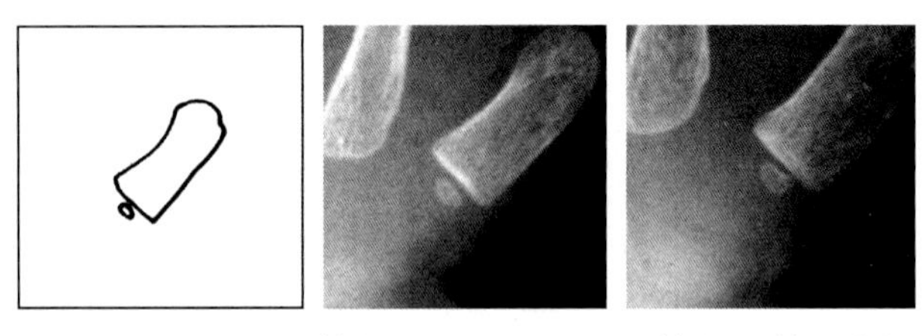

图 11.59　RUS-CHN 等级 2 和 TW3-C RUS 等级 2(第一掌骨)

(3) RUS-CHN 等级 3 和 TW3-C RUS 等级 3:骺最大直径为骨干宽的一半或一半以上(图 11.60)。

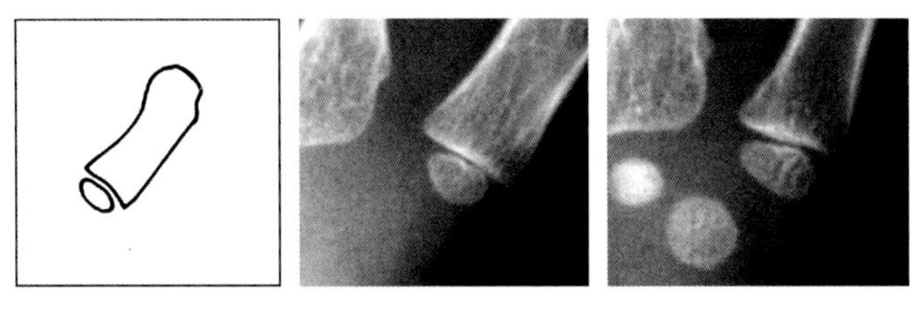

图 11.60　RUS-CHN 等级 3 和 TW3-C RUS 等级 3(第一掌骨)

(4) RUS-CHN 等级 4 和 TW3-C RUS 等级 4(图 11.61)

1) 骺与骨干等宽。

2) 骺近侧缘凹(开始出现掌侧面和背侧面)。

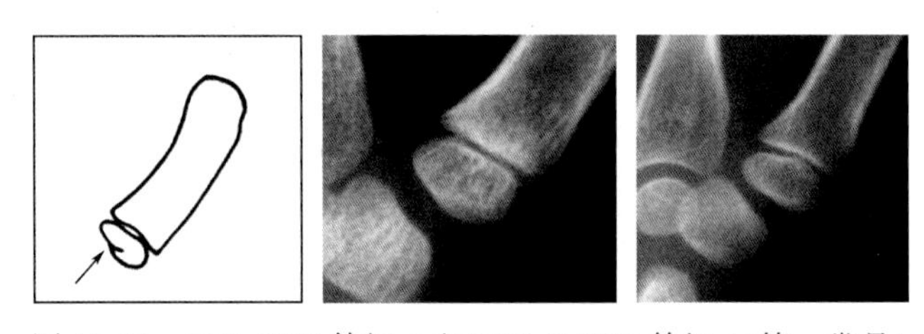

图 11.61　RUS-CHN 等级 4 和 TW3-C RUS 等级 4(第一掌骨)

(5) RUS-CHN 等级 5(0)和 TW3-C RUS 等级 5:骺近侧面可区分为掌侧面和背侧面,并可见背侧面的全部长度;其鞍状关节面与大多角骨的相邻缘一致(图 11.62)。

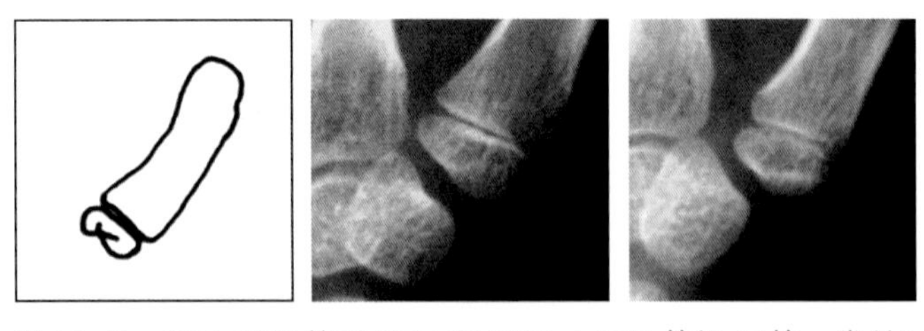

图 11.62　RUS-CHN 等级 5(0)和 TW3-C RUS 等级 5(第一掌骨)

(6) RUS-CHN 等级 5(2):骺内侧缘变平(图 11.63)。

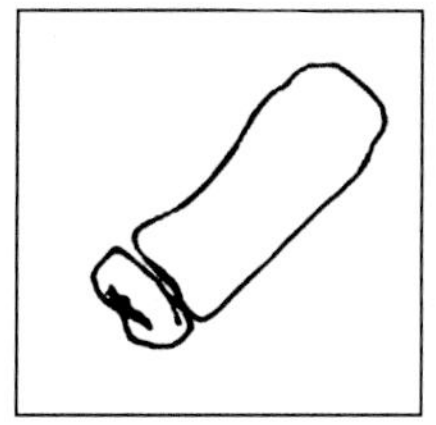 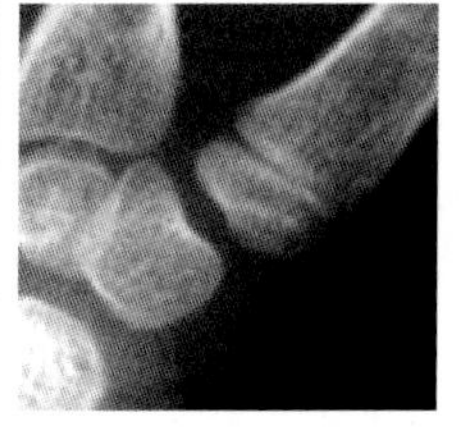 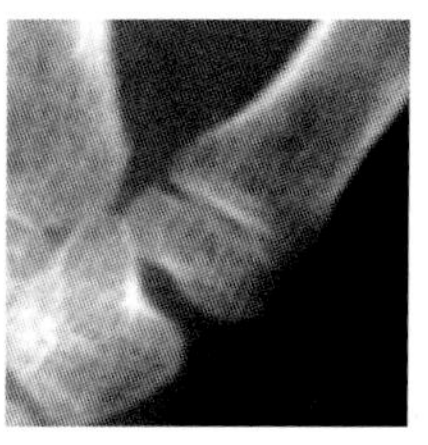

图11.63　RUS-CHN 等级5(2)(第一掌骨)

(7) RUS-CHN 等级6(0)和TW3-C RUS 等级6:骺在一侧覆盖骨干(由于拇指的转动,内侧的覆盖通常比外侧更清晰)(图11.64)。

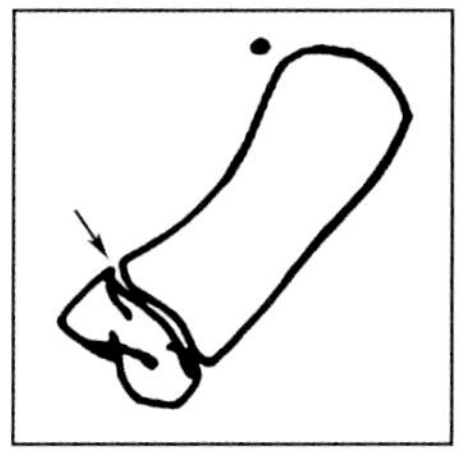 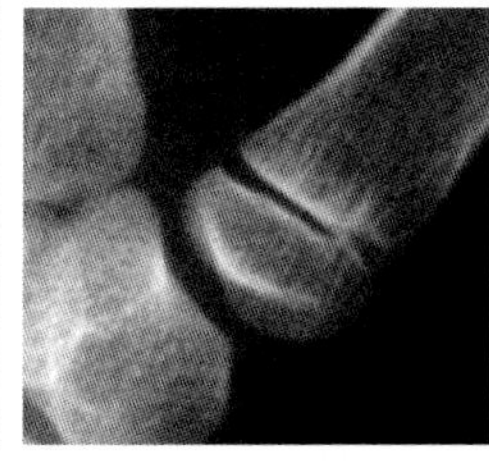 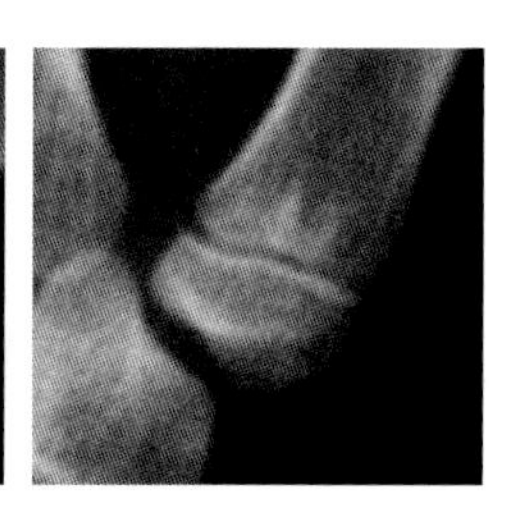

图11.64　RUS-CHN 等级6(0)和TW3-C RUS 等级6(第一掌骨)

(8) RUS-CHN 等级6(2):骺在两侧覆盖骨干(图11.65)。

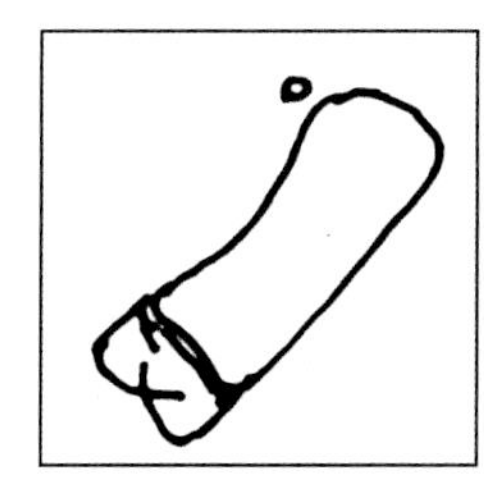 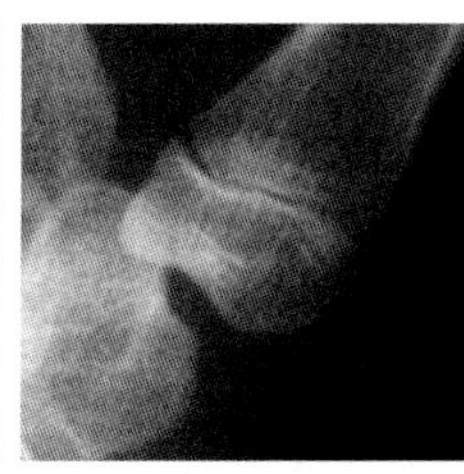 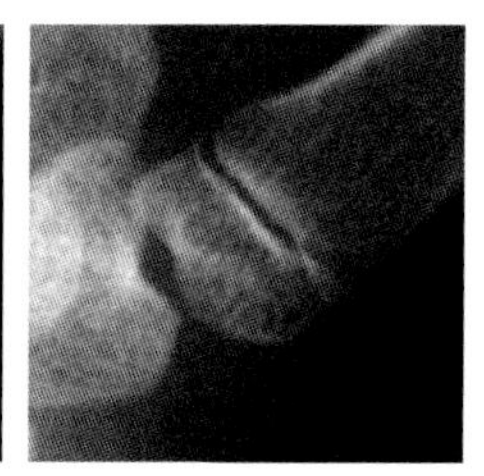

图11.65　RUS-CHN 等级6(2)(第一掌骨)

(9) RUS-CHN 等级7(0)和TW3-C RUS 等级7:骺和骨干开始融合(图11.66)。

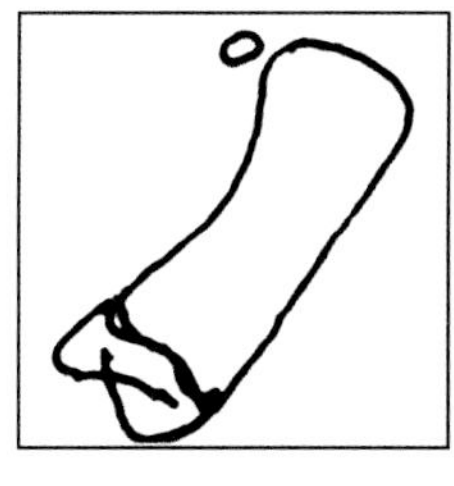 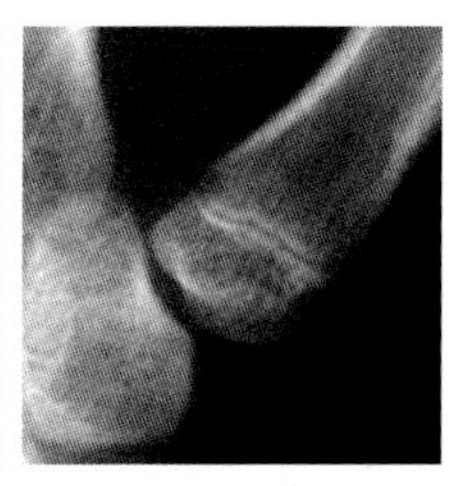 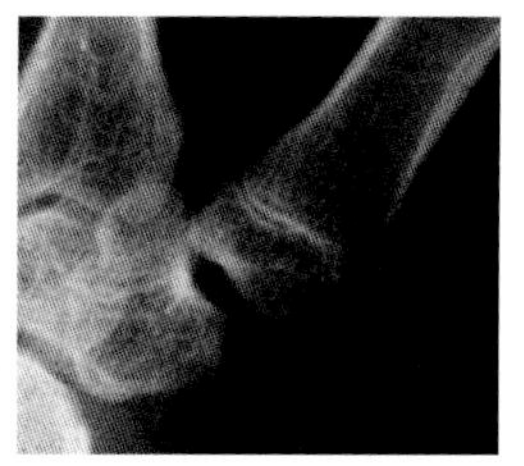

图11.66　RUS-CHN 等级7(0)和TW3-C RUS 等级7(第一掌骨)

(10) RUS-CHN 等级7(2):骺与骨干融合过半(图11.67)。

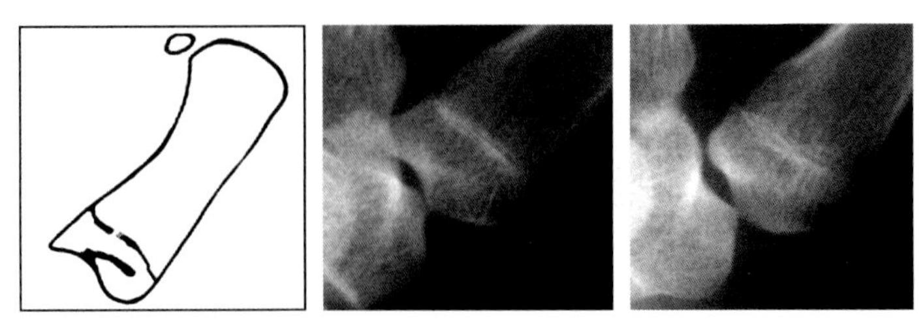

图 11.67　RUS-CHN 等级 7(2)(第一掌骨)

(11) RUS-CHN 等级 8 和 TW3-C RUS 等级 8:骺和骨干完全融合(图 11.68)。

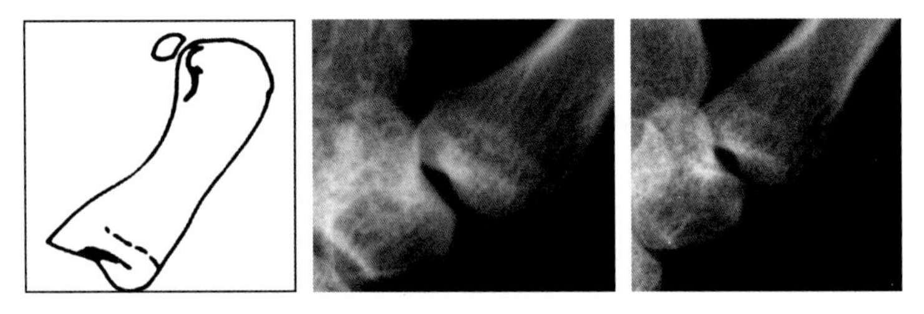

图 11.68　RUS-CHN 等级 8 和 TW3-C RUS 等级 8(第一掌骨)

4. 第三、第五掌骨 (third and fifth metacarpals)

(1) RUS-CHN 等级 1 和 TW3-C RUS 等级 1:骨化中心仅可见一个钙化点,极少为多个,边缘不清晰(图 11.69)。

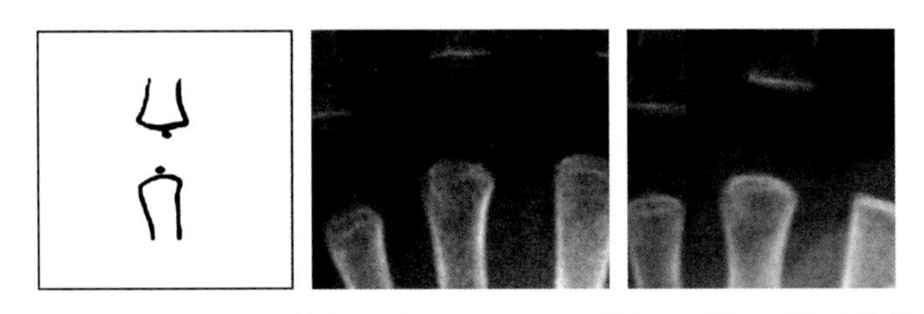

图 11.69　RUS-CHN 等级 1 和 TW3-C RUS 等级 1(第三、第五掌骨)

(2) RUS-CHN 等级 2 和 TW3-C RUS 等级 2:骨化中心清晰可见,为圆形,有平滑连续的缘(图 11.70)。

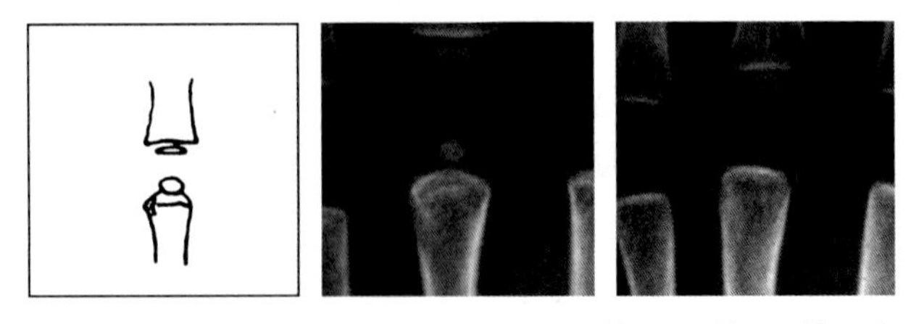

图 11.70　RUS-CHN 等级 2 和 TW3-C RUS 等级 2(第三、第五掌骨)

(3) RUS-CHN 等级 3 和 TW3-C RUS 等级 3:骺横径为骨干宽的一半或一半以上(图 11.71)。

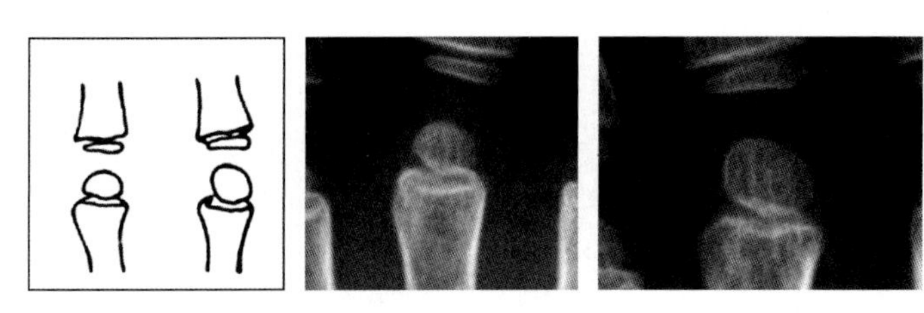

图 11.71　RUS-CHN 等级 3 和 TW3-C RUS 等级 3(第三、第五掌骨)

(4) RUS-CHN 等级 4(0) 和 TW3-C RUS 等级 4:骺外、内、近侧缘清晰可见,在相互连接处成角;骨骺由椭圆形或半圆形变为铲形或手指甲形(图 11.72)。

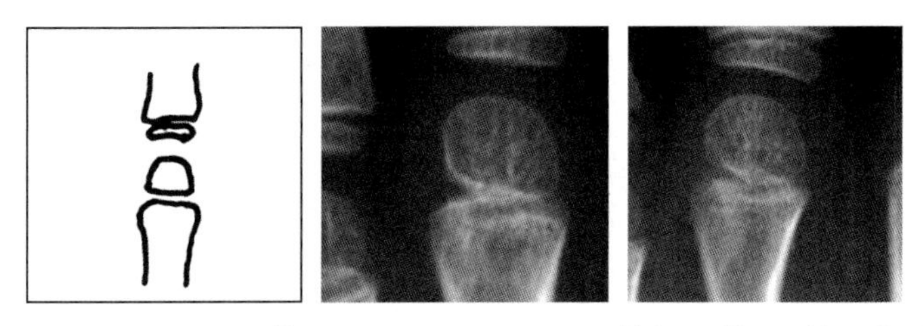

图 11.72　RUS-CHN 等级 4(0) 和 TW3-C RUS 等级 4(第三、第五掌骨)

(5) RUS-CHN 等级 4(2):骺外侧端与骨干等宽(图 11.73)。

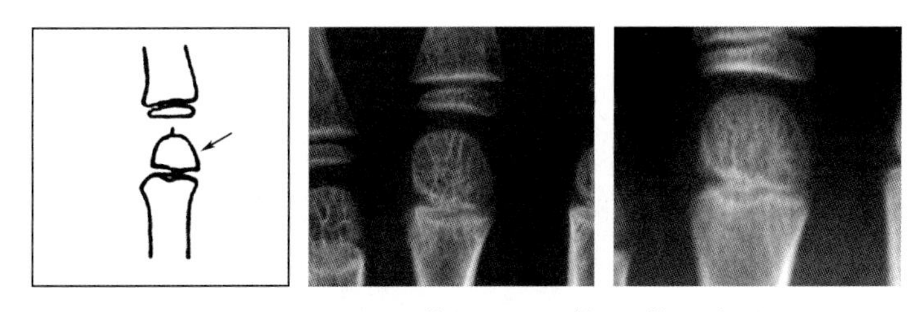

图 11.73　RUS-CHN 等级 4(2)(第三、第五掌骨)

(6) RUS-CHN 等级 5 和 TW3-C RUS 等级 5:骺可区分掌侧面和背侧面,掌侧缘可见为纵向的致密白线(图 11.74)。

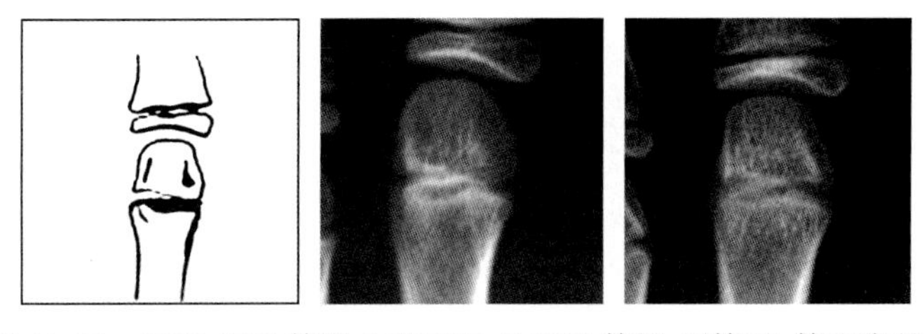

图 11.74　RUS-CHN 等级 5 和 TW3-C RUS 等级 5(第三、第五掌骨)

(7) RUS-CHN 等级 6 和 TW3-C RUS 等级 6:骺等于或宽于骨干(图 11.75)。

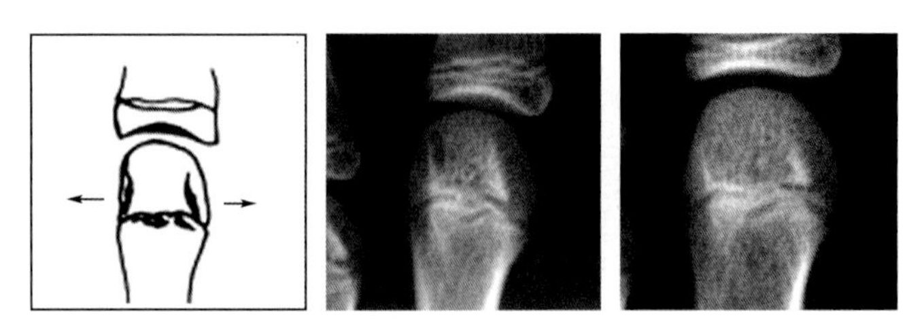

图 11.75　RUS-CHN 等级 6 和 TW3-C RUS 等级 6(第三、第五掌骨)

(8) RUS-CHN 等级 7(0) 和 TW3-C RUS 等级 7:骺和骨干开始融合(生长板软骨的暗带不足骨宽度的 3/4)(图 11.76)。

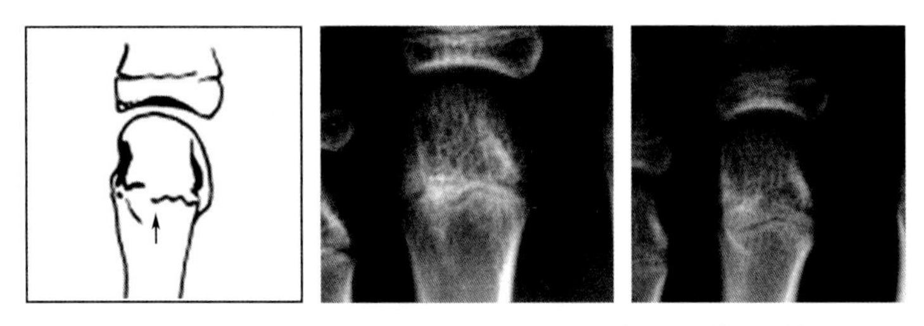

图 11.76　RUS-CHN 等级 7(0) 和 TW3-C RUS 等级 7(第三、第五掌骨)

(9) RUS-CHN 等级 7(2):骺和骨干融合过半(图 11.77)。

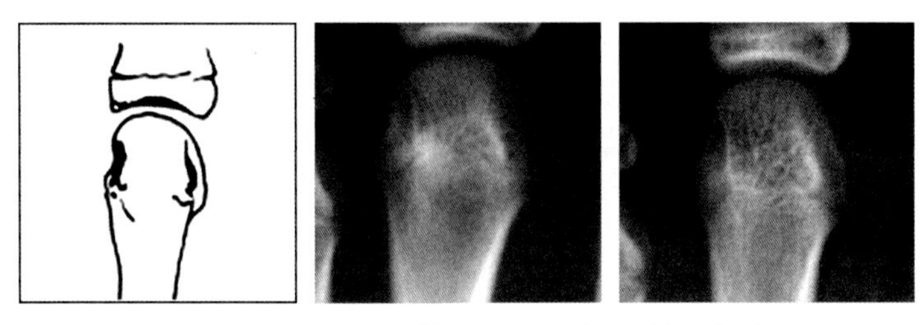

图 11.77　RUS-CHN 等级 7(2)(第三、第五掌骨)

(10) RUS-CHN 等级 8 和 TW3-C RUS 等级 8:骺和骨干完全融合(图 11.78)。

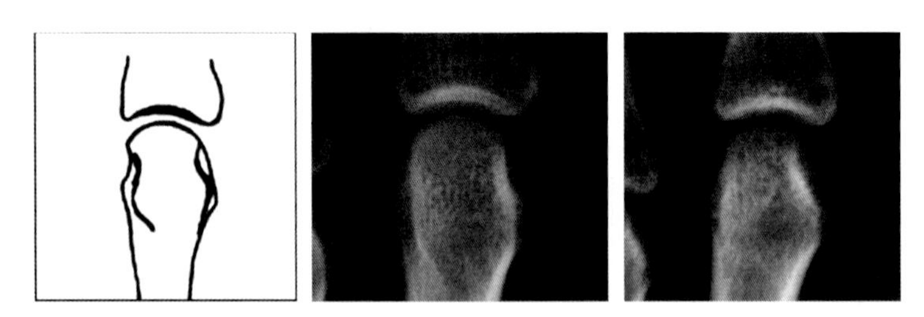

图 11.78　RUS-CHN 等级 8 和 TW3-C RUS 等级 8(第三、第五掌骨)

5. 第一近节指骨　(proximal phalanx of the first finger)

(1) RUS-CHN 等级 1 和 TW3-C RUS 等级 1:骨化中心仅可见一个钙化点,极少为多个,边缘不清晰(图 11.79)。

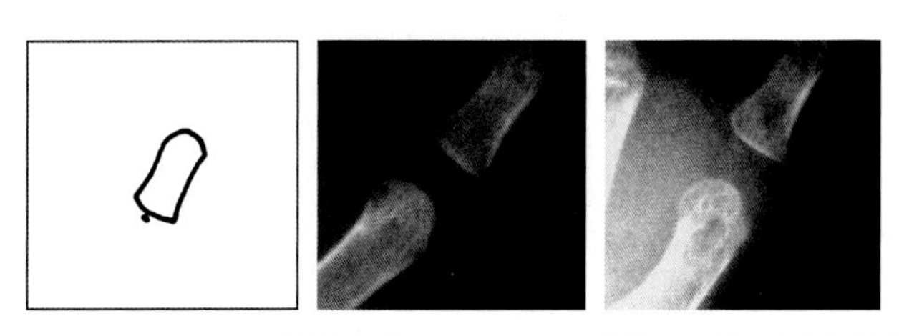

图 11.79 RUS-CHN 等级 1 和 TW3-C RUS 等级 1(第一近节指骨)

(2) RUS-CHN 等级 2 和 TW3-C RUS 等级 2:骨化中心清晰可见,为圆盘形,有平滑连续的缘(可能出现多个骨化中心,但即使其直径之和超过骨干宽的一半,也为该等级)(图 11.80)。

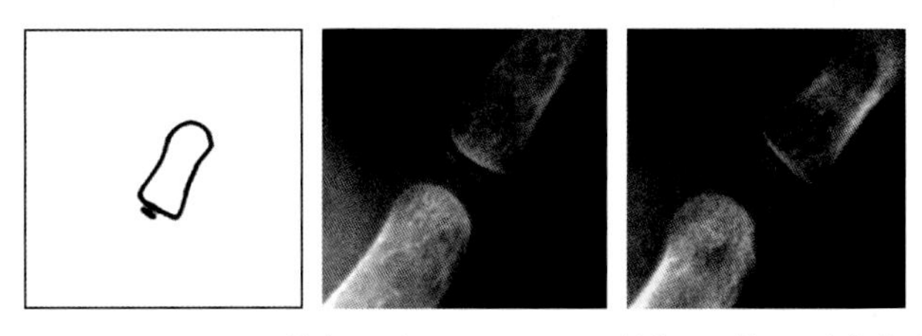

图 11.80 RUS-CHN 等级 2 和 TW3-C RUS 等级 2(第一近节指骨)

(3) RUS-CHN 等级 3 和 TW3-C RUS 等级 3:骺最大直径为骨干宽的一半或一半以上(图 11.81)。

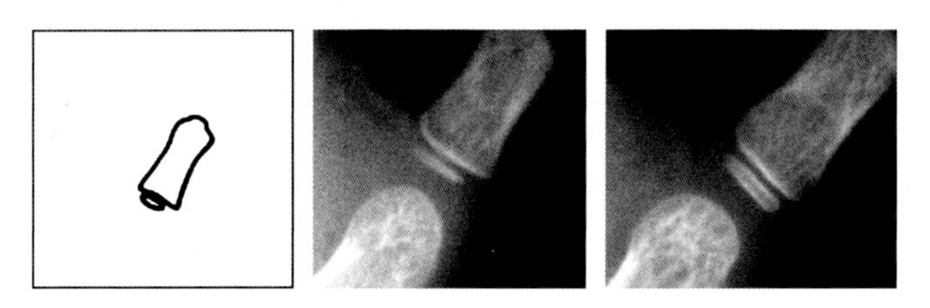

图 11.81 RUS-CHN 等级 3 和 TW3-C RUS 等级 3(第一近节指骨)

(4) RUS-CHN 等级 4(0)和 TW3-C RUS 等级 4(图 11.82)

1) 骺近侧缘凹,通常致密。

2) 骺内侧端宽于外侧端,成楔形。

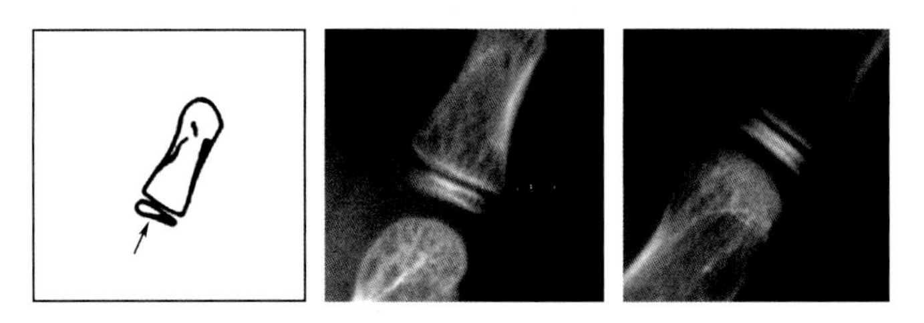

图 11.82 RUS-CHN 等级 4(0)和 TW3-C RUS 等级 4(第一近节指骨)

(5) RUS-CHN 等级 4(2):骺外侧端与骨干等宽(图 11.83)。

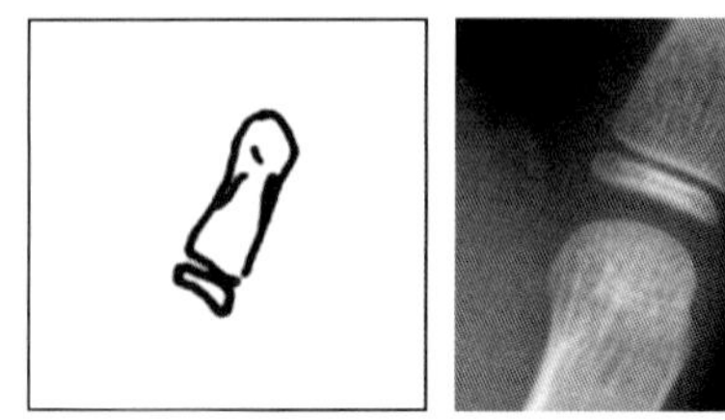
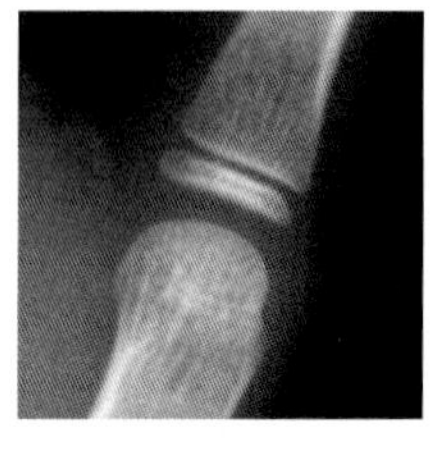
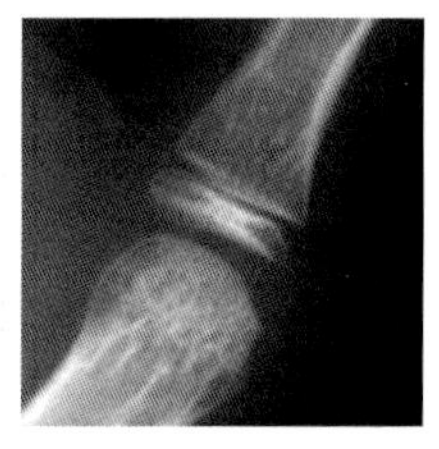

图 11.83　RUS-CHN 等级 4(2)(第一近节指骨)

(6) RUS-CHN 等级 5(0) 和 TW3-C RUS 等级 5:骺宽于骨干(通常在内侧)(图 11.84)。

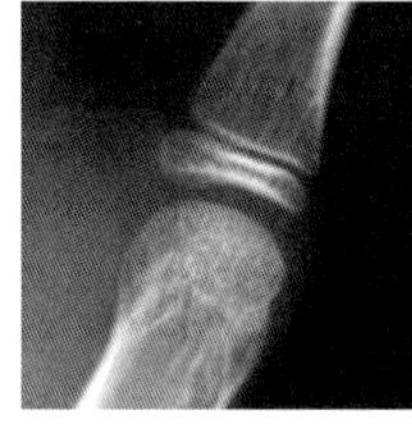
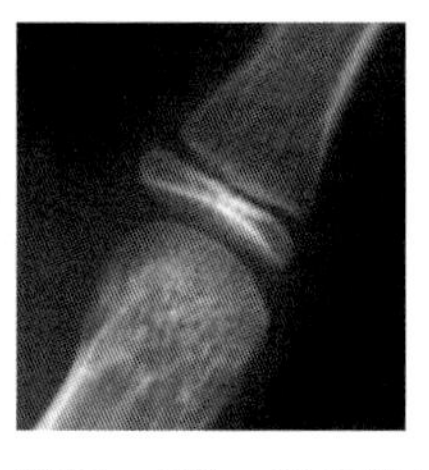

图 11.84　RUS-CHN 等级 5(0) 和 TW3-C RUS 等级 5(第一近节指骨)

(7) RUS-CHN 等级 5(2):骺内侧端呈方形(与骨干的形状密切相符)(图 11.85)。

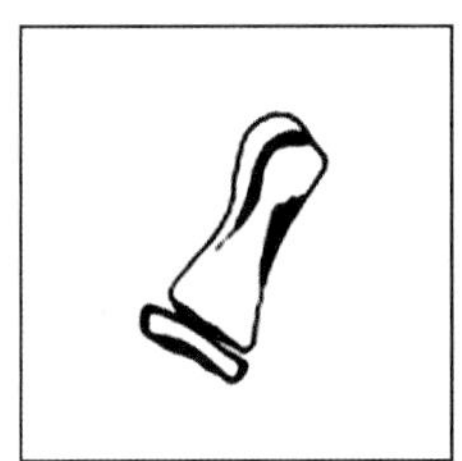
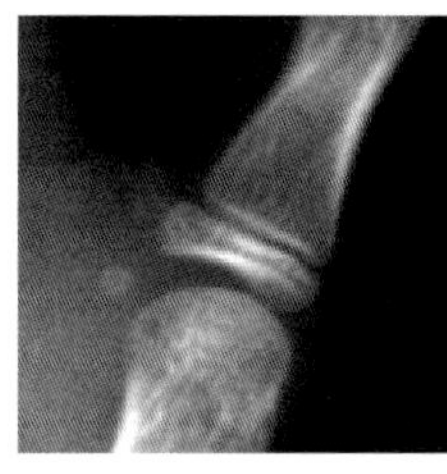
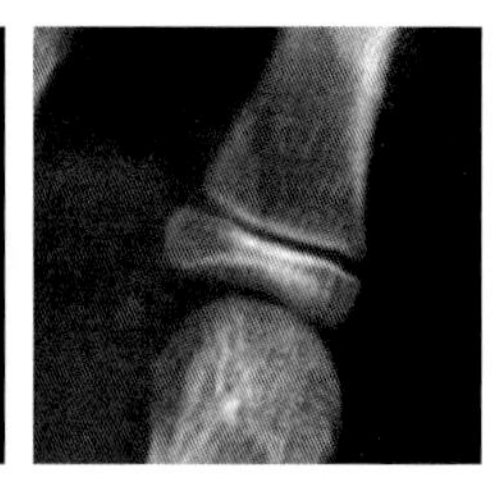

图 11.85　RUS-CHN 等级 5(2)(第一近节指骨)

(8) RUS-CHN 等级 6(0) 和 TW3-C RUS 等级 6:骺在一侧覆盖骨干(内侧端比外侧端更清晰)(图 11.86)。

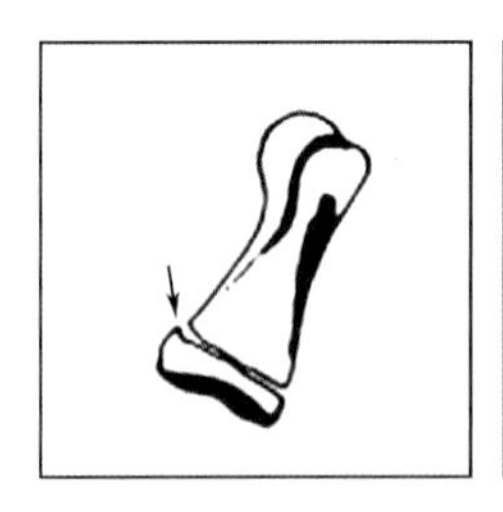
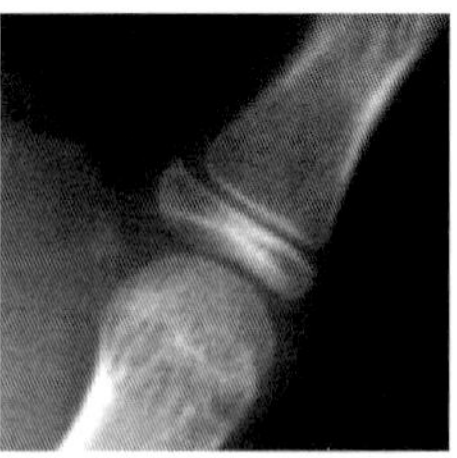
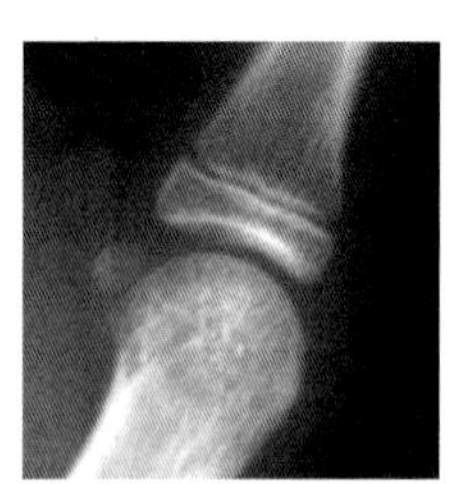

图 11.86　RUS-CHN 等级 6(0) 和 TW3-C RUS 等级 6(第一近节指骨)

(9) RUS-CHN 等级 6(2):骺在两侧覆盖骨干(图 11.87)。

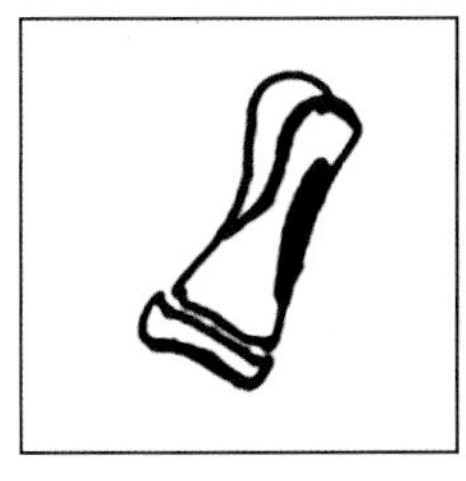
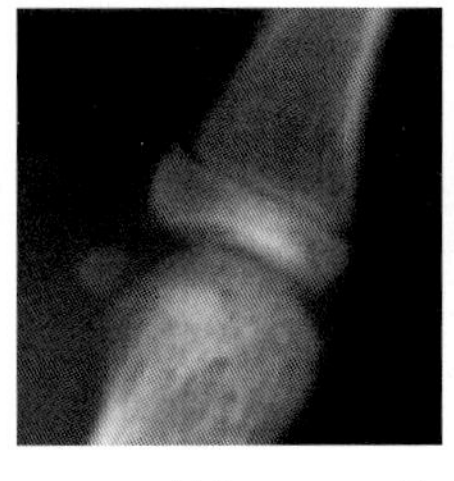
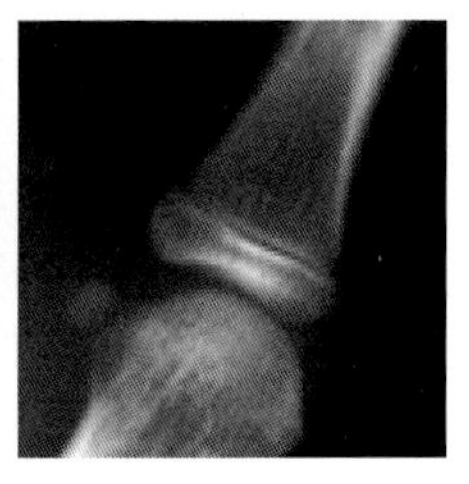

图 11.87 RUS-CHN 等级 6(2)(第一近节指骨)

(10) RUS-CHN 等级 7(0)和 TW3-C RUS 等级 7:骺和骨干开始融合(图 11.88)。

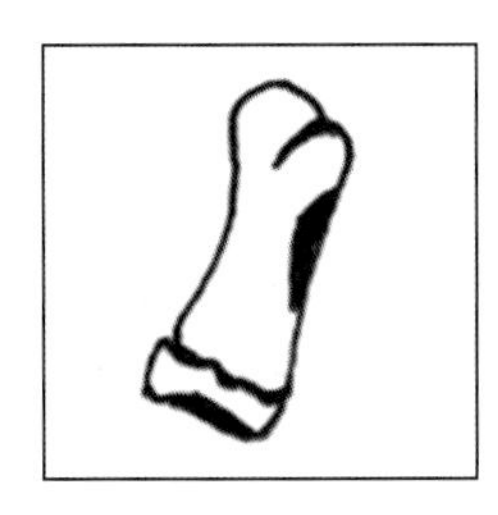
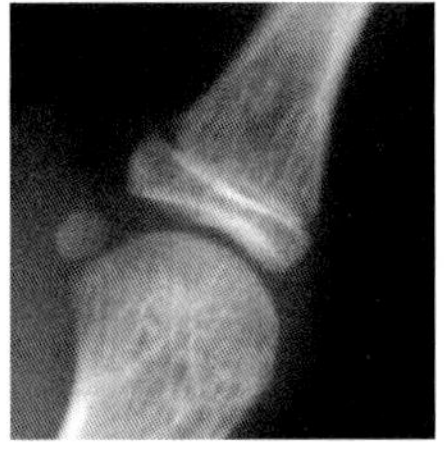
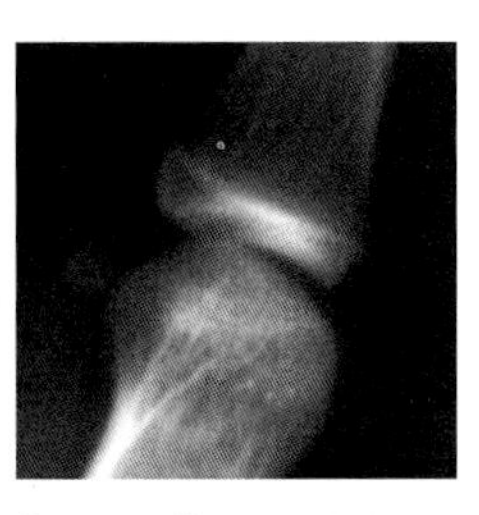

图 11.88 RUS-CHN 等级 7(0)和 TW3-C RUS 等级 7(第一近节指骨)

(11) RUS-CHN 等级 7(2):骺与骨干融合过半(图 11.89)。

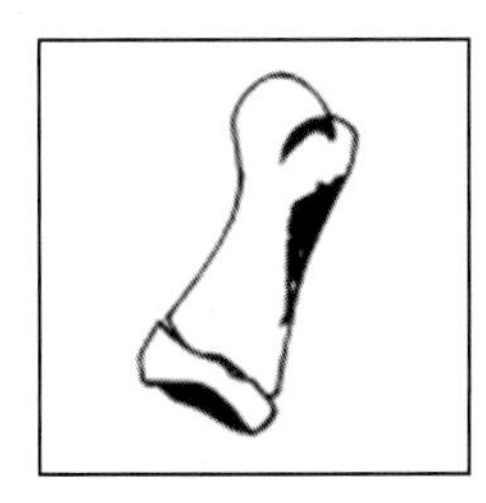
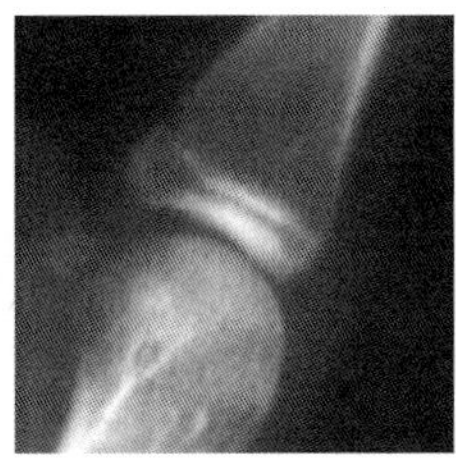
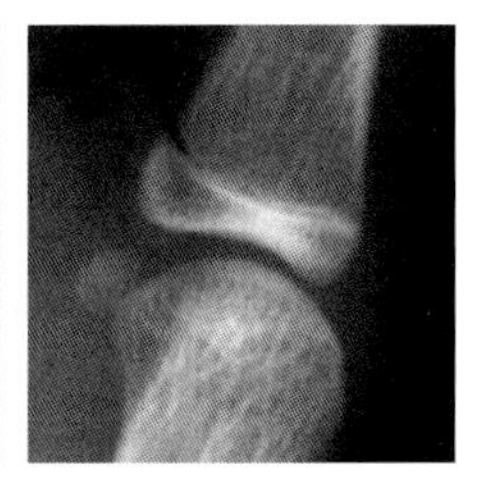

图 11.89 RUS-CHN 等级 7(2)(第一近节指骨)

(12) RUS-CHN 等级 8 和 TW3-C RUS 等级 8:骺和骨干完全融合(图 11.90)。

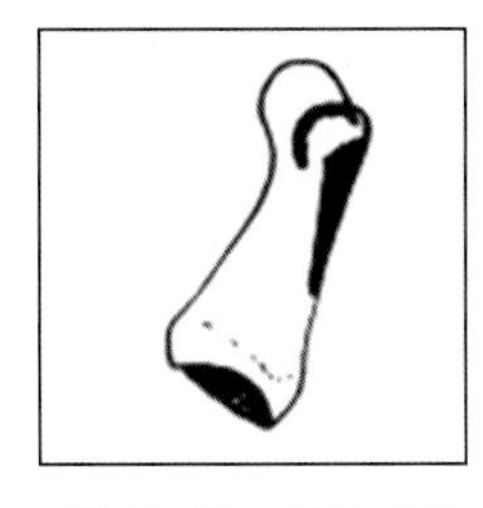
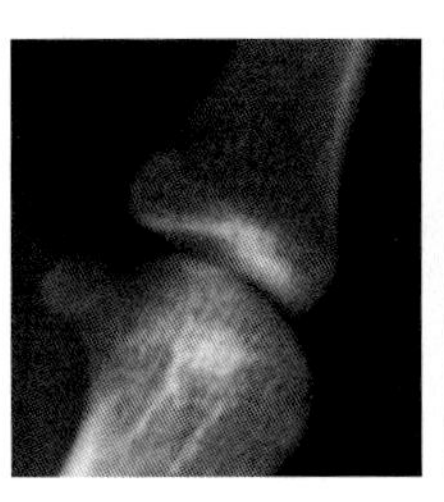
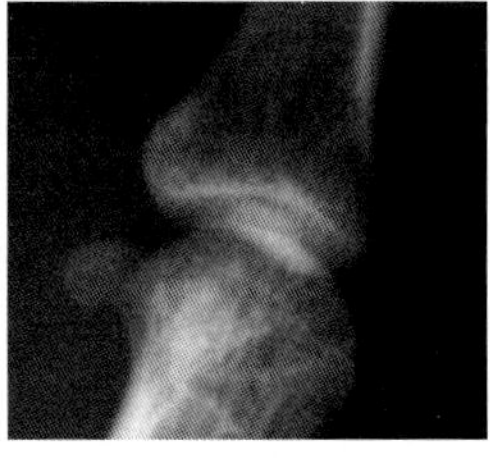

图 11.90 RUS-CHN 等级 8 和 TW3-C RUS 等级 8(第一近节指骨)

6. 第三、第五近节指骨(proximal phalanges of the third and fifth fingers)

(1) RUS-CHN 等级 1 和 TW3-C RUS 等级 1:骨化中心仅可见一个钙化点,极少为多个,边缘不清晰(图 11.91)。

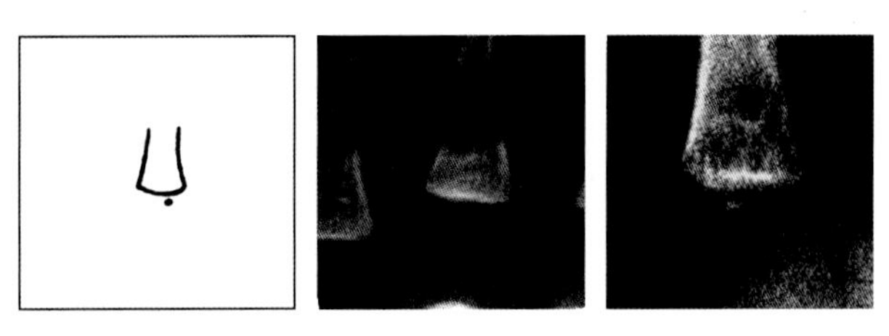

图 11.91　RUS-CHN 等级 1 和 TW3-C RUS 等级 1(第三、第五近节指骨)

(2) RUS-CHN 等级 2 和 TW3-C RUS 等级 2:骨化中心清晰可见,为圆盘形,有平滑连续的缘(图 11.92)。

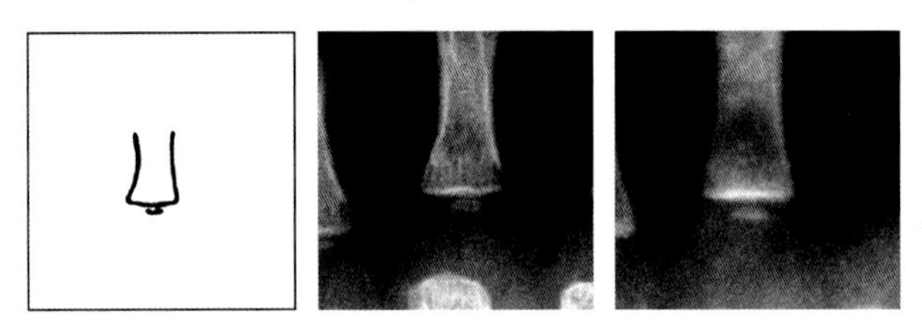

图 11.92　RUS-CHN 等级 2 和 TW3-C RUS 等级 2(第三、第五近节指骨)

(3) RUS-CHN 等级 3 和 TW3-C RUS 等级 3:骺最大直径为骨干的一半或一半以上(图 11.93)。

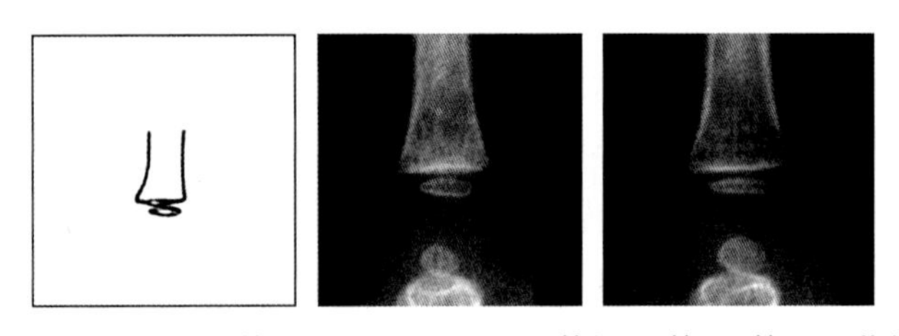

图 11.93　RUS-CHN 等级 3 和 TW3-C RUS 等级 3(第三、第五近节指骨)

(4) RUS-CHN 等级 4(0)和 TW3-C RUS 等级 4:骺近侧缘凹,明显致密(图 11.94)。

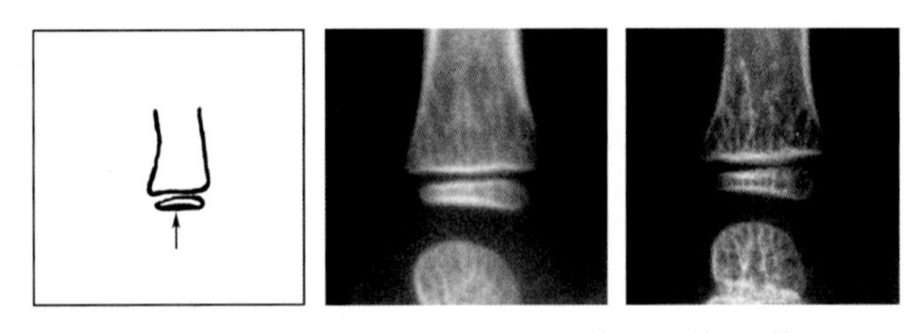

图 11.94　RUS-CHN 等级 4(0)和 TW3-C RUS 等级 4(第三、第五近节指骨)

(5) RUS-CHN 等级 4(2):骺在一侧与骨干等宽(图 11.95)。

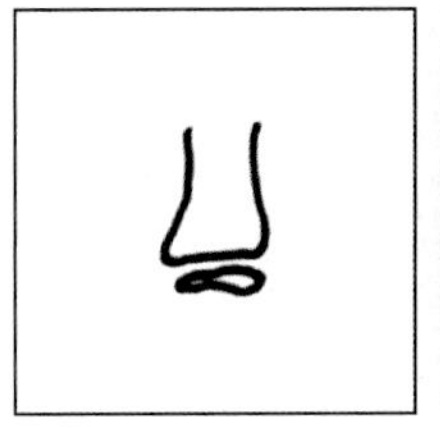
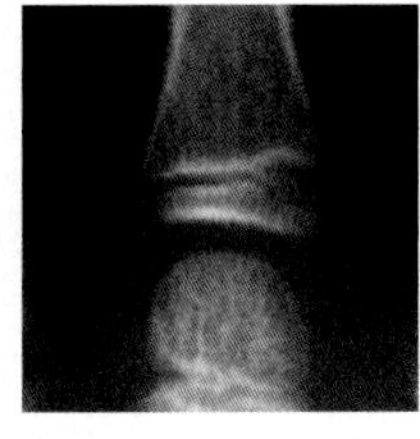
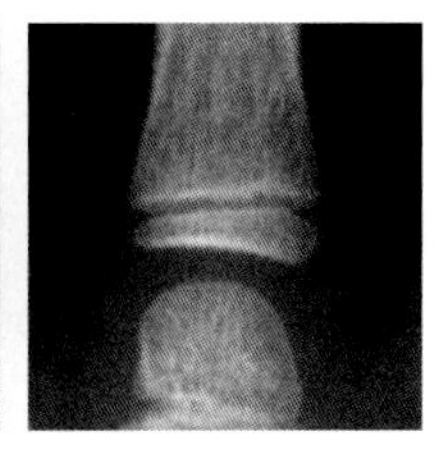

图 11.95　RUS-CHN 等级 4(2)(第三、第五近节指骨)

(6) RUS-CHN 等级 5(0)和 TW3-C RUS 等级 5:骺在两侧和骨干等宽(图 11.96)。

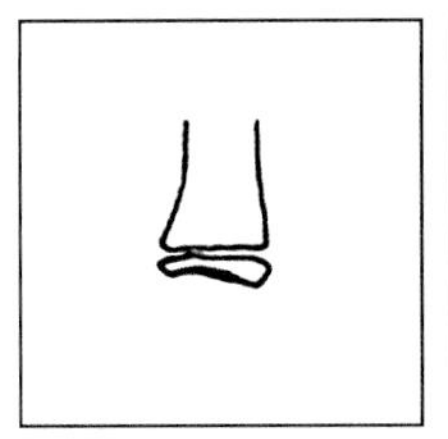
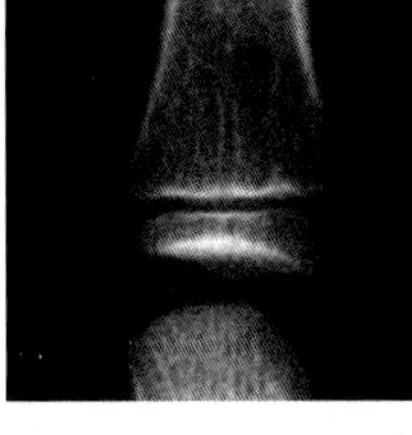
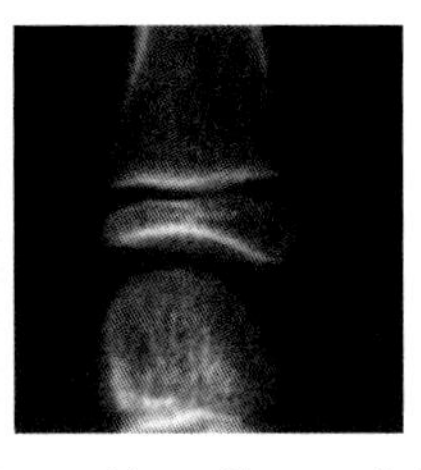

图 11.96　RUS-CHN 等级 5(0)和 TW3-C RUS 等级 5(第三、第五近节指骨)

(7) RUS-CHN 等级 5(2):骺外侧端呈方形(虽然尚未覆盖骨干,但在形状上密切相符)(图 11.97)。

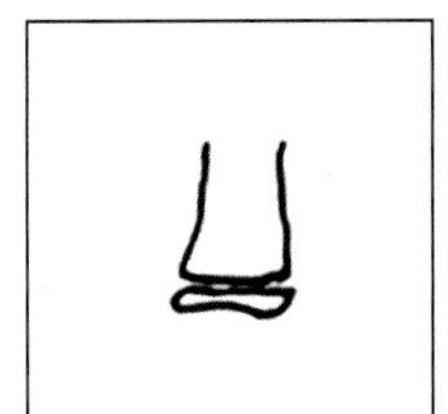
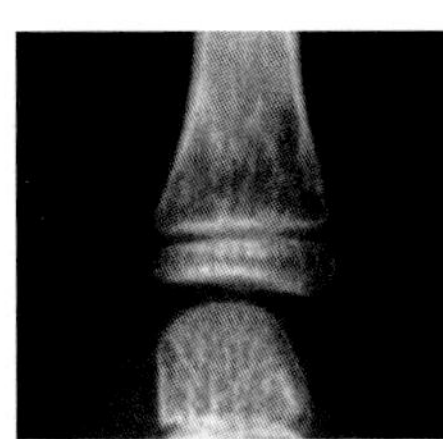
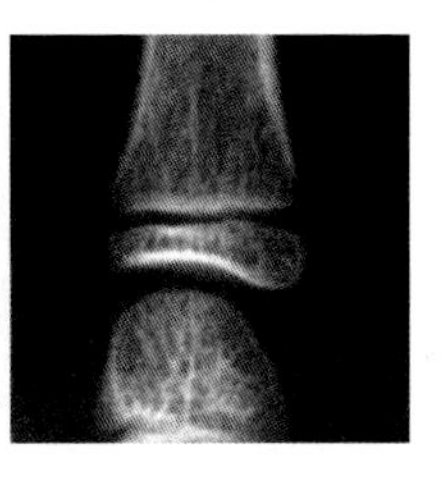

图 11.97　RUS-CHN 等级 5(2)(第三、第五近节指骨)

(8) RUS-CHN 等级 6(0)和 TW3-C RUS 等级 6:骺在一侧覆盖骨干(图 11.98)。

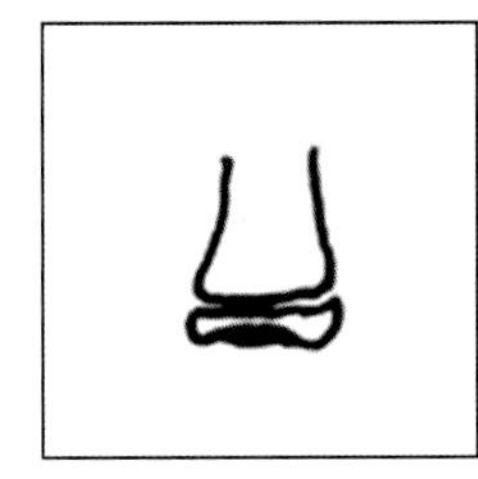
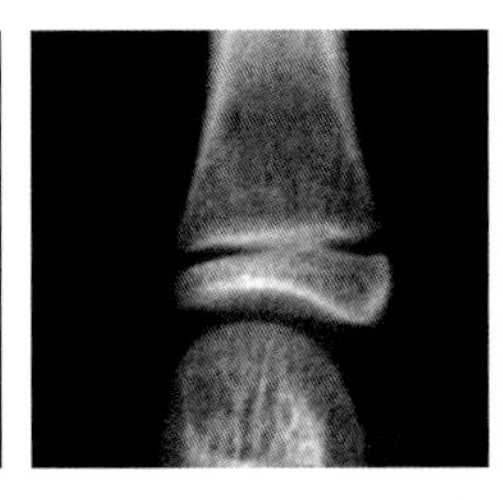
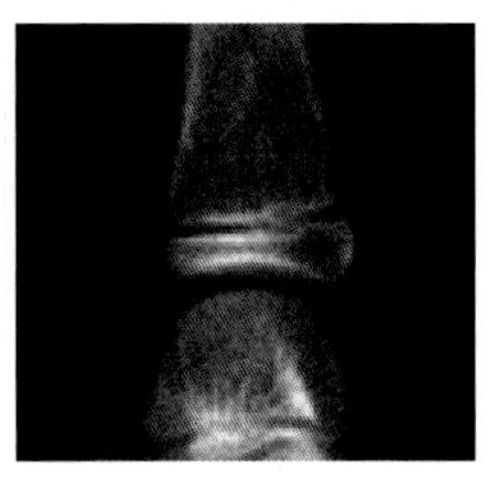

图 11.98　RUS-CHN 等级 6(0)和 TW3-C RUS 等级 6(第三、第五近节指骨)

(9) RUS-CHN 等级 6(2):骺在两侧覆盖骨干(图 11.99)。

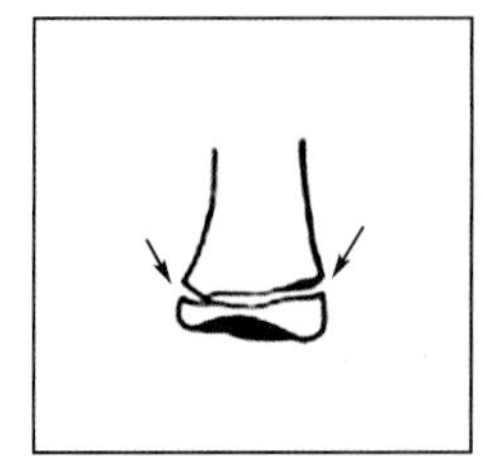
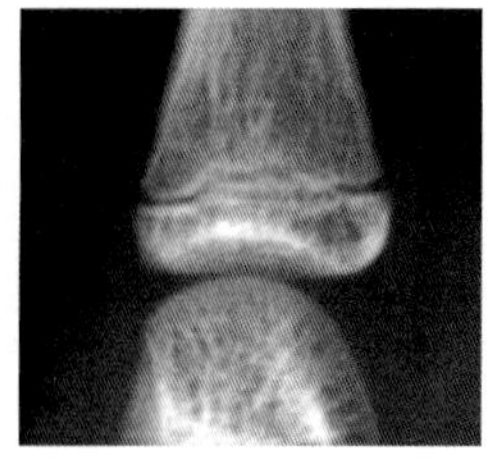
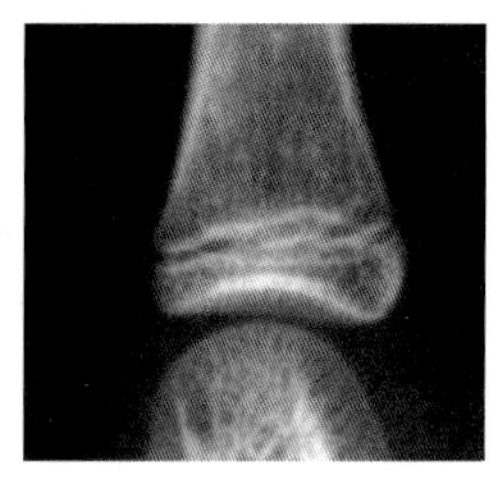

图 11.99　RUS-CHN 等级 6(2)(第三、第五近节指骨)

(10) RUS-CHN 等级 7(0)和 TW3-C RUS 等级 7:骺和骨干开始融合(图 11.100)。

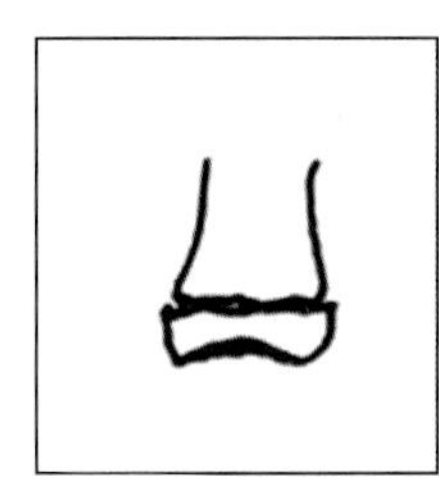
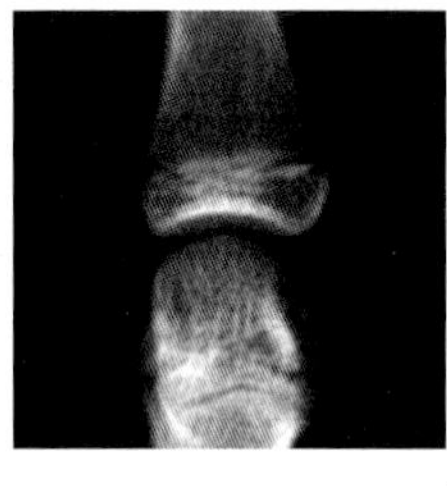
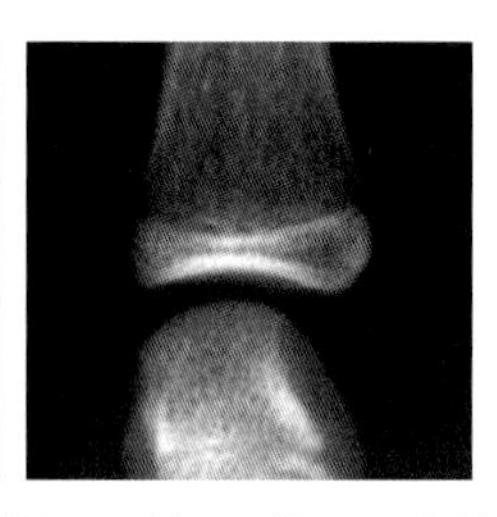

图 11.100　RUS-CHN 等级 7(0)和 TW3-C RUS 等级 7(第三、第五近节指骨)

(11) RUS-CHN 等级 7(2):骺与骨干融合过半(图 11.101)。

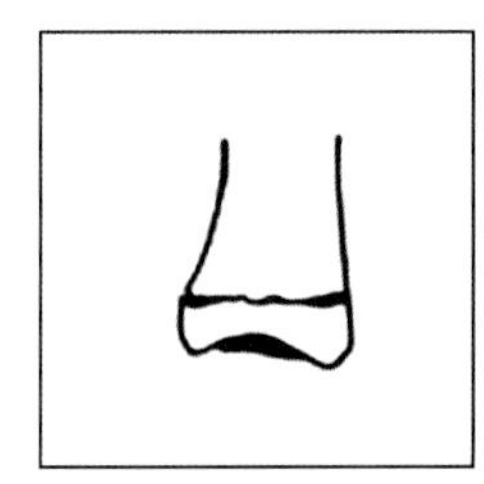
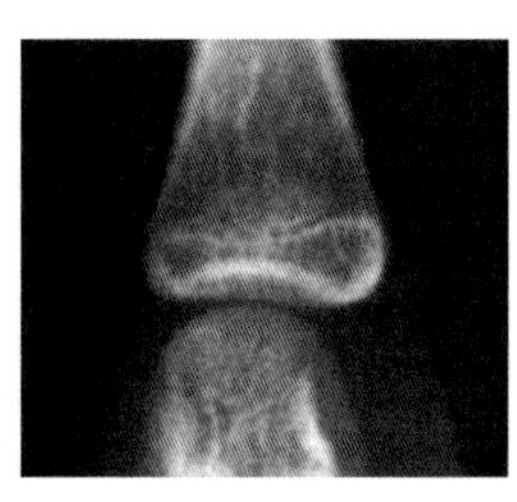
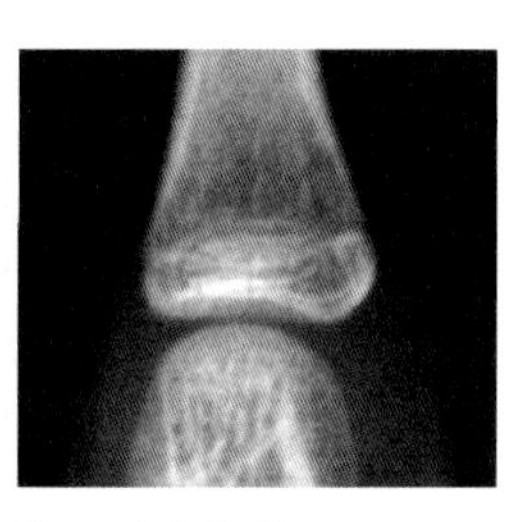

图 11.101　RUS-CHN 等级 7(2)(第三、第五近节指骨)

(12) RUS-CHN 等级 8 和 TW3-C RUS 等级 8:骺和骨干完全融合(图 11.102)。

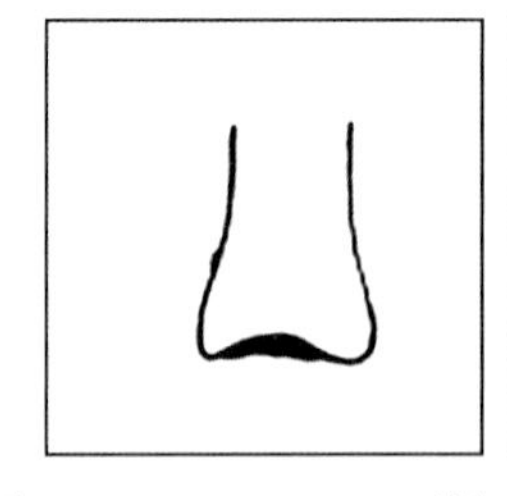
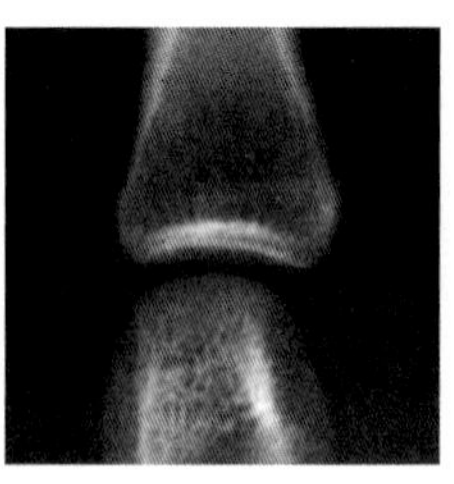
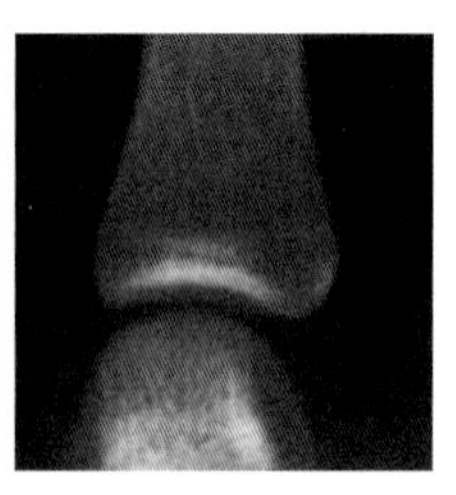

图 11.102　RUS-CHN 等级 8 和 TW3-C RUS 等级 8(第三、第五近节指骨)

7. 第三、第五中节指骨 (middle phalanges of the third and fifth fingers)

(1) RUS-CHN 等级 1 和 TW3-C RUS 等级 1:骨化中心仅可见一个钙化点,极少为多个,边缘不清晰(图 11.103)。

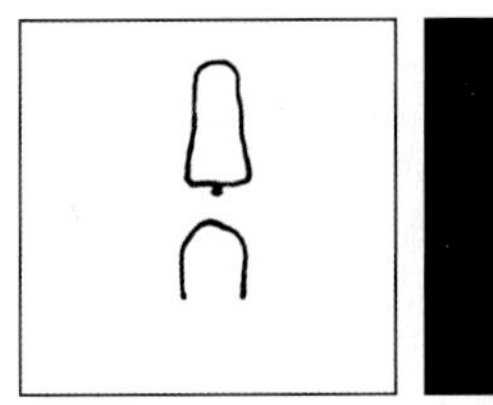
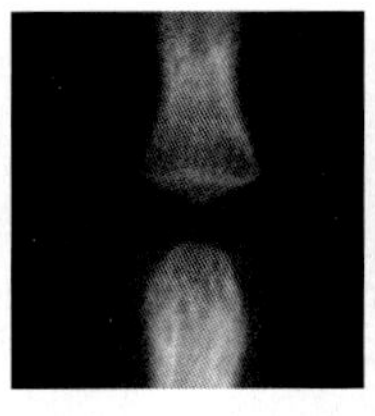
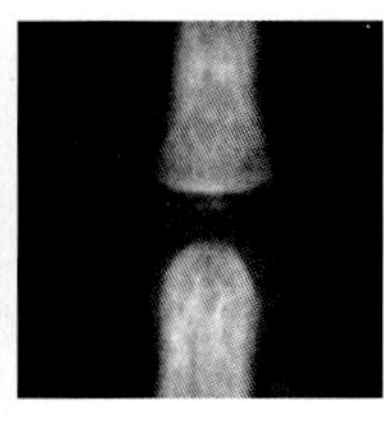

图 11.103 RUS-CHN 等级 1 和 TW3-C RUS 等级 1(第三、第五中节指骨)

(2) RUS-CHN 等级 2 和 TW3-C RUS 等级 2:骨化中心清晰可见,为圆盘形,有平滑连续的缘。(图 11.104)

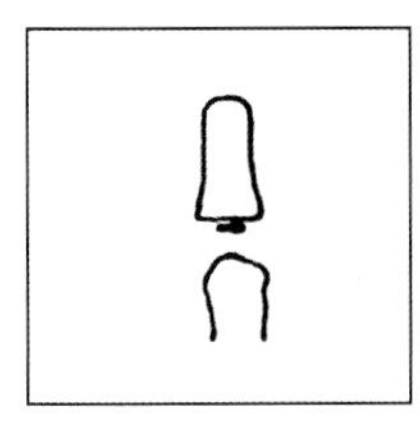
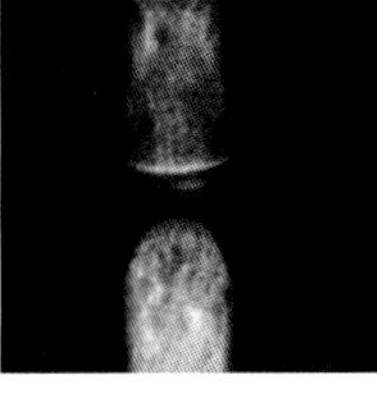
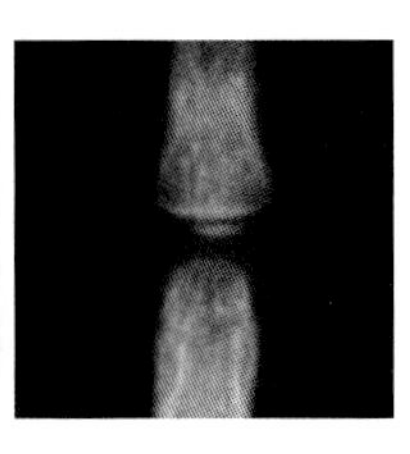

图 11.104 RUS-CHN 等级 2 和 TW3-C RUS 等级 2(第三、第五中节指骨)

(3) RUS-CHN 等级 3 和 TW3-C RUS 等级 3:骺最大直径为骨干宽的一半或一半以上(图 11.105)。

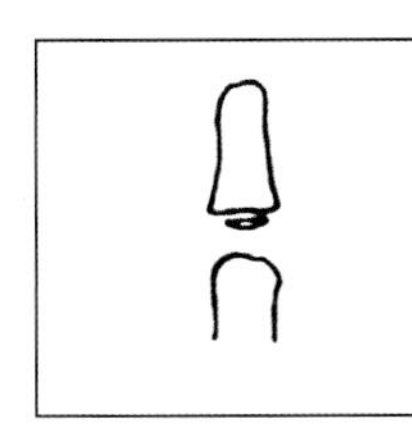
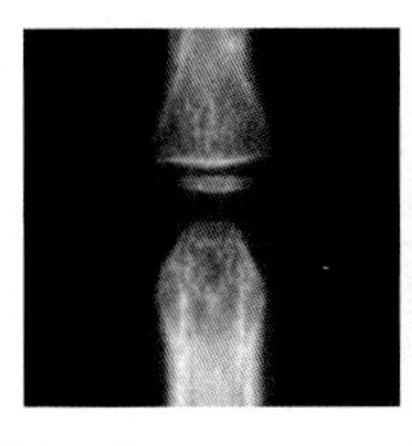
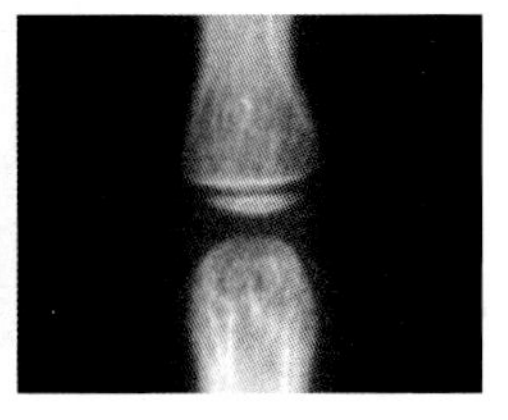

图 11.105 RUS-CHN 等级 3 和 TW3-C RUS 等级 3(第三、第五中节指骨)

(4) RUS-CHN 等级 4(0) 和 TW3-C RUS 等级 4:骺近侧缘的中间部分变厚,朝向相邻指骨的末端生长,并按其滑车关节面成形(致密线为骺的背侧面;在它的一侧或两侧,掌侧面向近侧凸出,或掌侧面和背侧面的近侧缘重叠)(图 11.106)。

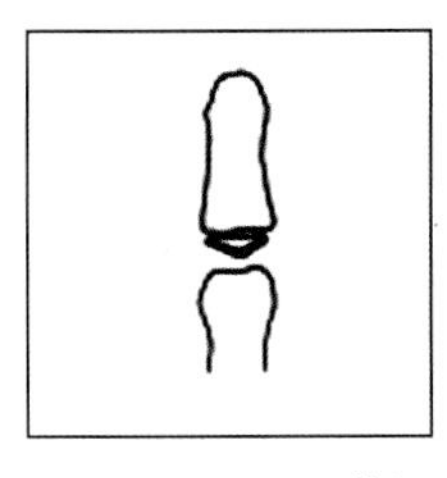
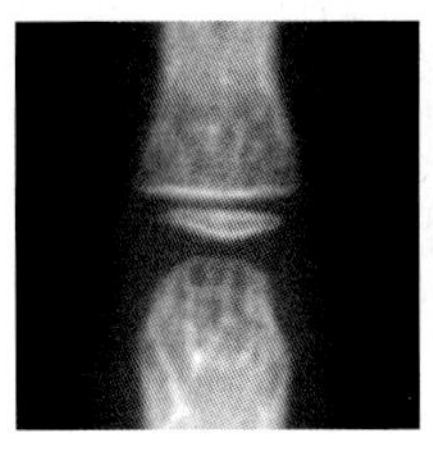
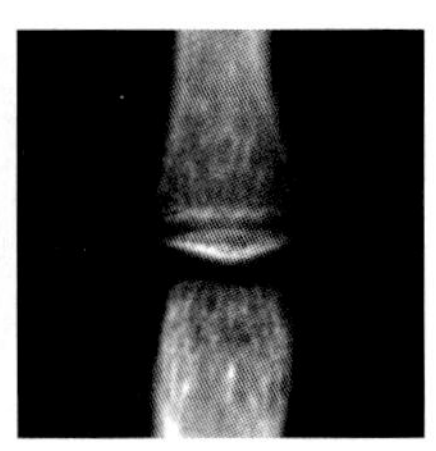

图 11.106 RUS-CHN 等级 4(0) 和 TW3-C RUS 等级 4(第三、第五中节指骨)

(5) RUS-CHN 等级 4(2):骺在外侧与骨干等宽(图 11.107)。

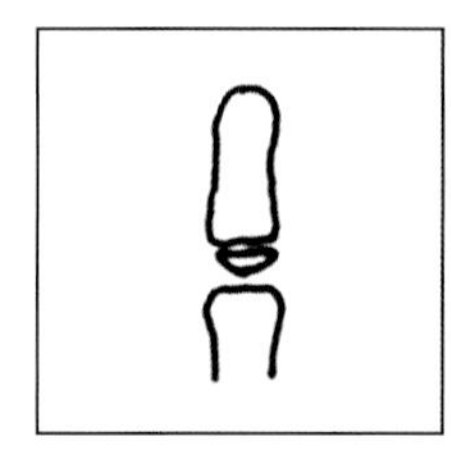
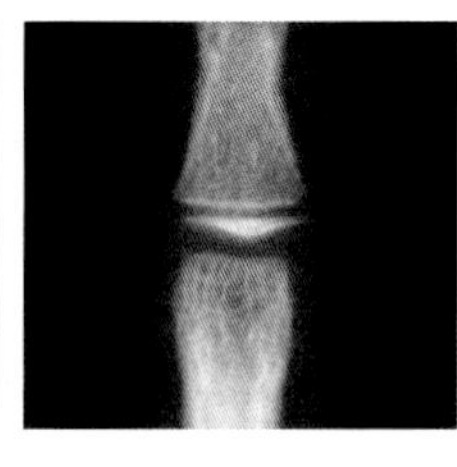
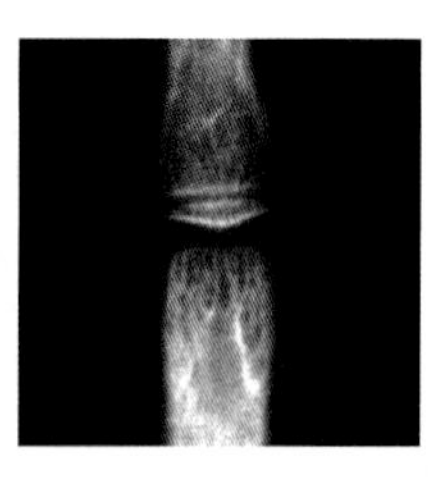

图 11.107　RUS-CHN 等级 4(2)(第三、第五中节指骨)

(6) RUS-CHN 等级 5(0)和 TW3-C RUS 等级 5:骺在两侧与骨干等宽(图 11.108)。

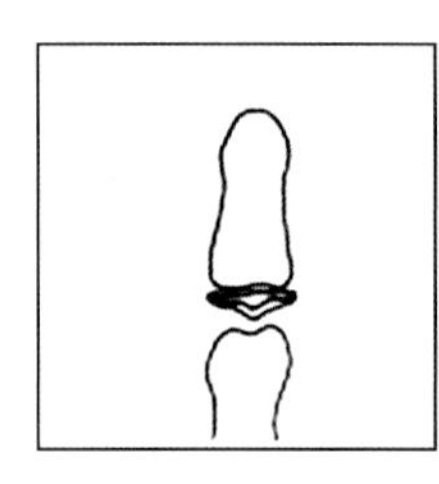
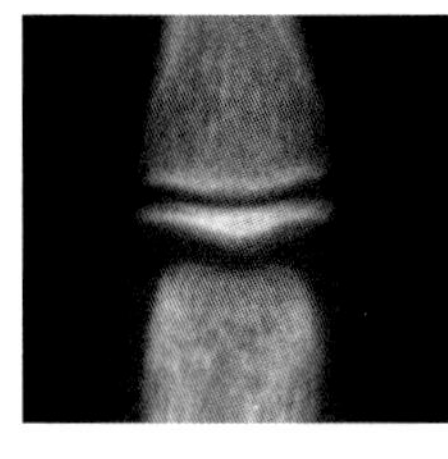
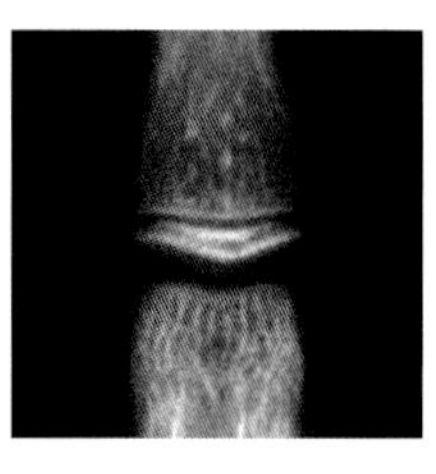

图 11.108　RUS-CHN 等级 5(0)和 TW3-C RUS 等级 5(第三、第五中节指骨)

(7) RUS-CHN 等级 5(2):骺外侧端呈方形(图 11.109)。

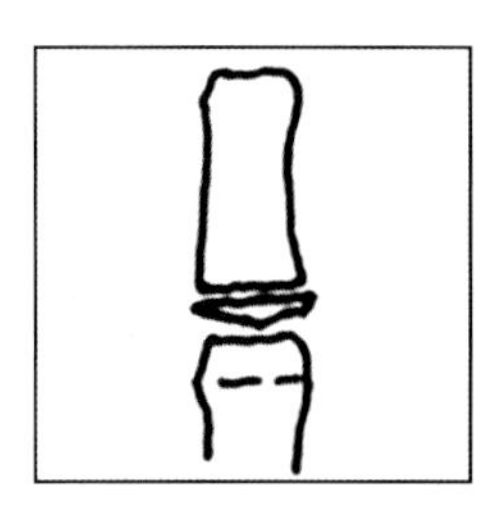
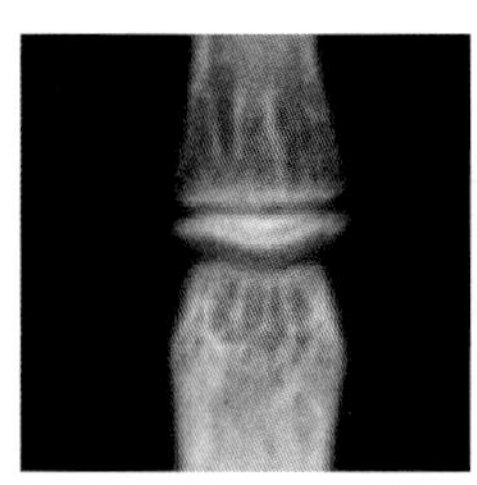
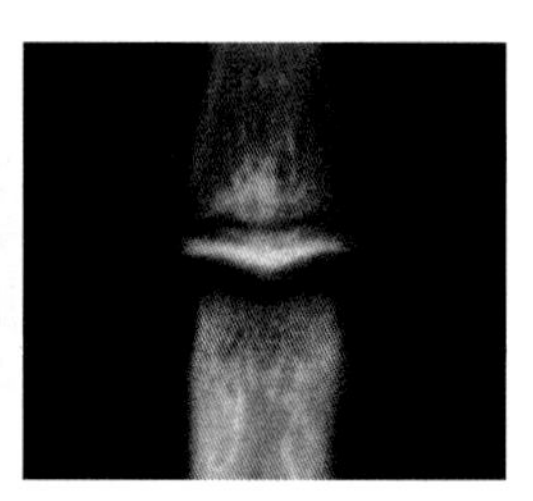

图 11.109　RUS-CHN 等级 5(2)(第三、第五中节指骨)

(8) RUS-CHN 等级 6(0)和 TW3-C RUS 等级 6:骺在一侧覆盖骨干(通常在外侧)(图 11.110)。

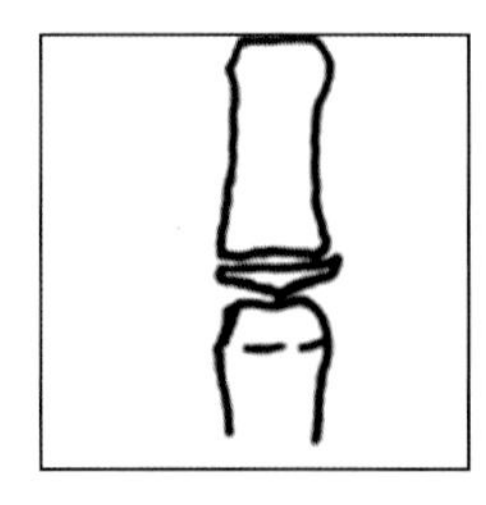
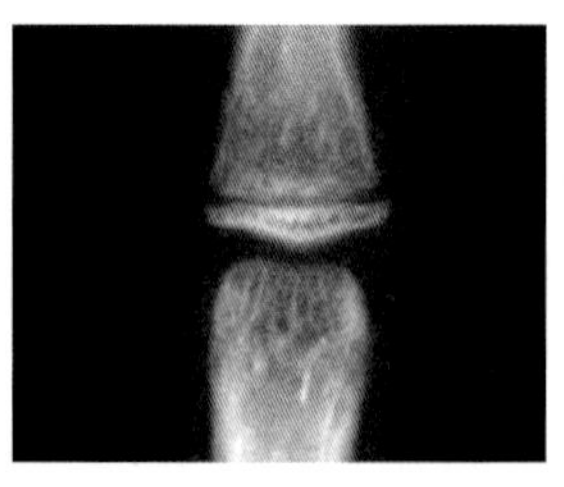
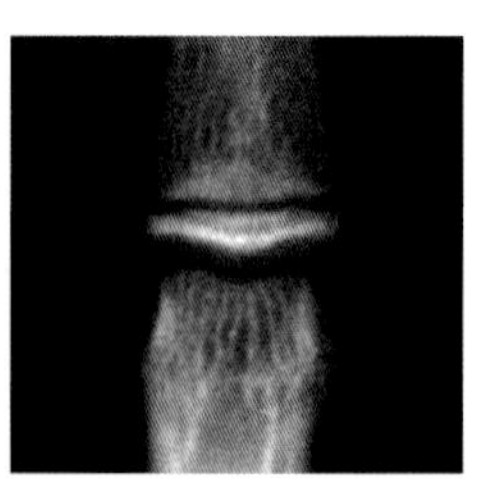

图 11.110　RUS-CHN 等级 6(0)和 TW3-C RUS 等级 6(第三、第五中节指骨)

(9) RUS-CHN 等级 6(2):骺在两侧覆干骨干(图 11.111)。

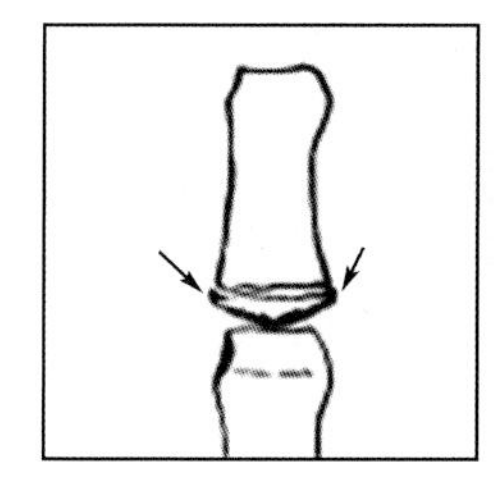 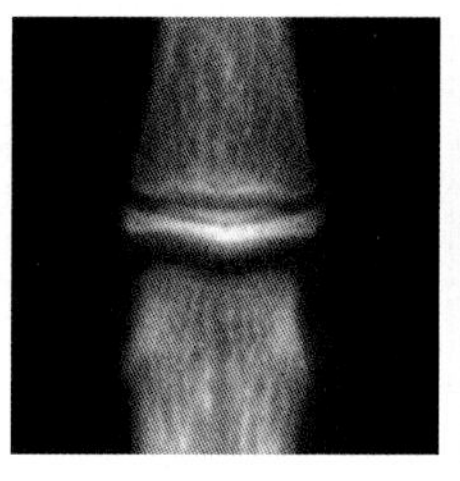 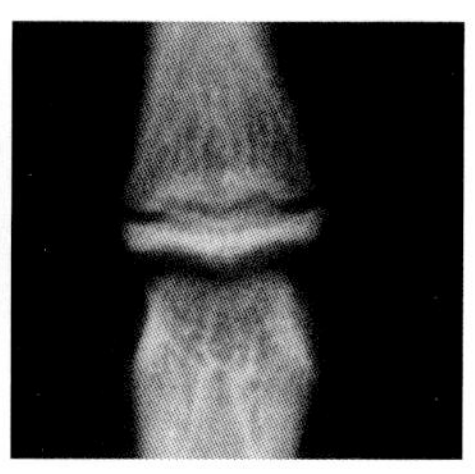

图 11.111 RUS-CHN 等级 6(2)(第三、第五中节指骨)

(10) RUS-CHN 等级 7(0)和 TW3-C RUS 等级 7:骺和骨干开始融合(图 11.112)。

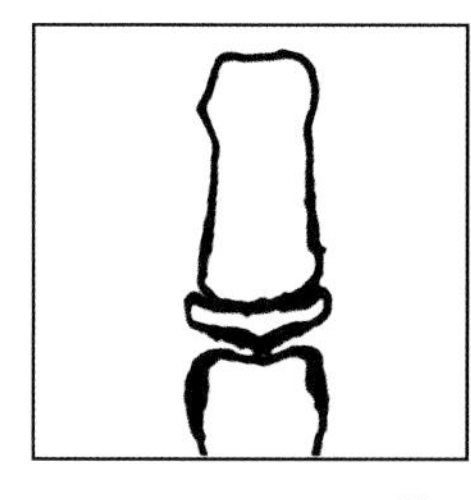 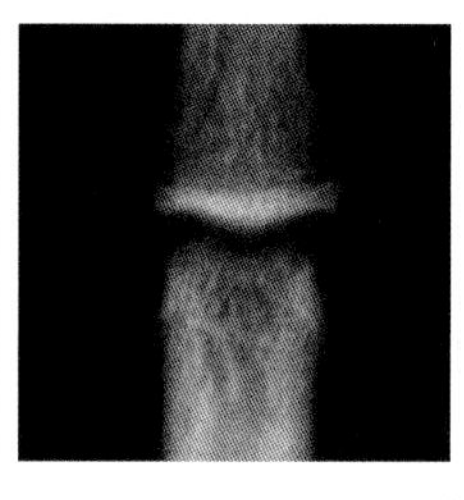 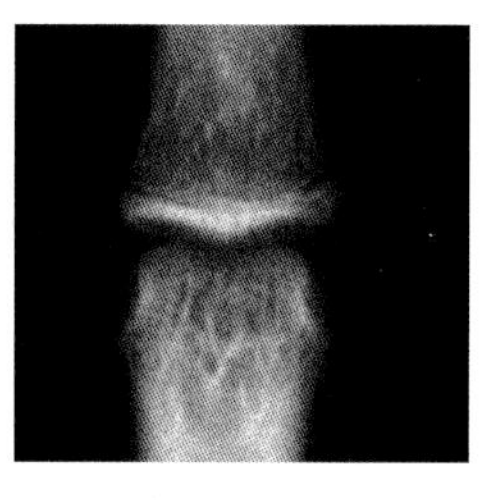

图 11.112 RUS-CHN 等级 7(0)和 TW3-C RUS 等级 7(第三、第五中节指骨)

(11) RUS-CHN 等级 7(2):骺与骨干融合过半(图 11.113)。

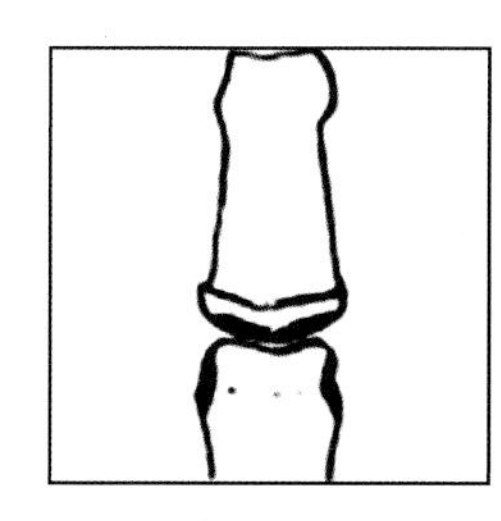 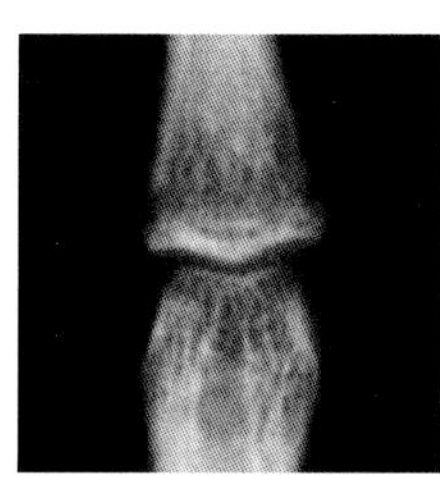 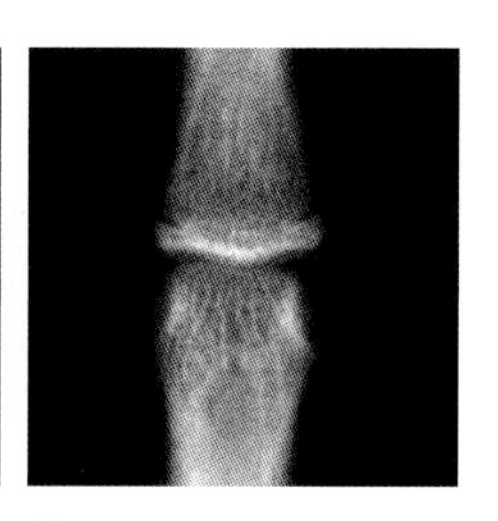

图 11.113 RUS-CHN 等级 7(2)(第三、第五中节指骨)

(12) RUS-CHN 等级 8 和 TW3-C RUS 等级 8:骺和骨干完全融合(图 11.114)。

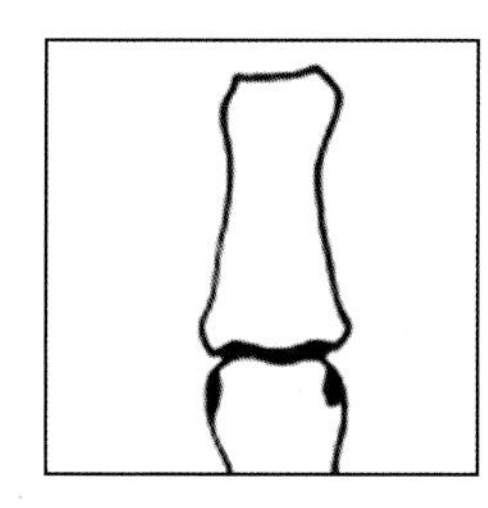 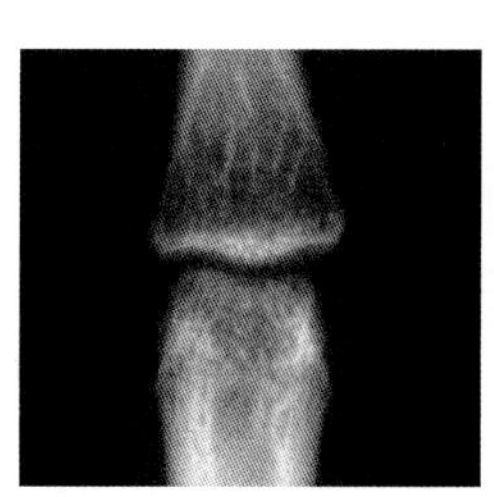 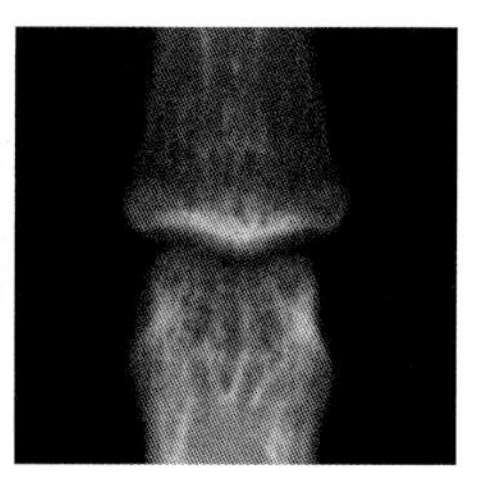

图 11.114 RUS-CHN 等级 8 和 TW3-C RUS 等级 8(第三、第五中节指骨)

8. 第一远节指骨 (distal phalanx of the first finger)

(1) RUS-CHN 等级 1 和 TW3-C RUS 等级 1:骨化中心仅可见一个钙化点,极少为多个,边缘不清晰(图 11.115)。

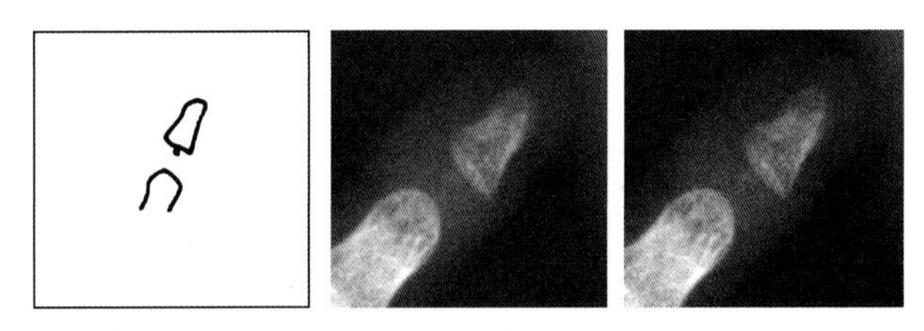

图 11.115　RUS-CHN 等级 1 和 TW3-C RUS 等级 1(第一远节指骨)

(2) RUS-CHN 等级 2 和 TW3-C RUS 等级 2:骨化中心清晰可见,为圆盘形,有平滑连续的缘(图 11.116)。

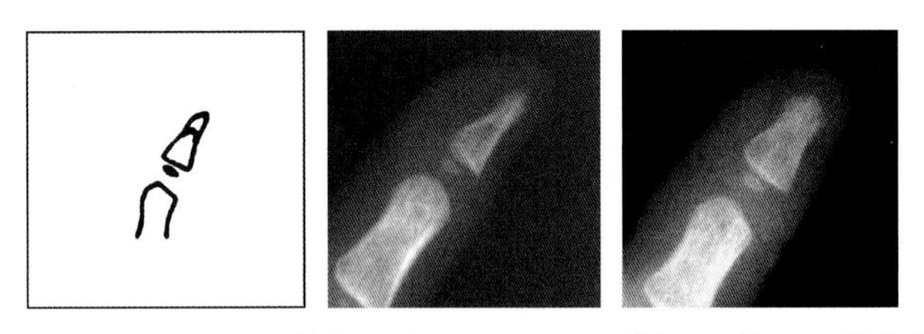

图 11.116　RUS-CHN 等级 2 和 TW3-C RUS 等级 2(第一远节指骨)

(3) RUS-CHN 等级 3 和 TW3-C RUS 等级 3:骺最大直径为骨干宽的一半或一半以上(图 11.117)。

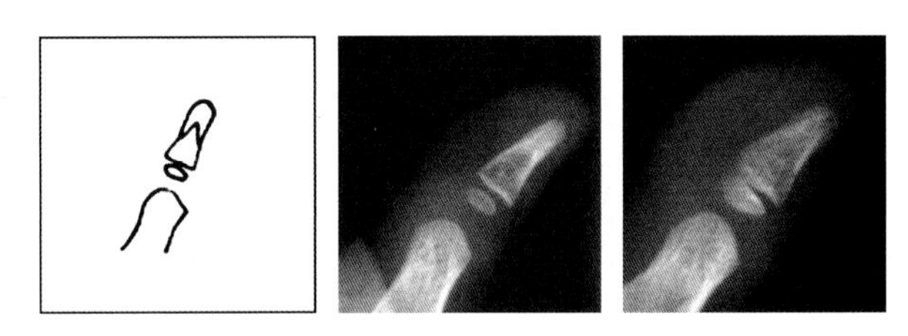

图 11.117　RUS-CHN 等级 3 和 TW3-C RUS 等级 3(第一远节指骨)

(4) RUS-CHN 等级 4 和 TW3-C RUS 等级 4(图 11.118)

1) 骺与骨干等宽。

2) 骺远侧缘变平,近侧缘成角(类似于中节、远节指骨骺在该等级上沿中心轴向下生长而出现的近侧缘形状变化。由于拇指的转动,这种变化通常发生在近侧缘的内侧)。

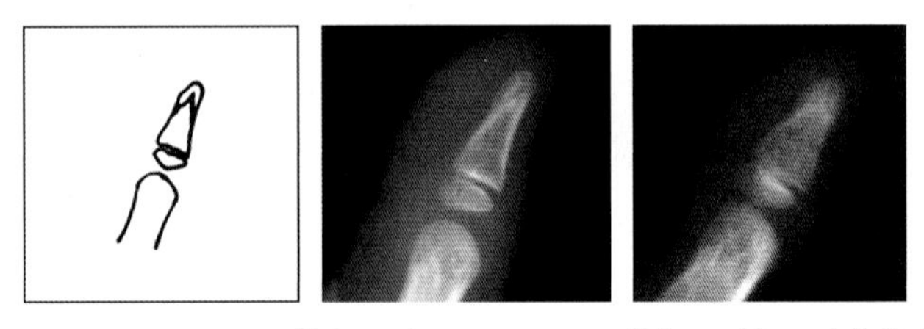

图 11.118　RUS-CHN 等级 4 和 TW3-C RUS 等级 4(第一远节指骨)

(5) RUS-CHN 等级 5(0)和 TW3-C RUS 等级 5(图 11.119)

1) 骺的近-外侧缘凹,按近节指骨头的形状成形(由于拇指内旋程度不同,关节面也可表现为近-外侧缘内的致密凹陷)。

2) 在骺远侧缘上可见内、外侧面,远节指骨底与内、外侧面之间的鞍形相一致。

3) 骺宽于骨干。

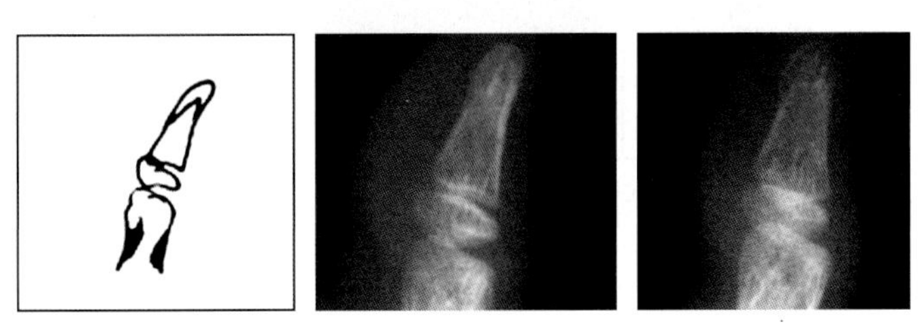

图 11.119 RUS-CHN 等级 5(0)和 TW3-C RUS 等级 5(第一远节指骨)

(6) RUS-CHN 等级 5(2):骺外侧端呈方形(图 11.120)。

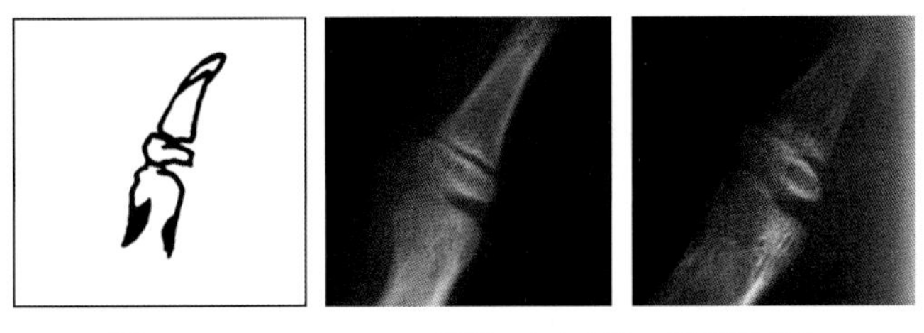

图 11.120 RUS-CHN 等级 5(2)(第一远节指骨)

(7) RUS-CHN 等级 6(0)和 TW3-C RUS 等级 6:骺在一侧覆盖骨干(由于拇指的内旋,内侧端更清晰)(图 11.121)。

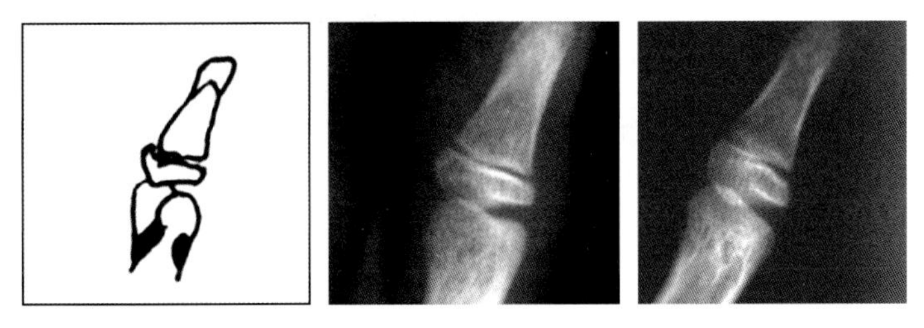

图 11.121 RUS-CHN 等级 6(0)和 TW3-C RUS 等级 6(第一远节指骨)

(8) RUS-CHN 等级 6(2):骺在两侧覆干骨干(图 11.122)。

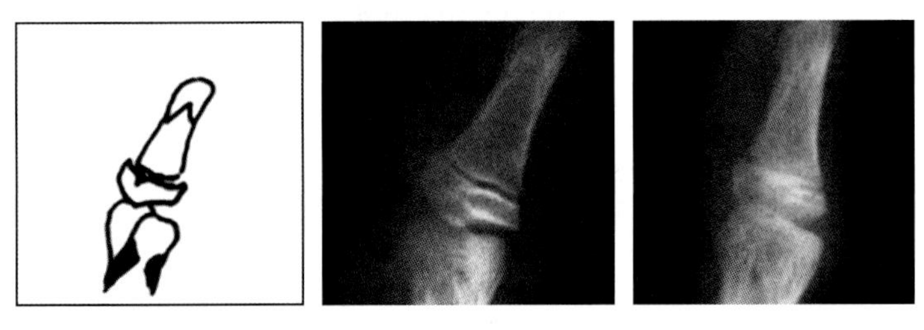

图 11.122 RUS-CHN 等级 6(2)(第一远节指骨)

(9) RUS-CHN 等级 7(0)和 TW3-C RUS 等级 7:骺和骨干开始融合(图 11.123)。

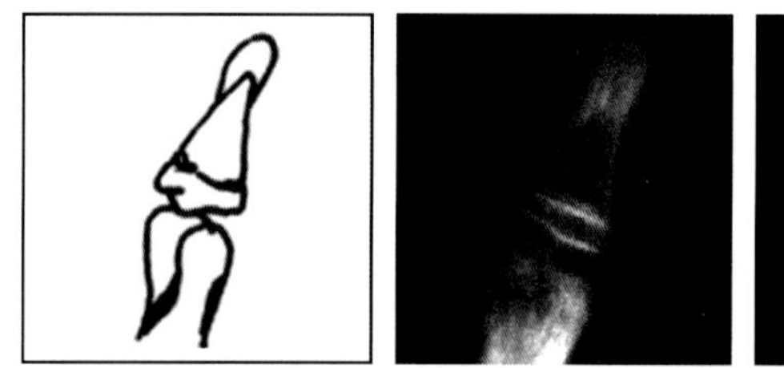 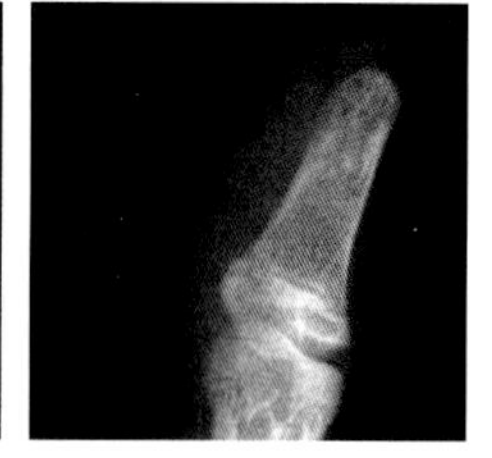

图 11.123　RUS-CHN 等级 7(0)和 TW3-C RUS 等级 7(第一远节指骨)

(10) RUS-CHN 等级 7(2):骺与骨干融合过半(图 11.124)。

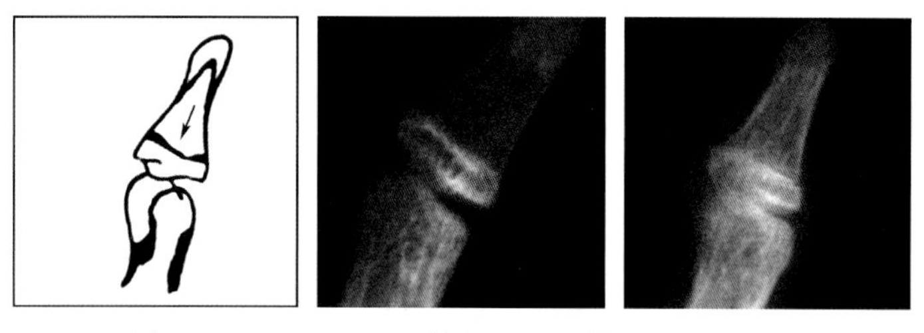

图 11.124　RUS-CHN 等级 7(2)(第一远节指骨)

(11) RUS-CHN 等级 8 和 TW3-C RUS 等级 8:骺和骨干完全融合(图 11.125)。

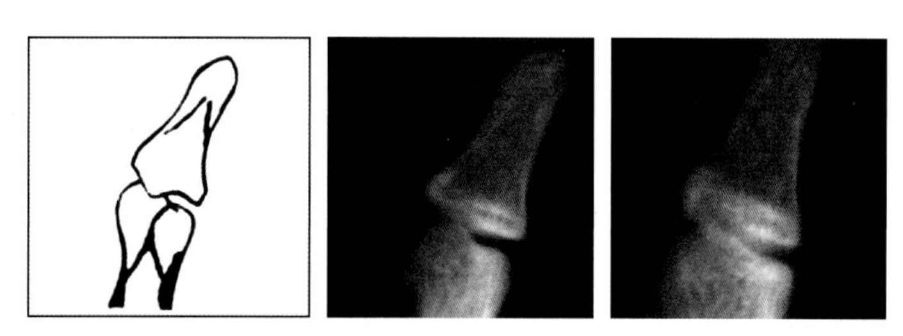

图 11.125　RUS-CHN 等级 8 和 TW3-C RUS 等级 8(第一远节指骨)

9. 第三、第五远节指骨　(distal phalanges of the third and fifth fingers)

(1) RUS-CHN 等级 1 和 TW3-C RUS 等级 1:骨化中心仅可见一个钙化点,极少为多个,边缘不清晰(图 11.126)。

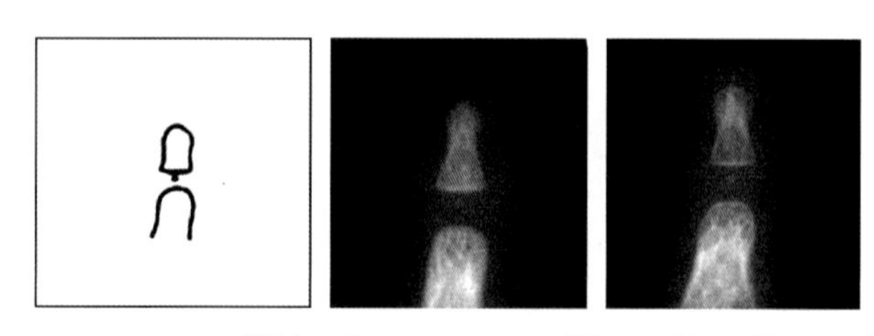

图 11.126　RUS-CHN 等级 1 和 TW3-C RUS 等级 1(第三、第五远节指骨)

(2) RUS-CHN 等级 2 和 TW3-C RUS 等级 2:骨化中心清晰可见,为圆盘形,有平滑连续的缘(图 11.127)。

 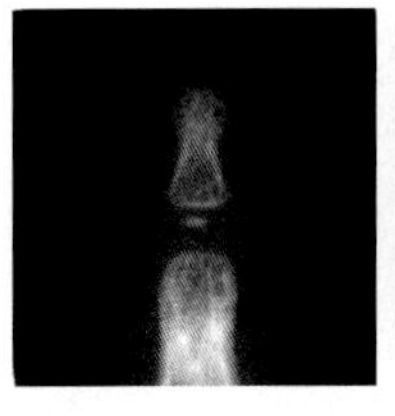 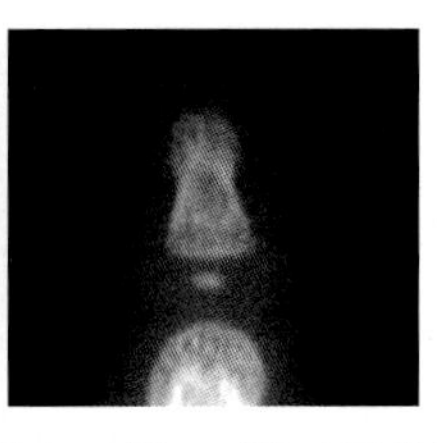

图 11.127 RUS-CHN 等级 2 和 TW3-C RUS 等级 2(第三、第五远节指骨)

(3) RUS-CHN 等级 3 和 TW3-C RUS 等级 3:骺最大直径为骨干宽的一半或一半以上(图 11.128)。

 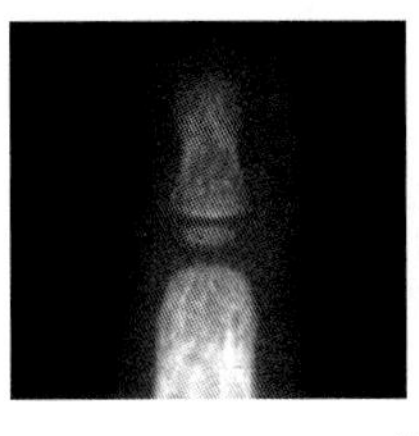 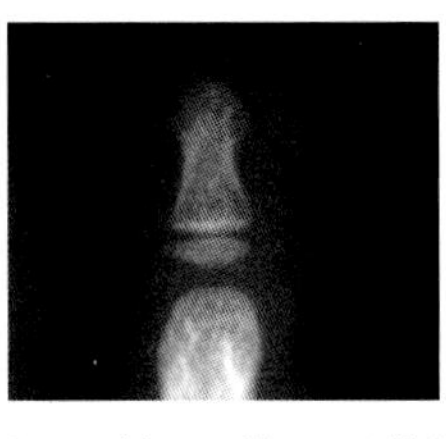

图 11.128 RUS-CHN 等级 3 和 TW3-C RUS 等级 3(第三、第五远节指骨)

(4) RUS-CHN 等级 4 和 TW3-C RUS 等级 4(图 11.129)

1) 骺与骨干等宽。

2) 骺近侧缘向中节指骨末端生长,但尚不能区分出掌侧面和背侧面。

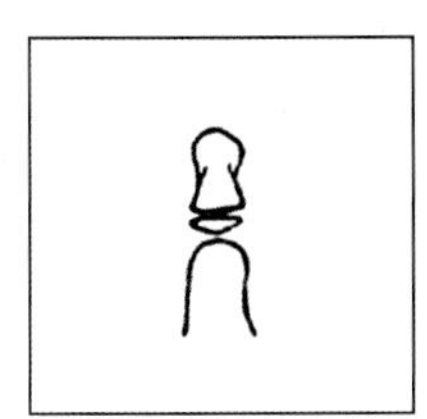 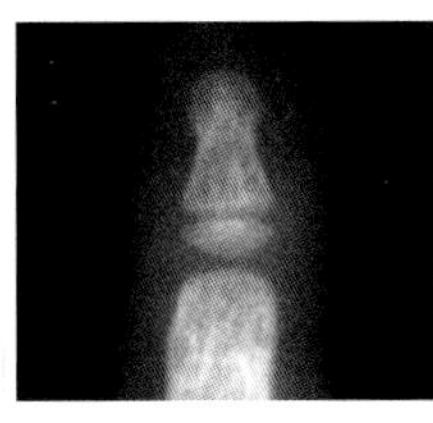 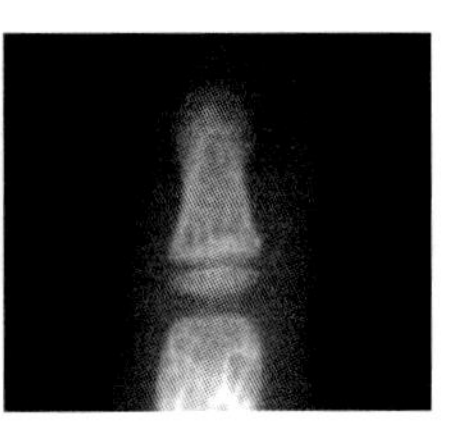

图 11.129 RUS-CHN 等级 4 和 TW3-C RUS 等级 4(第三、第五远节指骨)

(5) RUS-CHN 等级 5(0) 和 TW3-C RUS 等级 5:骺近侧缘可区分为掌侧面和背侧面,并都按中节指骨的滑车关节面成形。背侧面致密白线近侧的凸出部分为掌侧面(图 11.130)。

 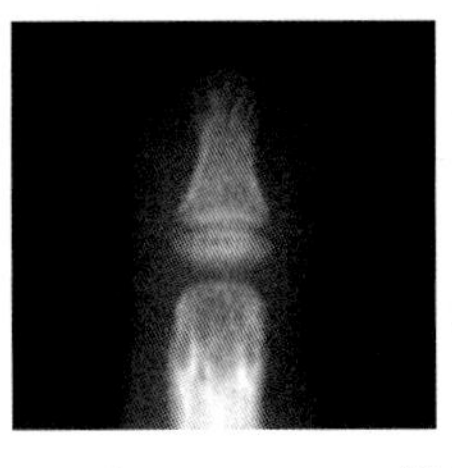 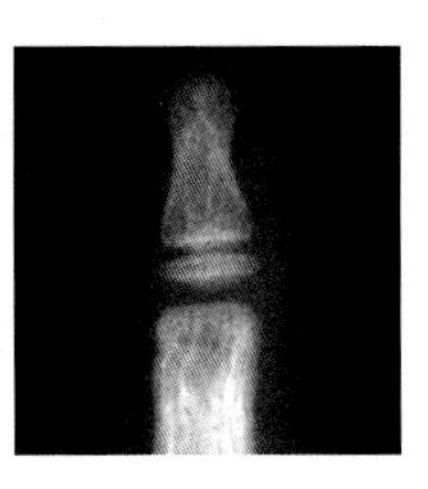

图 11.130 RUS-CHN 等级 5(0) 和 TW3-C RUS 等级 5(第三、第五远节指骨)

(6) RUS-CHN 等级 5(2):骺外侧呈方形(图 11.131)。

 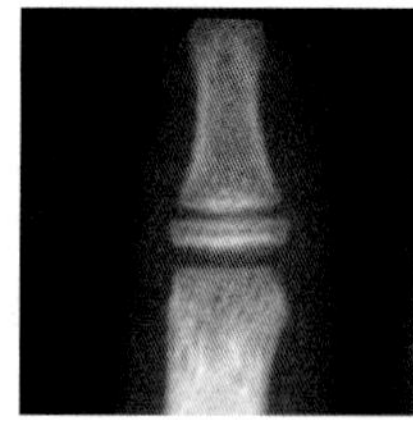 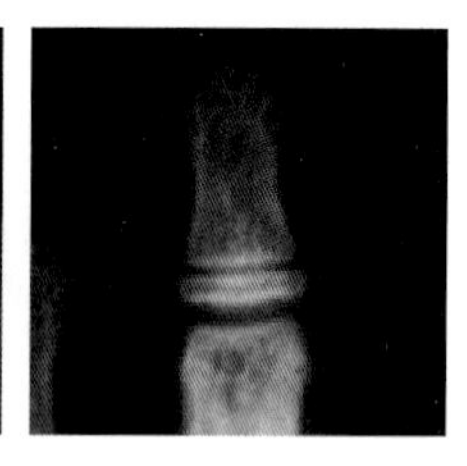

图 11.131　RUS-CHN 等级 5(2)(第三、第五远节指骨)

(7) RUS-CHN 等级 6(0)和 TW3-C RUS 等级 6:骺在一侧覆盖骨干(图 11.132)。

 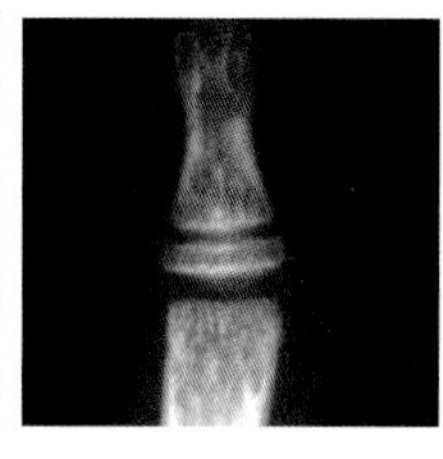 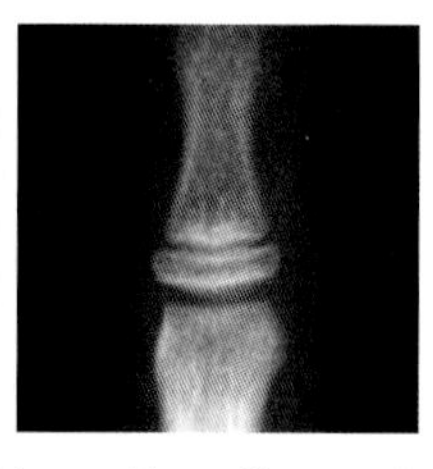

图 11 132　RUS-CHN 等级 6(0)和 TW3-C RUS 等级 6(第三、第五远节指骨)

(8) RUS-CHN 等级 6(2):骺在两侧覆干骨干(图 11.133)。

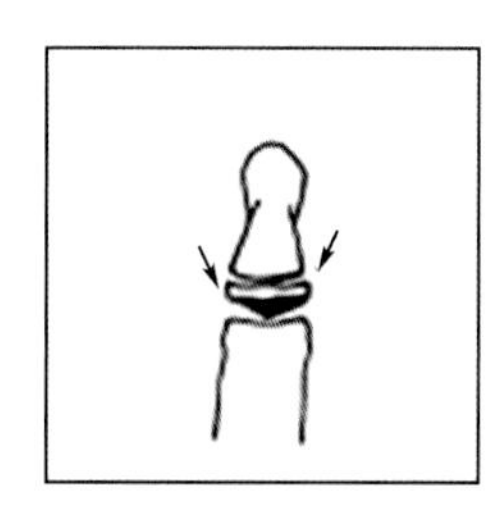 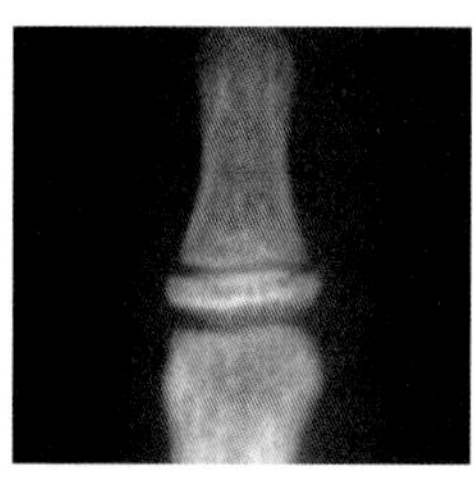 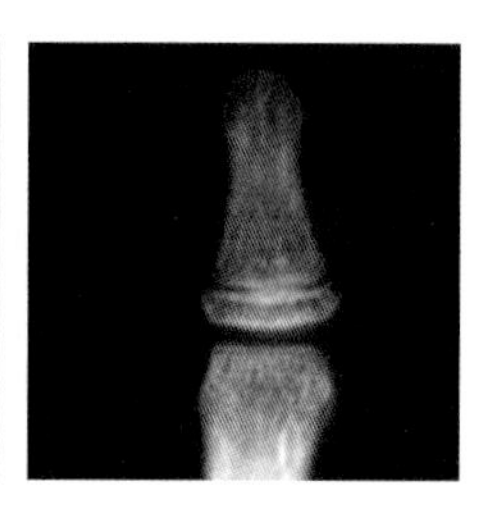

图 11.133　RUS-CHN 等级 6(2)(第三、第五远节指骨)

(9) RUS-CHN 等级 7(0)和 TW3-C RUS 等级 7:骺与骨干开始融合(图 11.134)。

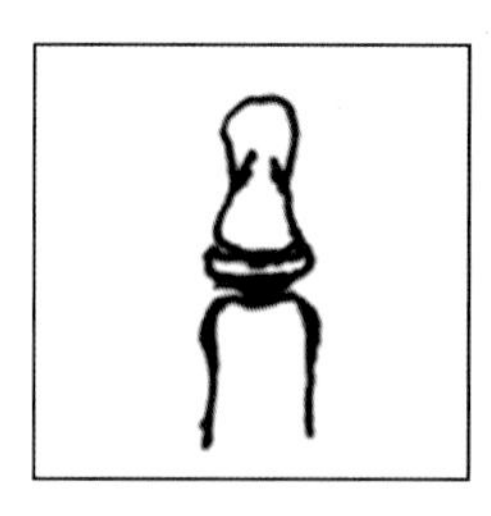 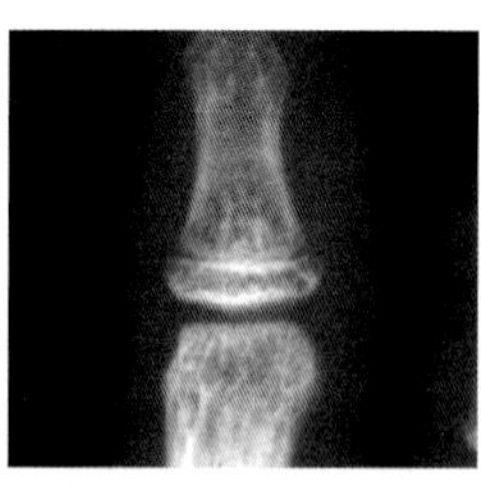 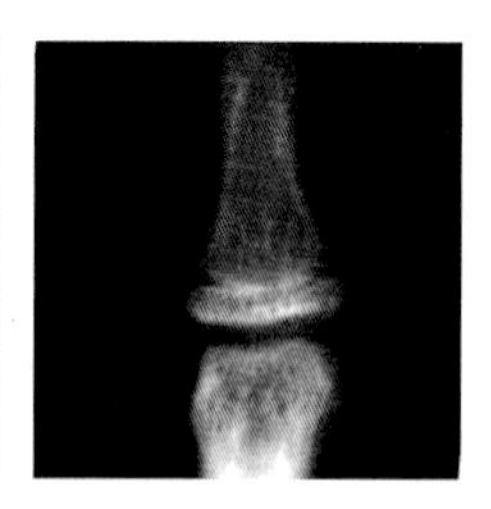

图 11.134　RUS-CHN 等级 7(0)和 TW3-C RUS 等级 7(第三、第五远节指骨)

(10) RUS-CHN 等级 7(2):骺与骨干融合过半(图 11.135)。

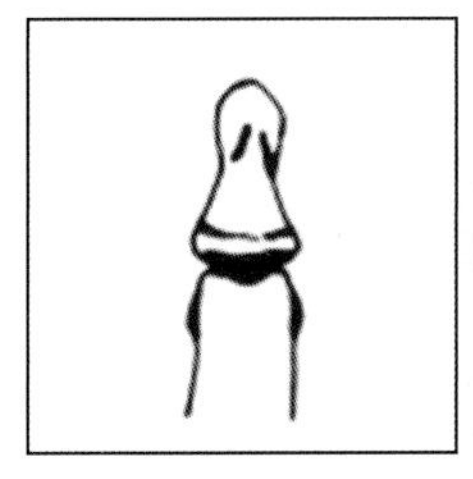 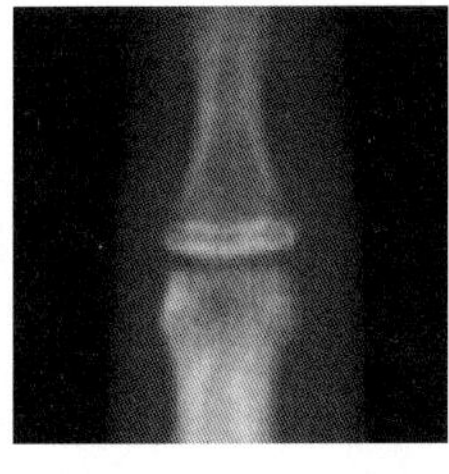 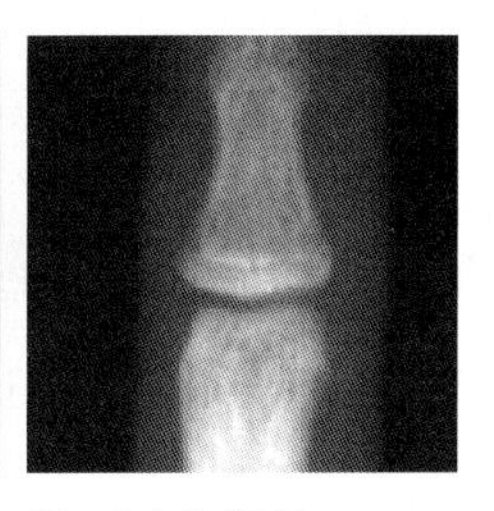

图 11.135 RUS-CHN 等级 7(2)(第三、第五远节指骨)

(11) RUS-CHN 等级 8 和 TW3-C RUS 等级 8:骺和骨干完全融合(图 11.136)。

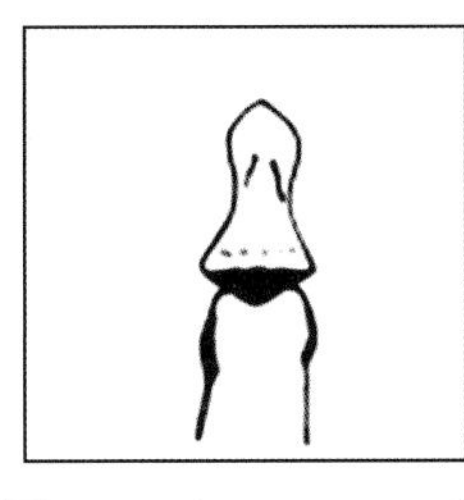 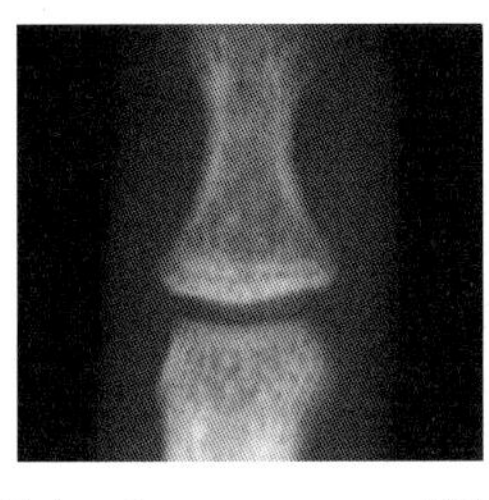 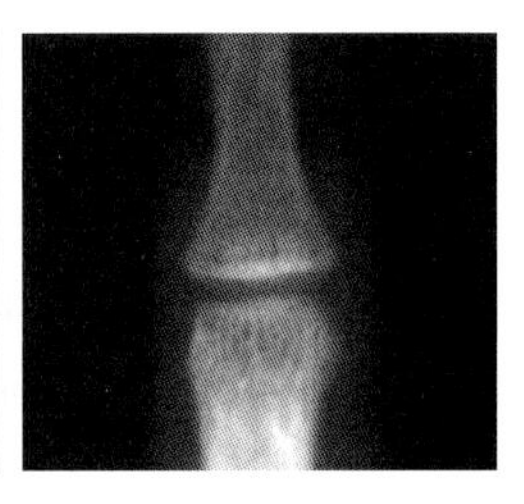

图 11.136 RUS-CHN 等级 8 和 TW3-C RUS 等级 8(第三、第五远节指骨)

11.4.2 TW3-C Carpal 法腕骨发育等级标准

1. 头状骨(capitate)

(1) 等级 1:骨化中心仅可见一个钙化点,极少为多个,边缘不清晰(图 11.137)。

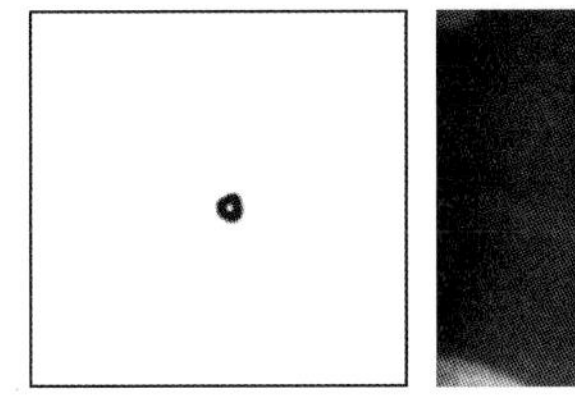 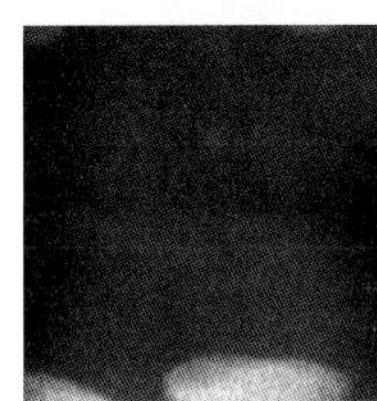 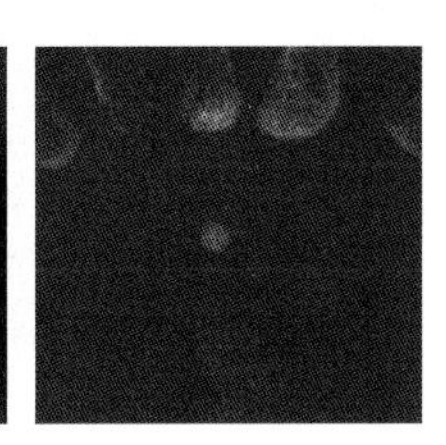

图 11.137 TW3-C Carpal 等级 1(头状骨)

(2) 等级 2:骨化中心清晰可见,为椭圆形,有平滑连续的缘(图 11.138)。

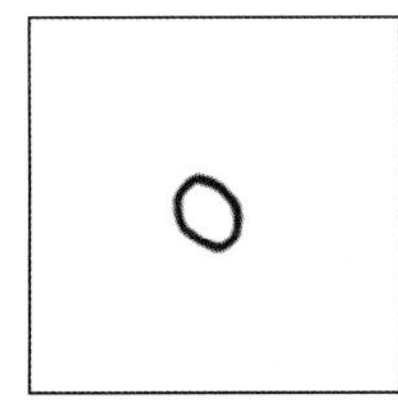 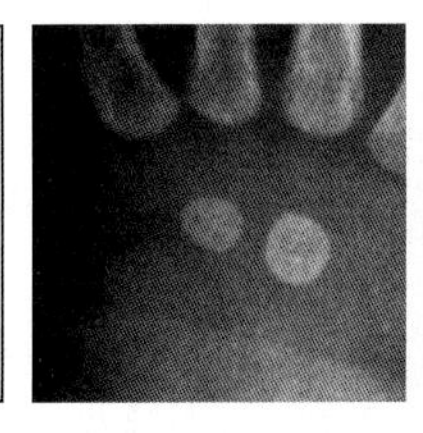 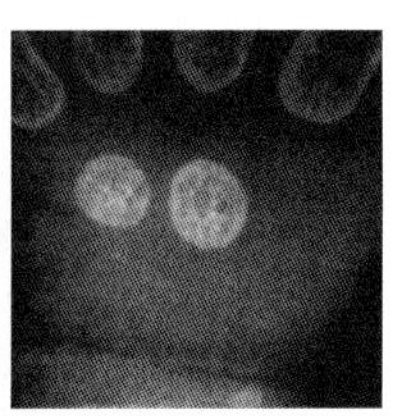

图 11.138 TW3-C Carpal 等级 2(头状骨)

(3) 等级 3(图 11. 139)

1) 骨化中心最大直径为桡骨宽的一半或一半以上。

2) 骨化中心与钩骨相邻缘变平,或仅稍凹。

3) 骨化中心与第二掌骨相邻缘也开始与钩骨缘不同,因而骨化中心近似 D 形。

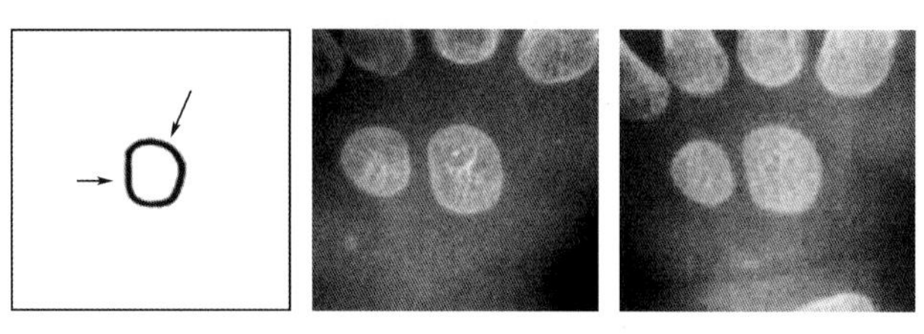

图 11. 139　TW3-C Carpal 等级 3(头状骨)

(4) 等级 4(图 11. 140)

1) 骨化中心钩骨缘凹,稍致密。

2) 骨化中心增长,纵向直径明显大于横向直径,但小于近侧缘到桡骨骨干之间的距离。

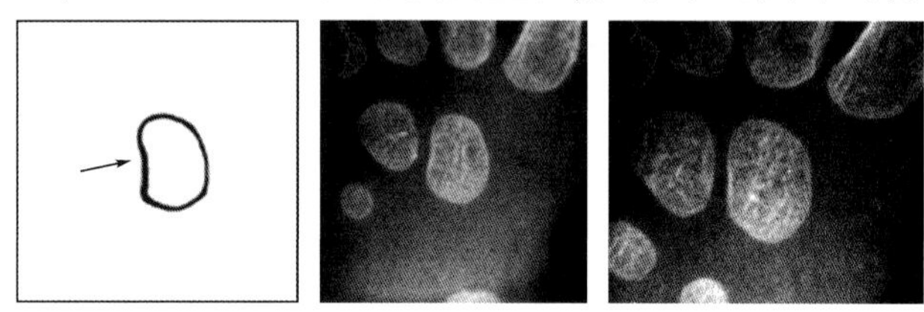

图 11. 140　TW3-C Carpal 等级 4(头状骨)

(5)等级 5:骨化中心纵向直径等于或大于近侧缘到桡骨干的距离(图 11. 141)。

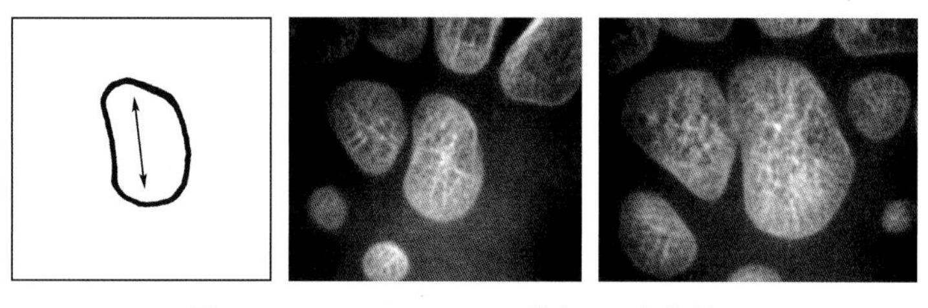

图 11. 141　TW3-C Carpal 等级 5(头状骨)

(6) 等级 6(图 11. 142)

1) 骨化中心远侧的外侧缘(第二和第三掌骨关节面)致密。

2) 骨化中心在钩骨缘(钩骨关节面)凹的中部出现致密白线。

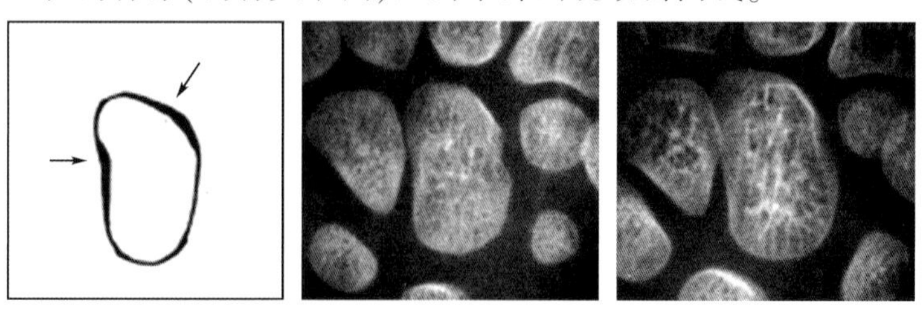

图 11. 142　TW3-C Carpal 等级 6(头状骨)

(7) 等级 7:骨化中心第二和第三掌骨关节面可区分为掌侧面和背侧面;上一等级中远侧的外侧缘致密白线已经到了边缘的内部(图 11.143)。

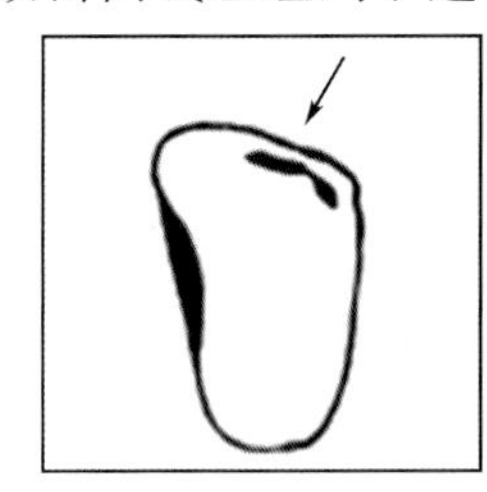
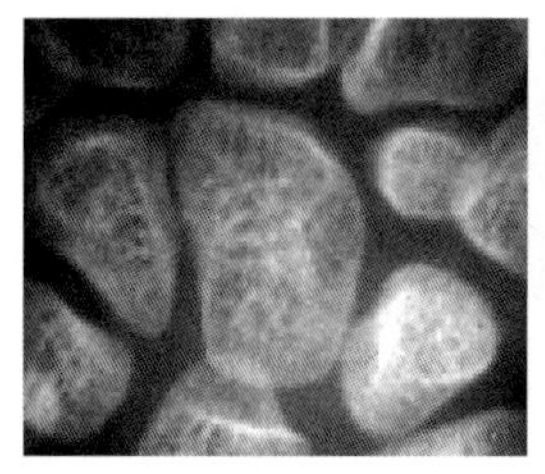
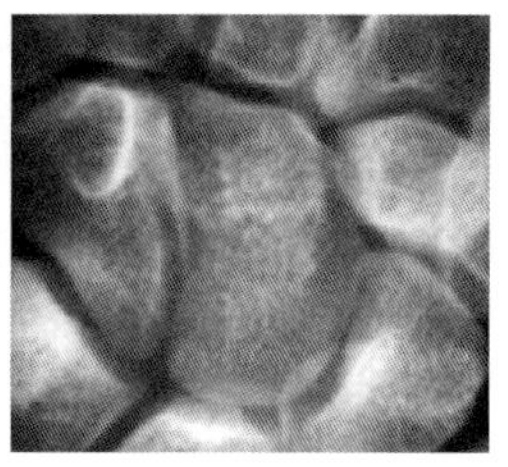

图 11.143 TW3-C Carpal 等级 7(头状骨)

2. 钩骨(hamate)

(1) 等级 1:骨化中心仅可见一个钙化点,极少为多个,边缘不清晰(图 11.144)。

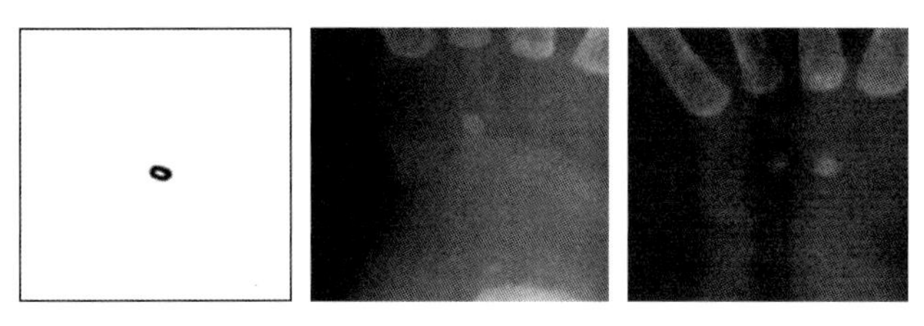

图 11.144 TW3-C Carpal 等级 1(钩骨)

(2) 等级 2:骨化中心清晰可见,为圆形,有平滑连续的缘(图 11.145)。

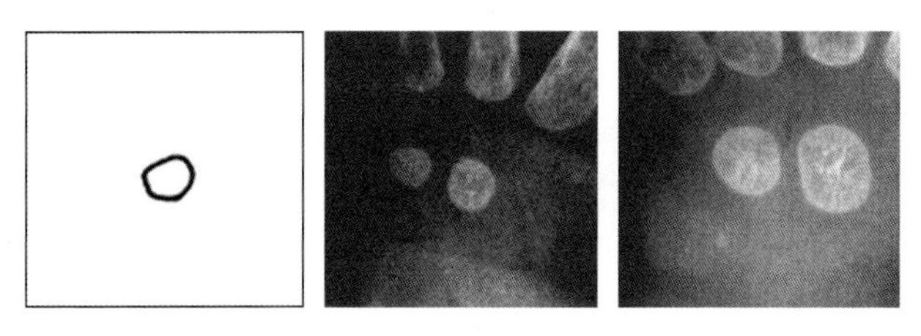

图 11.145 TW3-C Carpal 等级 2(钩骨)

(3) 等级 3(图 11.146)

1) 骨化中心最大直径为桡骨骨干宽的一半或一半以上。

2) 骨化中心三角骨关节面变平,形状为 D 形,直线端与手的长轴成斜线方向。

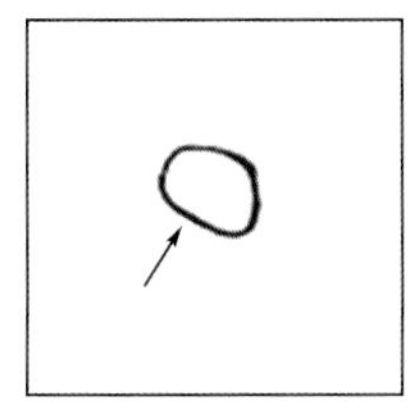
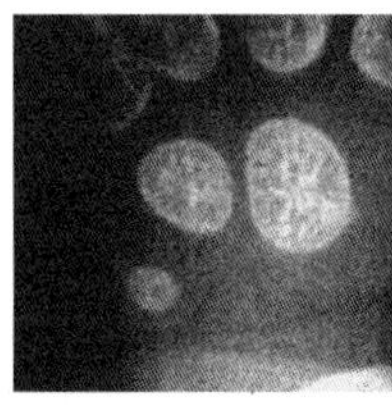
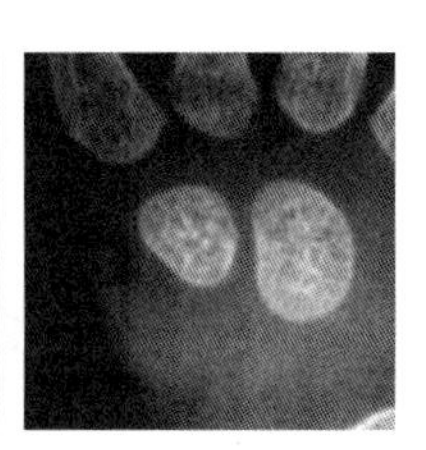

图 11.146 TW3-C Carpal 等级 3(钩骨)

（4）等级 4（图 11.147）

1）骨化中心头状骨缘按头状骨的钩骨关节面成形（通常的形式为，在该缘的一半处或向下 2/3 处微凸，在凸的远侧和近侧的缘变平）。

2）骨化中心可区分出掌骨缘和头状骨缘，形状由 D 形变为三角形。

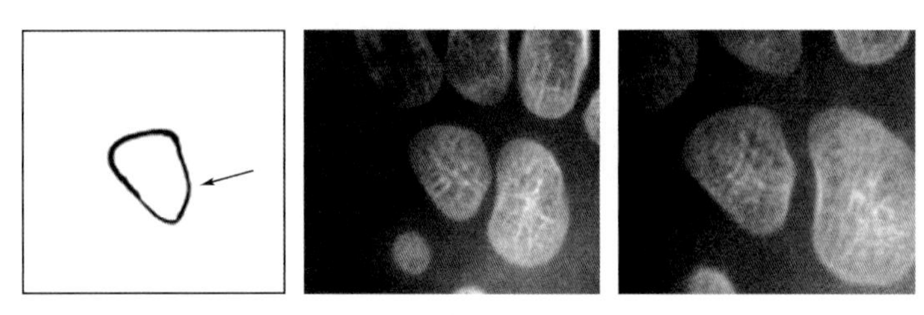

图 11.147　TW3-C Carpal 等级 4（钩骨）

（5）等级 5：骨化中心三角骨缘凹（由于从上一等级开始明显朝向第五掌骨底生长）（图 11.148）。

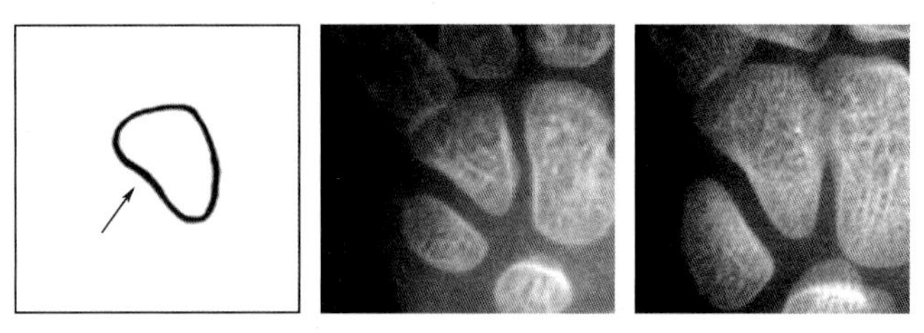

图 11.148　TW3-C Carpal 等级 5（钩骨）

（6）等级 6：骨化中心第四掌骨关节面可区分为掌侧面和背侧面，沿骨的远侧缘或在远侧缘以内可见致密白线（图 11.149）。

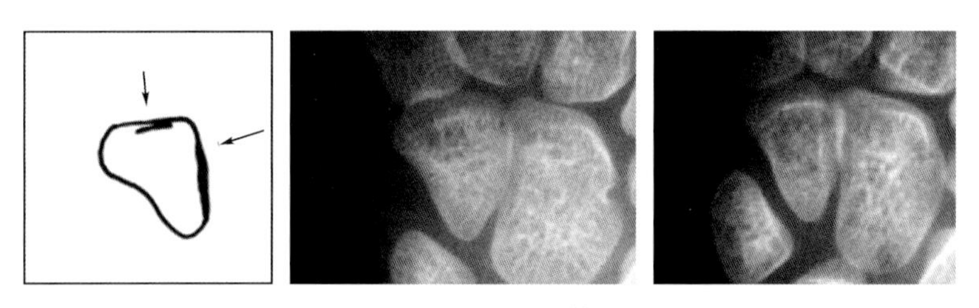

图 11.149　TW3-C Carpal 等级 6（钩骨）

（7）等级 7（图 11.150）

1）骨化中心开始出现钩的致密轮廓线。

2）骨化中心可区分出第四和第五掌骨关节面；横向的为第四掌骨关节面，与手纵轴成斜线方向的为第五掌骨关节面。

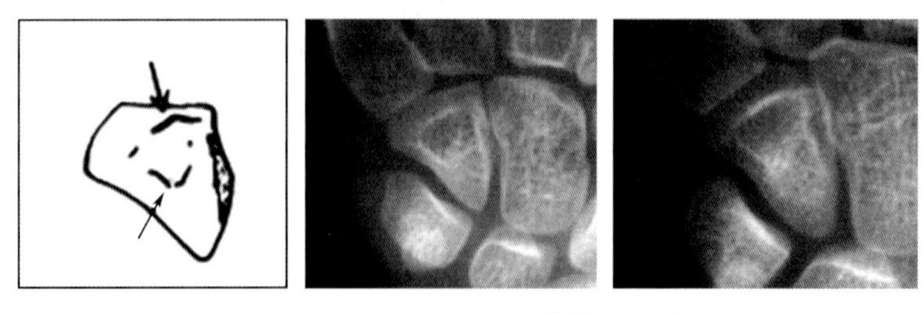

图 11.150　TW3-C Carpal 等级 7（钩骨）

(8) 等级 8:骨化中心钩骨的钩已完全可见(图 11.151)。

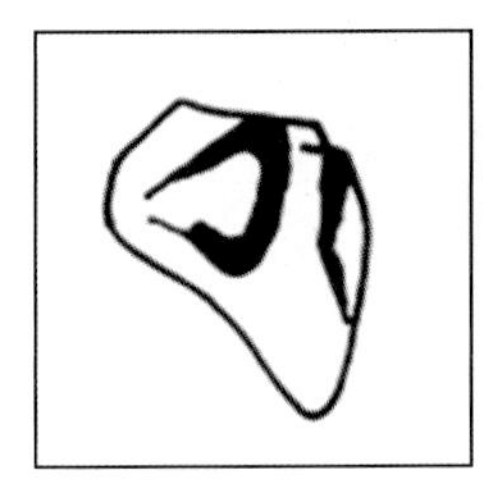
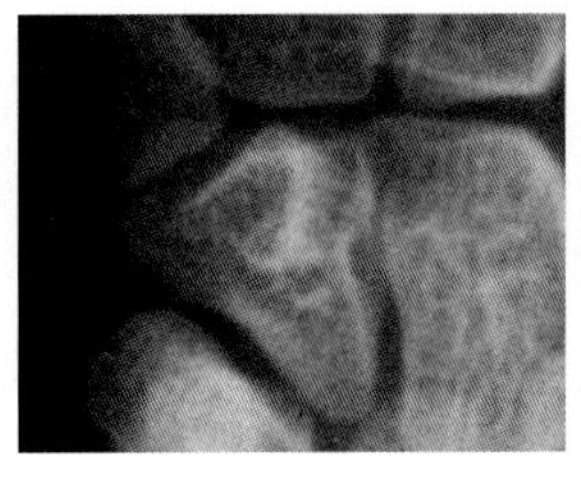
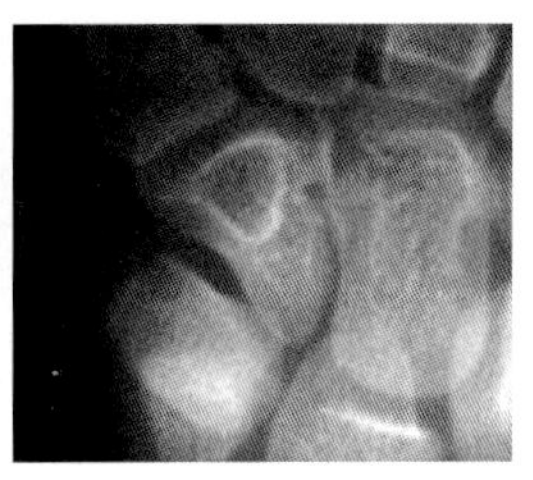

图 11.151 TW3-C Carpal 等级 8(钩骨)

3. 三角骨(triquetral)

(1) 等级 1:骨化中心仅可见一个钙化点,极少为多个,边缘不清晰(图 11.152)。

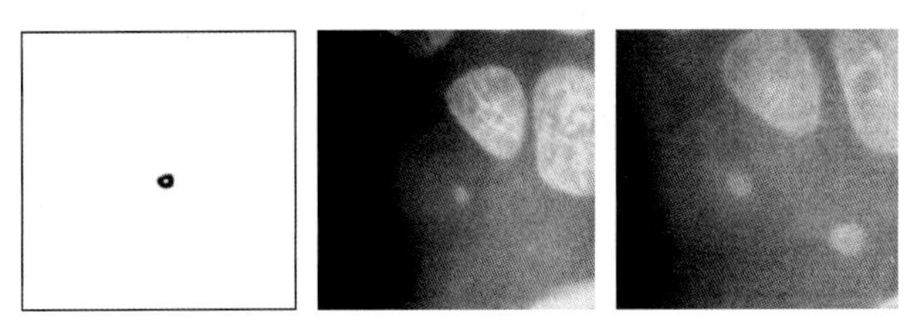

图 11.152 TW3-C Carpal 等级 1(三角骨)

(2) 等级 2:骨化中心清晰可见,为圆形,有平滑连续的缘(图 11.153)。

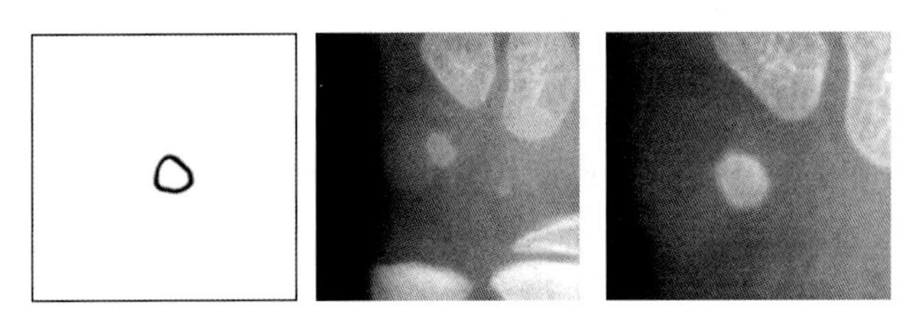

图 11.153 TW3-C Carpal 等级 2(三角骨)

(3) 等级 3(图 11.154)

1) 骨化中心最大直径为尺骨骨干宽的一半或一半以上。

2) 骨化中心与钩骨相邻的缘变平。

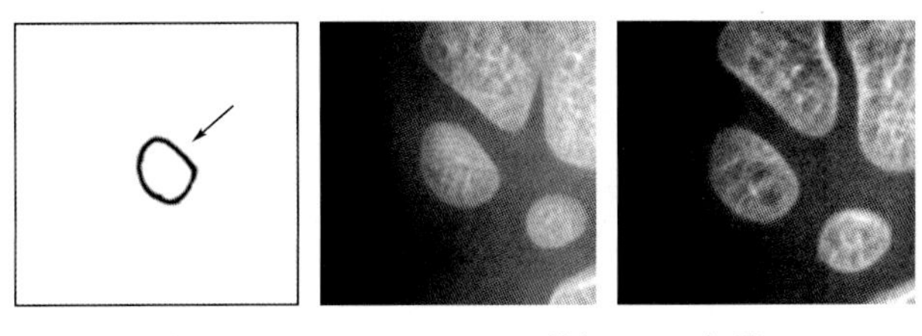

图 11.154 TW3-C Carpal 等级 3(三角骨)

(4) 等级 4:骨化中心增长,纵向直径明显大于横向直径(从上一等级开始,在内-远侧缘生长最快)(图 11.155)。

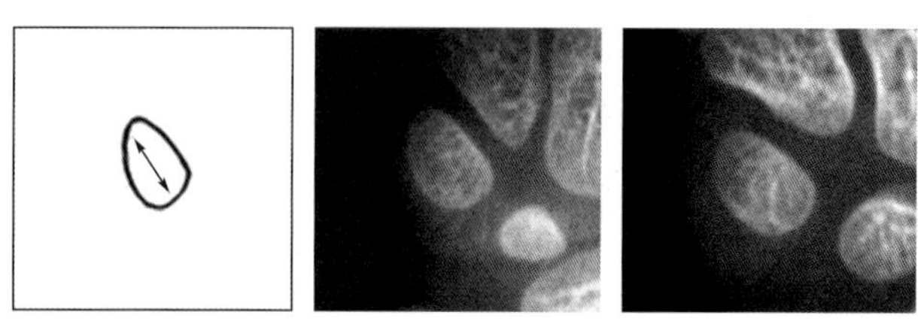

图 11.155　TW3-C Carpal 等级 4(三角骨)

(5) 等级 5:骨化中心月骨缘变平,与钩骨缘形成稍大于 90°的角,一条缘或两条缘致密(图 11.156)。

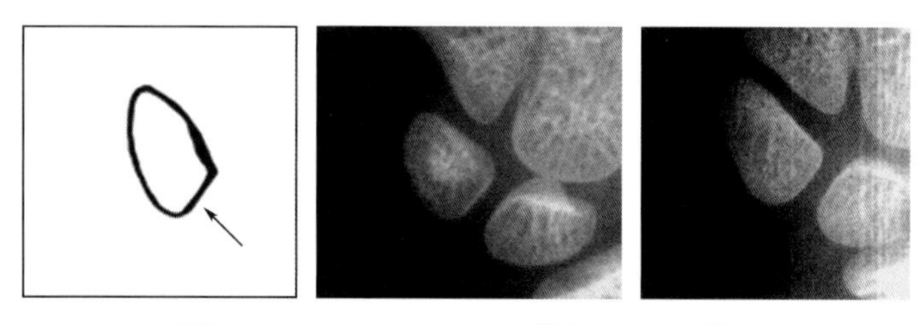

图 11.156　TW3-C Carpal 等级 5(三角骨)

(6) 等级 6:骨化中心钩骨缘或月骨缘可见掌侧面和背侧面,上一等级所见的缘上致密白线已经到了缘内(图 11.157)。

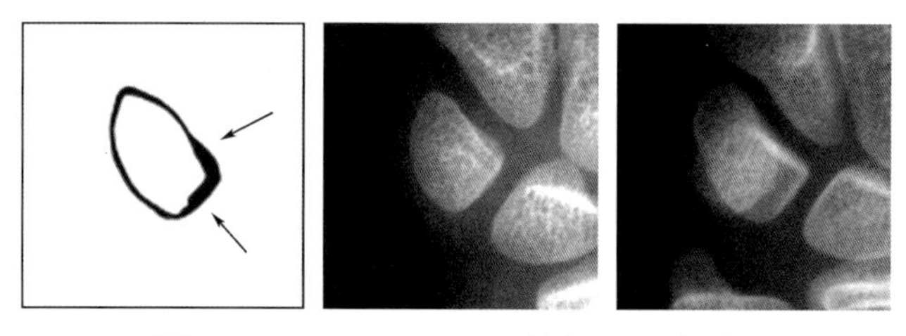

图 11.157　TW3-C Carpal 等级 6(三角骨)

(7) 等级 7:骨化中心的远侧部分增宽,内侧缘凹(图 11.158)。

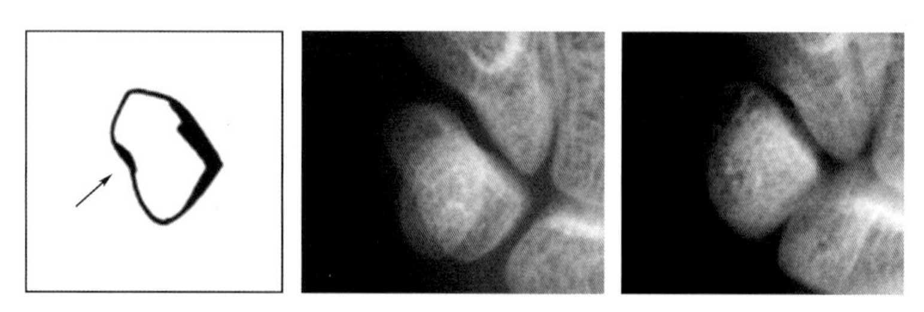

图 11.158　TW3-C Carpal 等级 7(三角骨)

4. 月骨(lunate)

(1) 等级 1:骨化中心仅可见一个钙化点,极少为多个,边缘不清晰(图 11.159)。

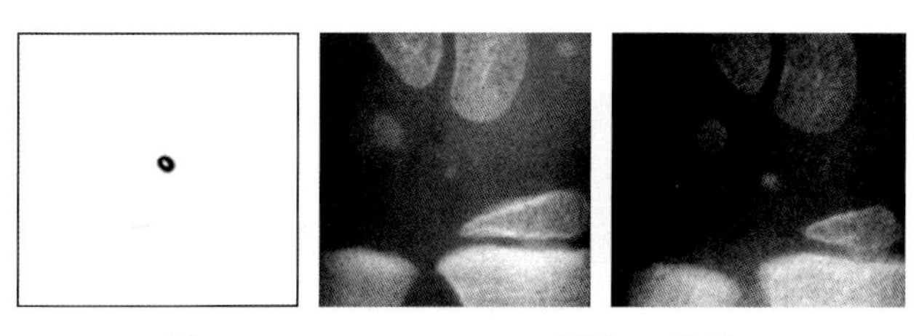

图 11.159　TW3-C Carpal 等级 1(月骨)

(2) 等级 2:骨化中心清晰可见,为椭圆形,有平滑连续的缘(图 11.160)。

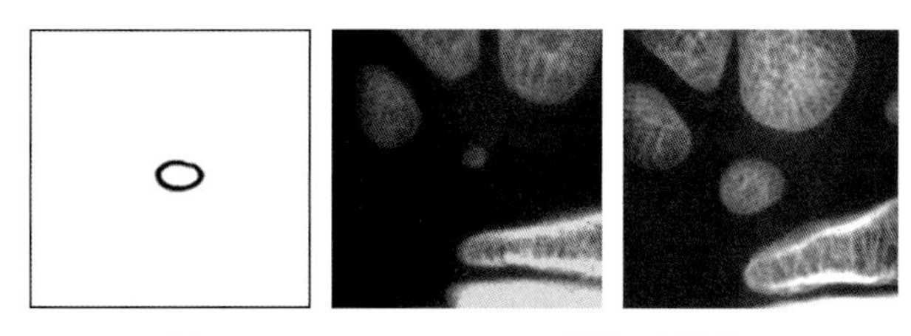

图 11.160　TW3-C Carpal 等级 2(月骨)

(3) 等级 3(图 11.161)

1) 骨化中心最大直径为尺骨骨干宽的一半或一半以上。

2) 骨化中心的远侧缘致密。

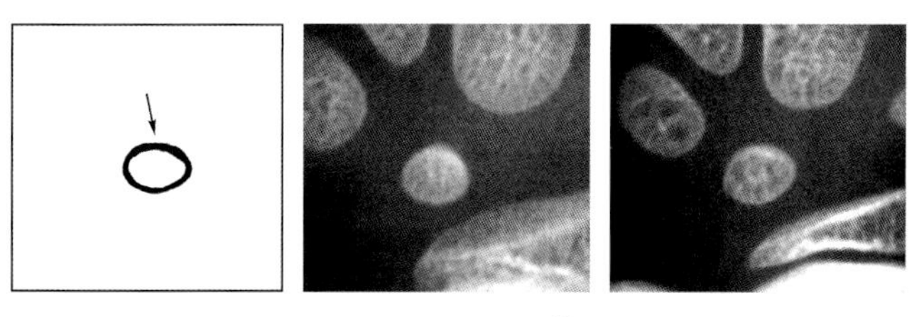

图 11.161　TW3-C Carpal 等级 3(月骨)

(4) 等级 4(图 11.162)

1) 骨化中心远侧部分可见掌侧面或背侧面,其中一个面或两个面由二者汇合处的致密线向远侧凸出;背侧面可能朝向舟骨凸出,但未形成下一等级的马鞍形。

2) 骨化中心与桡骨相邻的缘变平。

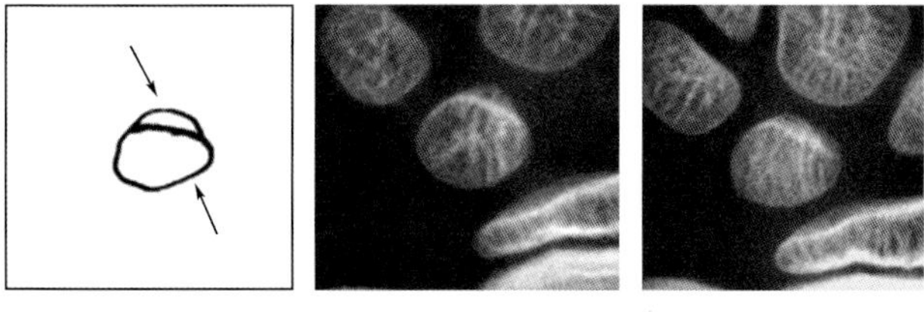

图 11.162　TW3-C Carpal 等级 4(月骨)

(5) 等级 5(图 11.163)

1) 骨化中心远侧关节面形成与头状骨相关节的马鞍形,背侧部分超过了鞍的掌侧部分(致密的)的外侧缘,但是不足掌侧缘到舟骨距离的一半。

2）骨化中心舟骨和三角骨缘变平、稍致密。

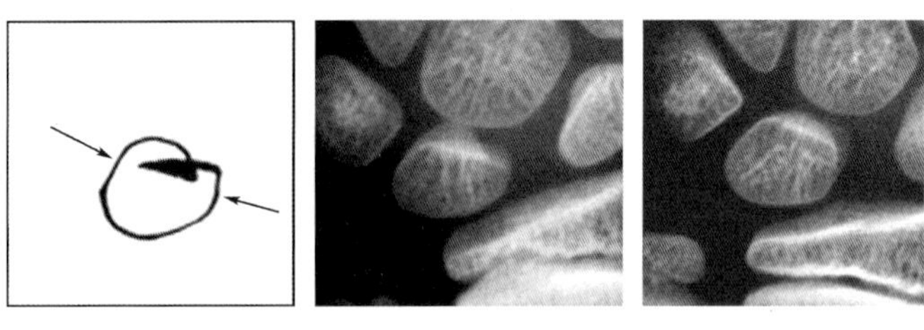

图 11.163　TW3-C Carpal 等级 5(月骨)

（6）等级 6(图 11.164)

1）骨化中心头状骨鞍的背侧面进一步增大,超过了鞍的掌侧缘到舟骨距离的一半。

2）骨化中心舟骨缘(仍为直线)和桡骨缘成角。

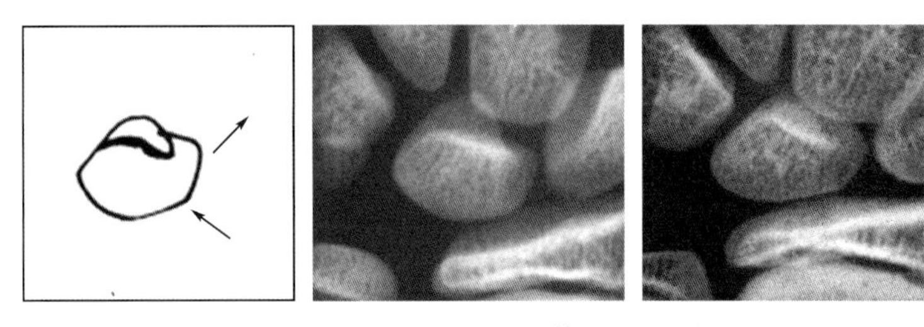

图 11.164　TW3-C Carpal 等级 6(月骨)

（7）等级 7(图 11.165)

1）骨化中心头状骨鞍的背侧面向外侧延伸,与舟骨缘接触或重叠(根据个体形状和位置不同,掌侧面或背侧面或二者也与头状骨接触或重叠)。

2）骨化中心舟骨缘凹。

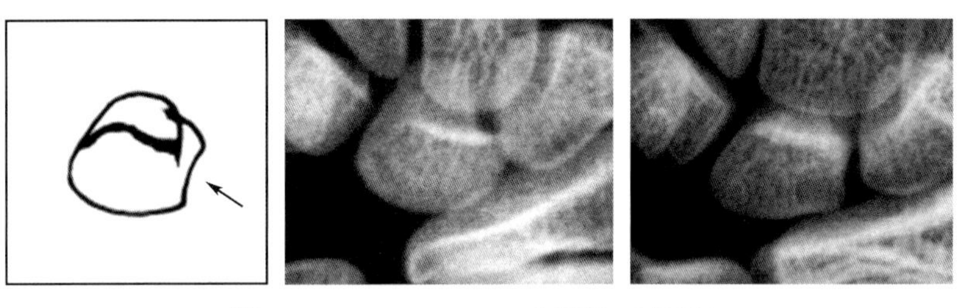

图 11.165　TW3-C Carpal 等级 7(月骨)

5. 舟骨　(scaphoid)

（1）等级 1:骨化中心仅可见一个钙化点,极少为多个,边缘不清晰(图 11.166)。

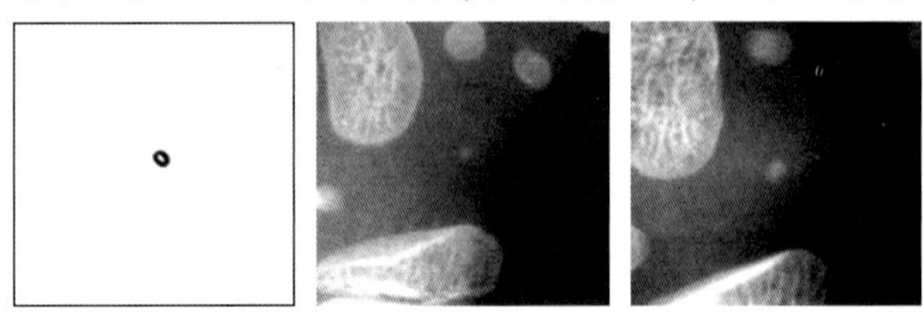

图 11.166　TW3-C Carpal 等级 1(舟骨)

（2）等级 2：骨化中心清晰可见，为圆形，有平滑连续的缘（图 11.167）。

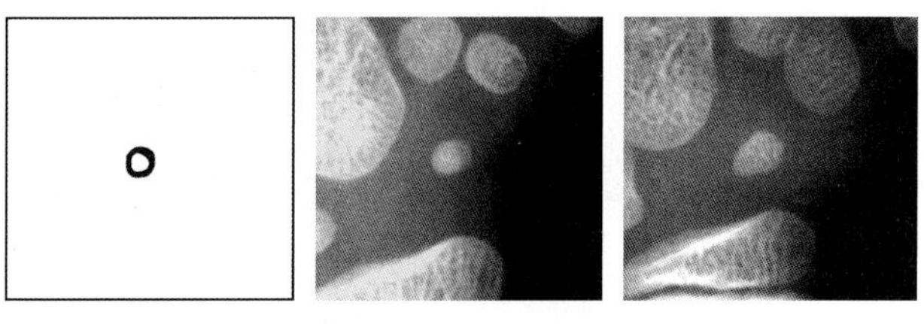

图 11.167　TW3-C Carpal 等级 2（舟骨）

（3）等级 3：骨化中心最大直径为尺骨骨干宽的一半或一半以上（图 11.168）。

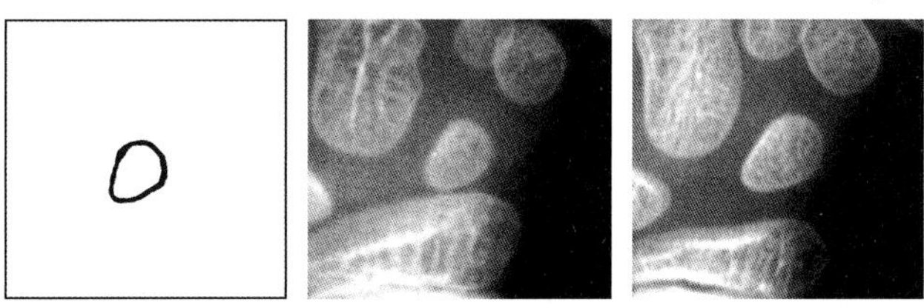

图 11.168　TW3-C Carpal 等级 3（舟骨）

（4）等级 4：骨化中心掌侧面的致密白线外部，可见头状骨关节面的背侧面（图 11.169）。

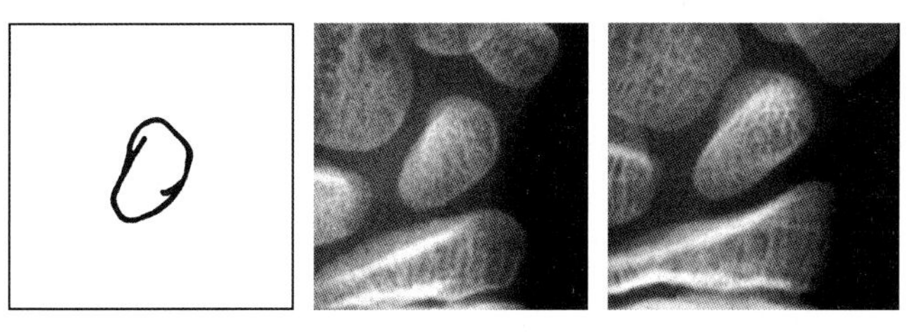

图 11.169　TW3-C Carpal 等级 4（舟骨）

（5）等级 5（图 11.170）

1）骨化中心头状骨关节面的掌侧面和背侧面凹。

2）骨化中心大多角骨和小多角骨缘变平。

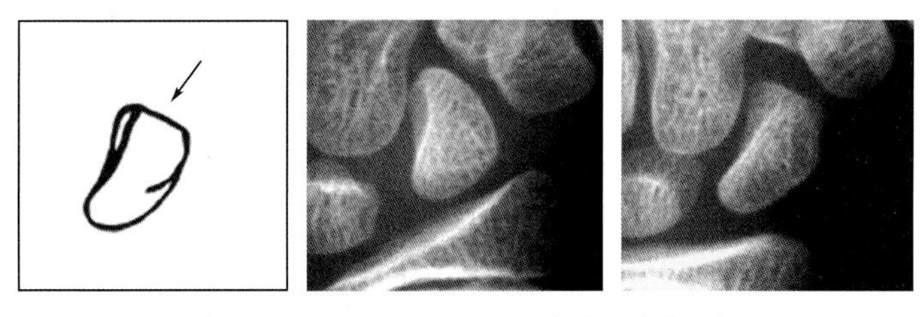

图 11.170　TW3-C Carpal 等级 5（舟骨）

（6）等级 6（图 11.171）

1）骨化中心头状骨关节面的背侧面超过致密白线，朝向月骨和头状骨的近侧部分。

2）骨化中心月骨缘的头状骨端比桡骨骺端更接近中轴线，仅这条缘的头状骨端与月骨相接触。

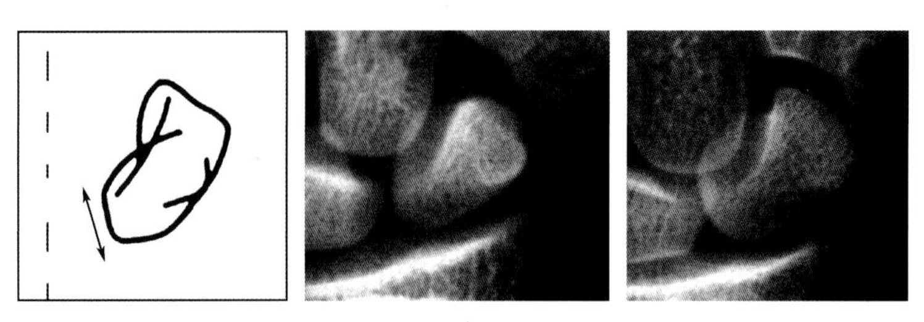

图 11.171 TW3-C Carpal 等级 6(舟骨)

(7) 等级 7(图 11.172)

1) 骨化中心头状骨关节面与头状骨密切一致。

2) 骨化中心月骨缘改变了方向,它的桡骨骺端和头状骨端同样接近手的中轴线;该缘远侧的大部分与月骨相接触。

3) 骨化中心的远侧部分向外侧增长,桡骨茎突关节面出现,使外侧缘远侧部分凹或出现明显的远侧头。

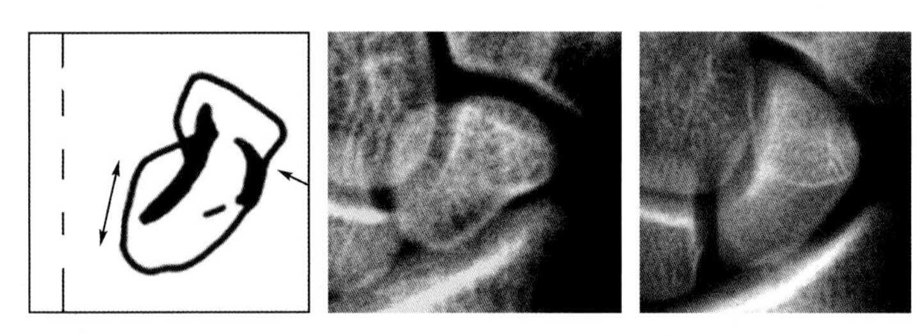

图 11.172 TW3-C Carpal 等级 7(舟骨)

6. 大多角骨(trapezium)

(1) 等级 1:骨化中心仅可见一个钙化点,极少为多个,边缘不清晰(图 11.173)。

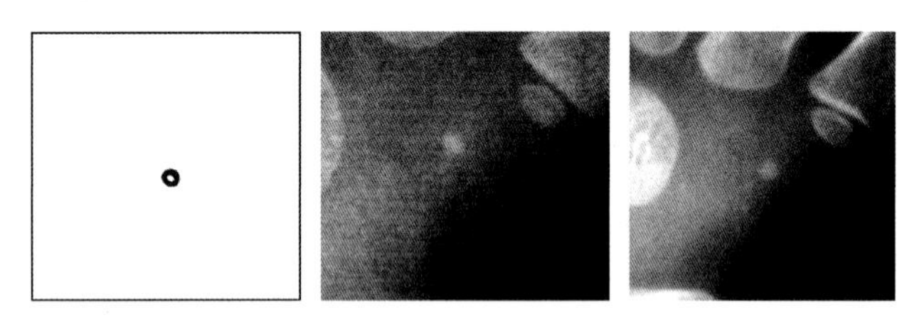

图 11.173 TW3-C Carpal 等级 1(大多角骨)

(2) 等级 2:骨化中心清晰可见,为圆形,有平滑连续的缘(图 11.174)。

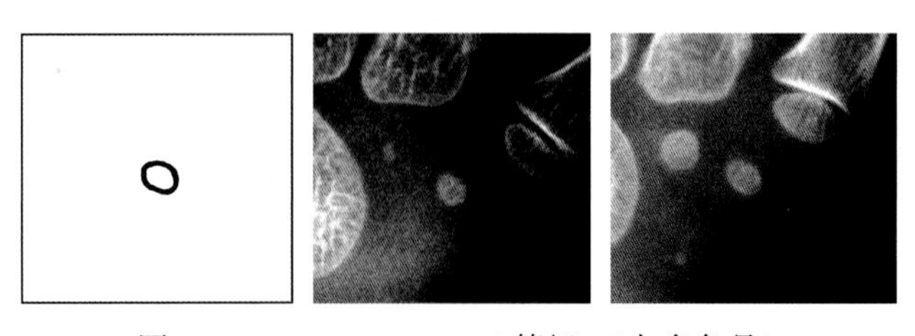

图 11.174 TW3-C Carpal 等级 2(大多角骨)

(3) 等级 3(图 11.175)

1) 骨化中心最大直径为第一掌骨骨干宽的一半或一半以上。

2) 骨化中心第一掌骨缘和(或)舟骨缘变平;两缘之间的距离小于与其成直角的直径。

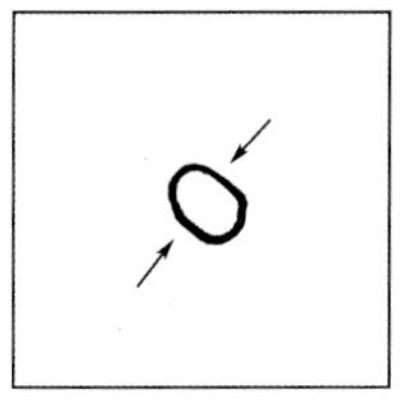 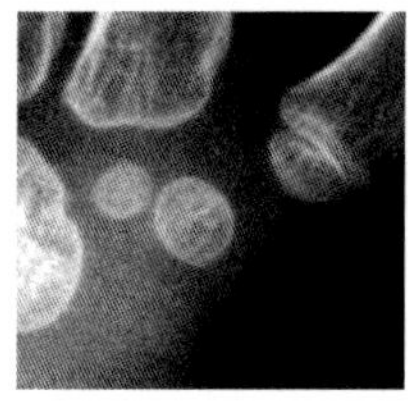 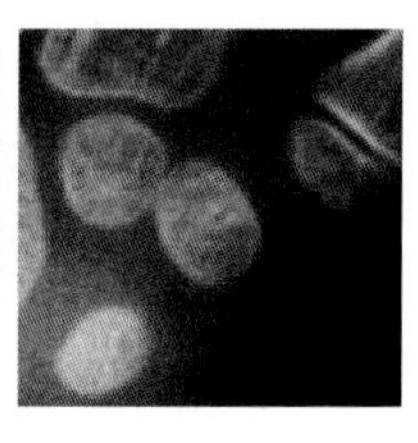

图 11.175 TW3-C Carpal 等级 3(大多角骨)

(4) 等级 4:第二掌骨与大多角骨之间的距离小于大多角骨最大直径的 1/3(图 11.176)。

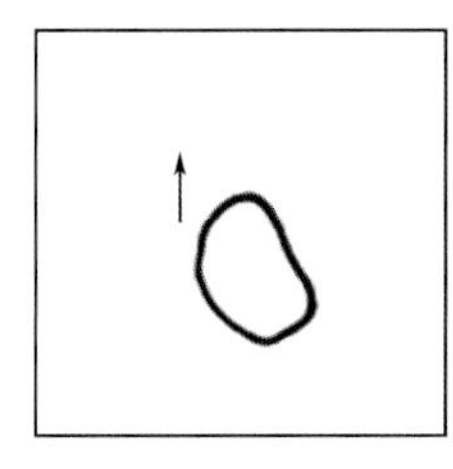 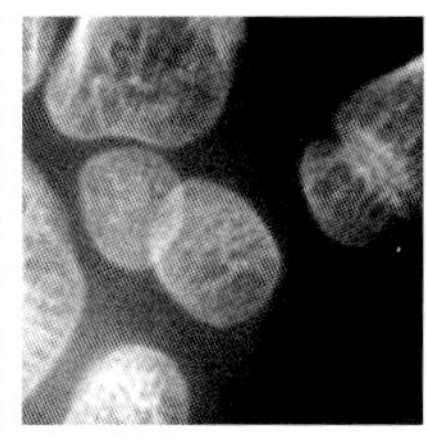 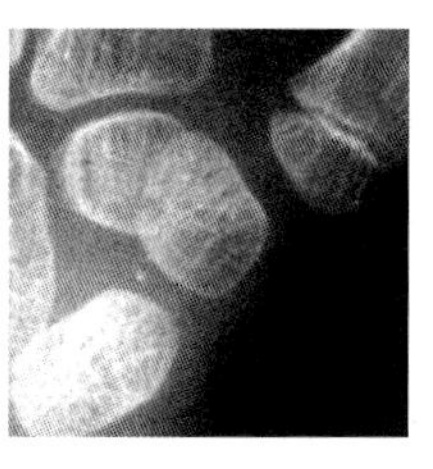

图 11.176 TW3-C Carpal 等级 4(大多角骨)

(5) 等级 5:骨化中心第一掌骨缘明显凹、在中心部分稍致密(图 11.177)。

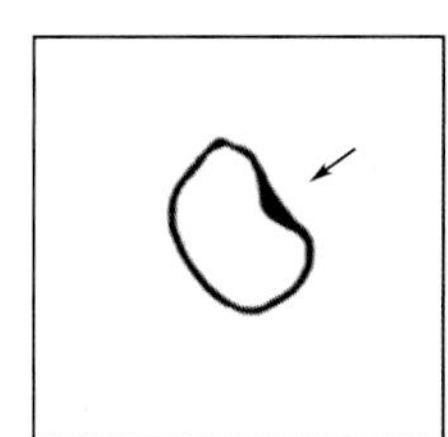 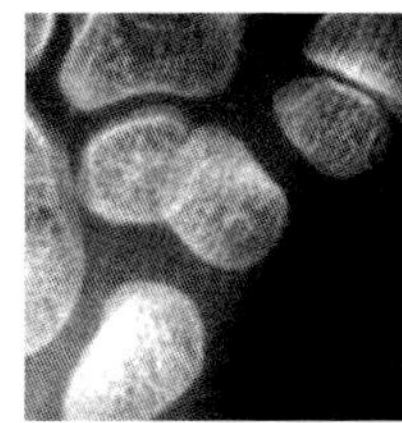 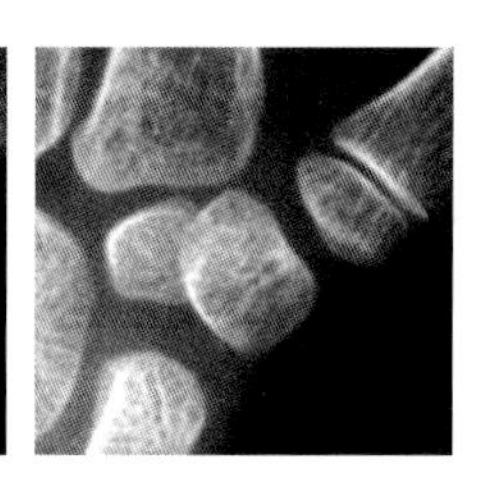

图 11.177 TW3-C Carpal 等级 5(大多角骨)

(6) 等级 6(图 11.178)

1) 骨化中心远侧缘与第二掌骨底的外侧尖顶稍重叠。

2) 骨化中心舟骨缘变平、致密。该缘的掌侧面和背侧面由与小多角骨重叠之外的部分所组成。

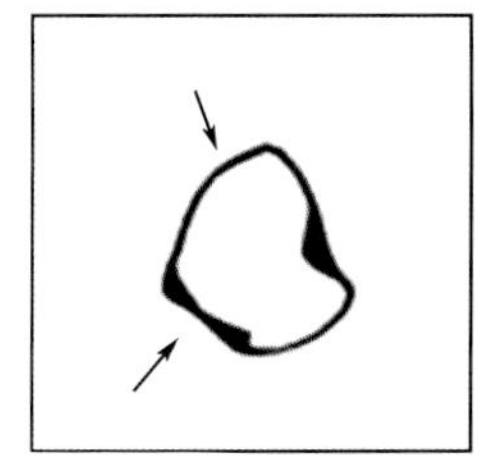  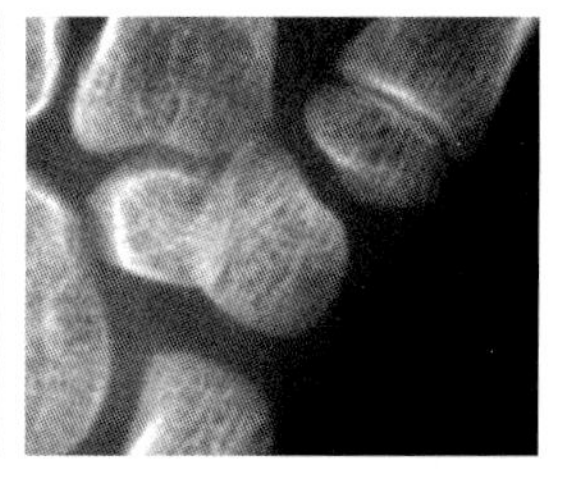

图 11.178 TW3-C Carpal 等级 6(大多角骨)

（7）等级 7(图 11.179)

1）骨化中心桡侧端的远侧部分出现直线缘,在与第一掌骨关节面的相接处形成尖角。

2）骨化中心第一掌骨关节面可区分为掌侧面和背侧面,与第一掌骨骺的马鞍形相一致。

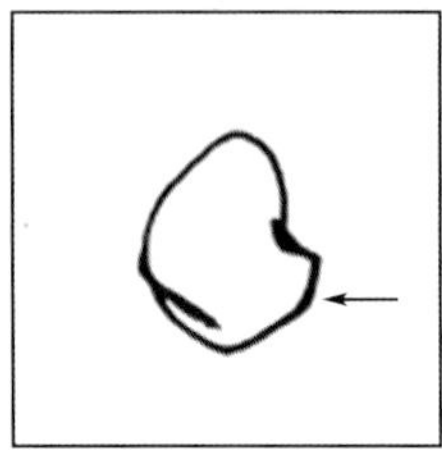 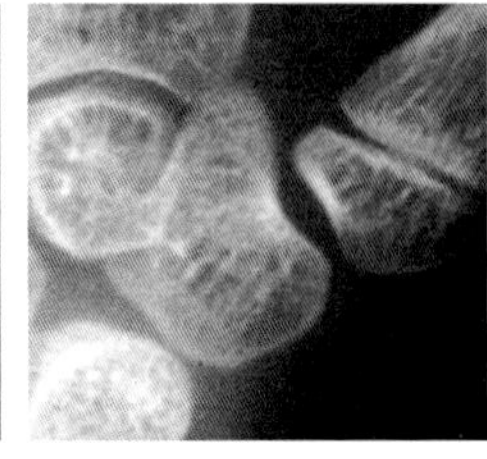 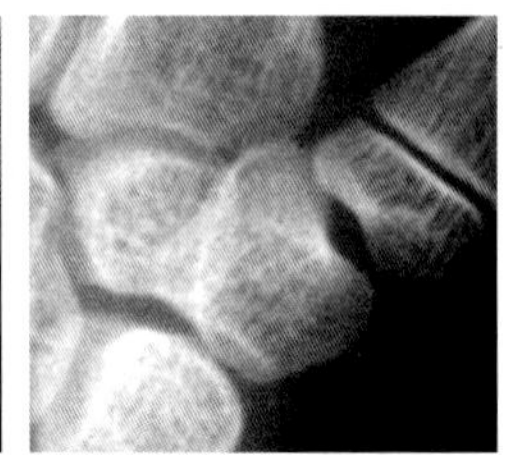

图 11.179　TW3-C Carpal 等级 7(大多角骨)

（8）等级 8:骨化中心桡侧缘向外凸出而将该缘分为两部分,远侧部分朝向外侧,近侧部分朝向桡骨茎突;近侧部分稍凹,或变平(图 11.180)。

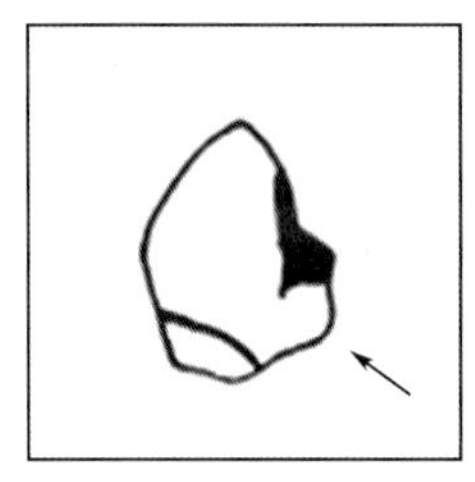 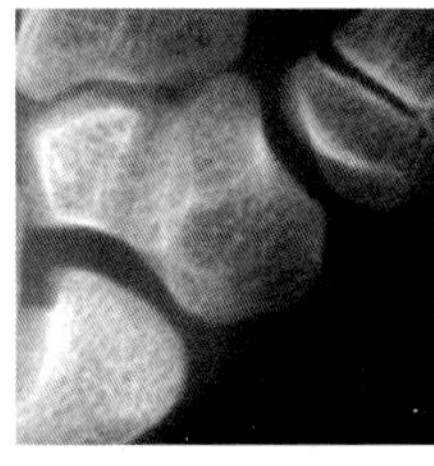 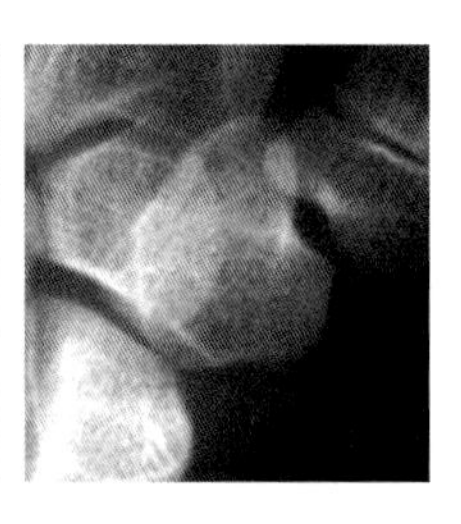

图 11.180　TW3-C Carpal 等级 8(大多角骨)

7. 小多角骨(trapezoid)

（1）等级 1:骨化中心仅可见一个钙化点,极少为多个,边缘不清晰(图 11.181)。

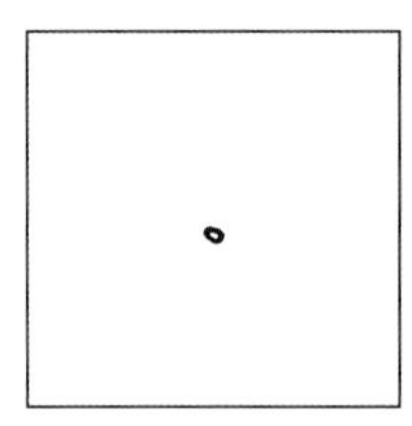 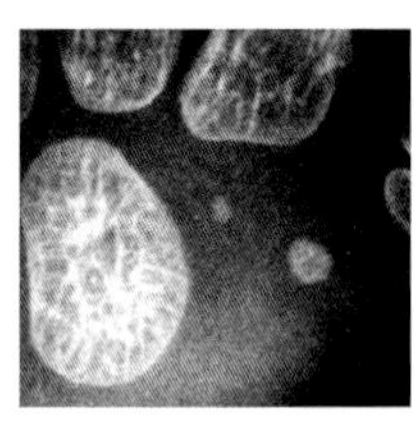 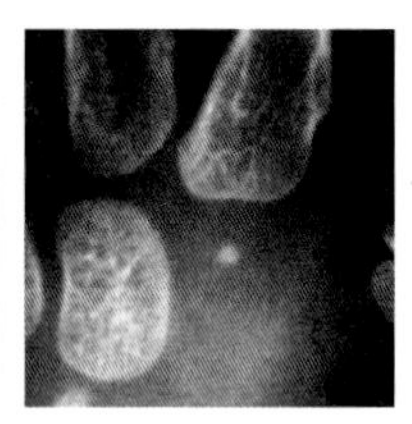

图 11.181　TW3-C Carpal 等级 1(小多角骨)

（2）等级 2:骨化中心清晰可见,为圆形,有平滑连续的缘(图 11.182)。

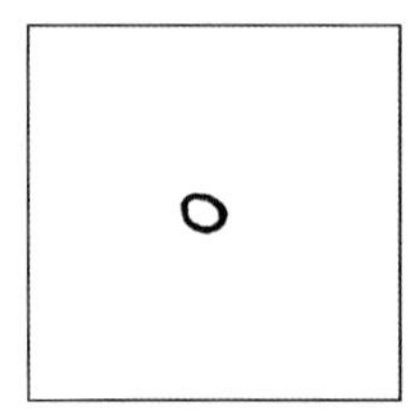 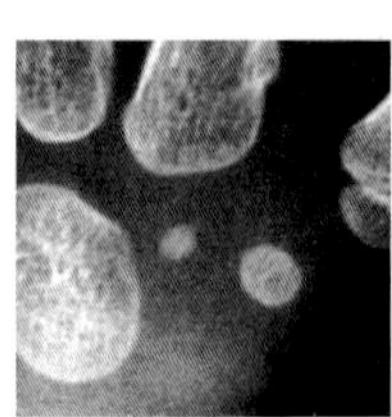 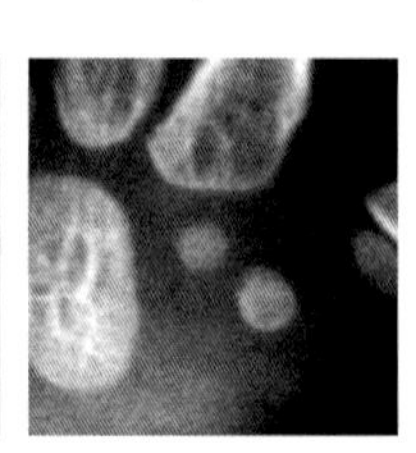

图 11.182　TW3-C Carpal 等级 2(小多角骨)

(3) 等级 3:骨化中心最大直径为第一掌骨骨干宽的一半或一半以上(图 11.183)。

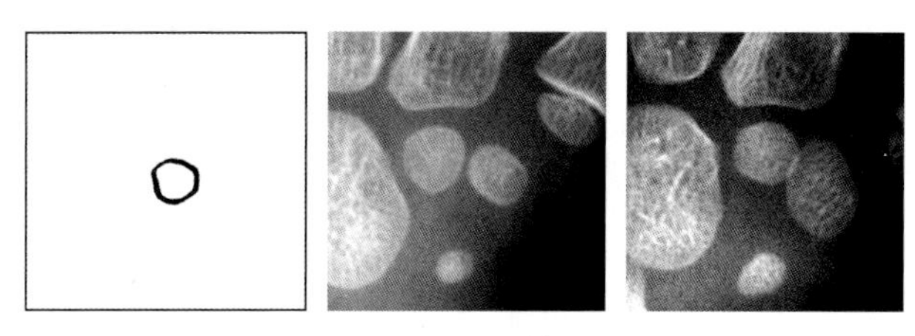

图 11.183 TW3-C Carpal 等级 3(小多角骨)

(4) 等级 4:骨化中心头状骨缘和(或)第二掌骨底内侧缘变平(图 11.184)。

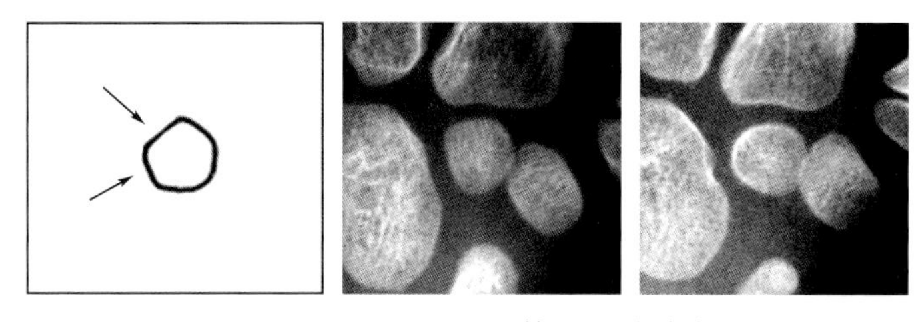

图 11.184 TW3-C Carpal 等级 4(小多角骨)

(5) 等级 5(图 11.185)

1) 沿骨化中心头状骨缘和(或)第二掌骨底内侧缘出现致密白线;其中一个缘可区分为掌侧面和背侧面。

2) 骨化中心远侧缘形成了与第二掌骨底凹陷部相关节的圆顶;但尚不能区分出掌侧面和背侧面。

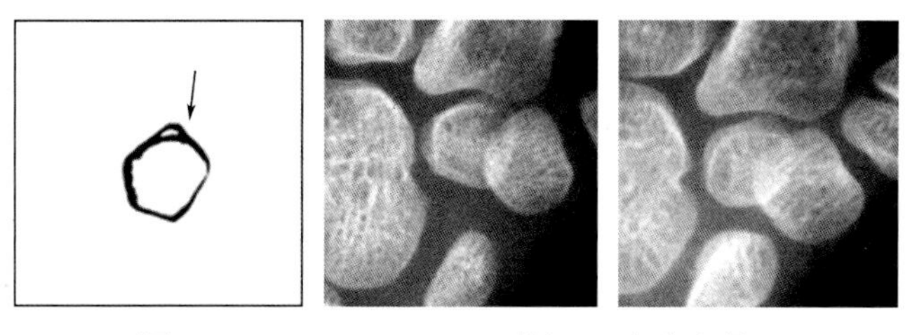

图 11.185 TW3-C Carpal 等级 5(小多角骨)

(6) 等级 6:在骨化中心第二掌骨关节面掌侧面的致密线远侧,可见背侧面;头状骨关节面的背侧面亦可见(这些背侧面分别与第二掌骨缘和头状骨缘接近,或相互重叠)(图 11.186)。

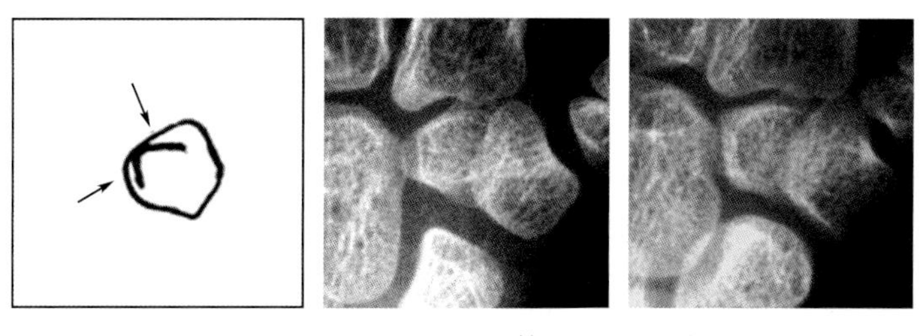

图 11.186 TW3-C Carpal 等级 6(小多角骨)

(7) 等级 7:骨化中心近侧缘的背侧面凹,致密的掌侧面仍然为直线(图 11. 187)。

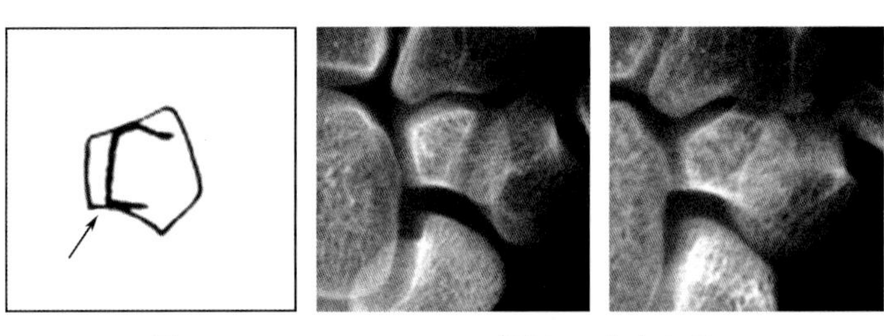

图 11. 187　TW3-C Carpal 等级 7(小多角骨)

第 12 章　中国人手腕骨发育 X 线图谱

12.1　男性骨龄标准片

（标准片中手腕部骨骼的大小与原始 X 线片相同）

男性标准片:1号 骨龄:新生儿

足月新生儿,手腕部各骨的次级骨化中心均尚未出现。

各掌骨骨干由腕骨端向远侧呈放射状排列。近节指骨和中节指骨骨干的远侧端为圆形,近侧端较宽而平坦(图12.1)。

男性标准片:1 号　　骨龄:新生儿

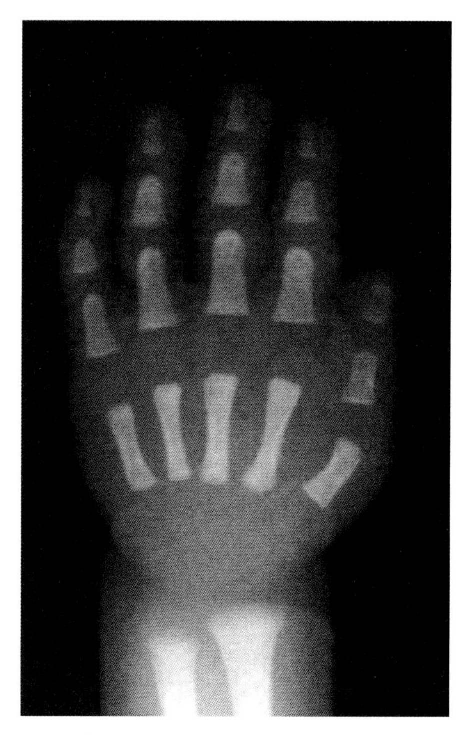

图 12.1　男性新生儿骨龄标准片

男性标准片:2 号　　骨龄:0.5 岁

腕部头状骨和钩骨骨化中心已经出现,均为钙化点(图 12.2)。

男性标准片:2 号 骨龄:0.5 岁

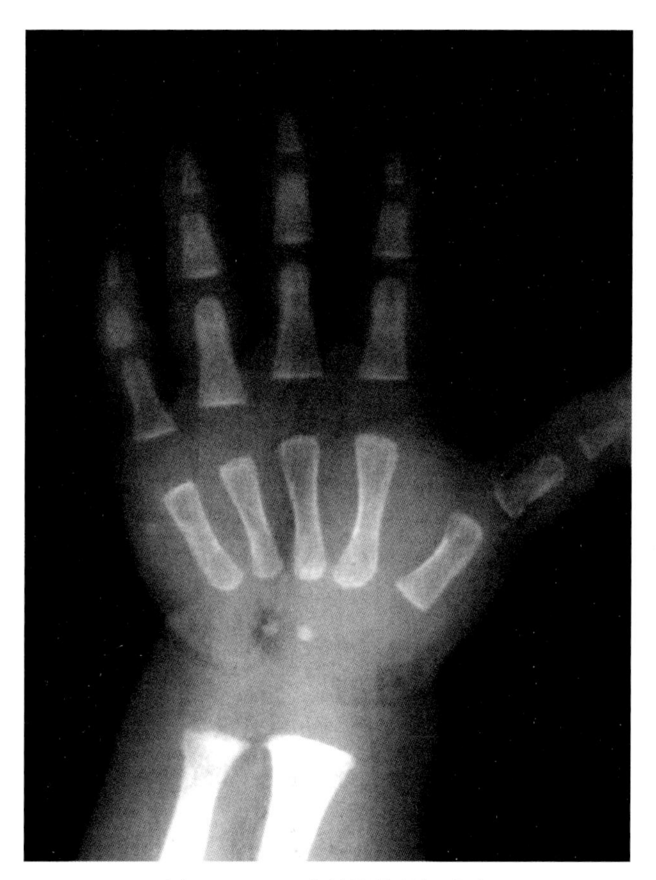

图 12.2 0.5 岁男性骨龄标准片

男性标准片:3 号 **骨龄:1 岁**

头状骨和钩骨比上一标准片增大,相互靠近,但仍然为圆形或椭圆形。

掌骨Ⅱ、Ⅲ、Ⅳ近侧端开始变圆,掌骨Ⅰ远侧端也出现类似的变化。

远节指骨Ⅰ骨化中心已经出现,有平滑连续的缘,呈圆盘形(在该标准片中,远节指骨Ⅰ的发育稍提前)。近节指骨Ⅲ、中节指骨Ⅲ和中节指骨Ⅳ骨化中心刚刚出现,仍然为钙化点(图 12.3)。

男性标准片:3 号　　骨龄:1 岁

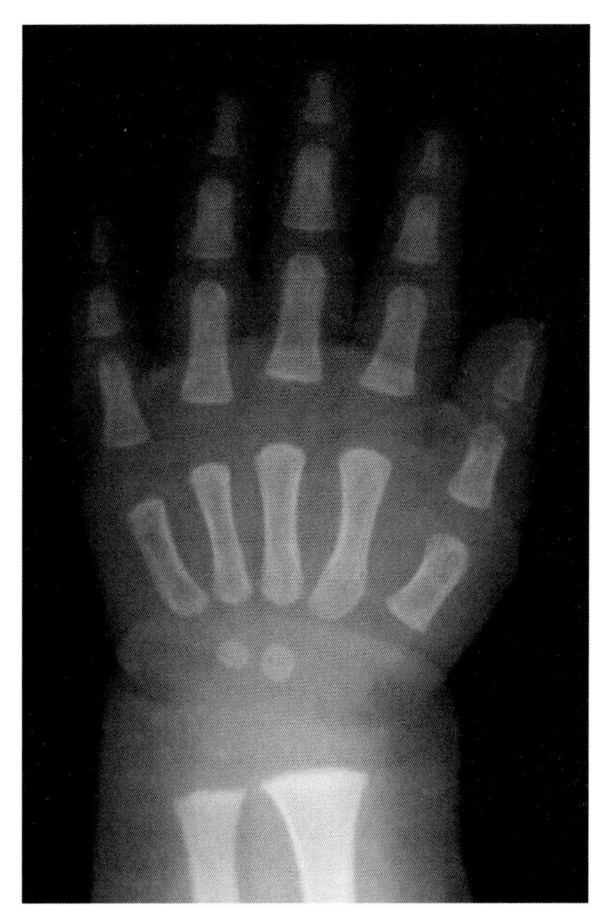

图 12.3　1 岁男性骨龄标准片

男性标准片:4 号　　骨龄:1.5 岁

桡骨远侧端骺中可见骨化中心出现,有平滑连续的缘,呈圆盘状。

头状骨和钩骨进一步增大。

近节指骨Ⅱ、Ⅳ,以及中节指骨Ⅱ、Ⅳ骨化中心出现,并已呈圆盘状(在该片中中节指骨Ⅴ发育较早)。远节指骨Ⅲ骨化中心出现,为钙化点(图 12.4)。

男性标准片:4 号　　骨龄:1.5 岁

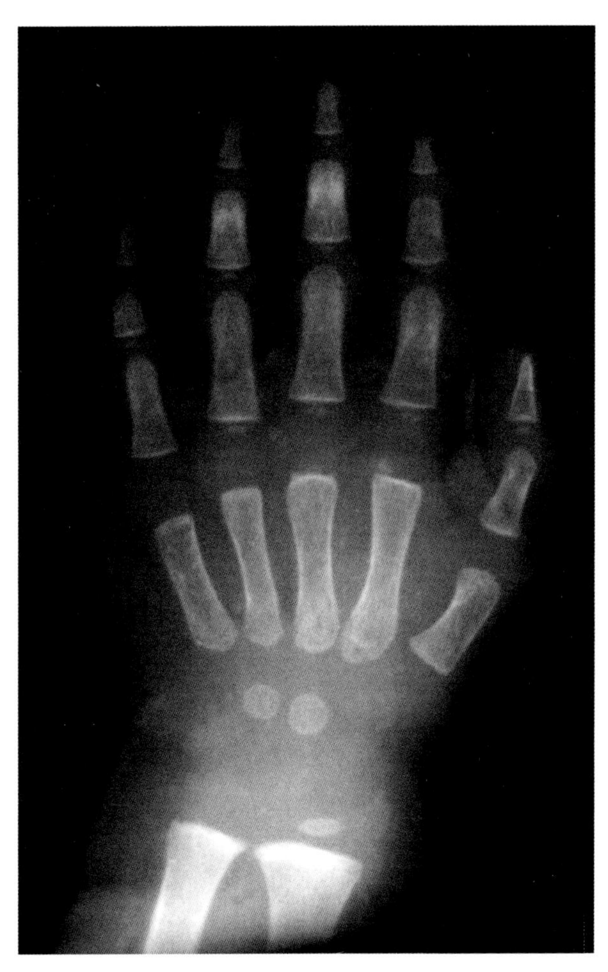

图 12.4　1.5 岁男性骨龄标准片

男性标准片:5 号　　骨龄:2.0 岁

桡骨骺骨化中心尺侧端开始出现圆锥形,桡侧端增厚、变圆。

头状骨和钩骨骨化中心进一步增大,相互靠近。

掌骨Ⅱ、Ⅲ骨化中心出现,开始形成连续、平滑的缘。

近节指骨Ⅴ出现骨化中心,并已呈圆盘状。近节指骨Ⅱ、Ⅲ、Ⅳ骨化中心横径已经大于骨干直径的 1/2。远节指骨Ⅳ骨化中心出现,并和远节指骨Ⅲ一样呈圆盘状(图 12.5)。

男性标准片:5 号 骨龄:2.0 岁

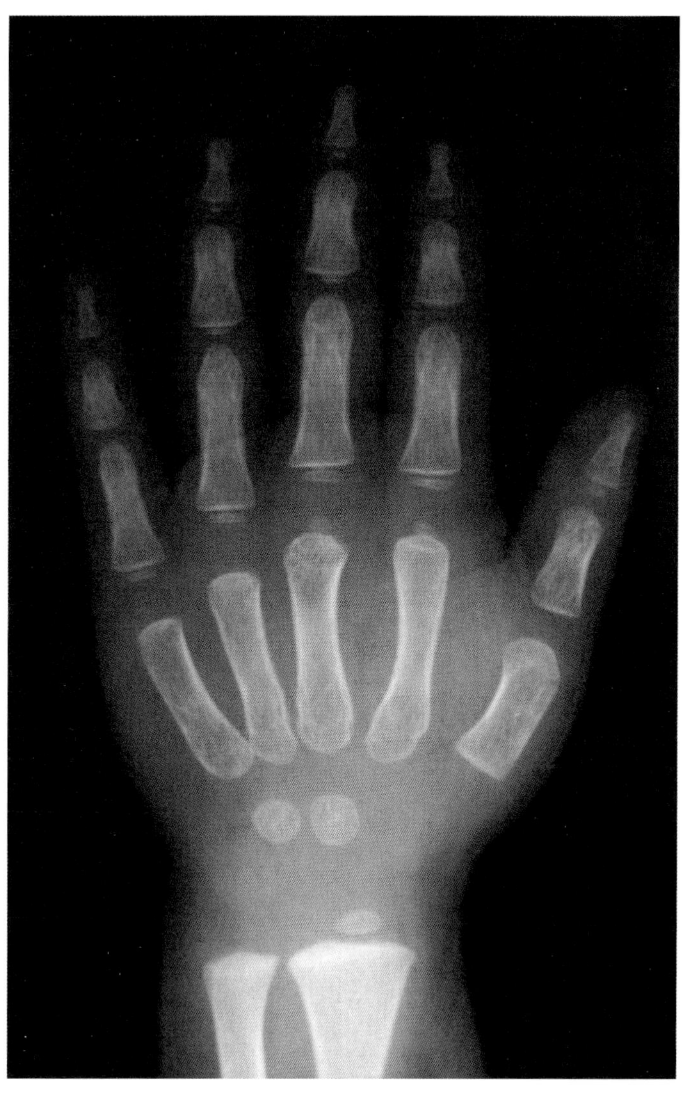

图 12.5 2.0 岁男性骨龄标准片

男性标准片:6号 **骨龄:2.5岁**

桡骨骺骨化中心近侧缘和远侧缘变平,骨化中心已成楔形。

头状骨的钩骨关节面已变平;钩骨的三角骨关节面也开始变平。

掌骨Ⅴ骨化中心出现;掌骨Ⅱ、Ⅲ、Ⅳ骨化中心进一步增大。

近节指骨Ⅰ出现骨化中心(在近节指骨Ⅰ的近侧端,有时出现两个骨化中心,随发育接合为一块)。远节指骨Ⅰ、Ⅲ、Ⅳ骨化中心横径已经超过其骨干宽度的一半(图12.6)。

男性标准片:6 号 骨龄:2.5 岁

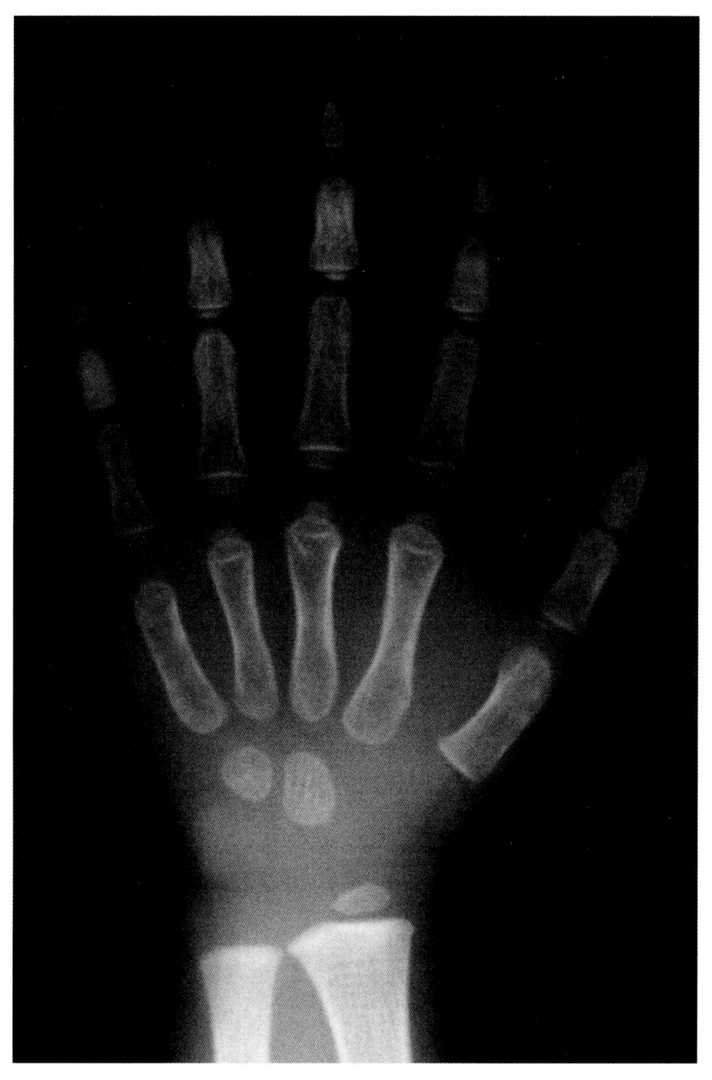

图 12.6 2.5 岁男性骨龄标准片

男性标准片:7 号 **骨龄:3.0 岁**

桡骨骺的楔形骨化中心进一步增大。

掌骨Ⅰ出现骨化中心。该片中掌骨Ⅲ、Ⅳ骨化中心的发育稍延迟。

近节指骨Ⅰ骨化中心已呈圆盘状。中节指骨Ⅴ、远节指骨Ⅱ、Ⅴ骨化中心也均已出现(至此,所有掌、指骨的骨化中心均已出现)。中节指骨Ⅲ骨化中心的横径超过其骨干宽的 1/2(图 12.7)。

男性标准片:7 号　　骨龄:3.0 岁

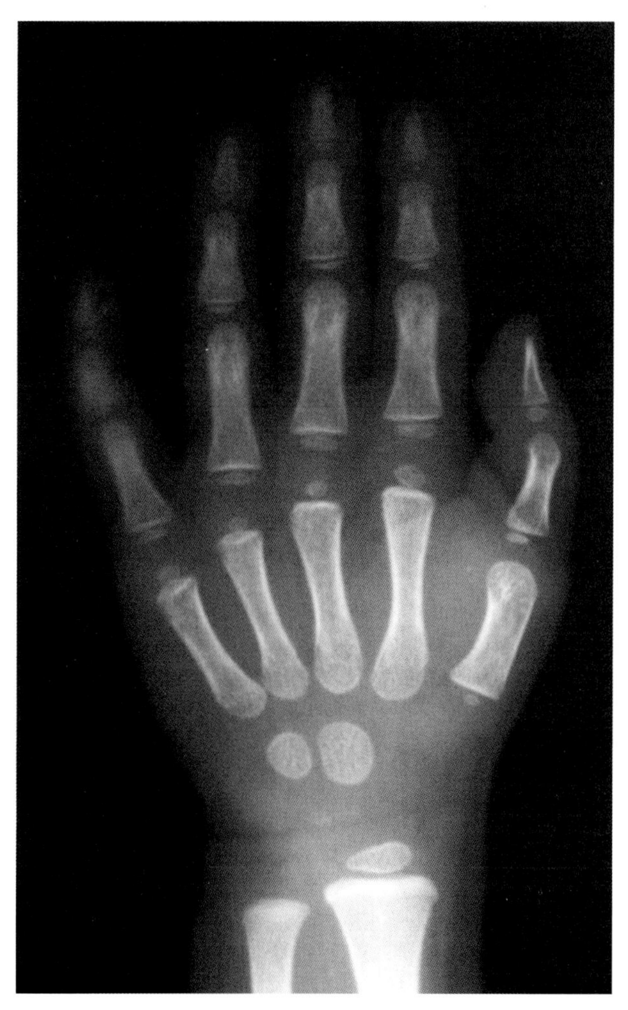

图 12.7　3.0 岁男性骨龄标准片

男性标准片:8号　　骨龄:3.5岁

头状骨沿其纵轴生长,变长;钩骨的三角骨关节面清晰;三角骨骨化中心出现,表现为钙化点。

掌骨Ⅰ骨化中心进一步增大,掌骨Ⅱ、Ⅲ、Ⅳ、Ⅴ骨化中心直径已经大于骨干宽的1/2。

中节指骨Ⅱ、Ⅳ骨化中心横径大于骨干宽1/2(图12.8)。

男性标准片:8 号 骨龄:3.5 岁

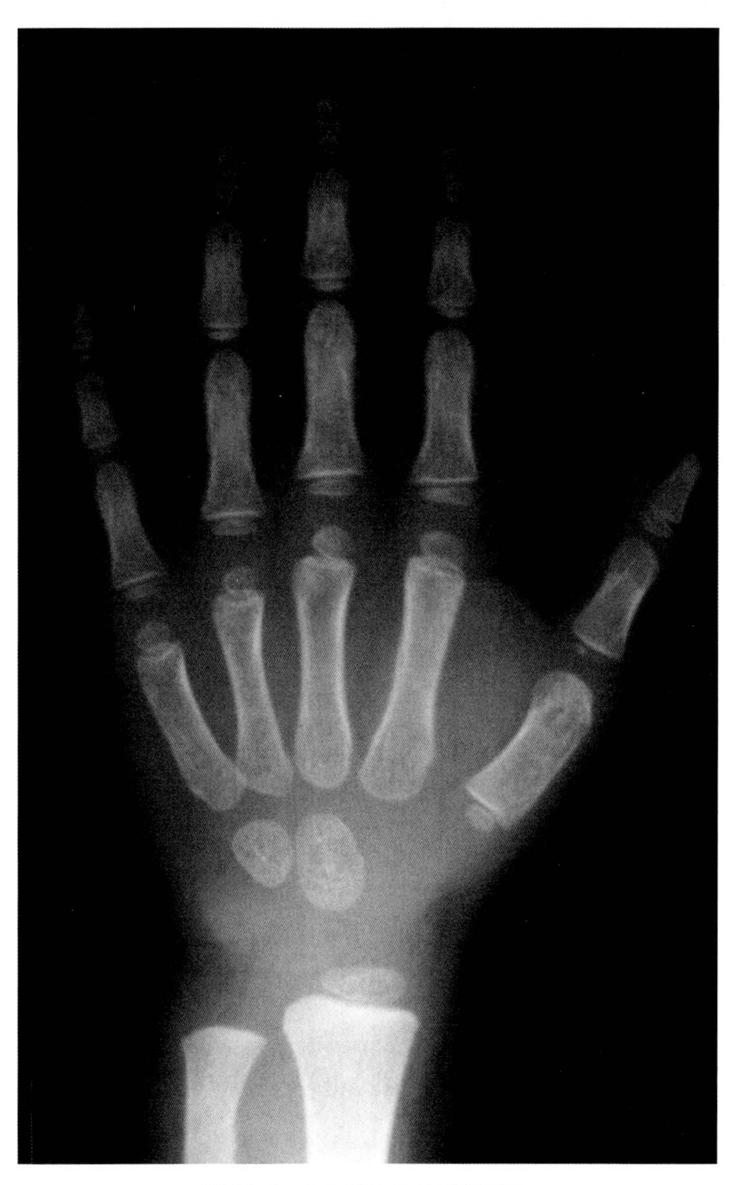

图 12.8 3.5 岁男性骨龄标准片

男性标准片:9 号　　骨龄:4.0 岁

桡骨骺骨化中心远侧缘可区分为掌侧面和背侧面(远侧缘内出现的致密白线为掌侧面)。

钩骨的第五掌骨底和头状骨关节面开始分化;三角骨骨化中心已可见平滑连续的缘。

所有掌指骨骨化中心的横径均已等于或大于各自骨干宽度的 1/2(图 12.9)。

男性标准片:**9** 号 骨龄:**4.0** 岁

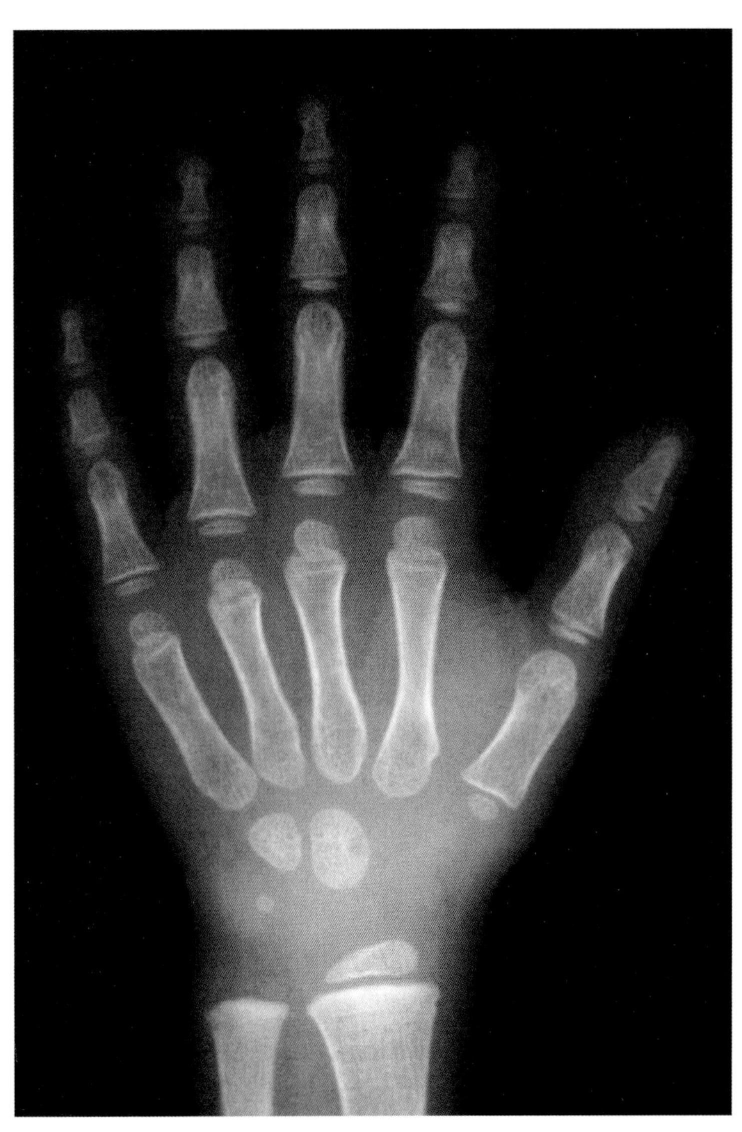

图 12.9　4.0 岁男性骨龄标准片

男性标准片:10 号　　骨龄:4.5 岁

桡骨骺骨化中心掌背侧面的分化更加清晰。

头状骨进一步沿纵轴生长;钩骨的头状骨关节面已可见;三角骨骨化中心进一步增大;月骨骨化中心可见为钙化点(图 12.10)。

男性标准片:**10** 号 骨龄:**4.5** 岁

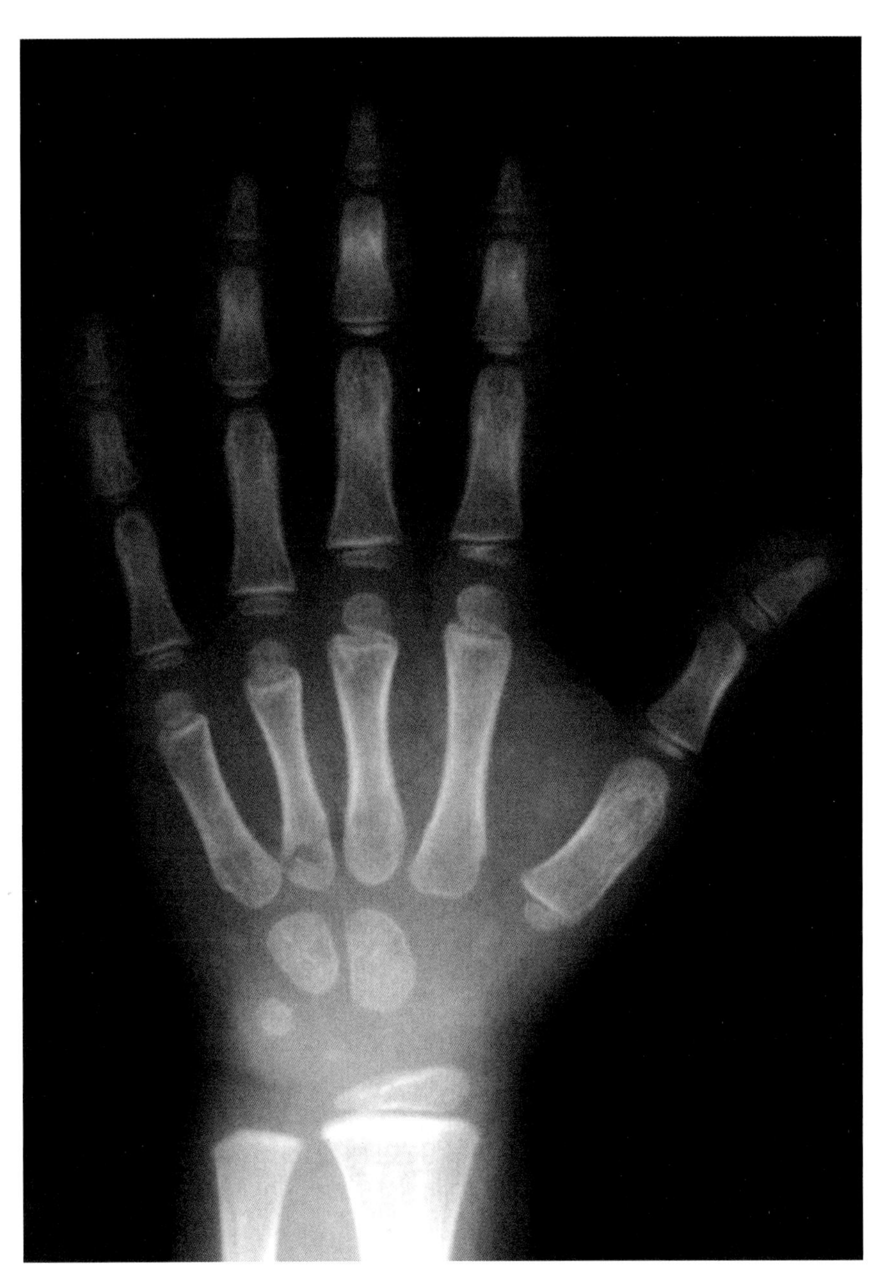

图 12.10 4.5 岁男性骨龄标准片

男性标准片:11 号 **骨龄:5.0 岁**

钩骨骨化中心已能清晰区分第二掌骨底和头状骨关节面;月骨骨化中心增大,有平滑连续缘。

掌骨Ⅰ骨化中心的横径大于骨干宽度的 1/2。

近节指骨Ⅱ、Ⅲ骨化中心近侧缘出现致密白线,骨骺的掌骨关节面开始分化,按相应的掌骨头成形。中节指骨Ⅱ、Ⅲ骨化中心的中部开始增厚;远节指骨Ⅰ骨化中心中部增厚更为明显,并已朝向相邻关节面的方向生长,但由于 X 线拍摄时拇指的内旋,中间部分的尖顶偏向尺侧(图 12.11)。

男性标准片:11 号　　骨龄:5.0 岁

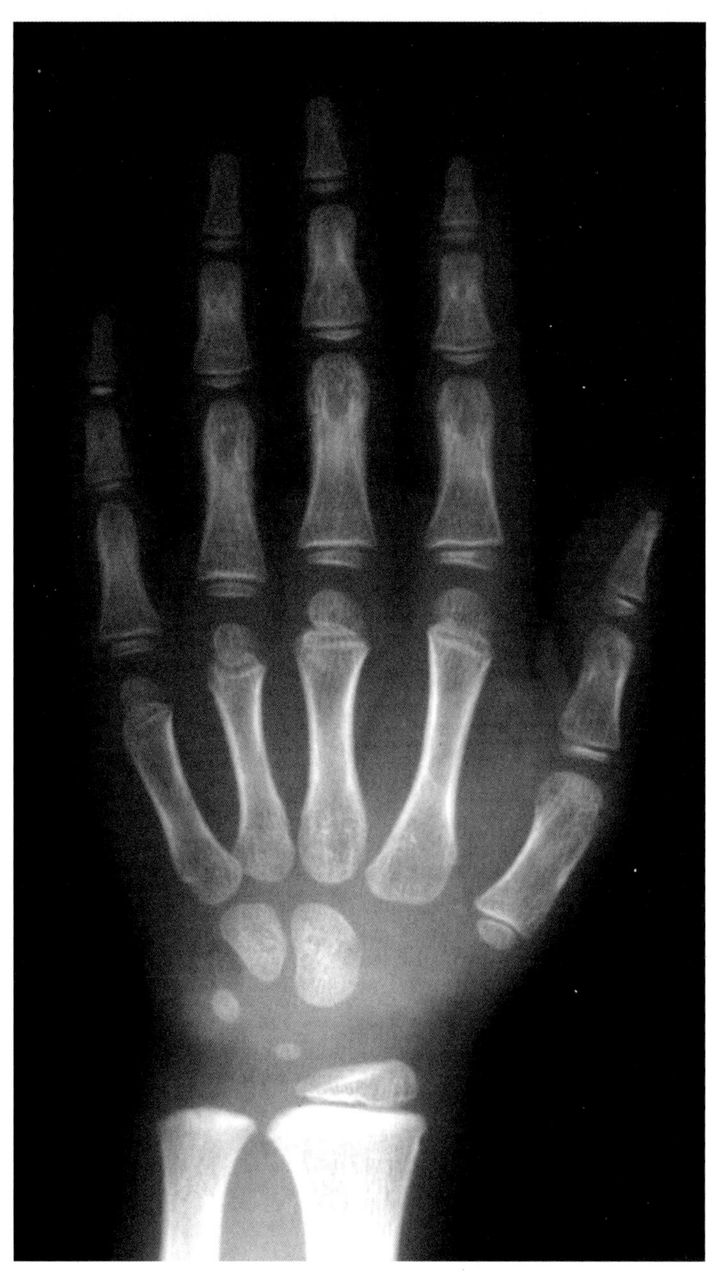

图 12.11　5.0 岁男性骨龄标准片

男性标准片:12 号　　骨龄:6.0 岁

桡骨骺骨化中心近侧缘可区分为掌侧面和背侧面,在近侧缘上可见致密白线向尺侧延伸。

头状骨进一步增长,纵轴长度已大于该骨近侧缘至桡骨干之间的距离;大多角骨骨化中心出现(该标准片中大多角骨发育稍提前)。

掌骨Ⅰ进一步增大;掌骨Ⅱ、Ⅲ、Ⅳ、Ⅴ骨化中心的指骨关节面开始分化,其远侧缘开始变平、桡侧缘和尺侧缘弧度减小,失去了原来的半圆形或椭圆形形状。

近节指骨Ⅱ、Ⅲ骨化中心致密的近侧缘出现明显的凹陷,形成掌骨关节面,近节指骨Ⅴ的掌骨关节面也已开始出现。远节指骨Ⅰ骨化中心横径与骨干宽度等宽(图 12.12)。

男性标准片:**12** 号　　骨龄:**6.0** 岁

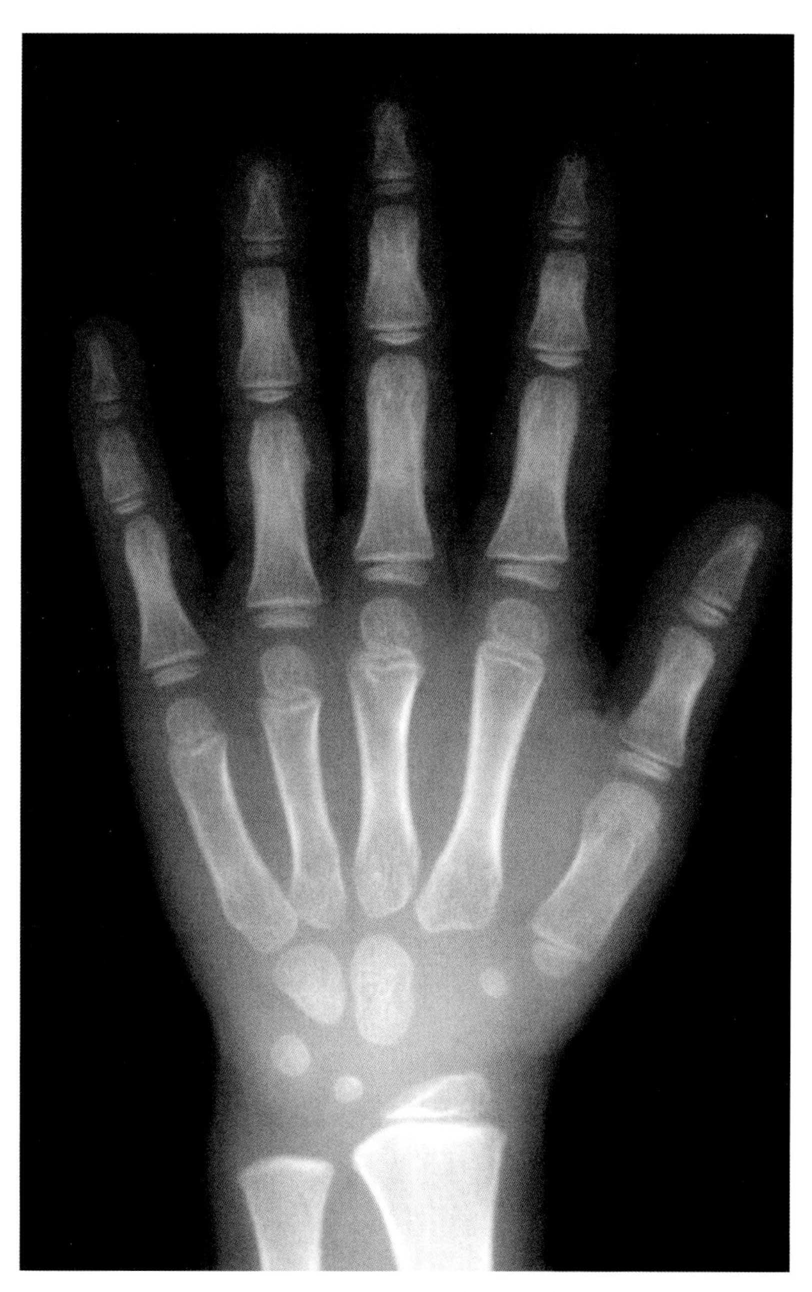

图 12.12　6.0 岁男性骨龄标准片

男性标准片:13 号 **骨龄:7.0 岁**

桡骨骺骨化中心朝向尺骨方向生长,其茎突开始出现。

头钩关节相互成形,但关节面凹陷和凸出程度的个体差异较大;头状骨的第二掌骨底关节面开始变平,并稍致密;钩骨骨化中心的三角骨关节面微凹,三角骨骨化中心的钩骨关节面相应变平,而且其尺侧部开始向钩骨远侧方向生长;月骨骨化中心进一步增大;大多角骨骨化中心的掌骨Ⅰ关节面变平;小多角骨和舟骨骨化中心出现,有平滑连续的缘(在该片中小多角骨骨化中心发育提前)。

近节指骨Ⅰ、Ⅴ骨化中心近侧缘也开始凹陷,形成掌骨关节面;中节指骨Ⅲ骨化中心的中间部分朝向近节指骨生长(图 12.13)。

男性标准片:13 号　　　　骨龄:7.0 岁

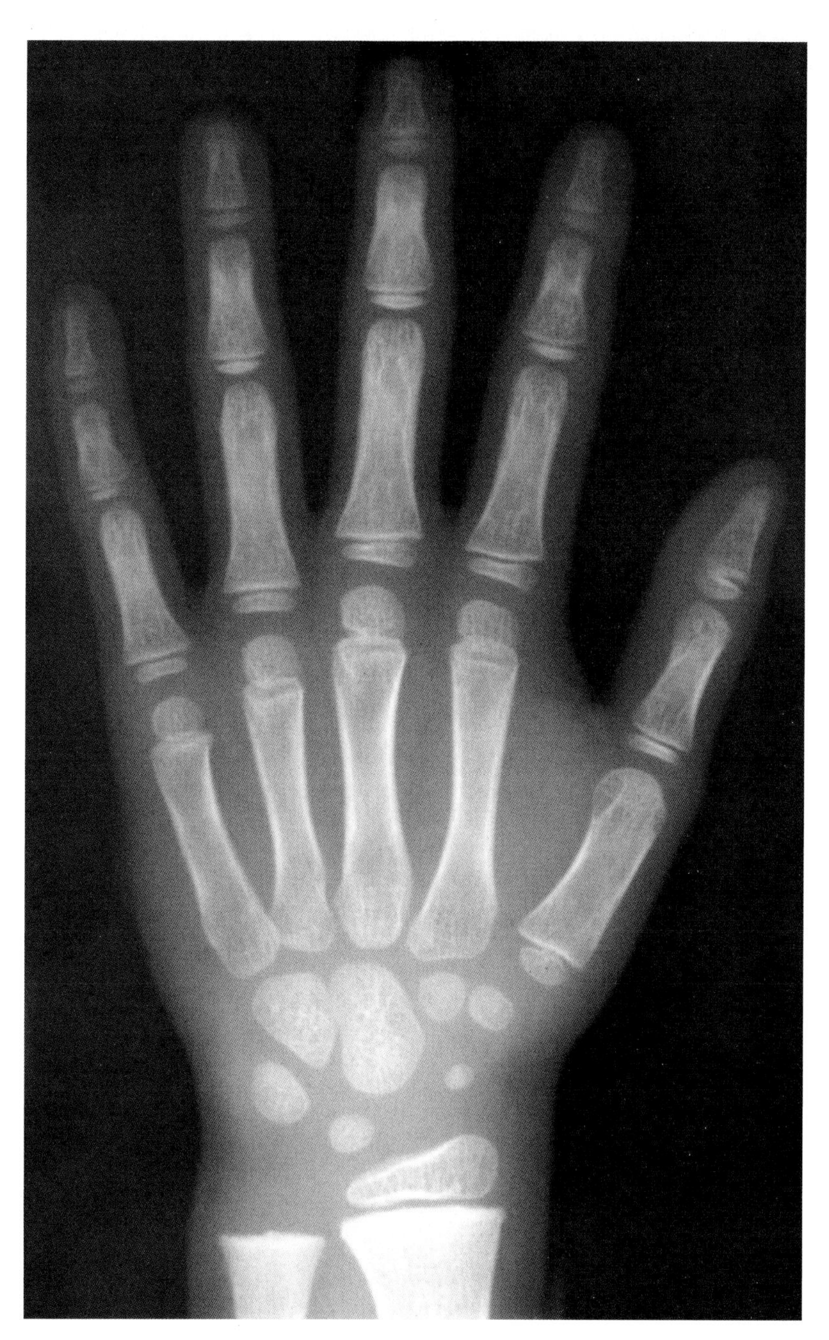

图 12.13　7.0 岁男性骨龄标准片

男性标准片:14号 **骨龄:8.0岁**

尺骨骺骨化中心出现,远侧缘和近侧缘已经变平(在此标准片中尺骨的发育提前)。

钩骨的三角骨关节面凹陷;三角骨骨化中心沿其长轴生长,月骨关节面也已变平;月骨的头状骨关节面的背侧面超过掌侧面(致密的远侧缘),朝头状骨生长;舟骨骨化中心进一步增大,开始出现卵圆形的形状;大多角骨远侧部分朝向第二掌骨底生长。

远节指骨Ⅰ骨化中心横径宽于骨干,与近节指骨Ⅰ相关节的滑车关节面开始出现(近-外侧的致密白线)(图12.14)。

男性标准片:**14** 号　　骨龄:**8.0** 岁

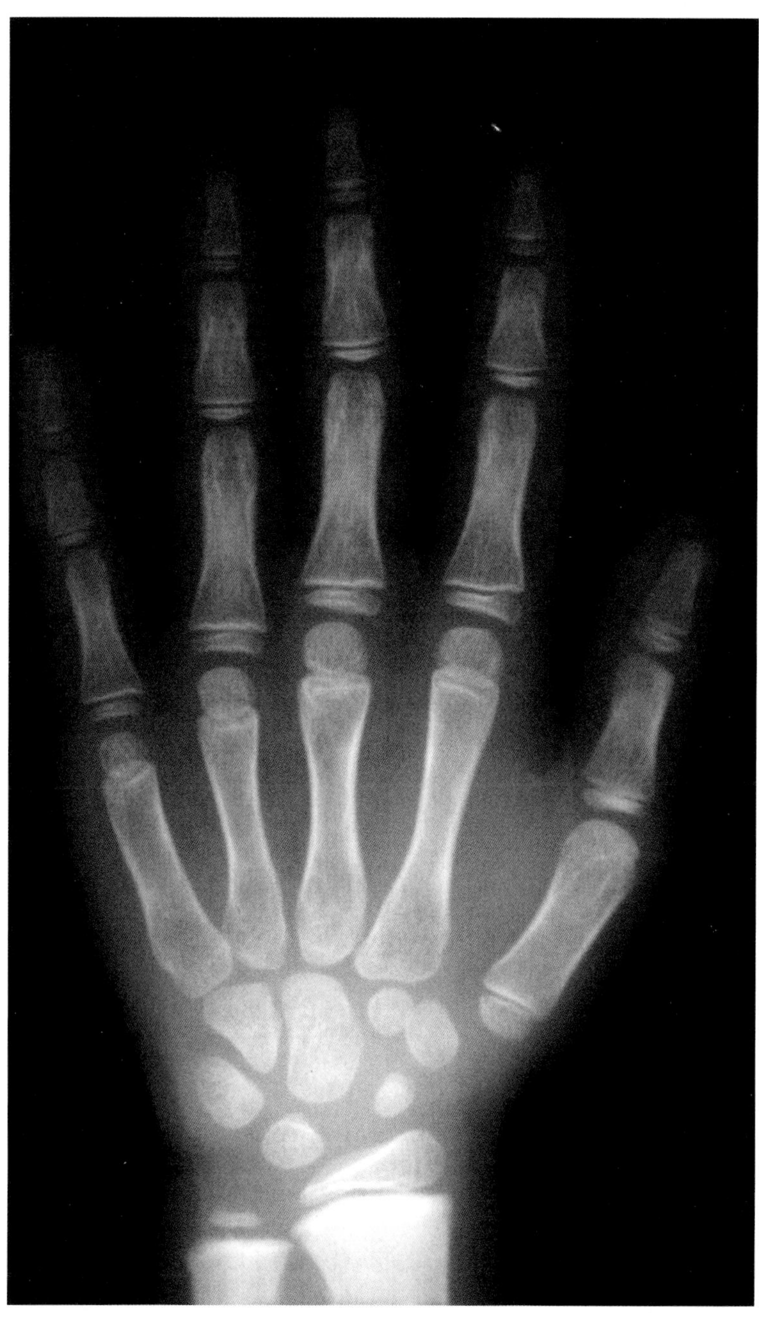

图 12.14　8.0 岁男性骨龄标准片

男性标准片:15 号 **骨龄:9.0 岁**

尺骨骺骨化中心内侧部分增厚,呈楔形,其横径大于骨干直径的 1/2。

头状骨远侧的尺侧部开始朝向第四掌骨底生长;舟骨的头状骨关节面变平;小多角骨头状骨缘和第二掌骨底缘致密,第二掌骨底的相应关节面也清晰可见。

掌骨Ⅰ骨化中心横径与骨干等宽。掌骨Ⅲ的近节指骨关节面的掌侧面隐约可见(掌骨头影像中的纵向致密白线)。

远节指骨Ⅱ、Ⅲ、Ⅳ、Ⅴ骨化中心横径与骨干等宽(图 12.15)。

男性标准片:**15** 号 骨龄:**9.0** 岁

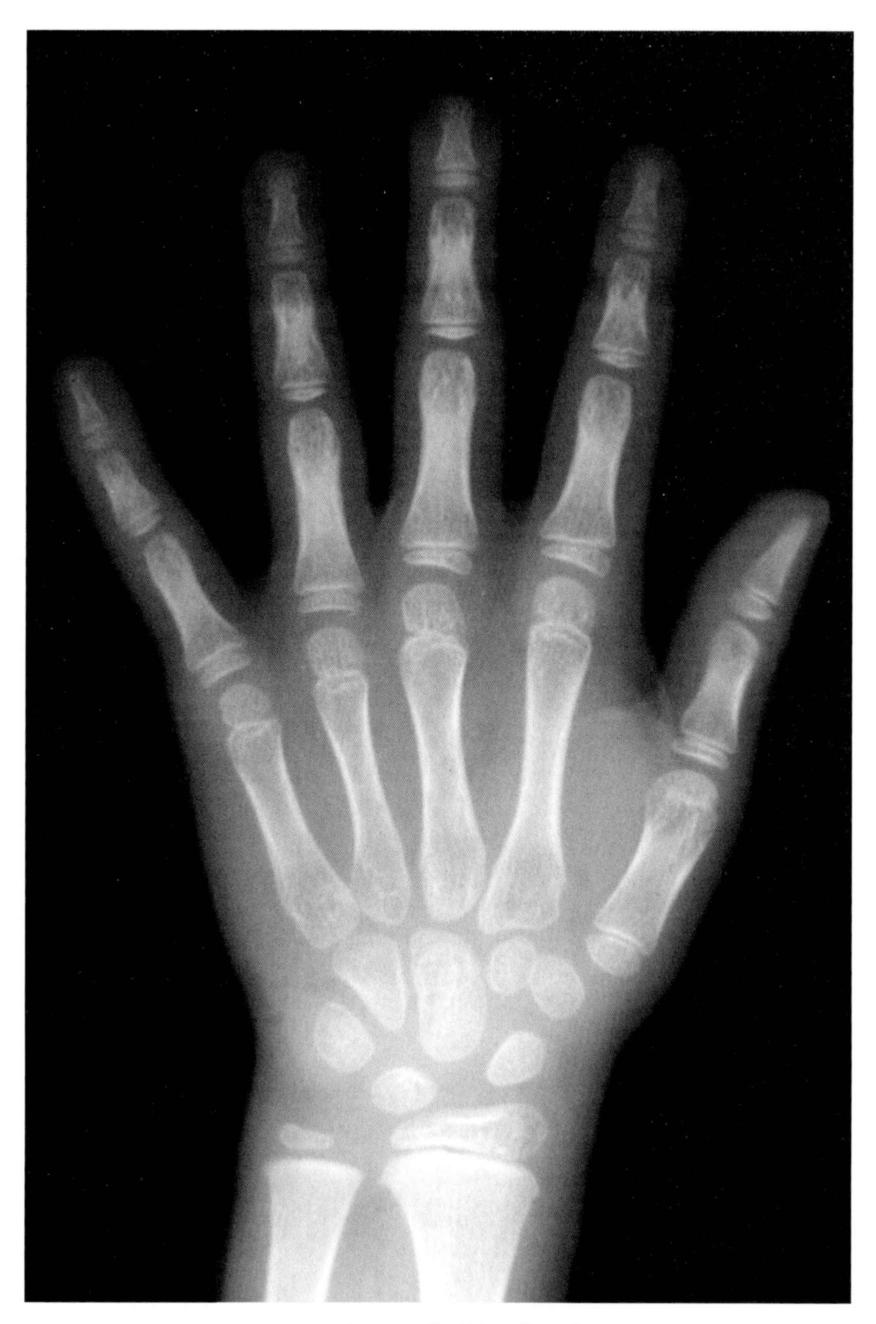

图 12.15 9.0 岁男性骨龄标准片

男性标准片:16 号 **骨龄:10.0 岁**

桡骨骺骨化中心内侧缘与骨干内侧缘齐平;尺骨骺骨化中心茎突开始可见。

头状骨的第二掌骨底关节面可分辨出掌、背侧面(背侧面超过了致密白线的掌侧面而朝向第二掌骨底);钩骨的第四、第五掌骨底的关节面也已可辨(背侧面超过了致密白线的掌侧面而朝向第四、第五掌骨底);三角骨的钩骨关节面的掌侧面和背侧面也已出现,掌侧面为影像内的斜向致密白线。月骨的舟骨关节面的掌侧面开始向舟骨生长;舟骨的头状骨关节面的背侧面开始出现;大多角骨与掌骨Ⅰ相关节的鞍状关节面出现凹陷;小多角骨的头状骨关节面和第二掌骨底关节面均可见掌侧面和背侧面。

掌骨Ⅰ骨化中心的大多角骨关节面变平。

中节指骨Ⅱ、Ⅲ、Ⅳ骨化中心近侧的滑车关节面清晰可见;远节指骨Ⅰ的滑车关节面更为明显;远节指骨Ⅱ、Ⅲ、Ⅳ的骨化中心近侧缘可区分为掌、背侧面,其掌侧面超过了致密白线的背侧面向中节指骨凸出(图 12.16)。

男性标准片:**16** 号 骨龄:**10.0** 岁

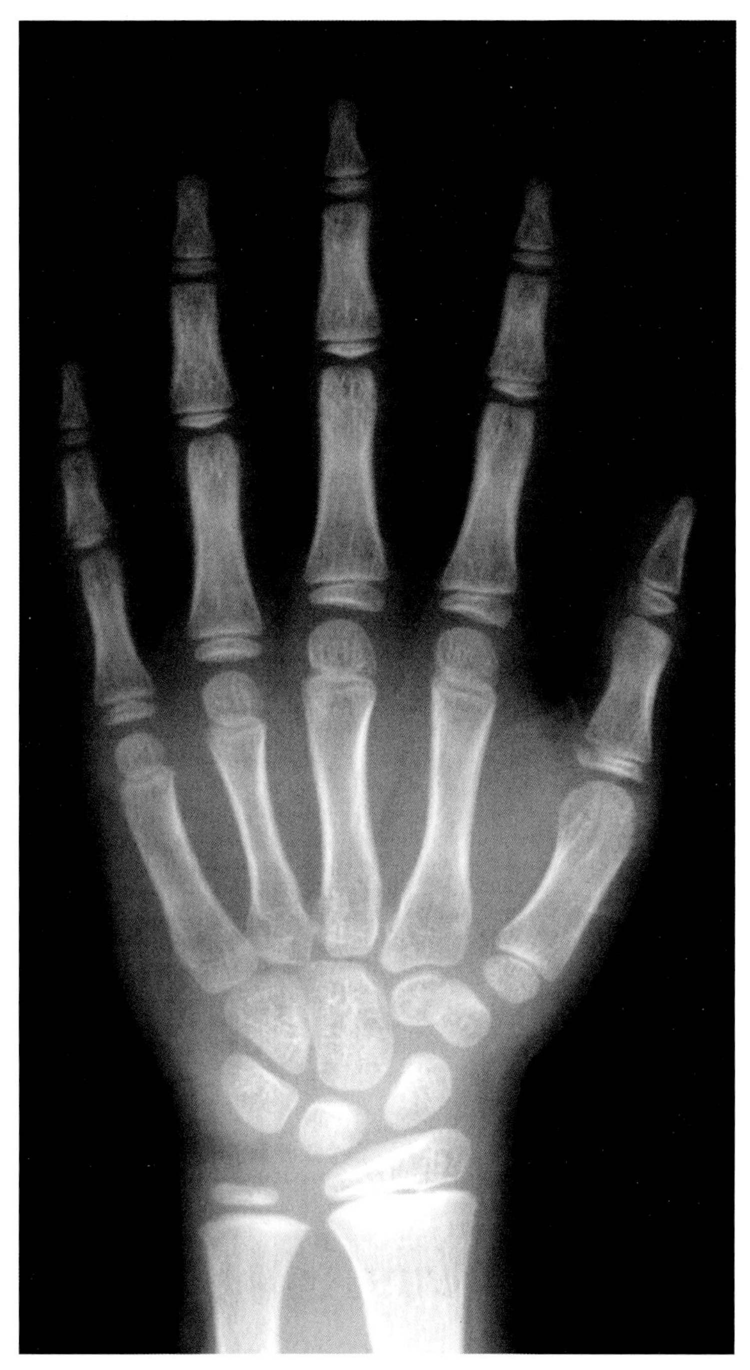

图 12.16　10.0 岁男性骨龄标准片

男性标准片：17 号 **骨龄：11.0 岁**

桡骨骺骨化中心远侧缘可区分月骨和舟骨关节面；尺骨骺骨化中心的尺骨头清晰可辨（由于尺骨头密度较大，致密的关节面内侧缘将尺骨头和茎突区分开来）

掌骨Ⅰ骨化中心与大多角骨相关节的鞍状关节面已清晰可见（向近侧凸出的部分为背侧面）；掌骨Ⅱ、Ⅲ、Ⅳ骨化中心的近节指骨关节面的掌侧面均已可见（掌骨头影像内的纵向致密白线为关节面掌侧缘）

近节指骨Ⅰ、Ⅱ、Ⅲ、Ⅳ骨化中心横径与各自骨干等宽（图 12.17）。

男性标准片:17 号　　骨龄:11.0 岁

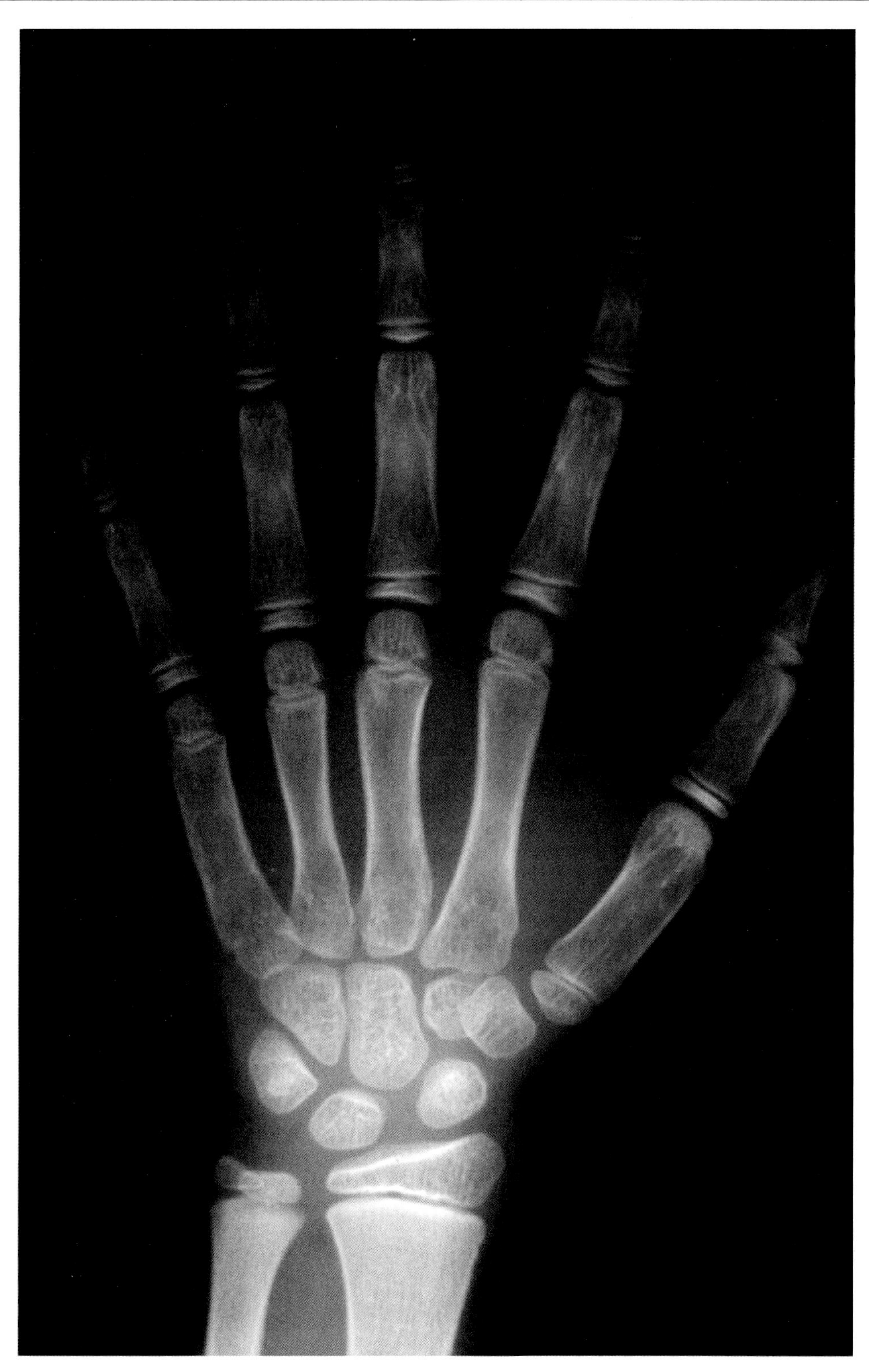

图 12.17　11.0 岁男性骨龄标准片

男性标准片:18号 **骨龄:11.5岁**

月骨与头状骨相关节的马鞍形关节面清晰可见,背侧部分斜向舟骨;舟骨的头状骨关节面的背侧面也已出现,朝向月骨和头状骨生长,舟骨的大多角骨和小多角骨缘变平;大多角骨与掌骨Ⅰ相关节的鞍状关节面已完全确立。

掌骨Ⅰ骨化中心内侧缘变平,掌骨Ⅴ的近节指骨关节面的掌侧面也已出现。

近节指骨Ⅰ骨化中心横径宽于骨干;近节指骨Ⅱ骨化中心桡侧部分的远侧缘变平,使该部分近似方形;近节指骨Ⅴ骨化中心横径与骨干等宽。中节指骨Ⅱ、Ⅲ骨化中心横径与相应骨干等宽,其近侧缘呈现出滑车关节面的全部轮廓;远节指骨Ⅱ、Ⅲ、Ⅳ骨化中心内外侧缘变平,骺即将覆盖骨干,远节指骨Ⅴ骨化中心已在桡侧覆盖骨干(该骨化中心的发育提前)(图12.18)。

男性标准片:18 号 骨龄:11.5 岁

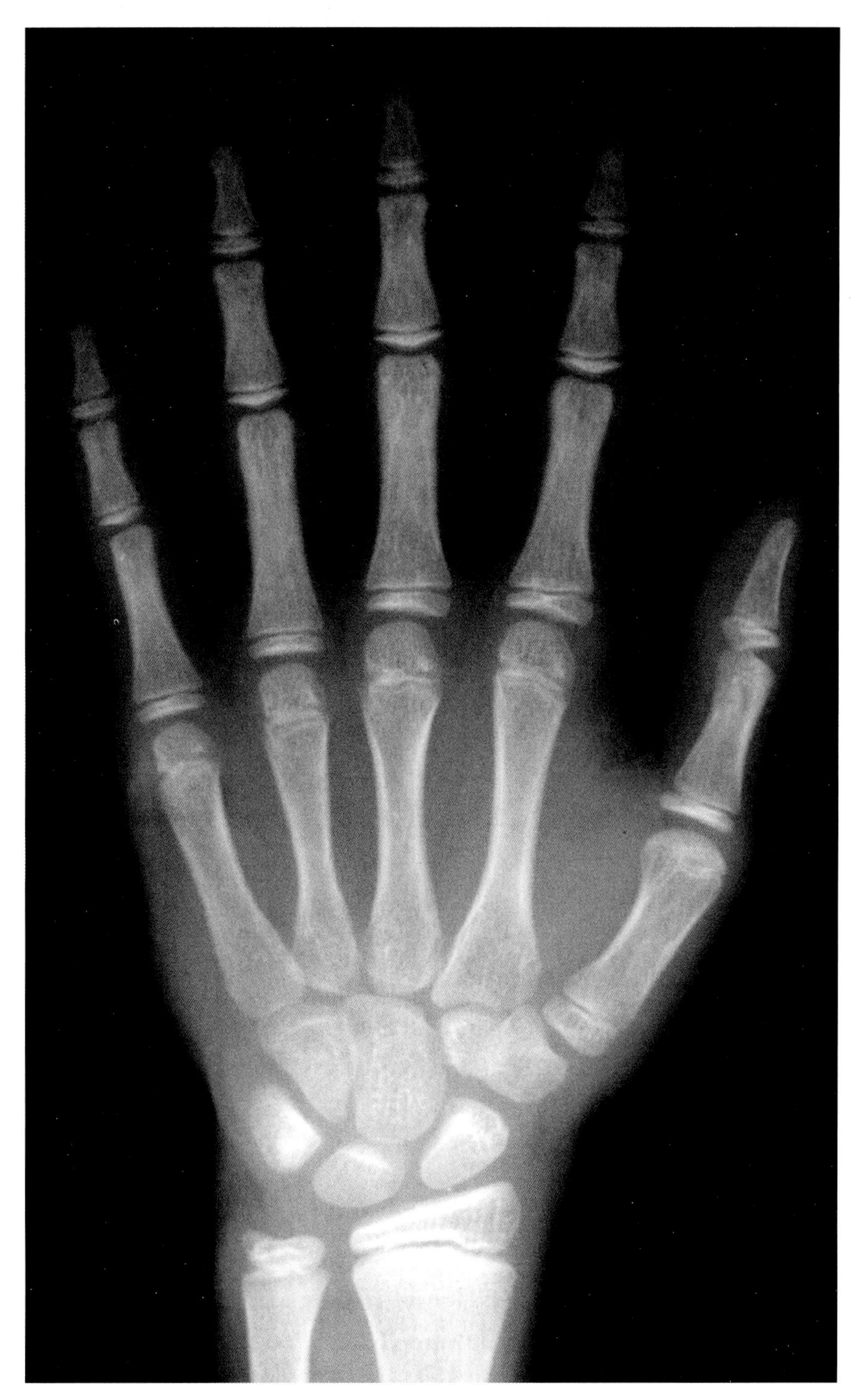

图 12.18 11.5 岁男性骨龄标准片

男性标准片:19 号 **骨龄:12.0 岁**

腕骨的各关节面更为明显,远侧排腕骨的发育快于近侧排;钩骨骨化中心的钩的轮廓开始可见。

近节指骨Ⅰ骨化中心内侧端开始覆盖骨干,其远侧缘上开始出现伸向远侧的尖顶(该骨化中心的发育提前);近节指骨Ⅱ、Ⅲ、Ⅳ、Ⅴ骨化中心的桡侧缘变平,均呈现出近似方形的形状;中节指骨Ⅱ、Ⅲ骨化中心桡侧端增厚、桡侧缘变平也呈现出近似方形的形状,中节指骨Ⅳ、Ⅴ骨化中心横径与骨干等宽;远节指骨Ⅰ骨化中心两端增厚,桡侧缘变平(图 12.19)。

男性标准片:19 号　　骨龄:12.0 岁

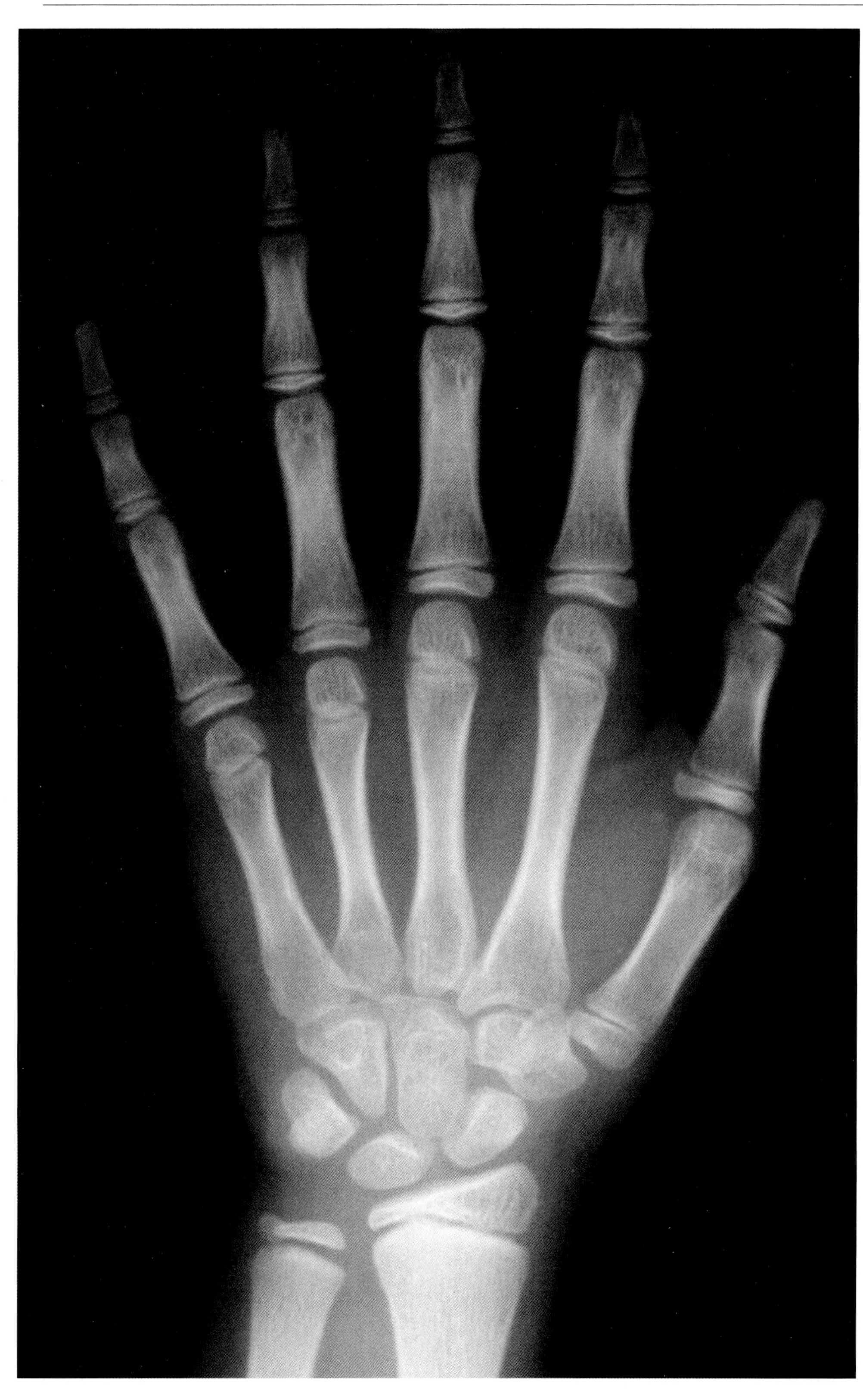

图 12.19
12.0 岁男性
骨龄标准片

男性标准片:20 号 **骨龄:12.5 岁**

桡骨骺骨化中心尺骨关节面的掌、背侧面已经非常清晰,背侧面的尺侧缘变平,并向近侧凸出,即将覆盖骨干;尺骨骺骨化中心增大,尺骨头的桡侧缘朝向桡骨生长;桡、尺关节相互成形。

小多角骨的舟骨关节面致密、凹陷。大多角骨的舟骨关节面可区分为掌侧面和背侧面,背侧面超过稍致密的掌侧面,朝向舟骨。

掌骨Ⅰ骨化中心在尺侧覆盖骨干;掌骨Ⅱ骨化中心横径与骨干等宽。

中节指骨Ⅳ、Ⅴ骨化中心两端增厚(图 12.20)。

男性标准片:**20** 号 骨龄:**12.5** 岁

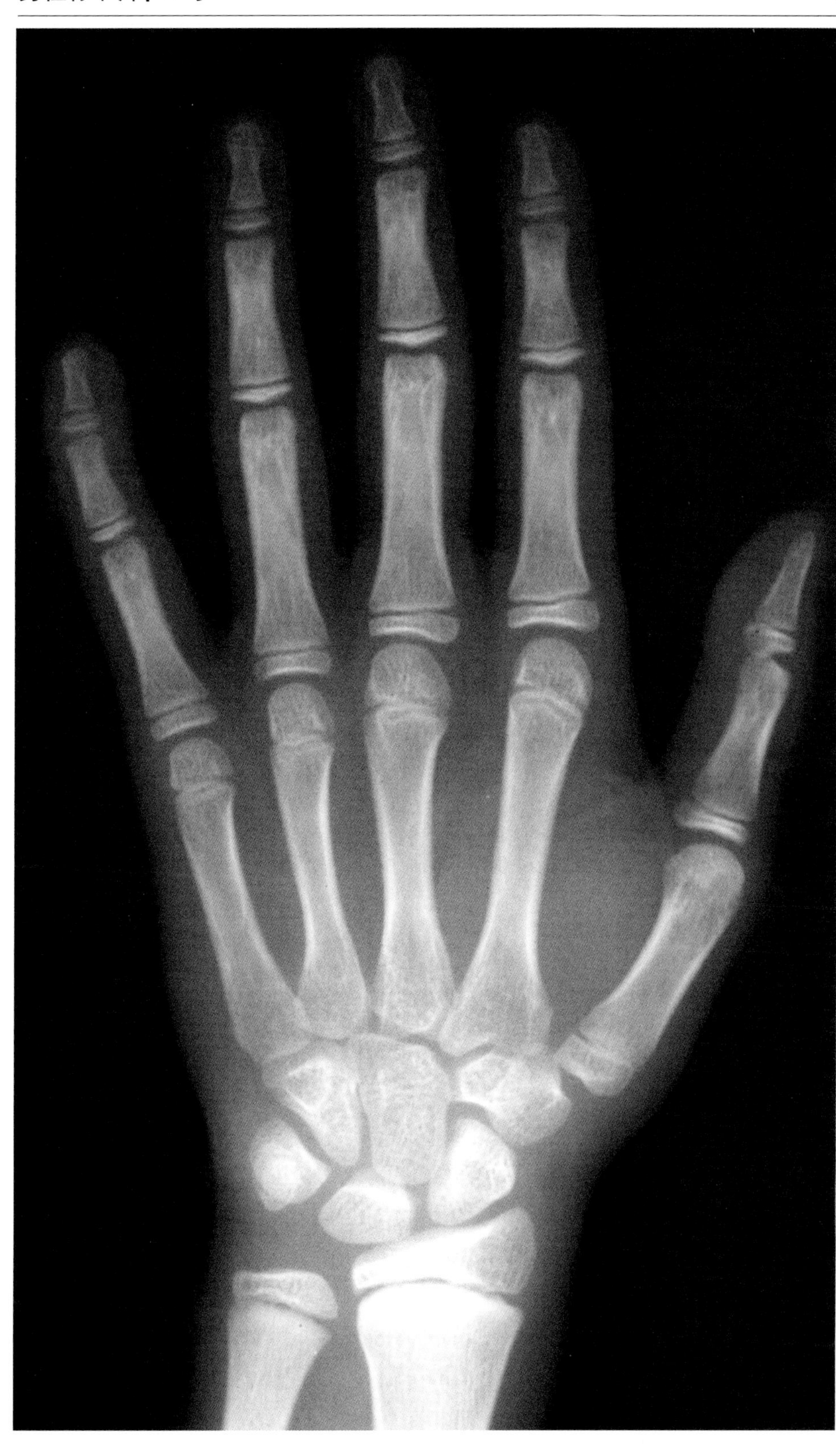

图 12.20
12.5 岁男性
骨龄标准片

男性标准片：21 号 **骨龄：13.0 岁**

桡骨骺骨化中心尺骨关节面的掌侧面变平，背侧面开始覆盖骨干；尺骨骺骨化中心桡侧与骨干等宽。

钩骨骨化中心的钩的轮廓已完全出现；三角骨远侧部分增宽，内侧缘出现凹陷；月骨和舟骨的头状骨关节面的背侧缘与头状骨相互重叠；大多角骨的桡侧缘开始朝向外侧生长。

掌骨Ⅱ、Ⅲ、Ⅳ、Ⅴ骨化中心横径与骨干等宽。

近节指骨Ⅰ骨化中心开始在尺侧覆盖骨干；中节指骨Ⅲ骨化中心开始在桡侧覆盖骨干；中节指骨Ⅳ骨化中心的桡、尺两侧的缘和中节指骨Ⅴ骨化中心的桡侧缘变平，而呈方形；远节指骨Ⅰ、Ⅱ和Ⅲ骨化中心在桡侧、远节指骨Ⅴ在尺侧开始覆盖骨干（图 12.21）。

男性标准片:21 号 骨龄:13.0 岁

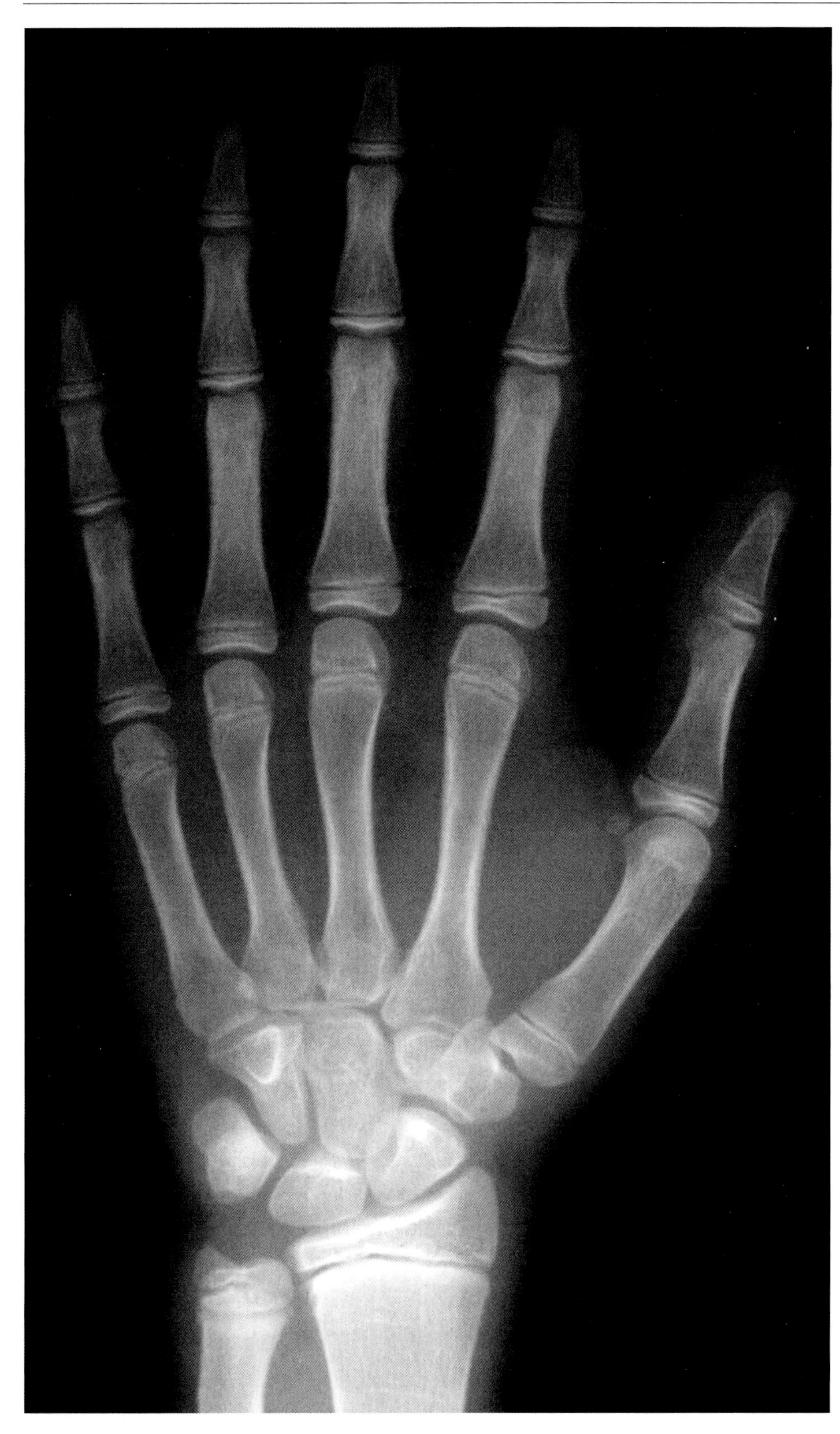

图 12.21
13.0 岁男性
骨龄标准片

男性标准片:22 号 **骨龄:13.5 岁**

桡骨骺骨化中心的尺骨关节面的掌侧面、背侧面以及骨化中心外侧缘均已覆盖骨干;桡骨骺骨化中心各关节面的范围均已确立;尺骨骺骨化中心的横径与骨干等宽。

月骨鞍状关节面的背侧面与舟骨的月骨关节面相互成形而重叠,所有腕骨均已达到成年时的形状。

在掌骨Ⅱ、Ⅲ、Ⅳ、Ⅴ骨化中心影像内带状的近节指骨关节面的掌侧面清晰可见。

近节指骨和远节指骨的骨化中心的远侧缘在两侧(桡侧和尺侧)覆盖骨干;中节指骨远侧缘在桡侧覆盖骨干(图 12.22)。

男性标准片:22 号　　骨龄:13.5 岁

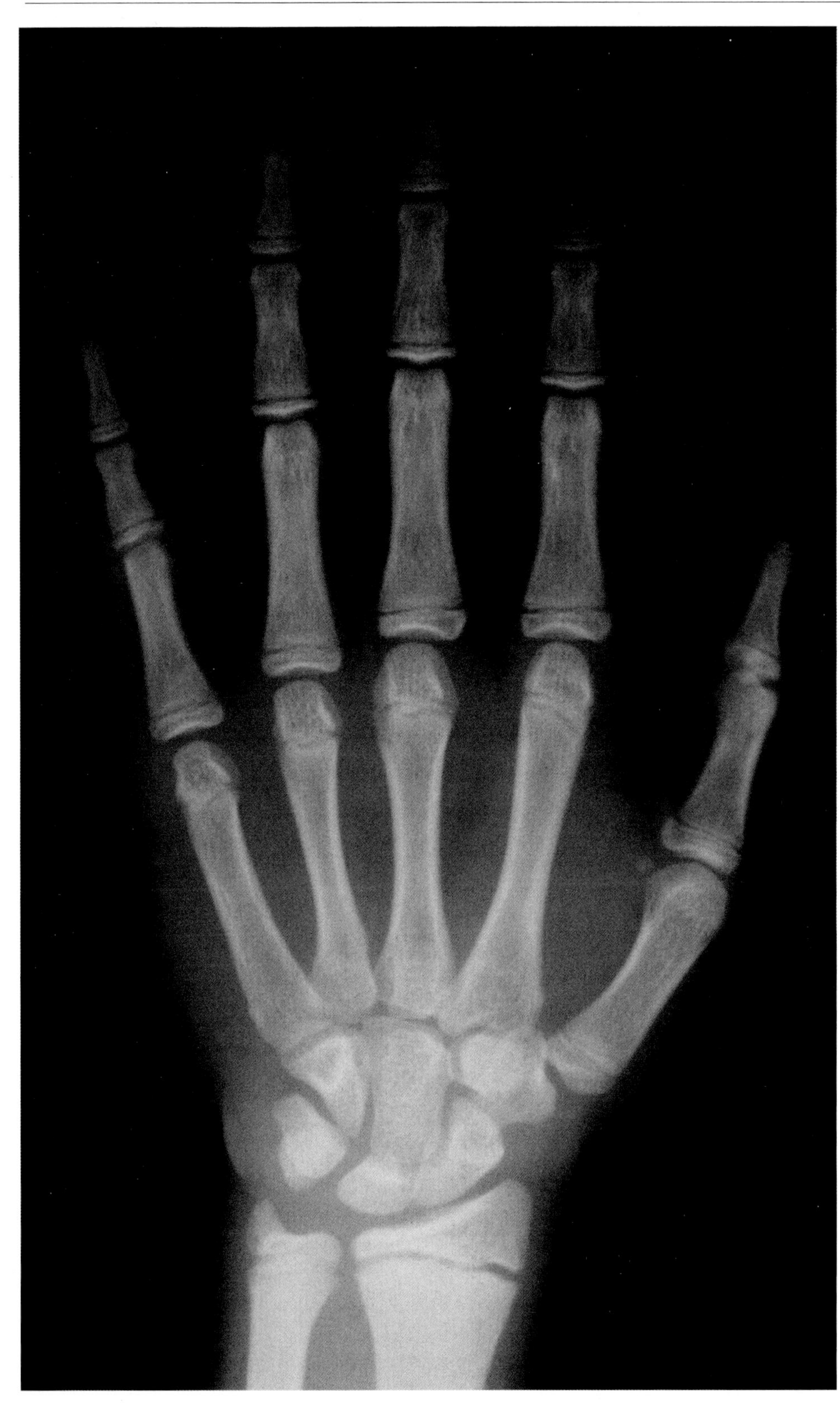

图 12.22
13.5 岁男性
骨龄标准片

男性标准片:23 号 **骨龄:14.0 岁**

桡骨、尺骨骺的生长软骨板变薄。

掌骨Ⅰ的骨化中心已经开始和骨干融合;近节指骨和远节指骨骨化中心桡尺两侧的覆盖更明显;中节指骨骨化中心也已在桡尺两侧覆盖骨干(图 12.23)。

男性标准片:**23** 号　　　　骨龄:**14.0** 岁

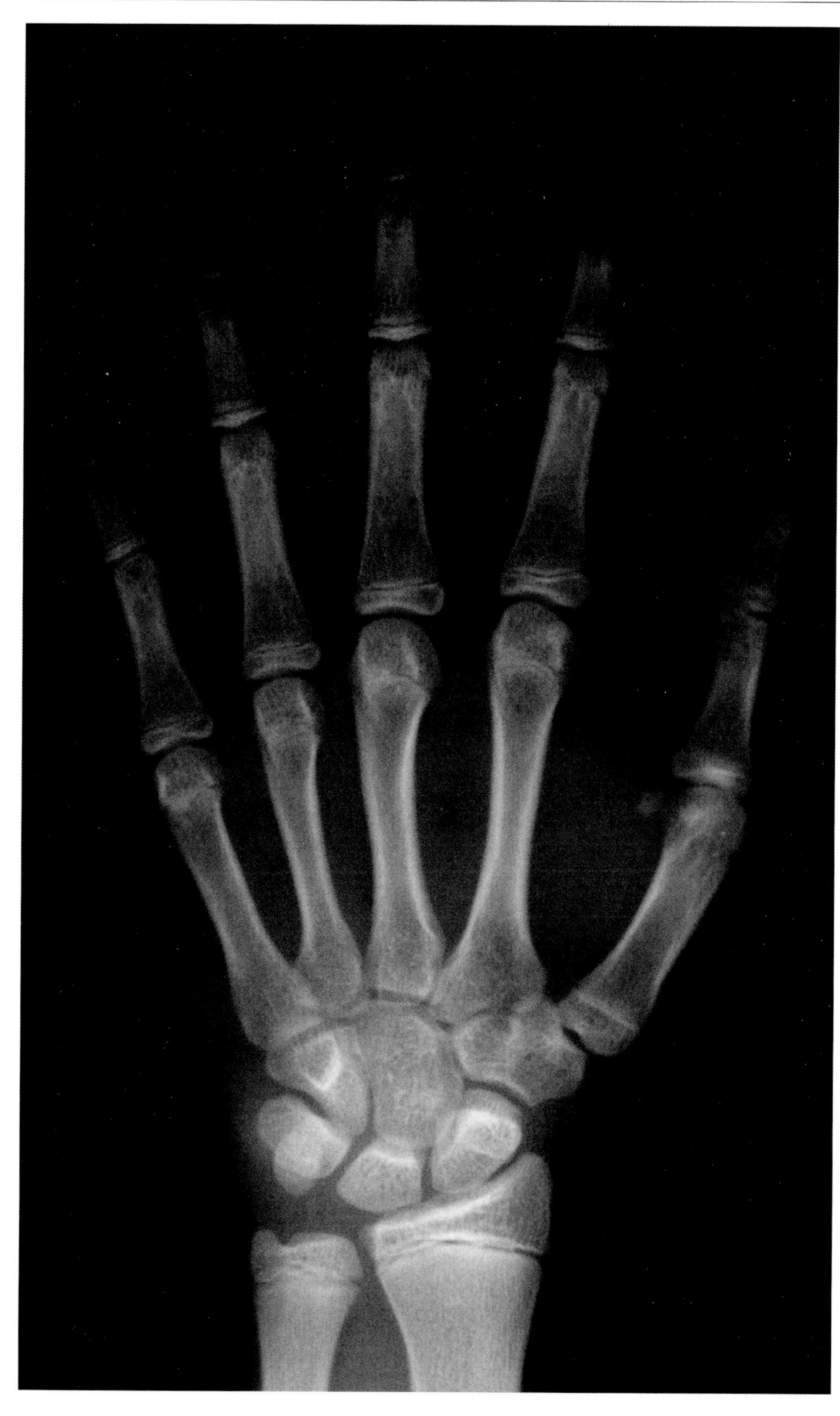

图 12.23
14.0 岁男性
骨龄标准片

男性标准片:24 号 **骨龄:14.5 岁**

所有的掌骨、远节指骨的骨化中心已与骨干融合,但融合进程不同,掌骨Ⅰ、远节指骨Ⅰ、Ⅳ、Ⅴ的融合进程已经过半。近节指骨和中节指骨骺生长板变薄(图 12.24)。

男性标准片:**24** 号　　　　骨龄:**14.5** 岁

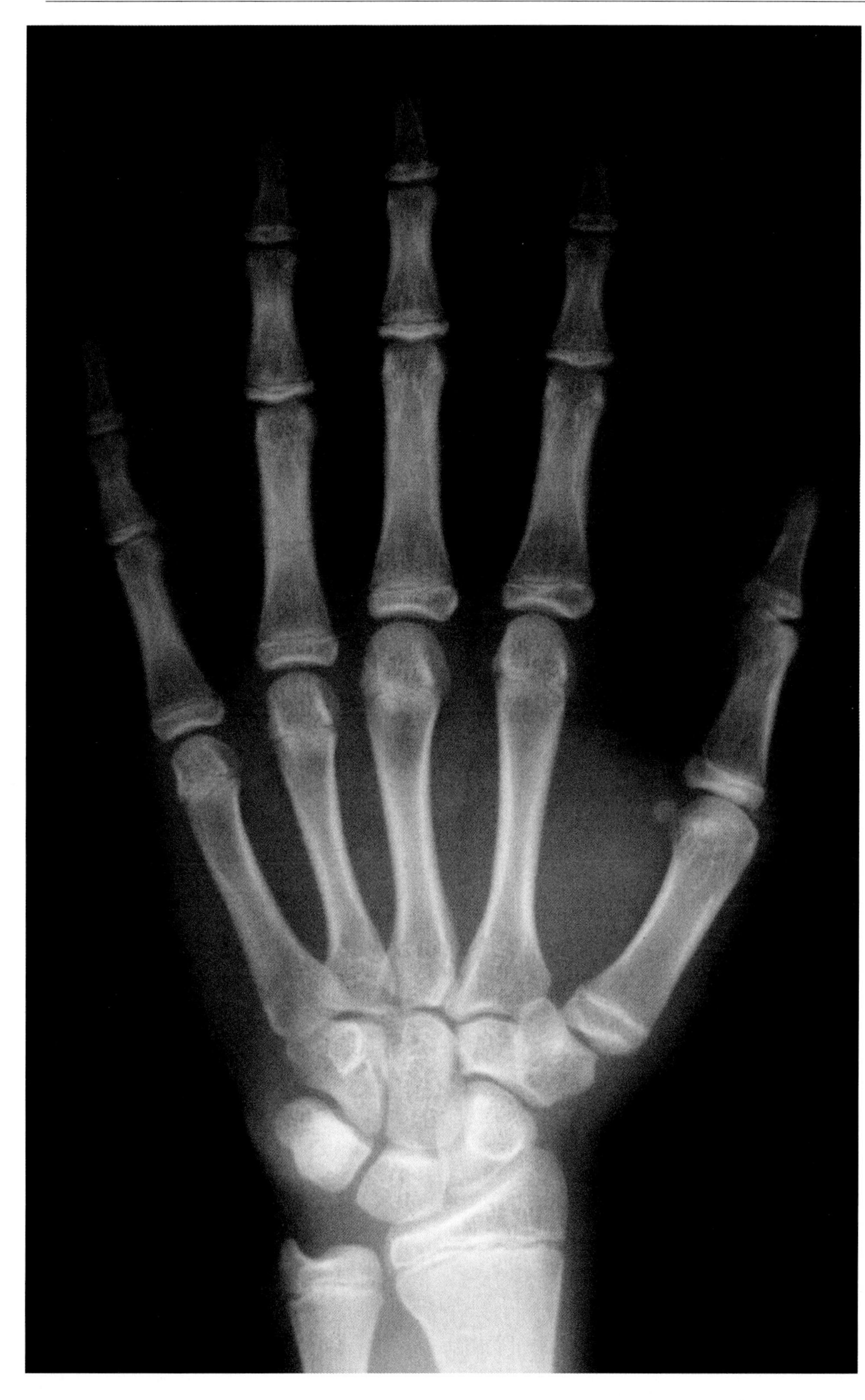

图 12.24
14.5 岁男性
骨龄标准片

男性标准片:25 号 **骨龄:15.0 岁**

桡、尺骨骨化中心开始和骨干融合。

掌骨 Ⅰ 和所有远节指骨骨化中心已完成融合,掌骨 Ⅱ、Ⅲ、Ⅳ、近节指骨和中节指骨已融合过半(图 12.25)。

男性标准片:**25** 号 骨龄:**15.0** 岁

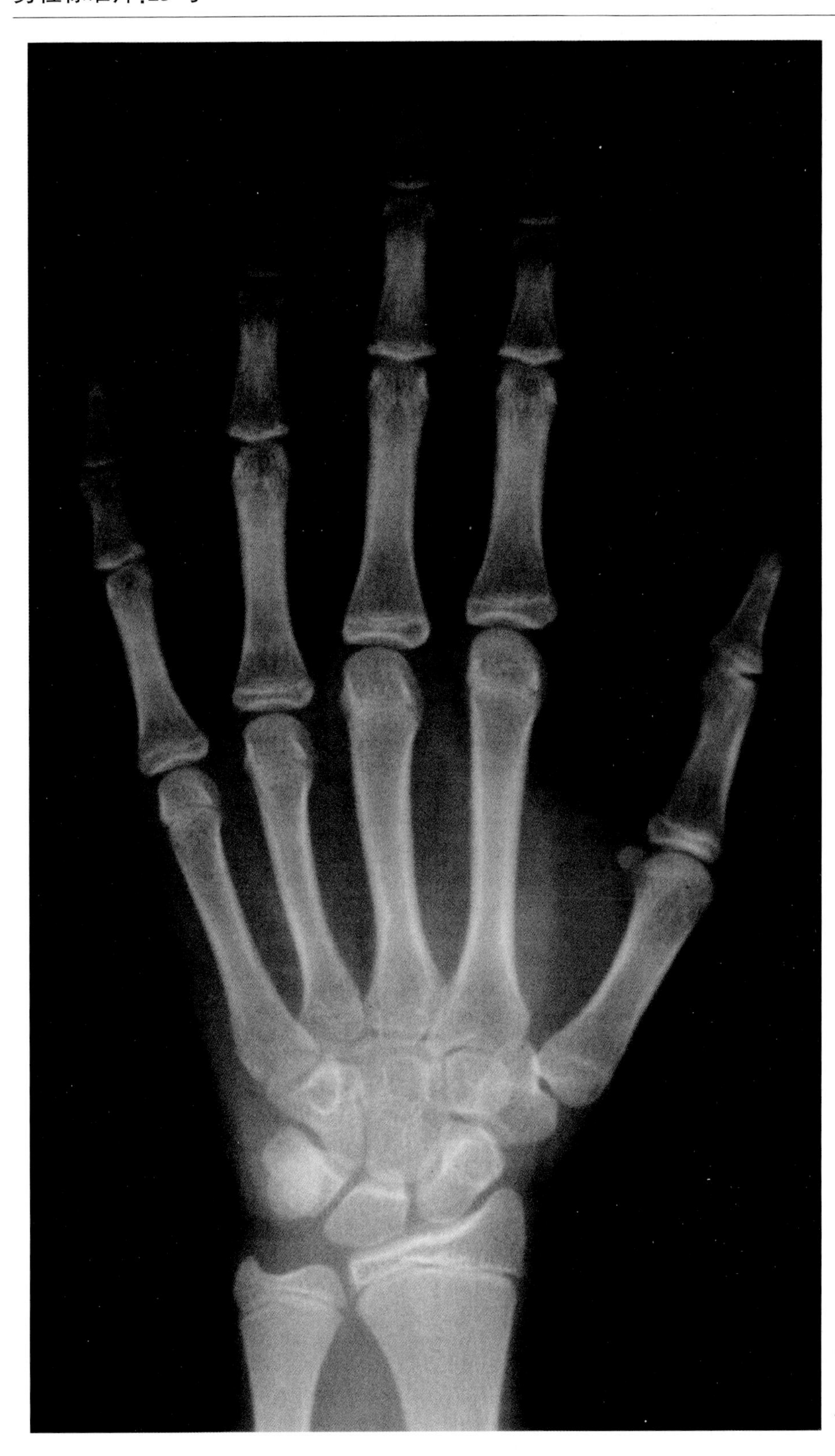

图 12.25
15.0 岁男性
骨龄标准片

男性标准片:26 号　　骨龄:15.5 岁

桡骨和尺骨骺的融合进程约为 1/4。

近节指骨骺的融合基本完成,近节指骨Ⅱ、Ⅲ、Ⅳ、Ⅴ尚残留不同程度的骺线。中节指骨骺的融合过程已完成大半(图 12.26)。

男性标准片:**26** 号　　骨龄:**15.5** 岁

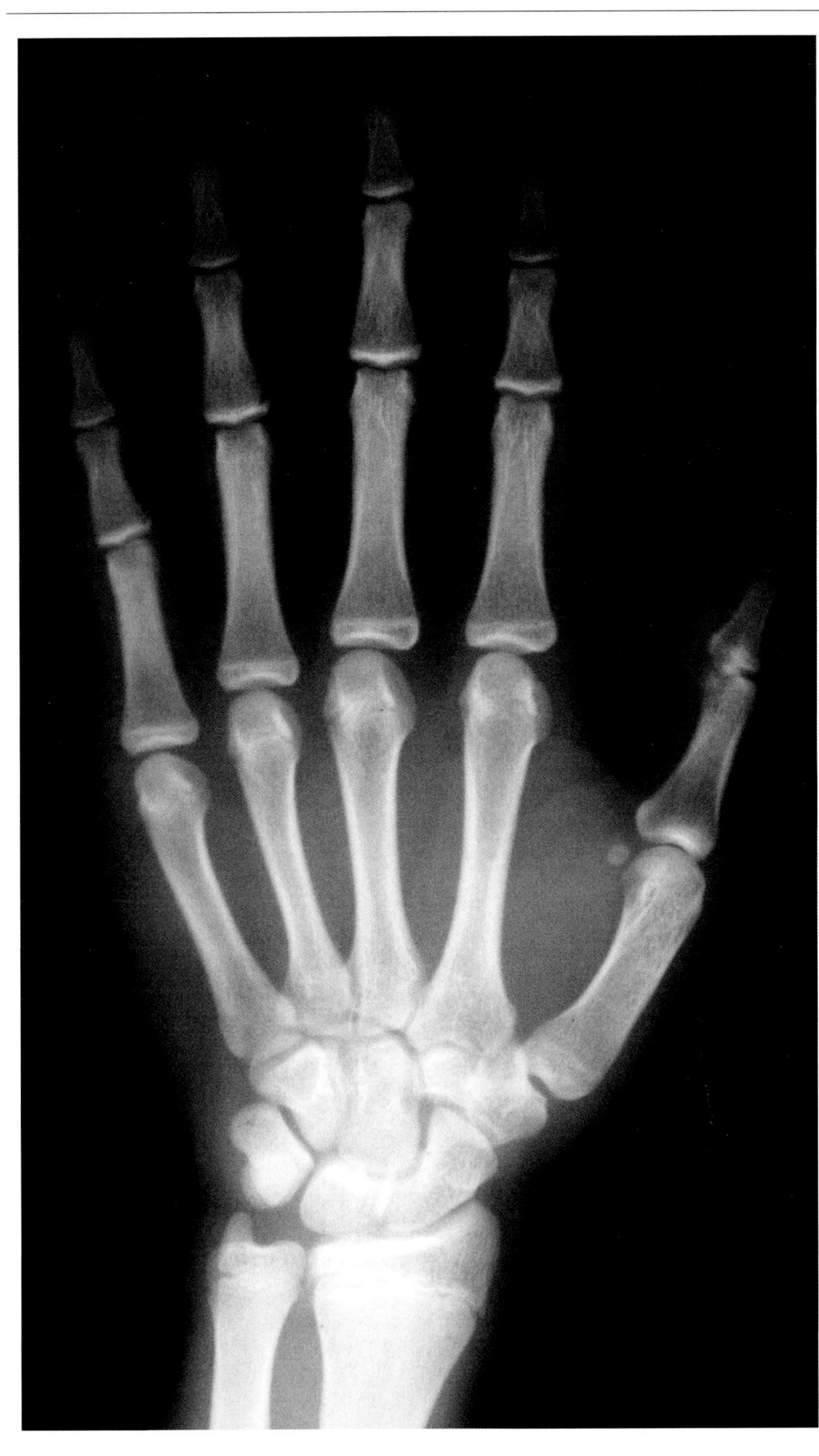

图 12.26
15.5 岁男性
骨龄标准片

男性标准片:27 号 骨龄:16.0 岁

桡骨骺的融合进程已过半;尺骨骺的融合进程已接近 1/2。

掌骨Ⅱ、Ⅲ、Ⅳ、Ⅴ和中节指骨骺也已完成与骨干的融合(图 12.27)。

男性标准片:**27** 号　　骨龄:**16.0** 岁

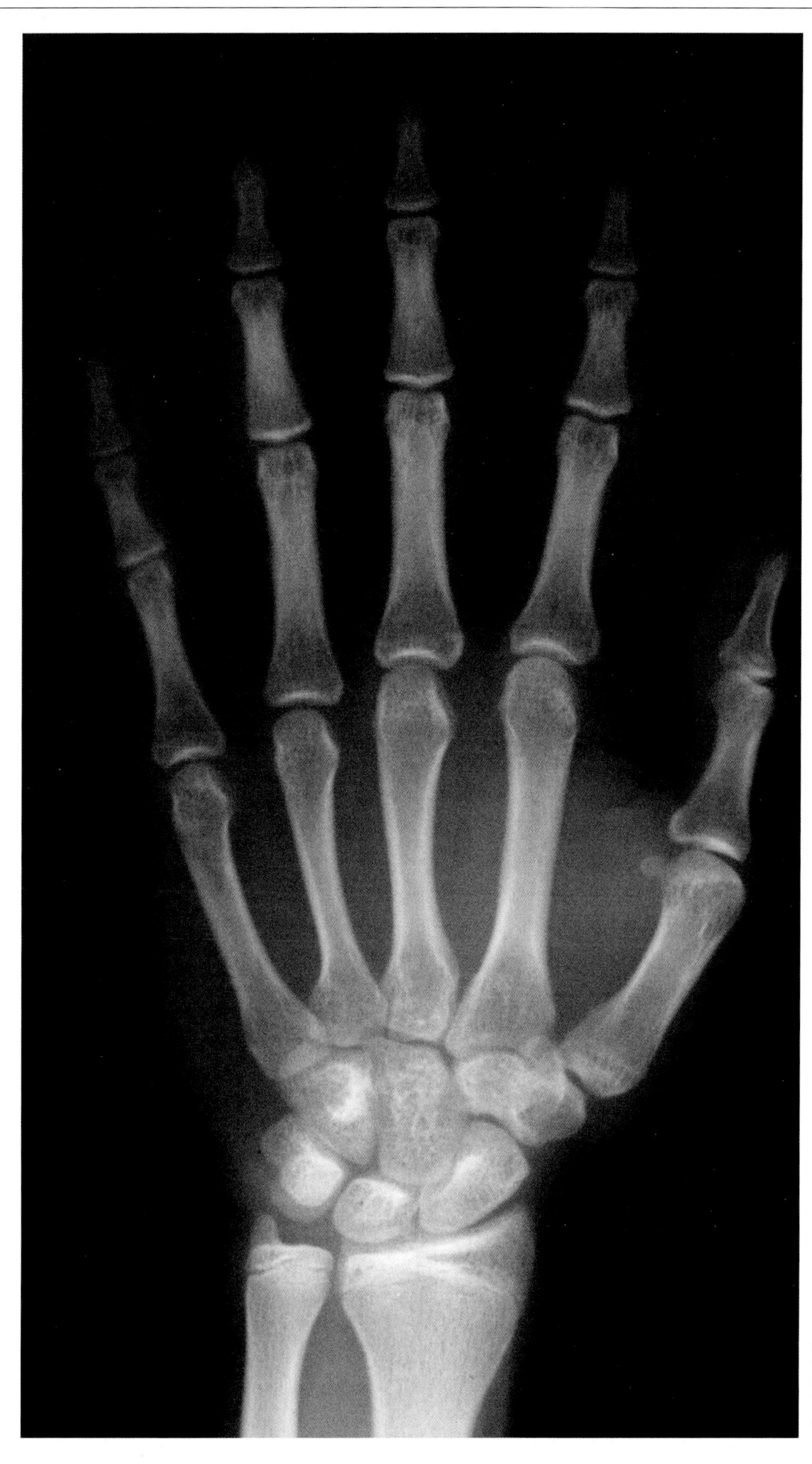

图 12.27
16.0 岁男性
骨龄标准片

男性标准片:28 号 **骨龄:17.0 岁**

桡骨和尺骨骺的融合进程达到 3/4 左右(图 12.28)。

男性标准片:**28** 号 骨龄:**17.0** 岁

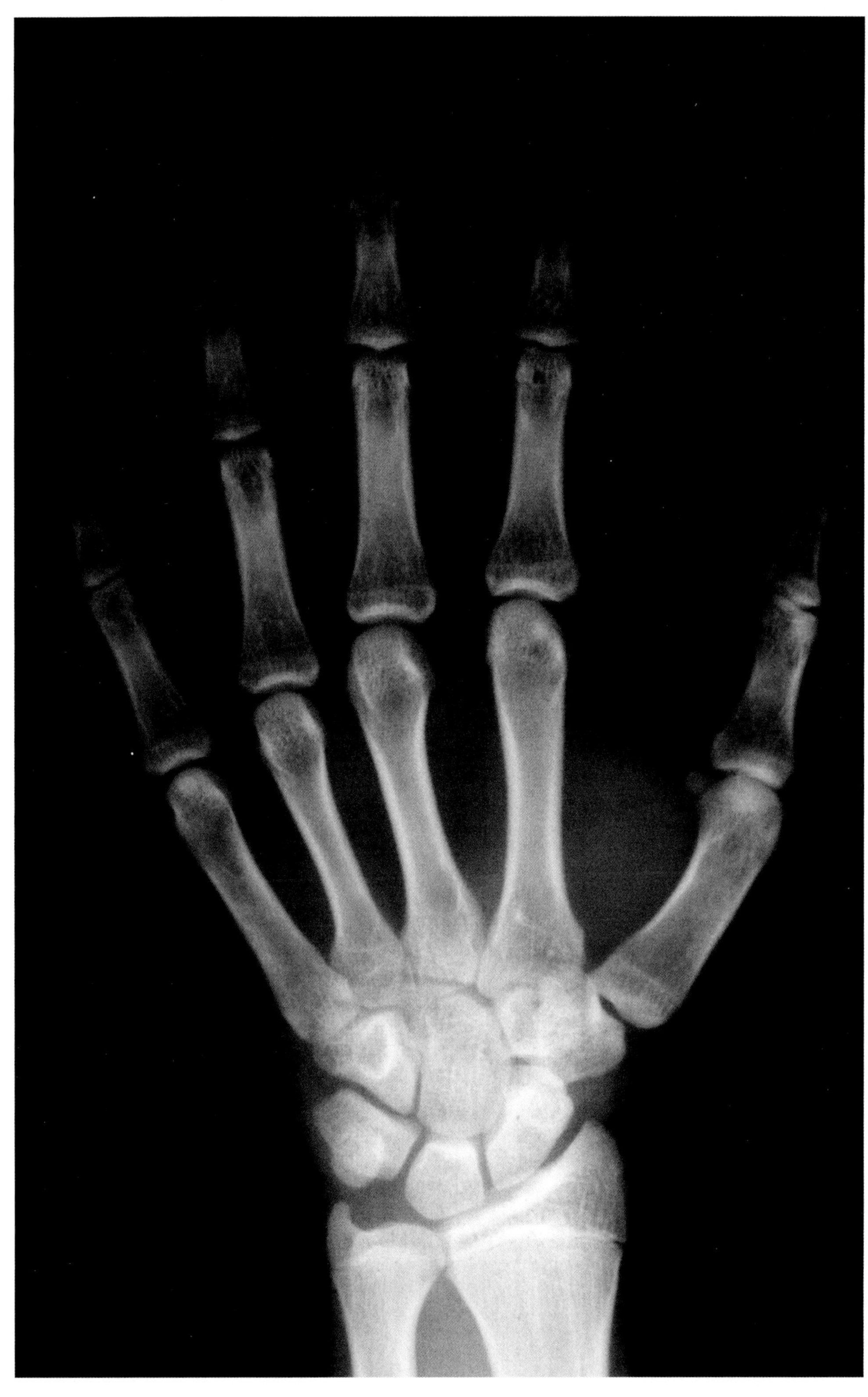

图 12.28
17.0 岁男性
骨龄标准片

男性标准片:29 号 **骨龄:18. 0 岁**

桡骨骺完成融合,尚残留部分骺线;尺骨骺在此之前已经完成融合(图 12. 29)。

男性标准片:29 号　　　　骨龄:18.0 岁

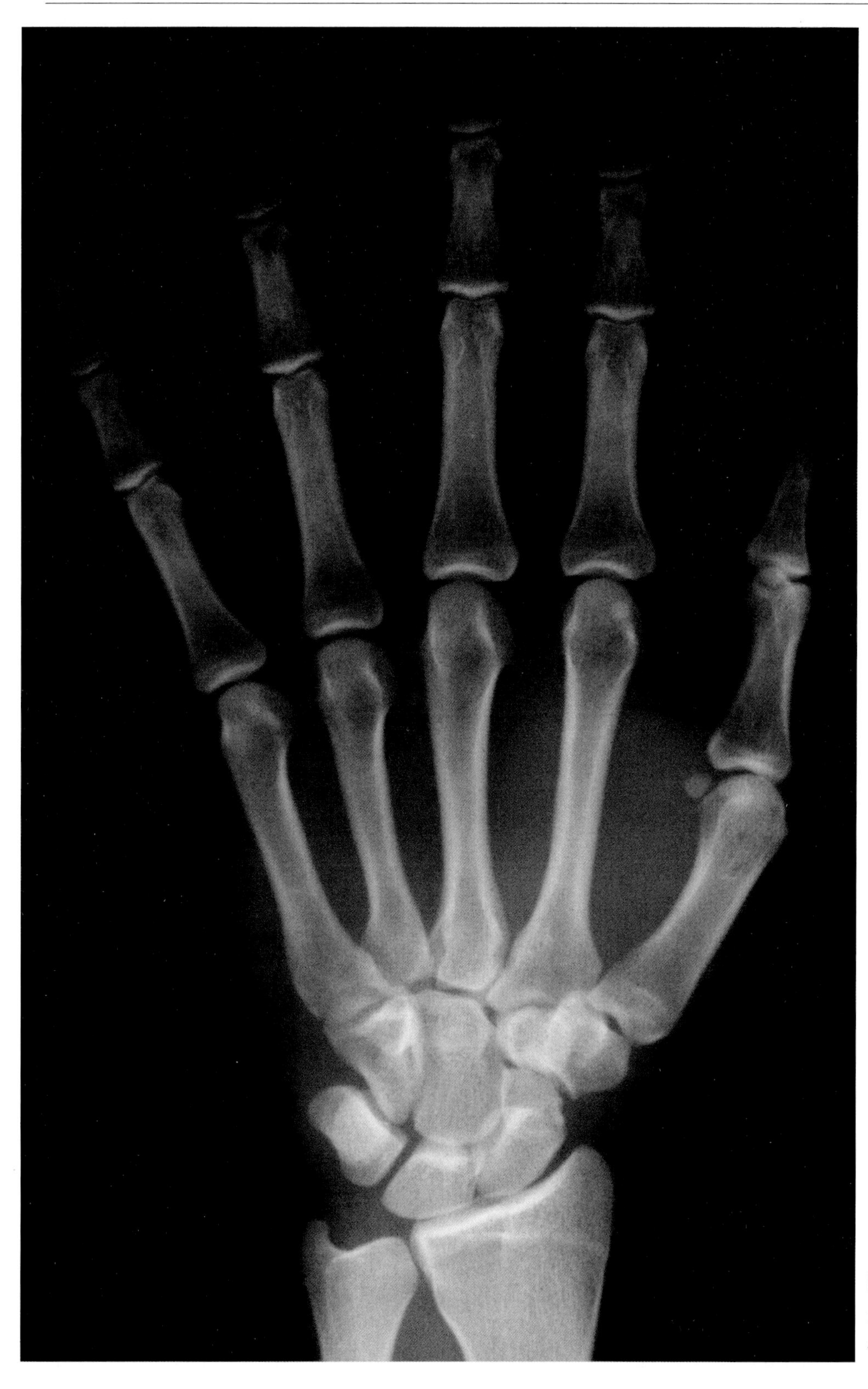

图 12.29
18.0 岁男性
骨龄标准片

男性标准片:30 号　　骨龄:成年

手腕部各骨均已达到成年状态(图 12.30)。

男性标准片:**30** 号　　　　骨龄:成年

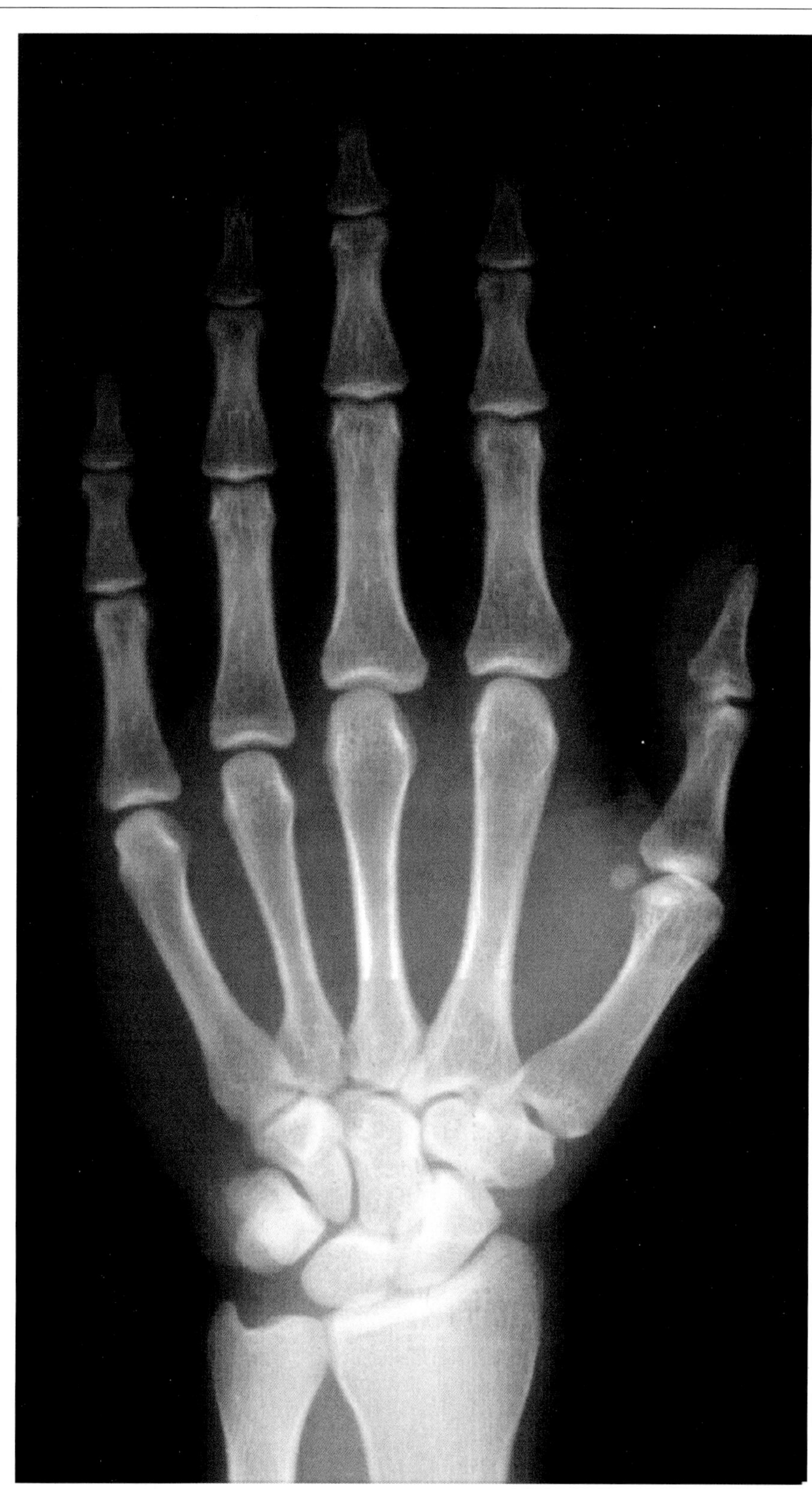

图 12.30
成年男性骨
龄标准片

12.2　女性骨龄标准片

（标准片中手腕部骨骼的大小与原始 X 线片相同）

女性标准片:1 号　　骨龄:新生儿

足月新生儿,手腕部各骨的次级骨化中心均尚未出现。

各掌骨骨干由腕骨端朝向远侧,呈放射状排列。近节指骨和中节指骨骨干的远侧端为圆形,近侧端较宽而平坦(图 12.31)。

女性标准片:1 号　　骨龄:新生儿

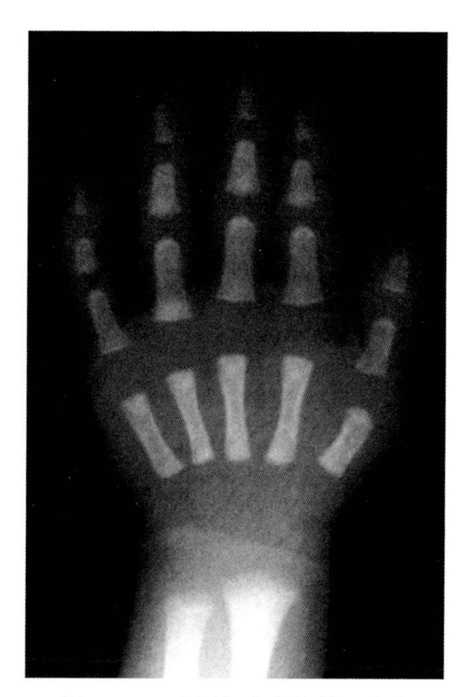

图 12.31　女性新生儿骨龄标准片

女性标准片:2 号　　骨龄:0.5 岁

腕部头状骨和钩骨骨化中心已经出现,表现为圆形,有平滑连续的缘;圆形的头状骨骨化中心较大,说明头状骨比钩骨发育较早一些(图 12.32)。

女性标准片:2 号　　　　骨龄:0.5 岁

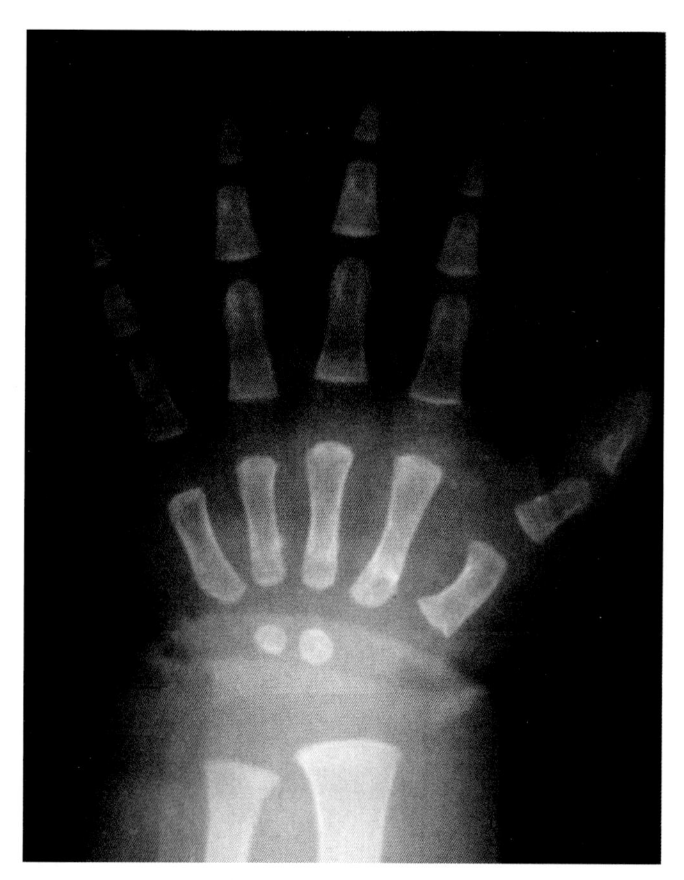

图 12.32　0.5 岁女性骨龄标准片

女性标准片:3 号　　骨龄:1.0 岁

桡骨骺出现骨化中心,仍然为钙化点。

头状骨的钩骨关节面开始变平;钩骨增大为椭圆形。

近节指骨Ⅱ、Ⅲ和远节指骨Ⅰ出现骨化中心,仍然为钙化点(图 12.33)。

女性标准片:3 号　　骨龄:1.0 岁

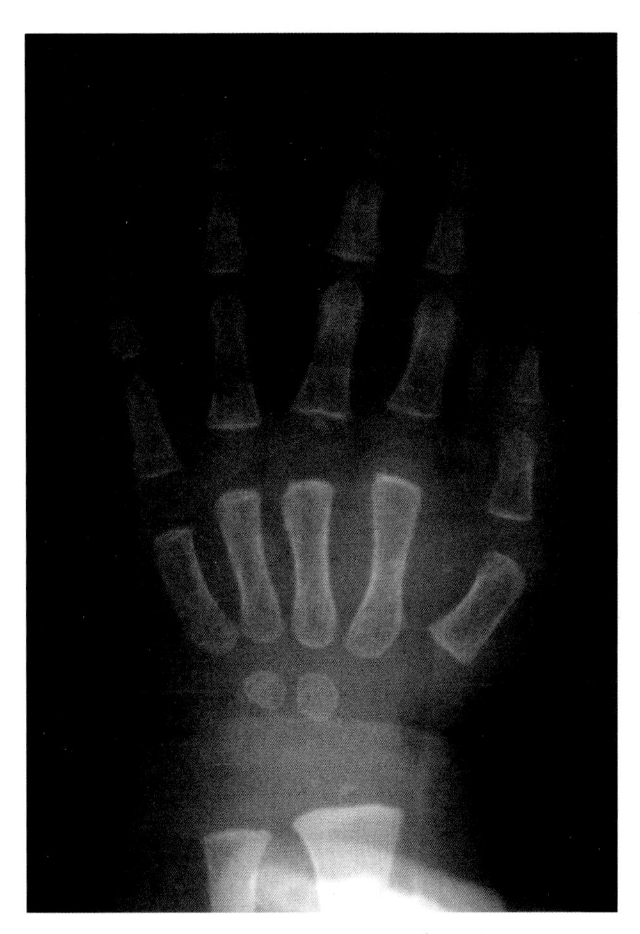

图 12.33　1.0 岁女性骨龄标准片

女性标准片:4 号 **骨龄:1.5 岁**

桡骨骺骨化中心增大,近似椭圆形,有平滑连续的缘。

头状骨和钩骨骨化中心进一步增大。

掌骨Ⅰ出现骨化中心,仍然为钙化点;掌骨Ⅱ、Ⅲ、Ⅳ、Ⅴ骨化中心已在早些时候出现,为圆形,有平滑连续的缘(该片中的掌骨骨化中心发育稍提前)。

近节指骨Ⅳ、Ⅴ骨化中心已经出现,并与近节指骨Ⅱ、Ⅲ骨化中心一样增大为圆盘形有平滑连续的缘;中节指骨Ⅱ、Ⅲ出现骨化中心(钙化点);远节指骨Ⅰ 骨化中心增大,为圆盘形,有平滑连续的缘;远节指骨Ⅲ、Ⅳ骨化中心出现(钙化点)(图 12.34)。

女性标准片:**4** 号　　骨龄:**1.5** 岁

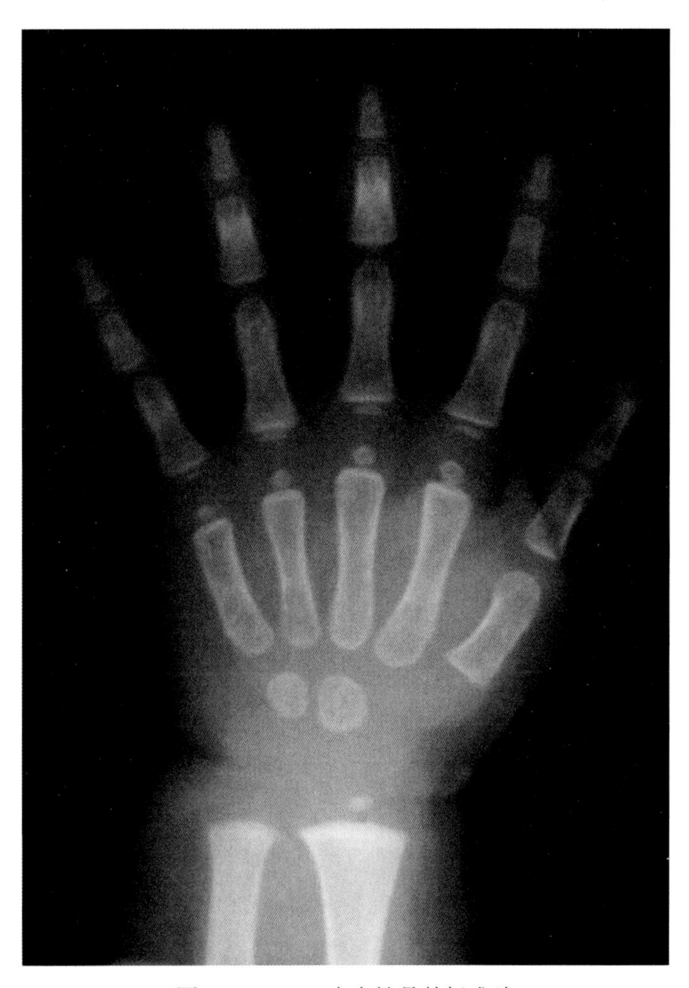

图 12.34　1.5 岁女性骨龄标准片

女性标准片:5 号　　骨龄:2.0 岁

桡骨骺骨化中心外侧端开始增厚,尺侧端近似圆锥形。

头状骨的钩骨关节面更为明显,骨化中心主要沿纵轴生长;钩骨骨化中心的三角骨关节面开始变平。

掌骨Ⅰ骨化中心增大,为半圆形,有平滑连续的缘;掌骨Ⅱ、Ⅲ、Ⅳ、Ⅴ骨化中心增大,掌骨Ⅲ骨化中心直径已大于骨干宽的 1/2。

近节指骨Ⅰ骨化中心出现,为钙化点;近节指骨Ⅱ、Ⅲ、Ⅳ、Ⅴ骨化中心横径已大于骨干宽的 1/2;中节指骨骨化中心均已出现,并为圆盘形,有平滑连续的缘;远节指骨Ⅰ骨化中心横径大于骨干宽的 1/2,远节指骨Ⅱ、Ⅲ、Ⅳ骨化中心为圆盘形,有平滑连续的缘,远节指骨Ⅴ骨化中心为圆形钙化点(图 12.35)。

女性标准片:5 号　　骨龄:2.0 岁

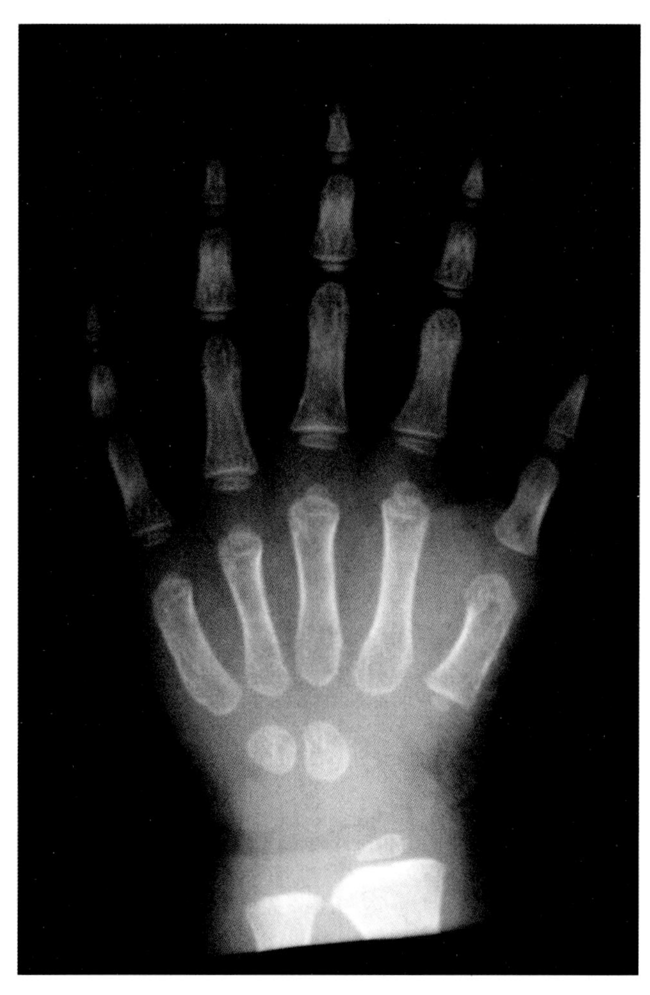

图 12.35　2.0 岁女性骨龄标准片

女性标准片:6 号 **骨龄:2.5 岁**

桡骨骺骨化中心外侧缘为圆形,骨化中心横径大于骨干宽 1/2。

掌骨Ⅱ、Ⅲ、Ⅳ、Ⅴ骨化中心直径已大于骨干宽的 1/2。

近节指骨Ⅰ骨化中心增大,横径大于骨干宽的 1/2(该片中的中节指骨Ⅴ的发育稍延迟)(图 12.36)。

女性标准片:6号　　骨龄:2.5岁

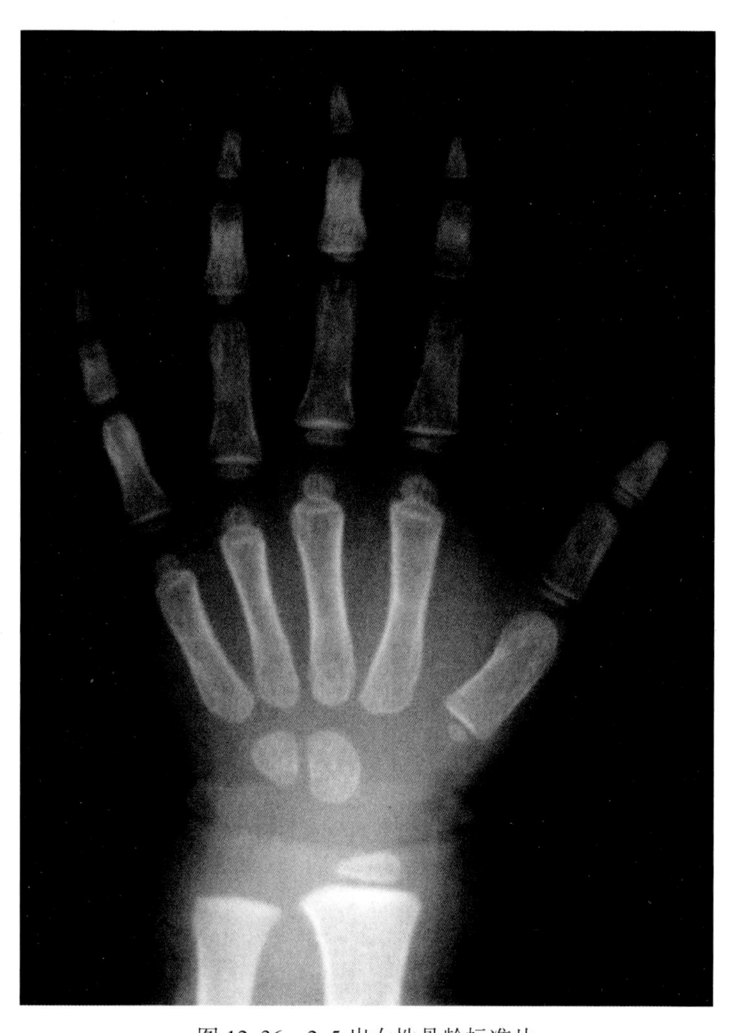

图12.36　2.5岁女性骨龄标准片

女性标准片:7 号　　骨龄:3.0 岁

在此标准片之前,三角骨骨化中心已经出现,现在已为圆形,有平滑连续的缘。

中节指骨Ⅲ骨化中心横径大于骨干宽 1/2;所有远节指骨骨化中心横径均已大于骨干宽的 1/2(图 12.37)。

女性标准片:7 号　　　　骨龄:3.0 岁

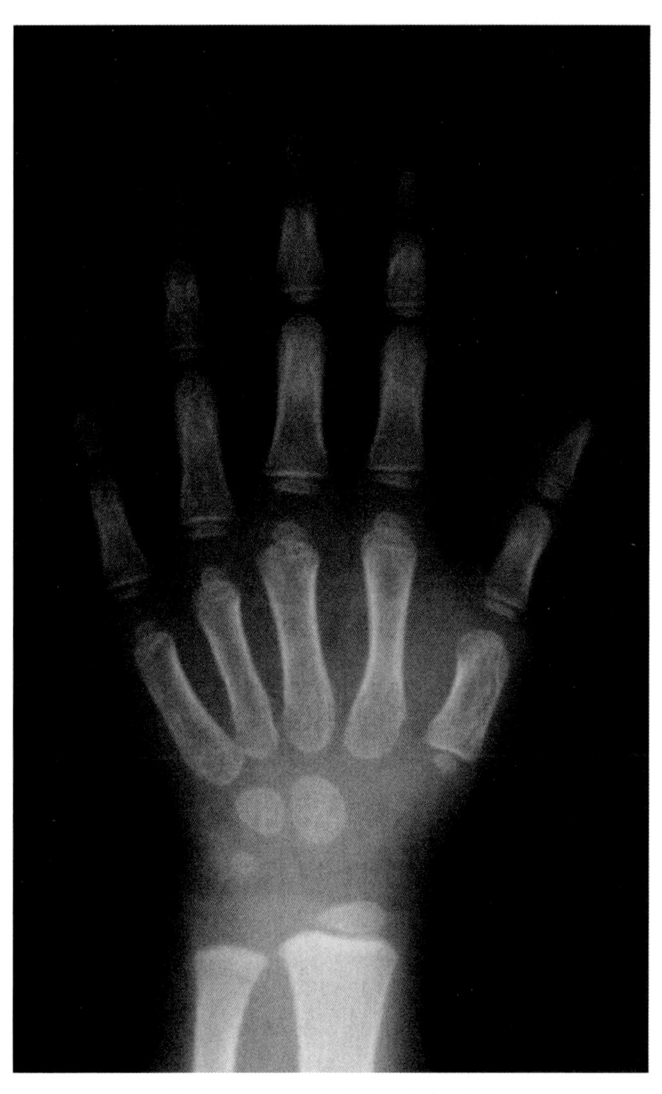

图 12.37　3.0 岁女性骨龄标准片

女性标准片:8号 **骨龄:3.5岁**

桡骨骺骨化中心远侧缘可区分为掌侧面和背侧面(远侧缘内出现的致密白线为掌侧面)。

头状骨纵轴直径明显大于横轴直径;钩骨的头状骨缘变平,关节面开始出现;三角骨骨化中心增大,仍然为圆形;月骨骨化中心出现,为钙化点。

掌骨Ⅰ骨化中心增大,横径大于骨干宽的1/2。

所有中节指骨骨化中心横径均已大于各自骨干宽1/2(中节指骨Ⅴ为短指骨,属正常生理性变异,发育提前)(图12.38)。

女性标准片:**8** 号 骨龄:**3.5** 岁

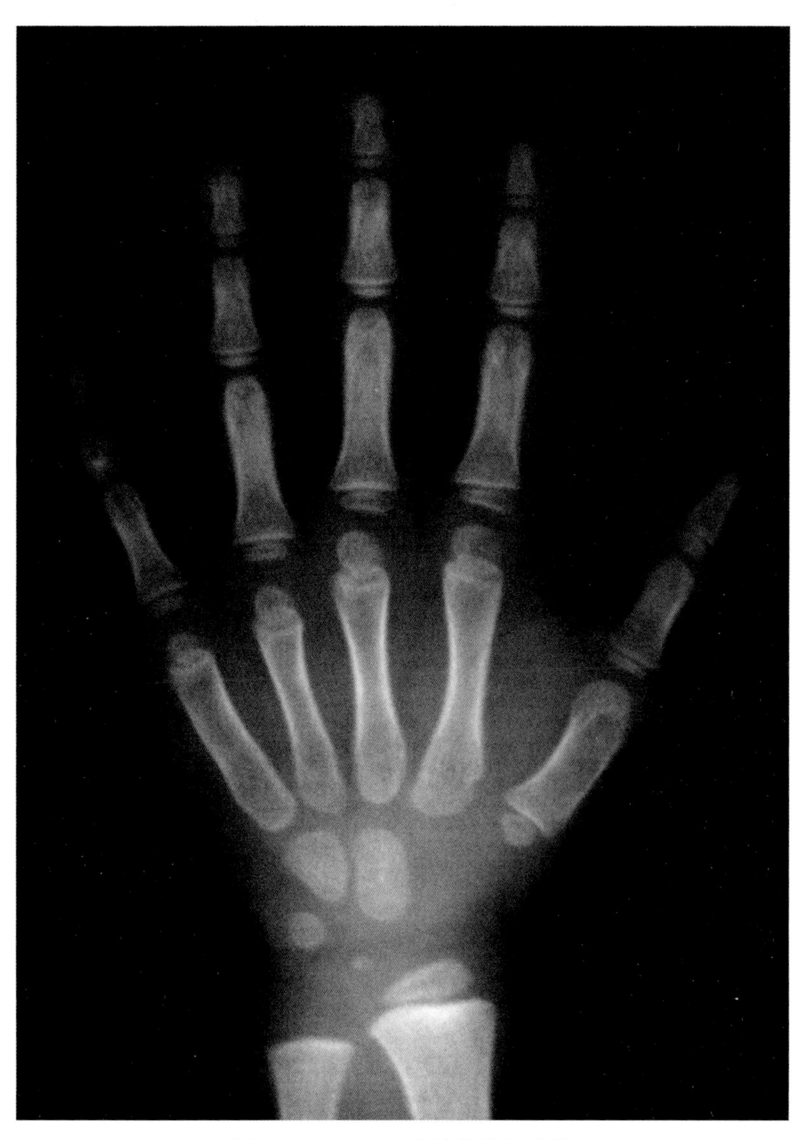

图 12.38 3.5 岁女性骨龄标准片

女性标准片:9 号 **骨龄:4.0 岁**

月骨骨化中心增大,为圆形,有平滑连续的缘;大多角骨骨化中心出现,仍然为钙化点。(该片中三角骨骨化中心发育稍延迟)

近节指骨Ⅱ、Ⅲ骨化中心的掌骨关节面开始出现,近侧缘凹陷,致密;中节指骨Ⅱ、Ⅲ、Ⅳ骨化中心的中间部分开始增厚;远节指骨Ⅰ骨化中心横径与骨干等宽(图 12.39)。

女性标准片:**9** 号 骨龄:**4.0** 岁

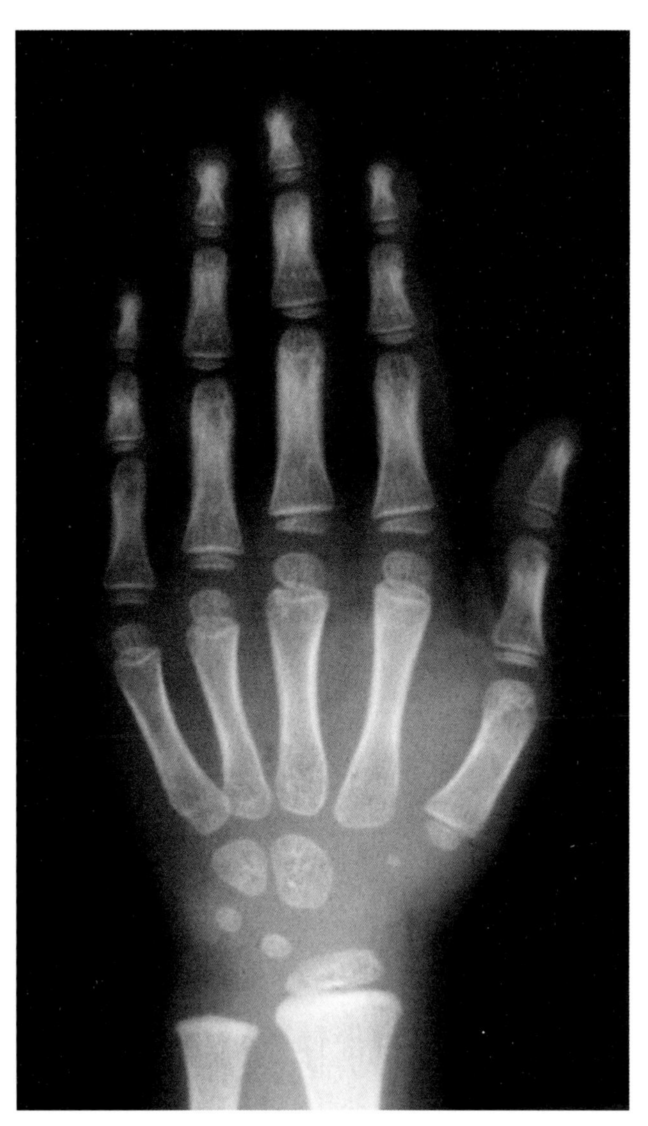

图 12.39 4.0 岁女性骨龄标准片

女性标准片:10 号 **骨龄:4.5 岁**

头状骨纵轴直径已大于其近侧缘至桡骨干骺端远侧缘之间的距离,头状骨与钩骨相对应的关节面相互成形;三角骨的钩骨关节面变平,骨化中心远侧端朝向钩骨生长;月骨增大,远侧缘开始致密;小多角骨骨化中心在早些时候已经出现,现已经增大为圆形,有平滑连续的缘;舟骨骨化中心出现,为钙化点(该片中舟骨骨化中心出现稍早)。

掌骨Ⅱ、Ⅲ骨化中心关节面开始分化,桡侧缘、远侧缘和尺侧缘之间出现区别(图 12.40)。

女性标准片:**10** 号　　骨龄:**4.5** 岁

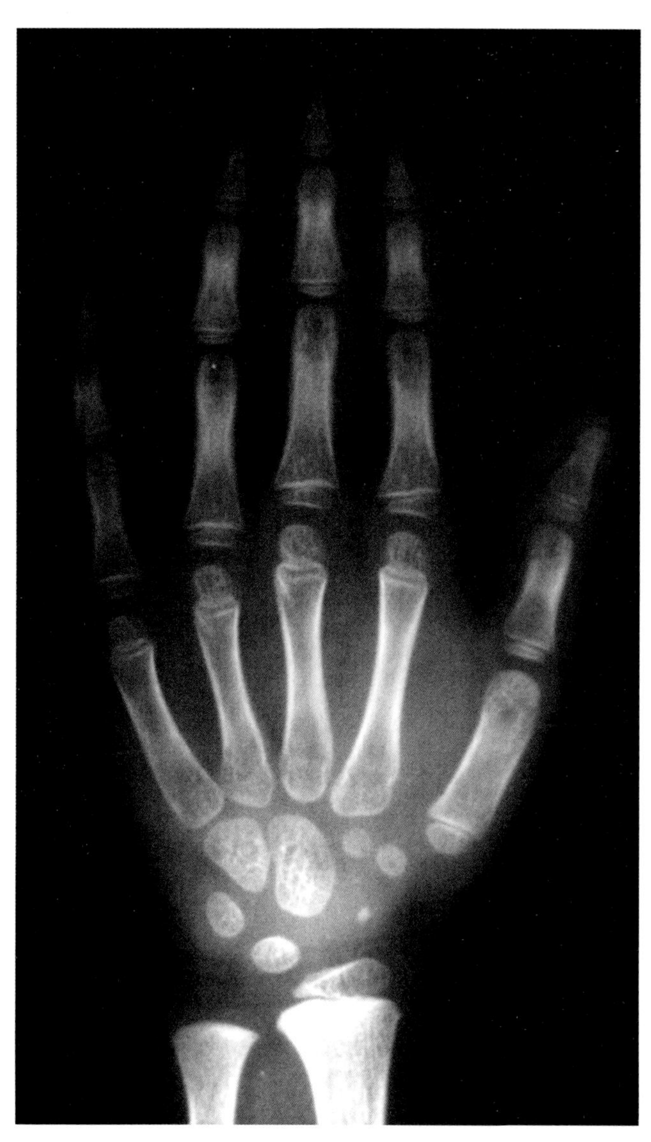

图 12.40　4.5 岁女性骨龄标准片

女性标准片:11 号　　骨龄:5.0 岁

桡骨骺骨化中心近侧缘可区分为掌侧面和背侧面。

头状骨的第二掌骨底关节面变平,舟骨骨化中心增大,有平滑连续的缘。

掌骨Ⅳ、Ⅴ骨化中心的关节面也开始分化,出现桡侧缘、远侧缘和尺侧缘之间的区别。

近节指骨Ⅰ、Ⅳ、Ⅴ骨化中心的关节面也均已出现,近侧缘凹陷,致密(图 12.41)。

女性标准片:11 号 骨龄:5.0 岁

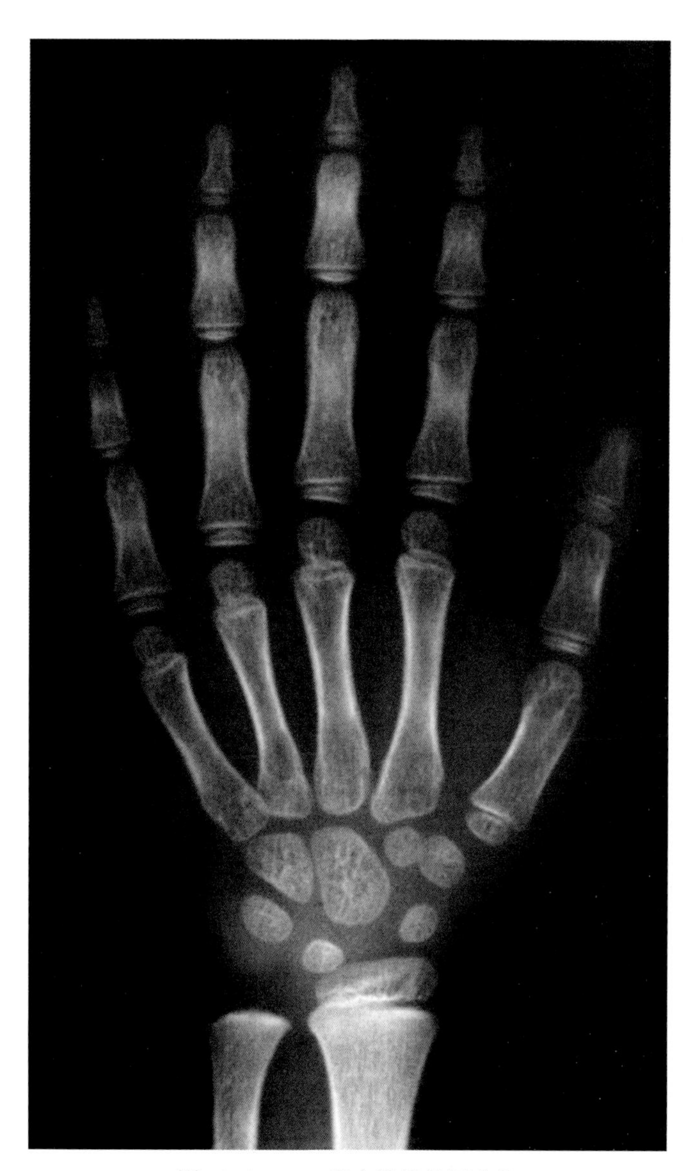

图 12.41 5.0 岁女性骨龄标准片

女性标准片:12 号　　骨龄:6.0 岁

钩骨的三角骨关节面开始凹陷;三角骨的月骨关节面开始变平;月骨的头状骨关节面的背侧面超过其掌侧面而朝向头状骨和舟骨。

远节指骨Ⅰ骨化中心横径已宽于骨干,与近节指骨相关节的滑车关节面开始出现(近-外侧缘致密并凹陷)。远节指骨Ⅱ、Ⅲ、Ⅳ、Ⅴ骨化中心横径与骨干等宽(图 12.42)。

女性标准片:12 号　　骨龄:6.0 岁

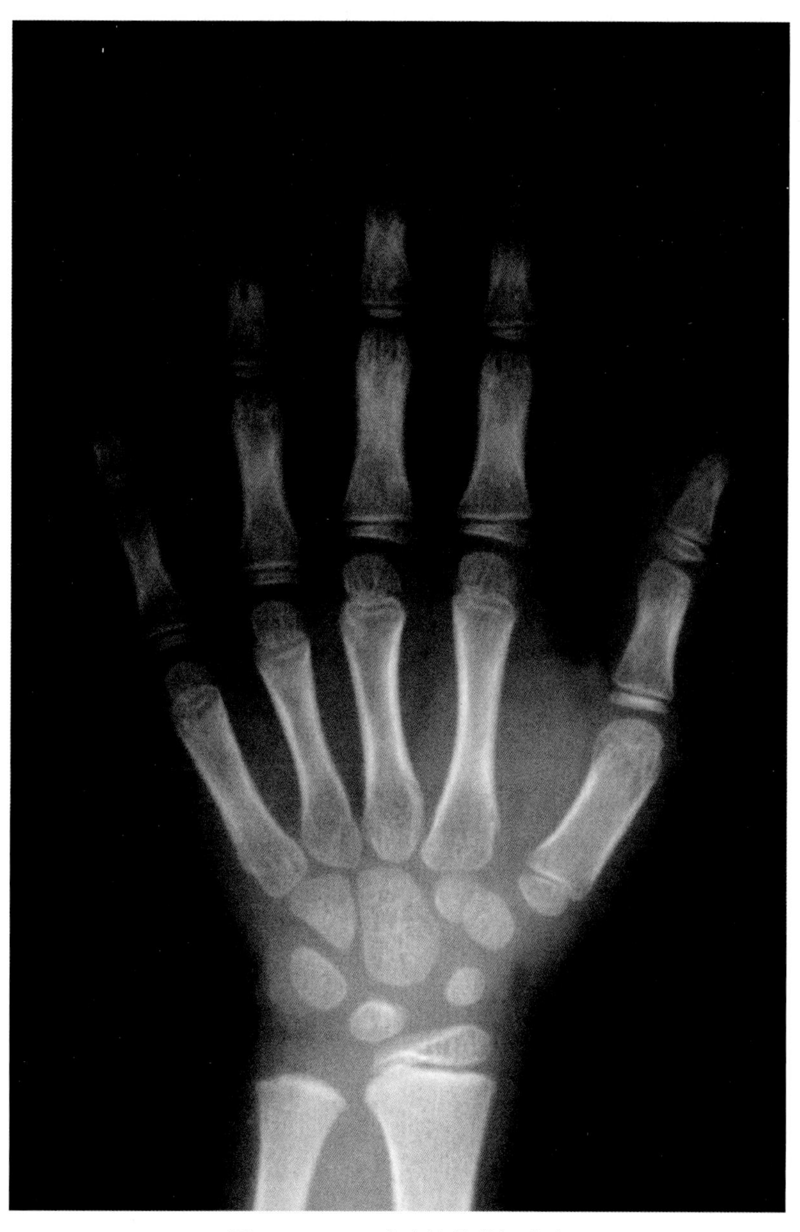

图 12.42　6.0 岁女性骨龄标准片

女性标准片:13 号 **骨龄:7.0 岁**

桡骨骺内侧端向尺骨方向生长;尺骨骺骨化中心在早些时候出现,现已有平滑连续的缘。

头状骨的第二掌骨底和小多角骨关节面已可见,缘致密;头钩关节相对应的关节面均已可见掌侧面和背侧面;舟骨骨化中心呈圆锥形;大多角骨的第一掌骨关节面变平,远侧端朝第二掌骨底生长;小多角骨的头状骨缘和第二掌骨缘致密。

掌骨Ⅰ骨化中心的大多角骨关节面开始出现,其近侧缘变平且致密。

中节指骨Ⅱ、Ⅲ、Ⅳ、Ⅴ骨化中心的中间部分增厚,朝向近节指骨生长。远节指骨Ⅱ、Ⅲ、Ⅳ骨化中心滑车关节面可区分掌侧面和背侧面,掌侧面超过致密的背侧面而朝向中节指骨(图 12.43)。

女性标准片:**13**号　　骨龄:**7.0**岁

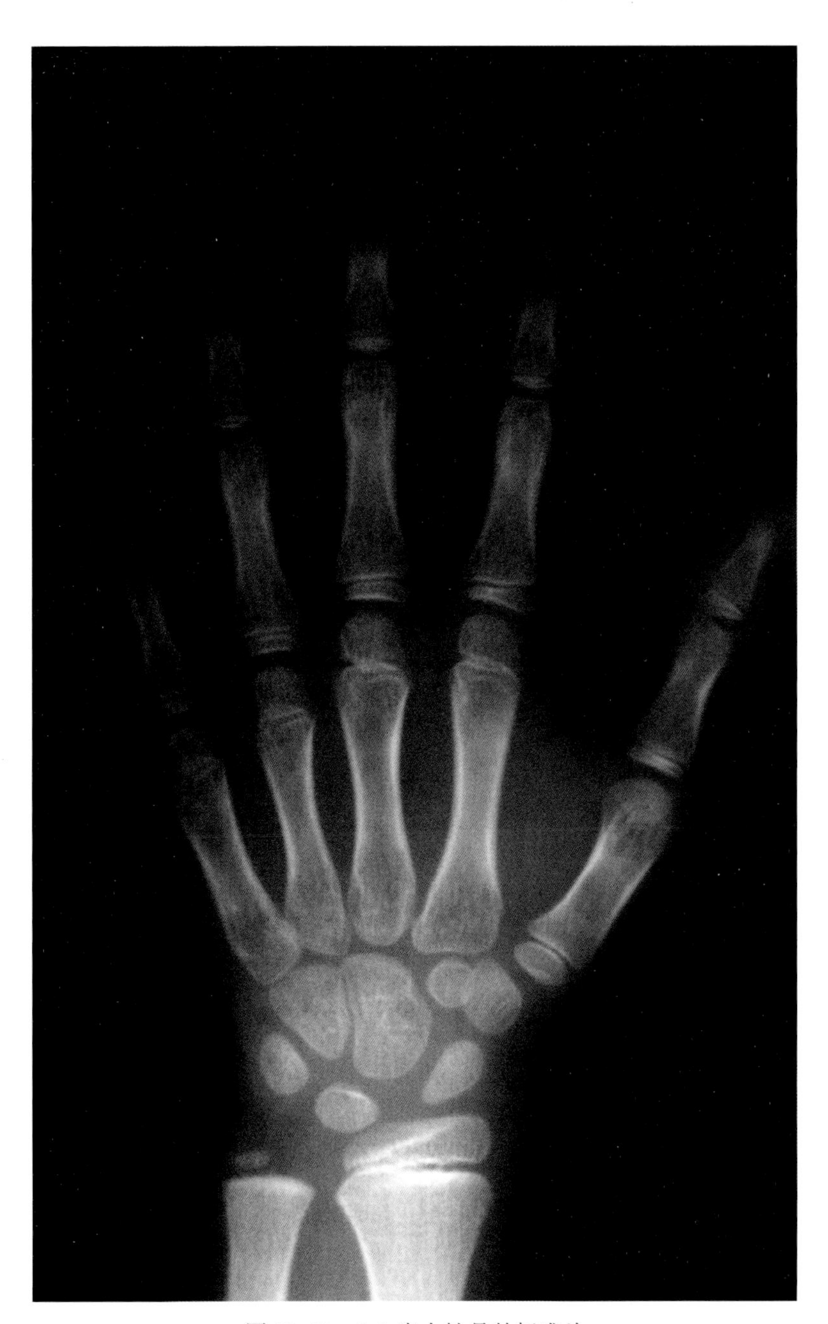

图12.43　7.0岁女性骨龄标准片

女性标准片:14 号 **骨龄:8.0 岁**

尺骨骺骨化中心生长成楔形,内侧缘为圆形,外侧端的尖顶朝向桡骨(该片中尺骨骺发育稍延迟)。

头状骨的第二掌骨底关节面可区分为掌侧面和背侧面;钩骨的第三、第四掌骨底关节面可区分为掌侧面和背侧面,背侧面超过稍致密的掌侧面向掌骨生长;三角骨骨化中心的钩骨关节面也分化为掌侧面和背侧面,远侧缘内的致密白线为掌侧面;月骨骨化中心的头状骨关节面的掌侧面朝向头状骨,隐约可见的背侧面朝向舟骨;舟骨骨化中心的头状骨关节面可见背侧面超过致密白线的掌侧面向头状骨生长;小多角骨骨化中心的第二掌骨关节面的背侧面向第二掌骨生长。

掌骨Ⅰ骨化中心的大多角骨鞍状关节面开始出现;掌骨Ⅱ、Ⅲ、Ⅳ骨化中心的近节指骨关节面可区分为掌侧面和背侧面,影像内的纵向致密白线为掌侧面。

近节指骨Ⅱ骨化中心横径与骨干等宽;掌指骨的桡侧生长快于尺侧,近节指骨Ⅰ、Ⅲ和中节指骨Ⅲ骨化中心的桡侧缘与骨干的桡侧缘齐平(图 12.44)。

女性标准片:**14** 号　　　　骨龄:**8.0** 岁

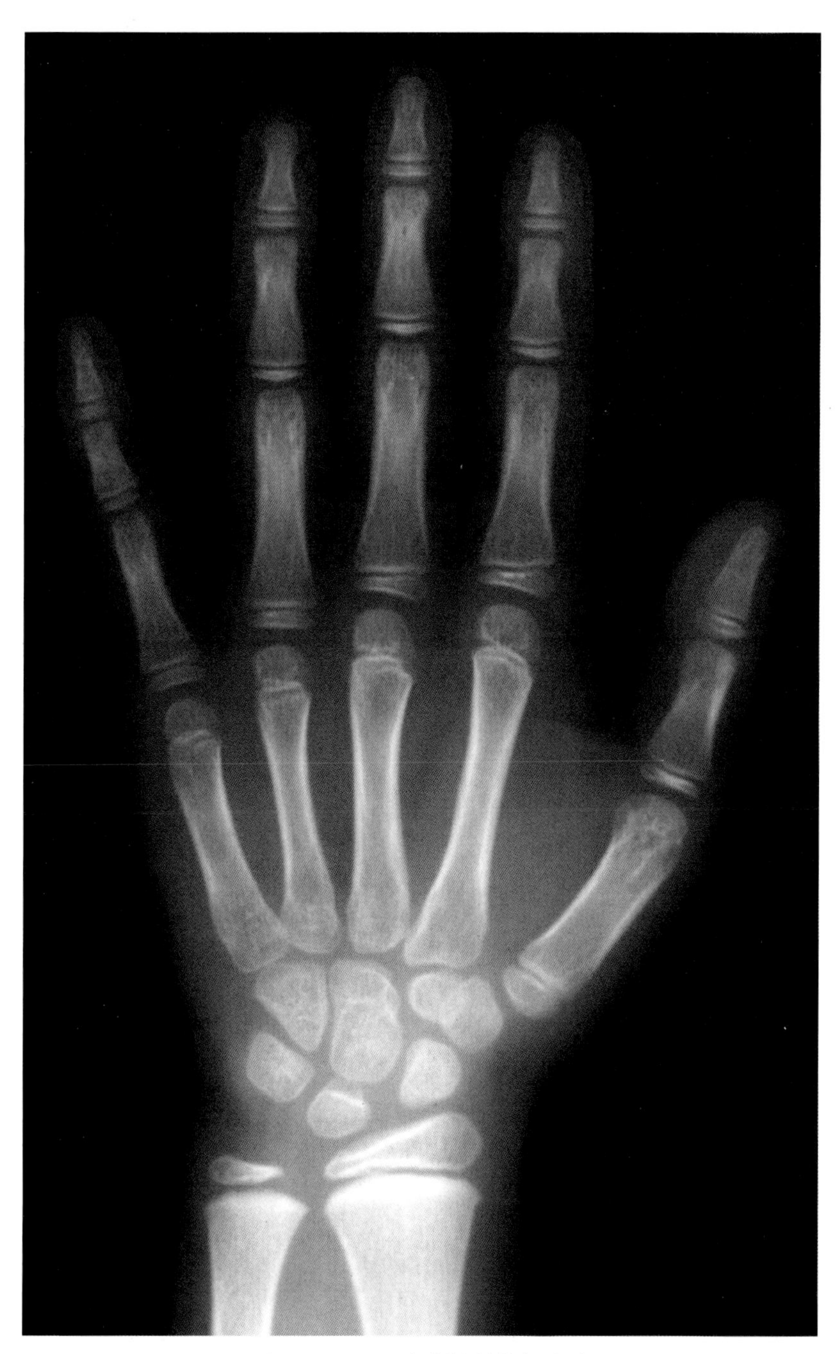

图 12.44　8.0 岁女性骨龄标准片

女性标准片:15 号　　骨龄:9.0 岁

桡骨骺骨化中心的尺骨关节面可区分为掌侧面和背侧面,尺骨关节面的骨干部分也可见掌侧面和背侧面;尺骨骺骨化中心已可区分出尺骨头和茎突(由于尺骨头密度较大,致密的关节面内侧缘将尺骨头和茎突区分开来。尺骨茎突发育的个体差异较大,该片中尺骨茎突发育延迟。)

钩骨骨化中心的第三、第四掌骨关节面的掌侧面清晰可见;三角骨骨化中心的月骨关节面也已见掌侧面和背侧面,背侧面超过致密的掌侧面朝向月骨;月骨骨化中心的头状骨关节面(鞍状关节面)的背侧面清晰可见,朝向舟骨生长;大多角骨骨化中心的第一掌骨关节面(鞍状关节面)的掌侧面和背侧面清晰可辨,中间部分(鞍底)致密。

近节指骨Ⅰ骨化中心横径宽于骨干,近节指骨Ⅲ、Ⅳ骨化中心横径与骨干等宽;所有中节指骨骨化中心的滑车关节面已清晰可见,致密线为背侧面,掌侧面在一侧或两侧向近节指骨凸出;远节指骨Ⅴ骨化中心的滑车关节面也可分辨为掌侧面和背侧面,掌侧面超过致密的背侧面朝向中节指骨Ⅴ(图 12.45)。

女性标准片:15 号 骨龄:9.0 岁

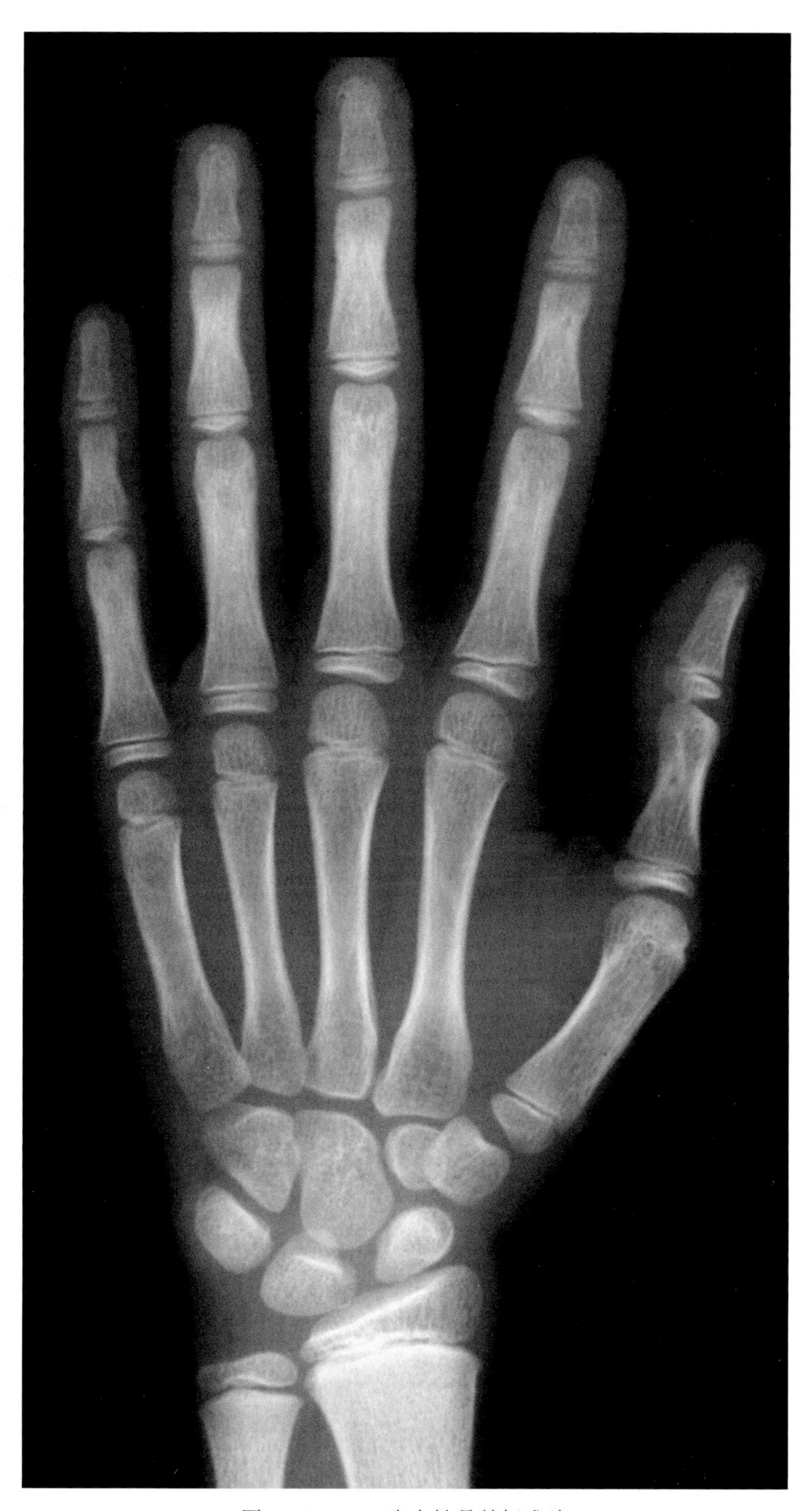

图 12.45 9.0 岁女性骨龄标准片

女性标准片:16 号 **骨龄:9.5 岁**

头状骨骨化中心的各关节面均已完全确定;钩骨骨化中心的钩的轮廓开始出现,第四、第五掌骨关节面的背侧面进一步生长,与第五掌骨底影像重叠;月骨骨化中心的头状骨关节面的马鞍形已很清晰,背侧面超过掌侧缘至舟骨距离的 1/2;舟骨骨化中心的头状骨关节面的背侧面超过致密白线,朝向月骨和头状骨的近侧端,舟骨的大、小多角骨关节面变平;大多角骨远侧端朝向第二掌骨底生长;小多角骨骨化中心的头状骨和第二掌骨底关节面的掌侧面和背侧面均已清晰可见。

掌骨Ⅰ骨化中心的大多角骨关节面可区分为掌侧面和背侧面,向近侧凸出的部分为鞍状关节面的背侧面,骨化中心内侧缘开始变平。

近节指骨Ⅴ骨化中心横径与骨干等宽;中节指骨Ⅱ、Ⅳ骨化中心横径与骨干等宽(中节指骨Ⅲ骨化中心的桡侧部分已开始覆盖骨干,发育稍提前);远节指骨Ⅰ骨化中心的尺侧端增厚,远节指骨Ⅱ、Ⅲ骨化中心的桡侧缘开始变平(图 12.46)。

女性标准片:16 号 骨龄:9.5 岁

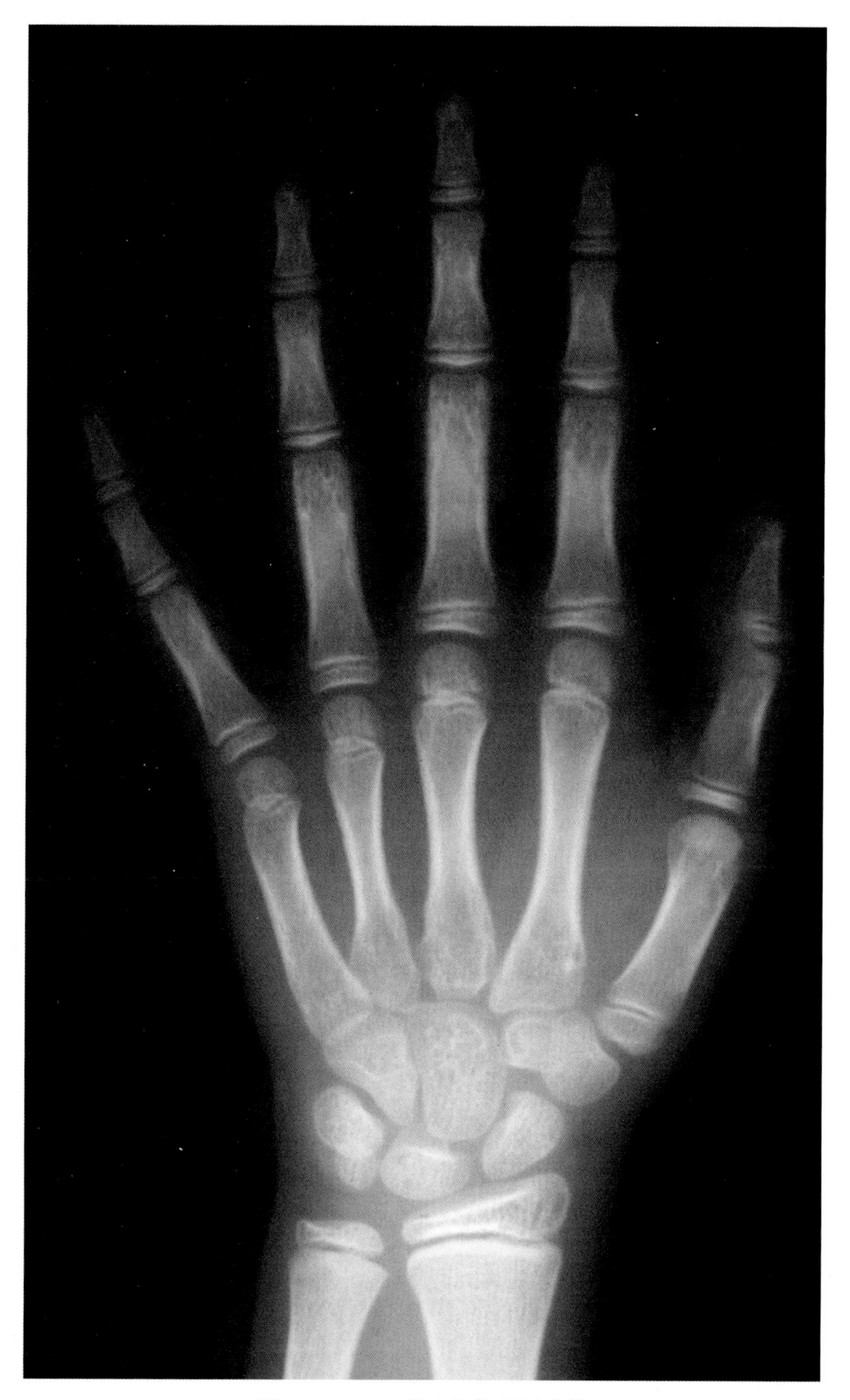

图 12.46 9.5 岁女性骨龄标准片

女性标准片:17 号　　骨龄:10.0 岁

月骨骨化中心鞍状关节面的背侧面向外侧延伸,舟骨骨化中心的头状骨关节面背侧面的月骨端向内侧生长,使二者相互重叠;大多角的远侧端开始与第二掌骨底桡侧端的影像重叠。

近节指骨Ⅲ骨化中心远侧缘和外侧缘变平,使其桡侧端近似方形。中节指骨Ⅴ骨化中心横径与骨干等宽;远节指骨Ⅰ骨化中心的桡侧端增厚;远节指骨Ⅱ、Ⅲ、Ⅳ、Ⅴ骨化中心桡侧和尺侧缘开始变平(图 12.47)。

女性标准片:**17** 号　　骨龄:**10.0** 岁

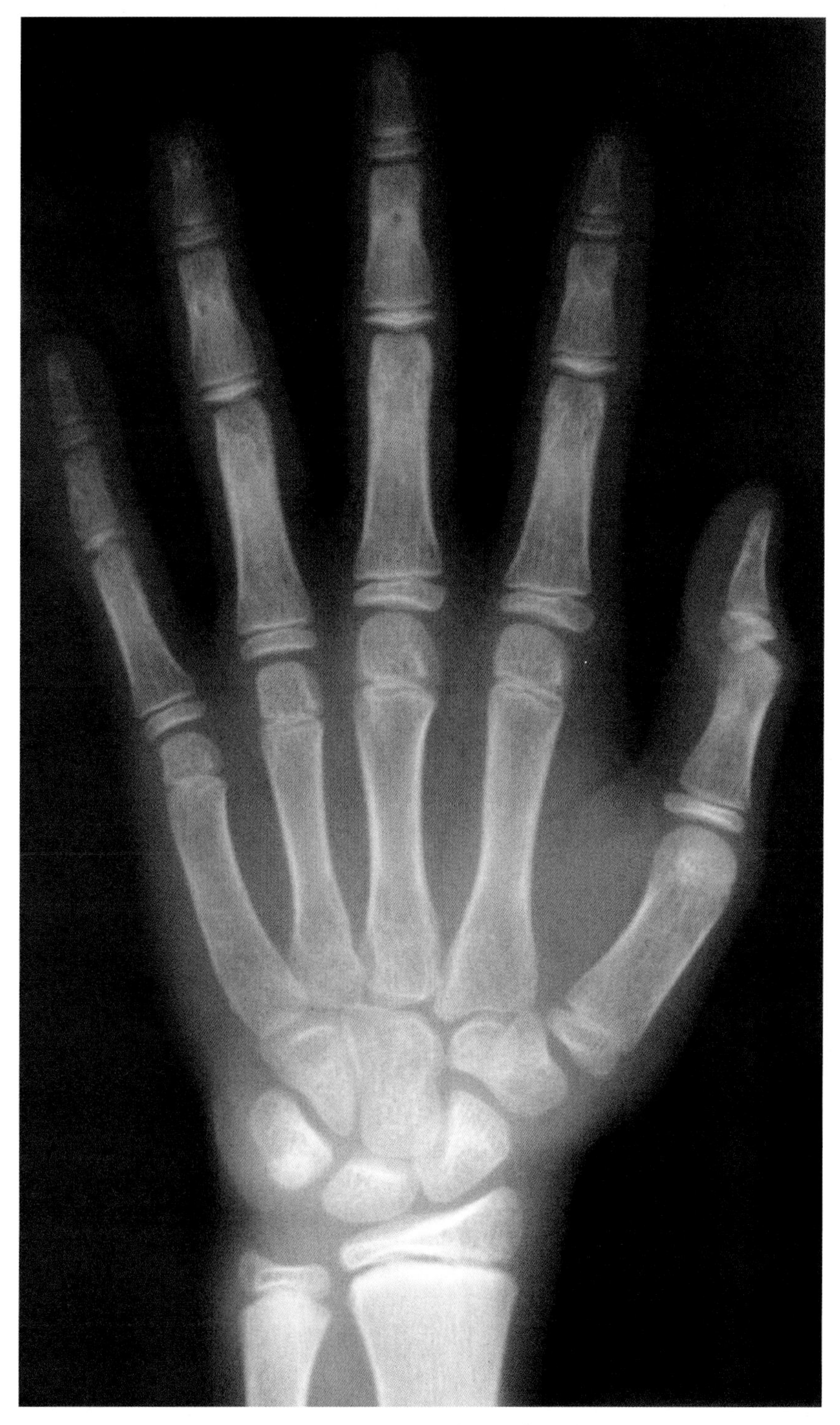

图 12.47　10.0 岁女性骨龄标准片

女性标准片:18 号 **骨龄:10.5 岁**

桡骨骺骨化中心尺骨关节面的背侧面开始变平。

钩骨骨化中心钩的全部轮廓清晰可见(部分致密的影像与第四、第五掌骨底关节面的掌侧面重叠);三角骨骨化中心的远侧端增宽;大多角骨骨化中心的桡侧缘开始向外侧凸出,骨化中心的舟骨缘变平、致密。

掌骨Ⅰ骨化中心在桡尺两侧覆盖骨干;掌骨Ⅱ、Ⅲ、Ⅳ、Ⅴ骨化中心与骨干等宽,掌骨头影像内的纵向致密白线清楚地显示出了掌侧面的轮廓(两条致密白线之间的部分即为近节指骨关节面)。

近节指骨Ⅰ骨化中心尺侧缘开始覆盖骨干,桡侧端呈方形;近节指骨Ⅱ、Ⅲ、Ⅳ骨化中心桡侧缘开始覆盖骨干,尺侧端呈方形;所有中节指骨Ⅳ、Ⅴ骨化中心桡侧和尺侧端增厚(图 12.48)。

女性标准片:18 号　　骨龄:10.5 岁

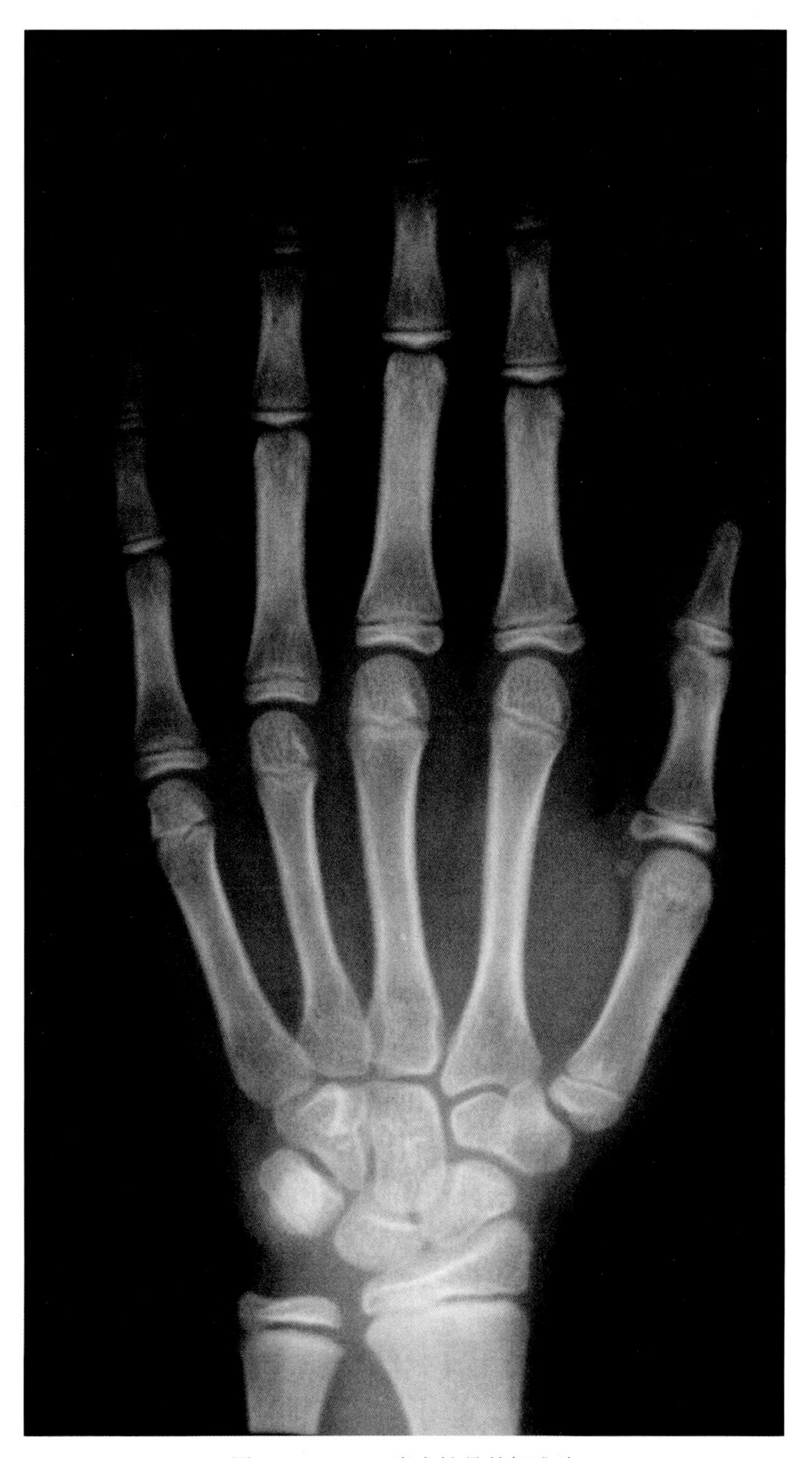

图 12.48　10.5 岁女性骨龄标准片

女性标准片:19 号　　骨龄:11.0 岁

桡骨骺骨化中心外侧缘开始覆盖骨干。

舟骨骨化中心远侧部分向外侧生长,而出现桡骨茎突关节面,近侧缘凹陷。大多角骨骨化中心的舟骨关节面可见掌侧面和背侧面,背侧面超过致密的掌侧面朝向舟骨;小多角骨的舟骨关节面也已出现,其舟骨缘凹陷、致密。

近节指骨Ⅱ、Ⅲ、Ⅳ、Ⅴ骨化中心的桡侧和尺侧均已覆盖骨干;所有中节指骨骨化中心的桡侧开始覆盖骨干;远节指骨Ⅰ骨化中心也已在桡侧和尺侧覆盖骨干;远节指骨Ⅱ、Ⅲ、Ⅳ、Ⅴ骨化中心分别在桡侧或尺侧覆盖骨干(图 12.49)。

女性标准片:**19** 号 骨龄:**11.0** 岁

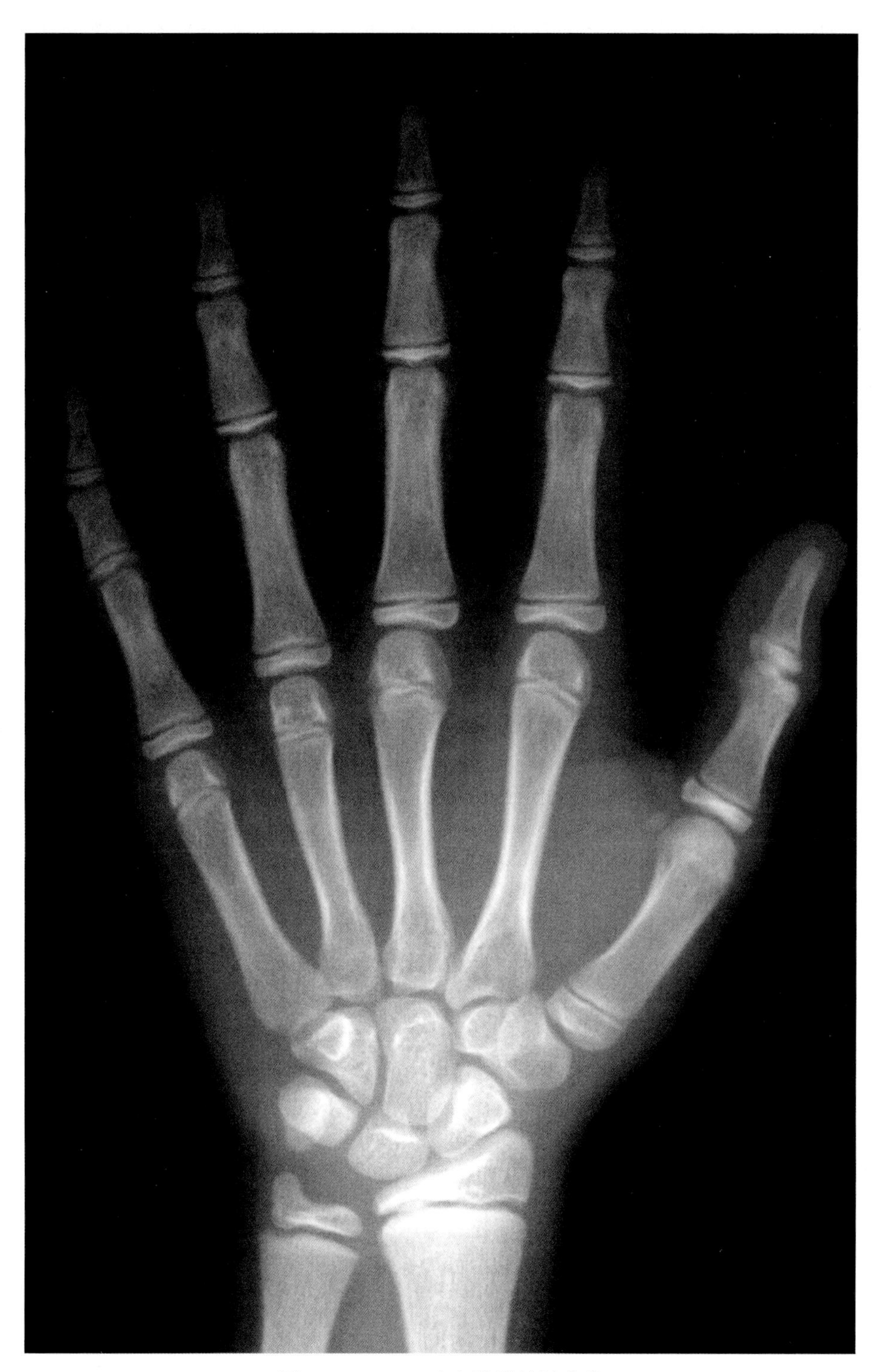

图 12.49 11.0 岁女性骨龄标准片

女性标准片:20 号 **骨龄:11.5 岁**

桡骨骺骨化中心的尺骨关节面的掌侧面、背侧面以及外侧缘均已覆盖骨干,桡骨骺骨化中心各关节面的范围均已确立;尺骨骨化中心的横径与骨干等宽。

大多角骨的桡侧缘进一步向外侧凸出,将该缘分为两部分:远侧部分朝向外侧,近侧部分朝向桡骨茎突。所有腕骨均已达到成年时的形状(图 12.50)。

女性标准片:20 号 骨龄:11.5 岁

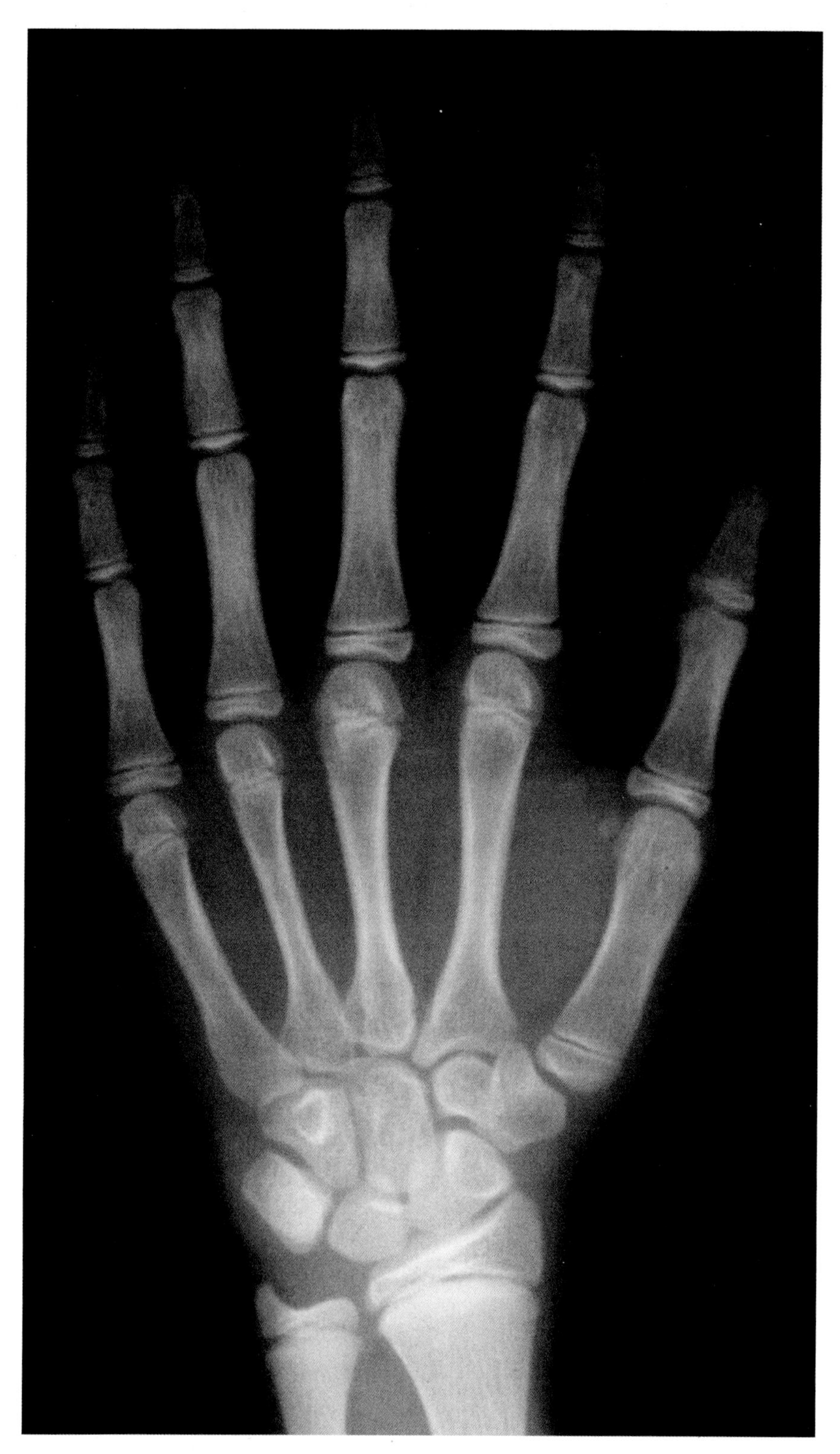

图 12.50 11.5 岁女性骨龄标准片

女性标准片:21号 骨龄:12.0岁

掌骨Ⅰ骨化中心开始和骨干融合。

近节指骨Ⅰ骨化中心的桡侧也已覆盖骨干;所有中节指骨骨化中心的尺侧也均已覆盖骨干;所有远节指骨骨化中心均开始与骨干融合,远节指骨Ⅰ、Ⅱ骨化中心的融合进程已过半。尚未开始融合的掌指骨的骺生长板已经变薄(图12.51)。

女性标准片:**21** 号 骨龄:**12.0** 岁

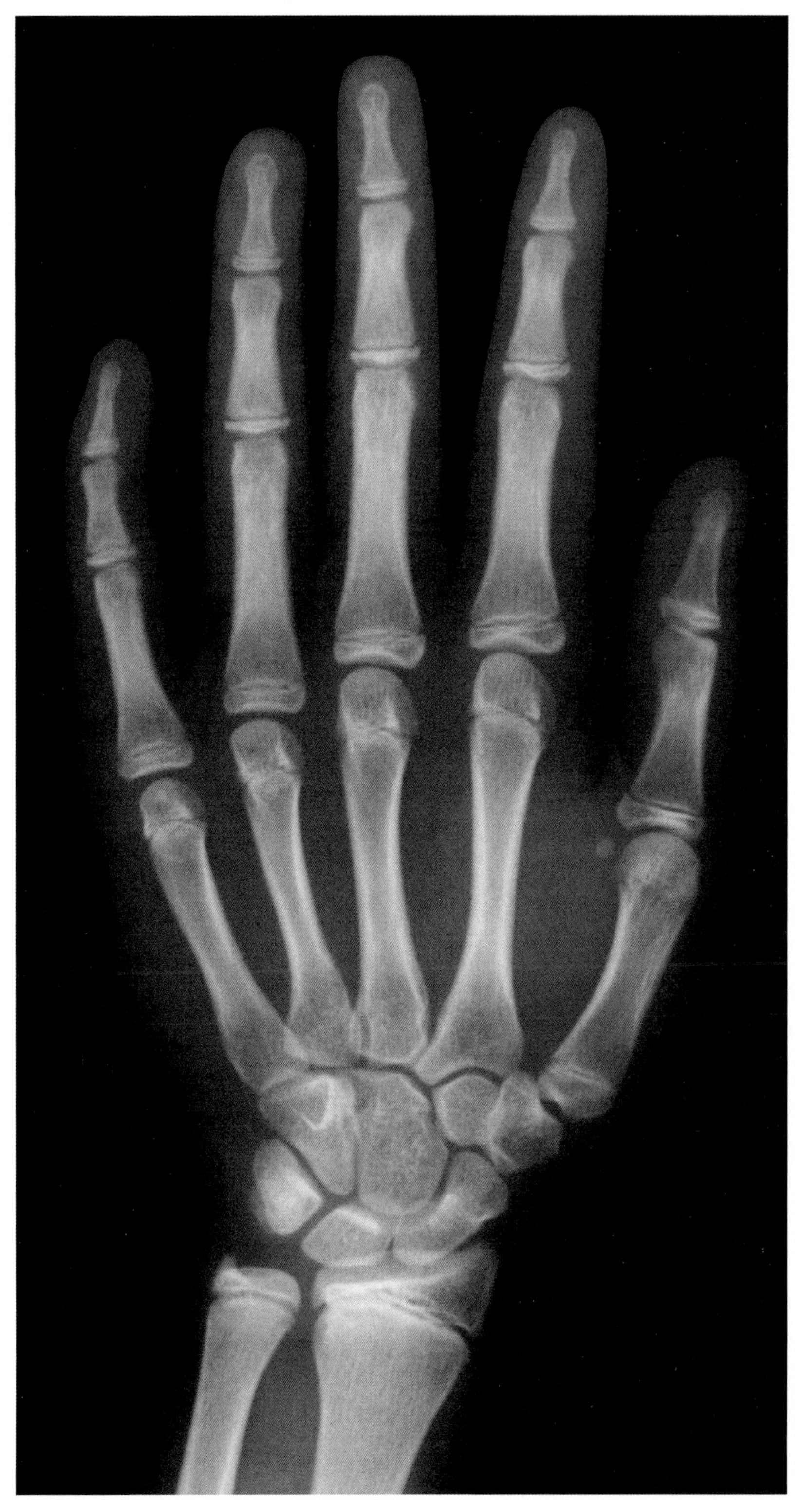

图 12.51 12.0 岁女性骨龄标准片

女性标准片:22 号 **骨龄:12.5 岁**

该片中的尺骨骺发育提前。

掌骨Ⅰ骨化中心的生长板已经完全钙化,融合进程过半;掌骨Ⅱ、Ⅲ、Ⅳ骨化中心开始和骨干融合。

近节指骨Ⅱ、Ⅲ、Ⅳ、Ⅴ骨化中心开始与骨干融合;所有远节指骨骨化中心与骨干的融合已基本完成,但钙化的骺线仍然很明显(图 12.52)。

女性标准片 : **22** 号　　　　骨龄 : **12.5** 岁

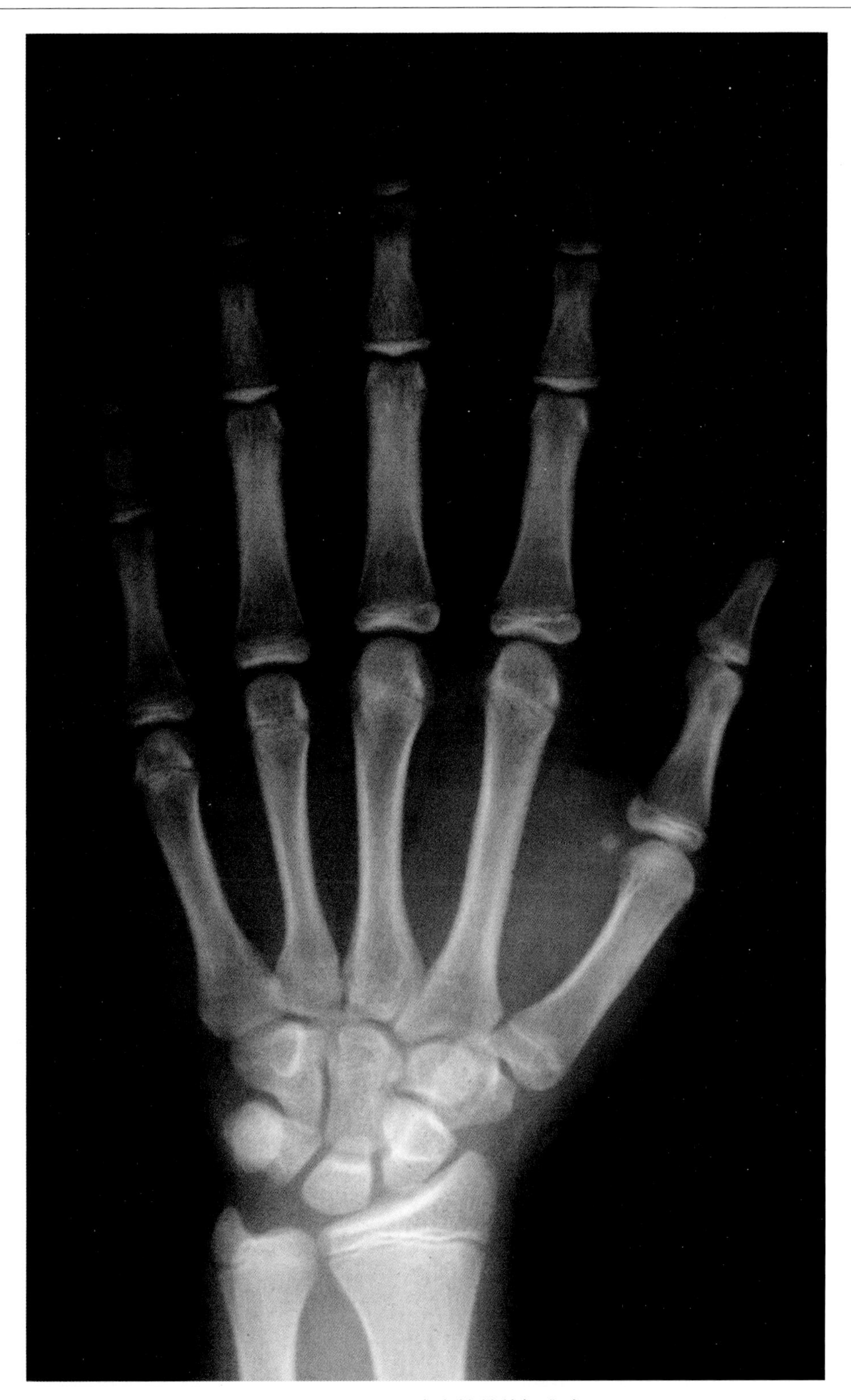

图 12.52　12.5 岁女性骨龄标准片

女性标准片:23 号 **骨龄:13.0 岁**

桡骨和尺骨骺骨化中心开始和骨干融合。

掌骨Ⅰ骨化中心完成融合;掌骨Ⅱ、Ⅲ、Ⅳ骨化中心融合进程过半;掌骨Ⅴ已开始和骨干融合,融合进程接近 1/2。

所有近节指骨骨化中心的融合进程均已过半;所有中节指骨骨化中心均已开始和骨干融合;远节指骨Ⅰ、Ⅱ、Ⅲ、Ⅳ骨化中心完成融合,远节指骨Ⅴ骨化中心尚存留有明显的骺线(图 12.53)。

女性标准片:**23** 号 骨龄:**13.0** 岁

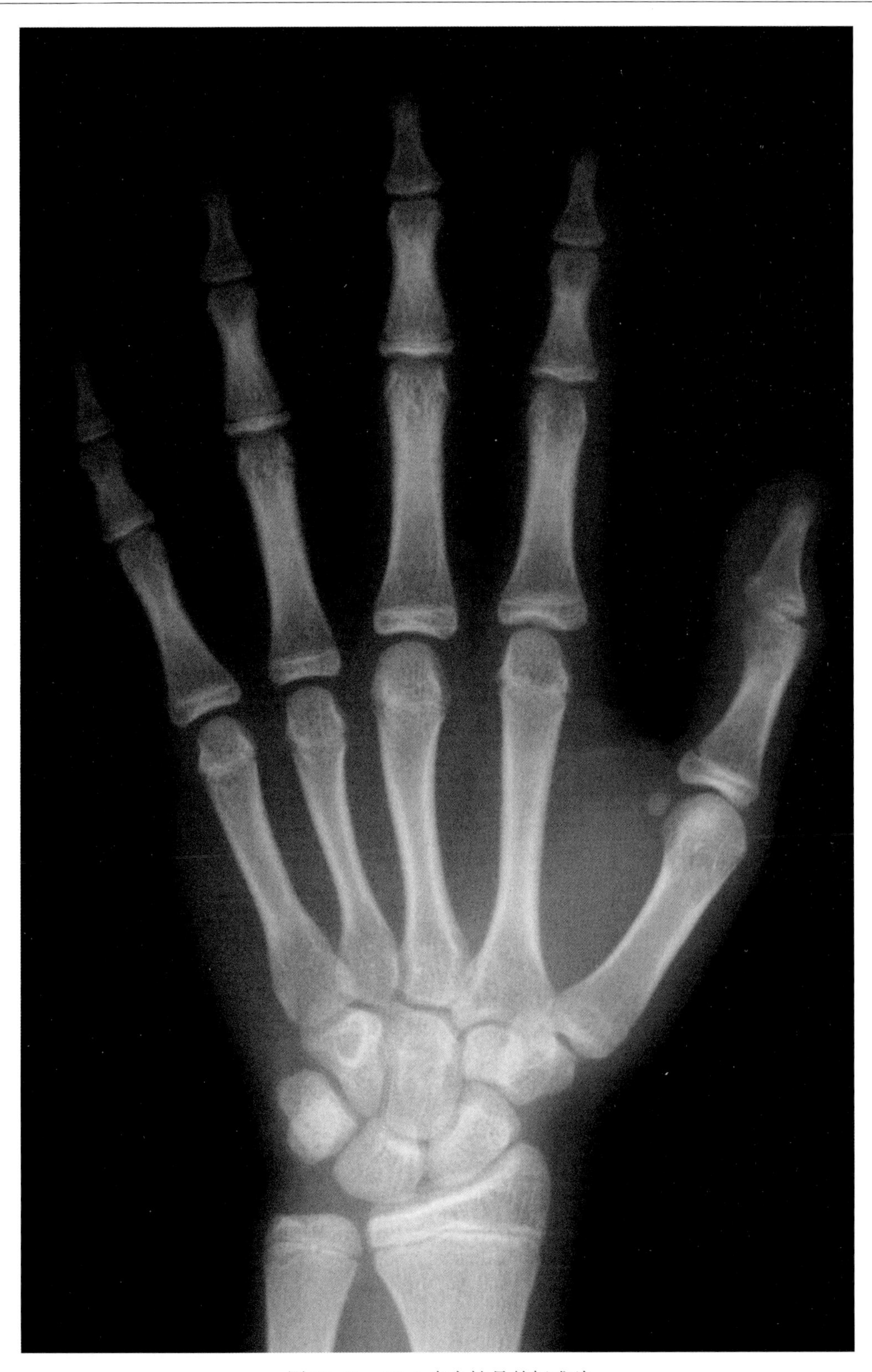

图 12.53 13.0 岁女性骨龄标准片

女性标准片:24 号 **骨龄:13.5 岁**

所有近节指骨骨化中心生长板已完全钙化,近节指骨Ⅴ骨化中心的骺线已部分消失。中节指骨Ⅱ、Ⅴ骨化中心融合进程过半(该片中掌骨发育稍延迟)(图 12.54)。

女性标准片:**24** 号 骨龄:**13. 5** 岁

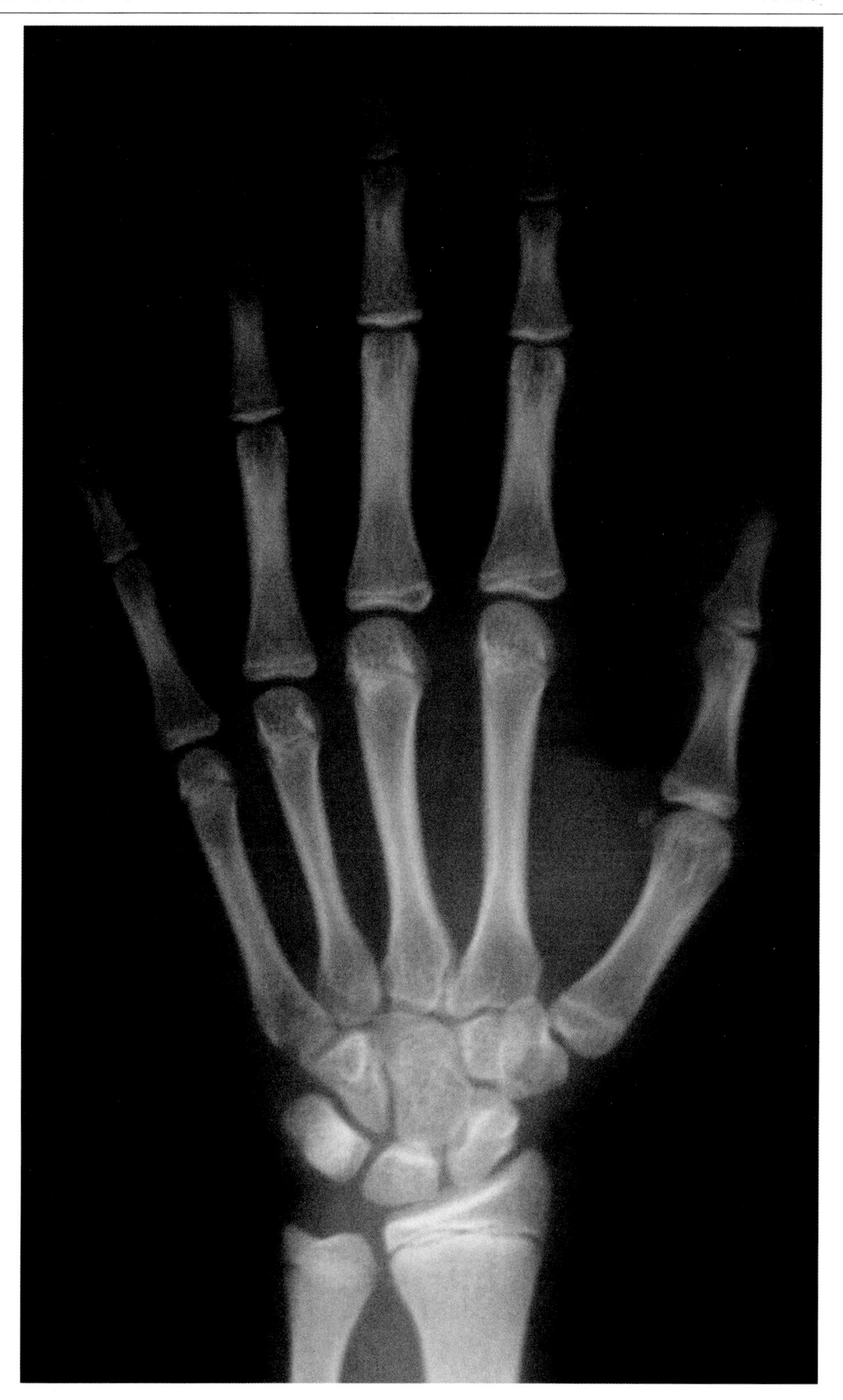

图 12. 54　13. 5 岁女性骨龄标准片

女性标准片:**25** 号　　骨龄:**14.0** 岁

桡骨骺骨化中心融合进程接近 1/2;该标准片中尺骨骺骨化中心发育延迟。

除掌骨Ⅴ和中节指骨Ⅲ、Ⅳ骨化中心融合进程过半外,其余掌骨、指骨的骺均已基本完成融合,但仍残留不同程度的骺线(图 12.55)。

女性标准片:**25** 号 骨龄:**14.0** 岁

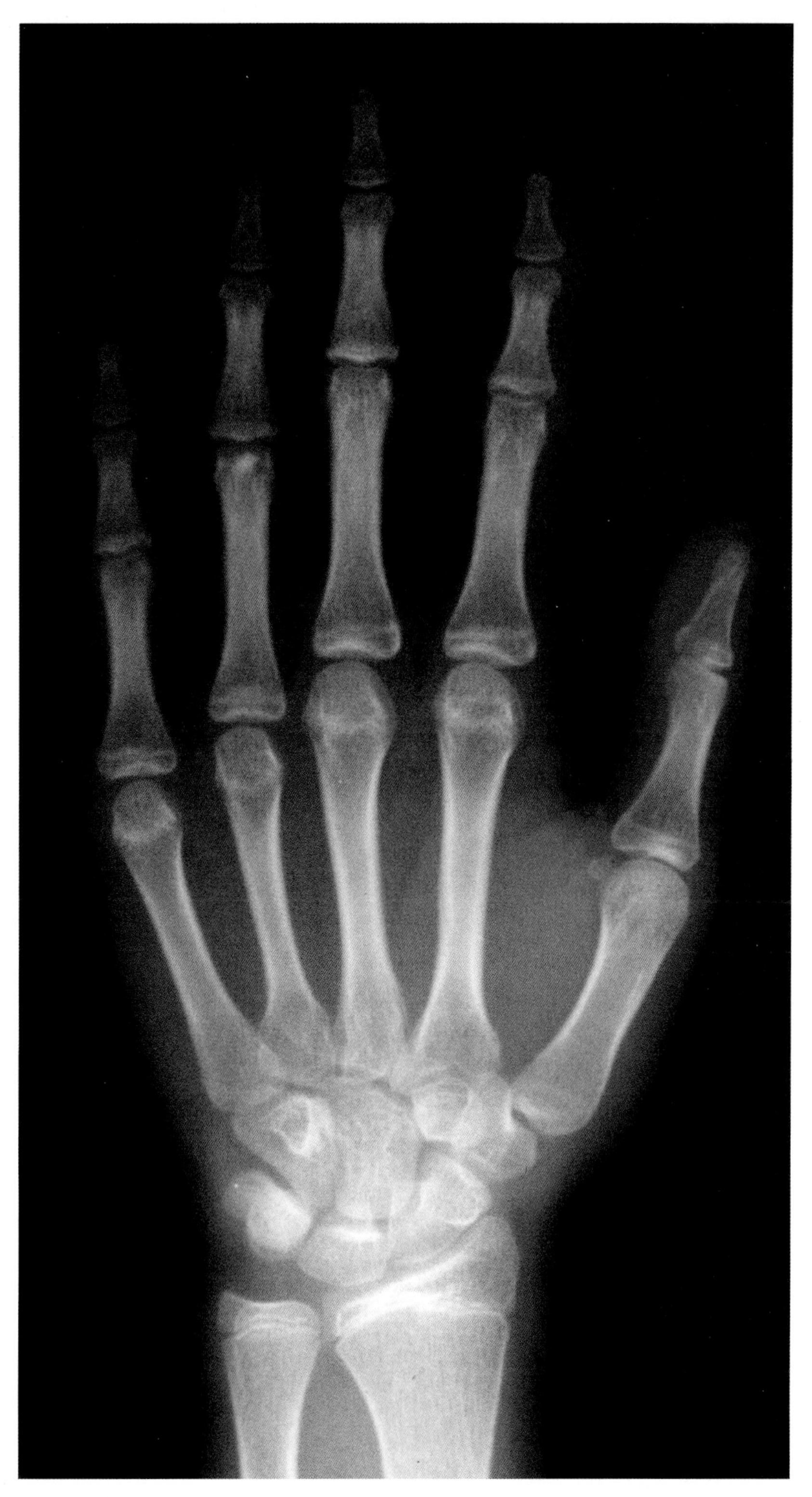

图 12.55 14.0 岁女性骨龄标准片

女性标准片:26 号　　骨龄:15.0 岁

桡骨骺和尺骨骺骨化中心融合进程已经过半。

所有掌指骨骺融合过程所残留的骺线均已消失(图 12.56)

女性标准片:**26** 号　　骨龄:**15.0** 岁

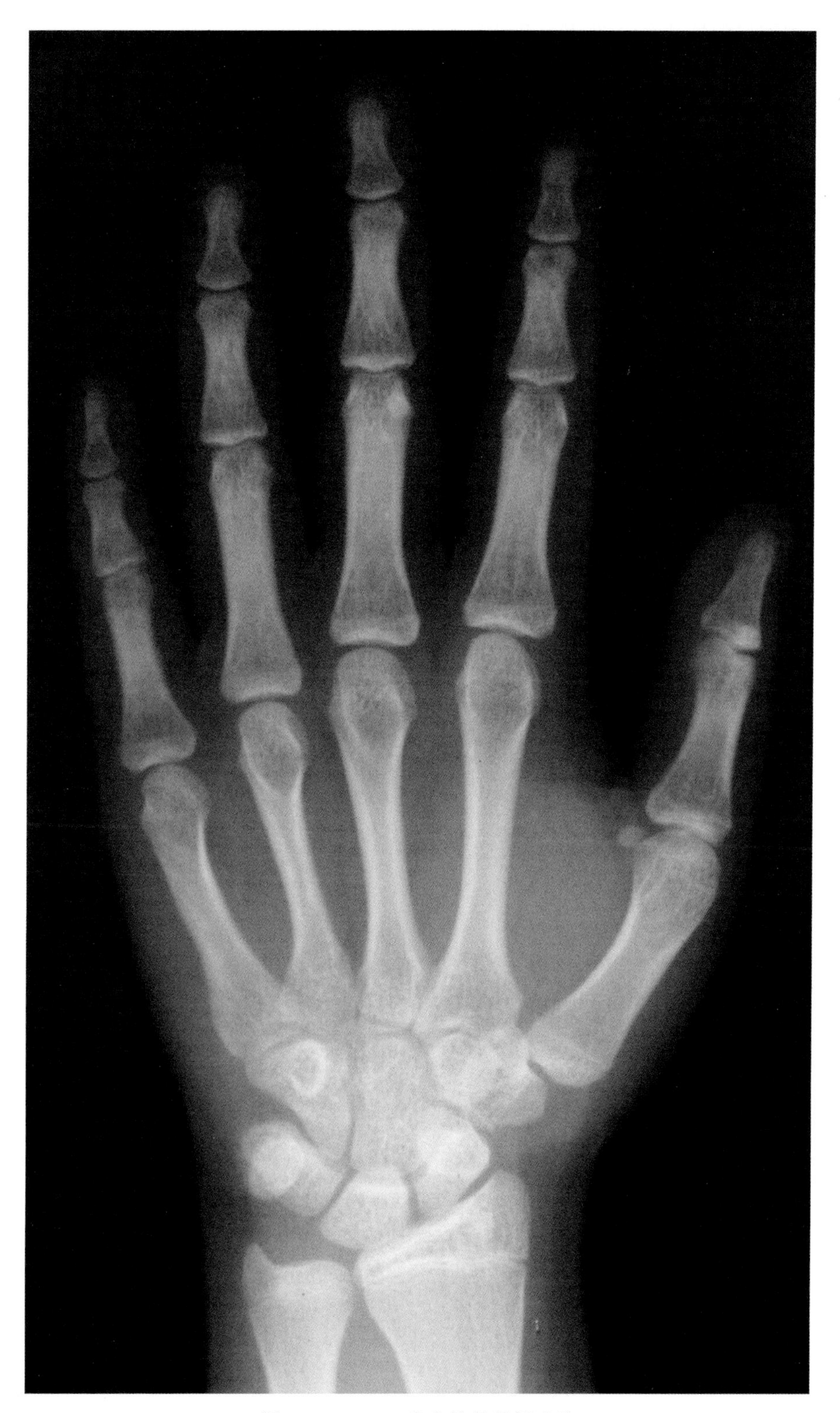

图 12.56　15.0 岁女性骨龄标准片

女性标准片：27 号 **骨龄：16.0 岁**

桡骨骺和尺骨骺骨化中心融合进程达到 3/4 左右(图 12.57)。

女性标准片:**27** 号 骨龄:**16.0** 岁

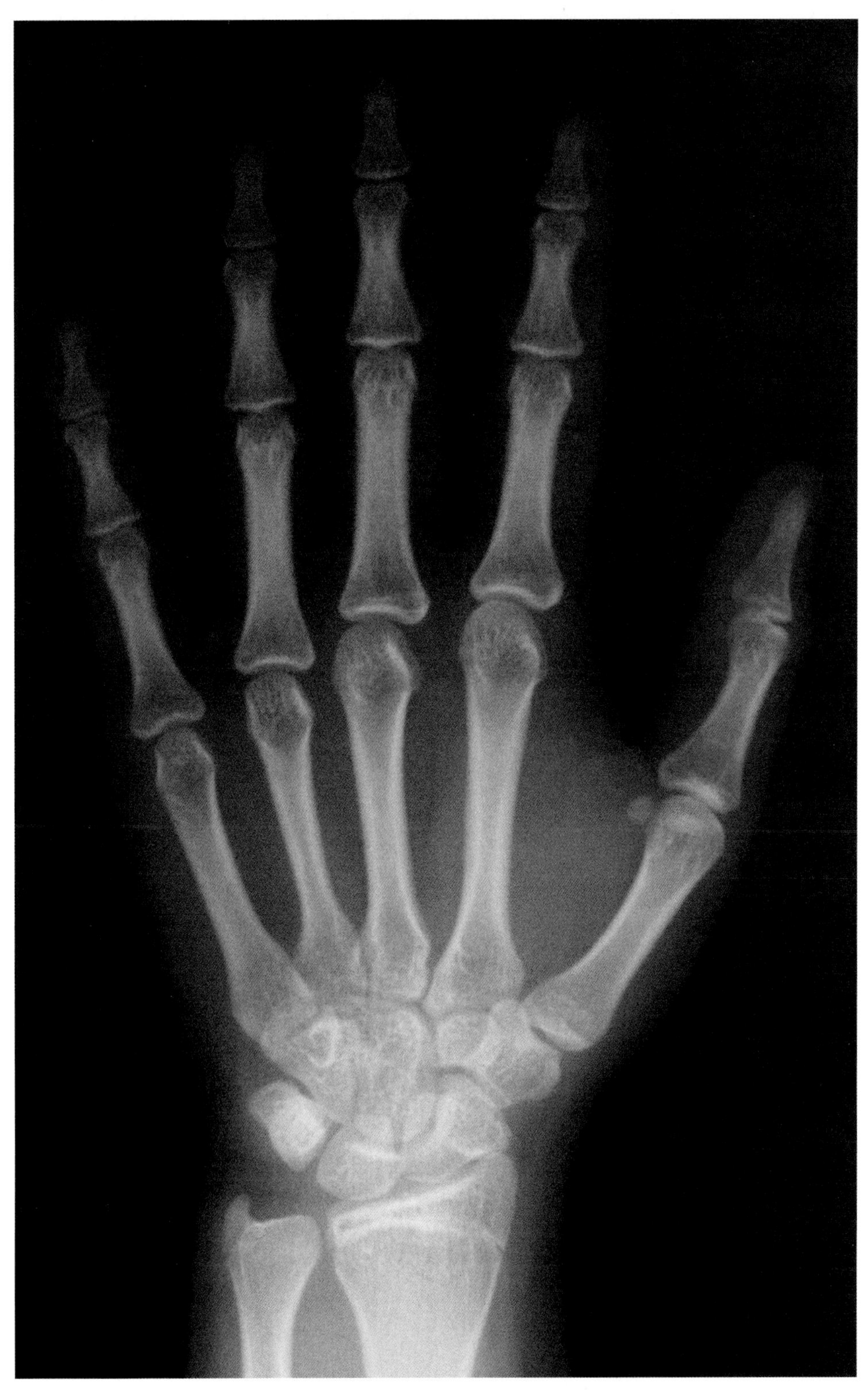

图 12.57 16.0 岁女性骨龄标准片

女性标准片:28 号 **骨龄:17.0 岁**

桡骨骺完成融合,尚残留部分骺线;尺骨骺在此之前已经完成融合(图 12.58)。

女性标准片:**28** 号 骨龄:**17.0** 岁

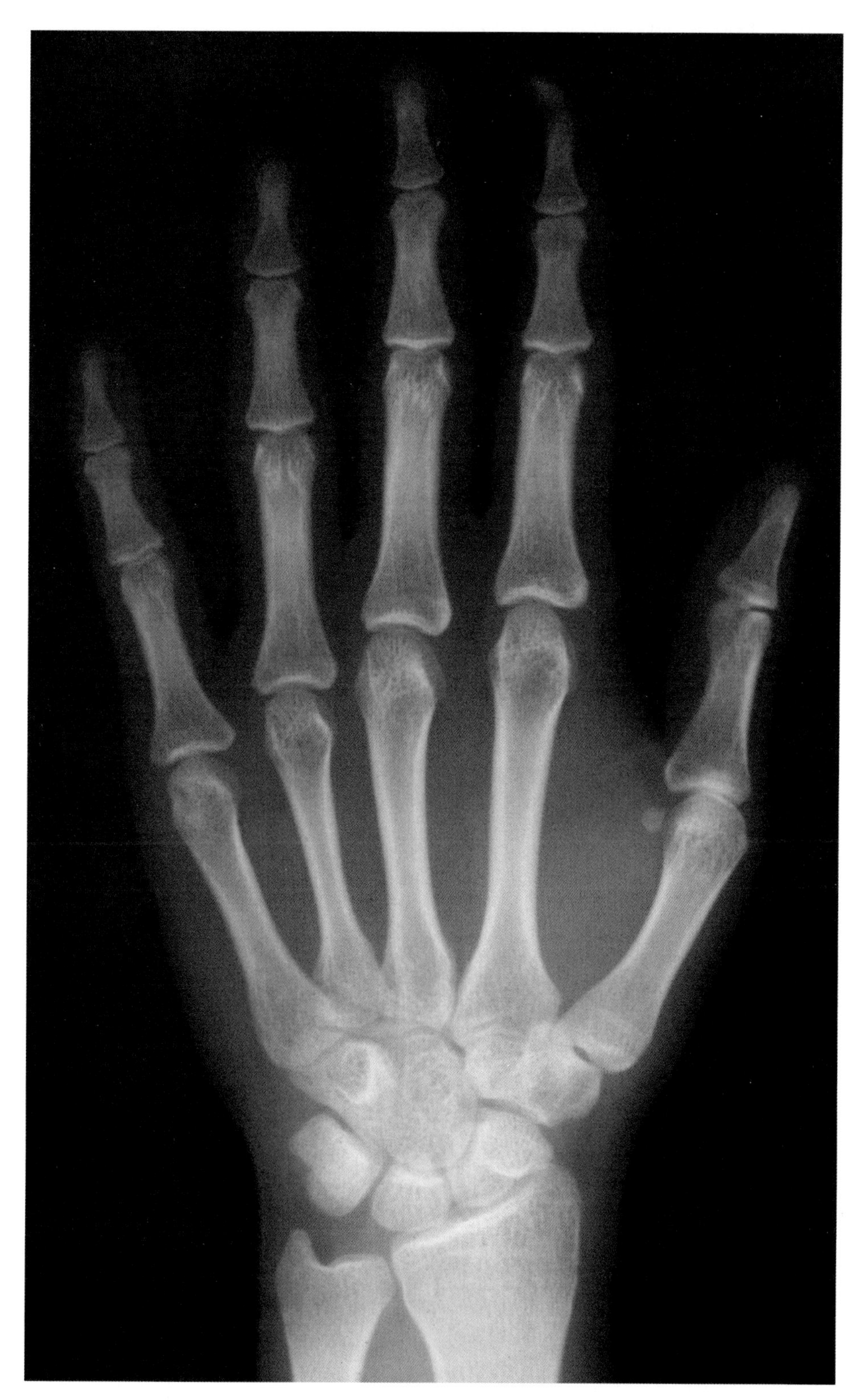

图 12.58 17.0 岁女性骨龄标准片

女性标准片:29 号　　骨龄:成年

手腕部各骨均已达到成年状态(图 12. 59)。

女性标准片:29 号　　骨龄:成年

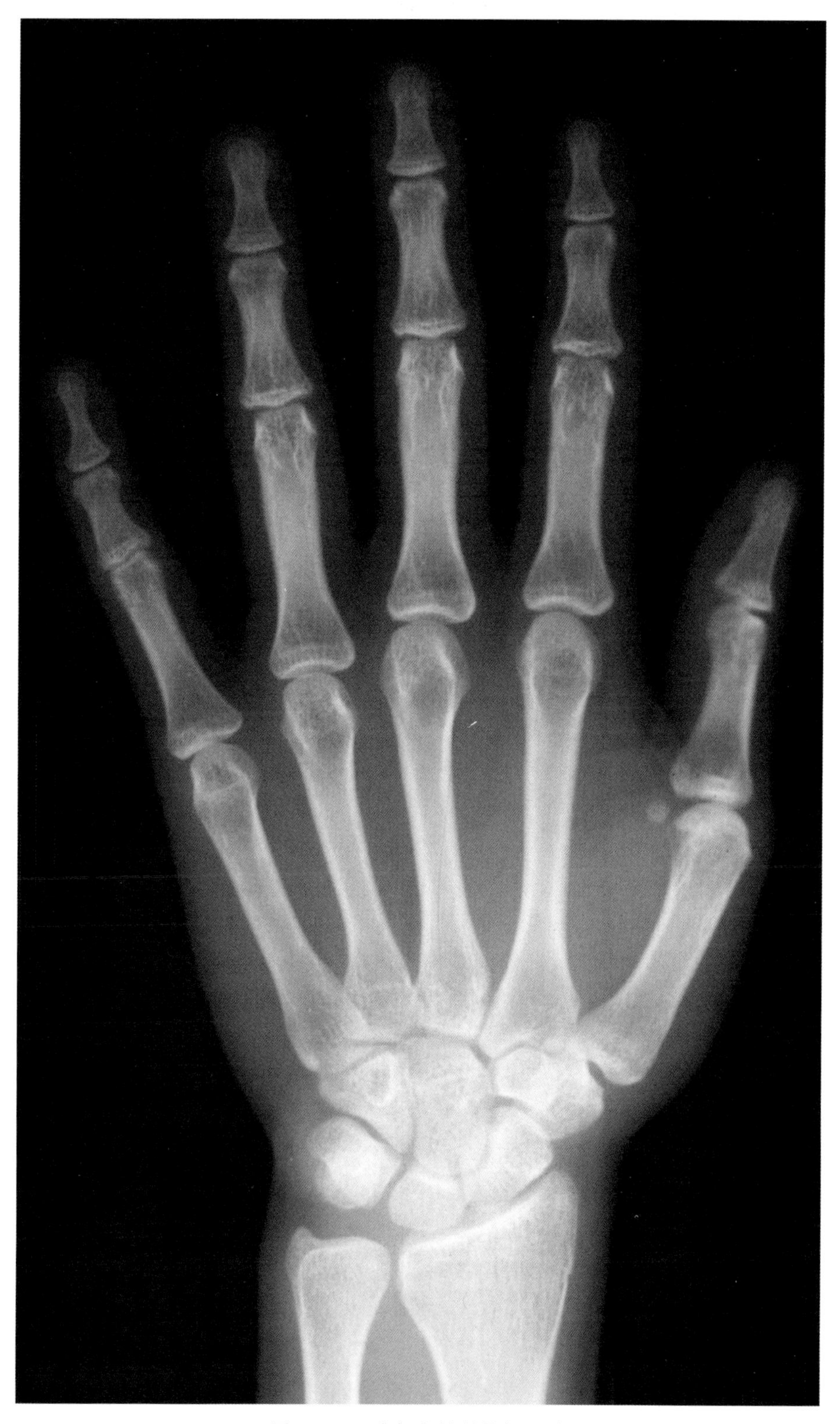

图 12.59　成年女性骨龄标准片